"十四五"时期国家重点出版物出版专项规划项目

大规模清洁能源高效消纳关键技术丛书

光伏电站
关键设备测试技术

李春来　张海宁　杨立滨 等　编著

中国水利水电出版社

www.waterpub.com.cn

·北京·

内 容 提 要

　　本书为《大规模清洁能源高效消纳关键技术丛书》之一，总结大规模光伏电站关键设备测试技术，包括光伏电站电能质量现场检测技术研究、光伏电站低电压穿越能力检测技术研究、光伏逆变器标准环境与现场环境检测结果对比分析、光伏电站并网性能抽检与评价方法研究、光伏发电系统效率现场快速检测及评估技术研究、适用于高海拔的电网适应性测试系统研制、适用于高海拔的低电压穿越测试系统研制等方面内容。

　　本书通俗简练，系统翔实，图文并茂，适合从事太阳能、风力发电、电力系统设计、调度、生产、运行等工作的工程技术人员阅读参考。

图书在版编目（CIP）数据

　　光伏电站关键设备测试技术 / 李春来等编著. -- 北京：中国水利水电出版社，2023.11
　　（大规模清洁能源高效消纳关键技术丛书）
　　ISBN 978-7-5170-9352-7

　　Ⅰ．①光… Ⅱ．①李… Ⅲ．①光伏电站－电气设备－测试－研究 Ⅳ．①TM615

　　中国国家版本馆CIP数据核字（2023）第248851号

书　　　名	大规模清洁能源高效消纳关键技术丛书 **光伏电站关键设备测试技术** GUANGFU DIANZHAN GUANJIAN SHEBEI CESHI JISHU
作　　　者	李春来　张海宁　杨立滨　等 编著
出版发行	中国水利水电出版社 （北京市海淀区玉渊潭南路1号D座　100038） 网址：www.waterpub.com.cn E-mail：sales@mwr.gov.cn 电话：（010）68545888（营销中心）
经　　　售	北京科水图书销售有限公司 电话：（010）68545874、63202643 全国各地新华书店和相关出版物销售网点
排　　　版	中国水利水电出版社微机排版中心
印　　　刷	天津嘉恒印务有限公司
规　　　格	184mm×260mm　16开本　38.5印张　843千字
版　　　次	2023年11月第1版　2023年11月第1次印刷
印　　　数	0001—3000册
定　　　价	**198.00元**

《光伏电站关键设备测试技术》
编　委　会

主　　编　李春来

副 主 编　张海宁　杨立滨　李红霞　杨小库

编　　委　李延和　李正曦　刘庭响　包斯嘉　陈志磊　夏　列

　　　　　吴蓓蓓　余　聪　郭重阳　杨　兴　杨　军　甘嘉田

　　　　　周万鹏　安　娜　耿　静　朱朝晖　陈晓弢　刘玉文

　　　　　郭志华　马国祥　杨　阳　卢国强　张维涛　朱艳伟

　　　　　孟祥甫　余　锐　张宇栋　张　嘉　田刚领

参编单位　国网青海省电力公司

　　　　　国网青海省电力公司清洁能源发展研究院

　　　　　中国电力科学研究院有限公司

　　　　　国家电网公司西南分部

　　　　　清华大学

　　　　　青海大学

　　　　　中广核新能源投资（深圳）有限公司青海分公司

Preface
序

  世界能源低碳化步伐进一步加快，清洁能源将成为人类利用能源的主力。党的十九大报告指出：要推进绿色发展和生态文明建设，壮大清洁能源产业，构建清洁低碳、安全高效的能源体系。清洁能源的开发利用有利于促进生态平衡，发展绿色产业链，实现产业结构优化，促进经济可持续性发展。这既是对中华民族伟大先哲们提出的"天人合一"思想的继承和发展，也是党中央、习近平主席提出的"构建人类命运共同体"中"命运"质量提升的重要环节。截至 2019 年年底，我国清洁能源发电装机容量 9.3 亿 kW，清洁能源发电装机容量约占全部电力装机容量的 46.4%；其发电量 2.6 万亿 kW·h，占全部发电量的 35.8%。由此可见，以清洁能源替代化石能源是完全可行的。

  现今我国风电、太阳能等可再生能源装机容量稳居世界之首；在政策制定、项目建设、装备制造、多技术集成等方面亦具有丰富的经验。然而，在取得如此优势的条件下，也存在着消纳利用不充分、区域发展不均衡等问题。目前清洁能源消纳主要面临以下困难：一是资源和需求呈逆向分布，导致跨省区输电压力较大；二是风电、光伏发电的出力受自然条件影响，使之在并网运行后给电力系统的调度运行带来了较大挑战；三是弃风弃光弃小水电现象严重。因此，亟须提高科学技术水平，更加有效促进清洁能源消纳的质和量，形成全社会促进清洁能源消纳的合力，建立清洁能源消纳的长效机制，促进清洁能源高质量发展，为我国能源结构调整建言献策，有利于解决清洁能源产业面临的各种技术难题。

  "十年磨一剑。"本丛书作者为实现绿色能源高效利用，提高光、风、水、热等多种能源综合利用效率，不懈努力编写了《大规模清洁能源高效消纳关键技术丛书》。本丛书从基础研究、成果转化、工程示范、标准引领和推广应用五个环节着手介绍了能源网协调规划、多能互补电站建模、测试以及快速调节技术、多能协同发电运行控制技术、储能运行控制技术和全国集散式绿色能源库规模化建设等方面内容。展现了大规模清洁能源高效消纳领域的前沿技术，代表了我国清洁能源技术领域的世界领先水平，亦填补了上述科技工程领域的出版空白，望为响应党中央的能源转型战略号召起一名"排头兵"的作用。

　　这套丛书内容全面、知识新颖、语言精练、使用方便、适用性广，除介绍基本理论外，还特别通过实测建模、运行控制、测试评估等原创性科技内容对清洁能源上述关键问题的解决进行了详细论述。这里，我怀着愉悦的心情向读者推荐这套丛书，并相信该丛书可为从事清洁能源消纳工程技术研发、调度、生产、运行以及教学人员提供有价值的参考和有益的帮助。

中国科学院院士

2019 年 12 月

Foreword
前言

可再生能源是国际关注的主要研究领域，事关能源发展的方向与国家战略。随着我国社会经济的快速发展及技术进步，特别是能源与环境问题的日益突出，可再生能源受到国家及社会各界乃至世界各国越来越多的关注。为促进我国可再生能源的健康发展，国网青海省电力公司于 2011 年组织相关专家结合青海省可再生能源的开发进展情况，启动了"新能源电站关键设备测试技术"咨询研究项目。根据研究工作的需要，项目分为大规模光伏电站电能质量现场检测技术、大规模光伏电站低电压穿越能力检测技术、光伏逆变器标准环境与现场环境检测结果对比分析、光伏电站并网性能抽检与评价方法、光伏发电系统效率现场快速检测及评估技术、适用于高海拔的电网适应性测试系统研制、适用于高海拔的低电压穿越测试系统研制等方面，开展了一系列的研究。

全书分 8 章，第 1 章概述，介绍本书写作背景与国内外研究现状；第 2 章光伏电站电能质量现场检测技术研究，介绍了光伏电站电能质量特性、并网光伏电站电能质量分析研究、大规模光伏电站电能质量综合评价方法及相关案例；第 3 章光伏电站低电压穿越能力检测技术研究，介绍了光伏电站并网故障特性、光伏电站低电压穿越检测方法及相关案例；第 4 章光伏逆变器标准环境与现场环境检测结果对比分析，介绍了实验室和现场测试方案对比及相关案例；第 5 章光伏电站并网性能抽检与评价方法研究，介绍了适用于光伏电站并网检测的抽检方法、光伏发电单元建模与模型验证及相关案例；第 6 章光伏发电系统效率现场快速检测及评估技术研究，介绍了光伏发电系统原理、光伏组件性能与环境相关性、光伏发电系统效率损失源研究、光伏发电系统关键部件测试方法研究、光伏系统效率测试与评价研究；第 7 章适用于高海拔的电网适应性测试系统研制，介绍了电网适应性测试系统功能需求和技术指标、高海拔大容量光伏电站对电网适应性测试要求、电网适应性测试系统关键技术、相关试验；第 8 章适用于高海拔的低电压穿越测试系统研制，介绍了低电压穿越测试系统功能需求和技术指标、高海拔大容量光伏电站对低电压穿越测试系统要求、低电压穿越测试系统关键技术、低电压穿越测试系统试验。

可再生能源是一个发展中的领域，还有许多问题有待进一步研究。本书是一个初步研究，有待继续深入，诚望各界专家和广大读者提出各种意见和建议。同时，限于作者水平，本书难免有疏漏或错误之处，敬请读者批评指正。

作者

2023 年 5 月

Contents 目录

第 1 章

概　　述

1.1　研究背景及意义

　　光伏发电是利用半导体界面的光生伏特效应而将光能直接转变为电能的一种技术。不论是独立使用还是并网发电，光伏发电系统主要由太阳电池板（组件）、控制器和逆变器三大部分组成，主要由电子元器件构成。光伏发电设备极为精炼，可靠稳定寿命长、安装维护简便。理论上讲，光伏发电技术可以用于任何需要电源的场合。光伏电站是与电网相连，并向电网输送电力的光伏发电系统。光伏电站属于国家鼓励的绿色电力开发能源项目。

　　我国太阳能资源丰富，光伏发电具备产业基础好、经济竞争力强、环境影响小等特点，近年来，在国家相关政策的支持下得到了快速发展，特别是在 2020 年 9 月 22 日，习近平总书记在第七十五届联合国大会一般性辩论上向世界宣布了中国的碳达峰目标和碳中和愿景。中国将提高国家自主贡献力度，采取更加有力的政策和措施，二氧化碳排放力争于 2030 年前达到峰值，努力争取 2060 年前实现碳中和。同年 12 月，习近平总书记在气候雄心峰会上提出"构建以新能源为主体的新型电力系统"。在"双碳"目标和构建新型电力系统的背景下，光伏发电产业加速发展，截至 2022 年年底，我国太阳能发电累计并网装机容量 3.93 亿 kW，占全国发电装机容量的 15.4%，其中 2022 年新增并网装机 8741 万 kW；光伏发电量达 1.19 万亿 kW·h，占全国总发电量的 14.2%，成为我国第二大电源。根据国家发展改革委、国家能源局等九部门联合印发的《"十四五"可再生能源发展规划》（发改能源〔2021〕1445 号），明确到 2025 年，可再生能源年发电量达到 3.3 万亿 kW·h 左右。"十四五"时期，可再生能源发电量增量在全社会用电量增量中的占比超过 50%，风电和太阳能发电量实现翻倍。

　　光伏发电是一种波动性、随机性、间歇性很强的非稳定电源类型，与常规电源相比，光伏发电主要通过电力电子变流装置并网，不能实时响应电网的电压和频率变化；此外，由于电力电子器件过压、过流能力有限，电网故障或扰动情况下易发生脱网保护。当光伏发电占比小时，上述特性可通过电网调节平抑；当规模化并网后，上述特性将对电力系统的调峰和安全稳定运行带来显著影响：

（1）光伏发电通过电力电子转换器并网过程中，由于电力电子器件的非线性和开关特性，势必会向电网注入谐波和间谐波，使系统谐波含量增加。

（2）光伏电站在光照剧烈波动时、启停机期间会产生闪变，随着光伏电站规模的不断增大，带来的闪变影响也逐渐增大。

例如，我国西部高海拔地区电网主网架结构相对薄弱，电网输电方式以中长距离输电方式为主，如西藏地区的日喀则、那曲电网与主网距离均达 $200\sim300km$；主要负荷中心缺少电源点的支撑，输送通道环境恶劣。因此，大量波动性光伏发电的接入，必然会对高海拔地区电网的安全稳定带来较大影响，主要表现为电网稳定问题和电能质量问题：在电网发生大扰动时，若光伏电站不具备低电压穿越能力，将会导致大面积脱网，从而对电网带来二次冲击，影响电网的暂态稳定性；光伏电站接入电网后，将对电网的电能质量产生影响，包括电压偏差、电压变动、谐波影响，会使电网面临较大考验。

因此，为保证高比例光伏的电力系统安全稳定运行，就必须保证光伏发电的电能质量满足电网安全稳定运行的相关准则。美国、西班牙、丹麦等光伏发电技术发达国家与地区均对光伏并网进行了规范，光伏电站关键设备测试技术是衡量光伏并网符合相关技术要求与质量性能的关键。开展光伏并网测试是提升光伏产业产品质量与并网技术水平、促进光伏和电网的协调发展、保障光伏健康可持续发展的有效手段，大规模光伏发电的快速发展离不开并网测试技术的支撑。

为促进我国可再生能源的健康发展，国网青海省电力公司组织相关专家结合青海省可再生能源的开发进展情况，启动了"新能源电站关键设备测试技术"咨询研究项目。根据研究工作的需要，项目分为大规模光伏电站电能质量现场检测技术、大规模光伏电站低电压穿越能力检测技术、光伏逆变器标准环境与现场检测结果对比分析、光伏电站并网性能抽检与评价方法、光伏发电系统效率现场快速检测及评估技术、适用于高海拔的电网适应性测试系统研制、适用于高海拔的低电压穿越测试系统研制等方面，开展了一系列的研究。

本书以青海省光伏大规模并网场景为例，系统总结"新能源电站关键设备测试技术"咨询研究项目成果，旨在为光伏发电规模化发展提供理论指导和实践应用经验。

1.2　国内外研究现状

1.2.1　光伏发电并网电能质量研究现状

目前，国内外关于光伏发电并网电能质量的研究主要集中在以下几个方面。

1.2.1.1　光伏逆变器的电能质量问题机理研究

光伏逆变器是光伏发电系统的核心部件，与传统发电机组不同，光伏逆变器本身属于电力电子装置。研究并网光伏逆变器的拓扑结构和控制策略，有助于解决光伏发电系统电能质量问题的根源。文献［1］从电压、电流谐波畸变率、功率因数和闪变几个方面研究了几种功率大小、控制策略和拓扑结构不同的逆变器特性，研究了这些指标与所接入电网的网络阻抗之间的关系。SPWM 是光伏逆变器广泛使用的调制方式，由于 SPWM 调制需要较高的开关频率，通常会向电网注入高频谐波分量，因此文献［2，3］对谐波特征进行了理论研究。近年来广泛应用的正弦电压矢量调制 PWM（SVPWM）控制策略具有转换效率高、谐波小等明显优点，受到了研究人员的广泛关注，文献［4］指出 SVPWM 相电压积分式非常复杂，不利于直接分析，所以利用仿真模型的方法得到了谐波频谱，但是这种方法只能获得图形结果，不利于下一步分析；文献［5］则在 PWM 整流器谐波分析方法上，结合 SVPWM 工作机理，给出了一种实用的 SVPWM 电流谐波的分析方法，另外，针对光伏逆变器可能带来的电能质量问题，很多文献从控制策略、调制策略和滤波器等多方面提出了优化方法；文献［6］从逆变器开关器件特性、电路拓扑和控制策略等方面全面分析了并网型逆变器的电能质量问题产生机理，提出了一种基于无效器件原理的在线自适应死区消除方法，有效降低输出电压和电流的低次谐波含量和 THD 改善并网电能质量；文献［7］至文献［9］提出了如低次谐波消去法、多电平消谐波 PWM 等逆变器谐波的抑制策略；文献［10，11］分析了光伏逆变器中常用的 LCL 滤波电路的参数设计方法，新的参数设计方法不仅减小了滤波电路体积，而且较传统的 LC 滤波电路，对采用 PWM 控制产生的高次谐波有更好的抑制效果。

1.2.1.2　光伏系统运行对电网电能质量的影响研究

光伏发电具有明显的波动性与间歇性，因此并网光伏电站必然会对传统电网产生潮流改变、功率波动和谐波注入等一系列新问题[12-14]。文献［15］通过 GE 公司开发的电网仿真软件"Power System Analysis Software（PSLF）"，建立了一个接有多个光伏电站的配电网模型，研究了配电网中峰负荷和功率逆流两种极端情况下，不同光伏发电渗透率对配电网馈线电压偏差调节的能力。文献［15］还指出光伏发电渗透率为 5％以下时补偿能力有限；10％左右时，可减少约 40％的传统配电网电压补偿电容装置；30％～50％时分布式光伏发电可以完全调节馈线电压。文献［16］研究了一种利用实测的辐照度变化数据对电网电压闪变影响评估的方法，指出当前所用的利用光伏发电输出功率突然大幅下降（80％～100％）的方法评估光伏电站闪变影响并不准确，必须使用更加精确的辐照度实测数据和电网模型。文献［17］研究了含有大量光伏逆变器的配电网中逆变器与电网发生的串联和并联谐振问题，并指出有必要在考虑电网电压背景谐波前提下对光伏逆变器制定更为严格和详细的电流谐波发射标准，以防止谐振现象的发生。文献［18］指出一定容量的分布式发电接入配电网络，会对馈线上的电压分布产生重大影响。具体影响的大小与分布式发电的总容量大小、接入位置有极大的关系。渗透率越高，位置越分布，对电压影响越大。文献［19］以上海某6.7MW的光伏集成建筑并网点的电能质量检测数据为例，通过分析夏季和冬季不同条件下并网点的监测数据，参考国家标准对电能质量的要求，指出该光伏建筑并网点电能质量参数符合国家标准。但由于文中并未给出并网点短路容量及并网点其他负荷的详细参数信息，所以文中结论缺少普遍性意义。文献［20］在建立了太阳光辐射强度模型和编写了包含光伏电站的随机潮流计算程序的基础上，通过建立 IEEE 标准 24 节点系统分析了光伏电站并网后对系统潮流和节点电压的影响，并通过 IEC 推荐的数字闪变仪计算了各个节点的闪变大小。但文中光伏电池出力概率模型的时间步长是小时级，应用于计算光伏电站并网引起的电压 10min 的短时闪变值，其精确度值得商榷。文献［21］从光伏电站的谐波特征出发，研究了光伏电站与输电线路产生谐振的机理条件，提出了光伏电站与线路发生串联谐振的数学模型，得出了谐振放大系数与输电距离、谐波次数、谐波类型的关系。

1.2.1.3　光伏并网电能质量标准及综合评估研究

目前国内外较少单独对光伏并网电站提出电能质量标准，一般均参考已有标准，或是将光伏并网标准纳入其他新能源标准范围内。国际电工委员会在风力发电领域制订了 IEC 61400-21 标准，提供了一套完整的描述并网风电机组电能质量的特征参数及其相应的检测和计算方法，但当前尚未对光伏电能质量检测做出特别要求。国家电网有限公司于 2011 年也颁布了 Q/GDW 617—2011《光伏电站接入电网技术规定》和 Q/GDW 618—2011《光伏电站接入电网测试规程》，对光伏电站的电能质量要求和测试方法做了明确规定。我国于 2013 年 6 月颁布了 GB/T 19964—2012《光伏发电站接入电力系统技术规定》，相比 2005 版本，该标准对光伏电站的电能质量要求做了更为详细的规定。

在传统电能质量评估方法上，已经出现了如模糊数学法[22]、概率统计特征值法[23]、模糊数学等多种综合评价方法，这一类方法本质都是如何科学地将多维电能质量现象向维进行加权归并。另外一种方法并未考虑权重的分配，文献［24］针对电压幅值偏差、不平衡、闪变、谐波四种连续性电能质量问题定义了监测点综合指标 UPQI（Unified Power Quality Index）。

我国现阶段对光伏电站电能质量的评估多是采用单项指标的标准符合性评价，也有若干文献提出光伏电站电能质量综合评估的概念。文献［25］根据济宁华翰 18MW 并网光伏电站的实测数据，评估其接入电网的电能质量，并根据建模仿真分析结果，为解决并网光伏电站的电能质量问题提供有效的改善方案。但是其尚未针对光伏发电站提出统一检测规程和评估依据，检测结果存在不确定性，电能质量评估缺乏通用性。文献［26］分析了高渗透率下光伏电源并网系统的特殊电能质量问题机理问题，给出了一套可供评判其电能质量的指标体系，提出了一种基于雷达图法的电能质量综合评估方法。文献［27］则更进一步，提出了利用短路比和刚性率来评估分布式电源对配电网供电电压质量影响的方法，通过刚性率来快速估算分布式电源在区域配电网的公共耦合点上对电压波动的抑制，在规划阶段初步计算分布式电源对系统特性改变的程度。

1.2.2 光伏电站低电压穿越能力检测技术研究

1.2.2.1 低电压穿越检测标准现状

2008 年前后，德国、西班牙等新能源发电技术发达的国家就出台了低电压穿越标准，大部分国家提出的光伏电站低电压穿越标准等同于风电标准，有以下特点：

（1）对低电压穿越能力提出了强制性要求，其中大多数要求光伏发电系统最小维持电压在电网电压的 15％～25％，保持时间为 0.5～3s。

（2）只有电网故障造成并网点电压低于最小维持电压时间超过低电压运行时间，才允许光伏发电系统从电网解列[28]。

（3）在电压跌落时，光伏发电系统应在自身允许的范围内尽可能向电网注入无功功率，以支持电网电压恢复。一旦电网电压恢复，必须在尽可能短的时间内恢复到正常工作状态。

德国标准对低电压穿越能力的规定如图 1-1 所示。除了要求光伏电站在规定时间内不脱网以外，标准要求光伏电站有功输出在故障切除后立即恢复并且每秒钟至少增加额定功率的 20％，有功功率每秒钟可以增加额定功率的 5％；电网故障时，光伏电站必须能够提供电压支撑。如果电压跌落幅度大于机端电压均方根值的 10％，机组必须在故障识别后 20ms 内通过提供无功功率进行电压支撑，且电压每降落 1％无功电流增加 2％。

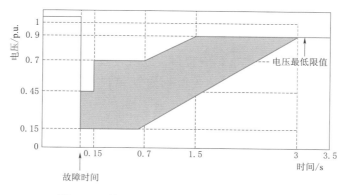

图 1-1 德国标准对低电压穿越能力的规定

我国光伏行业起步相对较晚，2009 年 12 月国家标准化管理委员会成立光伏发电站产业化标准推进组，全面推进光伏标准化工作进程，积极促进国家和行业的标准化工作。为了确保我国光伏行业健康发展，解决光伏并网关键技术问题，国家电网有限公司超前谋划，于 2011 年 4 月正式颁布实施 Q/GDW 617—2011《光伏电站接入电网技术规定》和 Q/GDW 618—2011《光伏电站接入电网测试规程》，在国内标准中首次提出低电压穿越。

Q/GDW 617—2011《光伏电站接入电网技术规定》对低电压穿越的定义作了说明[28]，即当电网故障或扰动引起的光伏电站并网点电压波动时，在一定的范围内，光伏电站并网逆变器能够不间断地并网运行。标准规定，大中型光伏电站必须具备低电压穿越能力，同时满足以下要求：

（1）电力系统发生不同类型故障时，若光伏电站并网点考核电压全部在图 1-2 中电压轮廓线及以上的区域内时，光伏逆变器必须保证不间断并网运行；并网点电压在图 1-2 中电压轮廓线以下时，允许光伏逆变器停止向电网线路送电。

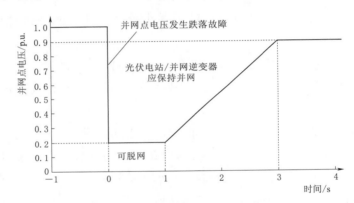

图 1-2　Q/GDW 617—2011 对大中型光伏电站低电压穿越能力的要求

（2）对电力系统故障期间没有切除的光伏电站，其有功功率在故障清除后应快速恢复；自故障清除时刻开始，以至少每秒额定功率的 10% 功率变化恢复至故障前的值。

（3）低电压穿越过程中光伏电站宜提供动态无功支撑。

Q/GDW 618—2011《光伏电站接入电网测试规程》对光伏电站接入电网测试内容、方法和步骤、测试条件和时间点选择等做了规定[29]。针对低电压穿越测试，按照 Q/GDW 617—2011《光伏电站接入电网技术规定》对大中型光伏电站的要求，设置光伏电站并网点处电压幅值为额定电压的 20%、40%、60%、80%、90%，对大中型光伏电站轻载重载不同运行工况分别进行低电压穿越测试。

按照 2010 年国家标准化管理委员会《关于下达 2010 年国家标准制修订计划的通知》（国标委综合〔2010〕87 号）的要求，根据我国电网的实际运行工况、国外光伏低电压穿越相关标准现状，确保能够满足电网安全稳定运行的进一步需求，2012年国家电网有限公司科技项目"并网光伏发电检测及分析评价技术与应用"课题1针对大规模光伏电站低电压穿越检测技术开展研究，研究光伏电站低电压穿越特性曲线关键参数选取、光伏电站低电压穿越检测方法等内容。项目在研期间，我国光伏发电站低电压穿越相关标准有如下进展：

（1）GB/T 19964—2012《光伏发电站接入电力系统技术规定》颁布实施。中国电力科学研究院作为主要起草单位组织开展 GB/Z 19964—2005《光伏发电站接入电力系统技术规定》的修订工作。于2012年12月31日正式颁布、2013年6月1日正式实施 GB/T 19964—2012《光伏发电站接入电力系统技术规定》[30]，在国内首次提出了零电压穿越和低电压穿越期间动态无功支撑的要求，主要规定如下：

1）光伏电站并网点电压跌至0时，光伏电站应能不脱网连续运行0.15s。

2）光伏电站并网点电压跌至图1-3曲线1以下时，光伏电站可以从电网切出。

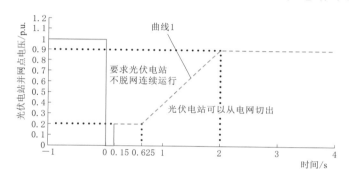

图1-3　GB/T 19964—2012对光伏电站低电压穿越能力的要求

3）电力系统发生不同类型故障时，若光伏电站并网点考核电压全部在图1-3中电压轮廓线及以上的区域内，光伏电站应保证不脱网连续运行；否则，允许光伏电站切出。

4）对电力系统故障期间没有脱网的光伏电站，其有功功率在故障清除后应快速恢复；自故障清除时刻开始，以至少每秒30%额定功率的功率变化率恢复至故障前的值。

5）对于通过220kV（或330kV）光伏发电汇集系统升压至500kV（或750kV）电压等级接入电网的光伏电站群中的光伏电站，当电力系统发生短路故障引起电压跌落时，光伏电站注入电网的动态无功电流应满足：自并网点电压跌落的时刻起，动态无功电流的响应时间不大于30ms；自动态无功电流响应起直到电压恢复至0.9p.u.期间，光伏电站注入电力系统的动态无功电流 I_r 应实时跟踪并网点电压变化。

（2）NB/T 32005—2013《光伏发电站低电压穿越检测技术规程》发布。随着GB/T 19964—2012《光伏发电站接入电力系统技术规定》的颁布实施，NB/T

32005—2013《光伏发电站低电压穿越检测技术规程》于 2013 年 11 月发布，2014 年 4 月 1 日正式实施。该标准对通过 35kV 及以上电压等级并网，以及通过 10kV 电压等级与公共电网连接的新建、扩建和改建的光伏电站低电压穿越能力的检测目的、检测条件、检测装置及检测方法作了要求，并对测试过程中光伏电站有功功率、无功功率、并网点电压、无功电流注入的判定及计算方法作了说明。

（3）2013 年 11 月，我国首个光伏系统领域的国际标准《并网光伏逆变器低电压穿越测试规程》（IEC 标准）提案获准立项。提案以 96.3% 的支持率顺利通过 IEC/TC 82 个成员国投票，参与专家来自中国、美国、英国、南非和日本 5 个国家（地区）。《并网光伏逆变器低电压穿越测试规程》提供并网光伏逆变器低电压穿越的测试方法，不同国家（地区）可根据本国或本地区光伏电站并网技术要求，依据该标准针对光伏逆变器开展测试。该标准将针对电网要求的共性方面对并网逆变器检测提出技术要求，针对电网要求的个性方面对并网逆变器检测提出参考方法。标准中的内容也可作为光伏电站低电压穿越检测的参考。该标准的立项推进了我国太阳能发电并网技术研究工作，有效推动了国内太阳能发电行业发展，完善了光伏标准体系，为全球太阳能并网发电技术的快速发展提供保障。

1.2.2.2 低电压穿越检测装置现状

1. 国外

欧美地区对低电压穿越测试装置的研究已有较长的历史，可完成各国自行制定的风电并网标准规定的所有低电压穿越试验。光伏电站低电压穿越装置检测原理与风电低电压穿越测试装置原理相同。欧美地区研制的低电压穿越测试装置以阻抗分压式为主，包括移动式和固定式两种类型结构。欧美地区的一些高校和科研机构，对采用交直交变换形式实现的低电压穿越测试装置也进行了深入研究，并研制了样机[31]。

德国 FGH 公司于 2003 年首次开发并制造了低电压穿越测试装置。该公司开发的固定低电压穿越测试装置多用于中压网络，考虑与被测逆变器匹配足够的短路容量、测试装置对中压网络的影响等因素，通过串联电抗器限制短路电流来实现。该装置可模拟单相、两相及三相电网电压故障以及零电压跌落，能够实现单次和二次跌落。目前装置的最大测试容量可达 8MW，额定电压为 12～40.5kV，并应用于欧洲、亚洲等地的 10 多个低电压穿越测试实验室。除此之外，FGH 公司还研制了移动低电压穿越测试实验室，最大容量达 6MVA。

西班牙 W2PS 公司针对中低压新能源并网设备研制了低电压穿越移动检测装置，包括以下几种：

（1）低压型电压跌落发生器。低压型电压跌落发生器采用阻抗分压型装置，通过串联电抗来限制短路电流，实现电网电压的降低，自动配置电压跌落的深度和时间，模拟三相平衡、两相不平衡和单相故障。该电压跌落发生器的组合多达 1770 种，实现电压0～100％跌落，跌落时间为100～2800ms，多用于电压690V等级，最大测试容量可达3.5MW。该装置测试时接线在箱变的低压侧进行，对电网影响较小，且备用端口支持外接测量仪器。

（2）中压型电压跌落发生器。中压型电压跌落发生器用于电压10～35kV（10％）等级，最大测试容量达8MW，35kV下检测容量8MVA，10kV下检测容量2.5MVA，可通过自动配置电抗参数来改变电压跌落深度和时间，能够模拟三相平衡、两相不平衡故障，实现电网电压0～100％跌落，持续时间为100～2800ms，但不能模拟单相故障。该装置采用SF_6断路器，绝缘等级为40.5kV，额定电流为630A，短路分段电流20kA，运行时对电网影响较大。同时，由于该集装箱长14m，不便于光伏电站现场检测。

以色列Elspec公司低电压穿越检测装置由3个单相变压器和电抗器组成，每相可以分别模拟电压跌落，通过组合可以模拟三相短路、两相短路和单相短路故障。该低电压穿越检测装置中的三个单相变压器均为中压到低压的变压器，低压的输出电流通过电子开关控制、导通10步电抗器。一次侧的电流取决于变压器的变比，这个电流通过线路电抗器导致一个可控的电压跌落。此种低电压穿越检测装置的电压跌落时间可以在0～1s期间可调，电压从0.9倍额定电压跌落到0.1倍额定电压，电压跌落步长最小值小于额定电压的10％，可以被控制至少10步，同时在3s中也可以用不同的时间间隔、不同的步子来实现，并且能模拟任意波形的跌落。同时，Elspec公司低电压穿越检测装置的线路电抗器和变压器设计有35kV、20kV、10kV（相对相）3个不同的电压输入等级，能够满足三种不同的电压等级、且容量为1.5MW的光伏电站（光伏并网发电单元）。

2. 国内

我国研制低电压穿越测试装置的起步较晚，目前低电压穿越测试装置大部分依赖进口。在国内的一些高校和科研机构，近来对采用交直交变换形式实现的低电压穿越测试装置也进行了研究。

中国电力科学研究院中电普瑞科技有限公司研制成功了世界上首套35kV/6MVA晶闸管控制阻抗分压式固定低电压穿越测试装置，目前在国家风电研究检测中心张北试验基地已完成了现场试验。该装置采用首创的"晶闸管控制分压式"结构形式，完全自动控制，可满足额定容量范围为6MW的风电机组欧美各国低电压穿越试验标准和Q/GDW 1392—2009《风电场接入电网技术规定》的低电压穿越测试要求，并能模拟电网电压的台阶式恢复过程，是当时世界上自动化程度最高，控制最灵活的低电压穿越测试装置。同时，该公司研制成功了移动式LVRT测试装置，通过控制可以实现三相相间对称故障和两相相间不对称故障两种类型的电压跌落，采用车载集装箱的结构。试验装置串联在风电机组与电网之间，通过改变阻抗分压比实现风电机组出口变压器处电压跌落，完成对风电机组低电压穿越性能的测试，最大测试容量可达 6MW。

国家能源太阳能研发（实验）中心自主研发的光伏逆变器低电压穿越检测平台，具备 2 套低电压穿越检测装置，可同时采用阻抗分压型和模拟电网型检测装置对逆变器进行低电压穿越检测，采用电抗组合分压实现 0％、10％、20％、40％、60％、80％、90％七个跌落点。跌落类型包括对称跌落和不对称跌落，采用负荷开关和铜排的方式实现跌落类型切换。同时，为了实现对地跌落，用电缆连接 10kV 隔离变中点和 LVRT 测试装置的断路器。该装置实现的跌落类型包括三相间跌落、两相间跌落、单相对地跌落、两相对地跌落、三相对地跌落，并具备二次双重跌落功能。

基于电力电子变换装置，国家能源太阳能研发（实验）中心集成开发了模拟电网型检测低电压穿越检测装置。该装置为三相独立控制的能量可双向流动的交流稳压电源，将交流电压经过整流后得到稳定的直流电压，由于采用 PWM 整流技术，电网侧谐波含量得到有效控制；再将直流电压经过 3 个单相逆变器和 3 个多抽头单相隔离变压器输出三相交流电压，三相电压的有效值、频率和相位均可独立调节。

同时，针对我国西北特殊环境工况，中国电力科学研究院依托"国家能源太阳能发电研发（实验）中心"建设的大中型光伏电站移动检测平台，其中低电压穿越检测装置采用模拟电网装置实现，兼具低电压穿越检测和电压/频率扰动特性检测功能。该装置体积较大，需 4 个 20 英尺（约 6.1m）钢制标准集装箱进行改造，分别为断路器集装箱、升压变压器集装箱、降压变压器集装箱和低电压穿越功率单元集装箱。目前，已开展在常规海拔工况下对 10kV、35kV 电压等级、容量 1.5MW 及以下光伏电站进行低电压穿越能力现场检测工作。

第 2 章

光伏电站电能质量现场检测技术研究

电能质量是考核光伏电站是否满足并网性能的关键因素之一，由于光伏发电本身所特有的季节、昼夜的功率输出波动性以及高比例电力电子器件使用率将会对电网安全稳定运行产生显著影响，导致系统谐波含量和闪变增加。因此，面对现今太阳能光伏发电迅猛增长的态势，亟须针对光伏电站电能质量特点，研究并网光伏电站电能质量特性与检测方法，制定光伏电站电能质量评估指标以及现场检测方法，全面、客观的对不同光伏电站电能质量进行评估，保障电力系统安全稳定运行。

本章采用理论分析、仿真验证和实验验证的方式介绍了大规模光伏电站电能质量现场检测技术，分析了光照强弱、光照波动和逆变器结构、控制策略对大规模光伏电站并网发电电能质量影响机理，总结了大规模光伏电站不同工况下电能质量问题特点。首先，介绍了电能质量关键指标的分析方法和数据处理方法，对比了不同分析方法的优点与缺陷；其次，介绍了基于辐照度特征的光伏发电电能质量综合评价指标，并与当前国标对光伏电站要求进行了对比分析；最后，以青海地区实测电站数据为例，分析了光伏电站电能质量测试中的问题和统计规律，采用光伏电站评估指标的计算方法对一座 10MWp 和一座 30MWp 光伏电站电能质量性能做出综合评价。

2.1 光伏电站电能质量特性

我国电能质量标准从电网角度出发，对电压偏差、频率偏差、谐波、电压波动和闪变、三相不平衡等指标作出了限值要求。其中电压偏差、频率偏差指标主要属于稳定性分析内容，本书不做展开分析，谐波、电压波动和闪变在光伏发电中具有特殊性，本书着重对它们进行详细分析。

2.1.1 光伏电站并网工作原理

2.1.1.1 光伏发电系统关键部件

光伏电站利用光伏组件的光生伏打效应将太阳辐射能直接转换成直流电能，然后利用逆变环节变换成工频交流电能，最后通过站内线路汇流升压后并入电网。光伏电站关键部件包括光伏阵列、并网逆变器和汇流升压线路。典型光伏并网系统结构如图 2-1 所示。

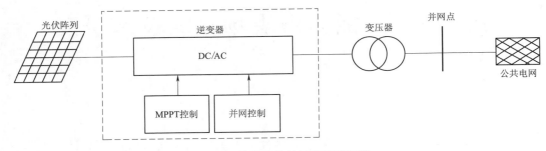

图 2-1　典型光伏并网系统结构图

1. 光伏组件特性

光伏组件用于将太阳能转换成直流电能。在实际光伏发电系统中，需要将若干光伏组件进行串、并联形成光伏组件阵列，使输出电压和电流满足逆变器工作要求。光伏组件的输出功率也受太阳辐射强度和组件温度等外部环境影响，光伏组件的 $I-U$ 曲线受太阳辐射强度和温度的影响趋势如图 2-2 和图 2-3 所示。

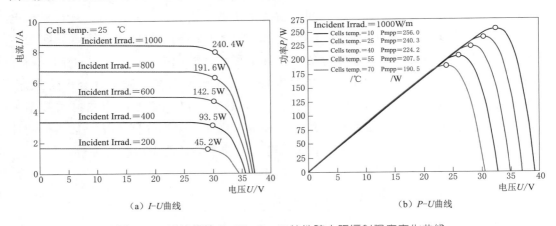

（a）$I-U$ 曲线　　　　　　（b）$P-U$ 曲线

图 2-2　光伏组件 $I-U$、$P-U$ 特性随太阳辐射强度变化曲线

从多条输出特性曲线看，太阳辐射强度上升时，最大短路电流增加，开路电压也有所增加，最大输出功率上升；光伏组件温度的升高时，短路电流有微量的增加，但开路电压有显著降低，这样光伏组件在同样辐射强度下，温度越低，输出功率越高。

2. 光伏并网逆变器

光伏并网逆变器将光伏组件阵列输出的直流电能变成工频交流电能，是光伏发电系统与电网的接口装置，也是决定光伏电站并网性能的关键部件。光伏逆变器的控制策略包括 MPPT 控制策略和并网控制策略。

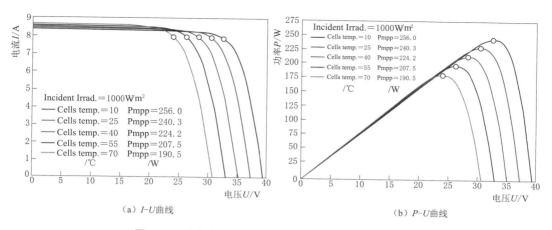

（a）*I-U* 曲线　　　　　　　　　　（b）*P-U* 曲线

图 2-3　光伏组件 *I-U*、*P-U* 特性随温度变化曲线

（1）MPPT 控制策略。在光伏发电系统中，光伏逆变器可通过最大功率点跟踪（Maximum Power Point Tracking，MPPT）技术来提升光伏逆变器整体效率。表 2-1 分析了目前较为常见的 MPPT 控制算法的优缺点。

表 2-1　　　　　　　　　　　常见 MPPT 控制算法优劣比较

MPPT 控制算法	优　　点	缺　　点
定电压跟踪法	最简单，简化为稳压控制	忽略了温度的影响，跟踪精度较差，仅在逆变器技术发展初期使用
电流扫描法	扫描电流很容易实现	跟踪速度较慢
扰动观测法	结构简单，被测参数少，容易实现，研究广泛，改进和优化的方法较多	系统在最大功率点附近会产生振荡，步长的选择会影响跟踪的速度，环境变化较快时功率损失大且可能发生误判
电导增量法	通过修改逻辑判断式减小了振荡	步长和阈值的选择上存在一定困难
模糊逻辑控制法	控制和跟踪迅速，具有较好的动态和稳态性能	设计环节需要设计人员更多的直觉和经验
神经网络法	可以进行多变量输入，融合多参数进行判定	不同的光伏阵列系统需要进行有针对性且长时间的训练

（2）逆变器并网控制策略。光伏电站的控制目标是输出稳定、高质量的正弦电流，且与并网点电压同频同相，功率因数满足要求。电网正常时，三相光伏逆变器一般采用电网电压定向的电压外环电流内环双环控制。电网电压正常时光伏系统控制框图如图 2-4 所示。

电压外环的指令值由前端最大功率跟踪环节得到，电压调节器一方面控制逆变器流侧电压输出值跟踪指令值，另一方面通过电压调节器输出得到内环有功电流分量的令值 i_{dref}。电流内环的作用主要是实现有功电流 i_d 与无功电流 i_q 的解耦控制，采用电流调节器对 i_d、i_q 进行调节，使输出电流良好地跟踪电流指令值。电流调节器输出的

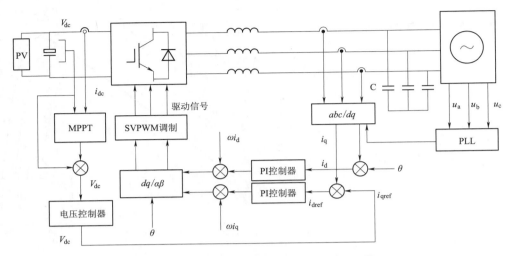

图 2 - 4　电网电压正常时光伏系统控制框图

dq 两相调制信号经坐标变换后，得到 $\alpha\beta$ 坐标系下调制波，采用 SVPWM 算法得到三相调制波，驱动三相逆变桥工作。由于正弦电流经 dq 变换后为直流量，电流调节器采用 PI 调节器，即可使并网电流得到稳态无误的控制。同理，直流电压为直流量，同样采用 PI 调节器来进行调节。

3. 汇流升压线路

目前大型光伏电通常选用双分裂变压器将 2 台变压器合并成 1 个单元升压输出，最终经过断路器将电能送入电网。变压器低压侧采用三角形、高压侧采用星形接法，可以将低压侧三次谐波传导到上一电压等级。

2.1.1.2　光伏电站拓扑结构

并网光伏发电系统可分为集中式和分布式两种。其中集中式一般位于输电端，装机容量多在数十兆瓦甚至上百兆瓦，目前国内最大的单体光伏电站已达到 320MW。分布式光伏并网多位于用户侧，容量在 6MW 以下。

集中式结构是目前大中型地面光伏并网发电系统中最常见的结构形式，一般用于兆瓦级以上较大功率的光伏并网发电系统，其结构配置如图 2 - 5 所示。根据发电容量所需设计 n 个发电单元，一个发电单元一般由两个光伏阵列及其连接的大容量逆变器构成；在每个发电单元中，光伏组件通过串并联构成光伏组件阵列以产生一个足够高的直流电压，然后通过一个并网逆变器集中将直流转换为交流；箱式变压器和站级主变压器则实现逆变器输出电压和外部电网的电压匹配，最后交流能量输入外部电网。

集中式结构的主要优点是：每个光伏阵列只采用一台并网逆变器，因而结构简单、逆变效率较高且易于扩容。随着并网光伏发电系统的功率越来越大，集中式结构

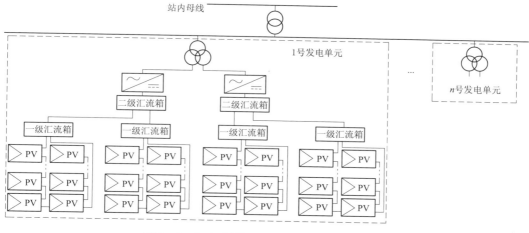

图 2 - 5　集中式并网光伏发电系统结构配置图

光伏发电系统单位发电成本低的优势十分明显，非常适合用于光伏电站等功率等级较大的场合，因此这种结构在我国西北荒漠地区的大型光伏发电系统中得到了广泛的应用。

2.1.2　光伏逆变器谐波特征分析

光伏并网逆变器作为光伏发电的核心部件，直接影响光伏发电并网电能质量，因此，应针对规模化光伏电站常用的大容量光伏并网逆变器开展电能质量特性分析，其中影响光伏并网逆变器电流谐波大小及分布的主要因素包括开关频率、并网控制策略、拓扑结构等。

2.1.2.1　调制控制策略对谐波的影响分析

PWM 是一种多脉冲调制技术，它利用半导体器件的开通和关断，把直流电压变成一定形状的电压脉冲序列，以实现抑制谐波及变频、变压的目的。当前逆变器采用 PWM 控制策略调制并网波形，归纳起来分为正弦脉宽调制法（Sinusoida PWM，SP-WM）、随机 PWM 方法和特定谐波消除 PWM 方法三大类。其中，SPWM 是当前光伏逆变器最为常用的调制策略，SPWM 是调制波为正弦波，载波为三角波或锯齿波的一种脉宽调制法。依据所调制的正弦电气量的不同，又可以划分为电压 SPWM、电压空间矢量 PWM（SVPWM）和电流 PWM。

1. 电压 SPWM 调制策略谐波影响分析

SPWM 调制技术是 PWM 多脉冲可变脉宽调制技术的一种。SPWM 的生成方法主要有等效面积法、自然采样法、规则采样法三种。SPWM 逆变电路可以使输出电压、电流接近正弦波，但由于使用载波对正弦信号波调制，也产生了和载波有关的谐波分量。

2. 单相半桥双极性逆变电路

本书拟采用以载波频率为基准的傅里叶分析方式，对理想状况下双极性 SPWM 波形的谐波特征进行分析。为了简便起见，首先对单相半桥双极性逆变电路进行分析。

调制波的函数表达式为

$$u_r = U_r \sin(\omega_r t + \varphi) \qquad (2-1)$$

一个载波周期输出的电压波形函数为

$$
\begin{cases}
-\dfrac{U_d}{2}, & -\pi \leqslant \omega_c t < \theta_1 \\[3mm]
\dfrac{U_d}{2}, & \theta_1 \leqslant \omega_c t < \theta_2 \\[3mm]
-\dfrac{U_d}{2}, & \theta_2 \leqslant \omega_c t \leqslant \pi
\end{cases}
\qquad (2-2)
$$

对电压波形进行傅里叶级数分解，由于输出波形为偶函数，根据傅里叶级数性质系数 $b = 0$，其他的系数为

$$
\begin{cases}
a_0 = \dfrac{1}{2\pi} \displaystyle\int_{-\pi}^{\pi} \dfrac{u_{ao}}{u_d/2} \mathrm{d}(\omega_c t) = \displaystyle\int_{-\pi}^{\theta_1} (-1)\mathrm{d}(\omega_c t) + \displaystyle\int_{\theta_1}^{\theta_2} \mathrm{d}(\omega_c t) + \displaystyle\int_{\theta_2}^{\pi} (-1)\mathrm{d}(\omega_c t) \\[4mm]
a_n = \dfrac{1}{\pi} \displaystyle\int_{-\pi}^{\pi} \dfrac{u_{ao}}{u_d/2} \sin(n\omega_c t)\mathrm{d}(\omega_c t) \\[4mm]
\quad = \displaystyle\int_{-\pi}^{\theta_1} (-1)\sin(n\omega_c t)\mathrm{d}(\omega_c t) + \displaystyle\int_{\theta_1}^{\theta_2} \sin(n\omega_c t)\mathrm{d}(\omega_c t) + \displaystyle\int_{\theta_2}^{\pi} (-1)\sin(n\omega_c t)\mathrm{d}(\omega_c t)
\end{cases}
$$
$$(2-3)$$

化简式（2-3）得

$$
\begin{cases}
a_0 = \dfrac{1}{\pi}(\theta_2 - \theta_1 - \pi) \\[3mm]
a_n = \dfrac{2}{n\pi} \sin(n\theta_2 - n\theta_1) \quad (n = 1, 2, \cdots)
\end{cases}
\qquad (2-4)
$$

由式（2-4）可知，要求出 a_0 和 a_n 的大小，就要先求出 θ_1 和 θ_2。由于采取规则采样方式，θ_1 和 θ_2 表达式为

$$
\begin{cases}
\theta_1 = -\dfrac{\pi}{2} - \dfrac{\pi}{2}m\sin(\omega_r t + \varphi) \\[3mm]
\theta_2 = \dfrac{\pi}{2} + \dfrac{\pi}{2}m\sin(\omega_r t + \varphi)
\end{cases}
\qquad (2-5)
$$

将式（2-5）代入式（2-4），求得 a_0 和 a_n 的表达式为

$$
\begin{cases}
a_0 = m\sin(\omega_r t + \varphi) \\[3mm]
a_n = \sin\left[mn\dfrac{\pi}{2}\sin(\omega_r t + \varphi) + n\dfrac{\pi}{2}\right] \quad (n = 1, 2, \cdots)
\end{cases}
\qquad (2-6)
$$

所以可得单相半桥双极性 SPWM 输出电压的傅里叶级数的基波分量 u_{ao1} 和谐波分量 H 表达式分别为

$$u_{ao1} = m \frac{u_d}{2} \sin(\omega_r t + \varphi) \tag{2-7}$$

$$H = \sum_{n=1}^{\infty} \left(\frac{4}{n\pi} \right) \sin \left[mn \frac{\pi}{2} (\omega_r t + \varphi) + \frac{n\pi}{2} \right] \cos(n\omega_c t) \tag{2-8}$$

由于表达式比较复杂，无法直接观察出各次谐波幅值与载波频率的关系，根据贝塞尔公式可知

$$\begin{cases} \sin(x \sin\theta) = 2 \sum_{l=1}^{\infty} J_{2l-1}(x) \sin(2l-1)\theta \\ \cos(x \sin\theta) = J_0(x) + 2 \sum_{l=1}^{\infty} J_{2l}(x) \cos(2l)\theta \end{cases} \tag{2-9}$$

化简式（2-9），可得单相半桥双极性 SPWM 输出电压谐波分量 H 为

$$H = \sum_{n=1}^{\infty} \left(\frac{4}{n\pi} \right) \left\{ \begin{array}{l} 2 \sum_{l=1}^{\infty} J_{2l-1} \left(\frac{mn\pi}{2} \right) \sin[(2l-1)(\omega_r t + \varphi)] \cos \frac{n\pi}{2} + \\ \left[J_0 \left(\frac{mn\pi}{2} \right) + 2 \sum_{l=1}^{\infty} J_{2l} \left(\frac{mn\pi}{2} \right) \cos[2l(\omega_r t + \varphi)] \right] \sin \frac{n\pi}{2} \end{array} \right\} \cos(n\omega_c t) \tag{2-10}$$

下面将 n 分为奇偶两种情况进行分析：

（1）当 $n = 1, 3, 5, \cdots$ 时，满足条件 $\cos \frac{n\pi}{2} = 0$、$\sin \frac{n\pi}{2} = (-1)^{\frac{n-1}{2}}$，此时输出电压谐波为：

$$H = \sum_{n=1}^{\infty} (-1)^{\frac{n-1}{2}} \left(\frac{4}{n\pi} \right) \left\{ J_0 \left(\frac{mn\pi}{2} \right) + 2 \sum_{l=1}^{\infty} J_{2l} \left(\frac{mn\pi}{2} \right) \cos 2l(\omega_r t + \varphi) \right\} \cos(n\omega_c t) \tag{2-11}$$

设 $k = 2l$，因为 $l = 1, 2, \cdots$，所以 $k = 2, 4, \cdots$，则

$$H = \sum_{n=1}^{\infty} (-1)^{\frac{n-1}{2}} \left(\frac{4}{n\pi} \right) \left\{ \begin{array}{l} J_0 \left(\frac{mn\pi}{2} \right) \cos(n\omega_c t) + \\ \sum_{n=1}^{\infty} J_k \left(\frac{mn\pi}{2} \right) \{ \cos[(k\omega_r + n\omega_c)t + k\varphi] \\ + \cos[(k\omega_r - n\omega_c)t + k\varphi] \} \end{array} \right\} \tag{2-12}$$

从式（2-12）可以看出，当 n 为奇数时，单相半桥双极性调制输出电压的谐波分量由两部分组成。

角频率为 $n\omega_c \pm k\omega_r$ 的谐波幅值为 $\frac{U_d}{2} \left(\frac{4}{n\pi} \right) J_k \left(\frac{mn\pi}{2} \right)$，$n = 1, 3, 5, \cdots$；$k = 2, 4, 6, \cdots$。

（2）当 $n=2$，4，6，…时，角频率为 $n\omega_c+k\omega_r$ 的谐波幅值为 $\dfrac{U_d}{2}\left(\dfrac{4}{n\pi}\right)J_k\left(\dfrac{mn\pi}{2}\right)$，$n=2$，4，6，…；$k=1$，3，5，…。

综上所述，SPWM 波形谐波分量包含的谐波角频率为 $n\omega_c+k\omega_r$（$n=1$，3，5，…；$k=0$，2，4，…和 $n=2$，4，6，…；$k=1$，3，5…），由于 $\omega_c\gg\omega_r$，故 SPWM 谐波的频率比基波频率高很多。

3. 三相桥式双极性逆变电路

三相桥式双极性逆变电路与单相半桥双极性 SPWM 工作方式相比，载波仍为 1 个，调制波变为 3 个，互差 120°，分别控制 3 个桥臂开关器件的通断。输出电压 u_{ao} 谐波分析情况与单相半桥双极性情况相同，对于输出 u_{bo} 和 u_{co} 只需要将相应的调制波加上 120° 和 −120° 相移即可以相同方式进行分析。

以 u_{ab} 为例，输出线电压基波分量为

$$u_{ab}=u_{ao1}-u_{bo1}=\frac{\sqrt{3}\,mu_d}{2}\sin(\omega_r t+\varphi) \tag{2-13}$$

输出线电压的谐波分量为 $\dfrac{\sqrt{3}}{2}u_d\left(\dfrac{4}{n\pi}\right)J_k\left(\dfrac{mn\pi}{2}\right)$，分 n 为奇偶两种情况进行分析：

（1）当 $n=1$，3，5，…，$k=2$，4，6，…时：

$$H_{ab}=\sum_{n=1}^{\infty}(-1)^{\frac{n-1}{2}}\left(\frac{4}{n\pi}\right)\sum_{k=2}^{\infty}J_k\left(\frac{mn\pi}{2}\right)2\left\{\begin{array}{l}\sin\left[(k\omega_r+n\omega_c)t+\left(\varphi-\dfrac{\pi}{3}\right)\right]+\\[2mm]\sin\left[(k\omega_r-n\omega_c)t+\left(\varphi-\dfrac{\pi}{3}\right)\right]\end{array}\right\}\sin\frac{k\pi}{3} \tag{2-14}$$

谐波角频率 $n\omega_c+k\omega_r$ 的幅值为 $\dfrac{\sqrt{3}U_d}{2}\left(\dfrac{4}{n\pi}\right)J_k\left(\dfrac{mn\pi}{2}\right)$，其中 $n=1$，3，5，…，$k=3(2m-1)$，$m=1$，2，3，…。

（2）当 $n=2$，4，6，…；$k=1$，3，5，…时，谐波角频率 $n\omega_c+k\omega_r$ 的幅值为

$$\sqrt{\frac{3}{2}}U_d\left(\frac{4}{n\pi}\right)J_k\left(\frac{mn\pi}{2}\right),\ n=2,4,6,\cdots,\ k=\begin{cases}6m+1,\ m=0\\6m-1,\ m=1,2,\cdots\end{cases}$$

综上所述，三相桥线电压谐波分量，角频率 $n\omega_c+k\omega_r$ 的幅值为

$$\frac{\sqrt{3}}{2}U_d\left(\frac{4}{n\pi}\right)J_k\left(\frac{mn\pi}{2}\right)\begin{cases}n=1,3,5,\cdots;k=3(2a-1),a=1,2,3,\cdots\\n=2,4,6,\cdots;k=\begin{cases}6a+1,a=0\\6a-1,a=1,2,\cdots\end{cases}\end{cases} \tag{2-15}$$

谐波中不含有 3 的整数倍次谐波，而且没有 ω_c 整数倍谐波。

以两电平逆变器仿真结果为例，在 Matlab/Simulink 建立的两电平光伏逆变器仿

真电路如图 2-6 所示。

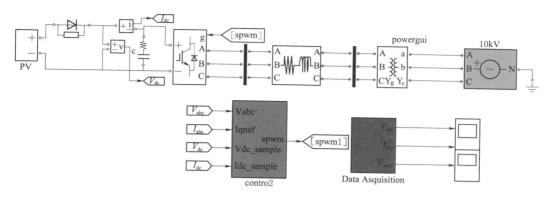

图 2-6　Matlab/Simulink 两电平逆变器仿真电路

光伏阵列最大输出功率为 500kW，考虑到光伏逆变器需运行在不同的工况下，设定光伏阵列由 10 个最大输出功率 50kW 的光伏阵列并联组成。标准环境下 50kW 光伏阵列的参数为：$U_m = 60V$，$I_m = 83.33A$，$U_{oc} = 750V$，$I_{sc} = 88.89A$，$R_{ref} = 1000W/m^2$，$T_{ref} = 25℃$，$T_a = 28℃$，$t_c = 0.006$，$\alpha = 0.02$，$\beta = 0.7$，$R_s = 2\Omega$。$\omega_c = 50Hz$，$\omega_c = 5kHz$，控制策略采用 SPWM 策略，并网电流波形及其 FFT 频谱分析结果如图 2-7 所示。

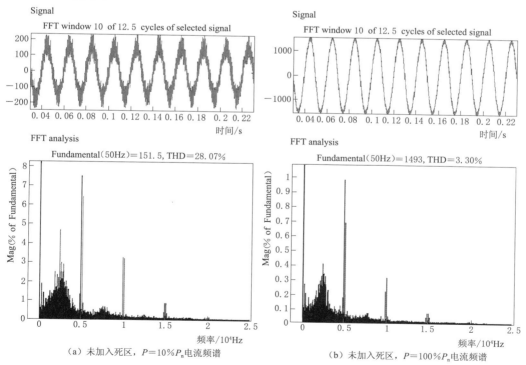

（a）未加入死区，$P = 10\%P_n$ 电流频谱　　　　（b）未加入死区，$P = 100\%P_n$ 电流频谱

图 2-7　两电平 SPWM 控制策略下并网电流频谱分析结果

图 2-7 为两电平 SPWM 控制策略下并网电流频谱分析结果，可以看到在 $f=$ 5kHz、$f=10$kHz 和 $f=1.5$kHz 开关频率及开关频率倍频附近的电流谐波分量最大。

4. SVPWM 调制策略谐波影响分析

SVPWM 采用空间电压矢量的切换获得准圆形旋转磁场，不仅在稳态，而且在暂态期间也能形成准圆形旋转磁场。并且在不高的开关频率（1~3kHz）条件下，可以产生较完善的正弦波电压。

开关函数 S 共有 8 种状态（000~111），其中 2 个零矢量（U_0、U_7），6 个非零矢量（$U_1 \sim U_6$），如图 2-8 所示。

利用这八个基本电压矢量的线性组合，可以合成更多的与 $U_1 \sim U_6$ 相位不同的新的电压空间矢量，最终构成一组等幅不同相的电压空间矢量，尽可能逼近圆形旋转磁场的磁链圆。任一空间矢量 $U_1 \sim U_6$ 可由其相邻的两个基本电压空间矢量合成，如当矢量位于扇区 1 时，$U_1 T_1 + U_2 T_2 = U T_s$，为弥补 T_s 和

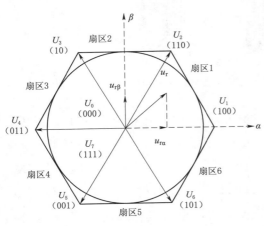

图 2-8 基本电压空间矢量图

$T_1 + T_2$ 之间的时间差，在逼近过程中插入零矢量，其作用时间为 $T_0 = T_s - T_1 - T_2$。也就是说，SVPWM 控制通过分配八个基本电压空间矢量及其作用时间，最终形成等幅不等宽的 PWM 脉冲波，实现追踪磁通的圆形轨迹。主电路功率器件的开关频率越高，正六边形轨迹就越逼近圆形旋转磁场。

以 U_r 为例，它位于第 1 扇区，设开关周期为 T_s，矢量 U_1 作用的时间为 T_1，矢量 U_2 作用时间为 T_2，零矢量用 U_0 统一表示，则整个作用时间为

$$U_r T_s = U_1 T_1 + U_2 T_2 + U_0 T_0 \tag{2-16}$$

其中，$T_s = T_1 + T_2 + T_0$。将 U_1、U_2 和 U_0 代入式（2-16），得

$$\begin{cases} U_r \cos r T_s = \dfrac{2}{3} U_{dc} T_1 + \dfrac{2}{3} U_{dc} \cos 60° T_1 \\ U_r \cos r T_s = \dfrac{2}{3} U_{dc} \sin 60° T_2 \end{cases} \tag{2-17}$$

解出 T_1、T_2 值为

$$\begin{cases} T_1 = m_u \sin(60° - r) T_s \\ T_2 = m_u \sin r T_s \end{cases} \tag{2-18}$$

其中，

$$m_u = \dfrac{U_{ref}}{U_{dc}/\sqrt{3}}$$

以 A 相电压为分析对象，A 相电压上桥臂导通时电压为 $U_{dc}/2$，下桥臂导通时电压为 $-U_{dc}/2$，则一个开关周期内 U_{ao} 正电平占空比为

$$d_u = \frac{T_s - T_0/2}{T_s} = \frac{1 + m_u \cos(r - 30°)}{2} \quad (2-19)$$

求得 U_{ao} 各次谐波幅值：

$$a_n = \frac{2U_{dc}}{n\pi}\left[\sum_{k=1}^{m_f/2}\sin(n\omega_1 t_{2k-1}) - \sum_{k=2}^{1+m_f/2}\sin(n\omega_1 t_{2k-2})\right] \quad (2-20)$$

由于 $U_{an} = U_{ao} - U_{no}$，其中 U_{no} 为负载中点对直流侧电容中点的电压，且 $U_{no} = (U_{ao} + U_{bo} + U_{co})/3$，认为 abc 三相对电容中点对称，则 U_{no} 只含有 $3n$ 次谐波成分，并且幅值与 U_{ao} 中 $3n$ 次谐波幅值相同。因此相电压 U_{an} 中不含有 $3n$ 次谐波成分，其余谐波幅值与 U_{ao} 相同。

以两电平逆变器仿真结果为例，逆变器控制策略采用 SVPWM 策略，为了与 SPWM 控制策略比较，开关频率同样选用 5kHz，其余参数也相同，结果如图 2-9 所示。

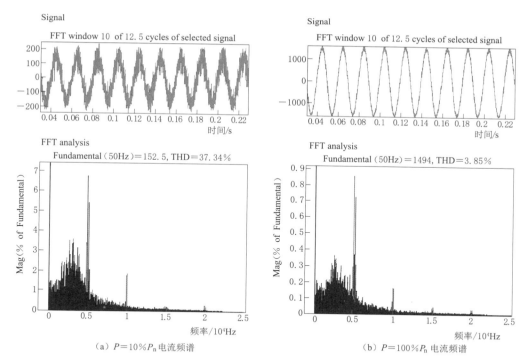

（a）$P=10\%P_n$ 电流频谱　　　　　（b）$P=100\%P_n$ 电流频谱

图 2-9　两电平 SVPWM 控制策略下并网电流频谱分析结果

可以看出，无论光伏逆变器采用何种波形调制策略，都会给电网带来高次谐波电流，在开关频率和开关频率倍频附近谐波含量最高，本例中 $f=4800\text{Hz}$ 和 $f=4900\text{Hz}$ 谐波含量最高。

2.1.2.2 死区控制对谐波的影响分析

在并网逆变系统中，PWM 方法下同一桥臂两个开关管工作在互补状态，图 2-10 为三相并网逆变环节的 A 相桥臂电路的两种均为互补的工作状态。由于一般开关关断时间大于开通时间，如果将恰好互补的开关信号加到同一桥臂上下两个开关管上，这两个开关管很有可能产生"直通"现象，造成桥臂短路。所以，实际并网逆变环节都采用开关管开通延迟的控制技术，称其为控制死区时间。显然，控制死区使逆变器桥臂输出叠加一个偏差电压，这种偏差电压不受开关管控制，由输出电流的流向来决定。此偏差电压直接造成了馈网电流谐波的产生。

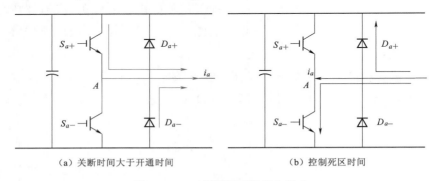

（a）关断时间大于开通时间　　　　　　（b）控制死区时间

图 2-10　A 相桥臂两种工作状态

根据电流方向分析同一桥臂的两管在开关转换过程中插入死区时间时对系统输出电压的具体影响。为便于分析，假定开关管为理想开关，即开通与关断均在瞬时完成，且通态压降为零，死区时间 t_d 内，两个功率管都停止导通，输出电流 i_a 通过续流二极管进行流通，至于哪一个二极管导通，则取决于电流 i_a 的方向。如果规定电流流出桥臂的方向为正，反之为负，则当插入死区时间后，所产生的偏差电压如图 2-11 中的阴影部分所示，所导致的偏差电压 U_{ao} 为脉冲电压，利用面积等效法可以计算出半个周期内的平均值，进行傅里叶级数分解，得出

$$\Delta U_{ao}(t) = \frac{4 f_s t_d U_d}{\pi} \left[\cos(\omega t) - \frac{\cos(3\omega t)}{3} + \frac{5\cos(\omega t)}{5} + \cdots \right]$$

$$\Delta U_{bo}(t) = \frac{4 f_s t_d U_d}{\pi} \left[\cos\left(\omega t - \frac{2\pi}{3}\right) - \frac{\cos\left(3\omega t - \frac{2\pi}{3}\right)}{3} + \frac{5\cos\left(\omega t - \frac{2\pi}{3}\right)}{5} + \cdots \right]$$

$$\Delta U_{co}(t) = \frac{4 f_s t_d U_d}{\pi} \left[\cos\left(\omega t - \frac{4\pi}{3}\right) - \frac{\cos\left(3\omega t - \frac{4\pi}{3}\right)}{3} + \frac{5\cos\left(\omega t - \frac{4\pi}{3}\right)}{5} + \cdots \right]$$

$$(2-21)$$

可见由于死区时间的加入，使得输出的基波电流下降，相位发生变化，低次谐波

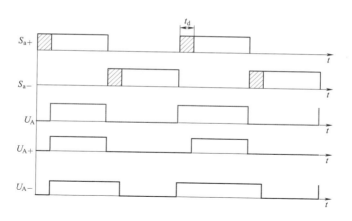

图 2-11　A 相桥臂开关时序图

增加。在图 2-6 所示的 Matlab/Simulink 仿真电路基础上加入开关控制死区时间 $t_d=$ 3μs，开关频率仍然为 5kHz，交流侧并网电流波形及其 FFT 分析结果如图 2-12 所示。

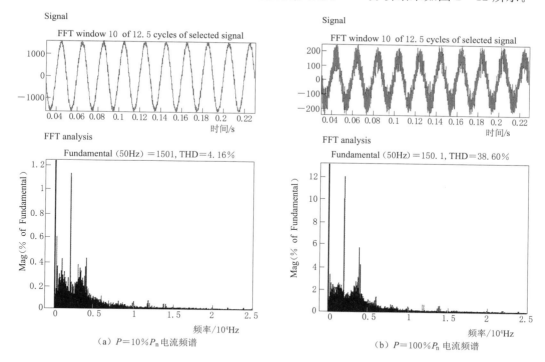

（a）$P=10\%P_n$ 电流频谱　　　　　　（b）$P=100\%P_n$ 电流频谱

图 2-12　加入死区时间电流波形及其 FFT 频谱分析结果

未加入死区前，$f=4800\text{Hz}$ 和 $f=4900\text{Hz}$ 频率谐波含量较高，加入死区时间后，谐波总体含量上升。其中 39 次谐波 $f=1950\text{Hz}$ 和 41 次谐波 $f=2050\text{Hz}$ 的上升显著，绝对值均约为 15A，且不随逆变器功率上升而改变。

2.1.2.3 逆变器拓扑结构对谐波的影响分析

大容量并网逆变器一般为三相逆变器，三相逆变器电路主要有两电平逆变电路、Ⅰ型三电平逆变电路、电压型二重逆变电路等几种典型拓扑，如图 2-13 所示。

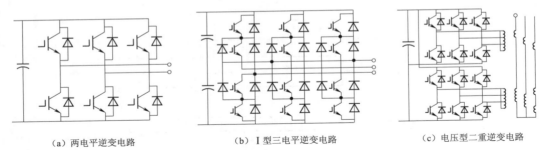

（a）两电平逆变电路   （b）Ⅰ型三电平逆变电路   （c）电压型二重逆变电路

图 2-13 大型光伏光伏逆变器典型拓扑

两电平逆变电路拓扑结构应用最为广泛，主要因为该拓扑结构简单，易于控制。传统的两电平逆变电路的输出线电压共有 $\pm U_d$ 和 0 三种电平，而三电平逆变电路的输出线电压则有 $\pm U_d$、$\pm U_d/2$ 和 0 五种电平。通过输出更多种电平，可以使其波形更接近正弦波。因此，通过适当的控制，三电平逆变电路输出电压谐波可大大少于两电平电路。与三电平电路类似的方法，还可以构成五电平、七电平等更多电平的电路，但控制算法计算量也随之上升。所以，当前大容量光伏逆变器仍然以两电平拓扑为主，也有少量三电平拓扑结构。同多电平一样，多重化把若干个逆变电路的输出按照一定的相位差组合起来，使它们所含的某些主要谐波分量相互抵消，就可以减少谐波含量，得到较为接近正弦波的波形。另外，多重化主电路可以有效解决大容量逆变器电力电子器件开关频率低的问题，使系统等效开关频率成倍提高，从而大大提高了逆变器并网电能质量。

两电平 SPWM 的视在功率分别为 10% 和 100% 下的 FFT 频谱分析结果见图 2-7 所示，在 Matlab/Simulink 中建立三电平逆变器电路，三电平拓扑结构采用Ⅰ型三电平拓扑，开关频率仍然为 5kHz，如图 2-14 所示。

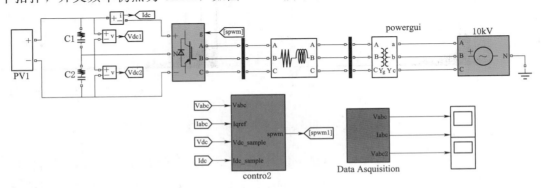

图 2-14 Matlab/Simulink 三电平逆变器仿真电路

Ⅰ型三电平 SPWM 控制策略下并网电流波形及其 FFT 频谱分析结果如图 2-15所示。

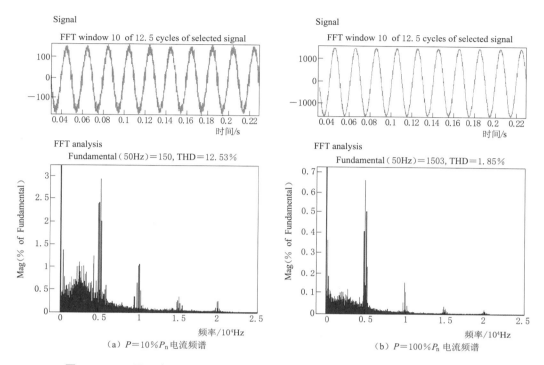

（a）$P=10\%P_n$ 电流频谱   （b）$P=100\%P_n$ 电流频谱

图 2-15　Ⅰ型三电平 SPWM 控制策略下并网电流波形及其 FFT 频谱分析结果

可以看到，与两电平结构相比，三电平结构电流波形更为光滑，在低功率区间尤为明显，大大降低了总谐波含量，同样在开关频率和开关频率倍频附近谐波含量最高，本例中 $f=4800\text{Hz}$ 和 $f=4900\text{Hz}$ 谐波含量最高。

2.1.2.4　滤波器设计

并网逆变器输出侧常见的滤波电路有单 L 型、LC 型、LCL 型三种。

1. L 型与 LCL 型滤波器特性比较

从单相结构的滤波器滤波效果分析 L 型和 LCL 型滤波器的工作原理，其结构如图 2-16 所示。

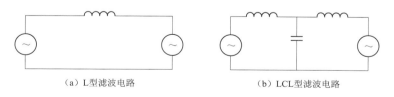

（a）L型滤波电路   （b）LCL型滤波电路

图 2-16　L 型和 LCL 型滤波器电路示意图

对于单 L 型滤波器，其传递函数为

$$G_{\mathrm{L}}(s)=\frac{I}{U_{\mathrm{s}}}=\frac{1}{sL} \qquad (2-22)$$

对于 LCL 型滤波器，滤波器传递函数为

$$X_{\mathrm{s}}=L_1s+L_{\mathrm{g}}s\bigg/\frac{1}{sC}=\frac{L_1L_{\mathrm{g}}Cs^3+L_1s+L_{\mathrm{g}}s}{L_{\mathrm{g}}Cs^2+1} \qquad (2-23)$$

2. LCL 型滤波器谐波电流分析

并网电流为

$$I_{\mathrm{g}}=\frac{U_{\mathrm{i}}}{X_{\mathrm{s}}}\cdot\frac{\dfrac{1}{sC}}{L_{\mathrm{g}}s+\dfrac{1}{sC}}=\frac{U_{\mathrm{i}}}{X_{\mathrm{s}}}\cdot\frac{1}{L_{\mathrm{g}}Cs^2+1} \qquad (2-24)$$

所以流入电网的电流与逆变器侧端电压的传递函数为

$$\frac{I_{\mathrm{g}}}{U_{\mathrm{i}}}=\frac{1}{3L_1L_{\mathrm{g}}Cs^3+L_1s+L_{\mathrm{g}}s} \qquad (2-25)$$

L 型和 LCL 型滤波器中取 $L=L_1+L_{\mathrm{g}}=21.4\mu\mathrm{H}$，$C=1200\mu\mathrm{F}$ 时，滤波器的伯德图如图 2-17 所示。

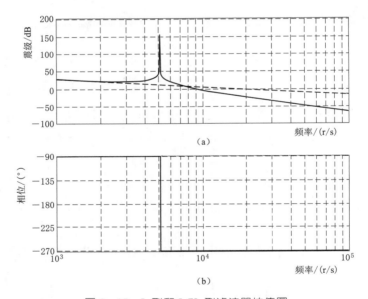

图 2-17　L 型和 LCL 型滤波器伯德图

图 2-17 中，实线部分是 LCL 型滤波器的伯德图，虚线部分是 L 型滤波器的伯德图。L 型滤波器是一阶的，电流谐波幅值以 $-20\mathrm{dB/dec}$ 下降；LCL 型滤波器为三阶的，在谐振频率之前，与 L 型滤波器相同，电流谐波幅值以 $-20\mathrm{dB/dec}$ 下降，但是在谐振频率之后，电流谐波幅值以 $-60\mathrm{dB/dec}$ 下降，对高阶频率有着较好的抑制作用。但由于 LCL 谐振峰的存在，设计 LCL 滤波器时，一方面需要精确设计参数，防

止谐振点位于开关频率或者较大的谐波含量附近；另一方面也可以通过其他方法，减小谐振峰的峰值，防止谐波谐振。

2.1.2.5 光伏逆变器谐波实测分析

当前大规模光伏电站多采用 500kW 或 630kW 大型光伏逆变器，选用一种型号 500kW 光伏逆变器（以下称 A 型光伏逆变器）在实验室开展电能质量测试，并对其体现的电能质量特性进行分析。

1. 测试平台参数

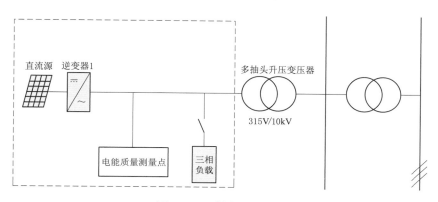

图 2-18　测试平台参数

2. 逆变器参数

A 型光伏逆变器采用传统两电平三相全桥逆变方式，滤波器采用 LCL 滤波电路，最大直流侧功率为 566kW，最大输入电压为 1000V，最大输入电流为 1120A，启动电压 520V。交流侧额定电网电压 315V，额定功率 500kW，最大交流输出功率 550kVA，最大输出电流 1008A，额定功率下最大总谐波失真小于 3%。功率器件开关频率为 3kHz。逆变器电路拓扑结构如图 2-19 所示。

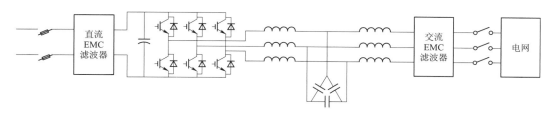

图 2-19　被测逆变器电路拓扑图

3. 测试结果

电流谐波与间谐波测试时控制光伏逆变器无功功率输出趋近于零，从光伏逆变器持续正常运行的最小功率开始，定义每递增 10% 的光伏逆变器所配逆变器总额定功率为一个区间，每个区间都应进行检测，测量时间为 10min。选用 A 相电流测试结果，见表 2-2。

表 2－2　　　　　　　　　　　　　　逆变器 A 相电流测试结果

谐波次数	功 率 区 间/(％ P_n)									
	10	20	30	40	50	60	70	80	90	100
1	94	188	281	372	464	555	667	725	812	927
2	0.3482	0.4230	0.4535	0.5358	0.6141	0.6867	0.9110	0.7690	0.9985	1.3187
3	0.2915	0.3167	0.3176	0.3427	0.3707	0.3792	0.4978	0.4669	0.4908	0.5934
4	0.4595	0.4027	0.3883	0.5114	0.5596	0.6684	0.6933	0.7083	0.7618	0.8458
5	5.1133	4.0851	3.5938	3.2485	3.2776	3.6077	3.7486	4.1533	4.7919	5.5904
6	0.2160	0.2566	0.2827	0.2418	0.2681	0.2848	0.3060	0.3480	0.3350	0.4295
7	3.1436	2.8069	2.8373	2.3504	2.1049	2.4151	3.3069	3.5702	3.9489	4.4822
8	0.2243	0.3271	0.5598	0.6366	0.7623	0.6714	0.5941	0.5986	0.5958	0.5900
9	0.2009	0.1890	0.2046	0.2187	0.2378	0.2485	0.2536	0.2761	0.3206	0.3740
10	1.4718	1.5385	1.6116	1.3398	1.0755	0.9529	1.2769	1.3515	1.4344	1.5355
11	1.8649	0.7535	1.4355	1.8353	1.8298	1.5543	0.9848	1.4648	2.4255	3.3310
12	0.1555	0.1885	0.1983	0.1697	0.1584	0.1759	0.1833	0.2035	0.2438	0.2773
13	1.2758	1.4651	1.0125	0.6632	0.8201	1.3578	1.6707	1.5899	1.4420	1.3306
14	0.6528	0.4047	0.5458	0.3996	0.4927	0.5537	0.4965	0.4758	0.4433	0.4284
15	0.1405	0.1515	0.1423	0.1490	0.1427	0.1653	0.1907	0.1551	0.1629	0.1854
16	0.3815	0.2532	0.3162	0.2538	0.2405	0.2200	0.2021	0.2172	0.2371	0.2256
17	0.1685	0.1229	0.4409	0.4611	0.4732	0.2266	0.1334	0.1340	0.1003	0.1660
18	0.1247	0.1326	0.1355	0.1335	0.1408	0.1305	0.1367	0.1450	0.1447	0.1530
19	0.2897	0.5082	0.2045	0.2993	0.4169	0.4216	0.2884	0.2233	0.2304	0.1983
20	0.1304	0.2069	0.2193	0.2340	0.1721	0.2732	0.2212	0.1870	0.1788	0.1854
21	0.1048	0.1120	0.1124	0.1118	0.1125	0.1110	0.1324	0.1097	0.0854	0.0927
22	0.3917	0.4596	0.1506	0.3741	0.2232	0.2615	0.4678	0.4573	0.3276	0.2780
23	0.3732	0.2811	0.2268	0.2023	0.4167	0.4859	0.3541	0.2890	0.1727	0.0934
24	0.0780	0.0842	0.0904	0.0864	0.0949	0.0946	0.1029	0.0921	0.0988	0.0934
25	0.2006	0.1887	0.1331	0.1860	0.2844	0.2775	0.2662	0.2175	0.2412	0.1854
26	0.1871	0.2258	0.1399	0.1878	0.1392	0.1134	0.2001	0.2175	0.1624	0.1750
27	0.0840	0.0899	0.0843	0.0780	0.0928	0.1010	0.0720	0.0725	0.0812	0.0927
28	0.1183	0.1128	0.1543	0.1116	0.1856	0.1665	0.1329	0.0725	0.1533	0.1854
29	0.1121	0.1075	0.1124	0.1099	0.0928	0.1110	0.1334	0.1450	0.0993	0.0927
30	0.1507	0.1504	0.1410	0.1488	0.1392	0.1665	0.1334	0.1450	0.1562	0.1851
31	0.1005	0.1128	0.1124	0.1116	0.0928	0.1110	0.1334	0.1223	0.0812	0.0927
32	0.1159	0.1521	0.1143	0.1332	0.1405	0.1587	0.1329	0.1386	0.1612	0.1761
33	0.0606	0.0571	0.0562	0.0737	0.0474	0.0555	0.0667	0.0725	0.0812	0.0927
34	0.0869	0.0554	0.0843	0.0744	0.0464	0.0555	0.0667	0.0725	0.0812	0.0927

谐波次数	功 率 区 间/(% P_n)									
	10	20	30	40	50	60	70	80	90	100
35	0.0340	0.0377	0.0283	0.0372	0.0464	0.0555	0.0667	0.0725	0.0812	0.0808
36	0.0272	0.0271	0.0281	0.0372	0.0464	0.0551	0.0647	0.0545	0.0672	0.0495
37	0.0278	0.0349	0.0281	0.0372	0.0464	0.0555	0.0660	0.0723	0.0812	0.0918
38	0.0642	0.0755	0.0843	0.0744	0.0916	0.0929	0.0672	0.0725	0.0812	0.0927
39	0.0629	0.0584	0.0564	0.0743	0.0823	0.0555	0.0667	0.0562	0.0418	0.0770
40	0.0668	0.0376	0.0562	0.0500	0.0464	0.0555	0.0667	0.0725	0.0812	0.0927
41	0.0285	0.0374	0.0281	0.0372	0.0464	0.0555	0.0629	0.0528	0.0470	0.0537
42	0.0223	0.0231	0.0281	0.0367	0.0387	0.0319	0.0400	0.0178	0.0128	0.0000
43	0.0212	0.0214	0.0281	0.0368	0.0377	0.0229	0.0462	0.0199	0.0081	0.0066
44	0.0751	0.0752	0.0843	0.0744	0.0760	0.0555	0.0667	0.0725	0.0812	0.0927
45	0.0357	0.0372	0.0281	0.0372	0.0459	0.0484	0.0667	0.0721	0.0812	0.0920
46	0.0642	0.0562	0.0562	0.0744	0.0928	0.1110	0.0667	0.0725	0.0812	0.0927
47	0.0295	0.0375	0.0281	0.0372	0.0464	0.0548	0.0347	0.0199	0.0115	0.0066
48	0.0189	0.0194	0.0281	0.0367	0.0405	0.0257	0.0422	0.0154	0.0081	0.0000
49	0.0282	0.0351	0.0281	0.0372	0.0464	0.0555	0.0320	0.0089	0.0000	0.0000
50	0.1123	0.1054	0.1137	0.1270	0.1369	0.1505	0.1367	0.1450	0.1593	0.1439
$THDS_i$	7.15%	2.98%	1.90%	1.31%	1.04%	0.94%	0.87%	0.87%	0.89%	0.91%

根据上表中的测试数据，绘制谐波分布整体图如图 2-20 所示。其中，纵轴为测试功率区间，横轴表示 2~50 次谐波，颜色表示该谐波分量幅值大小，红色表示幅值较大，蓝色表示幅值较小。

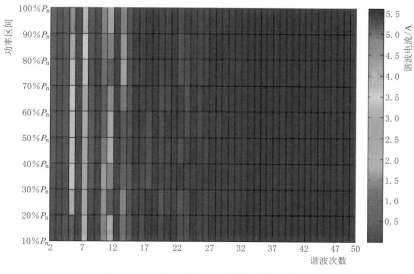

图 2-20　不同功率区间谐波测试结果

在所有功率段，5 次、7 次谐波分量均较为明显，最大值出现在 100％工况，谐波电流为 5.5904A，次大值出现在 10％工况，谐波电流为 5.1133A。7 次谐波情况与此类似，大值分布在 100％和 10％工况附近。超过 14 次谐波后，谐波电流均远小于 1A。

与谐波电流绝对值的分布趋势不同，电流谐波总畸变率 THDi 随功率增加而下降，在功率达到 60％以后基本稳定，如图 2-21 所示。THDi 的极大值出现在 10％工况，为 7.15％。

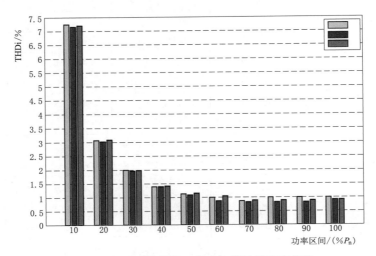

图 2-21　同功率区间三相电流谐波畸变率趋势

光伏逆变器在高频段同样含有丰富的谐波含量，将谐波分析频段扩展到 9kHz，光伏逆变器高频谐波分析结果如图 2-22 所示，在 1.5kHz、3kHz、6kHz 均有明显谐波存在。

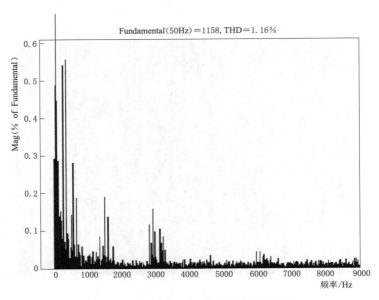

图 2-22　光伏逆变器高频谐波分析结果

A 相电流间谐波测试结果见表 2-3。

表 2-3 A 相电流间谐波中心子群有效值

谐波次数	功率区间/(%P_n)									
	10	20	30	40	50	60	70	80	90	100
1	2.3188	1.1650	0.7788	0.6487	0.7980	0.8481	1.1771	0.4557	1.0440	1.2460
2	0.7696	0.4194	0.2828	0.2250	0.1936	0.1688	0.1675	0.1384	0.1295	0.1343
3	1.5039	0.7508	0.4989	0.3816	0.3105	0.2600	0.2263	0.2047	0.1840	0.1686
4	0.6548	0.3532	0.2390	0.2214	0.1780	0.1442	0.1290	0.1180	0.1122	0.1061
5	0.5542	0.2810	0.1935	0.1507	0.1243	0.1050	0.0886	0.0802	0.0698	0.0699
6	0.4292	0.2383	0.1618	0.1335	0.1108	0.0909	0.0972	0.0878	0.0806	0.0702
7	1.1772	0.6225	0.4022	0.3079	0.2511	0.2135	0.1816	0.1687	0.1466	0.1276
8	0.3921	0.1868	0.1135	0.1009	0.0808	0.0719	0.0615	0.0610	0.0603	0.0592
9	0.6094	0.3029	0.2023	0.1637	0.1339	0.1142	0.0902	0.0807	0.0714	0.0673
10	0.8062	0.2473	0.1699	0.1546	0.1269	0.1165	0.0976	0.0757	0.0576	0.0590
11	0.2655	0.1525	0.1222	0.1099	0.0975	0.0753	0.0884	0.0606	0.0524	0.0694
12	0.2591	0.1426	0.0932	0.0748	0.0625	0.0515	0.0408	0.0396	0.0335	0.0338
13	0.6138	0.1992	0.0864	0.0898	0.0588	0.0356	0.0368	0.0346	0.0396	0.0394
14	0.3673	0.2381	0.1183	0.0703	0.0505	0.0391	0.0501	0.0505	0.0500	0.0499
15	0.1731	0.0905	0.0589	0.0470	0.0399	0.0303	0.0467	0.0401	0.0327	0.0302
16	0.1875	0.1228	0.0787	0.0710	0.0609	0.0482	0.0396	0.0400	0.0362	0.0301
17	0.3383	0.1717	0.0935	0.0524	0.0598	0.0532	0.0398	0.0300	0.0200	0.0200
18	0.1345	0.0745	0.0519	0.0402	0.0320	0.0300	0.0229	0.0201	0.0200	0.0200
19	0.1534	0.0679	0.0516	0.0443	0.0439	0.0396	0.0291	0.0212	0.0200	0.0200
20	0.4922	0.2119	0.1229	0.0950	0.0746	0.0662	0.0600	0.0503	0.0490	0.0400
21	0.1633	0.0784	0.0503	0.0401	0.0305	0.0256	0.0205	0.0200	0.0200	0.0199
22	0.4958	0.2328	0.1395	0.0902	0.0801	0.0700	0.0614	0.0600	0.0508	0.0477
23	0.2322	0.1217	0.0891	0.0800	0.0700	0.0500	0.0357	0.0300	0.0261	0.0200
24	0.1719	0.0869	0.0593	0.0478	0.0398	0.0316	0.0298	0.0222	0.0201	0.0200
25	0.4008	0.2046	0.1500	0.1202	0.0900	0.0700	0.0495	0.0400	0.0400	0.0300
26	0.8445	0.4367	0.3000	0.2300	0.1795	0.1403	0.1200	0.1100	0.0901	0.0801
27	0.1727	0.0854	0.0569	0.0402	0.0327	0.0300	0.0209	0.0201	0.0200	0.0200
28	0.4395	0.2300	0.1501	0.1096	0.0815	0.0700	0.0600	0.0536	0.0500	0.0425
29	1.7183	0.8298	0.5421	0.4100	0.3300	0.2800	0.2300	0.2103	0.1900	0.1700
30	0.1523	0.0798	0.0510	0.0401	0.0314	0.0300	0.0245	0.0202	0.0198	0.0200
31	1.2417	0.6300	0.4200	0.3100	0.2487	0.2000	0.1700	0.1502	0.1400	0.1200
32	0.3318	0.1600	0.1100	0.0800	0.0700	0.0600	0.0500	0.0400	0.0400	0.0354

谐波次数	功率区间/(%P_n)									
	10	20	30	40	50	60	70	80	90	100
33	0.0999	0.0502	0.0301	0.0281	0.0200	0.0200	0.0300	0.0300	0.0300	0.0203
34	0.3700	0.1753	0.1100	0.0812	0.0700	0.0600	0.0500	0.0500	0.0497	0.0400
35	0.0872	0.0402	0.0261	0.0200	0.0192	0.0142	0.0103	0.0100	0.0100	0.0100
36	0.0839	0.0420	0.0300	0.0206	0.0200	0.0195	0.0101	0.0100	0.0100	0.0100
37	0.0497	0.0301	0.0200	0.0159	0.0107	0.0100	0.0100	0.0100	0.0100	0.0100
38	0.1466	0.0789	0.0502	0.0401	0.0303	0.0286	0.0225	0.0201	0.0200	0.0200
39	0.2192	0.1100	0.0700	0.0602	0.0500	0.0400	0.0200	0.0100	0.0100	0.0100

同样，依据表2-3中的测试数据绘制间谐波分布如图2-23所示。其中，纵轴为测试功率区间，横轴表示1～39次间谐波，颜色表示该谐波分量幅值大小，红色表示幅值较大，蓝色表示幅值较小分量。

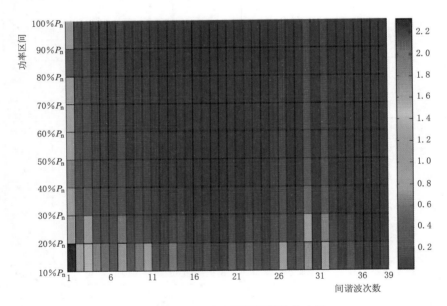

图2-23 不同功率区间间谐波分布图

1次和29次间谐波分量较为显著，分别为2.31A和1.71A。

从分析及实测的结果可以看出：

（1）光伏逆变器的谐波呈现宽频带，高频次的特点，从低频段到高频段都含有丰富的谐波分量。

（2）被测样机谐波电流绝对值在高、低功率两端相对较高，中功率区间则较小；但在其他测试中，谐波电流也存在随功率增加而增加等多种不同情况。

（3）谐波电流总畸变率 THD_i 在低功率段较高，随功率上升逐步下降。本次被测逆变器 THD_i 最大值为 7.15%，但也存在逆变器低功率时 THD_i 超过 10%甚至达到 20%的情况。

（4）光伏逆变器在基频附近存在间谐波电流，大量间谐波的存在可能会引起功率波动，产生闪变等现象。

2.1.3 光伏电站电压波动和闪变特征分析

2.1.3.1 电压波动和闪变成因分析

1. 电压波动与闪变联系

尽管电压波动、电压闪变二者经常同时发生，但各自所指内涵不同。电压波动定义为：变动幅值不超过 10%的周期性电压均方根值相对于稳态平均值发生偏离的现象。电压闪变的定义为：电光源的亮度或光谱分布随时间波动造成的人类的视觉感受。对于一般电气设备来说，实际运行中出现的电压波动值往往小于电气设备的电磁兼容值，由于电压波动使得电器设备运行出现问题甚至损坏的情况并不多见。但对于照明电光源来说，电压波动会引起令人烦恼的灯光闪烁，严重时刺激人的视感神经，使人们难以忍受而情绪烦躁，从而干扰了正常工作和生活，需要引入闪变值来衡量人类对波动可以接受的水平。

2. 功率变化引起的电压波动和闪变

电网中电源注入功率的变化以及负荷的波动都会引起电网中母线节点电压波动。分析由节点注入功率的变化引起节点电压波动的机理时，机组并网示意图如图 2-24 所示，其中 $\dot{E}$ 为机组出口电压相量，R_1、X_1 分别为线路电阻和电抗，$\dot{U}$ 为电网电压相量，其相量图如图 2-25 所示，$\dot{I}$ 为并网电流相量。

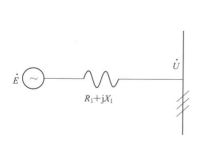

图 2-24　机组并网示意图

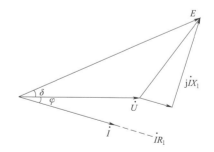

图 2-25　功率引起电压降落相量图

从图 2-25 中可以看出 $\dot{I}R_1$ 是引起电压降落的主因，$\dot{I}X_1$ 与 $\dot{U}$ 接近垂直，造成的电压幅值降落可以忽略不计。从图 2-25 可以看出 $\dot{I}X_1$ 是引起电压降落的主要原因，所以并网机组输出的有功功率和无功功率波动都会引起电网电压波动。线路两端的电

压差的计算为

$$\Delta U = \frac{(PR_1 + QX_1) + \mathrm{j}(PX_1 - QR_1)}{U} \tag{2-26}$$

一般而言，较短的电力线路两端电压的相角差不大，所以电压波动可近似为

$$\mathrm{d}(\Delta U) = \frac{\mathrm{d}(P)R_1 + \mathrm{d}(Q)X_1}{U} \tag{2-27}$$

光伏发电、风力发电等新能源发电形式，其一次能源都具有随机性，波动性较大，可能会引起并网侧功率波动，进而造成电压波动和闪变。在风电中，已有大量文献证明由于受塔影效应、风剪切等因素的影响，风电机组在叶轮旋转一周的过程中产生的转矩不稳定，从而导致与风机叶片经过塔筒频率相同的输出功率波动。对于常见的三叶片风电机组，波动频率为 $3p$（p 为叶轮旋转速度），引起的电压周期性波动的频率范围为 $1 \sim 2\mathrm{Hz}$。在光伏中，尚未有文献对光伏发电引起的电压和闪变规律进行总结，需要对太阳辐射强度波动特征和光伏逆变器控制策略进行进一步分析。

3. 间谐波电流引起的电压波动和闪变

由于死区控制将会使得逆变器产生低频的谐波和间谐波电流，间谐波电流将引起并网点产生间谐波电压导致电压波动。可以从标准的 IEC 闪变仪测试结果出发，推导间谐波电压与电压闪变二者关系。

标准的 IEC 闪变仪是当前用于测量闪变的主要手段，通过模拟灯、眼、脑三个环节来评估由于电压波动引起灯的光照波动给人带来的闪变影响，该闪变仪结构示意如图 2-26 所示。

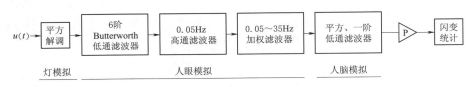

图 2-26　IEC 闪变仪结构示意图

（1）灯模拟环节：用平方检测法从工频电压波动信号中解调出调幅波。

（2）人眼模拟环节：用于模拟视觉频率选择特性。由带通滤波器、加权滤波器和测量范围选择器构成。带通滤波器的功能是滤除平方解调后的直流分量和高频分量，从信号中提取人眼敏感的波动信号（$0.05 \sim 35\mathrm{Hz}$）；加权滤波器用传递函数 $K(s)$ 逼近察觉率为 50% 的视感度曲线；测量范围选择器的作用是提高测量的灵敏度。

（3）人脑模拟环节：模拟视觉反应的非线性和人脑的记忆效应，包含平方器和一阶低通滤波器。输出是瞬时闪变视感度 $S(t)$，对 $S(t)$ 作不同的处理可用来反映电网电压波动引起的闪变程度。

（4）统计分析：利用数字信号处理器，将输出的瞬时闪变值进行等间隔采样，通

过大量数据统计给出累积概率函数 CPF，由 CPF 曲线获得短时闪变值 P_{st}，再由短时闪变值获得长时闪变值 P_{1t}。

设归一化后的输入信号表达式为

$$u(t) = \sin(\omega_0 t + \varphi_0) + \sum_{i=1}^{m} a_i \sin(\omega_i t + \varphi_i) + \sum_{i=1}^{n} b_i \sin(\omega_i' t + \varphi_i') \qquad (2-28)$$

式中 m、n——信号中谐波和间谐波个数；

ω_0、ω_i 和 ω_i'——基波、i 次谐波和 i 次间谐波的角频率；

φ_0、φ_i 和 φ_i'——基波、i 次谐波和 i 次间谐波的初始相位。

信号 $u(t)$ 经过平方环节后，由于式中 a_i^2、b_i^2、$a_i a_i$、bb_{ij}、ab_{ij} 与 b_j 相比都很小，故忽略不计，且考虑到人眼模拟环节 $0.05 \sim 35 \mathrm{Hz}$ 的选择作用，输入视感度加权环节的信号表达式为

$$u_1(t) = \sum_{i=1}^{n} b_i \cos((\omega_0 - \omega_i')t + \varphi_0 + \varphi_i') \qquad (2-29)$$

从式（2-29）中可以看出，谐波与基波作用不能引起闪变；谐波与间谐波相近时，相互作用后的频率虽然在闪变范围之内，但是由于各自幅值都很小，相互作用后幅值更小，忽略不计，因此也不能引起闪变；只剩下间谐波和基波相互作用的信号。将式（2-29）代入人眼感知加权环节和人脑模拟环节，可以得到瞬时闪变视感度表达式为

$$S(t) = \frac{1}{2} P \left[\sum_{i=1}^{n} b_i K^2(|f_0 - f_i|) + \frac{1}{2} \sum_{i=1}^{n} \sum_{j=1}^{n} b_i b_j K^2(f_j - f_i) \cos(2\varphi_0 - \varphi_i - \varphi_j) \right]$$

$$(2-30)$$

式（2-30）中的第 1 项为单个间谐波引起的瞬时闪变视感度，第 2 项为满足频率分辨率为 f_i、f_j 的间谐波对引起的瞬时闪变视感度中的共同作用部分，$f_i + f_j = 2f_0$。输入电压中含间谐波对时，间谐波对中的每个间谐波会单独产生第 1 项的瞬时闪变视感度，并且间谐波对中 2 个间谐波共同作用会产生第 2 项的瞬时闪变视感度。

可以看出，在稳态运行时，光伏电站有功功率变化时引起光伏电站并网点电压波动的主要原因。但是，在光伏逆变器由于死区控制、并网、关机过程和太阳辐射强度的剧烈变化时产生的间谐波也可能引起闪变。下面将对这些过程中光伏电站引起的闪变水平进行分析。

2.1.3.2 太阳辐射强度波动引起的闪变

本节主要分析不同太阳辐射强度波动情况下光伏逆变器的工作情况，评估由于太阳辐射强度波动引起的电压波动和闪变。

从上文推导中可知，光伏电站并网电压波动差值的表达式为

$$d(\Delta U) = \frac{d(P)R_1 + d(Q)X_1}{U} \tag{2-31}$$

式中 $d(\Delta V)$、$d(P)$ 和 $d(Q)$ ——线路电压降落、有功功率和无功功率的变化幅值。

对于光伏电站一般采用定功率因数控制策略，进一步化简为

$$d(\Delta U) = \frac{d(P)(R_1 + kX_1)}{U} \tag{2-32}$$

其中 $k = \dfrac{Q}{P}$，当采用单位功率因数控制时，$k = 0$。

设短路阻抗角为 α，短路容量与线路阻抗关系为

$$Z = R + jX = \frac{U^2}{S_n}, \tan\alpha = \frac{X}{R} \tag{2-33}$$

则线路电阻的表达式为

$$R = \cos\frac{U^2}{S_n} \tag{2-34}$$

假设光伏电站当前功率与太阳辐射强度强弱线性相关，光伏电站采用单位功率因数控制，则并网点电压波动表达式为

$$d(\Delta U) = d(r)S_{pv}\cos\frac{U_n}{KS_{pv}} \tag{2-35}$$

将电压波动标幺化后得到

$$d(\Delta U)^* = \frac{d(r)\cos\alpha}{K} \tag{2-36}$$

式中 $d(r)$——太阳辐射强度变化比例，得到不同太阳辐射强度波动下光伏电站并网点电压波动幅度大小，见表 2-4。

表 2-4   不同太阳辐射强度波动引起的并网点电压波动大小

$d(r)$	短路比	30°	50°	70°	85°
0.3	10	2.60%	1.93%	1.03%	0.26%
	20	1.30%	0.96%	0.51%	0.13%
	30	0.87%	0.64%	0.34%	0.09%
	40	0.65%	0.48%	0.26%	0.07%
0.7	10	6.06%	4.50%	2.39%	0.61%
	20	3.03%	2.25%	1.2%	0.31%
	30	2.02%	1.50%	0.80%	0.20%
	40	1.52%	1.12%	0.60%	0.15%

IEC 闪变仪给出了瞬时视感度 $S(t) = 1$ 的各频率正弦电压波动，见表 2-5。

表 2-5 瞬时视感度 $S(t)=1$ 的各频率正弦电压波动

f/Hz	0.5	1.5	2.5	3.5	4.5	5.5	6.5	7.5	8.8
$d/\%$	2.340	1.080	0.754	0.568	0.446	0.360	0.300	0.266	0.250
f/Hz	10.0	11.0	12.0	14.0	16.0	18.0	20.0	22.0	24.0
$d/\%$	0.260	0.282	0.312	0.388	0.480	0.584	0.700	0.824	0.962
f/Hz	0.5	1.0	1.5	2.0	2.5	3.0	3.5	4.0	4.5
$d/\%$	0.514	0.471	0.432	0.401	0.374	0.355	0.345	0.333	0.316

根据本书给出的闪变统计方法，当瞬时视感度 10min 内保持为 1 时，短时闪变值 $P_{st}=0.714$。假设发生极端情况，当以太阳辐射强度以 1 次/min 发生 $d(r)=0.3$ 或者 $d(r)=0.7$ 的波动且持续 10min，不同太阳辐射强度下引起的并网点电压闪变大小见表 2-6。

表 2-6 不同太阳辐射强度波动引起的并网点电压闪变大小

$d(r)$	短路比	30°	50°	70°	85°
0.3	10	0.9383	0.6965	0.3717	0.0938
	20	0.4691	0.3464	0.1841	0.0469
	30	0.3140	0.2310	0.1227	0.0325
	40	0.2346	0.1732	0.0938	0.0253
0.7	10	2.1870（超标）	1.6240（超标）	0.8625	0.2201
	20	1.0935（超标）	0.8120	0.4331	0.1119
	30	0.7290	0.5413	0.2887	0.0722
	40	0.5485	0.4042	0.2165	0.0541

从表 2-6 中可以看到，在理想条件下，有三种情况发生了闪变超标。以 $P_{st}=2.1870$ 为例，此时短路比为 10，阻抗角为 30°，太阳辐射强度以 0.5Hz 发生 $d(r)=0.7$ 持续 10min，显然自然条件下太阳辐射强度变化很难会达到这种波动程度。

为验证以上分析设计试验，对 500kW 逆变器进行太阳辐射强度不同变化速率下的电能质量测试。太阳辐射强度变化参数设置见表 2-7。

通过改变直流源输出特性曲线，可以在实验室完成不同太阳辐射强度波动情况下逆变器并网点闪变测试。测试平台拓扑图见图 2-18，测试平台 500kW 逆变器分别在太阳辐射强度不同变化速率和频率下结果。由于三相功率平衡，故只列出 A 相电压、电流和瞬时闪变视感度变化趋势。500kW 逆变器并网经过两级变压 1 器与电网连接。其中，隔离变压器 10kV/10kV，短路阻抗 $U_k=4\%$，容量 2MVA；升压变变比为 0.315/10，短路阻抗 $U_k=6\%$，容量 1.5MVA。归算到基准容量为 $S_b=2\mathrm{MVA}$，$U_b=0.315\mathrm{kV}$ 下为

表 2-7   太阳辐射强度变化参数设置

实验类型	试验编号	时间/s				变化速率 /[W/(m²·s)]	变化频率 /Hz	重复次数
		上升	峰部	下降	谷部			
低太阳辐射强度波动	1	40	10	40	10	10	0.010	5
	2	29	10	29	10	14	0.013	
	3	20	10	20	10	20	0.017	
	4	13	10	13	10	30	0.022	
	5	8	10	8	10	50	0.028	
	6	4	10	4	10	100	0.036	
	7	2	10	2	10	200	0.042	
	8	1	10	1	10	400	0.045	
高太阳辐射强度波动	1	70	10	70	10	10	0.006	8
	2	50	10	50	10	14	0.008	
	3	35	10	35	10	20	0.011	
	4	23	10	23	10	30	0.015	
	5	14	10	14	10	50	0.021	
	6	7	10	7	10	100	0.029	
	7	3.5	10	3.5	10	200	0.037	
	8	1	10	1	10	700	0.045	

$$X_{t1} = U_k \frac{U_n^2}{S_n} \frac{S_B}{U_B} = 0.06 \times \left(\frac{10}{10}\right)^2 \times \frac{2}{2} = 0.06 \tag{2-37}$$

逆变器并网点短路容量为

$$S_{inv} = \frac{U^2}{\sum X} = \frac{10^2}{(0.533+0.06) \times \dfrac{10^2}{2}} = 17.6 (MVA) \tag{2-38}$$

故该 500kW 逆变器接入短路比为 35.3。

可以看到，由于短路比较大，直接测量有很大误差：一方面逆变器对并网点电压影响很小，很难测得；另一方面，这样测出的光伏发电的电压波动将依赖于电网特性，造成闪变测量的误差。故测量的电压闪变值都是采用虚拟电网闪变测量方法，该测试方法以逆变器电流变化为输入变量，准确地表述了光伏逆变器对并网点闪变影响的大小。虚拟电网的短路比为 20 倍，阻抗角为 50°，$R = 0.0083\Omega$，$L = 0.0048\Omega$。

1. 低功率区间下太阳辐射强度波动实验结果

图 2-27 中红线为逆变器并网点有功功率，蓝色为无功功率，此处无功功率利用功率三角形法求得，即为视在功率中除去有功功率剩余部分。在太阳辐射强度波动较为缓慢时，逆变器 MPPT 工作正常，有功、无功输出稳定，但在太阳辐射强度波动较为剧烈后，控制有一定程度失稳，尤其是太阳辐射强度变化速率达到 200W/(m²·s) 和

$400W/(m^2 \cdot s)$ 后，无功功率显著增大。

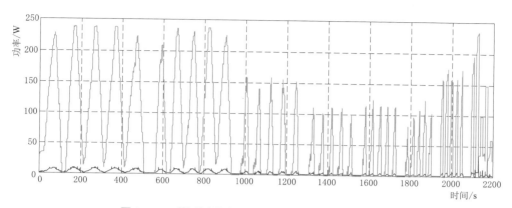

图 2-27 测试过程中有功功率、无功功率变化趋势

图 2-28 和图 2-29 分别是并网点 A 相电流和电压变化趋势，电流变化范围为 0～500A。由于并网点短路容量较大，电压变在 155.6～156.6V 之间小幅波动，电压变化趋势和电流变化趋势一致。

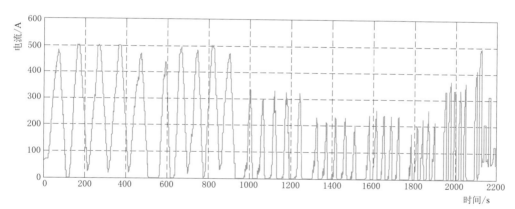

图 2-28 测试过程中并网点 A 相电流有效值

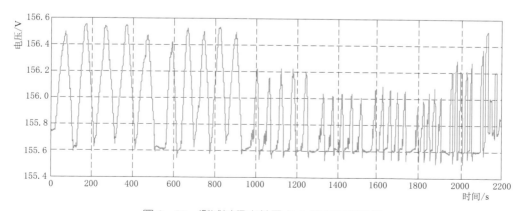

图 2-29 测试过程中并网点 A 相电压有效值

图 2-30 为并网点 A 相电压瞬时闪变视感度记录值，闪变测试仪采用标准 IEC 闪变测试仪。从整体看瞬时闪变视感度处于较低水平，并且没有明显变化趋势，说明低功率工况下逆变器对并网点影响较小；但是当太阳辐射强度变化速率达到 $400W/(m^2 \cdot s)$ 后，瞬时闪变视感度上升，尤其在两个无功功率突然增大时刻，瞬时闪变视感度分别达到了 0.2 和 0.5。

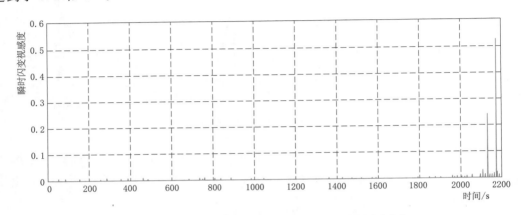

图 2-30 测试过程中并网点 A 相电压瞬时闪变视感度

2. 高功率区间下太阳辐射强度波动实验结果

图 2-31 中红线为逆变器并网点有功功率，蓝色为无功功率，在太阳辐射强度波动较为缓慢时，逆变器 MPPT 工作正常，有功功率、无功功率输出稳定，但在太阳辐射强度变化速率达到 $200W/(m^2 \cdot s)$ 和 $700W/(m^2 \cdot s)$ 后，无功功率同样显著增大。

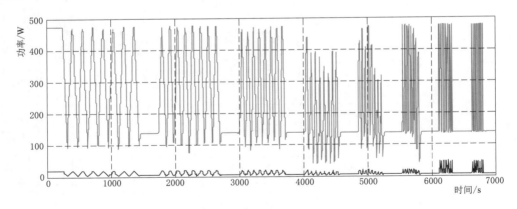

图 2-31 测试过程中有功功率、无功功率变化趋势

图 2-32 和图 2-33 分别是高功率波动下并网点 A 相电流和电压变化趋势，电流变化范围为 100~1000A，电压变化范围在 156~157.5V 之间，电压变化趋势和电流变化趋势一致。

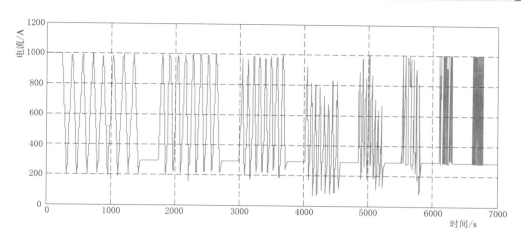

图 2-32　测试过程中并网点 A 相电流有效值

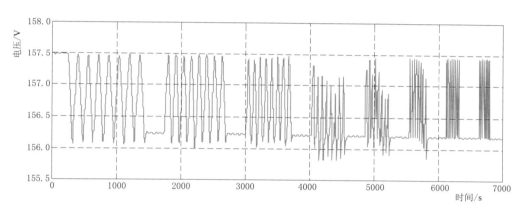

图 2-33　测试过程中并网点 A 相电压有效值

图 2-34 为并网点 A 相电压瞬时闪变视感度记录值，从整体看瞬时视感度处于较低水平，并且没有明显变化趋势，说明高功率工况下逆变器对并网点影响较小；太阳

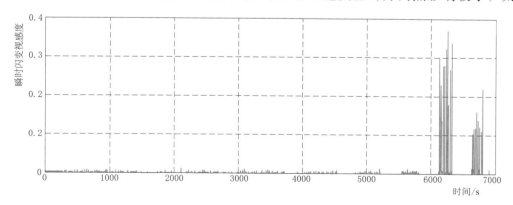

图 2-34　测试过程中并网点 A 相电压瞬时闪变视感度

辐射强度变化速率达到 200W/(m² · s) 和 700W/(m² · s) 后, 瞬时视感度上升, 视感度分别达到了 0.3 和 0.2。

3. 闪变成因分析

图 2-35 和图 2-36 分别为不同太阳辐射强度下太阳辐射强度剧烈变化时逆变器并网点各个测试量的放大图。红色、蓝色和黑色三条曲线分别代表测试期间有功功率、无功功率和瞬时视感度。

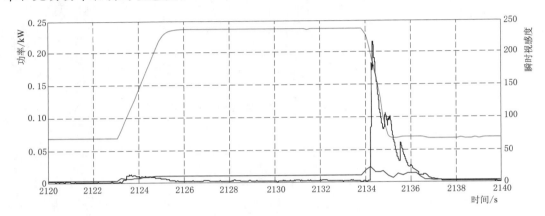

图 2-35　低太阳辐射强度、变化速率 200W/(m² · s)
时功率变化放大图 [200W/(m² · s) 下第二次波动]

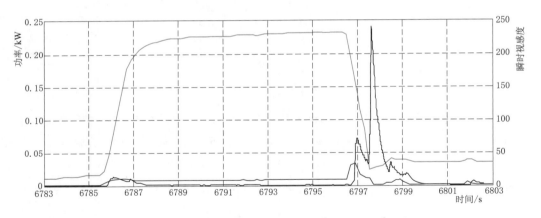

图 2-36　高太阳辐射强度、变化速率 700W/(m² · s)
时功率变化放大图 [700W/(m² · s) 下第八次波动]

低太阳辐射强度条件下,随着直流源模拟太阳辐射强度,逆变器输出有功功率上升,无功功率也有少量增加,经过 1s 后到达峰值,此时有功功率为 230kW,无功功率为 9kvar。10s 后,随着直流源模拟太阳辐射强度下降,输出有功功率下降,经过 1s 后,有功功率为 36.5kW。但逆变器无功功率发生波动,无功功率尖峰达到 35kvar,2s 后无功功率下降到初始水平,无功功率为 1.5kvar。

高太阳辐射强度条件下，随着直流源模拟太阳辐射强度，逆变器输出有功功率上升，无功功率也有少量增加，经过 1s 后到达峰值，此时有功功率为 475kW，无功功率为 21kvar。10s 后，随着直流源模拟太阳辐射强度下降，输出有功功率下降，经过 1s 后有功功率为 140kW；但逆变器无功功率发生波动，无功功率尖峰达到 46.5kvar，2s 后无功功率下降到初始水平，无功功率为 5.5kvar。

图 2-37 和图 2-38 分别为下降阶段电流和电压瞬时波形，下降过程中电流波形发生了波动，从而引起电压波动。

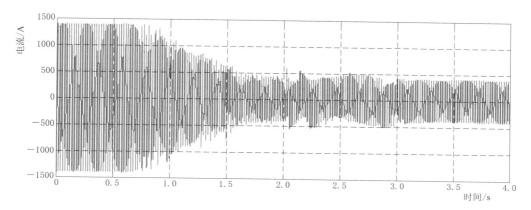

图 2-37　高太阳辐射强度、变化速率 700W/(m² · s) 时，电流瞬时波形

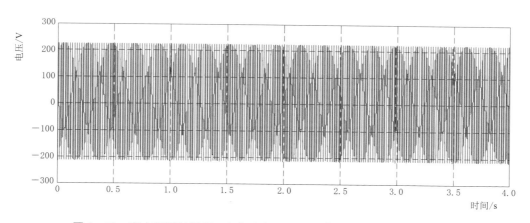

图 2-38　高太阳辐射强度、变化速率 700W/(m² · s) 时，电压瞬时波形

该阶段功率电流频谱分析结果如图 2-39 所示。

从图 2-39 可以看出，由于太阳辐射强度剧烈下降引起逆变器控制不稳定，在电流中引入较多的间谐波，20Hz、25Hz、75Hz 和 80Hz 间谐波达到基波电流的 4.5% 左右，电流畸变率达到 8.65%，造成并网电压的波动。

可以看出，在光伏逆变器输出功率波动仅取决于太阳辐射强度波动的理想情况下，自然界太阳辐射强度波动引起的功率波动很难引起并网点电压闪变；但在实验中

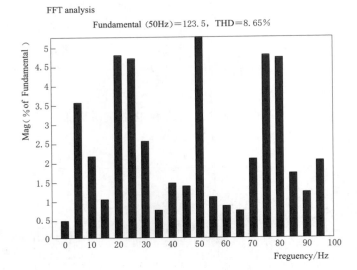

图 2 - 39　太阳辐射强度急速下降时逆变器输出电流谐波分析

看到，在太阳辐射强度剧烈下降时，逆变器控制引起间谐波含量增加，间谐波将会导致电压波动和闪变。

2.1.3.3　逆变器启停机引起的闪变

光伏逆变器启停时会因为局部功率不匹配引起电压波动，这种情况在短路容量小时较为明显，但这种情况只会反映在瞬时视感度的阶跃，短时闪变或者长时闪变指标则不会有显著变化，故在区域内逆变器较少且该逆变器不是频繁启动的情况下，这种影响尚处于可以接受的范围之内。但是目前光伏电站容量显著增大，一个光伏电站往往装配数十台甚至上百台逆变器，且由于逆变器设计的一致性，在短时间内大量逆变器频繁启停的可能性是存在的，因此选择针对逆变器启停工况引起的闪变设计试验并进行分析，其中测试平台拓扑图如图 2 - 18 所示，B 型 500kW 逆变器电路拓扑图如图 2 - 40 所示。

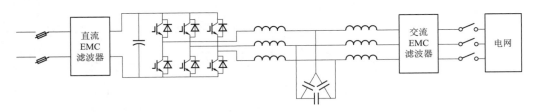

图 2 - 40　B 型 500kW 逆变器电路拓扑图

本次实验 B 型 500kW 逆变器采用传统两电平三相全桥逆变方式，滤波器采用 LCL 滤波电路，最大直流侧功率为 566kW，最大输入电压为 1000V，最大输入电流为 1120A，启动电压 520V。交流侧额定电网电压 315V，额定功率 500kW，最大交流输出功率 550kVA，最大输出电流 1008A，额定功率下最大总谐波失真小于 3%。功率器件开关频率为 3kHz。

1. 轻载启动实验

轻载启动闪变测量实验总共进行了 5 次，5 次试验结果基本一致，现以一次实验结果为例。图 2-41 为某次轻载启动期间并网功率变化趋势图，纵轴坐标为功率标幺值，基准值取逆变器额定功率 500kW，其中红色表示有功功率，蓝色表示无功功率。

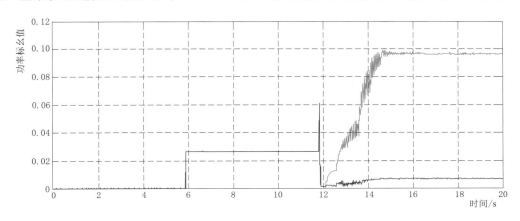

图 2-41　轻载启动期间并网功率变化趋势图

从图 2-41 可以看出，逆变器启动后，并网初始阶段发出少量无功，约 6s 后，输出有功功率迅速上升，上升阶段有功功率输出波动幅度较大，经过约 6s 后，逆变器达到稳定。

图 2-42 为轻载启动期间并网基波正序电压变化趋势图，纵轴坐标为并网电压和电流的标幺值，基准值取逆变器额定电流和额定电压。从图中可以看出，逆变器并网功率上升期间功率输出波动幅度相对较大，但由于功率绝对值较小，并未引起电压波动，达到稳态后，电压稳定在 $1.002U_n$。

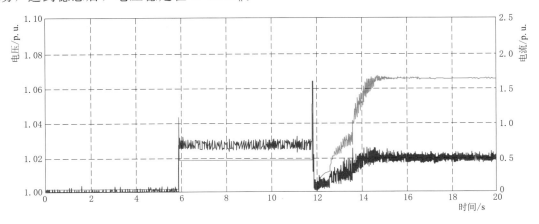

图 2-42　轻载启动期间并网基波正序电压变化趋势图

图 2-43 为并网过程中瞬时视感度变化趋势。

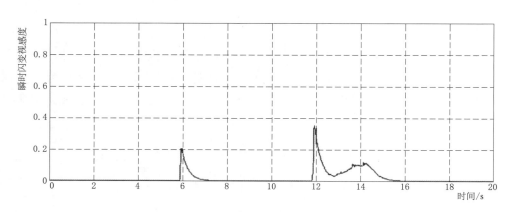

图 2-43　轻载启停机瞬时闪变视感度记录值

从图 2-43 中可以看出，在并网启动时逆变器发出无功和切除无功时瞬时闪变视感度都有变化；在逆变器并网功率上升期间，瞬时闪变视感度值有少量增加，等待逆变器输出功率稳定后，视感度随之下降。

2. 重载启停机实验

重载启停机实验总共进行了 5 次，5 次试验结果基本一致，现以一次实验结果为例。图 2-44 为某次重载启动期间并网功率变化趋势图，基准值取逆变器额定功率 500kW。其中红色表示有功功率，蓝色表示无功功率。

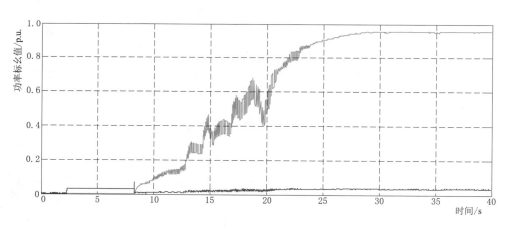

图 2-44　100% P_n 重载启动期间并网功率变化趋势图

从图 2-44 可以看出，逆变器启动后，并网初始阶段发出少量无功，约 5s 后输出有功功率迅速上升，上升阶段有功功率输出波动幅度较大，经过 15s 后逆变器达到稳定。

图 2-45 为重载启动期间并网基波正序电压变化趋势图，纵轴坐标分别为并网电压和电流的标幺值，基准值取逆变器额定电流和额定电压。

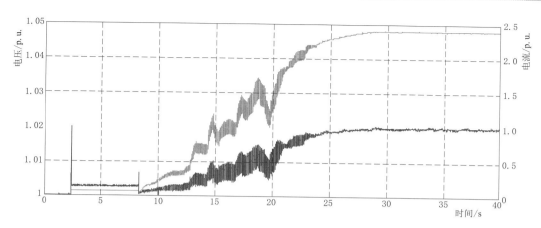

图 2-45　100%P_n 重载启动期间并网基波正序电压变化趋势图

从图 2-45 中可以看出，由于采用虚拟网络测量，电压初始值为 1.0U_n；逆变器并网功率上升期间功率波动幅度较大，引起电压波动；达到稳态后，电压稳定在 1.02U_n。

图 2-46 为 100%P_n 重载启动并网过程中瞬时闪变视感度变化趋势，由于 IEC 闪变仪瞬时视感度设置参数，瞬时视感度最大值为 10。

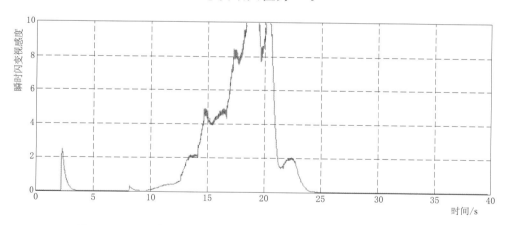

图 2-46　100%P_n 重载启动并网过程中瞬时闪变视感度变化趋势图

从图中可以看出，在并网瞬间瞬时视感度有突变；在逆变器并网功率上升期间，瞬时闪变视感度值随之变大，逆变器输出功率稳定后，瞬时闪变视感度随之下降。

图 2-47 为某次重载停机期间并网功率变化，纵轴坐标为功率标幺值，基准值取逆变器额定功率 500kW。其中红色表示有功功率，蓝色表示无功功率。

从图 2-47 中可以看出，在停机瞬间，有功功率和无功功率都迅速下降到 0。

从图 2-48 中可以看出，电压初始值为 1.02U_n。离网后，电压恢复为 1.0U_n。

从图 2-49 中可以看出，在离网瞬间瞬时闪变视感度有突变，离网后 3s 瞬时闪变视感

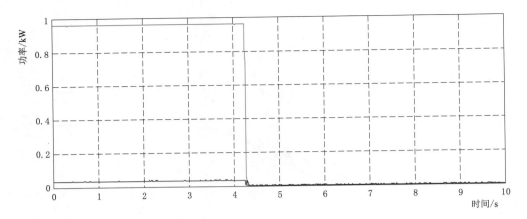

图 2-47　100%P_n 重载启停机实验电压变化趋势

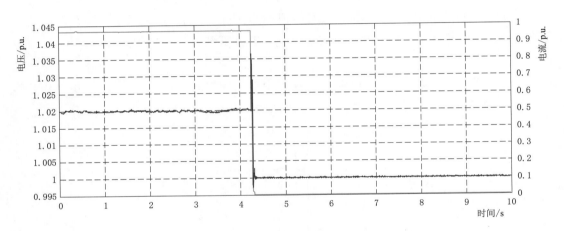

图 2-48　100%P_n 重载停机实验功率变化趋势

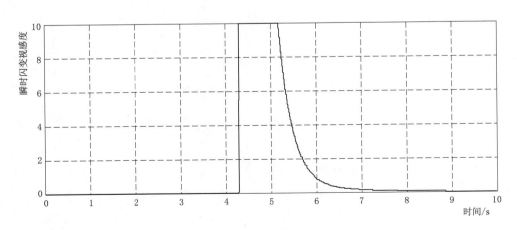

图 2-49　100%P_n 重载停机瞬时闪变视感度变化趋势

度下降为 0。

2.1.4 小结

本节从光伏发电工作原理出发，介绍了对光伏发电电能质量可能产生影响的组成部分，最后分析了影响光伏发电电能质量核心部件——光伏并网逆变器的谐波、电压波动和闪变产生机理。

并网光伏逆变器谐波分析表明：

（1）光伏逆变器的谐波呈现宽频带，高频次的特点，从低频段到高频段都含有丰富的谐波分量。

（2）被测逆变器谐波电流绝对值在高、低功率两端相对较高，中功率区间则较小；同时，不同逆变器谐波电流分布特征随设计原理不同有较大差异。

（3）谐波电流 THD_i 在低功率段较高，随功率上升逐步下降。本次被测逆变器 THD_i 最大值为 7.15%，但也存在逆变器低功率时 THD_i 超过 10% 甚至达到 20% 的情况。

（4）光伏逆变器在基频附近还产生间谐波电流，大量间谐波的存在可能会引起功率波动，产生闪变等现象。

不同太阳辐射强度强度及波动下的闪变产生机理分析结果表明：

（1）对于自然界光照波动引起光伏电站输出有功功率波动进而引起的闪变，结果对并网点电压闪变指标影响很小，进一步考虑到当前大规模光伏电站都通过专线接入 35kV 及以上电压等级的输电线路，并网点处短路容量一般比光伏电站发电容量大很多，进一步削弱了由于太阳辐射强度波动带来的闪变影响。

（2）当太阳辐射强度剧烈波动时，逆变器控制会出现失稳现象，产生大量间谐波，引起闪变。

（3）逆变器在启停期间由于无功的交换和注入间谐波电流，会造成一定程度的闪变，大规模电站中由于自然工况的一致性和同型号逆变器数量较多，不排除某一时段由于大量逆变器启停引起光伏电站并网点闪变超标的情况发生，这一情况在分布式电站可能会更为突出。

2.2 并网光伏电站电能质量分析研究

光伏逆变器稳态运行时的谐波呈现宽频带、高频次的特点，从低频段到高频段都含有丰富的谐波分量；在启停机、太阳辐射强度瞬时变化过程中，可能会产生大量的间谐波分量，尤其是基波附近低频次的间谐波是导致闪变等电能质量问题的主要原因。当前电能质量测试装置都依据 IEC 标准要求设计，首先要采用同步采样限制泄露效应，然后通过计算"谐波子集"和"间谐波中心子集"来统计频谱分析结果，进一步减少频谱泄露带来的误差；在非同步采样情况下推荐采用汉宁窗取代矩形窗进行时域截断，限制泄露效应。文献［32］在时域采用汉宁窗、Hamming 窗和 Blackman 窗对信号进行修正，利用靠近被测频点的一根最高谱线幅值进行插值，修正频域计算结果，幅值和相位的计算精度较普通傅里叶分析有很大提高。小波理论是傅里叶分析思想方法的发展和延拓，它具有多分辨率分析（Multi - resolution Analysis）的特点，而且在时频两域都具有表征信号局部特征的能力。它通过对不同的频率成分，采用逐渐精细的采样步长，可以聚焦到信号的任意细节，能很好地处理微弱或突变信号，适合于分析高渗透率下具有瞬变特性的电能质量问题[33,34]。近年来也出现了希尔伯特-黄变换方法、谱分析方法、Prony 算法和人工神经网络算法[35,36]。

闪变检测问题研究方面，IEC 依据 1982 年国际电热协会（International Union for Electroheat，UIE）的推荐，于 1986 年给出了闪变仪的功能实际规范，经过多次修改，当前最新版本为 IEC 61000 - 4 - 15 - 2010。文献［37，38］利用 IEC 推荐的数字闪变测试仪对风电场闪变进行测量，但是认为 IEC 推荐的数字闪变测试仪在测量低频段电压波动引起的闪变时就有可能带来误差。目前针对 IEC 闪变仪提出的优化方向主要有两类，一类通过优化检波环节拓展 IEC 闪变仪的检测范围；另一类则不采用闪变仪，通过频谱分析计算瞬时视感度并统计出闪变值。

综合谐波测试与闪变测试的需求，对比分析 IEC 框架下的时域同步重采样 FFT 方法和加窗插值修正 FFT 法，讨论标准框架下 FFT 算法同时应用于闪变测量分析的可行性，提出一种组合方法用于光伏发电测试分析，最后通过实测案例分析验证算法的有效性。

2.2.1 谐波、间谐波测量分析方法

2.2.1.1 IEC 标准谐波分析方法

影响傅里叶变换法计算谐波参数精度的因素主要有以下两点：

（1）由于对原始信号采样时进行非整数周期截断造成频谱泄漏。

（2）由于频谱离散化后无法测到真正的频谱峰值点，从而无法计算出真正的谐波幅值，或称栅栏效应。

《电磁兼容 试验和测量技术 供电系统及所连设备谐波、谐间波的测量和测量仪器导则》（GB/T 17626.7—2008）提出了集合与子集合的概念，集合概念充分考虑了频域的能量传递问题并力求对某一谐波集合（或间谐波集合）所包含的谐波（或间谐波）频率成分的总能量进行尽可能精确的估计。

同步采样情况下，FFT 窗口宽度为 10 个周期（50Hz 系统）并带有矩形加权，要求频谱分析间隔为 5Hz，谐波子集统计为 3 条谱线，间谐波中心子集统计 7 条谱线，如图 2 - 50 所示。

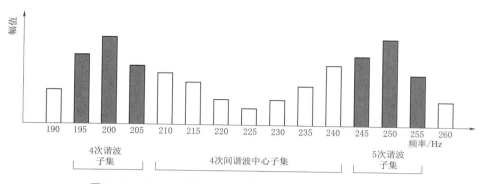

图 2-50　200ms 时间窗 DFT 谐波子集及间谐波中心子集

　　标准规定一般情况下需要同步采样检测数据，当信号发生突变采样失步后，可以采用汉宁窗进行修正，并且进行标记。由于加窗后对频谱能量幅值产生的影响，不能直接采用原同步采样条件下的谐波、间谐波子集计算公式，但标准并未进行进一步规定，造成标准在非同步采样数据的 FFT 分析上的缺失。文献［39］针对这点进行研究，提出了在采样数据非同步采样情况下采用汉宁窗时，通过能量修正因子 ε 对加汉宁窗的 FFT 结果进行修正，修正后的结果适用于标准给出的同步采样情况下谐波、间谐波子集的表达式。

　　由于当前录波设备多用固定频率进行采样，但电网频率会在额定频率（50Hz）附近漂移，因此实际采样是非同步采样，能量泄露更为严重，无法直接使用 IEC 谐波计算方法对录波数据进行处理。

2.2.1.2　基于 IEC 框架下时域同步重采样分析方法

　　对时域非同步数据依据其基波频率进行同步采样的过程称为时域同步重采样过程，对同步化后的数据进行 FFT 分析可以获得较高精度的频谱分析结果。时域同步重采样法示意图如图 2-51 所示。

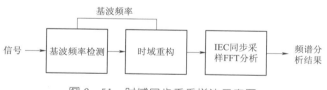

图 2-51　时域同步重采样法示意图

　　1. 基波频率检测

　　对采样信号进行时域重构首先要计算原始信号的基波频率，从而确定同步采样频率。文献［40］通过加汉宁窗 3 条 DFT 离散谱线幅值与基波频率的数值关系准确计算基波频率，该方法只需要采用 DFT 计算距离基频点最近的三条谱线的幅度，较所有谱线分析采用的 FFT 方法大大减少了计算量，并且频率计算误差在 0.1% 左右。该方法简介如下：连续时域信号离散化采样，采样时间间隔为 T_s，采样点数为 N，则

$$v[n]=v[nT_s]=2V\sin(2\pi n f_F T_s) \quad n=0,1,\cdots,N-1 \qquad (2-39)$$

汉宁窗的时域离散表达式为

$$w[n]=0.5\sqrt{\left|1-\cos\left(\frac{2\pi n}{N}\right)\right|} \quad n=0,1,\cdots,N-1 \qquad (2-40)$$

信号加窗并经 FFT 变换后得

$$\overline{V}[k]=\sum_{n=0}^{N-1}v[n]\mathrm{e}^{-j2\pi kn/N} \qquad (2-41)$$

式中　$\overline{V}$——信号 DFT 变换的结果，其幅度谱为谱分辨率 $1/NT_s$ 的 N 条谱线，幅值大小对应加窗后 $N/2$ 个离散频率分量大小。

在 DFT 的离散谱线中，距离基波频率 f_F 最近的离散频率点为 f_0，其对应谱线幅值为 A_0，其相邻谱线 f_{-1} 和 f_1（频率分别为 f_0-f 和 f_0+f），如图 2-52 所示。

设 $a=A_1/A_0$，$b=A_{-1}/A_0$，可得 $f_F=(k_0+\delta)f$，其中 $\delta=\dfrac{1.5(a-b)}{(a+1)(b+1)}$，化简得

$$f_F=f_0+\frac{1.5A_0(A_1-A_{-1})}{(A_0+A_1)(A_0+A_{-1})} \qquad (2-42)$$

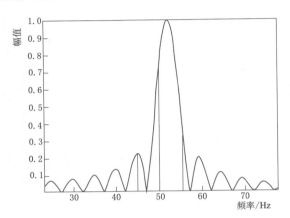

图 2-52　DFT 中谱线修正关系示意图

2. 时域重构

根据计算得到的基波频率，采用一阶线性插值对原始采样数据进行重构，使得采样数据同步化。假设第 k 个理想取样位于实际取样 $u(k_1)$ 和 $u(k_2)$ 之间，实际取样和理想取样的起始点时间差为 t。其一阶线性插值算法为

$$u_0(k)\approx u(k)+\frac{u(k+1)-u(k)}{T_s}(kT_{s0}-kT_s)$$

$$=\left(1+k-\frac{kT_{s0}}{T_s}\right)u(k)+\left(\frac{kT_{s0}}{T_s}-k\right)u(k+1)$$

$$=(1-\alpha)u(k)+\alpha_k u(k+1) \qquad (2-43)$$

其中

$$\alpha_k=\frac{kT_{s0}}{T_s}-k=\frac{kT_{s0}}{T_s}-\left[\frac{kT_{s0}}{T_s}\right]$$

式中　$\left[\dfrac{kT_{s0}}{T_s}\right]$——小于 T 的最大整数。

3. IEC 同步采样 FFT 分析

将非同步采样数据同步化后，再利用 IEC 标准规定的同步数据加矩形窗后的 FFT 分析方法，可提高 FFT 分析精度。时域同步重采样方法可以解决 IEC 标准分析方法

在非同步采样数据分析的问题；但是，由于 IEC 标准方法只考虑了谐波、间谐波的幅值问题，忽略了相位，在需要谐波和间谐波相位进行进一步分析的情况下，标准的 IEC 方法不再适用。

2.2.1.3 加窗插值 FFT 方法

前面所述的方法都是通过同步采样和多谱线统计有效地解决了谐波 FFT 分析中的泄露效应和栅栏效应，但是谐波同步采样意味着对间谐波的非同步采样，造成了间谐波信息的丢失和能量泄露，故此方法只适用于间谐波含量很小的场合。同时 IEC 标准方法的谐波子群和间谐波子群结果只包含幅值信息，谐波相位只能以对应谐波谱线的相位近似，不适用于基于间谐波的闪变测量方法等需要精确幅值和相位的场合。时域加窗频域差值修正法示意图如图 2-53 所示。

图 2-53　时域加窗频域差值修正法示意图

信号处理中，在 FFT 分析之前对时域信号进行一定的加权处理称为加窗处理方法，加权窗函数的傅里叶变换能够大大降低信号频谱的旁瓣影响，很好地抑制频率泄漏。但加窗傅里叶变换在抑制信号频谱的旁瓣时，也使主瓣的幅度下降，特别是主瓣宽度增大，导致频谱分辨率下降。选择窗函数的原则是要求其主瓣窄、旁瓣小，尽可能使这两者得到兼顾。常用的窗函数有三角形窗、汉宁窗和布莱克曼（Blackman）窗等。到目前为止所提出的窗函数中，矩形窗具有最窄的主瓣宽度，但具有最大的旁瓣峰值，故标准规定在同步采样情况下使用矩形窗进行 FFT 分析，在非同步情况下采用汉宁窗进行分析。

通过统计多根谱线的方法可以减小栅栏效应引起的误差，文献［33］利用靠近被测频点的一根最高谱线幅值进行插值，文献［42］在此基础上提出利用距被测频点最近的两根离散频谱幅值估计出待求谐波的幅值及相位，进一步降低泄漏和噪声干扰，提高谐波分析的准确性。频域插值修正方法大大提高了 FFT 分析精度，但是这种方法需要针对各次谐波逐次插值求取谐波、间谐波参数，只适合于需要精确求解特定次谐波、间谐波幅值和相位的场合。

2.2.1.4 仿真对比

为对比基于 IEC 框架下时域同步重校分析方法与加窗插值 FFT 方法，可以选用以下谐波 FFT 分析方法进行比较：方法一，对原始信号直接采用 FFT 进行分析；方法二，对于非同步采用信号加汉宁窗进行分析，计算后的结果采用文献［41］推荐的能量系数修正方法进行修正，最后进行谱线统计；方法三，采用 Blackman 窗对时域信号进行加权处理，然后 FFT 频域计算结果进行双谱线插值修正；方法四，为时域通过一阶线性重新采样，对于时域同步后的数据再采用 IEC 同步数据处理方法进行计算得到的结果。仿真案例采用的算法说明见表 2-8。

表 2-8　　　　　　　　　　　　　　案例采用的算法说明

方法	一	二	三	四
说明	普通 FFT 分析	IEC 非同步数据下 加汉宁窗方法	Blackman 窗＋ 双谱线插值	时域一阶插值同步后 采用 IEC 方法

设计仿真信号基波频率为 50.5Hz，采样率 $F_s=100k$，矩形窗窗口时间长度为 200ms。其他谐波、间谐波参数见表 2-9。

表 2-9　　　　　　　　　　　模拟信号谐波、间谐波各个分量大小

参数	谐波/Hz											间谐波/Hz		
谐波	50	100	150	200	250	300	350	400	450	500	550	75	125	175
幅值	240	0.1	12	0.1	2.7	0.05	2.1	—	0.3	—	0.6	0.3	0.4	0.1
相位	0	10	20	30	40	50	60	—	80	—	100	10	20	30

将两组信号仿真实验结果对比，第一组信号仅包含谐波信号，第二组信号谐波信号与第一组信号相同，同时加入了间谐波信号。

1. 仅含谐波信号

仅含谐波信号情况下，幅值和相位计算结果见表 2-10 和表 2-11。

表 2-10　　　　　　　　　　　仅含谐波信号时幅值计算结果

谐波	方法一		方法二		方法三		方法四	
	结果	误差	结果	误差	结果	误差	结果	误差
1	237.6549	0.98%	239.9511	0.02%	240.0007	0.00%	240	0.00%
2	5.1437	5043.7%	0.1066	6.60%	0.1062	6.20%	0.0997	0.30%
3	11.4178	4.85%	11.9702	0.25%	12.0003	0.00%	11.9999	0.00%
4	2.4178	2317.8%	0.0998	0.20%	0.1004	0.40%	0.0999	0.10%
5	3.1618	17.10%	2.6727	1.01%	2.7000	0.00%	2.6999	0.00%
6	1.4090	2718.0%	0.0493	1.40%	0.0501	0.20%	0.0499	0.20%
7	2.0855	0.69%	2.0408	2.82%	2.1000	0.00%	2.1	0.00%
9	0.8064	168.80%	0.28123	6.26%	0.3000	0.00%	0.3	0.00%
11	1.0168	69.47%	0.5296	11.73%	0.6000	0.00%	0.6	0.00%

从表 2-10 可以看出，方法一由于直接采用非同步采样数据，各次谐波能量泄露非常严重，计算结果基本不可信；方法二中谐波能量泄漏得到了一定程度的抑制，但是仍然存在较大的误差；方法三中 2 次谐波由于基波分量与二次谐波相比非常大，即使采用了加窗限值对 2 次谐波的计算也造成了较大的影响；方法四可以看出同步化

表 2-11　　　　　　　　　　仅含谐波信号时相位计算结果

谐波	方 法 三		方 法 四	
	结果	误差	结果	误差
1	0.0012	—	−0.5322	—
2	33.4788	234.79%	75.7410	0.46%
3	20.0146	0.07%	17.9391	0.03%
4	32.1920	7.31%	−0.7103	0.18%
5	39.9889	0.03%	35.6937	0.03%
6	49.8563	0.29%	12.0626	0.21%
7	59.9900	0.02%	54.6624	0.02%
9	79.9909	0.01%	66.4083	0.04%
11	99.9974	0.00%	90.3566	0.03%

后各次谐波幅值计算精度都非常高。同时还可以看出方法三和方法四计算精度较高。然后对两种方法的谐波计算角度精度进行比较，由于方法四中谐波子群没有角度计算方法，选用计算结果中谐波对应谐波谱线的角度代替。

从表 2-11 计算结果可以看出：在只含谐波的情况下，方法四相位计算较为精确；方法三中 2 次、4 次谐波由于受到基波能量泄露影响，相位计算出现了较大误差。

2. 加入间谐波信号

加入间谐波信号后，幅值和相位计算结果见表 2-12 和表 2-13。

表 2-12　　　　　　　　　加入间谐波信号后幅值计算结果

谐波	方 法 三		方 法 四	
	结果	误差	结果	误差
1	240.0007	0.00%	239.9859	0.01%
2	0.1062	6.20%	0.1171	17.10%
3	12.0003	0.00%	12.1606	1.34%
4	0.1004	0.40%	0.2519	151.90%
5	2.7000	0.00%	2.7669	2.48%
6	0.0501	0.20%	0.1139	127.80%
7	2.1000	0.00%	2.1292	1.39%
9	0.3000	0.00%	0.3133	4.43%
11	0.6000	0.00%	0.5967	0.55%

表 2 - 13   加入间谐波信号后相位计算结果

谐波	方 法 三		方 法 四	
	结果	误差	结果	误差
1	0.0012	—	−0.5322	—
2	33.4788	234.79%	75.7410	657.41%
3	20.0146	0.07%	17.9391	10.30%
4	32.1920	7.31%	−0.7103	102.37%
5	39.9889	0.03%	35.6937	10.77%
6	49.8563	0.29%	12.0626	75.87%
7	59.9900	0.02%	54.6624	8.90%
9	79.9909	0.01%	66.4083	16.99%
11	99.9974	0.00%	90.3566	9.64%

从表 2 - 12 可以看出，加入间谐波信号后，方法三幅值计算精度与加入间谐波信号之前相同，方法四由于间谐波信号能量泄露，对较小的 4 次、6 次谐波分量幅值产生了较大影响。可以看出加入间谐波信号后对谐波计算产生了误差影响。

从表 2 - 13 可以看出，方法三计算结果与加入间谐波信号前不变，误差仍为基波能量泄露造成；方法四下间谐波信号的能量泄露对计算结果造成了很大影响，角度计算结果误差较大。说明方法四不适合在间谐波含量较大的情况下使用。

2.2.2 闪变测量分析方法

光伏逆变器在工况发生剧烈变化或者启停机时，将会成为一个间谐波源，而间谐波是导致电压波动的主要原因之一。当前一般采用符合 IEC 标准的闪变仪测量并网点各相电压闪变并进行评估。该方法主要有以下不足：

（1）无法从结果中排除由于电网电压自身波动造成的闪变影响，测量结果针对性不强。

（2）对于光伏发电高频间谐波分量的闪变影响，IEC 标准闪变测试存在很大误差。

所以准确评估由于间谐波引起的闪变大小，研究针对光伏电站电流的闪变评估方法，对研究和治理由于光伏逆变器引起闪变都具有十分重要的意义。

2.2.2.1 标准闪变测试仪

目前，广泛使用的 IEC 闪变测试原理如图 2 - 54 所示。

1. 平方检测环节

当 $u(t) = A[1 + m\cos(\Omega t)]\cos(\omega t + \theta)$ 时，有

图 2-54　IEC 闪变测试原理图

$$u^2(t) = \left(\frac{1}{2} + \frac{1}{4}m^2\right)A^2 + mA^2\cos(\Omega t) + \frac{1}{4}m^2A^2\cos(2\Omega t)$$

$$+ \left(\frac{1}{2} + \frac{1}{4}m^2\right)A^2\cos(2\omega t + 2\theta)$$

$$+ \frac{1}{8}m^2A^2\cos[(2\omega + 2\Omega)t + 2\theta] + \frac{1}{8}m^2A^2\cos[(2\omega - 2\Omega)t + 2\theta]$$

$$+ \frac{1}{2}mA^2\cos[(2\omega + \Omega)t + 2\theta] + \frac{1}{2}mA^2\cos[(2\omega - \Omega)t + 2\theta] \qquad (2-44)$$

滤除直流量和高频分量后得到 $mA^2\cos(\Omega t) + \frac{1}{4}mA^2\cos(2\Omega t)$，其中前一项是我们希望得到的量，而后一项是算法本身所产生的干扰项，此处引入了误差，即 A 处输出信号为 $mA^2\cos(\Omega t)$。

2. 带通滤波和加权滤波环节

0.05Hz 一阶高通滤波器的作用是滤除直流分量，其传递函数为

$$H_{hp}(s) = \frac{s}{s + 0.314} \qquad (2-45)$$

6 阶 Butterworth 低通滤波器的作用是滤除工频及以上分量，截止频率为 35Hz，其传递函数为

$$Hl_p(s) = \frac{a}{s^6 + bs^5 + cs^4 + ds^3 + es^2 + fs + a} \qquad (2-46)$$

其中，$a = (219.91)^2$，$b = 848.85$，$c = 360768.64$，$d = 9.14 \times (219.91)^3$，$e = 7.46 \times (219.91)^4$，$f = 3.86 \times (219.91)^5$。

视感度加权滤波器实质是用传递函数 $K(s)$ 逼近觉察率为 50% 的视感度曲线，视感度加权滤波器传递函数为

$$K(s) = \frac{kw_1s}{s^2 + 2\lambda s + w_1^2} \times \frac{1 + s/w_2}{(1 + s/w_3)(1 + s/w_4)} \qquad (2-47)$$

其中，$k = 1.74802$，$\lambda = 2\pi \times 4.05981$，$w_1 = 2\pi \times 9.15494$，$w_2 = 2\pi \times 2.57979$，$w_3 = 2\pi \times 1.22535$，$w_4 = 2\pi \times 21.9$。

此时，从 C 处输出的信号 $mk_fA^2\cos(\Omega t)$，为等值 8.8Hz 调幅波电压乘以电网工频额定电压峰值，k_f 为对应调幅波频率的视感度系数。

3. 平方和平滑加权滤波环节

$$[k_f A^2 m \cos(\Omega t)]^2 = k_f^2 A^4 m^2 \cos^2(\Omega t) = k_f^2 A^4 m^2 [\cos(2\Omega t) + 1]/2$$

$$= \frac{1}{2} k_f^2 A^4 m^2 + \frac{1}{2} k_f^2 A^4 m^2 \cos(2\Omega t) \qquad (2-48)$$

其中，直流分量 $\frac{1}{2} k_f^2 A^4 m^2$ 包含了等效 8.8Hz 调幅波电压有效值的成分，是评价闪变所必要的。

平滑滤波器用于获得直流成分 $\frac{1}{2} k_f^2 A^4 m^2$，则

$$H(s) = \frac{1}{s\tau + 1} \qquad (2-49)$$

其中，$\tau = 300\text{ms}$。经过以上环节，将结果滤波结果乘以系数 $\dfrac{4 \times 100^2}{0.25^2 \times U_4}$，求得瞬时闪变视感度为

$$S(t) = \frac{(2\sqrt{2})^2}{0.0025^2} \times \frac{1}{2} k_f^2 m_f^2 \qquad (2-50)$$

式中 U——电压额定有效值。

4. IEC 闪变仪缺点分析

瞬时闪变视感度 $S(t) = 1$ 的各频率正弦电压波动见表 2-14。

表 2-14　　　　瞬时闪变视感度 $S(t) = 1$ 的各频率正弦电压波动

f/Hz	0.5	1.5	2.5	3.5	4.5	5.5	6.5	7.5	8.8
$d/\%$	2.340	1.080	0.754	0.568	0.446	0.360	0.300	0.266	0.250
f/Hz	10.0	11.0	12.0	14.0	16.0	18.0	20.0	22.0	24.0
$d/\%$	0.260	0.282	0.312	0.388	0.480	0.584	0.700	0.824	0.962

对 Matlab 中搭建的 IEC 闪变进行测试，得到的测量误差见表 2-15。

表 2-15　　　　　　IEC 闪变仪闪变测量误差

f/Hz	0.5	1.5	2.5	3.5	4.5	5.5	6.5	7.5	8.8
$S(t)$	0.702	0.900	0.950	0.975	0.994	1.001	0.990	1.004	1.000
f/Hz	10.0	11.0	12.0	14.0	16.0	18.0	20.0	22.0	24.0
$S(t)$	1.000	1.001	0.997	0.990	0.991	0.998	1.008	1.010	1.017

IEC 闪变仪闪变测量误差曲线如图 2-55 所示。

从误差结果中可以看出，IEC 闪变仪对于 8.8Hz 左右的电压波动造成的闪变影响检测较为准确，但是对于远离远离 8.8Hz 的尤其是低频段的电压波动检测存在误差。根据电压波动与间谐波关系，这些波动都是由远离工频的间谐波造成的。文献 [43]

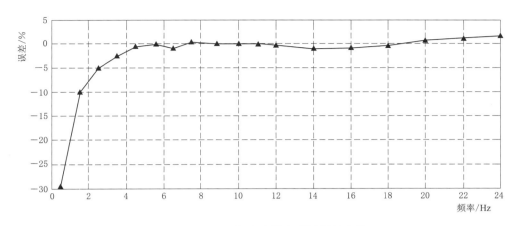

图 2-55　IEC 闪变仪闪变测量误差曲线

和文献［44］分析表明，IEC 闪变仪中只能分析工频附近 $0.05 \sim 35\text{Hz}$ 内的间谐波引起的闪变，对于频率过低或过高的间谐波引起的闪变不能准确检测。文献［45］对闪变仪误差进一步分析，指出当 IEC 闪变仪在检测由小于 15Hz 和大于 85Hz 的间谐波引起的电压波动时，其平方检测环节解调出的波动信号频率不在 $0.05 \sim 35\text{Hz}$ 范围之内，使得解调出的信号受到很大的抑制，从而无法准确检测出实际的闪变严重程度。

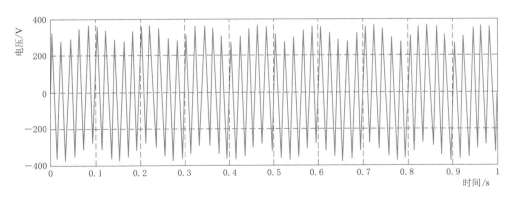

图 2-56　108Hz 间谐波引起的电压波动

从图 2-56 中可以观察到有频率为 8Hz（$f = 108 - 2 \times 50 = 8\text{Hz}$）的电压波动，经过平方检测环节后，$u^2(t)$ 中含有 58Hz、100Hz、158Hz 和 216Hz 的频率成分，都不在 $0.05 \sim 35\text{Hz}$ 的频率范围内，这意味着 IEC 闪变仪将检测不到该 8Hz 的电压波动带来的闪变影响。

光伏逆变器在太阳辐射强度变化剧烈过程中会产生大量间谐波，其中既包含部分工频附近的间谐波，也包含大量此范围之外的间谐波，所以使用标准的 IEC 闪变仪对光伏电站引起的闪变进行测量时，可能会引起误差。

2.2.2.2　基于频谱分析的闪变测量方法

间谐波是产生电压波动的原因，从检测并网电压的间谐波分量出发，建立基于间谐波测量的闪变测量方法如图 2-57 所示。

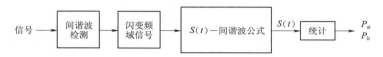

图 2-57　基于间谐波测量的闪变测量方法

1. 间谐波检测

利用上文介绍的时域加窗频域插值 FFT 方法，可以精确计算各次间谐波的幅值和相位。

（1）计算原始信号的基波频率、幅值和相位。

（2）在时域重构基波信号 $u_0(t)$，并用原始信号 $u(t)$ 减去 $u_0(t)$，得到 $u'(t)$。

（3）对 $u'(t)$ 再次进行时域加窗插值分析，并求取 15～85Hz 内间谐波幅值最大分量。

（4）在时域重构第（3）步求得的间谐波信号 $u_k(t)$，再次减去上一步分析得到的间谐波分量得到 $u_{k+11}(t)$。

（5）检测是否达到收敛条件，达到则停止计算，否则重复第（3）步。

2. 基于间谐波的视感度计算

当信号中只含有间谐波时，瞬时视感度与该间谐波的关系为

$$S(t)=\frac{1}{2}P\left[\sum_{i=1}^{n}b_i^2K^2(\mid f_0-f_i\mid)+\sum_{i=1}^{n}\sum_{j=1}^{n}b_ib_jK^2(f_0-f)\cos(2\varphi_0-\varphi_i-\varphi_j)\right]$$

$$(2-51)$$

$$\omega_i'+\omega_j'=2\omega_0,\omega_i'<\omega_0<\omega_j'$$

式（2-51）中的第 1 项为单个间谐波引起的瞬时闪变视感度，第 2 项为满足 $f_i+f_j=2f_0$ 的间谐波对引起的瞬时闪变视感度中的共同作用部分。输入电压中含间谐波对时，间谐波对中的每个间谐波会单独产生第 1 项的瞬时闪变视感度，并且，间谐波对中 2 个间谐波共同作用会产生第 2 项的瞬时闪变视感度。

从计算得到的间谐波频谱中，搜索各频率 f_i 找出其中的间谐波对及其参数，代入式（2-51），求得瞬时闪变视感度 $S(t)$。

2.2.2.3　虚拟电网下闪变测量方法

在测量中，如果电网有其他波动负荷，会在光伏发电机组公共接入点引起电压波动，这样测出的光伏发电机组的电压波动将依赖于电网特性，造成闪变测量的误差。虚拟网络测量首先记录逆变器所发出的电流，然后通过仿真模拟的方式计算光伏逆变器注入供电系统输出端的电压波动。虚拟电网除了逆变器输出波动之外没有其他电压

波动源，排除了电网背景电压波动的影响，能够客观评价光伏发电技术给大电网带来的闪变影响。

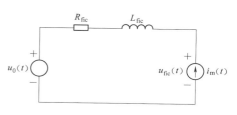

图 2-58　虚拟电网示意图

虚拟电网示意图如图 2-58 所示，虚拟电网由电感 L_{fic}、电阻 R_{fic}、理想电压源 $u_0(t)$ 以及电流源 $i_m(t)$ 串联而成，通过改变阻抗比，可以实现虚拟电网阻抗角 ψ_k 的调节。

虚拟瞬时电压 $u_{fic}(t)$ 的表达式为

$$u_{fic}(t) = u_0(t) + R_{fic} i_m(t) + L_{fic} \frac{di_m(t)}{dt} \tag{2-52}$$

式中　$i_m(t)$——被测逆变器出口侧测得的瞬时电流值。

理想电压源 $u_0(t)$ 模拟电网电压，且没有任何波动或闪变，其相角 $\alpha_m(t)$ 与被测逆变器出口侧测量电压的基波的相位角相同。为满足这些特性，理想电压源 $u_0(t)$ 的表达式为

$$u_0(t) = \sqrt{\frac{2}{3}} U_n \sin(\alpha_m(t)) \tag{2-53}$$

式中　U_n——电网额定电压的方均根值；

$\alpha_m(t)$——逆变器出口侧所测电压基波的相位角。

所测电压基波的相位角表达式为

$$\alpha_m(t) = 2\pi \int_0^t f(t) dt + \alpha_0 \tag{2-54}$$

式中　$f(t)$——随时间波动的频率；

t——自录波起经过的时间；

α_0——初始相位角。

通过改变 L_{fic} 和 R_{fic}，调节虚拟电网阻抗角 ψ_k 的表达式为

$$\tan(\psi_k) = \frac{2\pi f_g L_{fic}}{R_{fic}} = \frac{X_{fic}}{R_{fic}} \tag{2-55}$$

式中　f_g——电网标称频率（50Hz）。

虚拟电网三相短路视在功率 $S_{k,fic}$ 的表达式为

$$S_{k,fic} = \frac{U_n^2}{\sqrt{R_{fic}^2 + X_{fic}^2}} \tag{2-56}$$

式中　$S_{k,fic}$——虚拟电网的短路视在功率。

虚拟电网中短路容量比 $S_{k,fic}/S_n$ 建议取 20～50，S_n 是被测逆变器的额定视在功率。使用适当的短路容量比 $S_{k,fic}/S_n$ 来确保闪变的计算值和仪器给的 P_{st} 值满足标准要求范围。大的电压波动可以通过减少短路容量比来获得，但是如果短路容量比变得

太小，$u_{\text{fic}}(t)$ 的平均有效值将显著偏离 $U_0(t)$ 的有效值，这使得相对电压发生变化，因为绝对的电压变化归于不同的平均值。为了使得模拟电压的波动范围在闪变仪内，建议短路容量比 $S_{\text{k,fic}}/S_{\text{n}}$ 在 20～50。利用虚拟电网测量得到的闪变值 $P_{\text{st,fic}}$ 来计算闪变值 P_{st} 为

$$P_{\text{st}} = P_{\text{st,fic}} \frac{S_{\text{k,fic}}}{S_{\text{n}}} \tag{2-57}$$

2.2.3　瞬时闪变视感度的统计分析

瞬时闪变视感度代表了某一时刻灯光的闪烁对人眼的刺激，但是要求每一时刻视感度都低于某一水平显然过于严苛，而且考虑到闪烁只有持续一段时间后才能对人类的生活产生干扰，所以闪变评估必须在一个有相当代表的时间段内进行；另外还需考虑到闪变的随机特性及其瞬时值大范围变化。为了正确描述闪变水平，在一段选定的观察期内有必要确定闪变超出给定范围的百分比。当前普遍认可的方法是短时闪变 P_{st} 的计算和长时闪变 P_{lt} 的计算，P_{lt} 是基于 P_{st} 求得的数据，所以首先对 P_{st} 的计算方法进行研究。

瞬时闪变视感度具有随机特性，且变化范围较大，假设 t 时间段内的瞬时闪变视感度变化趋势如图 2-59（a）所示，对图 2-59（a）中瞬时闪变视感度依据其大小划分为 A、B、C、D 四个等级，统计各等级下的时间长度，得到不同视感度等级的分级统计的累积概率分布图，如图 2-59（b）所示。

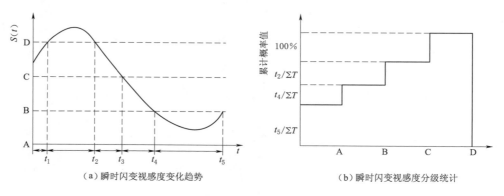

（a）瞬时闪变视感度变化趋势　　　　　（b）瞬时闪变视感度分级统计

图 2-59　累计概率函数计算

显然，累计概率函数（CPF）中瞬时闪变值每级间隔越小分级数越大，作出的 CPF 曲线也越光滑，如果将所有值进行从小到大排列，分级数目最大，曲线也最为光滑。CPF 曲线上 0.999、0.990、0.970 纵坐标对应的 P 值 $P_{0.1}$、P_{1s}、P_{3s} 分别是该段时间内 P 序列中的 99.9%、99%、97% 概率大值，依据 CPF 求各个概率大值后，P_{st} 算式的形式为

$$P_{\text{st}} = \sqrt{0.0314P_{0.1} + 0.0525P_{1s} + 0.0657P_{3s} + 0.28P_{10s} + 0.08P_{50s}} \tag{2-58}$$

$$其中\quad\begin{cases}P_{1s}=(P_{0.7}+P_1+P_{1.5})/3\\P_{3s}=(P_{2.2}+P_3+P_4)/3\\P_{10s}=(P_5+P_8+P_{10}+P_{13}+P_{17})/5\\P_{50s}=(P_{30}+P_{50}+P_{80})/3\end{cases}\qquad(2-59)$$

式中 $P_{0.1}$、P_{1s}、P_{3s}、P_{10s}、P_{50s}——10min 短时闪变视感度 $S(t)$ 超过 0.1%、1%、3%、10%、50% 时间的闪变水平。下标 s 表示该值是经过平滑处理得到的。

下面对一组实验数据进行不同级数下的分级统计，10min 瞬时闪变视感度记录如图 2-60 所示。

由图 2-60 可知，在测试期间，瞬时闪变视感度发生多次突变，最大值达到 6.8，其他瞬时闪变视感度又恢复为 0。

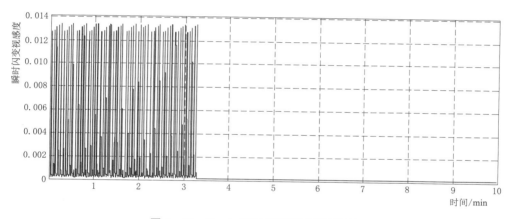

图 2-60　10min 瞬时闪变视感度记录值

依据标准中 10min 短时闪变统计方法，统计级数不同时，得到累积概率密度曲线如图 2-61 所示。

依据累积概率密度曲线，求得 10min 短时闪变不同统计级数统计结果累积概率密度见表 2-16。

表 2-16　　　　　　　　不同统计级数统计结果累积概率密度

统计方法	32 级	64 级	100 级	排序法
10min 短时闪变	0.0868	0.0840	0.0831	0.0951

短时间闪变值 P_{st} 是反映规定时段（10min 内）闪变强度的一个综合统计量。对于采用 230V、60W 的白炽灯照明，当 $P_{st}<0.7$ 时，一般觉察不出闪变；当 $P_{st}>1.3$ 时，则闪变使人感到不舒服；所以 IEC 推荐 $P_{st}=1$ 作为低压供电的闪变限值，称为

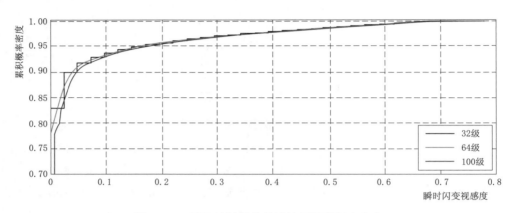

图 2-61　不同统计级数统计结果累积概率密度

单位闪变（unitflicker）。

2.2.4　小结

谐波测量中，IEC 标准方法要求数据同步采样，限制了该方法的适用范围，时域同步方法可将 IEC 标准方法应用到当前广泛采用的固定频率录波装置上，并且保持了很高的精度。IEC 标准方法注重对谐波间谐波幅值的准确计算，但是忽略了谐波、间谐波相位的计算，在间谐波含量较大的情况下缺点尤为显著，本小节通过对 Blackman 窗双谱线差值方法和时域重构方法的对比研究，分析了两种方法分别在谐波分析和间谐波分析场合的特点。

闪变测量通常采用符合 IEC 标准的闪变测试仪，标准闪变仪对不在 15～85 范围内的间谐波引起的电压波动检测有较大误差，而光伏电站在太阳辐射强度变化和启停机的过程中恰好产生了大量在此范围之外的间谐波分量，因此可能存在一定程度的误差。本节基于小波变换和基于频谱分析的闪变计算方法，考虑到小波变换计算量偏大，提出了加窗插值和时域重构组合方法兼顾谐波与闪变测量分析，并以实际案例验证了方法的有效性。

2.3　大规模光伏电站电能质量综合评价方法

2.3.1　光伏电站电能质量指标研究

2.3.1.1　国家标准与光伏电站电能质量指标对比分析

当前光伏电站并网标准中从电压偏差、谐波、不平衡、电压波动和闪变对大规模光伏电站电能质量进行了规定，这些指标的计算方法以及其限值均引用相应国家电能质量限值标准，对光伏电站电能质量水平进行符合性评价。以 35kV 电压等级为例，标准要求见表 2-17。

表 2-17　　　　　35kV 光伏电站电能质量当前国家标准要求与存在的问题

评估指标	标 准 要 求	存在的问题
电压偏差	35kV 及以上供电电压正、负偏差绝对值之和不超过标称电压的 10%	不同地区电压偏差本身存在差异；电站容量不同，影响不同
电压负序不平衡度	长时不超过 2%，短时不超过 4%	不同地区电压偏差本身存在差异；电站容量不同，影响不同
电压波动和闪变	长时闪变 $P_{lt}<1$	不同地区电压偏差本身存在差异；电站容量不同，影响不同
电流谐波	电流 2～25 次谐波限值满足按容量分配后的电流谐波限值	标准中并未考虑发电单元的限值计算方法

从表 2-17 中可以看到，当前光伏电站并网标准在电能质量检测中主要存在以下问题：

（1）现行指标中大部分是对接入后电网的电压质量进行考察，该指标主要受到电网本身特性影响，不同地区的电站测试结果不具有可比性。

（2）光伏电站并网标准及国家电能质量限值标准均未给出适用于发电用户类型的算法。

因此本节提出了电网背景电能质量指标和电站电流电能质量指标对光伏电站电能质量进行评估。电网背景电能质量用于评估电网并网点的电压质量，该指标需要在光伏电站停止运行时测试，主要包括：

（1）典型的电压波形和频谱。

（2）电压有效值、电压总谐波畸变率和 2～50 次谐波电压。

（3）电压频率、三相电压不平衡度、电压闪变和电压偏差等参数。

光伏电站中电力电子装置将基波、谐波电流注入到系统中，电压谐波、电压不平衡以及其他电能质量问题认为是传导的现象。因此，电站电流电能质量反映了光伏电站对电网电能质量的影响，主要包括：

（1）典型的电流波形和频谱。

（2）电流有效值、电流总谐波畸变率、2～50 次谐波电流、间谐波电流。

（3）三相电流不平衡度、虚拟电网下电流引起的闪变。

由于太阳辐射强度的波动性和随机性，光伏电站具有多种工况，且各个工况电站电流电能质量特征不同，因此需要统计不同工况下综合指标。

本节在光伏电站电能质量特征分析和电能质量国家相关标准的基础上，提出了以下适合于光伏电站的电能质量评价指标，见表 2-18。

表 2-18   光伏电站电能质量国标要求指标及评价指标

电能质量指标	频率	电压偏差	谐波	不平衡	闪变
电网背景	电压频率	电压偏差	电压谐波畸变率	电压负序 不平衡度	电压长时闪变
电站电流	—	—	多工况电流谐波、 谐波总畸变率	多工况负序 电流	多工况虚拟 电网下闪变

电网背景电能质量指标在现有标准中均有定义和测量方法，在此不再赘述。下文将对电站电流电能质量指标中提出的多工况评估指标计算方法进行介绍，光伏电站的工况与多种因数相关：例如太阳辐射强度、波动程度，温度以及电网电能质量等。分析可知，太阳辐射强度、波动程度变化频繁对光伏电站工况影响显著，本节根据太阳辐射强度强弱、波动程度对工况进行划分。

2.3.1.2 多工况电流谐波畸变率和电流谐波幅值指标

1. 不同功率区间谐波变化趋势

光伏电站正常运行时每天都要经历从低功率到高功率再到低功率的变化过程，一年当中每日最大太阳辐射强度也相差很大，这意味着光伏电站每个功率区间在光伏电站的运行时间中都占有一定比例。而在不同功率区间下，作为光伏电站核心部件的光伏逆变器电能质量特性各不相同。以上文中某非模块化逆变器测试结果为例，统计逆变器在各个功率区间的总谐波电流变化趋势如图 2-62 所示。

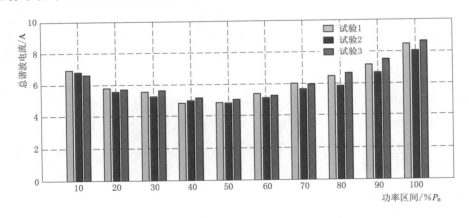

图 2-62 不同功率区间总谐波电流变化趋势 1

从图 2-62 可以看出，逆变器在高功率区间和低功率区间的总谐波电流相对较大，在中功率区间时最小。同样，以某模块化逆变器测试数据为例，该逆变器在 10%～100% 各个功率区间内总谐波电流变化趋势如图 2-63 所示。

从图 2-63 可以看出，该逆变器在低功率区间谐波含量绝对值较低，随着功率上升谐波含量上升，但当功率达到 70% 功率以上后，谐波含量不再上升。

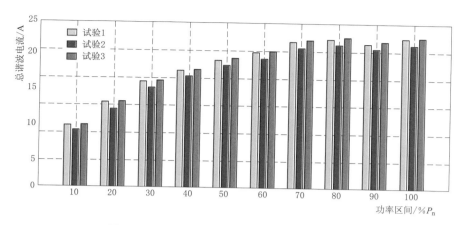

图 2-63　不同功率区间总谐波电流变化趋势 2

2. 谐波综合指标计算方法

（1）太阳辐射强度强弱权重计算方法。太阳辐射强度强弱与电站输出功率有较强的相关性，所以可以通过太阳辐射强度历史数据判断光伏电站一年中功率区间的分布。另外，文献［45］指出某区域年太阳辐射强度分布具有稳定性，说明利用长期太阳辐射强度资源统计结果进行加权分析时，更能反映光伏电站长期电能质量特征。图 2-64 为南京浦口地区 2011 年和 2012 年瞬时太阳辐射强度统计频度图。

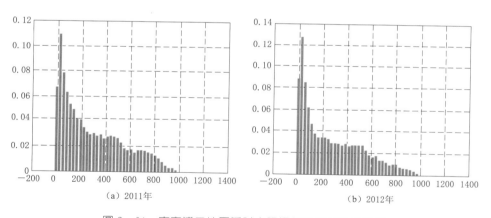

（a）2011年　　　　　　　　　　（b）2012年

图 2-64　南京浦口地区瞬时太阳辐射强度统计频度图

从图 2-64 可以看出，2011 年、2012 年南京浦口地区太阳辐射强度近似，依据光伏电站太阳辐射强度历史数据，统计 10 个太阳辐射强度区间各个时间长短，并计算各自权重 $\alpha_{\mathrm{P}i}$，即

$$\alpha_{\mathrm{P}i} = \frac{t_{\mathrm{P}i}}{\sum\limits_{i=1}^{10} t_{\mathrm{P}i}} \tag{2-60}$$

（2）综合加权方法。《电能质量　公用电网谐波》（GB/T 14549—1993）中采用了总电压谐波畸变率和总电流谐波畸变率（THD_u、THD_i）对谐波整体含量进行描述。如前所述，光伏电站受日间太阳辐射强度波动影响，工况变化频繁，电流基波分量变化较大。正常情况下，光伏电站在 $80\%P_n$ 以上功率点工作时，THD_i 一般低于 3%，而在 $20\%P_n$ 以下的低功率运行区间，THD_i 可能达到 20% 以上，甚至谐波电流值大于基波电流值。故 THD_i 指标变动较大，本节采用电站额定电谐波畸变率衡量电流畸变水平 THD_{In} 代替 THD_i 指标，电站额定电流谐波畸变率定义为

$$THD_{In} = \frac{HRI}{I_n} \times 100\% \qquad (2-61)$$

式中　HRI——谐波电流。

以 10min 计算窗口，分别计算时间段内各次谐波畸变率值和谐波电流幅值，并记录下此 10min 对应的功率区间，并乘以对应区间的权重，即求得多工况下综合指标。

多工况下的谐波畸变率统计为

$$THD' = \alpha_{Pi} THD_{In} \quad (i = 10, 20, \cdots, 100) \qquad (2-62)$$

式中　i——功率区间，参考当前国内外光伏逆变器对谐波电流要求，该限值定为 5%。

以限值为基准值，求得综合电流谐波畸变率指标归一化值为

$$THD_{In} = \frac{THD'_{In}}{5\%} \qquad (2-63)$$

对于谐波电流幅值，GB/T 14549—1993 要求测量结果取测量时段内各相实测量值的 95% 概率值中最大的一相值。但对于光伏电站这种在不同工况下谐波电流差别较大的被测对象，在实际测量中一般会分别给出光伏电站各个功率区间内各次谐波电流的大小。

谐波电流测试结果采用各次谐波的有效值，电站谐波电流幅值综合指标为

$$I' = \alpha_{Pi} I_{hn} \quad (i = 10, 20, \cdots, 100; n = 2, 3, \cdots, 25) \qquad (2-64)$$

式中　n——谐波次数。

计算出谐波电流综合值后，对各次谐波依据其限值进行归一化。我国谐波电能质量标准首先规定了不同电压等级标准短路容量下各次谐波电流限值，然后通过计算公式将谐波限值分配到各个用户端。具体方法如下：

同一 PCC 点上一个的用户的第 h 次谐波电流 I_{hi} 允许值为

$$I_{hi} = I_h (S_i S_t)^\alpha \qquad (2-65)$$

式中　I_h——PCC 允许的第 h 次谐波电流值；

　　　S_i——用电协议容量；

S_t——协议供电容量；

α——相位叠加系数，按表2-19取值计算。

表2-19 相 位 叠 加 系 数

谐波次数	3	5	7	11	13	9|>13|偶次
α	1.1	1.2	1.4	1.8	19	2

I_h需要根据PCC上正常方式下最小短路容量换算，计算方法为

$$I_h = I_{hp}(S_{k1}/S_{k2}) \tag{2-66}$$

式中　S_{k1}——该PCC点最小短路容量；

　　　S_{k2}——基准短路容量。

可以看到，标准中用电协议容量、供电容量都是假定用户为负载的前提下提出的，现将光伏电站等同负载，对其并网谐波电流进行考察，并对这些概念进行重新规范，使其适合光伏电站限值计算要求。

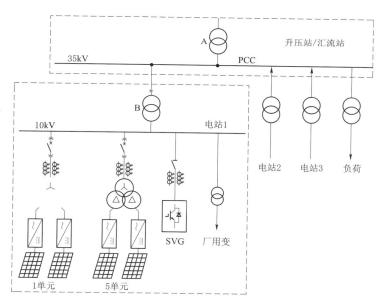

图2-65　某区域光伏电站接入示意图

以一工程实例为例，说明大规模光伏电站谐波电流限值计算的一般过程。图2-65为某区域光伏电站接入示意图，其中电站1、电站2为光伏电站，电站3为传统火电站，负荷为接在母线上的用户负荷。已知电站1、电站2、电站3和负荷的额定容量分别为$S_1 = 50\text{MVA}$，$S_2 = 100\text{MVA}$，$S_3 = 100\text{MVA}$，$S_{1\_load} = 50\text{MVA}$，汇流站主变压器容量$S = 400\text{MVA}$。

光伏电站内部，一个单元升压变容量为1MVA，两支路变压器各为500kW，SVG容量为$S_{SVG} = 7\text{MVA}$。

（1）计算 PCC 正常运行方式下最小短路容量及该点谐波电流允许值。根据国家标准，35kV 下基准短路容量为 250MVA 的公共节点的各次谐波准许注入电流限值见表 2-20。

表 2-20　　　　　　　35kV、250MVA 下各次谐波准许注入电流限值

谐波次数	2	3	4	5	6	7	8	9	10	11	12	13
谐波电流允许值/A	15	12	7.7	12	5.1	8.8	3.8	4.1	3.1	5.6	2.6	4.7
谐波次数	14	15	16	17	18	19	20	21	22	23	24	25
谐波电流允许值/A	2.2	2.5	1.9	3.6	1.7	3.2	1.5	1.8	1.4	2.7	1.3	2.5

（2）计算区域供电容量。GB/T 14549—1993 规定："同一公共连接点的每个用户向电网注入的谐波电流允许值按此用户在该点的协议容量与其公共连接点的供电设备容量之比进行分配。"要计算光伏电站注入系统的电流允许值，首先要确定公共连接点 35kV 母线上的用户和供电设备及其容量。

将光伏电站视为会引起公共连接点特殊负载，对其注入系统电流谐波进行考察，所以显然电站 1 为用户。但是，35kV 母线的供电设备容量不易确定，若此时将汇流站主变压器容量、传统火电站和其他光伏电站统一作为供电容量，分配给该电站的谐波电流的份额过于苛刻。此类情况 GB/T 14549—1993 未做明确规定。考虑到前面已将光伏电站视为特殊负荷，在此处应排除在供电设备以外。将汇流站主变压器容量 S_1、传统火电站容量 S_3 之和作为供电设备容量，较为合理。既遵循了 GB/T 14549—1993 规定的原则，也给出了电站 1 合理的谐波电流允许值。即 B 点供电容量为

$$S_B = S_1 + S_3$$

（3）计算各次电流谐波允许值。根据得到的区域供电容量、对应国标限值、协议用电容量和并网点实际短路容量，即可计算出电站并网点 B 点的各次谐波电流的国标限值。

依据上案例中求得的光伏电站不同工况下的各次谐波综合指标结果，B 点各次谐波电流限值计算结果，归一化各次谐波指标计算为

$$I_h^* = \frac{I_{hi综合测量指标}}{I_{hi标准限值}} \quad (i = 1, 2, \cdots, 25)$$

2.3.1.3　三相电流负序不平衡度

1. 不同功率区间下负序电流变化趋势

电站 A、电站 B、电站 C 的容量均为 10MW，并网电压等级为 35kV，电站 D 的容量为 30MW，并网电压等级为 110kV。4 所电站不平衡度与功率区间关系如图 2-66 所示。

从图 2-66 中可以看到，电站 A、电站 B 随着功率的上升，负序电流大小也有所

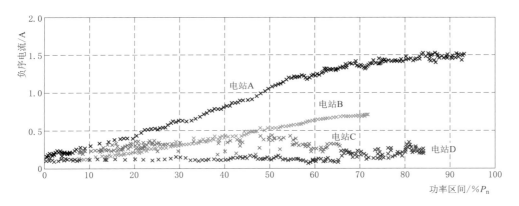

图 2-66 不同功率区间下不同电站负序电流变化趋势

上升，与电站输出功率呈现一定的相关性；电站 C、电站 D 在所有功率区间变化较小。

2. 负序不平衡度综合指标计算

同样基于太阳辐射强度强弱指标，计算负序电流综合指标为

$$I_{\mathrm{neg}}^{*} = \alpha_{\mathrm{P}i} \cdot I_{\mathrm{neg}} \quad (i = 10, 20, \cdots, 100) \tag{2-67}$$

《电能质量　供电电压偏差》（GB/T 12325—2008）中规定："接于公共连接点的每个用户引起的该点负序电压不平衡度允许值一般为 1.3%，短时不得超过 2.6%。"本节选用"引起的该点负序电压不平衡度允许值不超过 1.3%"作为光伏电站负序电流限值要求，并依据光伏电站并网点短路容量大小，计算某一特定光伏电站负序电流不平衡度限值要求。

设用户并网点最小短路容量 S_{k}，光伏电站最大发电容量为 S_{pv}，并网点电压为 U_{n}，当光伏电站附近没有大型旋转电机时，光伏电站负序电流与并网点负序电压关系为

$$\frac{\sqrt{3}\, I^{2}\, \dfrac{U_{\mathrm{n}}^{2}}{S_{\mathrm{k}}}}{U_{\mathrm{n}}} \leqslant 1.3\% \tag{2-68}$$

得到负序电流 I_2 允许限值为 $1.3\% I_{\mathrm{k}}$，I_{k} 为短路电流。

$$I_{\mathrm{unb}}^{*} = \frac{I_{2\text{综合值}}}{I_{2\text{允许值}}} \tag{2-69}$$

2.3.1.4 多工况闪变指标

1. 不同工况下闪变变化趋势

（1）不同功率区间下闪变变化趋势。500kW 逆变器在 10%～100% 各个功率区间运行 10min，经过虚拟电网测得的短时闪变测量结果如图 2-67 所示。其中，虚拟电网短路比为 20，阻抗角为 50°，电阻 $R = 0.0083\Omega$，$L = 0.0048\mathrm{H}$。从图 2-67 中可以

看出，逆变器稳态运行时的闪变整体较小，随着逆变器功率上升闪变值也呈上升趋势。所以闪变与输出功率也有一定相关性，需要根据输出功率大小对闪变进行分别统计。

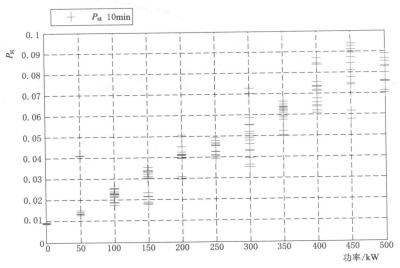

图 2-67　短路比 20、阻抗角 50°时，10min 短时闪变测量结果

（2）不同太阳辐射强度波动下闪变变化趋势。以不同太阳辐射强度波动下的逆变器并网点闪变特性研究为例，实验过程中有功功率变化趋势和闪变变化趋势如图 2-68 和图 2-69 所示。

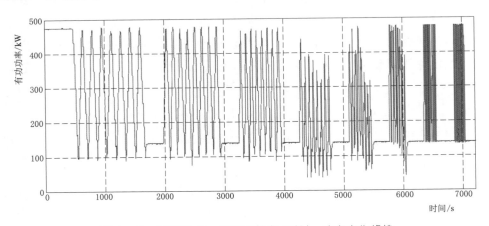

图 2-68　短路比 20、网络阻抗角 50°时，功率变化趋势

从图 2-68 和图 2-69 中可以看到，在低太阳辐射强度波动时，逆变器输出功率波动缓慢，并网点电压闪变较小；当光照变化率达到某个速率后，会引起瞬时视感度的急剧上升，从而引起闪变值过大。所以需要依据太阳辐射强度波动特性不同，对闪变结果分别进行统计。

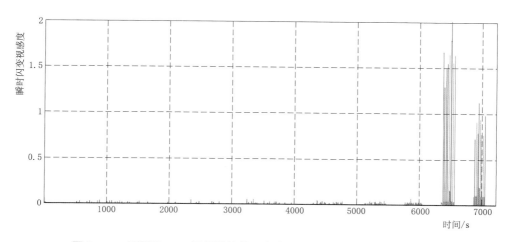

图 2-69　短路比 20、网络阻抗角 50°时，电压瞬时闪变视感度记录值

2. 闪变综合指标计算

在不同强弱、波动太阳辐射强度条件下，光伏逆变器并网电能质量与这些工况呈现一定的相关性，必须对光伏电站运行工况即幅值度特性进行研究，才能全面评价光伏电站长期的电能质量特性。

（1）太阳辐射强度波动权重计算。

通过对并网光伏电能质量的分析研究，与电能质量指标相关的太阳辐射强度特征包括辐照强度分布、辐照波动强度，本小节将利用小波变换提取历史太阳辐射强度分布的特征参数。

小波分析的基本思想是以一簇函数去表示一个信号函数，这一簇函数称为小波基函数，或简称小波基，是由一个基本小波函数的不同尺度平移和伸缩构成的。基本小波函数 $\psi(t)$ 表达式为

$$\psi_{a,b}(t)=\frac{1}{\sqrt{a}}\psi\left(\frac{t-b}{a}\right) \tag{2-70}$$

式中　a——尺度定标函数；

　　　b——位移因子。

小波变换定义为

$$WT_x(a,b)=\int x(t)\psi^*(t)\mathrm{d}t=x(t)\cdot\psi_{a,b}(t) \tag{2-71}$$

式中　t——连续变量。

故该式又称为连续小波变换（CWT），从式中可以看出小波变换是信号函数 $x(t)$ 和一簇小波基的内积。

由傅里叶变换性质可知，若 $\psi(t)$ 变换为 $\Psi(\omega)$，则 $\psi(at)$ 的傅里叶变换为 $a\Psi(a\omega)$。若 $a>1$，$\psi(at)$ 表示在时域上计算窗口的展宽；若 $a<1$，$\psi(at)$ 表示在时

域上计算窗口的压缩。a 对 $a\Psi(a\omega)$ 的改变，与 a 对 $\psi(at)$ 的改变情况正好相反。

当待分析的信号的采样频率满足 Nyquist 采样定理要求时，归一频带在 $-\pi \sim +\pi$ 之间，此时分别用理想低通滤波器和理想高通滤波器将信号分解成（正频率部分）频带在 $0 \sim \pi/2$ 的低频部分和 $\pi/2$：π 的高频部分，分别对应信号的近似（Approximation）部分和细节（Detail）部分。类似的过程对每次分解后的低频部分可重复进行下去，每一层分解都得到一个低频的粗略逼近和一个高频细节部分，而且采样率减半，这样就可将原始信号 $x(n)$ 进行多分辨分解。下面以一个三层的多分辨分析为例，

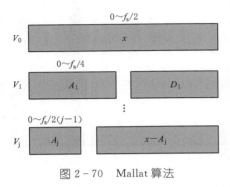

图 2-70　Mallat 算法

Mallat 算法如图 2-70 所示。

对于 Mallat 算法实现小波分解，尺度的选取主要从其频段划分特性出发，选择对应的变换尺度。对于不同的对象，需要进行不同的层数分解。例如研究对象为能量集中在 50Hz 频带左右时，就希望某一层近似系数的频带包含 50Hz 以下的信息，即 A_j 所在的 $0 \sim f_s/2(j-1)$ 频带只包括 50Hz 及以下的信息。

以阴天、多云和晴天三种典型天气下的波动统计数据为例，分析小波分析在天气波动中的应用。三种天气下太阳辐射强度变化趋势如图 2-71 所示，数据采样率为 1 次/min。多云天气下太阳辐射强度波动剧烈，1min 太阳辐射强度最大波动出现在 14：41—14：42 期间，太阳辐射强度由 1042W/m² 减少至 319W/m²，减少了 723W/m²。晴天天气下，太阳辐射强度波动平缓，每分钟最大波动出现在 16：09—16：10，太阳辐射强度变化值 170W/m²。

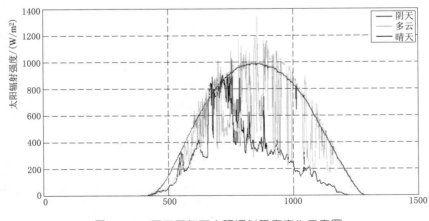

图 2-71　不同天气下太阳辐射强度变化示意图

由于 1 次/min 采样率不足，使得分析结果辨析度不够，所以首先对数据进行时

域重构，提高采样率到 4 次/min，能完整记录最大波动信号频率为 1/30Hz。利用小波变换对数据进行层数 $j=7$ 的分解，得到各个时间尺度下的太阳辐射强度波动量，不同分解层数与波动量的对应关系见表 2-21。

表 2-21   不同分解层数与波动量的对应关系

信号	细 节 部 分							近似部分
层数 j	1	2	3	4	5	6	7	7
波动量/min	0.5～1	1～2	2～4	4～8	8～16	16～32	32～64	64～∞

小波分解后各层分量如图 2-72、图 2-73 所示。

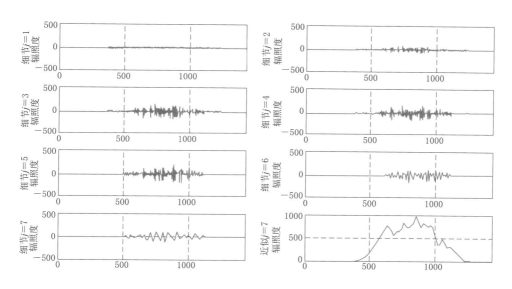

图 2-72　多云天气下不同波动幅度波动分量大小

从图 2-72 中可以看到，细节部分在 $j=2～7$ 层中均有能量分布，说明从小波分解的角度看，多云天气含有波动周期为 1～64min 的波动分量，其中以 $j=5$、波动周期为 8～16min 的太阳辐射强度波动最为显著。近似部分为波动频率大于 64min 以上的部分的能量，可以看到多云天气下太阳辐射强度能量部分被削弱。

从图 2-73 中可以看到，晴天状态下，能量几乎全部集中在低频部分，说明波动性较少。从多云和晴天分析结果对比可以看出，小波分析方法可以从数学角度区分不同天气的波动大小，下面将以此为基础，建立太阳辐射强度波动的评价指标。

长时闪变统计时间为 2h，对 2h 测试时间内的太阳辐射强度进行层数 $j=5$ 的稳态小波变换，并对该段时间内的太阳辐射强度强弱和波动性进行统计。分别定义稳态能量指数波动指数，区间 i 波动能量指数为

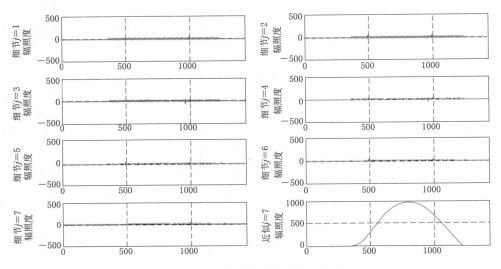

图 2-73　晴天天气下不同波动幅度波动分量大小

$$EFI_i = \frac{\sum\limits_{d=1}^{5} \sum\limits_{n=1}^{N} r_{n,d}^2 \Delta t}{\sum\limits_{n=1}^{N} r_{n,a}^2 \Delta t}, \quad a=5 \tag{2-72}$$

区间 i 稳态能量指数为

$$ESI_i = \frac{\sum\limits_{n=1}^{N} r_{n,a}^2 \Delta t}{N \Delta t}, \quad a=5 \tag{2-73}$$

式中　$r_{n,d}$——第 i 区间下太阳总太阳辐射强度记录数据经过多层稳态小波变换后，第 d 层小波变换的细节部分波形，kW/m^2；

$r_{n,a}$——第 a 层小波变换近似部分波形，kW/m^2；

t——太阳辐射强度记录时间间隔；

N——太阳辐射强度记录点数。

将阴天、多云、晴天三种不同天气状况得到的小波分析分析数据经过 ESI 和 EFI 指数分析后，得到不同天气条件太阳辐射强度波动统计结果，如图 2-74 所示。

图 2-74 中红色三角为晴朗天气下一天测试数据，蓝色为多云天气下测试数据，绿色为阴天天气下测试数据。从图中可以看到，不同天气下光伏电站工况有显著变化，晴朗天气下高能量区间波动性较小，多云天气下稳态能量减少虽然不多，但波动性显著增加，阴天天气条件下能量整体偏小，并且波动性略有增加。以江苏南京地区一年的太阳辐射强度数据统计结果为例，将一年中数据以 3 个月为一组，共分为 4 组分别进行统计，结果如图 2-75 所示。

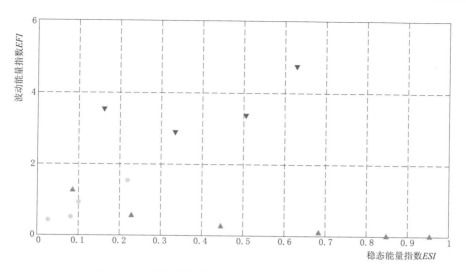

图 2-74 不同天气条件太阳辐射强度波动统计结果

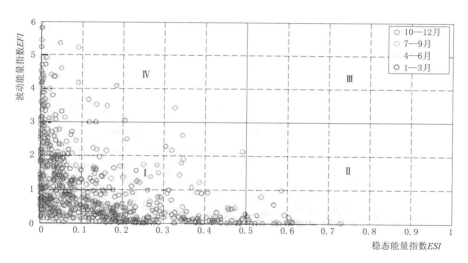

图 2-75 江苏南京地区一年太阳辐射强度波动统计结果

图 2-75 中，蓝色、灰色、绿色和红色数据分别代表 1—3 月，4—6 月，7—9 月和 10—12 月太阳辐射强度统计数据。可以看出，一年当中 7—9 月的辐照量较大，10—12 月辐照量最小；4—9 月前辐照波动较为剧烈。

将图中数据以 $ESI=0.5$ 和 $EFI=3$ 为判断边界，将统计结果划分为四个区域，每一种区域对应一种电站工况，分别为：Ⅰ区，低太阳辐射强度低波动；Ⅱ区，高太阳辐射强度低波动；Ⅲ区，高太阳辐射强度高波动；Ⅳ区，低太阳辐射强度高波动。在不同的工况下，闪变测量结果不同，对图 2-75 中结果进行统计，得到不同工况下分布统计结果，见表 2-22。

表 2 - 22　　　　　　　　　　　不同工况下分布统计结果

区域	Ⅰ	Ⅱ	Ⅲ	Ⅳ
工况	低太阳辐射强度低波动	高太阳辐射强度低波动	高太阳辐射强度高波动	低太阳辐射强度高波动
总数	911	94	0	103

从表中看出，比重最大的为Ⅰ区，Ⅳ区较小，Ⅱ区次之，Ⅲ区没有统计结果。这一方面是由于江苏南京位于三类太阳辐射强度资源地区；另一方面，由于统计时间段为 2h，位于早晚时间段内的统计结果基本位于Ⅰ区；Ⅲ区为高太阳辐射强度高波动的工况，由于南京的气候环境影响，午间晴朗天气下太阳辐射强度变化都较小。Ⅲ区典型工况可以参考图 2 - 71 多云天气下午间时段工况。

（2）综合加权方法。

在对光伏电站进行测量时，考虑到不同天气条件下闪变程度不同，本小节对测得的 P_{lt} 按太阳辐射强度波动特征进行加权统计。

首先，按上文中统计方法计算光伏光伏长期太阳辐射强度波动能量指数和稳态能量指数，并划分四个区间，计算各个区间的权重，得

$$\alpha_i = \frac{N_i}{N} \quad (i = Ⅰ, Ⅱ, Ⅲ, Ⅳ) \tag{2-74}$$

其次，测量长时/短时闪变结果，计算对应时间段太阳辐射强度的波动能量指数和稳态能量指数，并将测量结果依据上一步统计结果划分到不同区间内，统计各个区间数目。

最后，依据第一步计算出的权重结果和第二步测得的短时/长时闪变，求得光伏电站多工况下综合短时/长时闪变结果，公式为

$$P'_{lt} = \sum_{i=1}^{4} \sum_{m=1}^{M_i} P_{x,i,m} \frac{\alpha_i}{M_i} \quad (x = st/lt; i = Ⅰ, Ⅱ, Ⅲ, Ⅳ) \tag{2-75}$$

式中　M_i——分布在 i 区间内测试点个数；

$P_{x,i,m}$——i 区间内第 m 个点对应的短时/长时闪变值；

P'_{lt}——电站闪变综合评估值。

虚拟电网的电压闪变排除了电网背景谐波带来的影响，虚拟电网参数确定后，闪变测试结果完全取决于光伏电站并网电流质量，所以本节选用虚拟电网下长时闪变 P_{lt} 用于测量光伏电站闪变评估。综合闪变指标限值参考《电能质量　电压波动和闪变》（GB/T 12326—2008）规定，见表 2 - 23。

表 2 - 23　　GB/T 12326—2008 对长时闪变要求

P_{lt}	
≤110kV	>110kV
1	0.8

依据上述求得的光伏电站不同工况下综合长时/短时闪变指数，并依据我国对各个电压等级下长时/短时闪变的要求，定义归一化闪变指标为

$$I_{P_{lt}} = \frac{P_{lt综合测量指标}}{P_{lt标准限值}} \qquad (2-76)$$

2.3.2 电能质量综合评估权重特性的评估方法

2.3.2.1 模糊模型建立隶属度矩阵

用模糊数学处理电能质量评价问题，模糊模型的选择与建立起着至关重要的作用。隶属度函数的有效与否，直接影响着最后评判结果的可信度。将各稳态电能质量指标按照国家标准规定范围进行划分，评出质量优（1级）、质量良（2级）、质量中（3级）和质量差（4级），分别记为 Q1、Q2、Q3、Q4。这样划分既避免了分级太少而导致计算过程中偏差过大，影响计算结果的准确性，又避免了分级过多而造成的计算量过大。

常用隶属度函数的分布情况主要有三角形分布、岭形分布、梯形分布、半梯形分布和正态分布等。其中梯形和半梯形分布计算简单、分布合理，选为分布式光伏发电系统并网安全性能的隶属度函数分布模型。

图 2-76 为梯形和半梯形分布隶属度函数示意图，其中横坐标为需要评估的某参数的值，纵坐标为该参数对于评价集中各个元素的隶属度值，最大为 1，最小为 0。为了使确定的隶属度函数满足最大隶属度原则，依据电能质量要求，确定各个指标的隶属度函数的左右零点，将非等距的电能质量指标范围区间线性变化成等距区间，将隶属度分布密度函数用梯形和半梯形隶属度函数曲线表示，确定隶属度函数的方法如下。

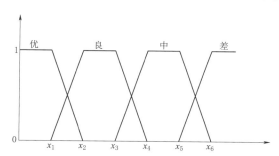

图 2-76 梯形和半梯形分布隶属度函数示意

对于评价为"优"的隶属度函数可以表示为

$$y_1(x) = \begin{cases} 1, & x < x_1 \\ \dfrac{x_2 - x}{x_2 - x_1}, & x_1 \leqslant x \leqslant x_2 \\ 0, & x > x_2 \end{cases} \qquad (2-77)$$

对于评价为"良"的隶属度函数可以表示为

$$y_2(x) = \begin{cases} 0, & x < x_1 \\ \dfrac{x - x_1}{x_2 - x_1}, & x_1 \leqslant x < x_2 \\ 1, & x_2 \leqslant x \leqslant x_3 \\ \dfrac{x_4 - x}{x_4 - x_3}, & x_3 < x \leqslant x_4 \\ 0, & x > x_4 \end{cases} \qquad (2-78)$$

对于评价为"中"的隶属度函数可以表示为

$$y_3(x) = \begin{cases} 0, & x < x_3 \\ \dfrac{x - x_3}{x_4 - x_3}, & x_3 \leqslant x \leqslant x_4 \\ 1, & x_4 < x \leqslant x_5 \\ \dfrac{x_6 - x}{x_6 - x_5}, & x_5 < x \leqslant x_6 \\ 0, & x > x_6 \end{cases} \tag{2-79}$$

对于评价为"差"的隶属度函数可以表示为

$$y_4(x) = \begin{cases} 0, & x < x_5 \\ \dfrac{x - x_5}{x_6 - x_5}, & x_5 \leqslant x \leqslant x_6 \\ 1, & x > x_6 \end{cases} \tag{2-80}$$

式中　x_1，x_6——各个指标的标准要求范围；

x_2，$\cdots$，x_5——等距离划分的区间值。

由于电能质量指标限制不同，需要以限值为基准将评价指标归一化。以 35kV 光伏电站并网点电能质量考察为例，电站电能质量指标限值见表 2-24。

表 2-24　　　　　　　　　　35kV 光伏电站电能质量指标限值

电能指标	x_1	x_2	x_3	x_4	x_5	x_6
电压偏差/%	0.25	0.3	0.5	0.7	0.9	1.0
频率偏差/%	0.25	0.3	0.5	0.7	0.9	1.0

35kV 电站电能质量模糊评价指标见表 2-25。

表 2-25　　　　　　　　　　35kV 电站电能质量模糊评价指标

电能质量水平	模糊评价指标	x_1	x_2	x_3	x_4	x_5	x_6
电网	电压偏差/%	0.25	0.3	0.5	0.7	0.9	1.0
	频率偏差/%	0.25	0.3	0.5	0.7	0.9	1.0
	谐波畸变率/%	0.25	0.3	0.5	0.7	0.9	1.0
	不平衡度/%	0.25	0.3	0.5	0.7	0.9	1.0
	长时闪变	0.25	0.3	0.5	0.7	0.9	1.0
电站	谐波畸变率/%	0.25	0.3	0.5	0.7	0.9	1.0
	谐波分量	0.25	0.3	0.5	0.7	0.9	1.0
	负序分量	0.25	0.3	0.5	0.7	0.9	1.0
	长时闪变	0.25	0.3	0.5	0.7	0.9	1.0

通过隶属度函数得到了每个评价参数的隶属度向量后，将它们按行向量组成一个矩阵，从而就得到单个评价参数的隶属度向量组成的矩阵，称为隶属度矩阵。

2.3.2.2 基于熵原理的权重客观选取方法

根据信息论的基本原理，信息是系统有序程度的一个度量，而熵是系统无序程度的一个度量。如果指标的信息熵小，说明比较对象间该指标有很大差异，则该指标提供的信息量大，在综合评价中所起作用应当大，权重就应该越高；反之，信息熵越大，说明比较对象间该指标差异很小，提供的信息量小，在综合评价中所起作用小，所以权重较小。以电能质量测试数据为例，说明熵权法在电能质量评估中的应用。

对某区域多点进行电能质量测试，一共测试了 m 个地点，每次都测量到了 n 个评价指标结果，则形成了原始数据矩阵

$$\begin{bmatrix} r_{11} & r_{12} & \cdots & r_{1n} \\ r_{21} & r_{22} & \cdots & r_{2n} \\ \vdots & \vdots & \vdots & \vdots \\ r_{m1} & r_{m2} & \cdots & r_{mn} \end{bmatrix}_{m \times n} \tag{2-81}$$

（1）指标的标准化处理：异质指标同质化。由于各项指标的计量单位并不统一，因此在用它们计算综合指标前，先要对它们进行标准化处理，即把指标的绝对值转化为相对值，并令 $r_{ij} = r'_{ij}$，从而解决各项不同质指标值的同质化问题。而且，由于正向指标和负向指标数值代表的含义不同（正向指标数值越高越好，负向指标数值越低越好），因此，对于高低指标用不同的算法进行数据标准化处理。其具体方法如下：

对于正向指标，有

$$r'_{ij} = \frac{r_{ij}}{\min(r_{1j}, r_{2j}, \cdots, r_{nj})} \times 100 \tag{2-82}$$

对于负向指标，有

$$r'_{ij} = \frac{\max(r_{1j}, r_{2j}, \cdots, r_{nj})}{r_{ij}} \times 100 \tag{2-83}$$

则 r'_{ij} 为第 i 个的第 j 个指标的数值（$i=1, 2, \cdots, n$；$j=1, 2, \cdots, m$），为了方便起见，仍记数据 $r'_{ij} = r_{ij}$。

（2）计算第 j 个指标下电站 i 测试结果的比重 p_{ij} 为

$$p_{ij} = r'_{ij} / \sum_{i=1}^{m} r'_{ij} \tag{2-84}$$

（3）计算第 j 个指标的熵值 e_j 为

$$e_{ij} = \frac{1}{\ln m} \sum_{i=1}^{m} p_{ij} \cdot \ln p_{ij} \tag{2-85}$$

（4）计算第 j 个指标的熵权 w_j 为

$$w_j = (1 - e_j) / \sum_{j=1}^{n}(1 - e_j) \tag{2-86}$$

式中　w_j——各个指标的综合权重。

2.3.2.3　基于层次分析法的综合权重主观选取方法

层次分析法（Analytic Hierarchy Process，AHP）把复杂问题分解为各个组成因素，通过两两比较的方式确定层次中诸因素的相对重要性，然后通过综合判断以决定诸因素相对重要性总的顺序。

AHP 的核心是利用 1～9 间的整数及其倒数作为标度来构造两两比较判断矩阵，AHP 比例的标度及含义见表 2-26。

表 2-26　　　　　　　　　　　　AHP 比例的标度及含义

标度 u_{ij}	含　　义
1	两个元素相比，具有同等重要性
3	两个元素相比，一个元素比另一个元素稍重要
5	两个元素相比，一个元素比另一个元素相当重要
7	两个元素相比，一个元素比另一个元素非常重要
9	两个元素相比，一个元素比另一个元素极端重要
2，4，6，8	如果成对事物的差别介于两者之间，可取上述相邻判断的中间值
倒数	若元素 i 与元素 j 的重要性标度为 u_{ij}，那么元素 j 与元素 i 重要性之比为 $u_{ji}=1/u_{ij}$

（1）依据表 2-26 中方法构造判断矩阵 A。

（2）先求 A 的特征向量，然后求取 $\lambda_{max}(A)$，再进行一致性检测。

求判断矩阵特征根简易算法是一种简易算法，公式为

$$\lambda_{max} = \frac{1}{m} \sum_{i=1}^{m} \frac{\sum_{j=1}^{m} a_{ij} w_j}{w_i} \tag{2-87}$$

（3）检验判断矩阵一致性。

判断矩阵一致性指标 CI 为

$$CI = \frac{\lambda_{max} - m}{m - 1} \tag{2-88}$$

判断矩阵的平均随机一致性指标 RI 为

$$RI = \frac{\lambda'_{max} - m}{m - 1} \tag{2-89}$$

对于 1～10 阶判断矩阵，RI 值见表 2-27。

表 2-27　　　　　　　　　　　　　　RI 值

阶数	1	2	3	4	5	6	7	8	9	10
RI	0	0	0.58	0.9	1.12	1.24	1.32	1.41	1.45	1.49

2.3.2.4 评估电网的电能质量和电站电能质量水平综合权重选取方法

依据当前标准要求及光伏电站并网电流电能质量要求，将光伏电站电能质量指标划分为电网背景电能质量和电站电能质量水平两类，其中电网背景电能质量主要取决于电站所接入的电网本身背景电能质量，变化范围较小；电站电能质量水平体现了电站并网电流的电能质量，且与光伏电站本身工况紧密相关。光伏电站电网、电站电能质量水平指标关系图如图 2-77 所示。本小节进行综合考虑，分别对电网电能质量和电站电能质量水平进行考察。

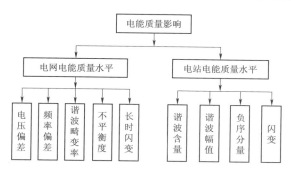

图 2-77　光伏电站的电网、电站电能质量水平指标

熵权法作为一种客观赋权法，避免了主观打分引起的不公平现象，适用于指标比较稳定的情况，不适用于指标值的变动很小或者突然变大变小。层次分析法通过两两比较的判断矩阵计算权重，一方面减少了直接采用专家打分法的主观性；另一方面，作为一种主观赋权法，不受评价对象实测数据影响。故电网的电能质量较适合使用熵权法进行综合评估，电站电能质量水平适合采用层次分析法进行综合评估。接下来将对基于熵权法的电网电能质量综合权重计算方法和基于层次分析法的电站电能质量水平指标综合权重计算方法进行介绍。

1. 电网电能质量指标计算方法

某区域 5 座电站并网点进行电能质量测试，指标测试结果见表 2-28。

表 2-28　　　　　　　　电网电能质量指标测试结果

电站名称	电压偏差	频率偏差	不平衡度	长时闪变	谐波畸变率
A	2.31	0.05	1.22	0.14	1.1
B	2.52	0.06	0.84	0.23	1.3
C	1.78	0.06	1.13	0.30	1.2
D	1.55	0.05	1.36	0.28	1.4
E	1.43	0.08	0.67	0.17	1.5

对不同指标进行同化，得到归一化后结果见表 2-29。

表 2-29　　　　　　　　归一化后电网电能质量指标测试结果

电站名称	电压偏差	频率偏差	不平衡度	长时闪变	谐波畸变率
A	0.23	0.25	0.31	0.14	0.37
B	0.25	0.30	0.21	0.23	0.43

电站名称	电压偏差	频率偏差	不平衡度	长时闪变	谐波畸变率
C	0.18	0.30	0.28	0.30	0.40
D	0.16	0.25	0.34	0.28	0.47
E	0.14	0.40	0.17	0.17	0.50

根据式（2-87）～式（2-89），在求得各个指标的比重后，求得各个指标的熵值，求得不同指标间的权重系数为

$$w = \begin{bmatrix} 0.1905 & 0.1107 & 0.2936 & 0.3558 & 0.0495 \end{bmatrix}$$

从指标中可以考到，由于各个电站间频率偏差指标和谐波指标区分度不大，所以在最后的综合评价中权重较小，而对于电压偏差、不平衡度和长时闪变赋予更高的权重，有利于在综合评估中区分不同测试结果。

2. 电站电能质量指标计算方法

依据指标本身产生的不同影响，对闪变、谐波畸变率、谐波分量、不平衡度和直流分量指标作出的判断矩阵为

$$\boldsymbol{A} = \begin{bmatrix} 1 & 1/2 & 1/2 & 1/4 \\ 2 & 1 & 1 & 1/2 \\ 2 & 1 & 1 & 2 \\ 4 & 2 & 2 & 1 \end{bmatrix}$$

依据乘积方根法，求得

$$w = \begin{bmatrix} 0.0796 & 0.1734 & 0.2574 & 0.3897 \end{bmatrix}$$

$$\boldsymbol{A}w = \begin{bmatrix} 1 & 1/2 & 1/2 & 1/4 & 1/5 \\ 2 & 1 & 1 & 1/2 & 1/3 \\ 2 & 1 & 1 & 2 & 1/3 \\ 4 & 2 & 2 & 1 & 1/2 \\ 5 & 3 & 3 & 2 & 1 \end{bmatrix} \begin{bmatrix} 0.0796 \\ 0.1534 \\ 0.1534 \\ 0.2897 \\ 0.3240 \end{bmatrix} = \begin{bmatrix} 0.3702 \\ 0.7187 \\ 0.7187 \\ 1.3835 \\ 2.2215 \end{bmatrix}$$

$$\lambda_{\max} = \frac{1}{m}\sum_{i=1}^{m} \frac{\sum_{j=1}^{m} a_{ij}w_j}{w_i}$$

$$= \frac{1}{5}\left(\frac{0.3702}{0.0796} + \frac{0.7187}{0.1534} + \frac{0.7187}{0.1534} + \frac{1.3835}{0.2897} + \frac{2.2215}{0.3240} \right)$$

$$= 5.1314$$

进行一致性检验，得

$$CI = \frac{5.1314-5}{4} = 0.0328, \quad RI = 1.12, \quad 故 \quad CR = \frac{CI}{RI} = \frac{0.0328}{1.12} = 0.0293 < 0.1。所$$

以 $\boldsymbol{A}$ 矩阵满足一致性，故 $w = \begin{bmatrix} 0.0796 & 0.1734 & 0.2574 & 0.3897 \end{bmatrix}$ 为权重系数。

2.3.3 大规模光伏电站电能质量一般评估流程

光伏电站电能质量评估既需要电能质量仪器对电站进行现场测量，还额外需要获取当地历史辐照资源进行统计。测得结果依据历史辐照规律进行统计、归一化处理，最终得到电站电能质量的综合评估。光伏电站电能质量评估一般流程如图 2 - 78 所示。

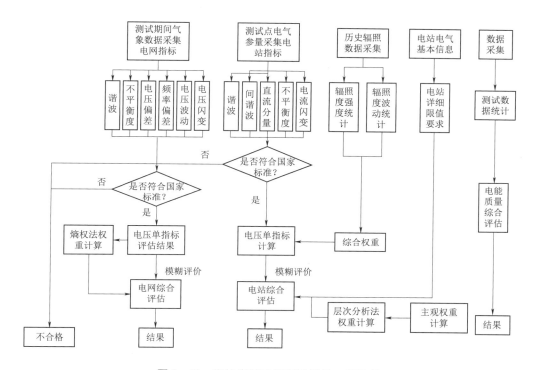

图 2 - 78　光伏电站电能质量评估一般流程

2.3.4 小结

本节首先依据光伏电站电能质量与太阳辐射强度的强弱和波动的相关性研究，然后从太阳辐射强度强弱和波动两个角度对太阳辐射强度资源进行了分析和评估，为基于太阳辐射强度电能质量指标加权提供参考。光伏电站电能质量须先进行符合性评价，全部通过后再进行进一步评估，否则判为不合格。本节提出了电网背景电能质量水平和电站电流电能质量水平对光伏电站进行综合评估。电网背景电能质量水平测试方法与国家标准要求方法相同，电站电流电能质量水平在国家标准要求基础上，利用多工况加权指标对电流谐波、负序电流和虚拟电网下电流引起的长时闪变进行综合统计，得到多工况下的综合指标。

2.4 光伏电站电能质量现场检测案例

2.4.1 多个光伏电站电能质量指标对比

传统测试方法仅测试光伏电站并网点电压偏差、电压三相不平衡度和电压谐波畸变率等电站电能质量指标。由上文分析可知，由于并网点短路容量与光伏电站容量之比较大，这些指标仅表现出并网点电网的电能质量特征，难以表征光伏电站所引起的电能质量问题大小，只有电流电能质量指标能准确反映光伏电站并网电能质量水平。所以本节从现场实测数据出发，全面对比指标测试结果。

以 2012 年青海、宁夏等西部地区大规模光伏电站并网电能质量测试数据为例，对其中一部分电站的检测结果进行统计。表 2-30 为本次统计光伏电站的名称及其基本信息。

表 2-30 所统计光伏电站基本信息表

光伏电站名称	容量/MW	电压等级/kV	光伏电站名称	容量/MW	电压等级/kV
大唐国际格尔木	20	35	山一中氚格尔木	10	35
华电华盈格尔木	10	35	钧石格尔木	10	35
华能格尔木一期	20	35	大唐德令哈	10	110
华能格尔木二期	30	35	协合德令哈	30	110
中电投黄河水电格尔木	200	330	国电德令哈	20	110
赛维格尔木	10	35	力诺齐哈德令哈	30	110
三峡格尔木	10	35	华炜德令哈	10	35
正泰青海格尔木	20	35	昱辉乌兰	20	35
北控格尔木	20	110	尚德乌兰	10	110
青海水电格尔木	20	35	蓓翔共和	25	110
国电龙源格尔木	20	35	正泰宁夏太阳山	10	110
大唐山东格尔木	20	110	国投宁夏石嘴山	30	110
阳光能源格尔木	20	35	国投格尔木二期	30	35
龙源格尔木二期	30	110	国投格尔木一期	20	35
国电电力格尔木一期	10	35			

由表 2-30 可知，统计的光伏电站主要分布在青海、宁夏地区，电站容量最小 10MW，最大 200MW，并网电压等级从 35kV 到 330kV，其中 35kV 并网电压等级最为常见。

图 2-79 为光伏电站并网点电压偏差统计结果，其中横轴为以电站容量为基准值后标幺化后电站有功功率出力标幺值，纵轴为电压偏差百分比。由于所有所测光伏电

站位于发电端，电压较额定电压都较高，但均未超过对应电压等级的110%，此处采用光伏电站并网点长期实际电压运行运行水平代替标准规定电压等级作为计算电压偏差的基准值，可以更好地展示电站电压稳定水平。

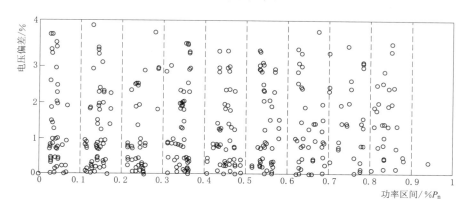

图2-79　光伏电站并网点电压偏差统计结果

从图2-79可以看到，测试过程中，光伏电站并网点电压保持稳定，并未随着光伏电站并网功率大小变化，说明并网点短路容量与光伏电站容量之比相比较大；不同容量的光伏电站对并网点影响也基本相同。整体来看，各个电站电压偏差统计结果基本相同，无法对电站并网点光伏电站的影响大小进行有效评估。

图2-80为光伏电站并网点电压负序不平衡度统计结果，其中横轴为以电站容量为基准值后标幺化后电站有功功率出力标幺值，纵轴为负序电压不平衡度。从图2-80可以看到，测试过程中，光伏电站并网点不平衡度变化较小，并未随光伏电站并网功率大小变化；不同容量的光伏电站对并网点影响也基本相同。与电压偏差一样，各个光伏电站不平衡度统计结果基本相同，无法对光伏电站并网点的影响大小进行有效评估。

图2-81为光伏电站并网点电压谐波畸变率结果，其中横轴为以电站容量为基准

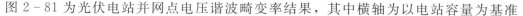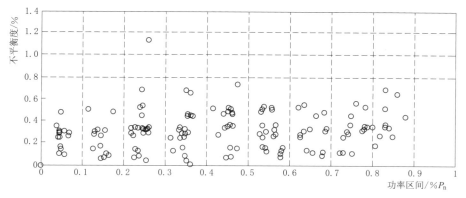

图2-80　光伏电站并网点电压负序不平衡度统计结果

值后标幺化后电站有功功率出力标幺值，纵轴为电压谐波畸变率。从图 2-81 中可以看到，测试过程中，光伏电站并网点的电压谐波畸变率变化较小，并未随光伏电站并网功率大小变化。

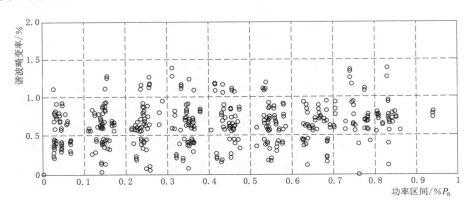

图 2-81 电压谐波畸变率统计结果

从图 2-79～图 2-81 统计结果中可以看出，传统大规模电站电压偏差、电压不平衡度和电压谐波畸变率几个测试结果主要取决于电网背景电能质量特性，不仅在电站不同功率区间没有变化趋势，而且不同电压等级、不同容量电站之间区别不大。

上述从整体出发，对所测光伏电站的从电网背景电能质量角度进行了分析，下面将选取部分具有典型特征的光伏电站，详细分析测试过程中电压电流指标的变化趋势，部分光伏并网电站逆变器参数见表 2-31。

表 2-31　　　　　　　　　　　部分光伏并网电站逆变器参数

光伏电站名称	容量/MW	电压等级/kV	逆变器型号	测试日期
格尔木 A 电站	10	35	500kW 模块化逆变器/20 台	2012.11.23
格尔木 B 电站	10	35	500kW 模块化逆变器/20 台	2012.5.27
格尔木 C 电站	10	35	500kW 非模块化逆变器/20 台	2012.5.25
德令哈 D 电站	20	110	500kW 非模块化逆变器/40 台	2012.12.14

对光伏电站不同功率区间下负序电压和负序电流进行对比分析，结果如图 2-82 和图 2-83 所示。

图 2-82 为不同功率区间下负序电压与额定电压比值分布图，其中格尔木 A 电站、B 电站和 C 电站在各个功率区间负序电压均位于 0.5％以下，德令哈 D 电站负序电压波动较大。

图 2-83 为不同功率区间下负序电流与额定电流比值在不同功率区间比值分布图。可以看到格尔木 A 电站和 B 电站负序电流随着功率上升而上升，格尔木 C 电站和德令哈 D 电站负序电流没有明显变化趋势。综合图 2-82 和图 2-83 数据，可以看到德令哈

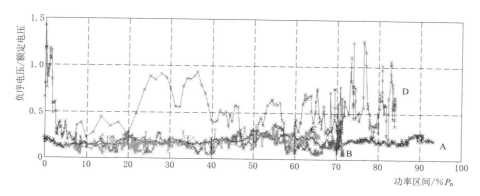

图 2-82　部分光伏电站不同功率区间下负序电压与额定电压比值

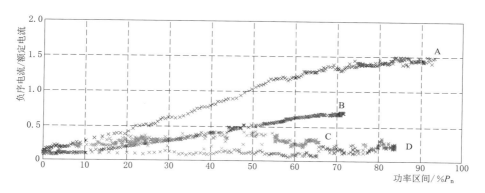

图 2-83　部分光伏电站不同功率区间下负序电流与额定电流比值

D 电站负序电流较小，但是并网点电压负序电压较大；格尔木 A 电站和 B 电站虽然随着功率区间上升产生了明显的负序电流，但是并网点电压一致处于较低的水平。

　　对光伏电站不同功率区间下电压、电流谐波畸变率进行分析，结果如图 2-84 和图 2-85 所示。谐波畸变率均统计次数 2～25 次，基准值根据电站容量和接入电压等级求得，对总谐波电压、总谐波电流有效值进行标幺化处理，求得标幺化后总电压畸变和总电流谐波畸变变化趋势。

　　从图 2-84 和图 2-85 中可以看出，不同功率区间下电压谐波畸变率没有明显变化趋势，不同电站电流谐波畸变率注入水平变化趋势呈现不同特征，采用模块化逆变器的格尔木 A 电站和 B 电站电流谐波畸变率在低功率区间较低，德令哈 D 电站在多数功率区间段电流谐波畸变率基本保持一致，格尔木 C 电站在低功率区间电流谐波畸变率较大。

2.4.2　某 10MWp 光伏电站实例分析

　　以格尔木某 10MWp 光伏电站为实例，详细介绍本节提出的电站评估方法应用步

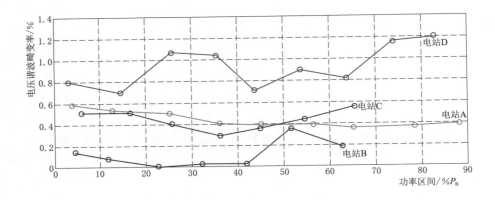

图 2-84　部分光伏电站不同功率区间下电压谐波畸变率

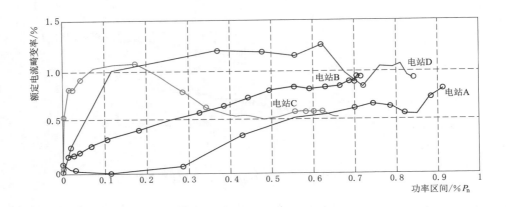

图 2-85　部分光伏电站不同功率区间下额定电流谐波畸变率

骤，最后与同样评估方法下的同地区某 30MWp 光伏电站评估结果进行对比。下面将
10MWp 光伏电站简称为 A 电站，将 30MWp 电站称为 B 电站。

2.4.2.1　地理位置和概况介绍

格尔木市位于青海省海西蒙古族藏族自治州南部，平均海拔 2800m 左右，夏季
平均气温 19℃，冬季平均气温 4.2℃，是全国光照资源最为丰富的地区之一，年日照
时长 3200～3600h，年均日照强度 6923.42MJ/m²，地域辽阔、地势平坦，是理想的
太阳能光伏发电场。

A 电站位于格尔木市东收费站东侧约 3km 处的戈壁滩上，经度 E91°25′～E95°12′，
纬度 N35°10′～N37°45′，占地 0.283km²，其总装机容量为 10MW，发电单元经并网
光伏逆变器和箱变升压至 35kV 接入，站内汇集后，经输电线路接入东汇集站。东汇
集站集中升压后至 110kV 后连接至格尔木变电站，如图 2-86 所示。

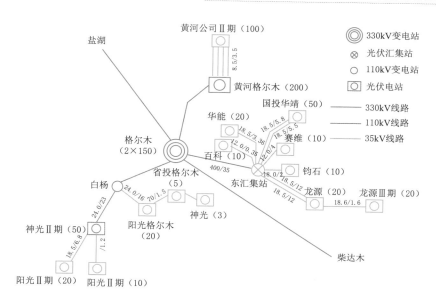

图 2-86 A电站所在区域一次地理接线图

2.4.2.2 测试概况说明

站内分为 10 个 1MW 的发电单元，每个单元接入一台箱变升压至 35kV 汇流，电站现场测试示意图如图 2-87 所示。

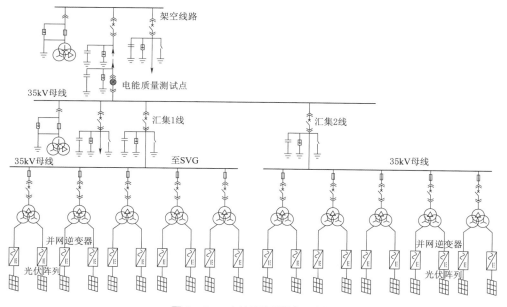

图 2-87 电站现场测试示意图

电站测试时间为 2012 年 5 月 25—29 日；测试仪器为 ElspecG5400；电压变比为 350000/100；电流变比为 400/5。

2.4.3　光伏电站电能质量限值计算

电站通过 35kV 线路接入东汇集站，线路全长 4km。东汇集站有两台主变压器，其中一台为备用变压器。主变压器容量为 $2 \times 63MVA$，变比为 35kV/110kV，通过 110kV 线路接入格尔木变电站。根据东汇集站数据，站内母线最小短路容量为 619.43MVA。汇流站接线示意图如图 2-88 所示。

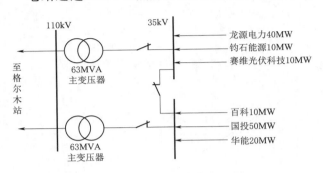

图 2-88　汇流站接线示意图

根据国家标准，35kV 下基准短路容量为 250MVA 的公共节点的电站分配谐波限值计算结果见表 2-32。由母线最小短路容量 S_k 为 619.43MVA。依据上文分析，母线上供电总容量 S_t 为主变供电容量 S_T，不计连接在母线上所有光伏发电站容量 S_{pv}，故并网点供电容量为

$$S_t = S_T = 2 \times 63 = 126(MVA)$$

用户协议用电容量 S_i 取电站接入容量 10MVA，则根据以上条件给出谐波限值分配的计算公式，计算出赛维光伏科技 10MW 光伏电站并网接口处各次谐波电流限值。

表 2-32　　　　　　　　　　　电站分配谐波限值计算结果

谐波次数	限值/A	谐波次数	限值/A
2	10.47	14	1.54
3	2.97	15	1.75
4	5.37	16	1.33
5	3.60	17	2.51
6	3.56	18	1.19
7	3.57	19	2.23
8	2.65	20	1.05
9	2.49	21	1.26
10	2.16	22	0.98
11	3.66	23	1.88
12	1.81	24	0.91
13	3.28	25	1.75

2.4.4 光伏电站电能质量数据分析

本次测试选取了电站运行典型运行工况，时间从 2012 年 5 月 25 日开始，至 5 月 29 日止，共计 6 天。本小节主要通过分析不同工况下的电站运行测试数据，从光伏电站输出功率与并网电压谐波、电流谐波关系两个方面，分析光伏电站并网电流谐波特性，同时对比不同指标表征光伏电站电能质量的合理性。

2.4.4.1 测试期间气象状况及测试概况

测试过程中，移动气象站位于站内监控室屋顶位置，无阴影遮挡情况发生，测试总共记录了 2012 年 5 月 25—29 日的数据，包括太阳总太阳辐射强度、散射辐射和温度等。移动气象站每分钟记录 1 组数据。现选取具有典型特征的 28 日、29 日的测试数据进行分析，绘制太阳辐射强度变化趋势，如图 2-89 所示。

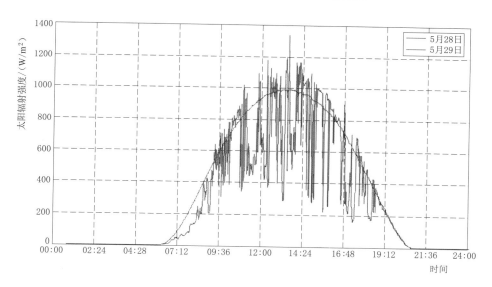

图 2-89　太阳辐射强度变化趋势

图 2-89 中，红、绿两色曲线分别表示 28 日、29 日太阳辐射强度变化趋势，太阳辐射强度单位 W/m^2。观察变化趋势发现 28 日为多云天气，太阳辐射强度波动剧烈，1min 太阳辐射强度最大波动出现在 14：41—14：42 期间，太阳辐射强度由 1042W/m^2 减少至 319W/m^2，减少了 723W/m^2；太阳辐射强度峰值出现在 13：34，达到 1341W/m^2。29 日为晴天，太阳辐射强度波动平缓，每分钟最大波动出现在 16：09—16：10，太阳辐射强度变化值 170W/m^2；太阳辐射强度峰值值出现在 13：40，达到 992W/m^2。

测量点位于光伏电站出口并网点主变压器高压侧，如图 2-90 和图 2-91 所示。主变变比为 35kV/110kV，额定容量为 10MVA。

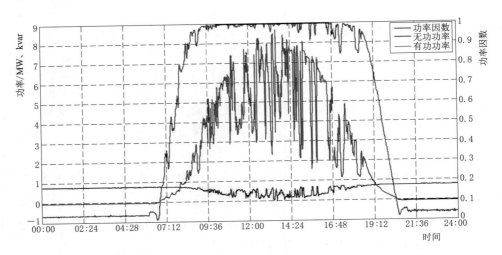

图 2-90　5月28日（多云）A点有功功率、无功功率、功率因数

图 2-90 为 5 月 28 日并网点高压侧出线功率趋势图，从图中可以看出：辐照较低，光伏电站未工作时有功功率几乎为 0（吸收 20kW 左右），发出感性无功功率 800kvar 左右；并网后发出的有功功率随辐照波动，无功功率下降。

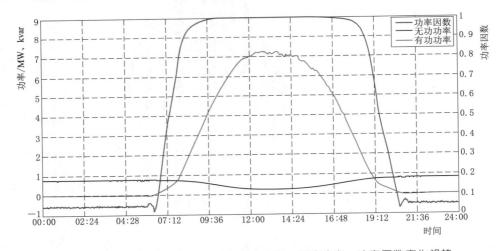

图 2-91　5月29日（晴天）A点有功功率、无功功率、功率因数变化趋势

图 2-91 为 5 月 29 日并网点高压侧出线功率趋势图，从图中可以看出：光伏电站未并网时有功功率几乎为 0（吸收 20kW 左右），发出感性无功功率 800kvar 左右；光伏并网后输出有功平稳，最大功率出现在 13：00 左右，达到 7.2MW，无功功率下降。

2.4.4.2　电网背景电能质量计算

1. 电压偏差

《电能质量　供电电压偏差》（GB/T 12325—2008）中规定："35kV 以上供电电

压正、负偏差绝对值之和不超过标称电压的 10%。"通过考察不同工况下并网高压侧测试点的三相电压变化趋势，考察该光伏电站对并网点电压的影响。

由于三相电压变化和功率变化趋势基本相同，为表述简洁，下面只给出 A 相的有功功率、无功功率和相电压变化趋势，如图 2-92 所示。

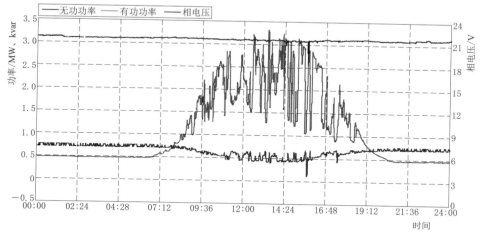

图 2-92　5 月 28 日有功功率、无功功率、相电压变化趋势

由图 2-92 中可以看到，由于太阳辐射强度变化剧烈，该日光伏电站功率输出波动明显。经统计，当日 A 相最大峰值功率为 3.041MW，A 相日最大电压为 21.664kV，日最小电压为 18.314kV，日平均电压大小为 21.4786kV。早晚电压较高，午间电压较低。

图 2-93 为 29 日有功功率、无功功率、相电压变化趋势。从图 2-93 中可以看到，该日的功率输出平稳。经统计，当日 A 相峰值功率为 2.4MW，此刻 A 相电压大小为 21.21kV。A 相日最大电压为 21.664kV，日最小电压为 18.31kV，日平均电压

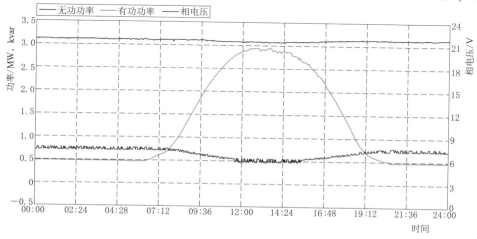

图 2-93　5 月 29 日有功功率、无功功率、相电压变化趋势

大小为 21.47kV。早晚电压较高，午间电压较低。

经统计，并网点电压偏差指标符合标准要求。同时发现，光伏电站在接入点短路容量较大情况下对公共连接点的电压影响有限。

2. 电压波动和闪变

本小节主要通过分析不同工况下的电站运行测试数据，从光伏电站输出功率变化与闪变关系和光伏电站启停机引起的闪变两方面，分析光伏电站对所在电网的电压波动和闪变带来的影响。本小节短时闪变均采用 10min P_{st} 计算值。

（1）闪变整体变化趋势分析。

由于三相电压闪变变化趋势基本相同，为表述简洁，下面只给出 AB 线电压变化趋势和及其 P_{st} 变化趋势，如图 2-94 所示。其中电压单位为 kV，闪变值为无量纲量，横轴为时间，范围为 24h。

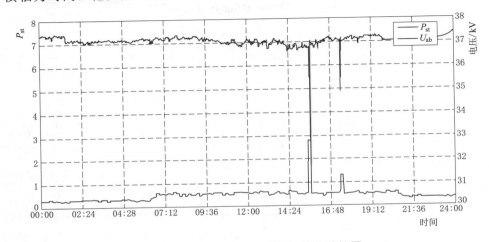

图 2-94 5月28日 U_{ab} 和 P_{st} 变化趋势图

由图 2-94 中可以看到闪变夜间闪变值较小，均为 0.4 以下，白天闪变值约为 0.6 左右。15：38 时，电压暂跌至 18.314kV，跌落深度 84.5%，引起相应区间的 P_{st} 值瞬时增加至 2.8；17：24 时，电压暂升至 22.2kV，相应区间的 P_{st} 值瞬时增加至 1.3。短时闪变突然增加时间段内内电压、功率变化趋势详如图 2-95 所示。横轴为时间，总计 600s，图中红色曲线、蓝色曲线和黑色曲线分别表示该段时间内有功功率、无功功率和电网 AB 线电压。

从图 2-95 中可以看出，虽然在该段时间内光伏电站有功功率发生较为剧烈的波动，3min 内从 7MW 下降到 2MW，持续 3min 以后又迅速恢复至 7MW，但是该段时间内线电压 U_{ab} 并未发生剧烈波动。但是在约第 9min 时 U_{ab} 发生暂降，由 37kV 下降至 36.8kV，暂降深度为 0.54%，此时光伏电站有功功率也发生了暂降，深度为 1MW。根据光伏电站容量与并网点容量的关系，该程度的电网电压暂降是由于自身

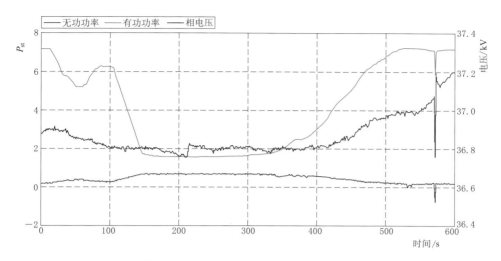

图 2-95　5 月 29 日闪变与电压变化趋势

故障引起，光伏电站功率由于电网电压暂降引起了光伏电站功率下降。U_{ab} 的电压暂降也导致此时 U_{ab} 的短时闪变突然增加，达到了 2.8。

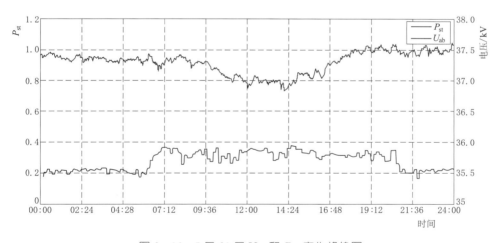

图 2-96　5 月 29 日 U_{ab} 和 P_{st} 变化趋势图

　　5 月 29 日 U_{ab} 变化趋势和 U_{ab} 的短时闪变变化趋势如图 2-96 所示。由图 2-96 可见，U_{ab} 夜间幅值约为 37.5kV，电压闪变值较小，均为 0.4 以下；白天幅值约为 37kV，闪变值约为 0.6，未发生 P_{st} 超出限值情况。综合图 2-94 和图 2-96 可以看出，U_{ab} 电压幅值夜间较高，白天较低，与光伏电站输出有功功率并未表现出正相关性。

　　（2）光伏功率输出与电压闪变关系分析。选取 5 月 28 日、29 日两天中相同时间段电压、功率和电压闪变值作为分析数据，分析光伏功率输出与电压闪变关系。以下为 6 组电站功率输出波动特性不同的 10min 数据，其中，图 2-97 是电站并网点 A 相电压变化趋势图，图 2-98 是并网点电站输出功率变化趋势图。

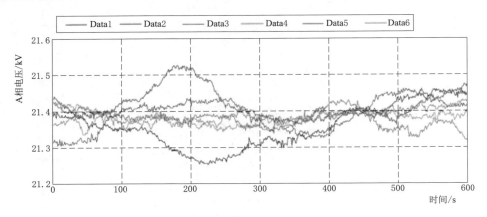

图 2-97　10min A 相电压变化趋势图

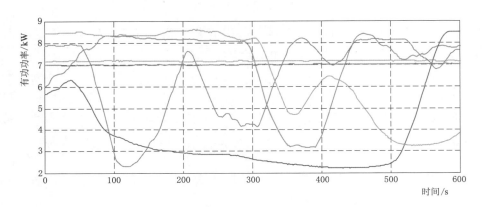

图 2-98　10min 电站输出功率变化趋势图

闪变统计值见表 2-33。

表 2-33　　　　　　　　　　　　　闪 变 统 计 值

数据名称	计 算 时 间	闪变大小
Data1	5 月 28 日 13：10—13：20	0.481
Data2	5 月 28 日 14：10—14：20	0.512
Data3	5 月 28 日 14：30—14：40	0.501
Data4	5 月 28 日 14：40—14：50	0.624
Data5	5 月 28 日 15：50—16：00	0.602
Data6	5 月 29 日 14：40—14：50	0.544

　　由图中功率记录数据可以看出 Data5 记录的时间段，光伏电站输出功率波动最为显著，Data4 和 Data6 时间段电站输出功率最为平稳，但是 A 相电压并未出现与功率

相同的变化趋势，说明该电站并网容量较小，对并网点电压影响有限。

（3）逆变器启停机闪变分析。

以 5 月 28 日记录数据为例，日出时刻 6：00，逆变器并网时刻 6：20 左右，光伏电站电压、有功功率和无功功率的变化趋势分别如图 2－99～图 2－101 所示，其中横轴为时间轴，单位为 min，时间为 6：00—7：00。

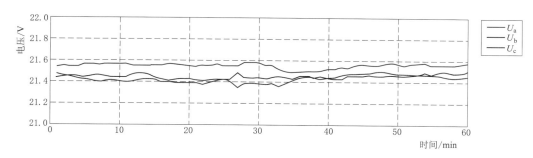

图 2－99　光伏电站启动期间电压变化趋势

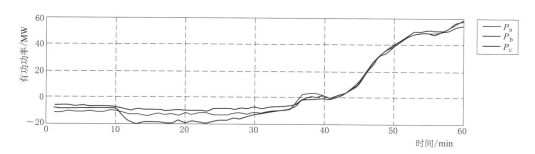

图 2－100　光伏电站启动期间有功功率变化趋势

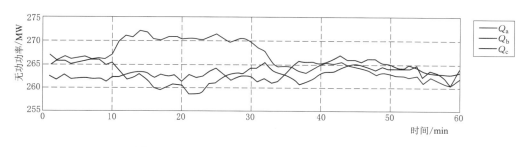

图 2－101　光伏电站启动期间无功功率变化趋势

从图 2－99～图 2－101 中可以看出，光伏电站并网前主要从电网吸收无功及少量有功，其中各相无功功率约为 265kvar，各相有功功率约为－15kW。整个电站准备并网阶段持续约 20min，此间吸收有功略微有所增加，无功功率变化则各相大小不等。

6：00—7：00 各相短时闪变变化趋势如图 2－102 所示。

从中可以看出，各相闪变值在该时间段内有所上升，变化趋势和并网功率上升趋

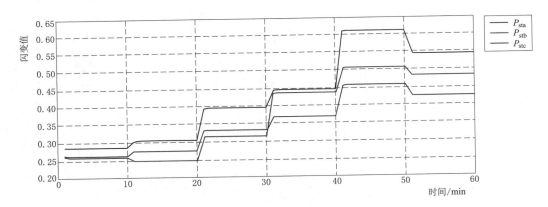

图 2-102　光伏电站启动期间短时闪变变化趋势

势一致，这也印证了逆变器启动时引起闪变的分析结果。

以 5 月 28 日日落时刻 20：45，逆变器离网时刻 21：00 左右，光伏电站电压、有功功率和无功功率的变化趋势分别如图 2-103～图 2-105 所示，其中横轴为时间轴，单位为 min，时间范围为 19：40—21：20。

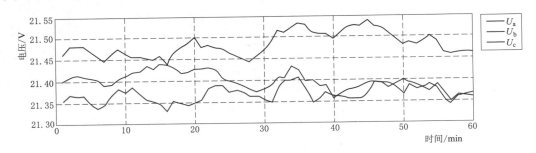

图 2-103　光伏电站停机期间电压变化趋势

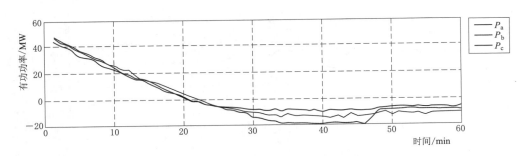

图 2-104　光伏 电站停机期间有功功率变化趋势

19：40—21：20 时间范围的各相闪变变化趋势如图 2-106 所示。

由图中可以看出，各相电压闪变值在逆变器功率下降后开始下降。变化趋势和并网功率下降趋势一致，这也印证了电站停机期间引起闪变的分析结果。

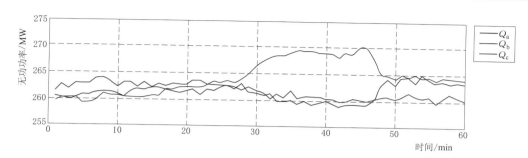

图 2-105 光伏电站停机期间无功功率变化趋势

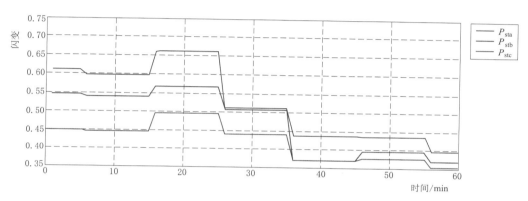

图 2-106 光伏电站停机期间闪变变化趋势

3. 三相不平衡度分析

电站 5 月 28 日、29 日电压三相线电压变化趋势和负序不平衡度变化趋势如图 2-107 和图 2-108 所示。

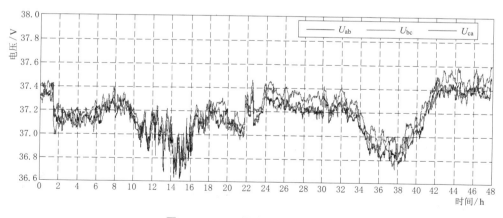

图 2-107 三相线电压变化趋势

由图中数据可以看出，三相电压中 CA 线电压较 AB、BC 较大，全天不平衡度变化范围较小，为 0.2% 左右，没有超出国家标准要求限值。

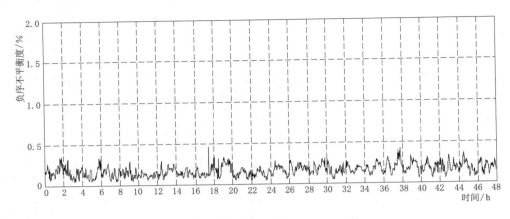

图 2-108　电压负序不平衡度变化趋势

5 月 28 日、29 日三相电流变化趋势和电流负序不平衡度如图 2-109 和图 2-110 所示。

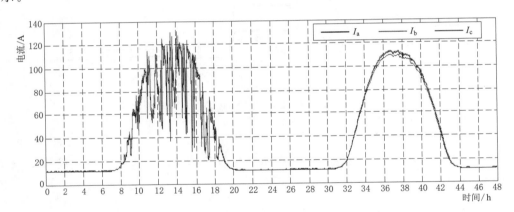

图 2-109　三相电流变化趋势

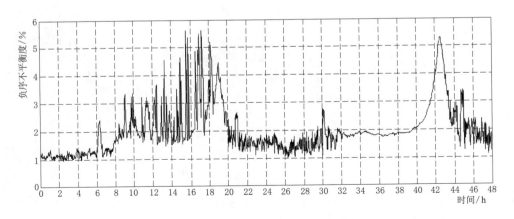

图 2-110　电流负序不平衡度变化趋势

由图 2-109、图 2-110 数据可以看出，三相电流中 C 相电流较 A、B 相较小，全天不平衡度大多处于 2% 左右，但在 17：00—19：00 不平度显著增加，最大值达到 5.1%。光伏发电的电流不平衡较电压不平衡现象更为明显。

4. 电压谐波分析

图 2-111 为 5 月 28 日电压谐波畸变率变化趋势图，图 2-112 为 5 月 29 日电流谐波畸变率变化趋势图。由图 2-111 可以看出，电压畸变率都低于 2%，符合要求。

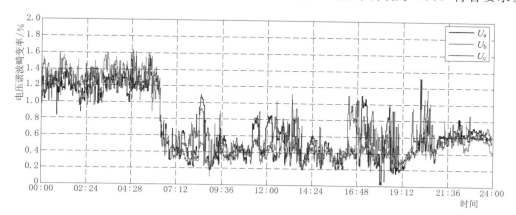

图 2-111 5 月 28 日电压谐波畸变率变化趋势

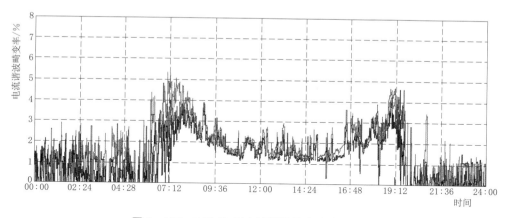

图 2-112 5 月 28 日电流谐波畸变率变化趋势

由图 2-112 可以看出，电流畸变率整体低于 5%，夜间太阳能电站未并网时，电流 THD 为 2% 以下，并网功率较小时 THD 较大，并网功率较大时约为 2% 以下。

根据光伏电站并网输出功率大小不同，针对不同功率运行区间统计该时间段下电流谐波畸变率，根据前文分析统计的电网并网时间段为 6：20—20：30。该电站总装机容量为 10MW，单相最大功率为 3.3MW，以 10% 功率为一区间对 A 相畸变率统计，结果见表 2-34。

表 2-34　　　　　　　　　　　　不同功率运行区间电流谐波畸变率分析

P_n	功率区间/MW	最大值/MW	95%概率大值/h	累积运行时间/h
$0 < P_n \leqslant 10\%$	330	3.485	3.102	3.333
$10\% < P_n \leqslant 20\%$	660	3.684	3.168	1.667
$20\% < P_n \leqslant 30\%$	990	2.933	2.652	1.484
$30\% < P_n \leqslant 40\%$	1320	2.407	2.216	1.583
$40\% < P_n \leqslant 50\%$	1650	2.040	1.883	1.167
$50\% < P_n \leqslant 60\%$	1980	1.739	1.668	1.183
$60\% < P_n \leqslant 70\%$	2310	1.426	1.356	1.633
$70\% < P_n \leqslant 80\%$	2640	1.376	1.270	1.683
$80\% < P_n \leqslant 90\%$	2970	1.157	1.155	0.433
$90\% < P_n \leqslant 100\%$	3300	—	—	—

图 2-113 和图 2-114 为 5 月 29 日电压谐波畸变率变化趋势和电流谐波畸变率变化趋势。

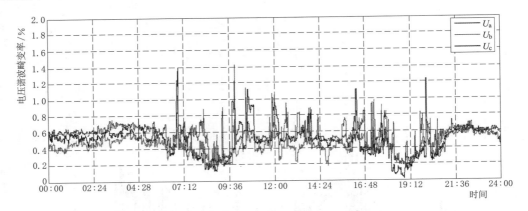

图 2-113　5 月 29 日电压谐波畸变率变化趋势

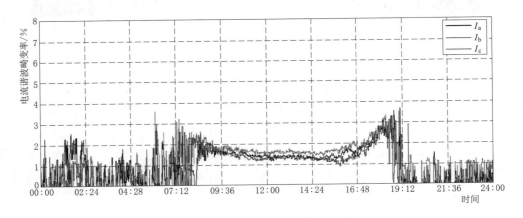

图 2-114　5 月 29 日电流谐波畸变率变化趋势

5月29日天气晴朗情况下以10％功率为一区间对A相畸变率统计，结果见表2-35。

表2-35　　　　　　　　　不同功率区间电流谐波畸变率分析

P_n	功率区间/MW	最大值/MW	95％概率大值/h	累积运行时间/h
$0<P_n\leqslant10\%$	330	2.479	1.478	3.167
$10\%<P_n\leqslant20\%$	660	3.211	2.640	1.117
$20\%<P_n\leqslant30\%$	990	2.862	2.644	0.983
$30\%<P_n\leqslant40\%$	1320	2.324	2.301	0.983
$40\%<P_n\leqslant50\%$	1650	1.921	1.812	1.117
$50\%<P_n\leqslant60\%$	1980	1.631	1.569	1.500
$60\%<P_n\leqslant70\%$	2310	1.489	1.401	2.383
$70\%<P_n\leqslant80\%$	2640	1.378	1.302	2.917
$80\%<P_n\leqslant90\%$	2970	—	—	—
$90\%<P_n\leqslant100\%$	3300	—	—	—

2.4.4.3　电站电能质量水平计算

根据本书提出的负序电流、多工况综合谐波电流和多工况综合电流闪变评价指标和综合指标评价方法，下面对电站测得的电流数据进行分析。

1. 三相电流不平衡度

本小节采用负序电流作为电站三相电流不平衡度指标，图2-115中为5月28日和29日电站并网点负序电流变化趋势。

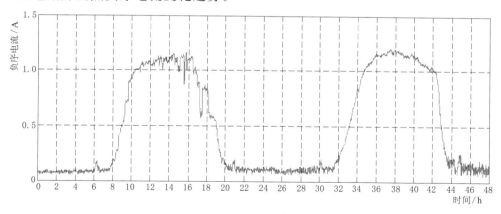

图2-115　电站并网点负序电流变化趋势

并网点电压为35kV，电站并网点短路容量为618.43MVA，因此电站负序电流限值为

$$1.3\%I_k=1.3\%\times\frac{618.43\times10^3}{35\sqrt{3}}=132.62(\text{A})$$

不同功率区间下负序电流有效值见表2-36。

表 2 - 36   不同功率区间下负序电流有效值

功率区间/%	10	20	30	40	50	60	70	80	90	100
有效值/A	0.09	0.10	0.13	0.20	0.37	0.55	0.73	0.85	0.91	1.05

对青海格尔木地区长期历史太阳辐射强度数据进行统计分析，得到太阳辐射强度分布频度如图 2 - 116 所示。

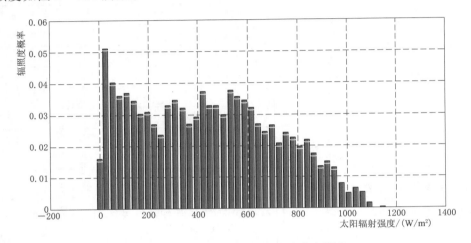

图 2 - 116　格尔木太阳辐射强度分布频度

将太阳辐射强度划分为 10%～100% 十个功率区间，对频度表统计结果进行分析，长期工况下不同功率区间权重见表 2 - 37。

表 2 - 37   长期工况下不同功率区间权重

功率区间/%	10	20	30	40	50	60	70	80	90	100
运行持续时间比重/%	15.75	11.81	9.84	10.63	12.2	12.6	10.63	8.87	5.91	2.76

因此，多工况下综合负序电流指标为

$$I_{\mathrm{unb}}^{*} = \frac{\alpha_{P_1} I_{\mathrm{neg}}}{1.3\% I_{\mathrm{k}}} = \frac{0.4}{132.62} = 0.3\%$$

2. 多工况综合谐波电流

图 2 - 112 和图 2 - 114 中电流采用传统的 THD 指标描述，在 10% 低功率区间 THD 值达到了 3.6，但是此时由于基波电流很小，谐波电流分量实际上很小。采用谐波额定谐波电流畸变率方法对测试结果进行重新计算，设光伏电站额定电压为 35kV，额定电流为 156A，则 5 月 29 日额定谐波电流畸变率变化趋势如图 2 - 117 所示。

由图 2 - 117 可知，5 月 29 日输出谐波电流最大时刻为 12：00 左右，此时额定电流 THD 为 0.94%，电站输出功率为 7MW。A 相基波电流为 109A。此时测得各次谐波含量见表 2 - 38，可以看到经过站内升压变后，高次谐波基本消失。

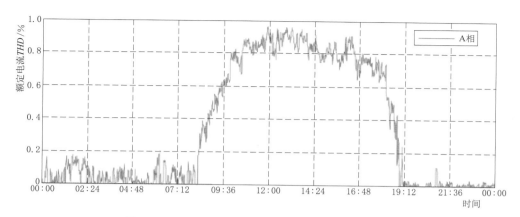

图 2-117　5月29日额定谐波电流畸变率变化趋势

表 2-38　　　　　　　　　　　谐 波 电 流 测 试 结 果

谐波次数	谐波电流/A	谐波次数	谐波电流/A
2	0.11	14	0.00
3	0.68	15	0.00
4	0.00	16	0.00
5	1.22	17	0.00
6	0.00	18	0.00
7	0.14	19	0.00
8	0.00	20	0.00
9	0.00	21	0.00
10	0.00	22	0.00
11	0.00	23	0.00

　　各个区间权重将用于下一步对各次谐波电流进行综合加权计算之中，被测电站5月28日、29日谐波电流整体变化趋势如图2-118所示。

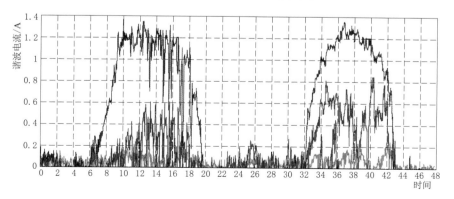

图 2-118　测试过程中谐波电流整体变化趋势图

图中蓝色线条为 2 次谐波分量，紫色线条为 3 次谐波，黑色线条为 5 次谐波，绿色线条为 7 次谐波分量。可以看到电流谐波中主要为 2 次、3 次、5 次、7 次谐波，其中 5 次谐波含量最大，其余谐波基本为零。如前文所述，谐波电流的大小与电站功率大小有一定的相关性，以 3 次、5 次谐波最为显著。

对标准方法中最大值、95％大值和多工况下电流谐波综合指标三种方法都进行了计算，结果见表 2-39。

表 2-39 不同评估方法下谐波电流计算结果

谐波次数	谐波大小			谐波次数	谐波大小		
	最大值	95％大值	综合指标		最大值	95％大值	综合指标
2	0.47	0.15	0.14	14	0.00	0.00	0.00
3	0.85	0.63	0.59	15	0.00	0.00	0.00
4	0.10	0.00	0.00	16	0.00	0.00	0.00
5	1.36	1.26	1.05	17	0.00	0.00	0.00
6	0.04	0.00	0.00	18	0.00	0.00	0.00
7	0.45	0.00	0.00	19	0.00	0.00	0.00
8	0.03	0.00	0.00	20	0.00	0.00	0.00
9	0.02	0.00	0.00	21	0.00	0.00	0.00
10	0.00	0.00	0.00	22	0.00	0.00	0.00
11	0.00	0.00	0.00	23	0.00	0.00	0.00
12	0.00	0.00	0.00	24	0.00	0.00	0.00
13	0.00	0.00	0.00	25	0.00	0.00	0.00

对于采用的多工况下电流谐波综合指标，各次谐波归一化指标为

$$I_{\mathrm{H}}^{*} = \max\{I_{\mathrm{h2}}^{*}, I_{\mathrm{h3}}^{*}, I_{\mathrm{h5}}^{*}\} = \max\left\{\frac{0.14}{10.47}, \frac{0.59}{2.97}, \frac{1.05}{3.6}\right\} = 0.29$$

多工况下不同功率区间下谐波电流畸变率见表 2-40。

表 2-40 多工况不同功率区间下谐波电流畸变率

功率区间	10％	20％	30％	40％	50％	60％	70％	80％	90％	100％
畸变率/％	0.09	0.1	0.13	0.33	0.41	0.58	0.65	0.81	0.85	0.91

多工况下电流谐波畸变率为

$$I_{\mathrm{THD}}^{*} = \frac{\alpha_{P_2} THD_{I_n}}{5} \times 100\% = \frac{0.41}{5} \times 100\% = 8.2\%$$

3. 多工况综合电流闪变

测试期间电压闪变情况如图 2-94 和图 2-95 所示。对电流闪变进行计算时，设置虚拟电网短路容量为最小短路容量 618.43MVA，短路阻抗角为 70°，经虚拟电网求得电流引起的闪变变化趋势，如图 2-119 所示。

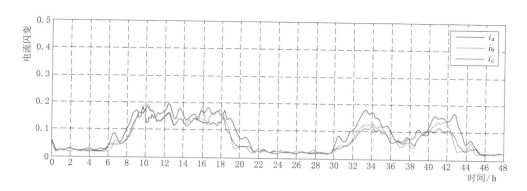

图 2-119　虚拟电网下电流闪变变化趋势图

可以看到，通过虚拟电网方法测量，不仅排除了由于电网电压波动对闪变测试的干扰，而且准确地评估了由于被测对象电流波动造成的闪变影响。

测量期间，经过对太阳辐射强度波动性分析得到的电流长时闪变结果及对应太阳辐射强度区间见表 2-41，分布如图 2-120 所示。

表 2-41　　　　　　　　　电流长时闪变结果及对应太阳辐射强度区间

测量序号		闪 变 值			太阳辐射强度变化情况		
		A 相	B 相	C 相	ESI	EFI	区域
28 日	1	0.13	0.12	0.11	0.1603	3.5229	Ⅳ
	2	0.13	0.17	0.16	0.5061	3.3482	Ⅲ
	3	0.14	0.17	0.17	0.6277	4.7238	Ⅲ
	4	0.18	0.19	0.17	0.7894	5.1938	Ⅲ
	5	0.17	0.18	0.17	0.3333	2.9001	Ⅰ
	6	0.19	0.16	0.17	0.0643	3.1502	Ⅳ
29 日	1	0.13	0.19	0.16	0.2296	0.5446	Ⅰ
	2	0.12	0.12	0.14	0.6833	0.0673	Ⅱ
	3	0.13	0.1	0.11	0.9518	0.0016	Ⅱ
	4	0.07	0.09	0.07	0.8468	0.0178	Ⅱ
	5	0.12	0.1	0.16	0.4477	0.2474	Ⅰ
	6	0.1	0.18	0.15	0.0834	1.2356	Ⅰ

统计格尔木地区年太阳辐射强度记录数据，并进行波动性分析，结果如图 2-121 所示。

经统计，光照波动性指数分布见表 2-42。

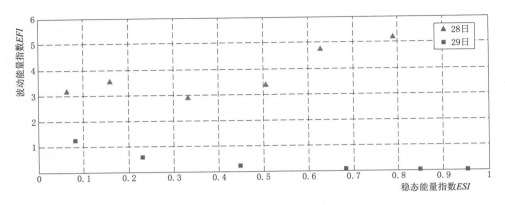

图 2-120　测试期间天气状况波动性分析结果

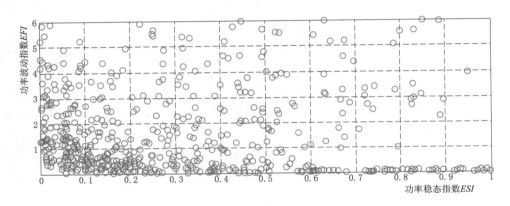

图 2-121　格尔木地区年太阳辐射强度波动性分析结果

表 2-42　　　　　　　　　　　　光照波动性指数分布统计

区域	Ⅰ区	Ⅱ区	Ⅲ区	Ⅳ区
总数	409	99	40	111
权重	62.06%	15.02%	6.07%	16.84%

根据以上统计结果，多工况电流闪变综合指标为

$$P_{lt}=\frac{0.6206}{12}\sum P_{lt,Ⅰ}+\frac{0.1502}{9}\sum P_{lt,Ⅱ}+\frac{0.0607}{9}\sum P_{lt,Ⅲ}+\frac{0.1684}{6}\sum P_{lt,Ⅳ}=0.1441$$

经过综合指标评估，该电站长期闪变水平为 0.1441，得到闪变归一化值为

$$I_{plt}=\frac{0.1441}{1}=14.41\%$$

4. 光伏电站综合评估指标

对电站 A 和其他 4 个电站 B、C、D、E 并网点电能质量指标测试结果见表 2-43。

表 2 - 43　　　　　　　　同区域 5 座光伏电站并网点电能质量指标测试结果

测试电站	电压偏差	频率偏差	不平衡度	长时闪变	谐波畸变率
A	6.57	0.05	0.26	0.42	0.31
B	6.29	0.06	0.3	0.51	1.13
C	5.71	0.06	0.24	0.40	0.58
D	6.86	0.05	0.28	0.56	0.86
E	7.14	0.05	0.32	0.63	0.73

参考国标对各个指标限值要求，对不同指标进行同质化处理后，根据式（2-87）～式（2-89），利用基于熵值的权重计算方法，求电压偏差、频率偏差、不平衡度、长时闪变和谐波的综合权重分别为

$$w = \begin{bmatrix} 0.0580 & 0.0738 & 0.0989 & 0.2757 & 0.4936 \end{bmatrix}$$

从权重中可以看出，由于电网长时闪变和谐波测试结果变化相对较大，在权重中比值较大。利用层次分析法求得的计算结果，长时闪变、谐波畸变率、谐波分量、负序分量和直流分量的综合权重分别为

$$w = \begin{bmatrix} 0.1796 & 0.2634 & 0.2634 & 0.2937 \end{bmatrix}$$

参考国家标准对 35kV 电网电能质量标准要求，对各项指标进行归一化，结果见表 2 - 44。

表 2 - 44　　　　　　　　电能质量测试结果及标准要求

指标	电网电能质量水平				电站电能质量水平				
	电压偏差	频率偏差	不平衡度	长时闪变	谐波畸变率	长时闪变	谐波分量	谐波畸变率	负序分量
基准值	10.0%	0.20Hz	4.0%	1.0	3.0%	1.0	100%	5.0%	132.62A
结果	6.57%	0.05Hz	0.26%	0.42	0.31%	0.14	29%	0.41%	0.40A
归一化值/%	65.70	25.00	6.50	42.00	10.33	14.41	29.00	8.20	0.3
权重	0.058	0.0738	0.0989	0.2757	0.4936	0.1796	0.2634	0.2634	0.2937

电网电能质量水平指标中，电压偏差问题较为显著；电站电能质量水平指标中，电站电流的负序分量较大。依据模糊隶属度函数，对测试结果进行打分评价，结果见表 2 - 45。

表 2 - 45　　　　　　　　电能质量指标模糊评分结果

测　试　指　标		优	良	中	差
电网电能质量水平	电压偏差	0.00	0.22	0.79	0.00
	频率偏差	1.00	0.00	0.00	0.00
	不平衡度	1.00	0.00	0.00	0.00
	长时闪变	0.00	1.00	0.00	0.00
	谐波	1.00	0.00	0.00	0.00

续表

测 试 指 标		优	良	中	差
电站电能质量水平	长时闪变	1.00	0.00	0.00	0.00
	谐波分量	0.20	0.80	0.00	0.00
	谐波畸变率	1.00	0.00	0.00	0.00
	负序分量	1.00	0.00	0.00	0.00

从表 2-45 中可以看出，除电压偏差、长时闪变和负序分量指标，其他指标均远小于限值要求，故均完全隶属于"优"档次。利用表 2-44 中的综合权重求不同电能质量等级下的指标综合得分，然后对不同等级下得分综合计算得分为最终结果，综合得分计算公式为

$$value = \frac{10\alpha_1 + 8\alpha_2 + 4\alpha_3 + 0\alpha_4}{\alpha_1 + \alpha_2 + \alpha_3 + \alpha_4} \qquad (2-90)$$

A 电站不同电能质量综合评价等级得分见表 2-46。

表 2-46　　　　　　　　　　　　A 电站综合评价等级得分

综合评价等级	优（10 分）	良（8 分）	中（4 分）	差（0 分）	综合加权得分
电网电能质量水平	0.67	0.29	0.05	0.00	9.15
电站电能质量水平	0.79	0.21	0.00	0.00	9.58

从结果中可以看出，A 电站电网电能质量水平为 9.15，电站电能质量水平为 9.58。

2.4.4.4　同地区 30MW 的电站对比

以与 A 电站所在区域相同的某 30MW 光伏 B 电站在 2012 年 4 月 23—26 日期间测试数据为例，电站并网点电压为 35kV 对比测试数据。测试期间 B 电站并网点输出有功功率变化趋势如图 2-122 所示。

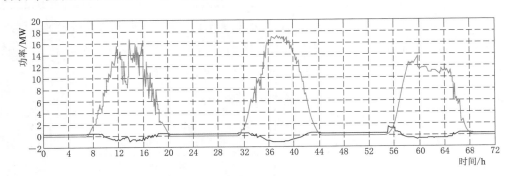

图 2-122　B 电站并网点输出有功功率变化趋势

B 电站测试期间线电压 U_{ab} 及电流 I_a 变化趋势如图 2-123 所示。

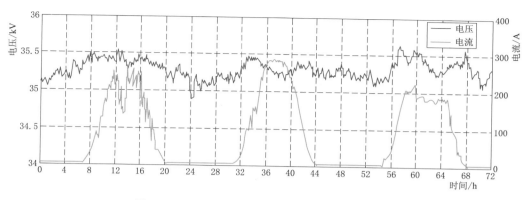

图 2-123   B电站线电压 U_{ab} 及电流 I_a 变化趋势

B电站测试期间电压谐波畸变率 THD_u 和电流谐波畸变率 THD_i 变化趋势如图 2-124 所示。

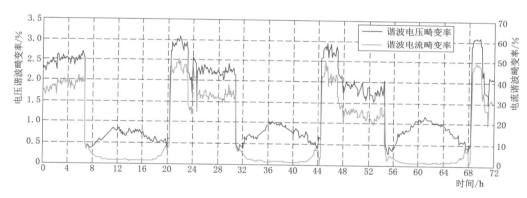

图 2-124   B电站电压谐波畸变率和电流谐波畸变率变化趋势

测试期间各次谐波电流变化趋势如图 2-125 所示，从图中可以看到电站电压谐波畸变率与本节 10MVA 并网点电压谐波畸变率基本相同，均在 0.6% 左右，两电站

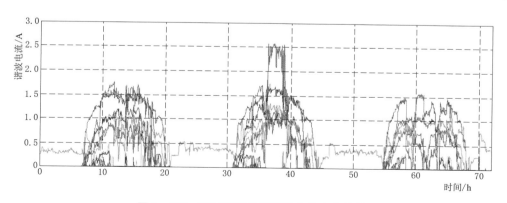

图 2-125   测试期间各次谐波电流变化趋势

电压电能质量区别不大。30MW 电流谐波畸变率夜间由于基波电流有效值较小，THD_i 达到 50% 左右，在日间高功率水平较低，约为 3% 左右，大于本节 10MVA 电站电流谐波畸变率指标。

经过多工况谐波综合指标综合评价，得到电站各次谐波电流测量最大值、95% 大值和多工况综合指标，见表 2-47。

表 2-47　　　　　　　　　不同评估方法下谐波电流计算结果

谐波次数	谐波电流			谐波次数	谐波电流		
	最大值	95% 大值	综合指标		最大值	95% 大值	综合指标
2	1.60	1.44	1.42	14	0.00	0.00	0.00
3	2.57	1.52	1.49	15	0.00	0.00	0.00
4	1.14	0.99	0.98	16	0.00	0.00	0.00
5	1.75	1.52	1.55	17	0.00	0.00	0.00
6	0.46	0.24	0.24	18	0.00	0.00	0.00
7	1.73	1.28	1.41	19	0.00	0.00	0.00
8	0.32	0.22	0.24	20	0.00	0.00	0.00
9	0.26	0.00	0.00	21	0.00	0.00	0.00
10	0.11	0.00	0.00	22	0.00	0.00	0.00
11	1.32	1.04	1.16	23	0.00	0.00	0.00
12	0.09	0.00	0.00	24	0.00	0.00	0.00
13	0.00	0.00	0.00	25	0.00	0.00	0.00

B 电站谐波限值及其归一化指标见表 2-48。

表 2-48　　　　　　　　　B 电站谐波限值及其归一化指标

谐波次数	限值/A	归一化值	谐波次数	限值/A	归一化值
2	18.14	0.08	14	2.66	0.00
3	8.07	0.18	15	3.02	0.00
4	9.31	0.11	16	2.30	0.00
5	8.99	0.17	17	4.35	0.00
6	6.17	0.04	18	2.06	0.00
7	7.82	0.18	19	3.87	0.00
8	4.59	0.05	20	1.81	0.00
9	4.58	0.00	21	2.18	0.00
10	3.75	0.00	22	1.69	0.00
11	6.52	0.18	23	3.26	0.00
12	3.14	0.00	24	1.57	0.00
13	5.68	0.00	25	2.66	0.00

得到电站谐波归一化综合指标为

$$I_h^* = \max\{0.08, 0.18, 0.11, 0.17, 0.04, 0.18, 0.05, 0.18\} = 0.18$$

测试期间三相电压闪变变化趋势如图 2-126 所示，从图中可以看出，测试期间电压闪变整体水平较低，约为 0.3~0.4。电流闪变计算参数为：虚拟电网短路容量为最小短路容量 618.43MVA，短路阻抗角为 70°。电流闪变变化趋势如图 2-127 所示。

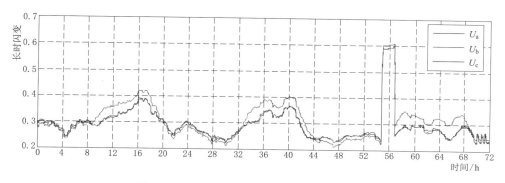

图 2-126　测试期间三相电压闪变变化趋势

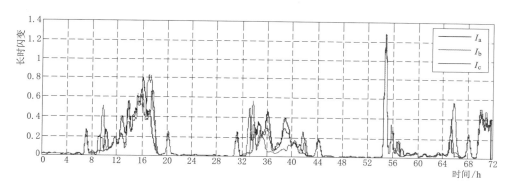

图 2-127　测试期间电流闪变变化趋势

测试期间电流闪变变化趋势如图 2-127 所示，从图中可以看到，电流闪变消除了电网背景电压闪变的影响，突出了由于电站自身运行带来的闪变影响。例如第三天电站启动时由于有较大的无功功率波动，造成了此时测得电流闪变值较大。通过对测试期间太阳辐射强度数据的统计，并利用闪变综合指标计算方法，最终得到的电流多工况综合闪变值为

$$I_{plt}^* = 0.54$$

测试期间负序电流和负序电压不平衡度变化趋势如图 1-128 所示。

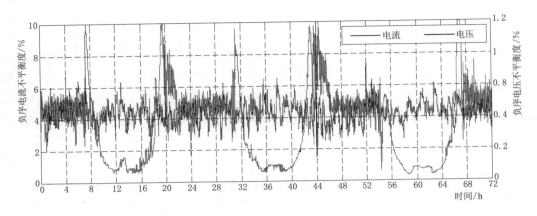

图 2-128　测试期间负序电流和负序电压不平衡度

　　负序电压不平衡度始终保持在 0.4% 左右，负序电流不平衡度在白天最小达到 1%，夜晚由于基波电流幅值较小，负序电流不平衡度达到 10%，但在实际过程中，负序电流有效值较小。需要查看负序电流有效值变化趋势，测试期间负序电流变化趋势如图 2-129 所示。

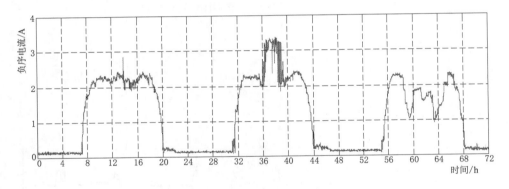

图 2-129　测试期间负序电流变化趋势

　　依据国家标准要求和电站容量大小，电站负序电流限值为

$$1.3\% I_k = 1.3\% \times \frac{618.43 \times 10^3}{35\sqrt{3}} = 132.62(\text{A})$$

　　统计不同功率区间下负序电流有效值，利用太阳辐射强度强弱分布进行综合加权，求得负序电流多工况综合指标为 2.5A。

　　在当前国家标准体系下和本节提出的评估体系下，B 电站电能质量测试结果及标准要求见表 2-49。

　　采用隶属度函数，对各项指标进行计算，B 电站电能质量指标模糊评分结果见表 2-50。

表 2-49   B 电站电能质量测试结果及标准要求

指标	电网电能质量水平					电站电能质量水平			
	电压偏差	频率偏差	不平衡度	长时闪变	谐波畸变率	长时闪变	谐波分量	谐波畸变率	负序分量
基准值	10.0%	0.2Hz	4.0%	1.0	3.0%	1.0	100%	5.0%	132.62A
结果	5.71%	0.06Hz	0.41%	0.40	0.58%	0.54	18%	0.9%	2.5A
归一化值/%	57.10	30.00	10.25	40.00	19.33	54.00	18.00	18.00	1.89
权重	0.058	0.0738	0.0989	0.2757	0.4936	0.1796	0.2634	0.2634	0.2937

表 2-50   B 电站电能质量指标模糊评分结果

测 试 指 标		优	良	中	差
电网电能质量水平	电压偏差	0.00	0.65	0.35	0.00
	频率偏差	0.00	1.00	0.00	0.00
	不平衡度	1.00	0.00	0.00	0.00
	长时闪变	0.00	1.00	0.00	0.00
	谐波畸变率	1.00	0.00	0.00	0.00
电站电能质量水平	长时闪变	0.00	0.80	0.20	0.00
	谐波分量	1.00	0.00	0.00	0.00
	谐波畸变率	1.00	0.00	0.00	0.00
	负序分量	1.00	0.00	0.00	0.00

从表 2-50 中可以看出，除电压偏差、长时闪变和负序分量指标，其他指标均远小于限值要求，故均完全隶属于"优"档次。B 电站不同电能质量综合评价等级得分见表 2-51。

表 2-51   B 电站综合评价等级得分

综合评价等级	优（10 分）	良（8 分）	中（4 分）	差（0 分）	综合加权得分
电网电能质量水平	0.59	0.39	0.02	0.00	9.10
电站电能质量水平	0.82	0.19	0.04	0.00	9.48

从结果中可以看出，B 电站电网电能质量水平和电站电能质量水平分别为 9.10 和 9.48，更加接近优等级。10MW 电站 A 和 30MW 电站 B 电网背景电能质量和电站电能质量水平结果对比见表 2-52。

表 2-52   A、B 光伏电站不同指标评估结果对比

电站名称	电压偏差	频率偏差	不平衡度	长时闪变	THD_u	综合评估	长时闪变	谐波分量	谐波畸变率	负序分量	综合评估
A	6.57	0.05	0.26	0.42	0.31	9.15	0.14	29	0.41	0.41	9.58
B	5.71	0.06	0.24	0.40	0.58	9.10	0.54	18	0.90	2.50	9.48

从表中可以看出，A 和 B 两个电站电网电能质量基本一致，电站电能质量水平上 A 电站综合得分较 B 电站略高。

2.4.5　小结

本节在前文工作的基础上，利用青海某 10MW 光伏电站测试实例，系统地运用了前文提出的电能质量分析和评估方法，对不同光伏电站电能质量进行了评估并对比，证明了评价指标的合理性。

2.5　总结

本章从光伏发电电能质量特点出发，指出了光伏发电谐波、间谐波和闪变等电能质量特点。依据光伏电能质量特点，指出了当前谐波和闪变测量装置在光伏电站能质量上检测的不足，并提出了优化方法。在充分理解国家标准对各相电能指标要求的基础上，结合光伏电站多种工况条件，提出了光伏电站的单相指标评估和综合指标评估体系。结合若干个地理位置、电站容量不同的光伏电站的电能质量实测数据，综合对比了不同光伏电站电能质量评价指标，并以其中一座 10MW 和一座 30MW 光伏电站为例，详细介绍了本章提出的适用于光伏电站的电能质量评估方法的应用过程，结果证明了评价指标的合理性。

第 3 章

光伏电站低电压穿越能力检测技术研究

低电压穿越能力是电网安全稳定运行的重要保障之一。当具有波动性、随机性、间歇性的光伏发电规模化并网后，会对电网的潮流和无功电压及稳定控制产生很大的影响，尤其是电网暂态故障时，光伏电站存在的逆向潮流以及大规模脱网等问题，可能导致电网失稳；当电网发生故障并恢复后，很容易出现高额的功率缺额现象，不仅会导致相邻电站跳闸，还会引发更大面积的断电，产生连锁反应，严重影响电力系统的正常运行。因此，亟须研究大规模光伏电站低电压穿越能力的检测技术，并开展现场检测工作，推动光伏逆变器的发展，提高大规模光伏发电并网能力。

本章从理论分析、仿真验证和实验验证等方面介绍了光伏电站低电压穿越能力检测技术，在研究光伏电站典型结构、并网故障控制策略和故障响应特性的基础上，提出并介绍了低电压穿越曲线的关键参数指标；研究低电压穿越测试点位置、检测装置拓扑结构、检测装置容量和检测流程，研制了阻抗分压型和模拟电网型低电压穿越检测装置，并针对该两种检测装置对跌落精度和并网点电能质量进行了各种工况下的实测和对比分析研究；以青海省某电站为例，介绍了两座光伏电站低电压穿越检测的实际测试情况，验证了光伏电站低电压穿越能力检测技术适用性。

3.1 光伏电站并网故障特性研究

本节从我国光伏电站典型拓扑结构入手，研究光伏电站中核心部件——光伏逆变器的典型功率电路拓扑结构，研究光伏逆变器并网故障控制策略，并依据格尔木某 200MW 光伏电站关键参数搭建 DIgSILENT 仿真平台，研究光伏电站并网故障特性。

3.1.1 光伏电站典型结构

3.1.1.1 光伏电站拓扑结构

典型的光伏并网电站由光伏阵列、并网逆变器、升压变压器、站内集电线路、无功补偿装置和光伏电站主变压器组成。光伏阵列通过光生伏打效应将太阳能转换为直流电能，再由逆变器将直流电转换为交流电能后，经过发电单元升压变压器升压，连接站内集电线路，最后通过主变压器升压后送入电网传输。

我国大规模光伏电站通常由多个光伏并网发电单元组成，容量由几兆瓦至几百兆瓦不等，典型拓扑如图3-1所示。典型的光伏并网发电单元容量为1MW，由光伏阵列、汇流箱、2台容量为500kW的逆变器和单元升压变压器组成，接入10kV或35kV配电线路，多个光伏并网发电单元经站内集电线路汇集至电站主变压器，接入更高电压等级的电网。

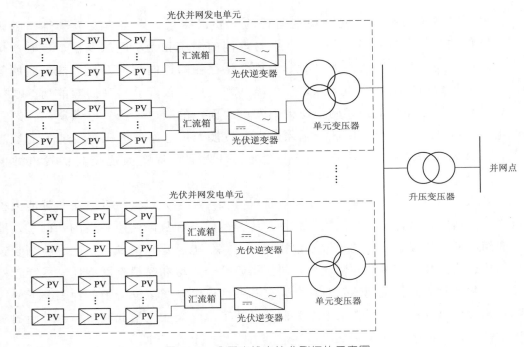

图3-1　我国光伏电站典型拓扑示意图

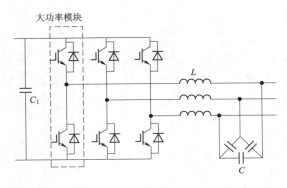

图3-2　传统的三相全桥式逆变器拓扑图

3.1.1.2　光伏逆变器典型结构

光伏逆变器是光伏电站的核心部件，光伏电站并网性能主要取决于光伏逆变器的性能。光伏电站应用的逆变器型号多种多样，目前在国内已建成电站中大量使用两电平三相全桥式逆变器和三电平逆变器。

传统的三相全桥式逆变器拓扑图如图3-2所示，这种逆变器的特点是使用的开关管数量少，结构简单，易于控制，其缺点是带不平衡负载能力很弱。由于三相电网基本处于平衡状态，该拓扑结构目前应为最为广泛。

由于500kW逆变器使用的功率器件对电压、电流耐受能力要求高，导致成本增加，部分厂家对其结构进行了改进，有下述几种。

1. 采用小功率模块并联的逆变电路

采用小功率模块并联的逆变电路拓扑结构如图3-3所示，小功率模块并联总的导通损耗低于同等规格的大功率模块，且热点均匀分布，但是驱动电路、PCB设计、并联功率模块间的热耦合对并联功率模块的工作状态影响很大。

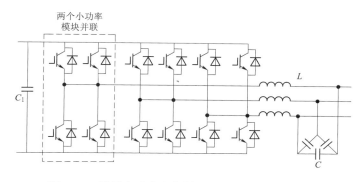

图3-3　采用小功率模块并联的逆变电路拓扑结构

2. 两个单独250kW逆变桥并联（共直流母线）

两个共直流母线的250kW逆变桥并联电路如图3-4所示，其优点是功率模块成熟，能够减小滤波电抗器的体积，但是交流侧、直流侧均并联，容易产生环流，对两个逆变桥的同步性要求非常严格。

3. 两个单独250kW逆变桥并联（不共直流母线）

不共直流母线的逆变桥并联是目前500kW光伏逆变器的最佳方案，如图3-5所示。该拓扑结构的优点是功率模块成熟，滤波电抗器体积相对小，机械结构简单，无需同时开通关断功率模块，无需解决逆变器并联的环流问题。

4. 三电平逆变器

三电平逆变器是常见的拓扑结构，因其具有开关器件电压应力低、输出谐波低等优势受到广泛关注。图3-6为一种常见的三电平Ⅰ型逆变器拓扑，在大功率逆变

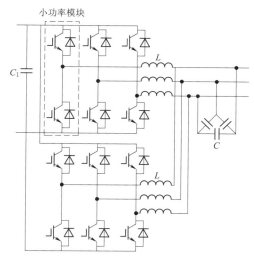

图3-4　两个共直流母线的250kW
逆变桥并联电路

器中应用广泛。

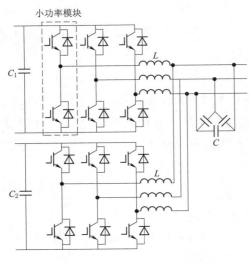

图 3 - 5 两个不共直流母线的 250kW
逆变桥并联电路

3.1.2 并网故障控制策略研究

目前光伏电站具备低电压穿越能力，核心技术在于光伏逆变器具备低电压穿越能力。当光伏阵列输出电压低于最大功率点电压时，输出功率随电压的升高而增大；当光伏阵列输出电压高于最大功率点电压时，输出功率随电压的升高而减小。因此，光伏逆变器不同于风电变流器需要类似 Crowbar 的硬件电路来消耗能量，它仅需通过控制策略即可实现低电压穿越，限制能量的输出，实现电压跌落期间光伏逆变器持续并网运行。以图 3 - 2 传统的三相全桥式逆变器为例，介绍光伏逆变器低电压穿越实现方式。

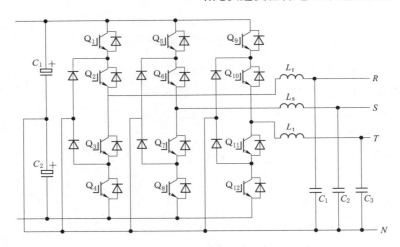

图 3 - 6 三电平 I 型逆变器拓扑结构

3.1.2.1 并网运行控制策略

光伏逆变器并网运行控制策略主要包括最大功率点跟踪 (Maximum Power Point Tracking，MPPT)、锁相控制和电压电流双环控制等。光伏逆变器并网性能的好坏往往取决于控制策略的选择，控制策略影响到光伏电站接入电网的稳定性和电能质量等并网指标。

1. 最大功率点跟踪控制

为提高光伏阵列输出功率，要求光伏并网逆变器具备最大功率点跟踪功能，使光伏逆变器实现有功功率输出最大。目前常用的四种 MPPT 方法为：

（1）恒定电压控制法（Constant Voltage Tracking，CVT）。

（2）扰动观测法（Perturbation and Observation method，P&O）。

（3）导纳增量法（Incremental conductance method，IncCond）。

（4）梯度变步长的导纳增量法。

基于恒定电压控制法和扰动观测法的原理，构建了图 3-7 所示的最大功率点跟踪算法框图，根据光伏阵列开路电压 u_{oc}、光伏阵列输出电压 u_{dc} 和光伏阵列输出电流 i_{dc}，采用最大功率点跟踪算法计算得到最大功率点参考电压 u_{dcref}。

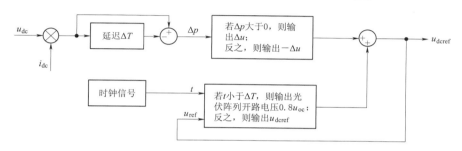

图 3-7　最大功率点跟踪算法框图

选取最大功率点跟踪的控制周期为 100ms，算法主要思路为：

（1）逆变器启动前，检测光伏阵列开路电压 u_{oc}，设定最大功率点参考电压 u_{dcref} 为 $0.8u_{oc}$。

（2）检测光伏阵列输出电压到达 $0.8u_{oc}$ 后，对光伏阵列最大功率点参考电压 u_{dcref}，输入扰动变量 Δu，使光伏阵列输出功率改变 Δp。

（3）若光伏阵列输出功率 Δp 的变化方向与 Δu 一致，那么按照该扰动方向继续施加扰动；否则，反向施加扰动。

（4）由于一般从光伏阵列开路电压 $0.8u_{oc}$ 开始进行最大功率跟踪，且最大功率跟踪算法的刷新周期为 100ms，因此设置采样间隔时间 $\Delta T = 100ms$ 且在启动的第一个 ΔT 时间内设置最大功率点跟踪的初始电压为 $0.8u_{oc}$。

2. 锁相控制

光伏逆变器并网运行时：一方面为实现并网有功功率最大，需要确保逆变器输出电流与电网电压同频、同相；另一方面当电网频率波动或电网发生故障时需要尽可能快速、准确地锁定电网频率和相角。因此同步锁相是光伏并网系统中的一项关键技术。目前，由于并网光伏逆变器一般采用由鉴相器、环路滤波器和压控振荡器构成的闭环调节系统，只有当闭环调节达到稳态时，才能实现逆变器输出电流与电网电压同频、同相；另外闭环调节本质上是一种有差跟踪系统，特别是在锁相环路的增益调节不恰当时其跟踪误差更为明显，锁相的准确性较难保证，并且系统动态响应速度较慢、计算较为复杂、可靠性较低。

因此，基于 FPGA 提出一种新型数字锁相方法，其实现流程图如图 3-8 所示，具体步骤如下：

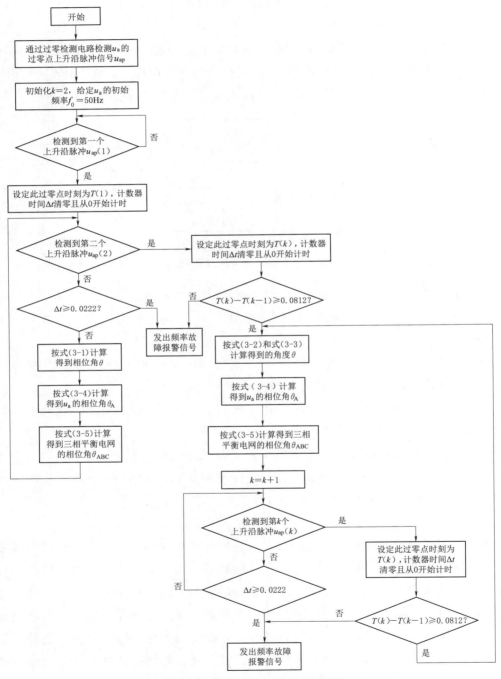

图 3-8　数字锁相实现方法流程图

（1）通过过零检测电路检测 A 相电网电压 u_a 的过零点上升沿脉冲信号 u_{ap}，且将 u_{ap} 送入数字处理器。

（2）初始化 $k=2$，k 为自然数且 $k \geq 2$，给定 A 相电网电压 u_a 的初始频率 $f_0=50Hz$。

（3）当检测到第一个过零点上升沿脉冲信号 $u_{ap}(1)$ 时，设定此过零点时刻为 $T(1)$，计数器时间 Δt 清零且从 0 开始计时。

（4）当第二个过零点上升沿脉冲信号 $u_{ap}(2)$ 没有到来时，若 $0 \leq \Delta t < 0.0222s$，则按计算得到角度，按计算得到 A 相电网电压 u_a 的相位角 θ_A，计算得到三相平衡电网的相位角 θ_{ABC}，进入第（5）步；若 $\Delta t \geq 0.0222s$，则数字处理器发出频率故障报警信号。相位角 θ 计算公式为

$$\theta = 2\pi f_0 \Delta t \tag{3-1}$$

（5）当第 k 个过零点上升沿脉冲信号 $u_{ap}(k)$ 到达后，设定此过零点时刻为 $T(k)$，计数器时间 Δt 清零且从 0 开始计时，若 $T(k)-T(k-1) \geq 0.0182s$，进入第（7）步；若 $[T(k)-T(k-1)] < 0.0182s$，则数字处理器发出频率故障报警信号。

（6）$k=k+1$，当第 k 个过零点上升沿脉冲信号 $u_{ap}(k)$ 没有到来时，若 $0 \leq \Delta t < 0.0222s$，则进入第（5）步；若 $\Delta t \geq 0.0222s$，则数字处理器发出频率故障报警信号。

（7）按式（3-2）计算频率 f 和角度 θ 为

$$f = \frac{1}{T(k)-T(k-1)}, k=2,3,4,\cdots \tag{3-2}$$

$$\theta = 2\pi f \Delta t \tag{3-3}$$

（8）计算得到 A 相电网电压 u_a 的相位角 θ_A，即

$$\theta_A = \text{mod}(\theta, 2\pi) \tag{3-4}$$

（9）若 ABC 三相平衡，则相位角 θ_{ABC} 为

$$\theta_{ABC} = \frac{180 \times \theta_A}{\pi} \tag{3-5}$$

数字锁相方法具有如下特点：

（1）动态逐周波刷新。该方法首先初始化 A 相电网电压 u_a 第一个周波的频率为 50Hz；然后设定 u_a 其他周波的频率均为通过过零点检测电路检测到的 u_a 的上一周波的频率，因此保证了每个工频周期所检测到的三相平衡电网的频率和相位均动态刷新一次，没有累积误差，能更好地动态跟踪当前电网电压的频率变化。

（2）快速准确。该方法实际上是一种开环控制，每个工频周期所检测到的电网的频率和相位均动态刷新一次，能实现快速锁相，并且由于采用 FPGA 芯片来进行式（3-1）～式（3-3）的计算，只需将 FPGA 的基准分频器的频率提高，即提高式（3-1）～式（3-3）中关键参数 Δt、$T(k)$、$T(k-1)$ 等的精度，就能提高角度

θ 的精度，最终提高所锁相得到的三相电网的相位角 θ_{ABC} 的准确度。

（3）稳定可靠。该方法流程简单，仅为如式（3-1）～式（3-5）所示的一些简单运算以及一些分值判断、跳转指令等，极大地提高了算法本身的实时性和可靠性；另外，通过引入对 A 相电网电压 u_a 频率异常情况的监测，判断其是否在 $45\sim55\mathrm{Hz}$ 的范围之内，并相应发出故障报警信息，充分保证了该数字锁相方法的稳定可靠。

3. 电压电流双环控制

光伏逆变器在 dq 坐标系数学模型表达式为

$$\begin{cases} u_{rd}=u_d+L\ \dfrac{\mathrm{d}i_d}{\mathrm{d}t}-\omega Li_q \\[3mm] u_{rq}=u_q+L\ \dfrac{\mathrm{d}i_q}{\mathrm{d}t}+\omega Li_d \end{cases} \tag{3-6}$$

式中　u_{rd}、u_{rq}——逆变器输出电压 dq 轴分量；

$\quad\ u_d$、u_q——电网电压 dq 轴分量；

$\quad\ i_d$、i_q——光伏逆变器 dq 轴电感电流分量，忽略电容电流影响的话，可以看做并网电流；

$\quad\ L$——交流滤波器的电感值。

光伏电站的控制目标是输出稳定、高质量的正弦电流，且与并网点电压同频同相，功率因数满足要求。电网正常时，三相光伏逆变器通常采用电网电压定向的电压外环电流内环双环控制，其控制框图如图 3-9 所示。

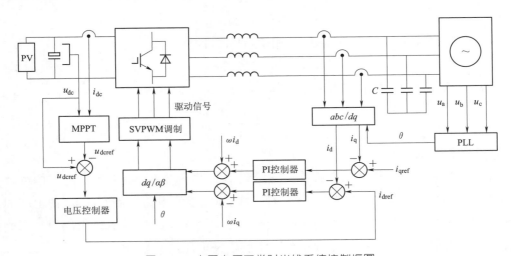

图 3-9　电网电压正常时光伏系统控制框图

电压外环的指令值由前端最大功率跟踪环节得到，电压调节器一方面控制逆变器直流侧电压输出值跟踪指令值，另一方面通过电压调节器输出得到内环有功电流分量的指令值 i_{dref}。电流内环的作用主要是实现有功电流 i_d 与无功电流 i_q 的解耦控制，采

用电流调节器对 i_d、i_q 进行调节，使输出电流良好地跟踪电流指令值。由于 dq 变换后电流为直流量，电流调节器通常采用 PI 调节器，根据数学模型可以得到 u_{rd}、u_{rq} 的控制方程为

$$\begin{cases} u_{rd} = \left(K_p + \dfrac{K_i}{s}\right)(i_{dref} - i_d) + u_d - \omega L i_q \\ u_{rq} = \left(K_p + \dfrac{K_i}{s}\right)(i_{qref} - i_q) + u_q + \omega L i_d \end{cases} \tag{3-7}$$

式中　K_p、K_i——电流内环 PI 系数；

　　　i_{dref}、i_{qref}——电流指令值。

采用电网电压定向的 dq 变换，$u_q = 0$ 通常逆变器以额定功率运行，$i_{dref} = 1$p. u.、$i_{qref} = 0$p. u.。

电流 PI 调节器输出的 dq 两相调制信号经坐标变换后，得到 $\alpha\beta$ 坐标系下调制波，采用 SVPWM 算法得到三相调制波，驱动三相逆变桥工作。

同理，直流电压为直流量，采用 PI 调节器来进行调节。但是若采用传统的 PI 控制，逆变器初始启动时直流母线电压不可能瞬时达到系统的稳态值，输入至电压外环控制器的误差远大于零，由于积分器的累积过程，势必会造成积分器饱和，存在较大的超调量。

为消除积分饱和现象，提出了很多改进方法，如：在控制器输出侧增加限幅值，抑制积分器饱和，但会使调节时间变长；再次启用电压外环控制器时将积分器清零，虽然可以避免积分器的饱和，但是也会造成调节时间增长。为更好地解决这一问题，本书采用一种新型抗饱和 PI 控制器对外环电压进行控制，该控制器通过 PI 控制器的输出反馈来实现对积分的单独控制，当出现积分饱和现象时，通过反向积分来削弱积分的饱和效应。

抗饱和 PI 控制器框图如图 3-10 所示，K_p、K_i 为 PI 控制参数，K_c 为反向积分系数。当控制器未出现饱和现象时，比较器的两个输入信号相等，开关 S_1 闭合，S_2 断开，相当于普通的 PI 控制器；当控制器出现饱和现象时，比较器的两个输入信号不相等，开关 S_1 断开，S_2 闭合，积分器的输入为控制器输出的负反馈，积分项会迅速衰减至零，从而抑制积分饱和的现象出现。

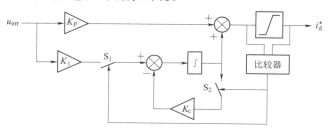

图 3-10　抗饱和 PI 控制器框图

3.1.2.2 低电压穿越控制策略

1. 对称故障穿越策略

电网电压对称跌落后，交直流侧功率不平衡导致逆变器直流侧母线电压升高。但由于光伏阵列自身特性，直流侧电压高于最大功率点电压后，输出功率随着直流侧电压升高而减小，达到开路电压后，逆变器的输出功率为零。因此，光伏逆变器低电压穿越的关键是控制跌落期间逆变器的输出电流。

电网电压对称跌落发生后，舍弃直流电压外环，采用并网电流环对逆变器进行控制；同时，考虑到电网故障期间光伏逆变器需向电网进行动态无功支撑，提出图 3 - 11 所示的控制策略。

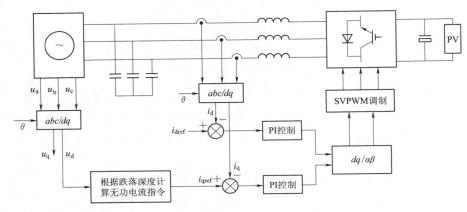

图 3 - 11 考虑动态无功支撑时低电压穿越控制框图

（1）检测到电网电压对称跌落后，断开直流电压外环，对电流给定值进行重新分配；

（2）针对不同的跌落深度 h，提供的动态无功支撑不同，分别为

$$\begin{cases} i_{q-\min} = 0, & h > 0.9 \\ i_{q-\min} = 1.5(0.9 - h)i_n, & 0.2 \leqslant h \leqslant 0.9 \\ i_{q-\min} = 1.05i_n, & h < 0.2 \end{cases} \tag{3-8}$$

（3）控制策略中以无功电流为主要控制对象，假定逆变器可流过的最大短路电流为 1.1 倍额定电流 i_n，有功电流参考值 i_{dref} 为

$$i_{dref} = \sqrt{(1.1i_n)^2 - i_{qref}^2} \tag{3-9}$$

（4）有功电流参考值 i_{dref}、无功电流参考值 i_{qref} 分别与实测值比较后，经电流 PI 调节器得到 dq 调制波，经过坐标变换后，采用 SVPWM 进行调制，最终驱动逆变器工作。

由于电网电压正常时不存在负序分量，dq 变换后 u_d 为直流量，大小为电压幅值，$u_q = 0$。因此，通过判断 u_d 的大小即可快速检测出电网电压的跌落与恢复。根据 u_d 的变化进行控制策略的切换。低电压穿越控制流程如图 3-12 所示。

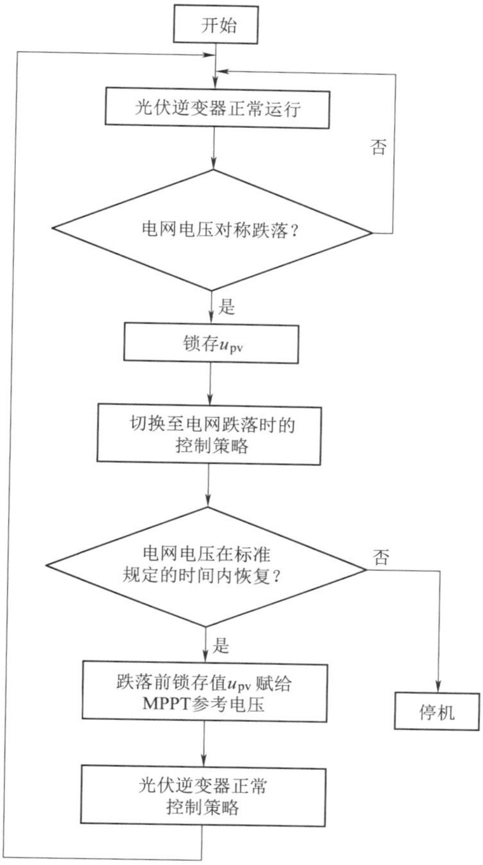

图 3-12 中，根据 u_d 检测出电网电压对称跌落后，锁存此刻直流母线 u_{pv}，将控制环切换至电网跌落模式下的控制策略，电网电压 u_d 参与控制，为电网提供动态无功电流支撑；检测到电网电压恢复正常后，将跌落时刻的锁存值 u_{pv} 赋给最大功率点跟踪参考电压 u_{dcref}，提高 MPPT 的跟踪速度，提高母线电压调节的动态性能。

2. 不对称故障穿越策略

电网电压不对称故障时，对于三相三线制电网，电压存在正序、负序分量，不存在零序分量。电网电压、电流用空间矢量可以表示为

$$\begin{cases} \vec{u_d} = \vec{u_d^+} + \vec{u_d^-} \\ \vec{u_q} = \vec{u_q^+} + \vec{u_q^-} \\ \vec{i_d} = \vec{i_d^+} + \vec{i_d^-} \\ \vec{i_q} = \vec{i_q^+} + \vec{i_q^-} \end{cases} \quad (3-10)$$

图 3-12　低电压穿越控制流程图

式中　u_d^+、u_d^-——电网电压正、负序有功分量；

u_q^+、u_q^-——电网电压正、负序无功分量；

i_d^+、i_d^-——并网电流正、负序有功分量；

i_q^+、i_d^-——并网电流正、负序无功分量。

若在正向 dq 旋转坐标系下，式（3-10）可表示为

$$\begin{cases} u_d = u_d^+ + u_d^- \, e^{-j2\omega t} \\ u_q = u_q^+ + u_q^- \, e^{-j2\omega t} \\ i_d = i_d^+ + i_d^- \, e^{-j2\omega t} \\ i_q = i_q^+ + i_q^- \, e^{-j2\omega t} \end{cases} \quad (3-11)$$

传统 PI 控制算法以式（3-6）为控制对象模型，易导致电网电流存在二倍频分

量。因此，根据式（3-6）、式（3-11）得到并网逆变器的数学模型表达式为

$$
\begin{cases}
u_{\mathrm{rd}}^{+}=u_{\mathrm{d}}^{+}+L\dfrac{\mathrm{d}i_{\mathrm{d}}^{+}}{\mathrm{d}t}+ri_{\mathrm{d}}^{+}-\omega Li_{\mathrm{q}}^{+} \\[3mm]
u_{\mathrm{rq}}^{+}=u_{\mathrm{q}}^{+}+L\dfrac{\mathrm{d}i_{\mathrm{q}}^{+}}{\mathrm{d}t}+ri_{\mathrm{q}}^{+}+\omega Li_{\mathrm{d}}^{+}
\end{cases}
\tag{3-12}
$$

$$
\begin{cases}
u_{\mathrm{rd}}^{-}=u_{\mathrm{d}}^{-}+L\dfrac{\mathrm{d}i_{\mathrm{d}}^{-}}{\mathrm{d}t}+ri_{\mathrm{d}}^{-}-\omega Li_{\mathrm{q}}^{-} \\[3mm]
u_{\mathrm{rq}}^{-}=u_{\mathrm{q}}^{-}+L\dfrac{\mathrm{d}i_{\mathrm{q}}^{-}}{\mathrm{d}t}+ri_{\mathrm{q}}^{-}-\omega Li_{\mathrm{d}}^{-}
\end{cases}
\tag{3-13}
$$

式中　u_{rd}^{+}、u_{rd}^{-}——逆变器输出电压正负序有功分量；

$\qquad u_{\mathrm{rq}}^{+}$、$u_{\mathrm{rq}}^{-}$——逆变器输出电压正负序无功分量。

由式（3-12）、式（3-13）得

$$
\begin{cases}
L\dfrac{\mathrm{d}i_{\mathrm{d}}^{+}}{\mathrm{d}t}+ri_{\mathrm{d}}^{+}=u_{\mathrm{rd}}^{+}-u_{\mathrm{d}}^{+}+\omega Li_{\mathrm{q}}^{+}=u_{\mathrm{rd}}^{\prime+} \\[3mm]
L\dfrac{\mathrm{d}i_{\mathrm{q}}^{+}}{\mathrm{d}t}+ri_{\mathrm{q}}^{+}=u_{\mathrm{rq}}^{+}-u_{\mathrm{q}}^{+}-\omega Li_{\mathrm{d}}^{+}=u_{\mathrm{rq}}^{\prime+}
\end{cases}
\tag{3-14}
$$

$$
\begin{cases}
L\dfrac{\mathrm{d}i_{\mathrm{d}}^{-}}{\mathrm{d}t}+ri_{\mathrm{d}}^{-}=u_{\mathrm{rd}}^{-}-u_{\mathrm{d}}^{-}+\omega Li_{\mathrm{q}}^{-}=u_{\mathrm{rd}}^{\prime-} \\[3mm]
L\dfrac{\mathrm{d}i_{\mathrm{q}}^{-}}{\mathrm{d}t}+ri_{\mathrm{q}}^{-}=u_{\mathrm{rq}}^{-}-u_{\mathrm{q}}^{-}-\omega Li_{\mathrm{d}}^{-}=u_{\mathrm{rq}}^{\prime-}
\end{cases}
\tag{3-15}
$$

若将 $u_{\mathrm{rd}}^{\prime+}$、$u_{\mathrm{rd}}^{\prime-}$、$u_{\mathrm{rq}}^{\prime+}$、$u_{\mathrm{rq}}^{\prime-}$ 作为等效电流控制量，正负序 dq 轴电流是独立控制的，等效电流控制量 $u_{\mathrm{rd}}^{\prime+}$、$u_{\mathrm{rd}}^{\prime-}$、$u_{\mathrm{rq}}^{\prime+}$、$u_{\mathrm{rq}}^{\prime-}$ 可通过电流 PI 控制器输出得到，即

$$
\begin{cases}
u_{\mathrm{rd}}^{\prime+}=k_{\mathrm{p}}(i_{\mathrm{d}}^{+*}-i_{\mathrm{d}}^{+})+k_{\mathrm{i}}\displaystyle\int(i_{\mathrm{d}}^{+*}-i_{\mathrm{d}}^{+})\mathrm{d}t \\[3mm]
u_{\mathrm{rq}}^{\prime+}=k_{\mathrm{p}}(i_{\mathrm{q}}^{+*}-i_{\mathrm{q}}^{+})+k_{\mathrm{i}}\displaystyle\int(i_{\mathrm{q}}^{+*}-i_{\mathrm{q}}^{+})\mathrm{d}t
\end{cases}
\tag{3-16}
$$

$$
\begin{cases}
u_{\mathrm{rd}}^{\prime-}=k_{\mathrm{p}}(i_{\mathrm{d}}^{-*}-i_{\mathrm{d}}^{-})+k_{\mathrm{i}}\displaystyle\int(i_{\mathrm{d}}^{-*}-i_{\mathrm{d}}^{-})\mathrm{d}t \\[3mm]
u_{\mathrm{rq}}^{\prime-}=k_{\mathrm{p}}(i_{\mathrm{q}}^{-*}-i_{\mathrm{q}}^{-})+k_{\mathrm{i}}\displaystyle\int(i_{\mathrm{q}}^{-*}-i_{\mathrm{q}}^{-})\mathrm{d}t
\end{cases}
\tag{3-17}
$$

将式（3-16）、式（3-17）分别代入式（3-14）、式（3-15）可得

$$
\begin{cases}
u_{\mathrm{rd}}^{+}=k_{\mathrm{p}}(i_{\mathrm{d}}^{+*}-i_{\mathrm{d}}^{+})+k_{\mathrm{i}}\displaystyle\int(i_{\mathrm{d}}^{+*}-i_{\mathrm{d}}^{+})\mathrm{d}t+u_{\mathrm{d}}^{+}-\omega Li_{\mathrm{q}}^{+} \\[3mm]
u_{\mathrm{rq}}^{+}=k_{\mathrm{p}}(i_{\mathrm{q}}^{+*}-i_{\mathrm{q}}^{+})+k_{\mathrm{i}}\displaystyle\int(i_{\mathrm{q}}^{+*}-i_{\mathrm{q}}^{+})\mathrm{d}t+u_{\mathrm{q}}^{+}+\omega Li_{\mathrm{d}}^{+}
\end{cases}
\tag{3-18}
$$

$$
\begin{cases}
u_{\mathrm{rd}}^{-}=k_{\mathrm{p}}(i_{\mathrm{d}}^{-*}-i_{\mathrm{d}}^{-})+k_{\mathrm{i}}\displaystyle\int(i_{\mathrm{d}}^{-*}-i_{\mathrm{d}}^{-})\mathrm{d}t+u_{\mathrm{d}}^{-}+\omega Li_{\mathrm{q}}^{-} \\[3mm]
u_{\mathrm{rq}}^{-}=k_{\mathrm{p}}(i_{\mathrm{q}}^{-*}-i_{\mathrm{q}}^{-})+k_{\mathrm{i}}\displaystyle\int(i_{\mathrm{q}}^{-*}-i_{\mathrm{q}}^{-})\mathrm{d}t+u_{\mathrm{q}}^{-}-\omega Li_{\mathrm{d}}^{-}
\end{cases}
\tag{3-19}
$$

因此，电网电压不对称跌落时，断开直流电压外环，采用双 dq、PI 电流单环控制。根据式（3-18）、式（3-19），电压不对称跌落时逆变器低电压穿越控制策略如图 3-13 所示。

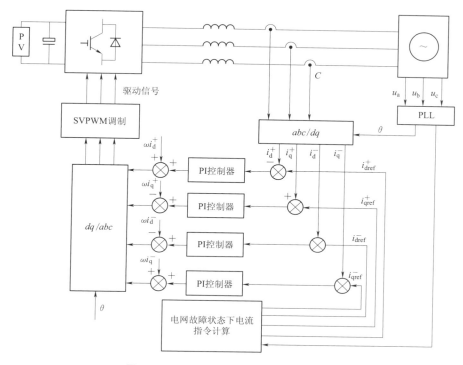

图 3-13　双 dq、PI 电流单环控制框图

然而，电网电压不对称跌落发生时，光伏发电系统的电流控制策略由正序 dq 坐标系下 PI 控制变为正负序 dq 坐标系下 PI 控制，其中必然涉及电流正负序分量的分离。然而对于目前文献中提到的正负序分离的方法如改进对称分量法、$T/4$ 延时法、陷波滤波器法等，均存在延时现象，使得控制策略切换瞬间处于不可控状态，严重影响光伏发电系统低电压穿越期间的暂态过程，增大调节时间，更严重者会造成网侧过流、冲击等现象。

针对上述控制策略的缺点，摒弃对控制量电流的正负序分离，在 dq 正向旋转坐标系下对电流进行控制。

根据式（3-11）可以得到：电压、电流、误差信号的负序分量在正序 dq 坐标系下均可以表示为二倍频分量，电压信号为

$$\begin{cases} u_{d+}^{-} = \cos(2\omega t)u_d^{-} + \sin(2\omega t)u_q^{-} \\ u_{q+}^{-} = -\sin(2\omega t)u_d^{-} + \cos(2\omega t)u_q^{-} \end{cases} \tag{3-20}$$

其中，下标"+"表示变量在正向旋转 dq 坐标系中。

式（3-19）的频域表达式为

$$\begin{bmatrix} U_{rd}^-(s) \\ U_{rq}^-(s) \end{bmatrix} = \begin{bmatrix} G_{11}(s) & G_{12}(s) \\ G_{21}(s) & G_{22}(s) \end{bmatrix} \begin{bmatrix} E_d^-(s) \\ E_q^-(s) \end{bmatrix} \tag{3-21}$$

其中

$$G_{11}(s) = G_{22}(s) = k_p + k_i/s$$

式中　$E_d^-(s)$、$E_q^-(s)$——负序电流的误差信号；

　　　$G_{12}(s)$、$G_{21}(s)$——dq 轴之间的耦合量；

　　　$E_{rd}^-(s)$、$U_{rq}^-(s)$——PI 控制器输出后的调制信号。

式（3-21）转化为时域表达式为

$$\begin{cases} u_{rd}^- = g_{11} * e_d^- + g_{12} * e_q^- \\ u_{rq}^- = g_{21} * e_d^- + g_{22} * e_q^- \end{cases} \tag{3-22}$$

根据式（3-20）、式（3-22）可以得到

$$\begin{cases} u_{rd+}^- = f_1(t)\cos(2\omega t) + f_2(t)\sin(2\omega t) \\ u_{rq+}^- = -f_1(t)\sin(2\omega t) + f_2(t)\cos(2\omega t) \end{cases} \tag{3-23}$$

其中

$$\begin{cases} f_1(t) = g_{11} * [e_{d+}^- \cos(2\omega t) - e_{q+}^- \sin(2\omega t)] + g_{12} * [e_{d+}^- \sin(2\omega t) + e_{q+}^- \cos(2\omega t)] \\ f_2(t) = g_{21} * [e_{d+}^- \cos(2\omega t) - e_{q+}^- \sin(2\omega t)] + g_{22} * [e_{d+}^- \sin(2\omega t) + e_{q+}^- \cos(2\omega t)] \end{cases} \tag{3-24}$$

不考虑耦合量，则 $G_{12}(s) = G_{21}(s) = 0$，式（3-23）进行拉普拉斯变换可得

$$\begin{cases} U_{rd+}^-(s) = \dfrac{G_{11}(s+2j\omega) + G_{22}(s-2j\omega)}{2} E_{d+}^-(s) + \dfrac{G_{11}(s+2j\omega) - G_{22}(s-2j\omega)}{2j} E_{q+}^-(s) \\ U_{rq+}^-(s) = \dfrac{G_{22}(s-2j\omega) - G_{11}(s+2j\omega)}{2j} E_{d+}^-(s) + \dfrac{G_{22}(s+2j\omega) + G_{11}(s-2j\omega)}{2} E_{q+}^-(s) \end{cases} \tag{3-25}$$

即

$$\begin{cases} U_{rd+}^-(s) = \left(k_p + \dfrac{k_i s}{s^2 + 4\omega^2}\right) E_{d+}^-(s) - \dfrac{2k_i \omega}{s^2 + 4\omega^2} E_{q+}^-(s) \\ U_{rq+}^-(s) = \dfrac{2k_i \omega}{s^2 + 4\omega^2} E_{d+}^-(s) + \left(k_p + \dfrac{k_i s}{s^2 + 4\omega^2}\right) E_{q+}^-(s) \end{cases} \tag{3-26}$$

综上所述，在不考虑耦合分量的情况下，针对负序分量，在 dq 反向旋转坐标系下采用 PI 控制与在 dq 正向旋转坐标系下采用 PR 控制是等效的。

因此，检测到电网电压发生不对称跌落故障发生后，记录此时直流侧电压 u_{dc} 与电流内环指令值 i_{d1}，同时切断直流电压外环，采用图 3-14 所示电网电压不对称跌落时光伏并网逆变器控制策略，控制流程如图 3-15 所示。

（1）三相电网电压 u_a、u_b、u_c 经正序锁相环锁相后得到正序相角 θ，经坐标变换

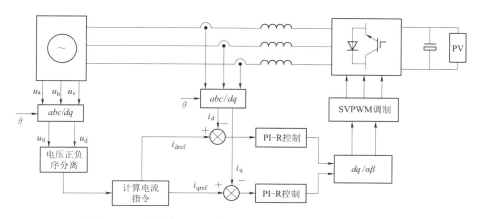

图 3-14　电网电压不对称跌落时光伏并网逆变器控制策略

和电压正负序分离可得电网电压正序分量
u_d^+、u_q^+（其中 $u_q^+ = 0$），无功电流指令值
i_{qref}、有功电流指令 i_{dref} 根据无功电流指令
大小计算得到。

（2）根据电网电压正序分量跌落至额
定值的百分比 h 计算逆变器无功电流参考
值 i_{qref} 为

$$\begin{cases} i_{qref} = 0, & h > 0.9 \\ i_{qref} = 1.5(0.9-h)i_n, & 0.2 \leqslant h \leqslant 0.9 \\ i_{qref} = 1.05i_n, & h < 0.2 \end{cases}$$

$$(3-27)$$

（3）考虑到逆变器自身的功率器件所
能承受的最大电流限值，有功电流指令
值为

$$i_{dref} = \min(\sqrt{(1.1i_n)^2 - i_{qref}^2}, i_{d1})$$

$$(3-28)$$

（4）电流内环采用 PI-R 调节器，经
电流内环调节器输出的 dq 两相调制信号经
坐标变换后，得到 $\alpha\beta$ 坐标系下调制波，采
用 SVPWM 算法得到三相调制波，驱动三
相逆变器工作。

（5）若电网电压在标准规定的时间内

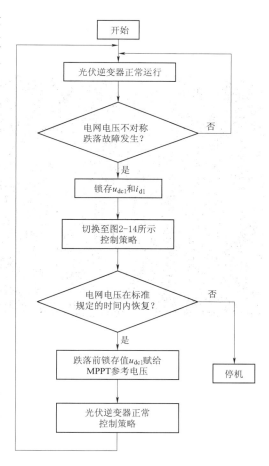

图 3-15　光伏逆变器不对称故障穿越
控制流程图

恢复正常，断开电网电压外环，采用电网电压正常时用的直流电压外环电流内环控制

策略，同时将跌落时刻的直流电压指令值赋值给最大功率点跟踪参考电压，即直流电压外环指令值 u_{dcref}，加快 MPPT 的跟踪速度，提高母线电压调节的动态性能。

3.1.3 光伏电站并网故障响应特性研究

由于电网故障引起的光伏电站并网点电压对称或不对称跌落，光伏电站的并网故障响应特性主要由逆变器决定，因此在研究光伏电站并网故障特性时需要以逆变器为核心，研究光伏电站的暂态特性。

3.1.3.1 暂态响应特性研究

依托我国西北地区接入光伏电站规模最大的青海海西电网，以格尔木某 200MW 光伏电站（图 3-16）为研究对象，分析站内各光伏逆变器（发电单元）暂态特性与电站整体特性的关联性。光伏电站内含有 9 种不同类型的光伏逆变器，9 种逆变器的暂态特性综合影响光伏电站的暂态特性，下面以其中一种类型逆变器、发电单元与光伏电站的暂态特性进行对比分析。

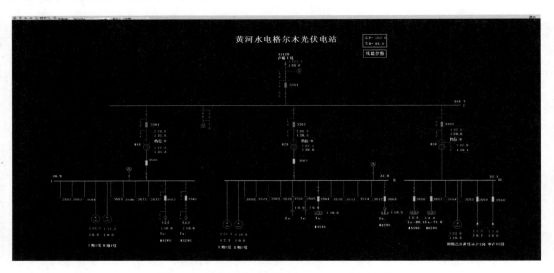

图 3-16　黄河水电格尔木 200MW 光伏电站

设置光伏电站送出线瞬时短路故障，图 3-17～图 3-19 为光伏电站以及其一个光伏发电单元、逆变器的暂态特性。

光伏电站送出线发生三相瞬时故障，光伏电站并网点电压跌落至 0，光伏发电单元端（站内 35kV 母线）和逆变器交流侧电压跌落至 0.06p.u.，光伏逆变器进入低电压穿越阶段，光伏电站的低电压穿越特性主要由逆变器的控制策略决定。

光伏发电单元由两个相同型号的逆变器并联组成，因此逆变器和发电单元的暂态特性基本一致（图 3-18）；端电压跌落过程中逆变器有功功率输出为 0，电压恢复后，有功功率随之恢复。而光伏电站得暂态特性则由组成电站的九种逆变器暂态

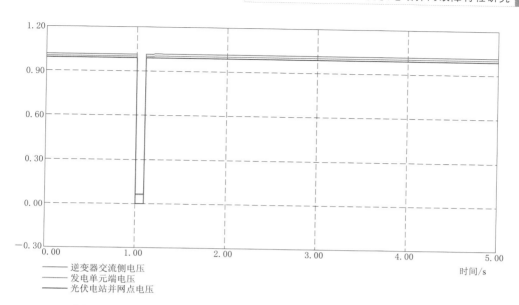

图 3-17　光伏电站并网点电压、发电单元端电压、逆变器交流侧电压

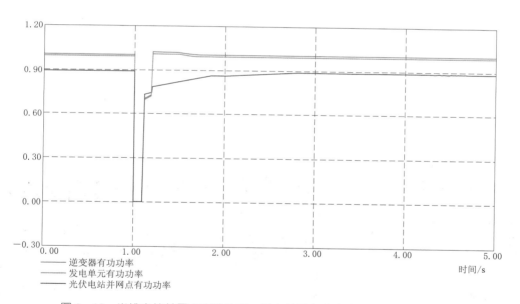

图 3-18　光伏电站并网点有功功率、发电单元有功功率、逆变器有功功率

特性共同决定，电压跌落过程中光伏电站有功功率为 0，电压恢复后有功功率谐波恢复。

正常运行状态下，逆变器功率因数 0.995，所发无功功率尚不能满足光伏电站内线路、变压器的无功损耗。电站送出线路短路故障期间，光伏电站内有逆变器提供无功支撑，如图 3-19 所示。

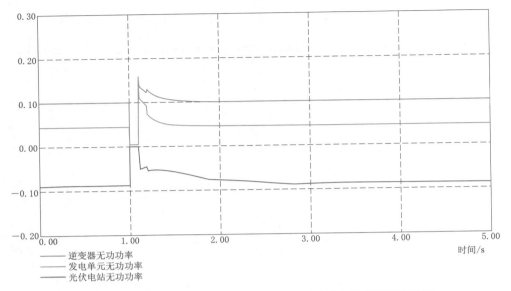

图 3 - 19　光伏电站无功功率、发电单元无功功率、逆变器无功功率

3.1.3.2　无功支撑能力研究

海西电网（图 3-20）有 2 座 750kV 变电站（柴达木站、海西站），5 座 330kV 变电站（乌兰站、格尔木站、聚明变、盐湖变、巴音变），海西电网内接入有容量 5～200MW 不等的数百座光伏电站，接入系统电压等级分别为 35kV、110kV 和 330kV。其中，格尔木某光伏电站额定容量 200MW、330kV 接入系统，建立光伏电站等值模型，分析站内逆变器在具备低电压穿越能力和不具备低电压穿越能力时的电站暂态特性，以及电站输出无功对电网电压的支撑作用。

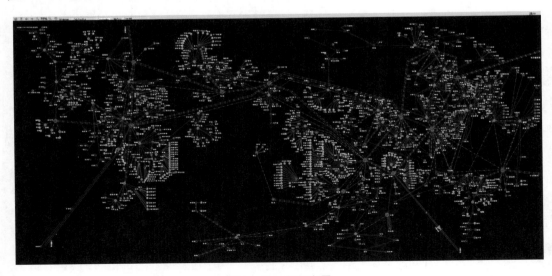

图 3 - 20　海西电网

光伏电站 330kV 并网，与格尔木 330kV 变电站高压侧连接，分别设置格尔木 330kV 变电站高压侧母线电压发生三相、两相和单相故障，光伏电站初始状态有功满发，对比光伏电站不同无功支撑能力的暂态特性。

1. 三相短路

分别设置光伏电站具备低电压穿能力且提供无功电流支撑、光伏电站具备低电压穿越能力但不提供无功电流支撑以及光伏电站不具备低电压穿越能力，分析光伏电站送出线路远端发生三相短路故障，光伏电站的暂态特性以及其对电网的影响，如图 3 - 21 ～ 图 3 - 25 所示。

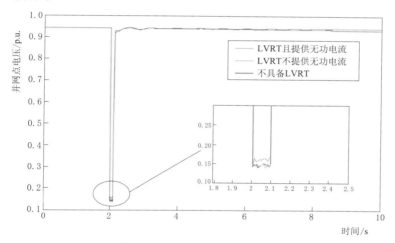

图 3 - 21　光伏电站并网点电压

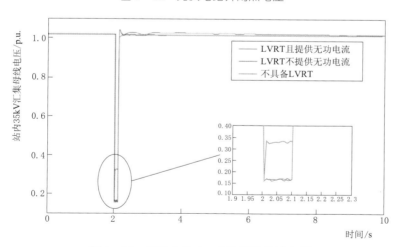

图 3 - 22　光伏电站内 35kV 汇流母线电压

从图 3 - 25 可以看出，短路故障发生后，具备低电压穿越能力与否直接关系光伏电站是否持续并网，不具备低电压穿越能力的光伏电站直接脱网，且短时间内不会重新启动；图 3 - 23 和图 3 - 24 则体现了低电压穿越过程中，光伏电站提供的无功电流

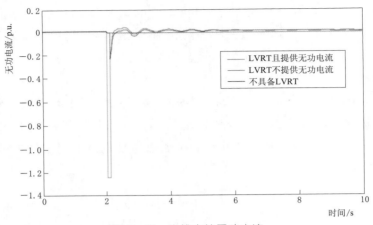

图 3 - 23　光伏电站无功电流

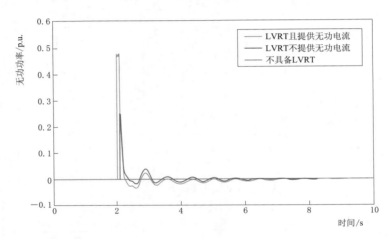

图 3 - 24　光伏电站无功功率

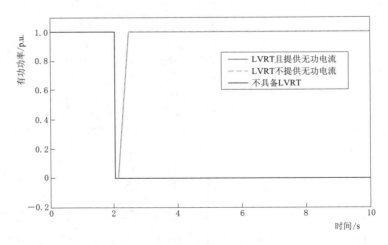

图 3 - 25　光伏电站有功功率

支撑大小以及向电网提供的无功功率，光伏电站内逆变器提供无功电流可支撑光伏电站母线电压（图3-21、图3-22），由于网络结构限制，330kV母线电压主要受网侧影响较大，光伏电站提供无功功率支撑电压的作用在站内35kV汇集母线体现得更加明显。

2. a、b两相短路

光伏电站及电网设置相同参数，修改故障类型为两相接地短路故障，与三相短路故障的响应特性类似，具备低电压穿越能力且向电网提供无功电流的光伏电站可在一定程度上抬高网侧电压，且响应速度快，在电网电压跌落下一时刻即提供无功电流，这点充分体现了光伏逆变器的快速响应特性，如图3-26～图3-30所示。

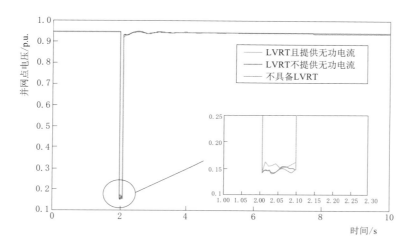

图3-26　光伏电站并网点电压

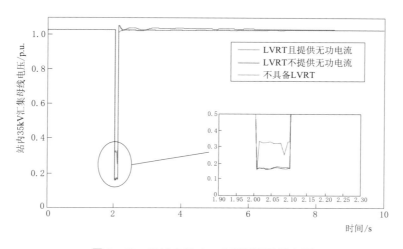

图3-27　光伏电站内35kV汇流母线电压

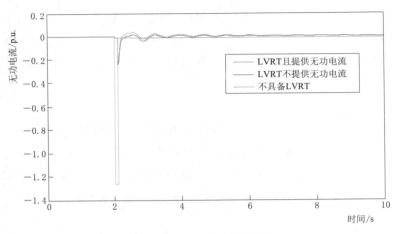

图 3-28　光伏电站无功电流

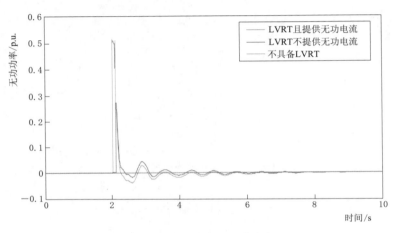

图 3-29　光伏电站无功功率

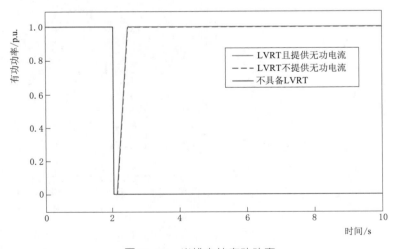

图 3-30　光伏电站有功功率

3. a 相短路

单相接地故障所反映出的光伏电站暂态特性以及其与电网的交互影响与三相故障趋势一致，如图 3-31～图 3-35 所示。

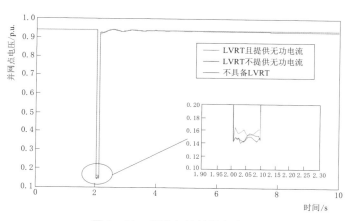

图 3-31　光伏电站并网点电压

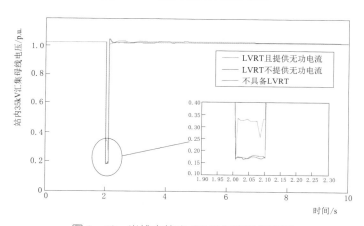

图 3-32　光伏电站内 35kV 汇流母线电压

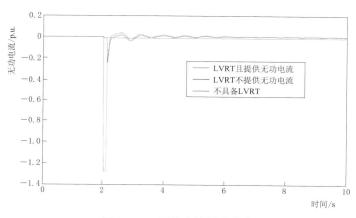

图 3-33　光伏电站无功电流

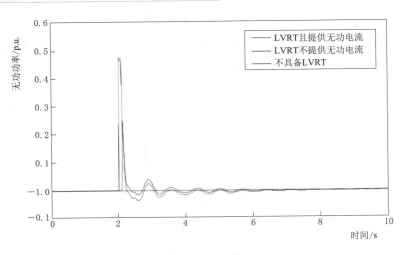

图 3 - 34 光伏电站无功功率

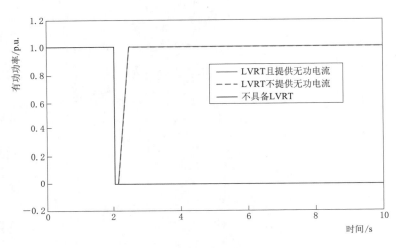

图 3 - 35 光伏电站有功功率

3.1.4 小结

本节首先介绍了我国光伏电站典型拓扑结构，研究了光伏电站中核心部件——光伏逆变器的典型功率电路拓扑结构，然后研究了光伏逆变器并网故障控制策略，包括并网运行控制策略、低电压穿越控制策略以及动态无功补偿控制策略，最后依托我国西北地区格尔木某 200MW 光伏电站关键参数，搭建 DIgSILENT 仿真平台，仿真分析了光伏逆变器、光伏并网发电单元和光伏电站的暂态特性关系以及各种故障工况下光伏电站无功支撑能力对电网电压的影响，结果表明：

（1）电网故障发生时，光伏并网逆变器与光伏并网发电单元暂态特性保持一致，跌落过程中逆变器有功功率输出为 0，电压恢复后，有功功率随之恢复；光伏电站的暂态特性则由组成电站的 9 种逆变器暂态特性共同决定。

（2）电网故障发生时，不具备低电压穿越能力的光伏电站直接脱网，且短时间内不会重新启动；若光伏电站具备低电压穿越能力且站内逆变器提供无功电流，对站内 35kV 母线电压支撑能力明显。

3.2 光伏电站低电压穿越检测方法研究

3.2.1 常见故障类型概述

电力系统故障会对光伏电站的正常运行产生影响，尤其是短路故障发生时，系统从一种状态剧变到另一种状态，并伴随产生复杂的暂态现象，影响光伏电站的正常运行。因此，针对各种短路故障，光伏电站均需具备低电压穿越能力。

电网短路故障可以分为对称短路故障和不对称短路故障。对称短路故障即三相短路故障，不对称短路故障包含两相短路故障、单相接地短路故障及两相接地短路故障。电力系统各种短路故障中，单相短路故障占大多数，约为总短路故障数的 65%，三相短路故障只占 5%～10%。

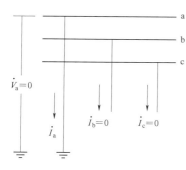

图 3-36 A 相接地短路示意图

1. 三相短路故障

三相短路时，只有周期分量是对称的，各项短路电流的非周期分量不等。非周期分量为最大值或零值的情况只可能在一相出现。非周期电流越大，短路电流最大瞬时值越大。

2. 单相短路故障

以 A 相接地短路（图 3-36）为例，有如下边界条件

$$\dot{V}_a = 0, \dot{I}_b = 0, \dot{I}_c = 0 \qquad (3-29)$$

若电网各元件都只能用电抗表示，故障点的序网络方程为

$$\begin{cases} \dot{E}_\Sigma - jX_{1\Sigma}\dot{I}_{a1} = \dot{V}_{a1} \\ -jX_{2\Sigma}\dot{I}_{a2} = \dot{V}_{a2} \\ -jX_{0\Sigma}\dot{I}_{a0} = \dot{V}_{a0} \end{cases} \qquad (3-30)$$

式中　　　　$\dot{E}_\Sigma$——短路故障发生前电压；

$X_{1\Sigma}$、$X_{2\Sigma}$、$X_{0\Sigma}$——正序、负序、零序阻抗；

$\dot{V}_{a1}$、$\dot{V}_{a2}$、$\dot{V}_{a0}$——A 相电压正序、负序、零序分量；

$\dot{I}_{a1}$、$\dot{I}_{a2}$、$\dot{I}_{a0}$——A 相电流正序、负序、零序分量。

根据对称分量可计算出故障点各相对地电压和电流为

$$
\begin{cases}
\dot{I}_{a2}=\dot{I}_{a0}=\dot{I}_{a1}=\dfrac{\dot{E}_{\Sigma}}{\mathrm{j}(X_{1\Sigma}+X_{2\Sigma}+X_{0\Sigma})} \\[2mm]
\dot{V}_{a1}=\dot{E}_{\Sigma}-\mathrm{j}X_{1\Sigma}\dot{I}_{a1}=\mathrm{j}(X_{2\Sigma}+X_{0\Sigma})\dot{I}_{a1} \\[2mm]
\dot{V}_{a2}=-\mathrm{j}X_{2\Sigma}I_{a2} \\[2mm]
\dot{V}_{a0}=-\mathrm{j}X_{0\Sigma}\dot{I}_{a0} \\[2mm]
\dot{V}_{b}=a^{2}\dot{V}_{a1}+a\dot{V}_{a2}+\dot{V}_{a0}=\dfrac{\sqrt{3}}{2}\left[(2X_{2\Sigma}+X_{0\Sigma})-\mathrm{j}\sqrt{3}X_{0\Sigma}\right]\dot{I}_{a1} \\[2mm]
\dot{V}_{c}=a\dot{V}_{a1}+a^{2}\dot{V}_{a2}+\dot{V}_{a0}=\dfrac{\sqrt{3}}{2}\left[-(2X_{2\Sigma}+X_{0\Sigma})-\mathrm{j}\sqrt{3}X_{0\Sigma}\right]\dot{I}_{a1}
\end{cases}
\tag{3-31}
$$

式（3-31）中，单相短路电流受短路点的各序输入电抗之和限制，正序和负序阻抗 $X_{1\Sigma}$、$X_{2\Sigma}$ 的大小与短路点对电源的电气距离有关，零序电抗 $X_{0\Sigma}$ 则与中性点接地方式有关。选取正序电流 $\dot{I}_{a1}$ 作为参考值，可以做出短路点电流电压矢量图，如图 3-37 所示。图中，$\dot{I}_{a1}$、$\dot{I}_{a2}$、$\dot{I}_{a0}$ 方向相等，大小相同，$\dot{V}_{a1}$ 比 $\dot{I}_{a1}$ 超前，$\dot{V}_{a2}$、$\dot{V}_{a0}$ 比 $\dot{I}_{a1}$ 滞后 90°。非故障相电压 $\dot{V}_{b}$、$\dot{V}_{c}$ 的绝对值总是相等，其相角差与 $X_{2\Sigma}$、$X_{0\Sigma}$ 有关。若 $X_{0\Sigma} \to 0$，相当于短路发生在直接接地的中性点附近，$\dot{V}_{a0} \approx 0$，$\dot{V}_{b}$、$\dot{V}_{c}$ 正好反相；若 $X_{0\Sigma} \to \infty$，即为不接地系统，单相短路电流为 0，非故障相电压上升为线电压，其夹角为 60°。

若单相经阻抗接地，也按照上述方法分析。

3. 两相短路故障

两相短路故障以 BC 相短路（图 3-38）为例介绍，故障点处边界条件为

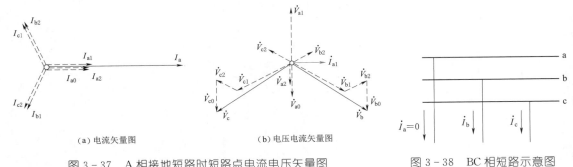

（a）电流矢量图　　　　　　（b）电压电流矢量图

图 3-37　A 相接地短路时短路点电流电压矢量图　　　　　　图 3-38　BC 相短路示意图

$$
\dot{I}_{a}=0,\dot{I}_{b}+\dot{I}_{c}=0,\dot{V}_{b}=\dot{V}_{c}
\tag{3-32}
$$

根据复合序网络对上述电路进行分析，可以得到故障点电流及对地电压

$$\begin{cases}
\dot{I}_{a2} = -\dot{I}_{a1} = \dfrac{\dot{E}_{\Sigma}}{j(X_{1\Sigma} + X_{2\Sigma} + X_{0\Sigma})} \\[2mm]
\dot{I}_{a0} = 0 \\[2mm]
\dot{I}_{b} = a^2 \dot{I}_{a1} + a\dot{I}_{a2} + \dot{I}_{a0} = (a^2 - a)\dot{I}_{a1} = -j\sqrt{3}\,\dot{I}_{a1} \\[2mm]
\dot{I}_{c} = -\dot{I}_{b} = j\sqrt{3}\,\dot{I}_{a1} \\[2mm]
\dot{V}_{a} = \dot{V}_{a1} + \dot{V}_{a2} + \dot{V}_{a0} = 2\dot{V}_{a1} = 2jX_{2\Sigma}\dot{I}_{a1} \\[2mm]
\dot{V}_{c} = \dot{V}_{b} = a^2 \dot{V}_{a1} + a\dot{V}_{a2} + \dot{V}_{a0} = -\dot{V}_{a1} = -0.5\dot{V}_{a}
\end{cases} \tag{3-33}$$

可见，两相短路电流为正序电流的 $\sqrt{3}$ 倍，短路点非故障相电压为正序电压的两倍，而故障相电压只有非故障相电压的一半而且方向相反。故障点电流电压矢量图如图 3-39 所示，图中仍以正序电流 $\dot{I}_{a1}$ 为参考向量。

4. 两相短路接地

两相短路故障以 BC 相接地短路（图 3-40）为例。故障点处边界条件为

$$V_{a} = 0, \dot{I}_{b} = 0, \dot{I}_{c} = 0 \tag{3-34}$$

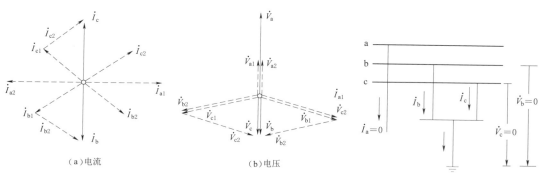

图 3-39　BC 两相短路时短路点电流电压矢量图　　图 3-40　BC 相接地短路示意图

根据复合序网络对上述电路进行分析，可以得到故障点电流及对地电压为

$$\begin{cases}
\dot{I}_{a1} = \dfrac{\dot{E}_{\Sigma}}{j(X_{1\Sigma} + X_{2\Sigma} /\!/ X_{0\Sigma})} \\[3mm]
\dot{I}_{a2} = -\dfrac{X_{0\Sigma}}{X_{2\Sigma} + X_{0\Sigma}}\dot{I}_{a1} \\[3mm]
\dot{I}_{a0} = -\dfrac{X_{2\Sigma}}{X_{2\Sigma} + X_{0\Sigma}}\dot{I}_{a1} \\[3mm]
\dot{I}_{b} = a^2 \dot{I}_{a1} + a\dot{I}_{a2} + \dot{I}_{a0} = \dfrac{-3X_{2\Sigma} - j\sqrt{3}(X_{2\Sigma} + X_{0\Sigma})}{2(X_{2\Sigma} + X_{0\Sigma})}\dot{I}_{a1} \\[3mm]
\dot{I}_{c} = a\dot{I}_{a1} + a^2 \dot{I}_{a2} + \dot{I}_{a0} = \dfrac{-3X_{2\Sigma} + j\sqrt{3}(X_{2\Sigma} + X_{0\Sigma})}{2(X_{2\Sigma} + X_{0\Sigma})}\dot{I}_{a1} \\[3mm]
\dot{V}_{a} = 3\dot{V}_{a1} = j\,\dfrac{3X_{2\Sigma}X_{0\Sigma}}{X_{2\Sigma} + X_{0\Sigma}}\dot{I}_{a1}
\end{cases} \tag{3-35}$$

故障点电压电流矢量图如图 3-41 所示，图中仍以正序电流 $\dot{I}_{a1}$ 为参考向量，A 相三个序电压都相等，且比 $\dot{I}_{a1}$ 超前 90°。

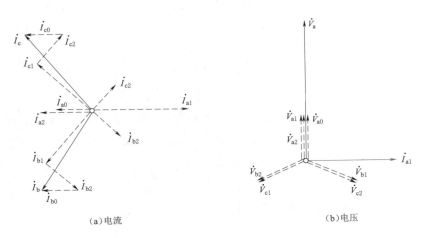

(a) 电流   (b) 电压

图 3-41　BC 两相接地短路时短路点电流电压矢量图

3.2.2　故障穿越曲线关键参数研究

如 3.1.3 节所述，在电网故障过程中，光伏电站输出无功电流，抬升光伏电站并网点电压，此种情况下需光伏电站持续并网并提供无功支撑，光伏电站需切除。

海西电网光伏电站接入密度大、电气距离短，能够作为我国光伏电站的典型代表，因此利用 DIgSILENT 仿真软件建立海西电网光伏电站模型，根据光伏电站接入系统的电压等级，分别以 330kV、110kV 和 35kV 接入的电站为例，分析光伏电站送出线路故障情况下，该光伏电站并网点和站内各电压等级的母线电压变化趋势，以及相邻光伏电站的电压变化趋势。

1. 330kV 并网光伏电站送出线路近端瞬时故障（黄河水电光伏电站）

黄河水电光伏电站额定容量 200MW，接入系统电压等级 330kV，如图 3-42 所示。在电站送出线路光伏电站近端设置瞬时短路故障，电网及电站内各主要节点电压如图 3-43 所示。

三相瞬时故障持续 0.1s，光伏电站并网点电压跌落至 0，系统内其他 330kV 及 110kV 母线电压低落至 0.2~0.4p.u. 不等，电压跌落持续 0.1s 后，系统恢复电压恢复正常，光伏电站持续并网无需退出运行。

2. 330kV 并网光伏电站送出线路近端永久故障（黄河水电光伏电站）

在黄河水电光伏电站送出线路光伏电站近端设置永久故障，0.15s 后主保护动作，线路切除。光伏电站并网点，站内 35kV 母线以及逆变器交流侧电压，相邻光伏电站群东汇集站的电压等级如图 3-44 所示。

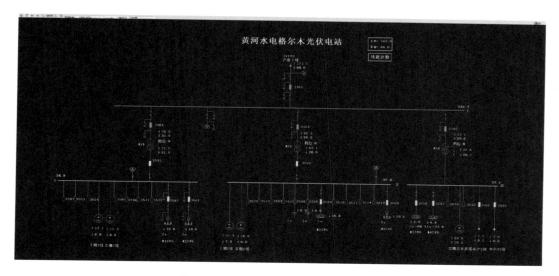

图 3-42　330kV 接入系统的光伏电站

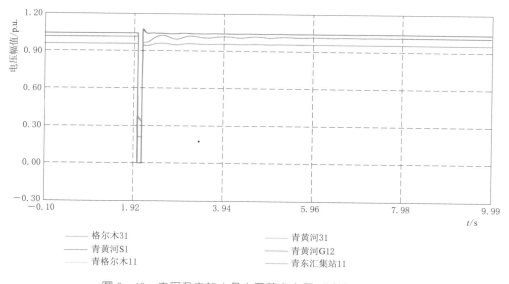

图 3-43　电网及电站内各主要节点电压（近端瞬时故障）

由于线路发生短路故障，黄河水电光伏电站并网点及站内母线电压跌落至 0，线路主保护动作后电站切除运行；由于黄河水电光伏电站送出线短路故障引起系统内其他节点电压跌落至 0.2～0.4p.u. 不等，但随着故障线路切除而恢复正常，因此黄河水电光伏电站切除运行，而相邻线路的电站无需切除运行。

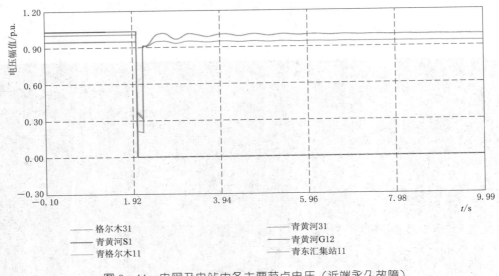

图 3-44　电网及电站内各主要节点电压（近端永久故障）

3. 330kV 并网光伏电站送出线路远端瞬时故障和永久故障（黄河水电光伏电站）

黄河水电光伏电站送出线远端发端短路瞬时故障和永久故障时，海西电网及电站内各主要节点电压如图 3-45 和图 3-46 所示。由于光伏电站送出线路较短，光伏电站近端和远端发生故障时的电压分布相似。

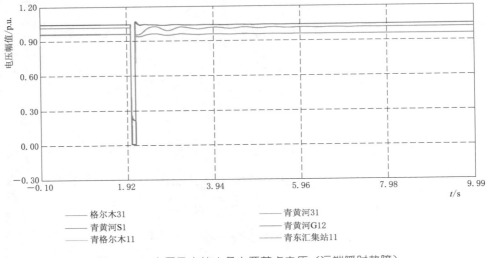

图 3-45　电网及电站内各主要节点电压（远端瞬时故障）

4. 110kV 并网光伏电站送出线路近端瞬时故障（龙源二期光伏电站）

龙源二期光伏电站，额定容量 30MW，接入海西电网聚明变中压侧（110kV），龙源二期光伏电站及相邻光伏电站结构如图 3-47 所示，在电站送出线路光伏电站近

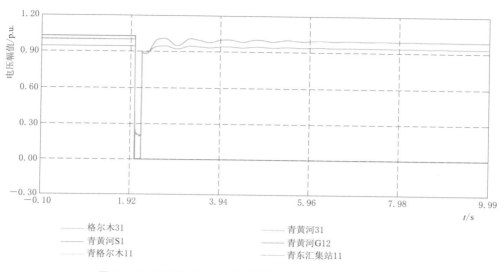

图 3-46　电网及电站内各主要节点电压（远端永久故障）

端设置瞬时短路故障，光伏电站并网点、站内 35kV 母线以及逆变器交流侧电压及接入聚明变中压侧的相邻光伏电站的电压等级，电网及电站内各主要节点电压（近端瞬时故障）如图 3-48 所示。

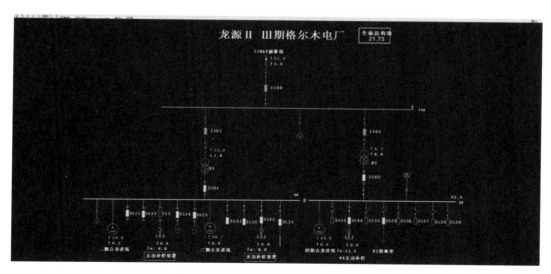

图 3-47　110kV 接入系统的光伏电站

从图 3-48 可以看出，光伏电站并网点及站内各级母线电压均跌落至 0，而相邻光伏电站电压水平跌落至 0.3～0.5p.u.。光伏电站送出线短路故障为瞬时故障，在故障切除后，各节点电压迅速恢复正常，因而各光伏电站无需退出运行。

5. 110kV 并网光伏电站送出线路近端永久故障（龙源二期光伏电站）

在龙源二期光伏电站送出线路光伏电站近端设置永久短路故障，0.15s 后主保护

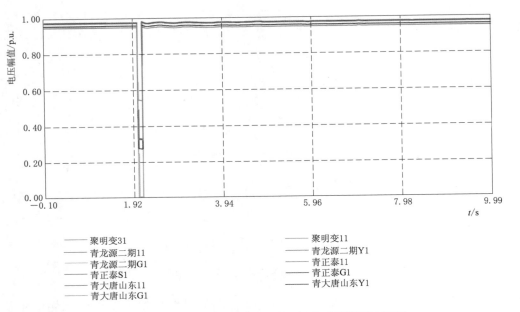

图 3-48 电网及电站内各主要节点电压（近端瞬时故障）

动作，线路切除。光伏电站并网点、站内 35kV 母线以及逆变器交流侧电压同时接入
聚明变中压侧的相邻光伏电站的电压等级如图 3-49 所示。

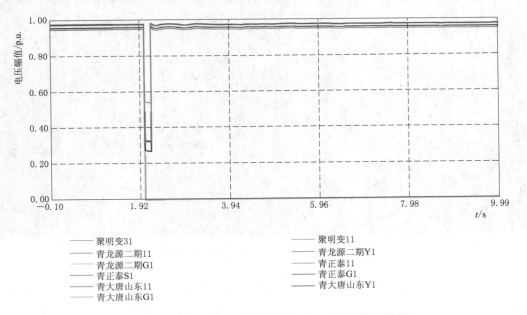

图 3-49 电网及电站内各主要节点电压（近端永久故障）

由于线路发生短路故障，龙源二期光伏电站并网点及站内母线电压跌落至 0，线
路主保护动作后电站切除运行；由于龙源二期光伏电站送出线短路故障引起相邻光伏

电站并网点电压跌落至 $0.3\sim0.5$p. u. 不等，但随着故障线路切除而恢复正常，龙源二期光伏电站切除运行，而相邻线路的电站无需切除运行。

6. 110kV 并网光伏电站送出线路远端瞬时故障及永久故障（龙源二期光伏电站）

龙源二期光伏电站送出线远端发端短路瞬时故障和永久故障时，海西电网内主要节点电压如图 3-50 和图 3-51 所示。由于光伏电站送出线路较短，光伏电站近端和远端发生故障时的电压分布相似。

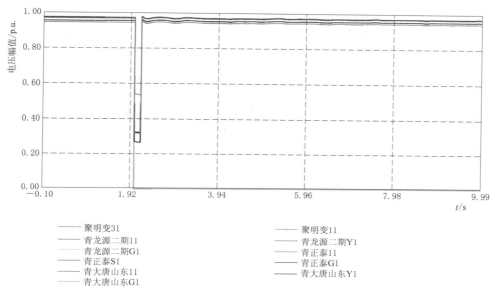

图 3-50　电网及电站内各主要节点电压（远端瞬时故障）

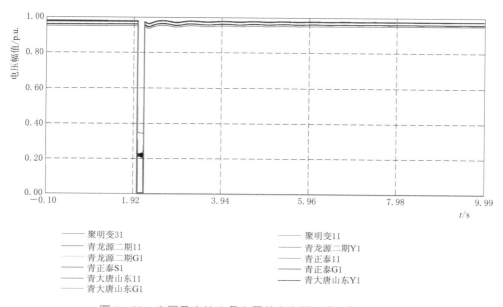

图 3-51　电网及电站内各主要节点电压（远端永久故障）

7. 35kV 并网光伏电站送出线路近端瞬时故障（华能国际光伏电站）

华能国际光伏电站，额定容量 20MW，接入海西电网东汇变中压侧（35kV），华能国际光伏电站及相邻光伏电站结构如图 3-52 所示，在电站送出线路光伏电站近端设置瞬时短路故障，光伏电站并网点及逆变器交流侧电压及接入聚明变中压侧的相邻光伏电站的电压等级如图 3-53 所示。

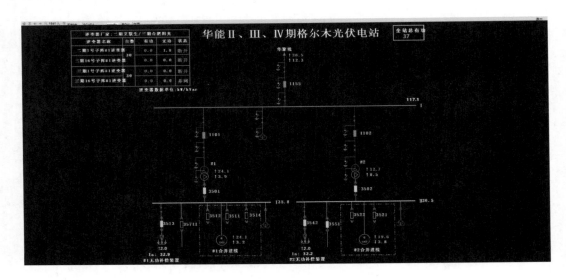

图 3-52　35kV 接入系统的光伏电站

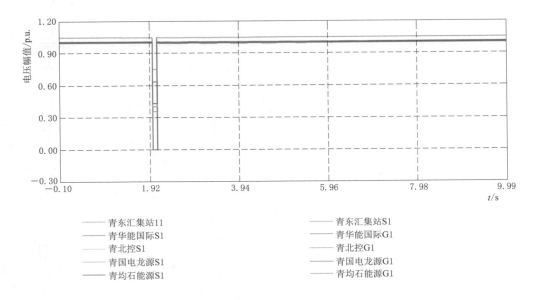

——— 青东汇集站11	——— 青东汇集站S1
——— 青华能国际S1	——— 青华能国际G1
——— 青北控S1	——— 青北控G1
——— 青国电龙源S1	——— 青国电龙源G1
——— 青均石能源S1	——— 青均石能源G1

图 3-53　电网及电站内各主要节点电压（近端瞬时故障）

从图3-53可知，光伏电站并网点及站内各级母线电压均跌落至0，而相邻光伏电站电压水平跌落至0.3～0.7p.u.。光伏电站送出线短路故障为瞬时故障，在故障切除后，各节点电压迅速恢复正常，因而各光伏电站无需退出运行。

8.35kV并网光伏电站送出线路近端永久故障

在华能国际光伏电站送出线路光伏电站近端设置永久短路故障，0.15s后主保护动作，线路切除。光伏电站并网点及逆变器交流侧电压及接入东汇变中压侧的相邻光伏电站的电压等级如图3-54所示。

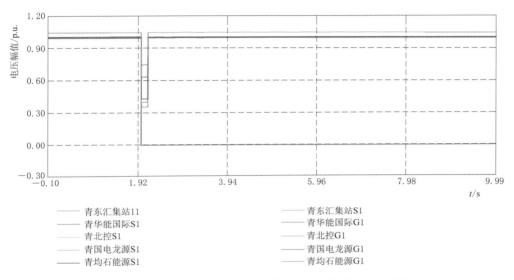

图3-54 电网及电站内各主要节点电压（近端永久故障）

由于线路发生短路故障，华能国际光伏电站并网点及站内母线电压跌落至0，线路主保护动作后电站切除运行；由于华能国际光伏电站送出线短路故障引起相邻光伏电站并网点电压跌落至0.3～0.7p.u.不等，但随着故障线路切除而恢复正常，华能国际光伏电站切除运行，而相邻线路的电站无需切除运行。

9.35kV并网光伏电站送出线路远端瞬时故障和永久故障

华能国际光伏电站送出线远端发端短路瞬时故障和永久故障时，海西电网内相关节点电压如图3-55和图3-56所示。

由图3-55、图3-56可知，由于光伏电站送出线路较短，光伏电站近端和远端发生故障时的电压分布相似。

通过对接入各个电压等级的光伏电站进行仿真，分析光伏电站送出线路故障情况下光伏电站并网点和站内各电压等级的母线电压变化趋势，以及相邻光伏电站的电压变化趋势：

（1）光伏电站送出线路故障，并网点电压可降至0p.u.。

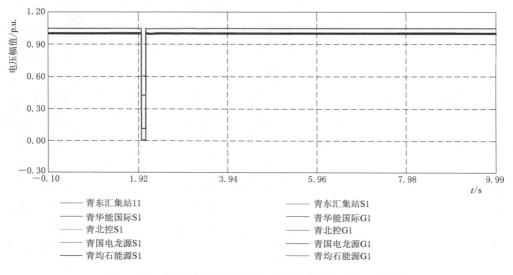

图 3-55　电网及电站内各主要节点电压（远端短路故障）

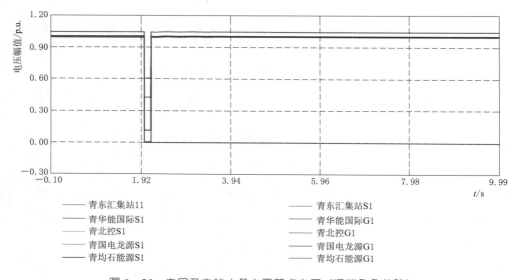

图 3-56　电网及电站内各主要节点电压（远端永久故障）

（2）当光伏电站送出线路故障导致并网点电压降至 0p. u. 时，相邻线路光伏电站并网点电压降至 0.2～0.7p. u.。

电网故障时光伏电站不能立即脱网，因此，光伏电站需具备低电压穿越和零电压穿越功能，且光伏电站低电压穿越能力测试中必须对零电压穿越和 0.2p. u. 低电压穿越两个点开展测试。

对于电力系统输电线路，若发生瞬时故障，光伏电站不能断网，若发生永久性故障，光伏电站需在输电线路保护后才能断网。通常我国输电线路主保护的时间为

0.1～0.12s，后备保护时间为 0.5s，因此，规定零电压穿越时间为 0.15s，0.2p.u. 低电压穿越时间为 0.625s。

3.2.3　故障穿越测试点选取研究

根据我国光伏电站典型结构，我国大规模光伏电站容量跨度很大，从几兆瓦至几百兆瓦不等，并网点电压等级包括 10kV、35kV 等，从装置大小、装置成本方面考虑，研制一台适用于不同电站容量、不同电网电压等级的低电压穿越检测装置难以实现。

我国典型的大规模光伏电站由若干个光伏并网发电单元组成，光伏并网发电单元容量通常小于等于 1MW，因此选择光伏并网发电单元作为低电压穿越的被测对象，测试点选择如图 3-57 所示。采用模拟电网型合适阻抗分压型低电压穿越检测装置，现有技术均能实现。测试装置接入光伏发电单元并网点，通过多抽头电抗器或多抽头变压器即可满足不同电压等级并网单元的需求。

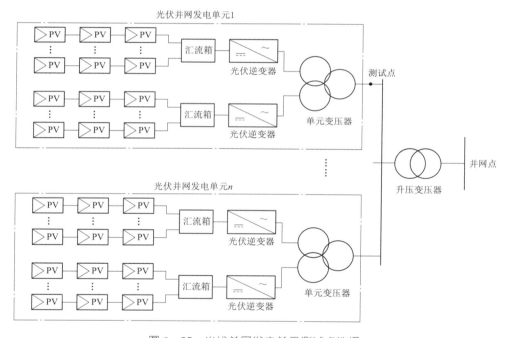

图 3-57　光伏并网发电单元测试点选择

对于几百兆瓦的光伏电站来说，光伏电站内部有上百个光伏并网发电单元，若每一个并网发电单元均开展低电压穿越能力测试，耗费人力非常大，同时检测效率低。针对上述问题，考虑到光伏电站中并网单元具有较高的一致性，选取 1～2 个单元开展低电压穿越测试。

3.2.4 检测装置拓扑结构研究

3.2.4.1 拓扑结构概述

目前用于低电压穿越检测的电压跌落发生器方案主要为阻抗分压型、变压器型和模拟电网型三类。

1. 阻抗分压型低电压穿越检测装置

阻抗分压型低电压穿越检测装置用电抗器对电网侧分压，通过调整电抗器参数来控制并网点 A 点电压跌落深度，能逼真模拟电网故障现象，在实际工程中容易实施，可靠性高，为目前最为常见的一种方案，如图 3-58 所示。阻抗分压型低电压穿越检测装置串接在光伏并网发电单元和电网之间，由限流电抗器、接地电抗器、断路器组成。并网点 A 点电压的跌落由该检测装置内部的限流电抗 X_1、接地电抗 X_2 和电网的等效电抗分压产生，不同电压跌落等级与电网短路容量情况下，限流电抗器 X_1 与接地电抗器 X_2 的值不同，使用步骤如下：

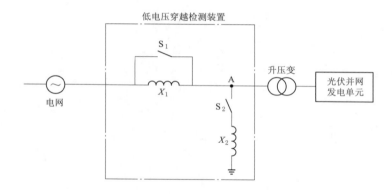

图 3-58 阻抗分压型低电压穿越检测装置

（1）根据预定的跌落深度计算出对应的电抗器 X_1 与 X_2 的值，设定电抗器参数。

（2）闭合限流开关 S_1，断开接地开关 S_2，光伏并网发电单元正常并网运行。

（3）当进行低电压穿越检测时，首先打开限流开关 S_1，将限流电抗器 X_1 接入，然后闭合接地开关 S_2，并网点 A 电压开始跌落。

（4）经过低电压穿越边界曲线规定的跌落持续时间后，接地开关 S_2 重新打开，然后限流开关 S_1 再次闭合，并网点电压开始恢复。

阻抗分压型方案实现的低电压穿越检测装置结构简单，控制可靠，实现方便，但是由于阻抗在正常运行或电压跌落时流过功率，因此必须选择大功率的电感元件，并且感性无功功率损耗较大。同时，需在并网点短路容量确定的前提下，才能根据跌落深度确定电抗器参数。

2. 变压器型检测装置

基于变压器切换形式实现电压跌落的测试装置可以分为：①以升压变压器和降压变压器组合形式实现电压跌落的测试装置；②以单个变压器抽头形式实现电压跌落的测试装置。

变压器型低电压穿越检测装置如图 3 – 59 所示。检测装置由 2 台变压器串联到电网与光伏并网发电单元之间。正常运行时，开关 S_1 断开、开关 S_2 闭合，电网经两级变压器先降压后升压连接光伏并网发电单元。断开开关 S_1，闭合开关 S_2，光伏并网发电单元出口电压跌至降压变压器的低电压侧电压；当断开开关 S_1 同时闭合开关 S_2，负载电压恢复正常。

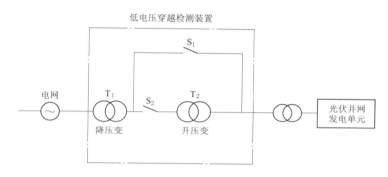

图 3 – 59　变压器型低电压穿越检测装置

单个抽头变压器形式实现的低电压穿越测试装置与变压器组合形式类似，主要区别就是该类型装置以切换变压器某侧抽头的方式实现电压跌落。

低电压穿越的标准测试流程要求变压器型检测装置具备较强的抗电流冲击能力，能够实现多种类型、多种深度的电压跌落，因此会造成检测装置所配的变压器体积和重量很大，不便移动。

3. 模拟电网型检测装置

模拟电网型检测装置主要基于电力电子变换形式实现，包括使用交流电力控制电路、"交–交"变换器以及"交–直–交"变换器等。目前使用较为广泛的为"交–直–交"变换器，由变压器、变流器组成，可以实现多种故障波形，包括电压跌落、过电压、欠电压等，并方便控制电压跌落深度、持续时间、相位和跌落的类型。模拟电网型低电压穿越检测装置如图 3 – 60 所示。

低电压穿越检测装置中的电网侧变压器用来转换电网与变换器之间的电压差异，同时附带滤波的作用，避免变流器对电网注入谐波污染；测试装置中的光伏逆变器侧变压器可避免光伏并网发电系统的滤波器与变流器输出端滤波器可能产生的谐振现象，同时增加检测装置的内阻。

电网侧变流器主要实现整流功能，保证两台变流器之间的直流电压为恒定值。常

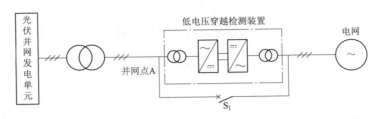

图 3 - 60　模拟电网型低电压穿越检测装置

见的形式主要有两种：一种是二极管不控整流或相控整流；另一种为三相 PWM 整流。前者为传统整流方式，动态响应慢，功率因数低，对电网产生大量谐波；后者为高功率因数整流方式，通常采用电压电流双闭环控制，可以有效地控制电网侧能量流动的功率因数为 1，电网侧电流有较好的正弦度，当负荷状态突变时，保证直流侧电压为恒定值。

　　将逆变器侧变流器理解为一个可控电压源，低电压穿越检测时，该装置不仅能够有效控制输出电压的幅值和相位，还能够模拟各种对称和不对称电压跌落故障。当发生三相对称故障时，各相电压减小至额定电压的 k（$0<k<1$）倍，各相相角不变。当发生三相不对称故障时，各相电压幅值和相角都可能会受到影响。根据各种电压跌落故障下三相电压矢量关系图，可以计算出三相电压状态，通过坐标变换、电压控制器与 SPWM 调制，实现闭环电压控制，有效控制故障生成侧的各种电压跌落故障。故障生成侧变流器控制框图如图 3 - 61 所示。

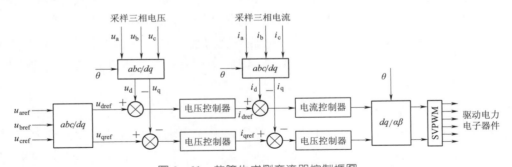

图 3 - 61　故障生成侧变流器控制框图

　　但是，模拟电网型低电压穿越检测装置一般采用 IGBT 等开关器件实现，由于受器件功率的限制，功率等级不能太大。虽然可以采用 GTO 晶闸管和 IGCT 等器件提高功率等级，但是对于测试设备来说，使用电力电子器件成本很高、控制复杂，同时可靠性不高，抵抗电压、电流冲击的能力有限。

3.2.4.2　检测装置对比

　　综上所述，目前最常用的低电压穿越检测装置为阻抗分压型和模拟电网型，本小节从装置类型、电网契合度、装置功能等方面对两种检测装置进行比较。

1. 装置类型

阻抗分压型低电压穿越检测装置属于无源型低电压穿越检测装置，模拟电网型低电压穿越检测装置主要基于电力电子变换形式实现，属于有源型低电压穿越检测装置。

2. 电网契合度

检测光伏电站低电压穿越能力时，不是真实的电网故障，而是通过检测装置模拟而成。由于真实电网中输电线路与发电机表现出电感与电阻特性，因此采用阻抗分压型检测装置能够更好地模拟电网各种类型故障，表现出电网电压的暂态特性；模拟电网型检测装置通过电力电子变换形式实现，若装置控制器设计得好，可以产生人为要求的各种故障电压波形，但是由于该装置多采用闭环控制，装置内部阻抗特别小，几乎为零，且电网侧功率因数由于控制器作用被改变，难以像真实电网一样根据光伏并网单元不同的输出电流做出不同的反应，而电抗器弥补了这一点不足。

3. 装置功能

阻抗分压型低电压穿越检测装置只能够模拟不同类型的电网电压跌落故障，且电抗器只能设计有限个数的抽头，实现不同的跌落深度，若想以较小的跌落步长实现 $0\% \sim 90\%$ 额定电压跌落，需增加更多的电抗抽头，成本太高。模拟电网型低电压穿越检测装置不仅可实现任意故障类型、任意跌落深度的电压跌落波形，可跌落的点数多，还可以实现光伏并网发电单元并网点电压频率的变化，开展电网适应性测试，同时在模拟电网型装置硬件条件允许的情况下，产生高电压，可开展高电压穿越测试。

通过上述分析，两种低电压穿越检测装置各有优缺点，均可适用于光伏电站低电压穿越能力检测中。目前，国家能源太阳能研发（实验）中心实现了阻抗分压型低电压穿越检测装置的研制与模拟电网型低电压穿越检测装置的集成，并应用于低电压穿越检测中。

3.2.5 检测装置容量选取研究

阻抗分压型低电压穿越检测装置原理如图 3-62 所示。当限流开关 S_2 闭合，接地开关 S_1 打开，即低电压穿越检测装置未投入运行，光伏并网逆变器正常并网时等效电路如图 3-63 所示。由于光伏并网逆变器一般以电流源的方式接入电网，因此将光伏并网发电单元等效为一个内部并联电抗 Z_{s1} 的电流源，当光伏并网发电单元以额定功率运行时，可认为此等效电流源的输出电流为光伏并网发电单元额定输出电流 I_0；电网可等效为内部串联阻抗为 Z_{s2} 的电压源，电压源电压大小为电网电压有效值 e_s。

根据基尔霍夫电压定律可得，此正常并网运行工况下电网电压 u_{p1} 为

$$u_{p1} = I_0 \cdot \frac{Z_{s1} \cdot Z_{s2}}{Z_{s1} + Z_{s12}} + e_s \cdot \frac{Z_{s1}}{Z_{s1} + Z_{s12}} \tag{3-36}$$

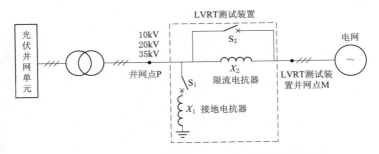

图 3-62 阻抗分压型低电压穿越检测装置原理图

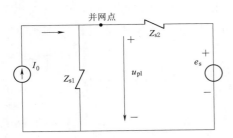

图 3-63 光伏并网逆变器正常
并网时等效电路

若光伏发电单元的额定容量为 S_0，则

$$I_0 = \frac{S_0}{\sqrt{3}\,e_s} \tag{3-37}$$

假定电网短路容量为 S_2，则

$$Z_{s2} = \frac{e_s^2}{S_2} \tag{3-38}$$

考虑到工程上一般 Z_{s2} 与 Z_{s1} 相比数值上可忽略不计，即 $Z_{s2}/Z_{s1}=0$，因此由式（3-36）～式（3-38）可得

$$u_{p1} = e_s\left(1 + \frac{\sqrt{3}}{3} \cdot \frac{S_0}{S_2}\right) \tag{3-39}$$

当限流开关 S_2 打开，接地开关 S_1 闭合，即低电压穿越检测装置投入运行，发生模拟电网电压跌落故障时，图 3-62 所示的光伏电站低电压穿越检测装置的等效电路则如图 3-64 所示。同理，将光伏并网发电单元等效为一个内部并联电抗 Z_{s1} 的电流源，电流源输出电流大小为 I_{PV}；图 3-62 中电网可等效为图 3-64 中内部串联阻抗为 Z_{s1} 的电压源，电压源电压

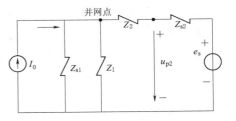

图 3-64 光伏并网发电单元进行低
电压穿越时等效电路

大小为电网电压有效值 e_s。另外，低电压穿越检测装置中等效接地电抗和限流电抗大小分别为 Z_1 和 Z_2。

根据基尔霍夫电压定律可得，此跌落工况下并网点电压 u_{p2} 为

$$u_{p2} = I_0 \cdot \frac{\dfrac{Z_{s1} \cdot Z_1}{Z_{s1}+Z_1}(Z_{s2}+Z_2)}{Z_{s2}+Z_2+\dfrac{Z_{s1} \cdot Z_1}{Z_{s1}+Z_1}} + e_s \cdot \frac{\dfrac{Z_{s1} \cdot Z_1}{Z_{s1}+Z_1}}{Z_{s2}+Z_2+\dfrac{Z_{s1} \cdot Z_1}{Z_{s1}+Z_1}} \tag{3-40}$$

考虑到工程上一般 Z_1 与 Z_{s1} 相比数值上可忽略不计，即 $Z_1/Z_{s1}=0$，因此式（3-40）可化简为

$$u_{p2}=I_0 \cdot \frac{Z_1(Z_{s2}+Z_2)}{Z_{s2}+Z_2+Z_1}+e_s \cdot \frac{Z_1}{Z_{s2}+Z_2+Z_1}$$ （3-41）

假定并网点短路容量为 S_1，则

$$Z_{s2}+Z_2=\frac{e_s^2}{S_1}$$ （3-42）

可得

$$Z_2=\left(\frac{1}{S_1}-\frac{1}{S_2}\right)e_s^2$$ （3-43）

设并网点电压跌落深度为 $k(0<k<1)$，则

$$u_p=ke_s$$ （3-44）

由式（3-38）、式（3-41）～式（3-44）可得

$$Z_1=\frac{k}{\dfrac{1}{\sqrt{3}k_0}+1-k} \cdot \frac{e_s^2}{S_1}$$ （3-45）

式（3-45）中 k_0 为并网点短路容量与光伏并网发电单元额定容量的比例系数，即

$$k_0=\frac{S_1}{S_0}$$ （3-46）

根据图 3-64 等效电路，考虑到工程上一般 Z_1 与 Z_{s1} 相比数值上可忽略不计，即 $Z_1/Z_{s1}=0$，由基尔霍夫定律可得低电压穿越测试工况下电网电压为

$$u_{p2}=I_0 \cdot \frac{Z_1(Z_{s2}+Z_2)}{Z_{s2}+Z_2+Z_1} \cdot \frac{Z_{s2}}{Z_{s2}+Z_2}+e_s \cdot \frac{Z_1+Z_2}{Z_{s2}+Z_2+Z_1}$$ （3-47）

由式（3-37）、式（3-38）、式（3-43）和式（3-45）可得

$$u_{p2}=e_s\left(\frac{1-\sqrt{3}}{\sqrt{3}(k_1+1)} \cdot \frac{S_1}{S_2}+1\right)$$ （3-48）

式（3-48）中系数 k_1 为

$$k_1=\frac{k}{\sqrt{3}k_0+1-k}$$ （3-49）

电网跌落前后，电网电压波动百分比 ξ 为

$$\xi=\frac{u_{p2}-u_{p1}}{u_{p1}}$$ （3-50）

由式（3-39）、式（3-48）～式（3-50）可得

$$\xi=-\sqrt{3}\frac{1}{1+\sqrt{3}S_2/S_0}\left[\frac{(3-\sqrt{3})k_0^2}{\sqrt{3}+3k_0}(1-k)+\frac{(2\sqrt{3}-1)k_0+1}{\sqrt{3}+3k_0}\right]$$ （3-51）

根据式（3-51）可得：

（1）在并网点短路容量与被测光伏并网发电单元额定容量的比值一定的情况下，电网电压波动百分比仅与电网短路容量、被测光伏并网发电单元额定容量和低电压穿越深度有关。

（2）当电网短路容量比被测光伏并网发电单元容量越大，即 S_2/S_0 越大，则电网电压波动百分比 ξ 越小。

（3）当低电压穿越深度，即并网点电压跌落深度 k 越大时，电网电压波动百分比 ξ 越大。

因此，为保证电网电压跌落精度，减小电网电压、并网点电压跌落时的电压波动百分比，选取的电网短路容量比被测光伏并网发电单元容量越大越多越好，按照电压跌落装置对并网点电压波动影响小于 5% 来计算，工程设计上一般选取并网点短路容量为被测光伏并网发电单元额定容量的 3～5 倍，即 $3 \leqslant k_0 \leqslant 5$，这样检测装置既不影响光伏逆变器并网电流的输出，也满足检测装置对电网公共连接点电压波动影响的要求。

3.2.6 低电压穿越检测流程研究

针对常见电网故障类型、故障穿越曲线关键参数制定、故障穿越测试点选取、检测装置拓扑结构以及检测装置容量选取，制定低电压穿越检测流程。

3.2.6.1 检测准备

进行低电压穿越测试前，光伏发电单元的逆变器应工作在实际投入运行一致的控制模式下。按照图 3-65 连接光伏发电单元、低电压穿越检测装置以及其他相关设备。

检测共选取 5 个跌落点，其中应包含 $0\% U_n$ 跌落点，其他各点在 $(0\% \sim 25\%) U_n$、$(25\% \sim 50\%) U_n$、$(50\% \sim 75\%) U_n$、$(75\% \sim 90\%) U_n$ 四个区间内随机抽取，并按照《光伏发电站接入电力系统技术规定》（GB/T 19964—2012）的要求确定跌落时间。其中，U_n 为光伏发电站内汇集母线标称电压。

3.2.6.2 空载测试

光伏发电单元投入运行前应先进行空载测试，检测步骤如下：

（1）确定被测光伏发电单元逆变器处于停运状态。

（2）调节电压跌落发生装置，模拟线路三相对称故障，电压跌落点应满足检测准备时要求。

（3）调节电压跌落发生装置，随机模拟表 3-1 中的一种线路不对称故障，电压跌落点应满足检测准备时要求。

（4）测量并调整检测装置参数，使得电压跌落幅值和跌落时间满足图 3-66 的容差要求。

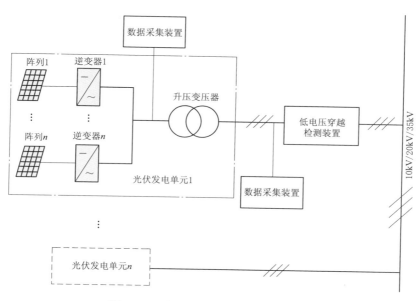

图 3-65 低电压穿越能力检测示意图

表 3-1 线路不对称故障类型

故障类型	故 障 相		
单相接地短路	A 相接地短路	B 相接地短路	C 相接地短路
两相相间短路	AB 相间短路	BC 相间短路	AC 相间短路
两相接地短路	AB 接地短路	BC 接地短路	AC 接地短路

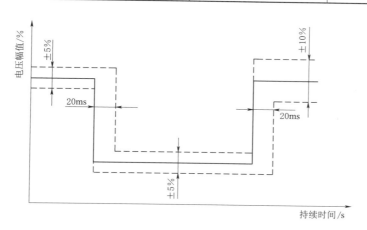

图 3-66 电压跌落容差

3.2.6.3 负载测试

负载测试应在空载测试结果满足要求的情况下进行。负载测试时电抗器参数配置、不对称故障模拟工况的选择以及电压跌落时间选取应与空载测试保持一致。测试步骤如下：

（1）将光伏发电单元投入运行。

（2）调节光伏发电单元输出功率为（0.1～0.3）P_n。

（3）控制电压跌落发生装置进行三相对称电压跌落。

（4）在升压变压器高压侧或低压侧分别通过数据采集装置记录被测光伏发电单元电压和电流的波形，应至少记录电压跌落前 10s 到电压恢复正常后 6s 之内的数据。

（5）重复步骤（2）～步骤（4）1 次。

（6）控制电压跌落发生装置进行不对称电压跌落。

（7）在升压变压器高压侧或低压侧分别通过数据采集装置记录被测光伏发电单元电压和电流的波形，应至少记录电压跌落前 10s 到电压恢复正常后 6s 之内的数据。

（8）重复步骤（6）～步骤（7）1 次。

（9）调节光伏发电单元输出功率不小于 $0.7P_n$，重复步骤（2）～步骤（8）。

其中，P_n 为被测光伏发电单元所配逆变器的总额定功率。

3.2.7　小结

本节分析了常见电力系统故障类型，并以海西电网故障为例，分别研究了 330kV、110kV 和 35kV 光伏电站送出线路发生故障时，该光伏并网点、站内各电压等级母线电压及相邻电站电压的变化趋势，据此分析得出了故障穿越曲线关键参数的选取依据；然后结合我国大规模光伏电站的实际情况，选取光伏并网发电单元的并网点低电压穿越能力的测试点，提出了以光伏并网发电单元的低电压穿越测试结果作为光伏电站整体低电压穿越能力评价的依据；对比研究了几种典型的低电压穿越检测装置的拓扑结构，并以阻抗分压型检测装置为例，研究了检测装置容量选取依据，提出了检测装置短路容量应为被测光伏发电单元所配逆变器总额定功率的 3 倍以上；最终提出了现场低电压穿越检测流程。

3.3　低电压穿越测试装置研制

本节提出阻抗分压型低电压穿越检测装置自主研制方案和模拟电网型低电压穿越检测装置集成方案。

3.3.1　阻抗分压型低电压穿越检测装置研制

3.3.1.1　整体方案设计

根据本节对检测装置的需求及 3.2 节低电压穿越检测装置容量计算，研制一套阻抗分压型低电压穿越检测装置，装置应满足以下要求：

（1）装置应能模拟三相对称电压跌落、相间电压跌落和单相电压跌落。

（2）装置应能产生不同深度的电压跌落，涵盖 0%～90% 跌落范围。

（3）三相对称短路容量应为被测光伏发电单元的 3 倍以上。

（4）开关应使用机械断路器或电力电子开关。

（5）电压跌落前、跌落后和恢复后的电压容差分别在 ±5%、±5% 和 ±10%，电压跌落时间和恢复时间不应大于 20ms。

光伏电站中由光伏阵列、逆变器与升压变组成的光伏发电单元一般在 10kV 或 35kV 电压等级并网，实验室一般可用电源为 10kV，因此检测装置选择在 10kV 电压等级进行电压跌落。目前市场上常见逆变器品牌有阳光电源、西门子、施耐德等，都以 500kW 功率为主，少数光伏逆变器能达到 630kW，超过 630kW 逆变器较为罕见，这里不作考虑。检测装置要求检测设备自身容量应为被测逆变器的 3 倍以上：630kW×3=1890kW，选取 2MW 作为装置容量。电压跌落前后四位电压容差分别为 ±5%、±5%，检测设备若要实现电压跌落的无死区调节，则至少在 （0～90%）U_n 之间每 5%U_n 有一个跌落点。

因此，考虑到现实电气环境的各个因素，需要设计的检测装置具体参数为：

（1）电压等级：10kV。

（2）被测逆变器功率：最大 630kW。

（3）检测装置容量：2MVA。

（4）跌落点：（0～90%）U_n 之间每 5%U_n 有一个跌落点。

（5）跌落时间：每次跌落 0～3s 连续可调。

（6）跌落类型：单相接地、两相短路、两相接地短路、三相短路。

（7）跌落方式：单次跌落、二次跌落。

光伏逆变器检测实验室的外接电源通过 110kV 变电站经过 110kV/10.5kV 的降压变压器降压后接入。外部电源接入后，一般安装隔离变减少实验电路对外部供电系统的影响，可选取 4MVA 的隔离变。各参数如下：

（1）变压器主变电抗值。

变压器参数：110kV/10.5kV，短路阻抗 U_k=10.5%，容量 S_n=31.5MVA，则主变电抗值为

$$X_{t1} = U_k \times \frac{U_n^2}{S_n} = 0.105 \times \frac{10^2}{31.5} = 0.333 \qquad (3-52)$$

（2）隔离变电抗值。

变压器参数：10kV/10kV，短路阻抗 U_k=8%，容量 S_n=4MVA，则隔离电抗值为

$$X_{t2} = U_k \times \frac{U_n^2}{S_n} = 0.08 \times \frac{10^2}{4} = 2 \qquad (3-53)$$

考虑到线路的电抗因素，总系统 X_T 阻抗估计约为 2.5Ω。根据上述所得数据，可计算从 0%～90% 电压跌落时，限流电抗器和接地电抗器的电感值见表 3-2。

表 3-2   限流电抗器和接地电抗器的电感值

电压等级 /kV	装置容量 /MVA	跌落值 /%	总阻抗 /Ω	系统阻抗 /Ω	限流电抗 /Ω	短路电抗 /Ω	限流电感 /mH	短路电感 /mH
10	2	0	50	2.5	47.5	0	151.2739	0
10	2	5	50	2.5	45	2.5	143.3121	7.961783
10	2	10	50	2.5	42.5	5	135.3503	15.92357
10	2	15	50	2.5	40	7.5	127.3885	23.88535
10	2	20	50	2.5	37.5	10	119.4268	31.84713
10	2	25	50	2.5	35	12.5	111.465	39.80892
10	2	30	50	2.5	32.5	15	103.5032	47.7707
10	2	35	50	2.5	30	17.5	95.5414	55.73248
10	2	40	50	2.5	27.5	20	87.57962	63.69427
10	2	45	50	2.5	25	22.5	79.61783	71.65605
10	2	50	50	2.5	22.5	25	71.65605	79.61783
10	2	55	50	2.5	20	27.5	63.69427	87.57962
10	2	60	50	2.5	17.5	30	55.73248	95.5414
10	2	65	50	2.5	15	32.5	47.7707	103.5032
10	2	70	50	2.5	12.5	35	39.80892	111.465
10	2	75	50	2.5	10	37.5	31.84713	119.4268
10	2	80	50	2.5	7.5	40	23.88535	127.3885
10	2	85	50	2.5	5	42.5	15.92357	135.3503
10	2	90	50	2.5	2.5	45	7.961783	143.3121

根据低电压穿越检测装置的主回路拓扑结构以及上文所得电抗器参数进行设计，其主回路示意如图 3-67 所示。S_1 为测试回路总断路器，用来切断和闭合测试回路的供电电源；S_2 为给可控直流电源供电的断路器；S_3、S_5 和 S_4 互相闭锁，当开关 S_4 闭合时，低电压穿越装置被隔离开，S_3 闭合时，低电压穿越装置串联到测试回路中；S_6 为降压变压高压侧的切断开关；D_1 和 D_2 相互闭锁，用来切换高低压 Y/Y 和 Y/△ 变压器。图 3-67 中被测逆变器直流侧连接模拟光伏组件伏安特性的可控直流电源，交流侧连接到低电压母线。

3.3.1.2 电气参数设计

1. 主回路设计

针对表 3-2 计算所得的电抗器参数进行整数化归一，电抗器参数及其他参数见表 3-3，电抗器参数呈现如下规律：

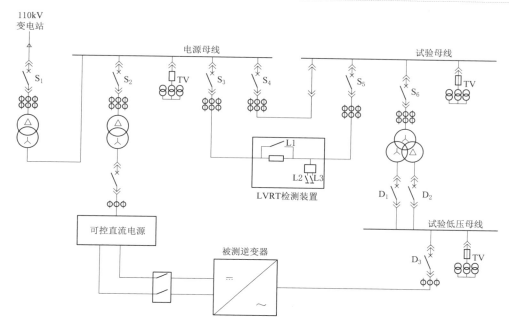

图 3-67　低电压穿越检测装置主回路示意图

（1）限流电抗器和接地电抗器的总电感值为 152mH。

（2）每调节一个挡位，限流电抗器减少 8mH，接地电抗器增加 8mH。

根据上述电抗器参数规律，设计采用 3 种类型的电抗器，即可满足要求。

（1）电抗器 1，5 抽头电抗器，电感值分别为 8mH、16mH、24mH、32mH、40mH。

（2）电抗器 2，单独电抗器，电感值为 40mH。

（3）电抗器 3，5 抽头电抗器，电感值分别为 72mH、80mH、88mH、96mH、104mH。

根据 3.2 节电抗器的选择，参照图 3-62 所示的阻抗分压型低电压穿越检测装置原理，调节主回路电抗器抽头、逆变器连接点或主回路拓扑结构，即可实现从 5%～90% 电压跌落。

表 3-3　　　　　　　　　　　电抗器参数及其他参数

电压等级 /kV	装置容量 /MVA	跌落值 /%	总阻抗 /Ω	系统阻抗 /Ω	限流电抗 /Ω	短路电抗 /Ω	限流电感 /mH	短路电感 /mH
10	1.99	0	50.288	2.5	47.728	0	152	0
10	1.99	5	50.288	2.5	45.216	2.512	144	8
10	1.99	10	50.288	2.5	42.704	5.024	136	16
10	1.99	15	50.288	2.5	40.192	7.536	128	24
10	1.99	20	50.288	2.5	37.680	10.048	120	32
10	1.99	25.01	50.288	2.5	35.168	12.560	112	40

续表

电压等级 /kV	装置容量 /MVA	跌落值 /%	总阻抗 /Ω	系统阻抗 /Ω	限流电抗 /Ω	短路电抗 /Ω	限流电感 /mH	短路电感 /mH
10	1.99	30.01	50.288	2.5	32.656	15.072	104	48
10	1.99	35.01	50.288	2.5	30.144	17.584	96	56
10	1.99	40.01	50.288	2.5	27.632	20.096	88	64
10	1.99	45.01	50.288	2.5	25.120	22.608	80	72
10	1.99	50.01	50.288	2.5	22.608	25.120	72	80
10	1.99	55.01	50.288	2.5	20.096	27.632	64	88
10	1.99	60.01	50.288	2.5	17.584	30.144	56	96
10	1.99	65.02	50.288	2.5	15.072	32.656	48	104
10	1.99	70.02	50.288	2.5	12.560	35.168	40	112
10	1.99	75.02	50.288	2.5	10.048	37.680	32	120
10	1.99	80.02	50.288	2.5	7.536	40.192	24	128
10	1.99	85.02	50.288	2.5	5.024	42.704	16	136
10	1.99	90.02	50.288	2.5	2.512	45.216	8	144

（1）0％跌落点，跌落装置实现方式如图3－68所示。

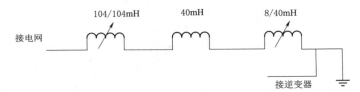

图3－68　0％跌落点实现方式

（2）5％跌落点，跌落装置实现方式如图3－69所示。

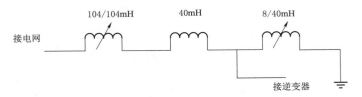

图3－69　5％跌落点实现方式

（3）10％跌落点，跌落装置实现方式如图3－70所示。

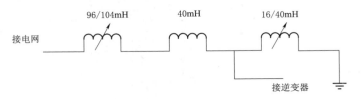

图3－70　10％跌落点实现方式

（4）15％跌落点，跌落装置实现方式如图 3-71 所示。

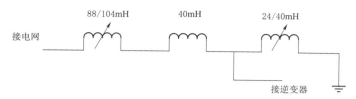

图 3-71　15％跌落点实现方式

（5）20％跌落点，跌落装置实现方式如图 3-72 所示。

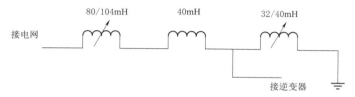

图 3-72　20％跌落点实现方式

（6）25％跌落点，跌落装置实现方式如图 3-73 所示。

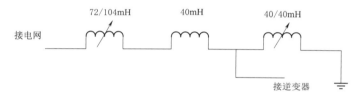

图 3-73　25％跌落点实现方式

（7）30％跌落点，跌落装置实现方式如图 3-74 所示。

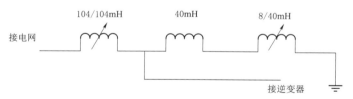

图 3-74　30％跌落点实现方式

（8）35％跌落点，跌落装置实现方式如图 3-75 所示。

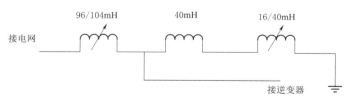

图 3-75　35％跌落点实现方式

（9）40％跌落点，跌落装置实现方式如图 3-76 所示。

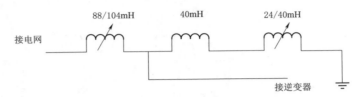

图 3-76 40％跌落点实现方式

（10）45％跌落点，跌落装置实现方式如图 3-77、图 3-78 所示。

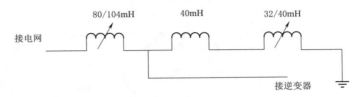

图 3-77 45％跌落点实现方式一

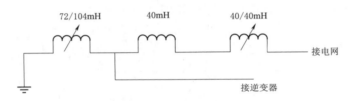

图 3-78 45％跌落点实现方式二

（11）50％跌落点，跌落装置实现方式如图 3-79、图 3-80 所示。

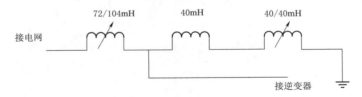

图 3-79 50％跌落点实现方式一

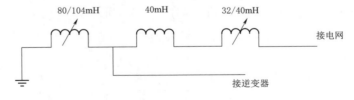

图 3-80 50％跌落点实现方式二

（12）55％跌落点，跌落装置实现方式如图 3-81 所示。

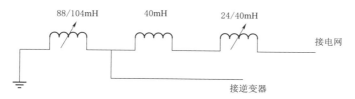

图 3-81　55％跌落点实现方式

（13）60％跌落点，跌落装置实现方式如图 3-82 所示。

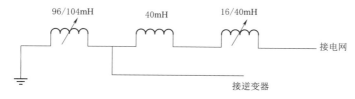

图 3-82　60％跌落点实现方式

（14）65％跌落点，跌落装置实现方式如图 3-83 所示。

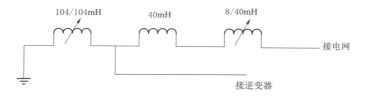

图 3-83　65％跌落点实现方式

（15）70％跌落点，跌落装置实现方式如图 3-84 所示。

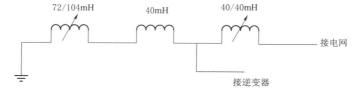

图 3-84　70％跌落点实现方式

（16）75％跌落点，跌落装置实现方式如图 3-85 所示。

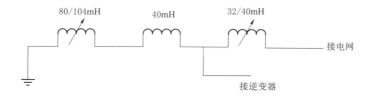

图 3-85　75％跌落点实现方式

（17）80％跌落点，跌落装置实现方式如图 3 - 86 所示。

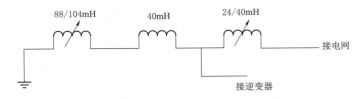

图 3 - 86　80％跌落点实现方式

（18）85％跌落点，跌落装置实现方式如图 3 - 87 所示。

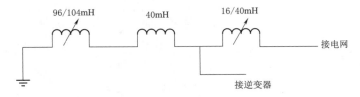

图 3 - 87　85％跌落点实现方式

（19）90％跌落点，跌落装置实现方式如图 3 - 88 所示。

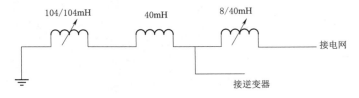

图 3 - 88　90％跌落点实现方式

根据低电压穿越检测装置的设计方案以及电抗器参数，主回路如图 3 - 89 所示，包含以下设备：

（1）断路器。S_3 和 S_5 为用于切断和连接检测装置的断路器，C_1 为旁路断路器，C_4 和 C_4' 为短路断路器。

（2）无励磁开关。WL1 - 2 为同轴两抽头无励磁开关，用来实现主回路拓扑结构的切换。WL2 - 5、WL3 - 5 为五抽头无励磁开关，用来实现电抗器 5 个抽头之间的切换。WL4 - 3 为三抽头无励磁开关，用来实现切换光伏逆变器的接入位置。

（3）故障类型切换器。用于实现单相接地、两相接地和三相接地之间的切换，可选择 10 挡位的无励磁调节开关来实现，接地点为隔离变星侧中性点，10 挡位无励磁调节开关的原理图如图 3 - 90 所示。

本节所提出的设计方案，在国内外首次采用电力变压器常用的无励磁分压调节开关来切换电抗器的投入抽头切换和主回路拓扑的切换，从而实现检测装置的多种幅值的跌落的切换，不仅规避了断路器投切寿命少的弊端，还实现了远程自动调节功能，

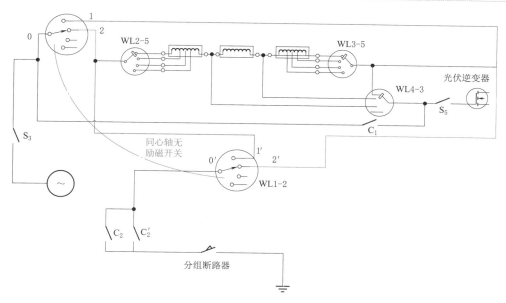

图 3-89 低电压穿越检测装置主回路拓扑图

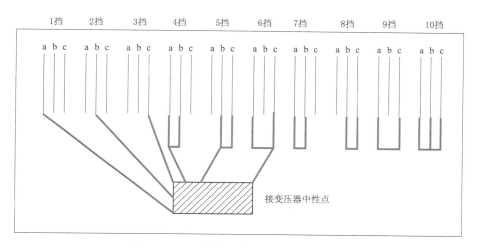

图 3-90 10 挡位无励磁调节开关原理图

减少了检测的时间和工作量。

2. 控制回路设计

按照上述要求，检测装置需实现调节电抗器组大小和切换跌落方式功能，总体方案如下：

（1）就地控制设备。在电抗器、无励磁开关附近位置部署控制柜，控制柜含 1 套可编程控制器（暂时考虑采用施耐德 Premium 系列 PLC 或类似产品）、所有无励磁开关配套控制器、二次回路配套继电器等设备，集控室后台通过以太网与可编程控制器连接，可编程控制器通过硬接线与无励磁开关控制器、断路器控制箱连接。无励磁开关与后台之间不设计通信。所有 TV 和 TA 信号引入现地控制柜上端子后不接入任何测量状态，由测试人员根据需要手动选择示波器或功率分析仪的接入。

（2）人机交互。集控室后台可以独立界面显示和控制所有断路器、无励磁开关；现地控制柜可以通过无励磁开关控制器独立界面显示和控制所有无励磁开关；断路器操作箱独立界面显示和控制所有断路器；集控室后台部署急停按钮硬回路控制 S_2 开关分闸；现地控制柜部署急停按钮硬回路控制 C_1 和 C_2 开关分闸。

（3）权限策略。现地控制柜设计操作权限切换开关，采用两位置带锁切换开关，正常实验时开关切换到远方操作方式，调试检测系统及维修开关切换到现地操作方式。开关切换的操作权限通过钥匙控制，切换管控对象包括无励磁开关，不包括断路器。断路器操作箱自带切换开关，原理与无励磁开关相同。

（4）保护措施。C_1 和 C_2 开关各提供一对常开接点给无励磁开关控制器，无励磁开关控制器在 C_1 或 C_2 开关合闸状态下不接受正常的无励磁开关操作指令；C_3 提供一对常闭接点给 C_4 和 C_4' 作为合闸判据；C_4 和 C_4' 各一，共一对常闭接点给 C_3 作为合闸判据；在 C_4 和 C_4' 控制回路中串接延时继电器，保证在可编程控制器失效的情况下接地回路可以超时断开；在 C_1 和 C_2 合闸回路中串联现地控制柜上急停按钮常闭触点。

（5）特殊点。C_4 和 C_4' 开关控制回路合闸和分闸继电器采用固态继电器，以此保证电压跌落试验中跌落时间精度。

根据上述功能，软件设计如下：

（1）通信。集控室后台采用以太网通信与 LVRT 现地可编程控制器进行数据交互，实现 LVRT 检测环境中所有继电器和无励磁开关的监控。

（2）人机界面。集控室后台独立界面用于完成 LVRT 实验，该界面可以显示 LVRT 实验所用到的所有设备的运行状态，可以通过两种方式对相关设备进行控制：①分别控制每个断路器和无励磁开关；②直接配置跌落百分比，由现地可编程控制器自行进行设备操作的批处理。

3.3.1.3 测试步骤

低电压穿越检测装置运行时，应确保所有断路器处在分断状态。测试步骤如下：

（1）选择故障方式。调节 10 挡无励磁开关的挡位。低电压穿越共有 10 种接地方式：A 相接地短路、B 相接地短路、C 相接地短路、AB 接地短路、BC 接地短路、CA 接地短路、AB 相间短路、BC 相间短路、CA 相间短路、ABC 三相短路，分别对应 10 挡无励磁开关 1～10 挡。

（2）选择跌落幅值。根据选择的跌落幅值调节各无励磁开关的位置节点，无励磁开关包括 WL1-2、WL2-5、WL3-5、WL4-3，各开关挡位与跌落幅值见表 3-4，其中 45%、50% 两个跌落点有两种实现方式。

表 3 - 4 　　　　　　　　　　　　无励磁开关挡位与跌落幅值对应表

跌落幅值	无励磁开关挡位			
	WL1 - 2	WL2 - 5	WL3 - 5	WL4 - 3
0	2	5	1	1
5%	2	5	1	2
10%	2	4	2	2
15%	2	3	3	2
20%	2	2	4	2
25%	2	1	5	2
30%	2	5	1	3
35%	2	4	2	3
40%	2	3	3	3
45%	2	2	4	3
	1	1	5	3
50%	2	1	5	3
	1	2	4	3
55%	1	3	3	3
60%	1	4	2	3
65%	1	5	1	3
70%	1	1	5	2
75%	1	2	4	2
80%	1	3	3	2
85%	1	4	2	2
90%	1	5	1	2

（3）检测装置的接入。待所有无励磁开关挡位都正确切换完毕后，投入断路器 S_3 和 S_5，将电源、检测装置和逆变器同时接入到检测回路中。

（4）模拟电网短路故障。待被测光伏逆变器额定输出功率达到检测要求后，首先打开断路器 C_1，将限流电抗器串入检测回路，运行稳定后投入断路器 C_2，逆变器交流出口侧的电压跌落至预定值，打开断路器 C_2，电压恢复到正常值。如需模拟线路重合闸失败引起的电网二次跌落，则在打开断路器 C_2 的一段时间后闭合断路器 C_2'，逆变器出口侧电压重新跌落至预定值，打开断路器 C_2'，电网电压恢复。待被测逆变器有功功率恢复到故障前时，闭合断路器 C_1，低电压穿越试验结束。

3.3.1.4 装置特点

用于光伏逆变器低电压穿越检测装置和传统采用无源电抗器结构的检测装置相比，具有如下的优点：

（1）构造简单。传统的无源电抗器检测装置需要单独配置限流电抗器和接地电抗器，每类电抗器都需配置多个电抗器进行排列组合。本套装置每一个电抗器都可以作为限流电抗器和接地电抗器使用，减少了电抗器的数量，因此减少了装置的体积和维护量。

（2）成本低廉，安全可靠。检测装置创新性采用了用于变压器切换的无励磁开关切换电抗器的各个抽头，最大程度上减少了 10kV 中压断路器的成本。由于无励磁开关只能投入一个挡位，在一定程度上减少了由于中压断路器误合闸造成的电抗器短路或检测回路短路等故障情况，增强了检测装置的可靠性。

（3）自动调节，跌落方式多样。传统的无源电抗器形式的检测方法中更换电抗器步骤繁琐，不利于快速实现多种形态和幅值的电压跌落。本套装置在国内外首次采用电力变压器常用的无励磁分压调节开关切换电抗器的投入抽头切换和主回路切换，从而实现检测装置的多种幅值的跌落的切换，不仅规避了断路器投切寿命短的弊端，还实现了远程自动调节功能，减少了检测的时间和工作量。

本套装置 0%～90% 电压幅值之间，每 5% 存在一个跌落点，理论上实现了跌落幅值无死区。传统的无源电抗器检测装置因为只配置了一台断路器进行故障模拟，断路器受到自身条件限制无法在短时间内快速进行分合闸。本套装置可以利用两台断路器的依次分合，快速实现电压的二次跌落，从而真正模拟电网故障后重合闸失败后再切除的工况。因此，共有跌落点 19+2 个，跌落方式 10 种，总共可产生 21×10×2＝420 种跌落波形。

3.3.2　模拟电网型低电压穿越检测装置研制

3.3.2.1　整体方案设计

集成的模拟电网型低电压穿越检测装置电器拓扑如图 3-91 所示，主要由降压变压器 T_1、变频电源和升压变压器 T_2 等组成。其中变压器 T_1 为 Y/Y 接法，变比为 10kV/380V，电感 L 模拟真实电网内阻，升压变压器为 Y/△ 接法，变比为 380V/10kV。

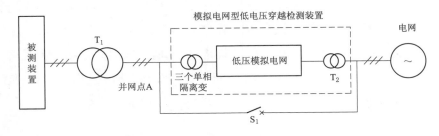

图 3-91　模拟电网型低电压穿越检测装置电器拓扑图

模拟电网型低电压穿越检测装置的主要组成部分为低压模拟电网，低压模拟电网分为 PWM 整流器和交流模拟源两部分。PWM 整流器为交流模拟源提供稳定的直流母线电压；交流模拟源采用三相独立控制的能量可双向流动的交流稳压电源，将直流电压经过三个单相逆变器和三个多抽头单相隔离变压器输出三相交流电压。三相电压的有效值、频率和相位可以独立调节，模拟光伏逆变器在正常工作下的交流电网变比，如幅值、频率；模拟光伏逆变器的三相不对称和三相对称低电压穿越能力，电压跌至 0V，跌落时间可以调整，且输出阻抗能够模拟电网内阻。

模拟电网型低电压穿越检测装置通过三个单相逆变器输出幅值、相位可变的电压模拟电网故障，逆变器与 PWM 变流器之间通过直流电容进行能量交换，且逆变器输出电压的变比对 PWM 变流器输入侧的电压幅值产生的影响非常小，同时 PWM 变流器的引入电网的电流谐波小于 5％，因此模拟电网型低电压穿越检测对并网点电压的影响非常小，可忽略不计。

3.3.2.2　电气参数设计

模拟电网型检测装置电气参数见表 3－5。

表 3－5　　　　　　　　　　模拟电网型检测装置电气参数

装置容量	1000kW
对电网干扰	反馈至电网电流谐波低于 5％（额定工况下）
交流输出电压形式	三相四线制
负载适应性	阻性、容性、感性负载可自由组合
交流电压输出范围	相电压 10～300V
交流电流最大输出	1500A（相电流）
交流输出频率范围	45～65Hz 连续可调
电源稳压率	＜0.5％F.S.
负载稳压率	＜0.5％F.S.
波形失真度	100～300V，≤0.5％（线性负载）
	全量程内≤2％（线性负载）
低电压穿越跟踪速率	20ms 内达到低电压设定值/恢复
频率跳变响应时间	＜1ms
频率稳定率	＜0.01Hz
可编程输出	电源的三相输出完全解耦，每相可独立调节参数；三相相位从 0°～180°任意可调，三相电压分别调节
	电源的输出电压和频率可按照设定进行变比，模拟电网电压响应、频率响应、输出低电压穿越、输出过压等功能

3.3.2.3　测试步骤

模拟电网型低电压穿越检测装置可以实现：检测装置运行数据、工作状态、故障报警状态的实时监控；检测装置运行数据、工作状态、故障报警状态的数据存储；变频电源整机控制的人机交互接口；检测装置整机工作参数设置的人机交互接口；接收来自上位机的控制和参数设置命令，实现检测装置的控制和参数设置；发送检测装置的运行数据、工作状态、故障报警状态给上位机。其中检测装置运行数据、工作状态、故障报警状态的数据为控制器主动上传；运行数据为触摸屏根据控制器上传的数据进行统计；工作参数的设置值来自存储在触摸屏上的参数数据，操作者可通过设置界面更改参数。

显示界面用来显示模拟电网型低电压穿越检测装置运行数据，主要包括：AB 线电压、BC 线电压、CA 线电压，A、B、C 三相输出电流和功率因数，网侧功率，网侧频率，直流母线电压，直流母线电流，直流母线功率，输出 A 相电压，输出 B 相电压，输出 C 相电压，输出 A 相电压相位，输出 B 相电压相位，输出 C 相电压相位，A 相电流，B 相电流，C 相电流，A 相电流峰值因素，B 相电流峰值因素，C 相电流峰值因素，A 相功率因数，B 相功率因数，C 相功率因数，有功功率，无功功率，视在功率，输出功率。

操作界面如图 3 - 92 所示，包括 6 部分：①输入开关：控制输入断路器的接通和断开；②整流单元：控制整流器的启动和停止；③逆变单元：控制逆变器的启动和停止；④输出开关：控制输出断路器的接通和断开；⑤输出参数设定：三相输出电压、额定频率、三相输出电压相位，在启动电网模拟源前必须设置好输出参数，并确定输出电压范围 0～156V 选择挡位电压；⑥放电功能：设备停止后，断开输入输出断路器，点击放电按钮可将直流母线上的电压快速降为 0。

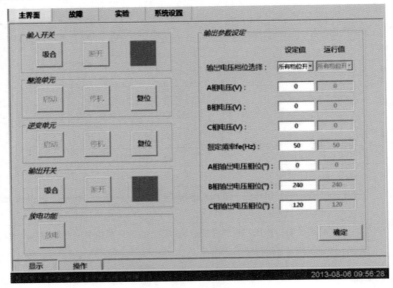

图 3 - 92　操作界面

检测装置通过通用可编程实验界面来实现输出电压、幅值可变。点击图 3-92 画面上方的"实验"标签，弹出如图 3-93 所示的画面。通用可编程实验最多可设 200 组，每组最多 10 步，每步 10 个参数（U_a，U_b，U_c，Φ_a，Φ_b，Φ_c，f，Δt）可独立设置。

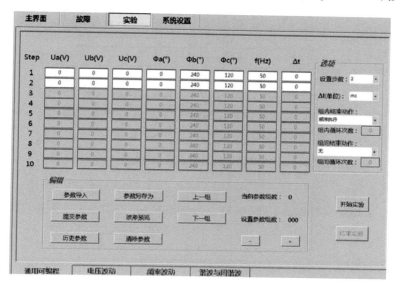

图 3-93　实验界面

图 3-93 所示实验界面右侧的选项栏，设置实验参数（步数、Δt 单位、组内结束动作、组内循环次数、组间结束动作、组间循环次数）。

实验操作有 8 个按钮：

（1）历史参数：点击此按钮，画面切换到历史参数画面，可查看已提交的实验参数。

（2）清除参数：点击此按钮，会将上次已提交的实验参数清除。

（3）参数另存为：将已设置参数以二进制的格式保存起来，方便下次调用。

（4）参数导入：将以前保存的二进制文件导入，进行实验。

（5）开始实验：参数设定好以后，点击开始实验，开始实验。

（6）结束实验：实验结束时，点击此按钮，立即结束实验。

（7）提交参数：当实验的各个参数设置完成后，按下提交按钮，设置的数据会保存下来。

（8）波形预览：点击预览键，显示根据实验参数所绘制的波形。

进行实验设置的流程：系统在启动状态，设置实验参数—提交参数—开始实验。以三相电压跌落至 0% 为例，在实验中先设置好参数，提交参数后点击"＋"，即可将本次设置的参数添加到当前组，并可通过波形预览来预览设置的波形是否为预期波形。并可通过"＋""－"来切换组别，进行重新编辑。在设置参数时，设置的 step 为设置步数，Δt 为上一步到下一步变化量（U、f）所经历的时间。三相从 156V 跌落至 0V，跌落时间为 150ms，设置如图 3-94 所示，波形预览如图 3-95 所示，零电压穿越输出波形如图 3 – 96 所示。

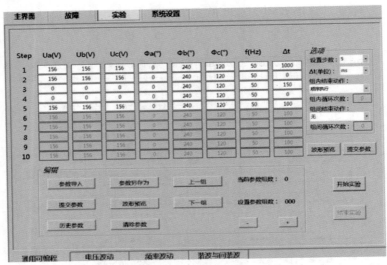

图 3 – 94 零电压穿越参数设置

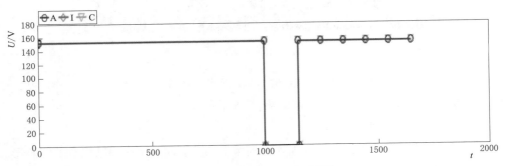

图 3 – 95 零电压穿越波形预览

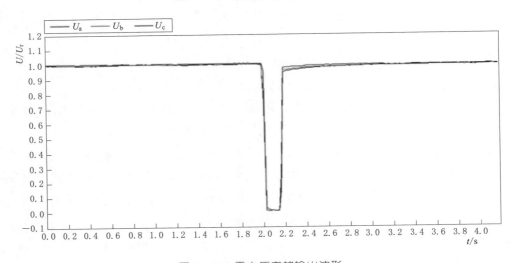

图 3 – 96 零电压穿越输出波形

3.3.3 小结

本节提出了阻抗分压型低电压穿越检测装置自主研制方案和模拟电网型低电压穿越检测装置集成方案，从整体方案、拓扑结构与关键参数、装置检测流程和特点方面描述了两种低电压穿越检测装置的研制方案。其中阻抗分压型低电压穿越检测装置在国内外首次采用电力变压器常用的无励磁分压调节开关来切换电抗器的投入抽头切换和主回路拓扑的切换，从而实现检测装置的多种幅值的跌落的切换，不仅规避了断路器投切寿命短的弊端，还实现了远程自动调节功能，减少了检测的时间和工作量。

3.4 检测装置对电网的影响研究

研究检测装置对电网的影响，可以利用阻抗分压型检测装置和模拟电网型检测装置，对运行于不同工况下的同一型号逆变器开展低电压穿越测试，对比研究两种检测装置对并网点电压跌落精度和电网电压波动产生的影响。

3.4.1 总体研究方案

为对比两种不同的低电压穿越检测装置，本节分别采用阻抗分压型低电压穿越检测装置和模拟电网型低电压穿越检测装置，对同一台逆变器不同运行工况进行测试，对比两种检测装置电压跌落精度和对并网点电能质量的影响。被测逆变器电气参数见表 3-6。

表 3-6　　　　　　　　　　　　　被测逆变器电气参数

直 流 侧 参 数		交 流 侧 参 数	
直流母线启动电压（U_{dc}）	550V	额定输出功率	500kW
最低直流母线电压（U_{dc}）	420V	最大输出功率	550kW
最高直流母线电压（U_{dc}）	900V	额定网侧电压	270V
满载 MPPT 电压范围（U_{dc}）	480～820V	额定电网频率	50Hz
最佳 MPPT 工作点电压（U_{dc}）	580V	允许电网频率范围	47～52Hz
最大输入电流	1128A	交流额定输出电流	1069A

3.4.1.1 阻抗分压型低电压穿越检测装置

采用阻抗分压型低电压穿越检测装置对逆变器进行低电压穿越测试，其接线图如图 3-97 所示。开关 K_1 闭合时，被测逆变器正常运行。K_1 断开，A 点电压发生跌落。通过对逆变器运行在不同的工况下开展低电压穿越测试，计算阻抗分压型检测装置的跌落精度及其对并网点电能质量的影响。测试方案如下：

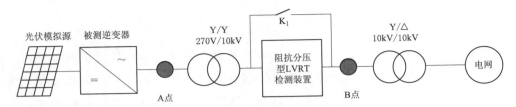

图 3-97　阻抗分压型低电压穿越检测装置开展 LVRT 测试接线图

（1）工况 1。空载运行，A 点三相电压和 A 相电压分别跌落值 $0\%U_n$、$20\%U_n$、$40\%U_n$、$60\%U_n$、$80\%U_n$、$90\%U_n$，记录 A 点和 B 点的电压、电流波形。

（2）工况 2。被测逆变器按照 Q/GDW 617—2011 标准轻载运行，A 点三相电压和 A 相电压分别跌落值 $20\%U_n$、$40\%U_n$、$60\%U_n$、$80\%U_n$、$90\%U_n$，记录 A 点电压、电流波形和 B 点电压波形；为便于对比，三相电压和 A 相电压跌落至 $0\%U_n$ 时，被测逆变器轻载运行且不发无功也属于此工况。

（3）工况 3。被测逆变器按照 GB/T 19964—2012 标准轻载运行，A 点三相电压和 A 相电压分别跌落值 $0\%U_n$、$20\%U_n$、$40\%U_n$、$60\%U_n$、$80\%U_n$、$90\%U_n$，记录 A 点电压、电流波形和 B 点电压波形。

（4）工况 4。被测逆变器按照 Q/GDW 617—2011 标准重载运行，A 点三相电压和 A 相电压分别跌落值 $20\%U_n$、$40\%U_n$、$60\%U_n$、$80\%U_n$、$90\%U_n$，记录 A 点电压、电流波形和 B 点电压波形；为便于对比，三相电压和 A 相电压跌落至 $0\%U_n$ 时，被测逆变器重载运行且不发无功也属于此工况。

（5）工况 5。被测逆变器按照 GB/T 19964—2012 标准重载运行，A 点三相电压和 A 相电压分别跌落值 $0\%U_n$、$20\%U_n$、$40\%U_n$、$60\%U_n$、$80\%U_n$、$90\%U_n$，记录 A 点电压、电流波形和 B 点电压波形。

3.4.1.2　模拟电网型低电压穿越检测装置

采用模拟电网型低电压穿越检测装置对逆变器进行测试，其接线图如图 3-98 所示。由于模拟电网型低电压穿越检测装置自身的特性，该装置对并网点电压的影响可忽略不计。因此，测试不同工况下逆变器低电压穿越测试时，仅需测试模拟电网型检测装置的跌落精度即可。测试方案如下：

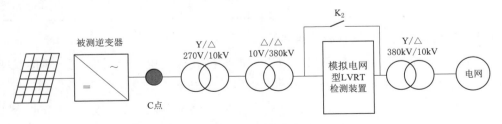

图 3-98　模拟电网型低电压穿越检测装置开展 LVRT 测试接线图

（1）工况 1。空载运行，C 点三相电压和 A 相电压分别跌落值 $0\%U_n$、$20\%U_n$、$40\%U_n$、$60\%U_n$、$80\%U_n$、$90\%U_n$，记录 C 点的电压波形。

（2）工况 2。被测逆变器按照 Q/GDW 617—2011 标准轻载运行，C 点三相电压和 A 相电压分别跌落值 $20\%U_n$、$40\%U_n$、$60\%U_n$、$80\%U_n$、$90\%U_n$，记录 C 点电压、电流波形；为便于对比，三相电压和 A 相电压跌落至 $0\%U_n$ 时，被测逆变器轻载运行且不发无功也属于此工况。

（3）工况 3。被测逆变器按照 GB/T 19964—2012 标准轻载运行，C 点三相电压和 A 相电压分别跌落值 $0\%U_n$、$20\%U_n$、$40\%U_n$、$60\%U_n$、$80\%U_n$、$90\%U_n$，记录 C 点电压、电流波形。

（4）工况 4。被测逆变器按照 Q/GDW 617—2011 标准重载运行，C 点三相电压和 A 相电压分别跌落值 $20\%U_n$、$40\%U_n$、$60\%U_n$、$80\%U_n$、$90\%U_n$，记录 C 点电压、电流波形；为便于对比，三相电压和 A 相电压跌落至 $0\%U_n$ 时，被测逆变器重载运行且不发无功也属于此工况。

（5）工况 5。被测逆变器按照 GB/T 19964—2012 标准重载运行，C 点三相电压和 A 相电压分别跌落值 $0\%U_n$、$20\%U_n$、$40\%U_n$、$60\%U_n$、$80\%U_n$、$90\%U_n$，记录 C 点电压、电流波形。

3.4.2 不同测试工况对电网的影响研究

3.4.2.1 三相 $0\%U_n$ 电压穿越

图 3-99 为两种检测装置空载运行，三相电压跌落至 $0\%U_n$ 时跌落精度对比图。两种检测装置设置跌落深度均为 $0\%U_n$，持续时间 150ms。阻抗分压型低电压穿越检测装置跌落深度为 $0.04\%U_n$，跌落响应时间为 16ms，跌落速率为 9.875V/ms；模拟电网型低电压穿越检测装置跌落深度为 $0.2\%U_n$，跌落响应时间小于 20ms，跌落速率

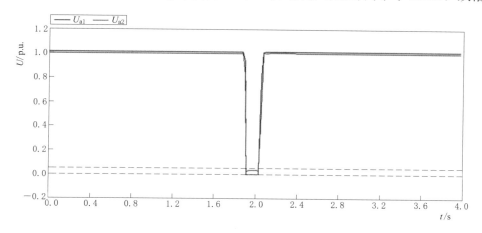

图 3-99　三相电压跌落至 $0\%U_n$ 时跌落精度对比（空载运行）

为 10.029V/ms。两种电压容差均在 5% 以内，跌落响应时间小于 20ms，满足检测装置的设计要求。

图 3-100 为空载运行，三相电压跌落至 0%U_n 时，阻抗分压型低电压穿越检测装置对并网点电能质量影响。由于三相电压跌落，造成并网点 A 相电压波动 3.57%，B 相电压波动 3.61%，C 相电压波动 3.52%。电压波动小于 5%，满足检测装置的设计要求。

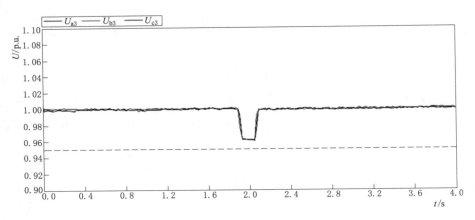

图 3-100 三相电压跌落至 0%U_n 时并网点三相电压（空载运行）

图 3-101 为逆变器按照 GB/T 19964—2012 要求轻载运行，三相电压跌落至 0%U_n 时两种检测装置跌落精度对比图，图 3-102 为低电压穿越过程中逆变器动态无功响应情况。可以看出，采用阻抗分压型低电压穿越检测装置进行低电压穿越测试，穿越过程中逆变器根据跌落深度实时计算发出无功电流支撑电网，无功电流大小为 1.129p.u.，响应时间为 22ms，响应速度为 45.926A/ms，无功电流持续注入时间为 128ms，导致测试过程中并网点电压高于 0%U_n，为 6.08%U_n。采用模拟电网型低电压穿越检测装置进行测试，穿越过程中逆变器无功电流大小为 1.356p.u.，响应时间为 17ms，响应速度为 59.433A/ms，无功电流持续注入时间为 134ms，导致测试过程中并网点电压高于 0%U_n，但并网点电压跌落稳态值为 6.28%U_n。

图 3-103 为逆变器按照 GB/T 19964—2012 要求轻载运行，三相电压跌落至 0%U_n 时，阻抗分压型低电压穿越检测装置对并网点电能质量影响。三相电压跌落导致 A 相电压波动最大值为 3.64%，B 相电压波动最大值为 3.67%，C 相电压波动最大值为 3.54%。

图 3-104 为逆变器按照 GB/T 19964—2012 要求重载运行，三相电压跌落至 0%U_n 时两种检测装置跌落精度对比图，图 3-105 为低电压穿越过程中逆变器动态无功响应情况。可以看出，采用阻抗分压型低电压穿越检测装置进行低电压穿越测试，穿越过程中逆变器根据跌落深度实时计算发出无功电流支撑电网，无功电流大小为

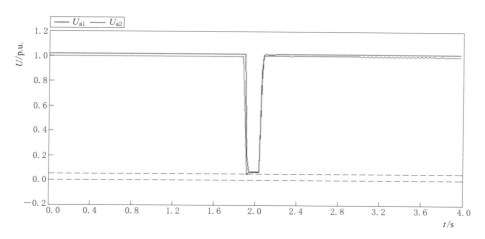

图 3-101　三相电压跌落至 0%U_n 时跌落精度对比（轻载运行）

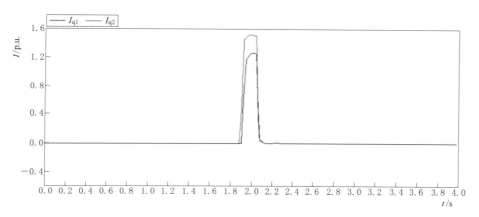

图 3-102　三相电压跌落至 0%U_n 时逆变器无功电流响应（轻载运行）

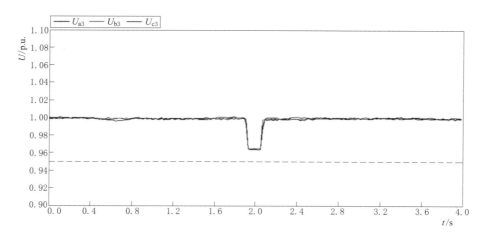

图 3-103　三相电压跌落至 0%U_n 时并网点电压（轻载运行）

1.112p.u.，响应时间为 25ms，响应速度为 40.415A/ms，无功电流持续注入时间为 125ms，导致测试过程中并网点电压高于 $0\%U_n$，为 $6.78\%U_n$。采用模拟电网型低电压穿越检测装置进行测试，穿越过程中逆变器无功电流大小为 1.333p.u.，响应时间为 18ms，响应速度为 56.131A/ms，无功电流持续注入时间为 134ms，导致测试过程中并网点电压高于空载跌落深度，但是由于模拟电网型检测装置本身的特性，无功电流对并网点电压支撑作用不如阻抗分压型低电压穿越检测装置测试时明显，并网点电压跌落稳态值为 $5.74\%U_n$。

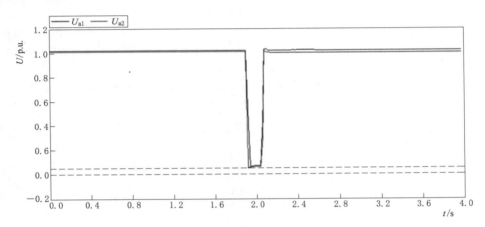

图 3-104　三相电压跌落至 $0\%U_n$ 时跌落精度对比（重载运行）

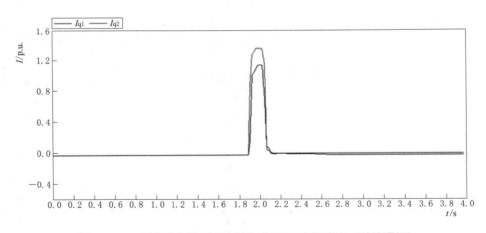

图 3-105　三相电压跌落至 $0\%U_n$ 时无功电流响应（重载运行）

图 3-106 为逆变器按照 GB/T 19964—2012 要求重载运行，三相电压跌落至 $0\%U_n$ 时，阻抗分压型低电压穿越检测装置对并网点电能质量的影响。三相电压跌落导致 A 相电压波动最大值为 54%，B 相电压波动最大值为 3.55%，C 相电压波动最大值为 3.53%。

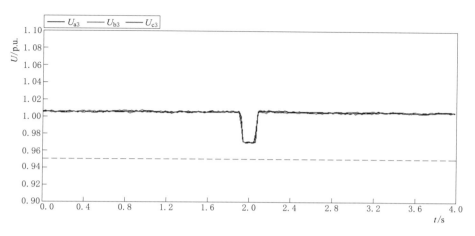

图 3-106　三相电压跌落至 $0\%U_n$ 时并网点电压（重载运行）

3.4.2.2　三相 $20\%U_n$ 电压穿越

图 3-107 为两种检测装置空载运行，三相电压跌落至 $20\%U_n$ 时跌落精度对比图。两种检测装置设置跌落深度均为 $20\%U_n$，持续时间 625ms。阻抗分压型低电压穿越检测装置跌落深度为 $21.22\%U_n$，跌落响应时间为 14ms，跌落速率为 8.841V/ms；模拟电网型低电压穿越检测装置跌落深度为 $20.08\%U_n$，跌落响应时间小于 15ms，跌落速率为 8.297V/ms。两种电压容差均在 5% 以内，跌落响应时间小于 20ms，满足检测装置的设计要求。

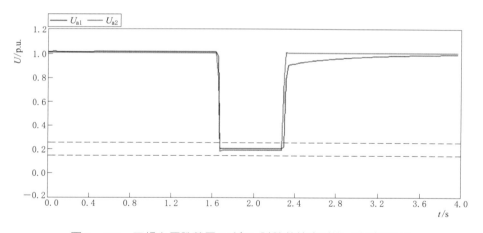

图 3-107　三相电压跌落至 $20\%U_n$ 时跌落精度对比（空载运行）

图 3-108 为空载运行，三相电压跌落至 $20\%U_n$ 时，阻抗分压型低电压穿越检测装置对并网点电能质量影响。图中可以看出，由于三相电压跌落，造成并网点 A 相电压波动 3.68%，B 相电压波动 3.65%，C 相电压波动 3.54%。电压波动小于 5%，满足检测装置的设计要求。

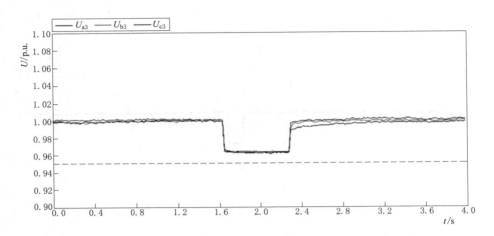

图 3 - 108　三相电压跌落至 20%U_n 时并网点三相电压（空载运行）

图 3 - 109 为逆变器按照 Q/GDW 617—2011 要求轻载运行，三相电压跌落至 20%U_n 时两种检测装置跌落精度对比图，图 3 - 110 为低电压穿越过程中，逆变器动态无功响应情况。可以看出，采用阻抗分压型低电压穿越检测装置进行低电压穿越测试，电压跌落深度为 21.29%U_n，跌落响应时间为 17ms，跌落速度为 7.309V/ms，穿越过程中逆变器发出无功电流大小为－0.04p.u.，且在电压跌落与恢复的瞬间有比较明显的暂态过程；采用模拟电网型低电压穿越检测装置进行低电压穿越测试，电压跌落深度为 20.16%U_n，跌落响应时间为 15ms，跌落速度为 8.297V/ms，穿越过程中逆变器几乎没有发出无功电流。

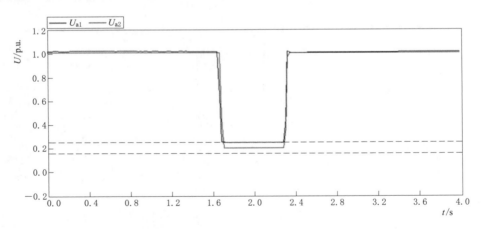

图 3 - 109　三相电压跌落至 20%U_n 时跌落精度对比（轻载运行）

图 3 - 111 为逆变器按照 Q/GDW 617—2011 要求轻载运行，三相电压跌落至 20%U_n 时，阻抗分压型低电压穿越检测装置对并网点电能质量影响。三相电压跌落导致 A 相电压波动 3.59%，B 相电压波动 3.71%，C 相电压波动 3.63%。电压波动

小于 5%，满足检测装置要求。

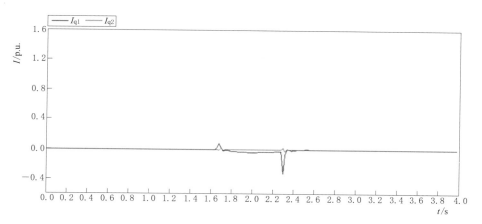

图 3-110　三相电压跌落至 20%U_n 时逆变器无功电流响应（轻载运行）

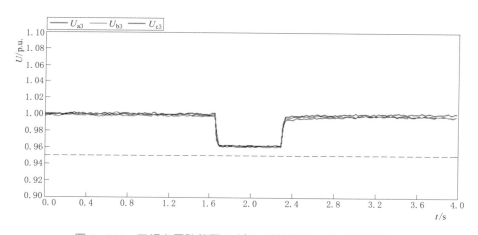

图 3-111　三相电压跌落至 20%U_n 时并网点电压（轻载运行）

图 3-112 为逆变器按照 GB/T 19964—2012 要求轻载运行，三相电压跌落至 20%U_n 时两种检测装置跌落精度对比图，图 3-113 为低电压穿越过程中，逆变器动态无功响应情况。可以看出，采用阻抗分压型低电压穿越检测装置进行低电压穿越测试，穿越过程中逆变器根据跌落深度实时计算发出无功电流支撑电网，无功电流大小为 0.95p.u.，响应时间为 26ms，响应速度为 33.61A/ms，无功电流持续注入时间为612ms，导致测试过程中并网点电压高于 20%U_n，为 29.59%U_n。采用模拟电网型低电压穿越检测装置进行测试，穿越过程中逆变器无功电流大小为 1.3p.u.，响应时间为 21ms，响应速度为 46.34A/ms，无功电流持续注入时间为 608ms，导致测试过程中并网点电压高于 20%U_n，但是由于模拟电网型低电压穿越检测装置本身的特性，无功电流对并网点电压支撑作用不如阻抗分压型低电压穿越检测装置测试时明显，并网点电压跌落稳态值为 22.61%U_n。

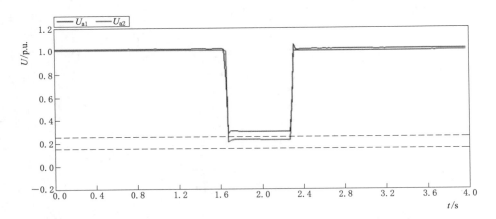

图 3-112　三相电压跌落至 20%U_n 时跌落精度对比（轻载运行）

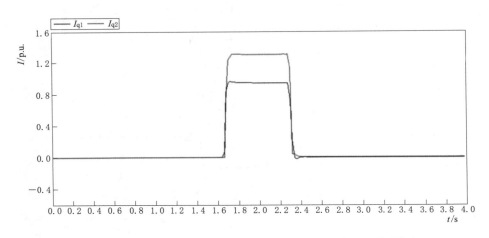

图 3-113　三相电压跌落至 20%U_n 时无功电流响应（轻载运行）

图 3-114 为逆变器按照 GB/T 19964—2012 要求轻载运行，三相电压跌落至 20%U_n 时，阻抗分压型低电压穿越检测装置对并网点电能质量影响。三相电压跌落导致 A 相电压波动最大值为 3.48%，B 相电压波动最大值为 3.73%，C 相电压波动最大值为 3.48%。

图 3-115 为逆变器按照 Q/GDW 617—2011 要求重载运行，三相电压跌落至 20%U_n 时两种检测装置跌落精度对比图，图 3-116 为低电压穿越过程中，逆变器动态无功响应情况。可以看出，采用阻抗分压型低电压穿越检测装置进行低电压穿越测试，电压跌落深度为 19.99%U_n，跌落响应时间为 17ms，跌落速度为 7.47V/ms，穿越过程中逆变器发出无功电流暂态过程明显，最大值为 -0.6p.u.；采用模拟电网型低电压穿越检测装置进行低电压穿越测试，电压跌落深度为 20.18%U_n，跌落响应时间为 15ms，跌落速度为 8.296V/ms，穿越过程中逆变器几乎没有发出无功电流。

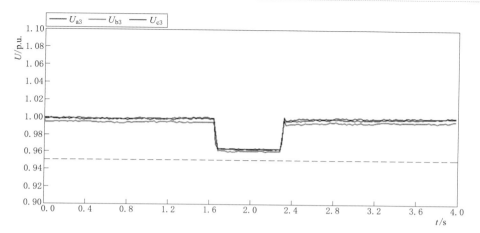

图 3-114　三相电压跌落至 $20\%U_n$ 时并网点电压（轻载运行）

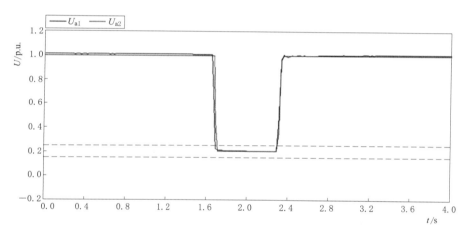

图 3-115　三相电压跌落至 $20\%U_n$ 时跌落精度对比（重载运行）

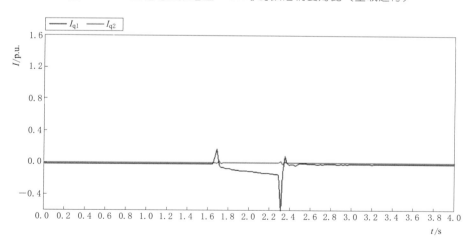

图 3-116　三相电压跌落至 $20\%U_n$ 时无功电流响应（重载运行）

图 3-117 为逆变器按照 Q/GDW 617—2011 要求重载运行，三相电压跌落至 20%U_n 时，阻抗分压型低电压穿越检测装置对并网点电能质量影响。三相电压跌落导致 A 相电压波动最大值为 3.76%，B 相电压波动最大值为 3.91%，C 相电压波动最大值为 3.66%。

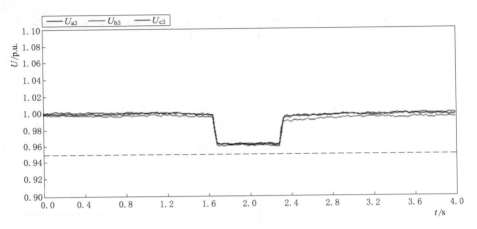

图 3-117　三相电压跌落至 20%U_n 时并网点电压（重载运行）

图 3-118 为逆变器按照 GB/T 19964—2012 要求重载运行，三相电压跌落至 20%U_n 时两种检测装置跌落精度对比图，图 3-119 为低电压穿越过程中，逆变器动态无功响应情况。可以看出，采用阻抗分压型低电压穿越检测装置进行低电压穿越测试，穿越过程中逆变器根据跌落深度实时计算发出无功电流支撑电网，无功电流大小为 0.94p.u.，响应时间为 26ms，响应速度为 33.71A/ms，无功电流持续注入时间为 614ms，导致测试过程中并网点电压高于 20%U_n，为 29.4%U_n。采用模拟电网型低电压穿越检测装置进行测试，穿越过程中逆变器无功电流大小为 1.29p.u.，响应时间为 21ms，响应速度为 46.32A/ms，无功电流持续注入时间为 611ms，导致测试过程中并网点电压高于 20%U_n，但是由于模拟电网型低电压穿越检测装置本身的特性，无功电流对并网点电压支撑作用不如阻抗分压型低电压穿越检测装置测试时明显，并网点电压跌落稳态值为 22.62%U_n。

图 3-120 为逆变器按照 GB/T 19964—2012 要求重载运行，三相电压跌落至 20%U_n 时，阻抗分压型低电压穿越检测装置对并网点电能质量影响。三相电压跌落导致 A 相电压波动最大值为 3.6%，B 相电压波动最大值为 3.7%，C 相电压波动最大值为 3.47%。

3.4.2.3　三相 80%U_n 电压穿越

图 3-121 为两种检测装置空载运行，三相电压跌落至 80%U_n 时跌落精度对比图。两种检测装置设置跌落深度均为 80%U_n，持续时间 1804ms。阻抗分压型低电压穿越检测装置跌落深度为 81.6%U_n，跌落响应时间为 3ms，跌落速率为 9.683V/ms；

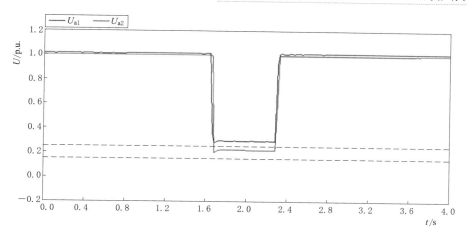

图 3-118　三相电压跌落至 $20\%U_n$ 时跌落精度对比（重载运行）

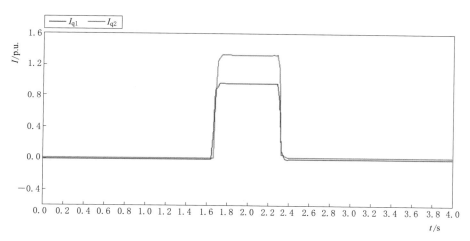

图 3-119　三相电压跌落至 $20\%U_n$ 时无功电流响应（重载运行）

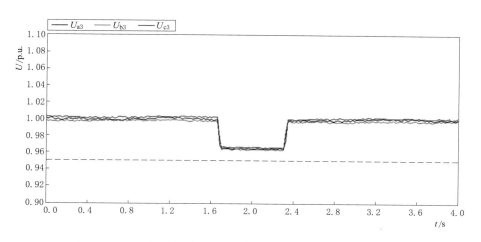

图 3-120　三相电压跌落至 $20\%U_n$ 时并网点电压（重载运行）

模拟电网型低电压穿越检测装置跌落深度为 $80.02\%U_n$，跌落响应时间为 7ms，跌落速率为 $4.445V/ms$。两种电压容差均在 5％以内，跌落响应时间小于 20ms，满足检测装置的设计要求。

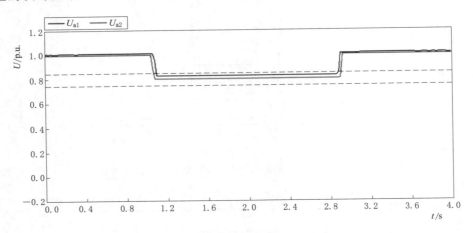

图 3 - 121　三相电压跌落至 $80\%U_n$ 时跌落精度对比（空载运行）

图 3 - 122 为空载运行，三相电压跌落至 $80\%U_n$ 时，阻抗分压型低电压穿越检测装置对并网点电能质量影响。图中可以看出，由于三相电压跌落，造成并网点 A 相电压波动 4.17％，B 相电压波动 4.14％，C 相电压波动 4.44％。电压波动小于 5％，满足 GB/T 19964—2012 的要求。

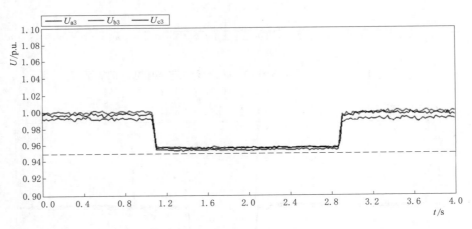

图 3 - 122　三相电压跌落至 $80\%U_n$ 时并网点三相电压（空载运行）

图 3 - 123 为逆变器按照 Q/GDW 617—2011 要求轻载运行，三相电压跌落至 $80\%U_n$ 时两种检测装置跌落精度对比图，图 3 - 124 为低电压穿越过程中，逆变器动态无功响应情况。可以看出，采用阻抗分压型低电压穿越检测装置进行低电压穿越测试，电压跌落深度为 $81.74\%U_n$，跌落响应时间为 3ms，跌落速度为 $9.636V/ms$，穿

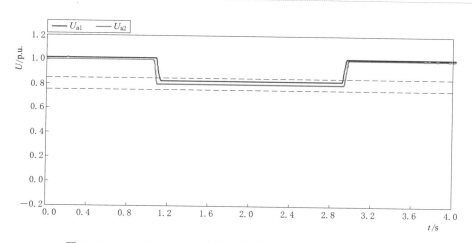

图 3-123　三相电压跌落至 $80\%U_{n}$ 时跌落精度对比（轻载运行）

越过程中逆变器发出无功电流大小为 0.01p.u.；采用模拟电网型低电压穿越检测装置进行低电压穿越测试，电压跌落深度为 $80.12\%U_{n}$，跌落响应时间为 3ms，跌落速度为 10.341V/ms，低电压穿越过程中逆变器几乎没有发出无功电流。

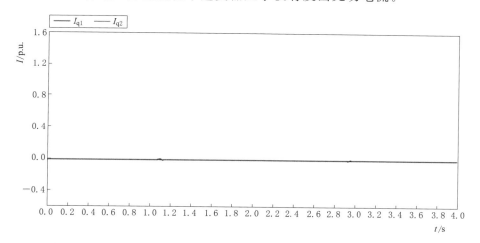

图 3-124　三相电压跌落至 $80\%U_{n}$ 时逆变器无功电流响应（轻载运行）

图 3-125 为逆变器按照 Q/GDW 617—2011 要求轻载运行，三相电压跌落至 $80\%U_{n}$ 时，阻抗分压型低电压穿越检测装置对并网点电能质量影响。三相电压跌落导致 A 相电压波动 4.27%，B 相电压波动 4.2%，C 相电压波动 4.5%，电压波动小于 5%。

图 3-126 为逆变器按照 GB/T 19964—2012 要求轻载运行，三相电压跌落至 $80\%U_{n}$ 时两种检测装置跌落精度对比图，图 3-127 为低电压穿越过程中，逆变器动态无功响应情况。可以看出，采用阻抗分压型低电压穿越检测装置进行低电压穿越测试，穿越过程中逆变器根据跌落深度实时计算发出无功电流支撑电网，无功电流大小为

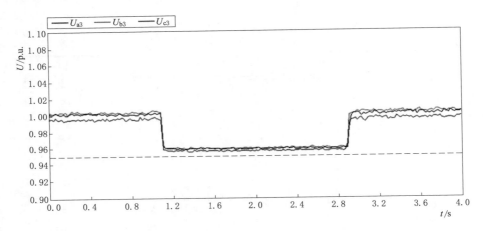

图 3 - 125　三相电压跌落至 $80\%U_n$ 时并网点电压（轻载运行）

0.12p. u.，响应时间为 27ms，响应速度为 3.93A/ms，无功电流持续注入时间为 1775ms，导致测试过程中并网点电压高于 $80\%U_n$，为 $82.8\%U_n$。采用模拟电网型低电压穿越检测装置进行测试，穿越过程中逆变器无功电流大小为 0.18p. u.，响应时间为 20ms，响应速度为 6.94A/ms，无功电流持续注入时间为 1830ms，导致测试过程中并网点电压高于 $80\%U_n$，但是由于模拟电网型低电压穿越检测装置本身的特性，无功电流对并网点电压支撑作用不如阻抗分压型低电压穿越检测装置测试时明显，并网点电压跌落稳态值为 $80.38\%U_n$。

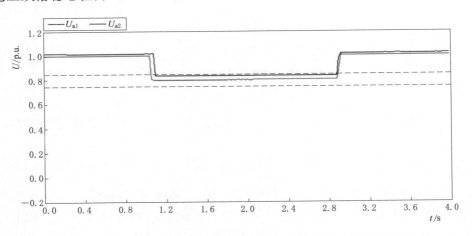

图 3 - 126　三相电压跌落至 $80\%U_n$ 时跌落精度对比（轻载运行）

图 3 - 128 为逆变器按照 GB/T 19964—2012 要求轻载运行，三相电压跌落至 $80\%U_n$ 时，阻抗分压型低电压穿越检测装置对并网点电能质量影响。三相电压跌落导致 A 相电压波动最大值为 4.13%，B 相电压波动最大值为 4.08%，C 相电压波动最大值为 4.24%。

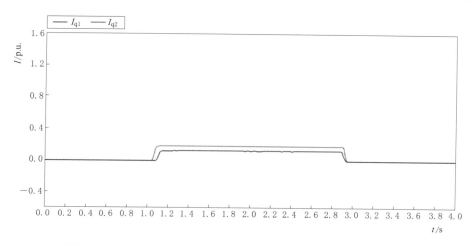

图 3-127　三相电压跌落至 $80\%U_n$ 时无功电流响应（轻载运行）

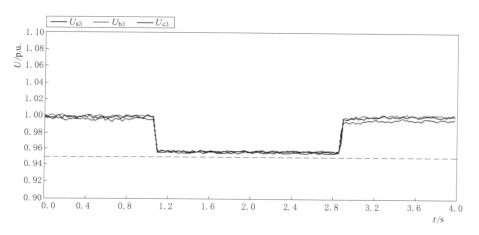

图 3-128　三相电压跌落至 $80\%U_n$ 时并网点电压（轻载运行）

图 3-129 为逆变器按照 Q/GDW 617—2011 要求重载运行，三相电压跌落至 $80\%U_n$ 时两种检测装置跌落精度对比图，图 3-130 为低电压穿越过程中，逆变器动态无功响应情况。可以看出，采用阻抗分压型低电压穿越检测装置进行低电压穿越测试，电压跌落深度为 $81.83\%U_n$，跌落响应时间为 4ms，跌落速度为 7.227V/ms，穿越过程中逆变器发出无功电流暂态过程明显，最大值为 0.01p.u.；采用模拟电网型低电压穿越检测装置进行低电压穿越测试，电压跌落深度为 $80.27\%U_n$，跌落响应时间为 8ms，跌落速度为 3.847V/ms，穿越过程中逆变器几乎没有发出无功电流。

图 3-131 为逆变器按照 Q/GDW 617—2011 要求重载运行，三相电压跌落至 $80\%U_n$ 时，阻抗分压型低电压穿越检测装置对并网点电能质量影响。三相电压跌落导致 A 相电压波动最大值为 4.19%，B 相电压波动最大值为 4.27%，C 相电压波动最大值为 4.35%。

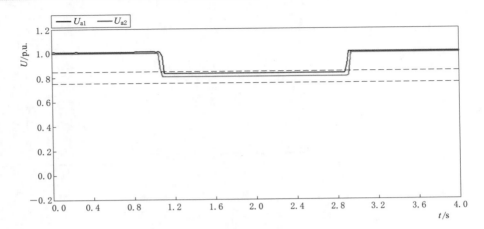

图 3-129　三相电压跌落至 $80\%U_n$ 时跌落精度对比（重载运行）

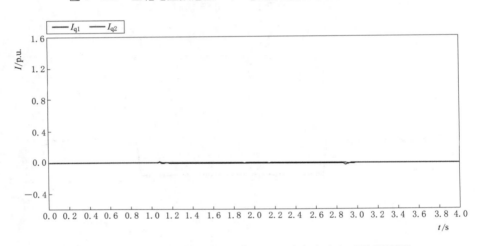

图 3-130　三相电压跌落至 $80\%U_n$ 时无功电流响应（重载运行）

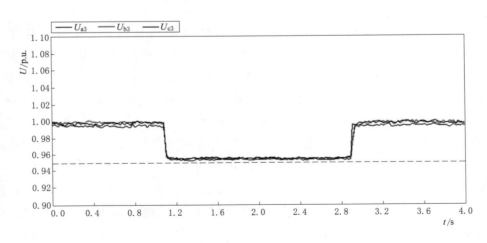

图 3-131　三相电压跌落至 $80\%U_n$ 时并网点电压（重载运行）

图 3 - 132 为逆变器按照 GB/T 19964—2012 要求重载运行，三相电压跌落至 $80\%U_n$ 时两种检测装置跌落精度对比图，图 3 - 133 为低电压穿越过程中，逆变器动态无功响应情况。可以看出，采用阻抗分压型低电压穿越检测装置进行低电压穿越测试，穿越过程中逆变器根据跌落深度实时计算发出无功电流支撑电网，无功电流大小为 0.12p. u.，响应时间为 27ms，响应速度为 3.93A/ms，无功电流持续注入时间为 1776ms，导致测试过程中并网点电压高于 $80\%U_n$，为 $82.83\%U_n$。采用模拟电网型低电压穿越检测装置进行测试，穿越过程中逆变器无功电流大小为 0.14p. u.，响应时间为 26ms，响应速度为 5.257A/ms，无功电流持续注入时间为 1821ms，导致测试过程中并网点电压高于 $80\%U_n$，但是由于模拟电网型低电压穿越检测装置本身的特性，无功电流对并网点电压支撑作用不如阻抗分压型低电压穿越检测装置测试时明显，并网点电压跌落稳态值为 $80.66\%U_n$。

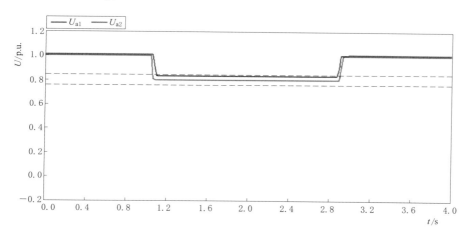

图 3 - 132　三相电压跌落至 $80\%U_n$ 时跌落精度对比（重载运行）

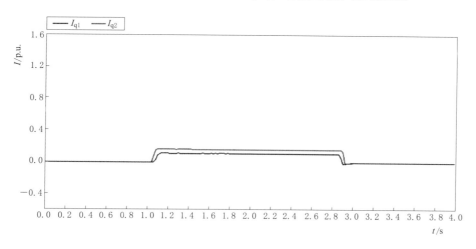

图 3 - 133　三相电压跌落至 $80\%U_n$ 时无功电流响应（重载运行）

图 3-134 为逆变器按照 GB/T 19964—2012 要求重载运行，三相电压跌落至 $80\%U_n$ 时，阻抗分压型低电压穿越检测装置对并网点电能质量影响。三相电压跌落导致 A 相电压波动最大值为 4.1%，B 相电压波动最大值为 4.11%，C 相电压波动最大值为 4.19%。

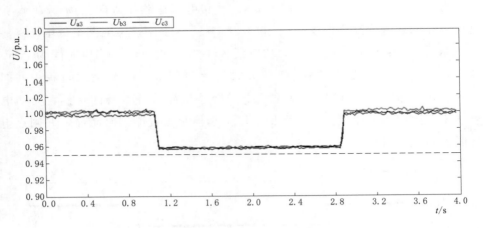

图 3-134　三相电压跌落至 $80\%U_n$ 时并网点电压（重载运行）

3.4.2.4　A 相 $0\%U_n$ 电压穿越

图 3-135 为两种检测装置空载运行，A 相电压跌落至 0% 额定电压时跌落精度对比图。两种检测装置设置跌落深度均为 $0\%U_n$，持续时间 150ms。阻抗分压型低电压穿越检测装置跌落深度为 $1.15\%U_n$，跌落响应时间为 19ms，跌落速率为 8.234V/ms；模拟电网型低电压穿越检测装置跌落深度为 $1.04\%U_n$，跌落响应时间为 18ms，跌落速率为 8.387V/ms。两种电压容差均在 5% 以内，满足检测装置的设计要求。

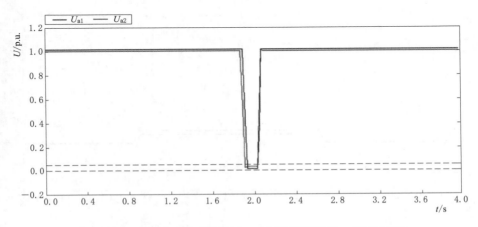

图 3-135　A 相电压跌落至 $0\%U_n$ 时跌落精度对比（空载运行）

　　图 3-136 为空载运行，A 相电压跌落至 0%U_n 时，阻抗分压型低电压穿越检测装置对并网点电能质量影响。图中可以看出，由于三相电压跌落，造成并网点 A 相电压波动 3.44%，B 相电压波动 0.82%，C 相电压波动 0.67%。电压波动小于 5%，满足检测装置的设计要求。

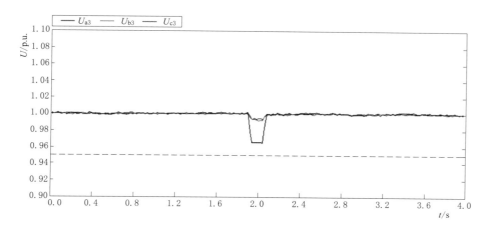

图 3-136　A 相电压跌落至 0%U_n 时并网点三相电压（空载运行）

　　图 3-137 为逆变器按照 GB/T 19964—2012 要求轻载运行，A 相电压跌落至 0%U_n 时两种检测装置跌落精度对比图，图 3-138 为低电压穿越过程中，逆变器动态无功响应情况。可以看出，采用阻抗分压型低电压穿越检测装置进行低电压穿越测试，穿越过程中逆变器根据跌落深度实时计算发出无功电流支撑电网，无功电流大小为 0.41p.u.，响应时间为 18ms，响应速度为 17.307A/ms，无功电流持续注入时间为 143ms，导致测试过程中并网点电压高于 0%U_n，为 4.03%U_n。采用模拟电网型低电压穿越检测装置进行测试，穿越过程中逆变器无功电流大小为 0.389p.u.，响应时

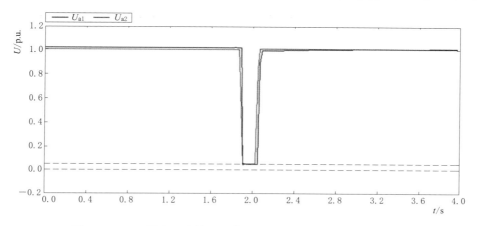

图 3-137　三相电压跌落至 0%U_n 时跌落精度对比（轻载运行）

间为 21ms，响应速度为 14.663A/ms，无功电流持续注入时间为 130ms，导致测试过程中并网点电压高于 $0\%U_n$，但由于模拟电网型低电压穿越检测装置本身特性，无功电流对并网点电压支撑作用不如阻抗分压型低电压穿越检测装置测试时明显，并网点电压跌落稳态值为 $4.4\%U_n$。

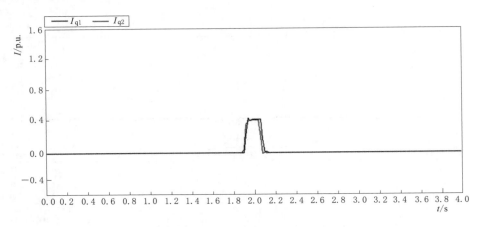

图 3-138　A 相电压跌落至 $0\%U_n$ 时逆变器无功电流响应（轻载运行）

图 3-139 为逆变器按照 GB/T 19964—2012 要求轻载运行，A 相电压跌落至 $0\%U_n$ 时，阻抗分压型低电压穿越检测装置对并网点电能质量影响。A 相电压跌落导致 A 相电压波动最大值为 3.5%，B 相电压波动最大值为 0.18%，C 相电压波动最大值为 1.07%。

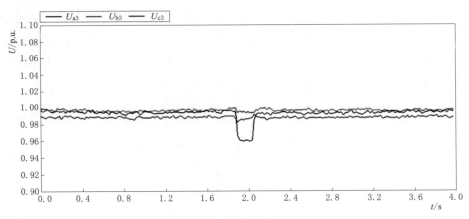

图 3-139　A 相电压跌落至 $0\%U_n$ 时并网点电压（轻载运行）

图 3-140 为逆变器按照 GB/T 19964—2012 要求重载运行，A 相电压跌落至 $0\%U_n$ 时两种检测装置跌落精度对比图，图 3-141 为低电压穿越过程中，逆变器动态无功响应情况。可以看出，采用阻抗分压型低电压穿越检测装置进行低电压穿越测试，穿越过程中逆变器根据跌落深度实时计算发出无功电流支撑电网，无功电流大小为

0.392p.u.，响应时间为 26ms，响应速度为 12.633A/ms，无功电流持续注入时间为 142ms，导致测试过程中并网点电压高于 $0\%U_n$，为 $6.4\%U_n$。采用模拟电网型低电压穿越检测装置进行测试，穿越过程中逆变器无功电流大小为 0.364p.u.，响应时间为 21ms，响应速度为 14.547A/ms，无功电流持续注入时间为 131ms，导致测试过程中并网点电压高于空载跌落深度，但是由于模拟电网型低电压穿越检测装置本身的特性，无功电流对并网点电压支撑作用不如阻抗分压型低电压穿越检测装置测试时明显，并网点电压跌落稳态值为 $5.28\%U_n$。

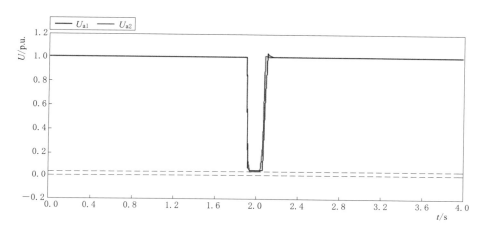

图 3-140　A 相电压跌落至 $0\%U_n$ 时跌落精度对比（重载运行）

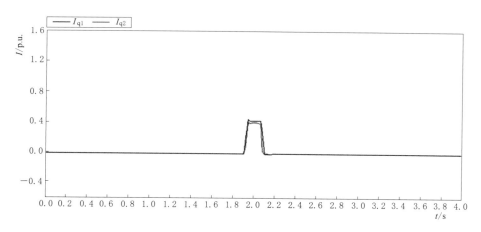

图 3-141　A 相电压跌落至 $0\%U_n$ 时无功电流响应（重载运行）

图 3-142 为逆变器按照 GB/T 19964—2012 要求重载运行，A 相电压跌落至 0% U_n 时，阻抗分压型低电压穿越检测装置对并网点电能质量影响。由于 A 相电压跌落导致 A 相电压波动最大值为 3.54%，B 相电压波动最大值为 0.59%，C 相电压波动最大值为 1.07%，满足检测装置设计要求。

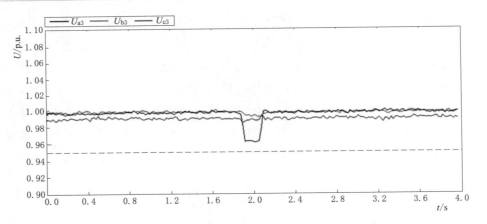

图 3-142　A 相电压跌落至 $0\%U_n$ 时并网点电压（重载运行）

3.4.2.5　A 相 $20\%U_n$ 电压穿越

图 3-143 为两种检测装置空载运行，A 相电压跌落至 $20\%U_n$ 时跌落精度对比图。两种检测装置设置跌落深度均为 $20\%U_n$，持续时间 625ms。阻抗分压型低电压穿越检测装置跌落深度为 $23.93\%U_n$，跌落响应时间为 14ms，跌落速率为 8.567V/ms；模拟电网型低电压穿越检测装置跌落深度为 $19.74\%U_n$，跌落响应时间为 19ms，跌落速率为 6.577V/ms。两种电压容差均在 5% 以内，满足检测装置的设计要求。

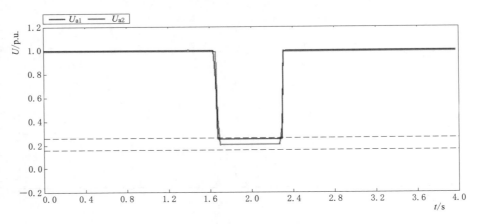

图 3-143　A 相电压跌落至 $20\%U_n$ 时跌落精度对比（空载运行）

图 3-144 为空载运行，A 相电压跌落至 $20\%U_n$ 时，阻抗分压型低电压穿越检测装置对并网点电能质量影响。图中可以看出，由于 A 相电压跌落，造成并网点 A 相电压波动 3.31%，B 相电压波动 0.81%，C 相电压波动 0.64%。电压波动小于 5%，满足 GB/T 19964—2012 的要求。

图 3-145 为逆变器按照 Q/GDW 617—2011 要求轻载运行，A 相电压跌落至 $20\%U_n$ 时两种检测装置跌落精度对比图，图 3-146 为低电压穿越过程中，逆变器动

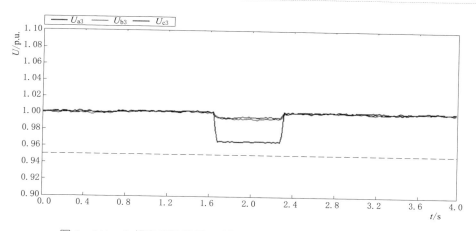

图 3-144　A 相电压跌落至 20%U_n 时并网点三相电压（空载运行）

态无功响应情况。可以看出，采用阻抗分压型低电压穿越检测装置进行低电压穿越测试，A 相电压跌落深度为 24.33%U_n，跌落响应时间为 15ms，跌落速度为 7.953V/ms，穿越过程中逆变器发出无功电流大小为 -0.04p.u.，且在电压跌落与恢复的瞬间有暂态过程但不明显；采用模拟电网型低电压穿越检测装置进行低电压穿越测试，电压跌落深度为 20.15%U_n，跌落响应时间为 15ms，跌落速度为 8.309V/ms，穿越过程中逆变器几乎没有发出无功电流。

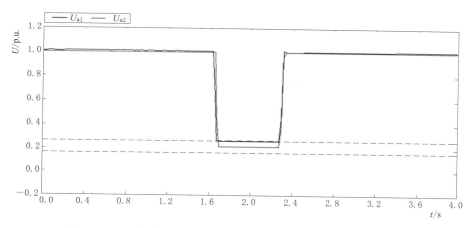

图 3-145　A 相电压跌落至 20%U_n 时跌落精度对比（轻载运行）

　　图 3-147 为逆变器按照 Q/GDW 617—2011 要求轻载运行，A 相电压跌落至 20%U_n 时，阻抗分压型低电压穿越检测装置对并网点电能质量影响。A 相电压跌落导致 A 相电压波动 3.39%，B 相电压波动 0.65%，C 相电压波动 0.51%。电压波动小于 5%，满足标准的要求。

　　图 3-148 为逆变器按照 GB/T 19964—2012 要求轻载运行，A 相电压跌落至 20%U_n 时两种检测装置跌落精度对比图，图 3-149 为低电压穿越过程中，逆变器动态无

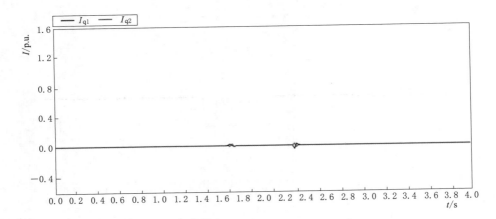

图 3-146　A 相电压跌落至 20%U_n 时逆变器无功电流响应（轻载运行）

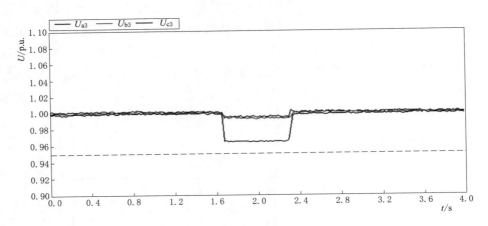

图 3-147　A 相电压跌落至 20%U_n 时并网点电压（轻载运行）

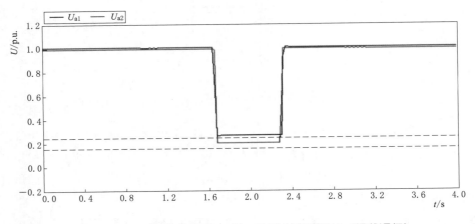

图 3-148　A 相电压跌落至 20%U_n 时跌落精度对比（轻载运行）

功响应情况。可以看出，采用阻抗分压型低电压穿越检测装置进行低电压穿越测试，穿越过程中逆变器根据跌落深度实时计算发出无功电流支撑电网，无功电流大小为 0.25p.u.，响应时间为 26ms，响应速度为 8.244A/ms，无功电流持续注入时间为 625ms，导致测试过程中并网点电压高于 $20\%U_n$，为 $26.55\%U_n$。采用模拟电网型低电压穿越检测装置进行测试，穿越过程中逆变器无功电流大小为 0.3p.u.，响应时间为 20ms，响应速度为 11.617A/ms，无功电流持续注入时间为 609ms，导致测试过程中并网点电压高于 $20\%U_n$，但是由于模拟电网型低电压穿越检测装置本身的特性，无功电流对并网点电压支撑作用不如阻抗分压型低电压穿越检测装置测试时明显，并网点电压跌落稳态值为 $20.46\%U_n$。

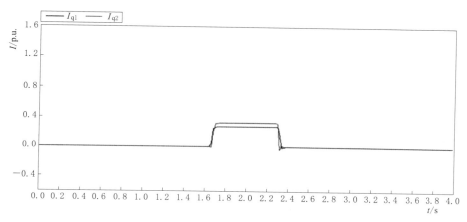

图 3-149　A 相电压跌落至 $20\%U_n$ 时无功电流响应（轻载运行）

图 3-150 为逆变器按照 GB/T 19964—2012 要求轻载运行，A 相电压跌落至 $20\%U_n$ 时，阻抗分压型低电压穿越检测装置对并网点电能质量影响。A 相电压跌落导致 A 相电压波动最大值为 3.31%，B 相和 C 相无电压波动。

图 3-151 为逆变器按照 Q/GDW 617—2011 要求重载运行，A 相电压跌落至 $20\%U_n$ 时两种检测装置跌落精度对比图，图 3-152 为低电压穿越过程中，逆变器动态无功响应情况。可以看出，采用阻抗分压型低电压穿越检测装置进行低电压穿越测试，电压跌落深度为 $25.28\%U_n$，跌落响应时间为 14ms，跌落速度为 8.472V/ms，穿越过程中逆变器有暂态过程但不明显；采用模拟电网型低电压穿越检测装置进行低电压穿越测试，电压跌落深度为 $20.6\%U_n$，跌落响应时间为 14ms，跌落速度为 8.908V/ms，穿越过程中逆变器几乎没有发出无功电流。

图 3-153 为逆变器按照 Q/GDW 617—2011 要求重载运行，A 相电压跌落至 $20\%U_n$ 时，阻抗分压型低电压穿越检测装置对并网点电能质量影响。A 相电压跌落导致 A 相电压波动最大值为 3.38%，B 相电压波动最大值为 1.04%，C 相电压波动最大值为 0.73%。

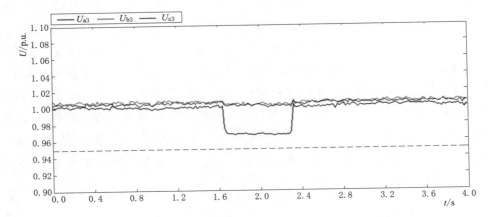

图 3 - 150   A 相电压跌落至 $20\%U_n$ 时并网点电压（轻载运行）

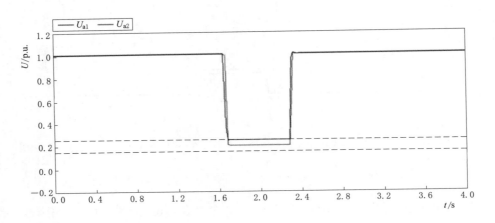

图 3 - 151   A 相电压跌落至 $20\%U_n$ 时跌落精度对比（重载运行）

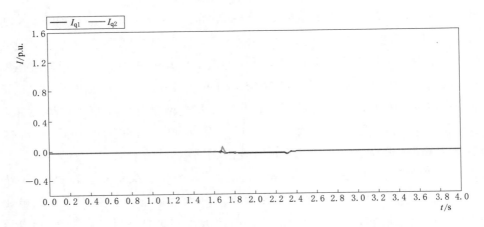

图 3 - 152   A 相电压跌落至 $20\%U_n$ 时无功电流响应（重载运行）

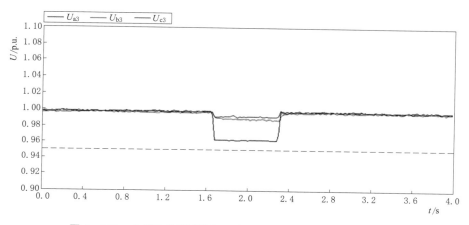

图 3-153　A 相电压跌落至 20%U_n 时并网点电压（重载运行）

图 3-154 为逆变器按照 GB/T 19964—2012 要求重载运行，A 相电压跌落至 20%U_n 时两种检测装置跌落精度对比图，图 3-155 为低电压穿越过程中，逆变器动态无功响应情况。可以看出，采用阻抗分压型低电压穿越检测装置进行低电压穿越测试，穿越过程中逆变器根据跌落深度实时计算发出无功电流支撑电网，无功电流大小为 0.22p.u.，响应时间为 20ms，响应速度为 11.57A/ms，无功电流持续注入时间为 621ms，导致测试过程中并网点电压高于 20%U_n，为 27.33%U_n。采用模拟电网型低电压穿越检测装置进行测试，穿越过程中逆变器无功电流大小为 0.27p.u.，响应时间为 21ms，响应速度为 10.986A/ms，无功电流持续注入时间为 608ms，导致测试过程中并网点电压高于 20%U_n，但是由于模拟电网型低电压穿越检测装置本身的特性，无功电流对并网点电压支撑作用不如阻抗分压型低电压穿越检测装置测试时明显，并网点电压跌落稳态值为 21.2%U_n。

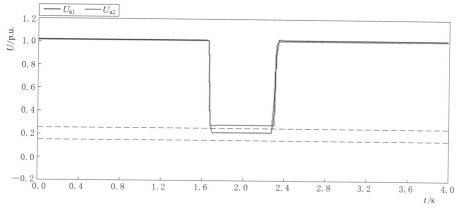

图 3-154　A 相电压跌落至 20%U_n 时跌落精度对比（重载运行）

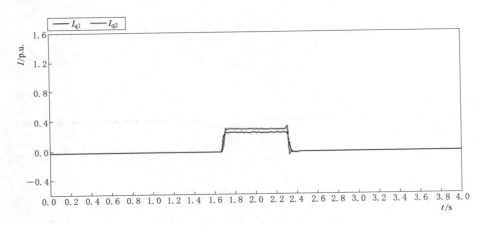

图 3-155 A 相电压跌落至 20%U_n 时无功电流响应（重载运行）

图 3-156 为逆变器按照 GB/T 19964—2012 要求重载运行，A 相电压跌落至 20%U_n 时，阻抗分压型低电压穿越检测装置对并网点电能质量影响。A 相电压跌落导致 A 相电压波动最大值为 3.35%，B 相电压波动最大值为 1.1%，C 相电压波动最大值为 0.51%，满足监测装置的设计要求。

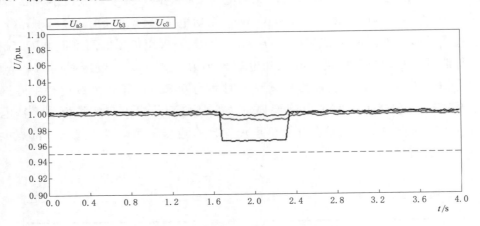

图 3-156 A 相电压跌落至 20%U_n 时并网点电压（重载运行）

3.4.2.6 A 相 80%电压穿越

图 3-157 为两种检测装置空载运行，A 相电压跌落至 80%U_n 时跌落精度对比图。两种检测装置设置跌落深度均为 80%U_n，持续时间 1804ms。阻抗分压型低电压穿越检测装置跌落深度为 82.59%U_n，跌落响应时间为 3ms，跌落速率为 9.152V/ms；模拟电网型低电压穿越检测装置跌落深度为 80.02%U_n，跌落响应时间为 7ms，跌落速率为 4.457V/ms。两种电压容差均在 5%以内，跌落响应时间小于 20ms，满足检测装置的设计要求。

图 3-158 为空载运行，A 相电压跌落至 80%U_n 时，阻抗分压型低电压穿越检测

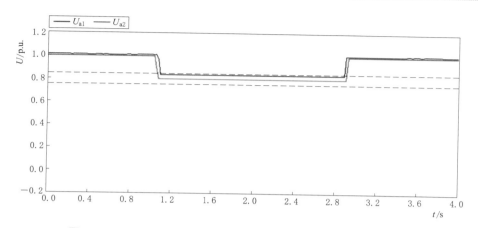

图 3-157　A 相电压跌落至 80％U_n 时跌落精度对比（空载运行）

装置对并网点电能质量影响。图中可以看出，由于 A 相电压跌落，造成并网点 A 相电压波动 3.9％，B 相电压波动 1.11％，C 相电压波动 1.38％。电压波动小于 5％，满足检测装置的设计要求。

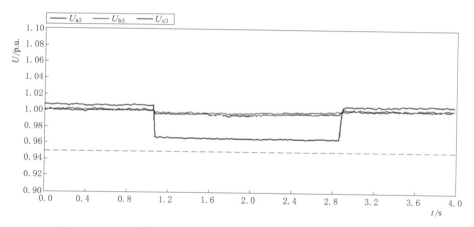

图 3-158　A 相电压跌落至 80％U_n 时并网点三相电压（空载运行）

图 3-159 为逆变器按照 Q/GDW 617—2011 要求轻载运行，A 相电压跌落至 80％U_n 时两种检测装置跌落精度对比图，图 3-160 为低电压穿越过程中，逆变器动态无功响应情况。可以看出，采用阻抗分压型低电压穿越检测装置进行低电压穿越测试，A 相电压跌落深度为 82.78％U_n，跌落响应时间为 2ms，跌落速度为 13.584V/ms，穿越过程中逆变器不发出无功电流；采用模拟电网型低电压穿越检测装置进行低电压穿越测试，电压跌落深度为 80.02％U_n，跌落响应时间为 7ms，跌落速度为 4.457V/ms，低电压穿越过程中逆变器没有发出无功电流。

图 3-161 为逆变器按照 Q/GDW 617—2011 要求轻载运行，A 相电压跌落至 80％U_n 时，阻抗分压型低电压穿越检测装置对并网点电能质量影响。A 相电压跌落

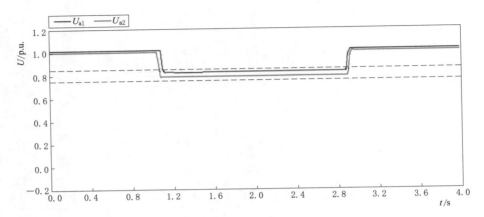

图 3-159　A 相电压跌落至 80%U_n 时跌落精度对比（轻载运行）

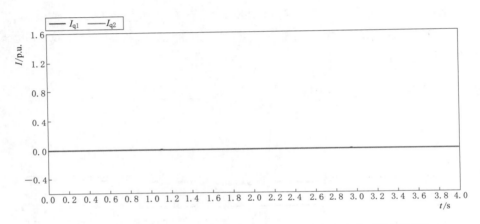

图 3-160　A 相电压跌落至 80%U_n 时逆变器无功电流响应（轻载运行）

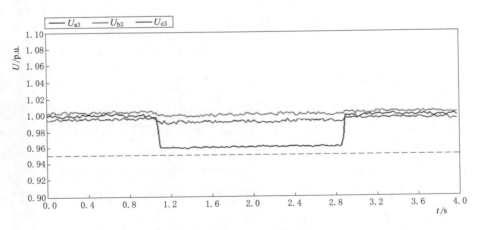

图 3-161　A 相电压跌落至 80%U_n 时并网点电压（轻载运行）

导致 A 相电压波动 3.86%，B 相电压波动 0.12%，C 相电压波动 0.97%，电压波动小于 5%，满足检测装置的设计要求。

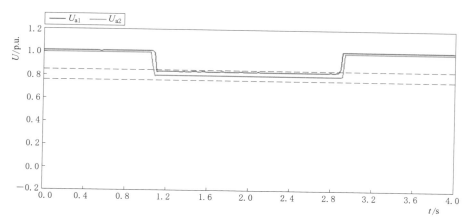

图 3-162　A 相电压跌落至 80%U_n 时跌落精度对比（轻载运行）

图 3-162 为逆变器按照 GB/T 19964—2012 要求轻载运行，A 相电压跌落至 80%U_n 时两种检测装置跌落精度对比图，图 3-163 为低电压穿越过程中，逆变器动态无功响应情况。可以看出，采用阻抗分压型低电压穿越检测装置进行低电压穿越测试，穿越过程中逆变器根据跌落深度实时计算发出无功电流支撑电网，此时正序电压跌落幅值大于 90%，不需要发出无功电流，电压跌落至 82.71%U_n。采用模拟电网型低电压穿越检测装置进行测试，穿越过程中逆变器无功电流大小为 0p.u.，并网点电压跌落稳态值为 80.01%U_n。

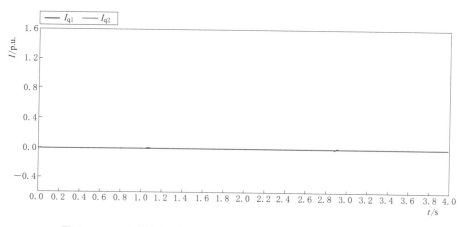

图 3-163　A 相电压跌落至 80%U_n 时无功电流响应（轻载运行）

图 3-164 为逆变器按照 GB/T 19964—2012 要求轻载运行，A 相电压跌落至 80%U_n 时，阻抗分压型低电压穿越检测装置对并网点电能质量影响。A 相电压跌落导致 A 相电压波动为 3.83%，B 相电压波动为 0.73%，C 相电压波动为 0.98%，满足检测装

置的设计要求。

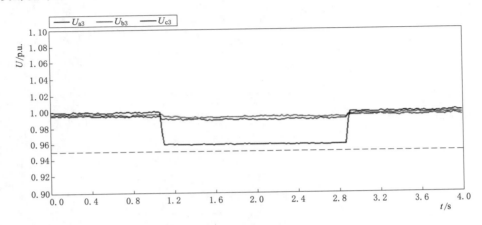

图 3-164　A 相电压跌落至 80%U_n 时并网点电压（轻载运行）

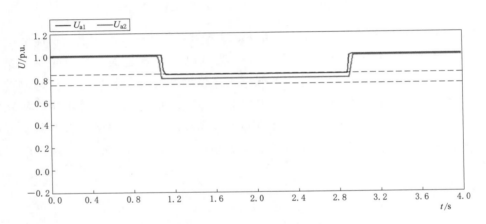

图 3-165　A 相电压跌落至 80%U_n 时跌落精度对比（重载运行）

图 3-165 为逆变器按照 Q/GDW 617—2011 要求重载运行，A 相电压跌落至 80%U_n 时两种检测装置跌落精度对比图，图 3-166 为低电压穿越过程中，逆变器动态无功响应情况。可以看出，采用阻抗分压型低电压穿越检测装置进行低电压穿越测试，电压跌落深度为 82.85%U_n，跌落响应时间为 2ms，跌落速度为 13.613V/ms，测试期间逆变器不发出无功电流；采用模拟电网型低电压穿越检测装置进行低电压穿越测试，电压跌落深度为 80.24%U_n，跌落响应时间为 8ms，跌落速度为 3.878V/ms，穿越过程中逆变器没有发出无功电流。

图 3-167 为逆变器按照 Q/GDW 617—2011 要求重载运行，A 相电压跌落至 80%U_n 时，阻抗分压型低电压穿越检测装置对并网点电能质量影响。A 相电压跌落导致 A 相电压波动为 3.84%，B 相电压波动为 0.28%，C 相电压波动为 1.01%，满足检测装置的设计要求。

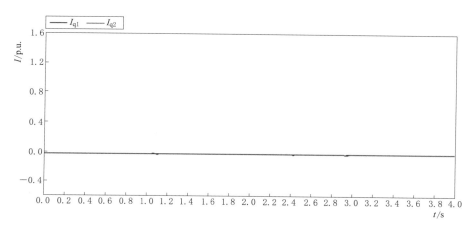

图 3-166　A 相电压跌落至 80%U_n 时无功电流响应（重载运行）

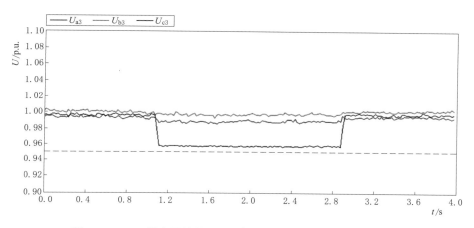

图 3-167　A 相电压跌落至 80%U_n 时并网点电压（重载运行）

　　图 3-168 为逆变器按照 GB/T 19964—2012 要求重载运行，A 相电压跌落至 80%U_n 时两种检测装置跌落精度对比图，图 3-169 为低电压穿越过程中，逆变器动态无功响应情况。可以看出，采用阻抗分压型低电压穿越检测装置进行低电压穿越测试，穿越过程中逆变器根据跌落深度实时计算发出无功电流支撑电网，无功电流大小为 0p.u.，并网点电压为 82.77%U_n。采用模拟电网型低电压穿越检测装置进行测试，穿越过程中逆变器无功电流大小为 0p.u.，并网点电压跌落稳态值为 80.25%U_n。

　　图 3-170 为逆变器按照 GB/T 19964—2012 要求重载运行，A 相电压跌落至 80%U_n 时，阻抗分压型低电压穿越检测装置对并网点电能质量影响。A 相电压跌落导致 A 相电压波动为 3.91%，B 相电压波动为 1.08%，C 相电压波动为 1.23%，满足检测装置的设计要求。

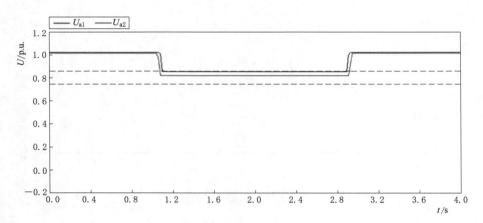

图 3-168 A 相电压跌落至 80%U_n 时跌落精度对比（重载运行）

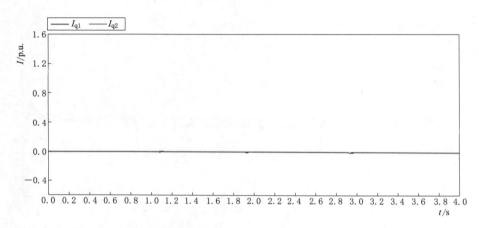

图 3-169 A 相电压跌落至 80%U_n 时无功电流响应（重载运行）

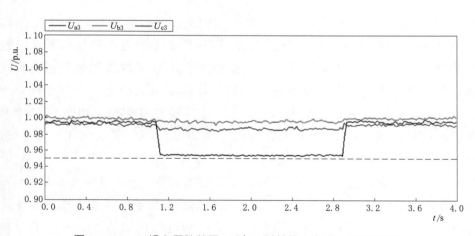

图 3-170 A 相电压跌落至 80%U_n 时并网点电压（重载运行）

3.4.3　不同检测装置对电网的影响对比研究

根据 3.4.2 节的测试结果，对比分析影响检测装置跌落精度和并网点电能质量的各种因素。

3.4.3.1　并网点电压跌落精度对比研究

1. 相同工况下，不同跌落点电压精度对比

图 3-171 为空载运行（工况 1），三相电压跌落，两种检测装置跌落精度对比图。图中可看出，针对各个电压跌落点，两种装置均满足电压容差 5% 的范围。但是除 $0\%U_n$ 跌落点外，模拟电网型低电压穿越检测装置跌落精度更高，电压容差均在 0.5% 以内。

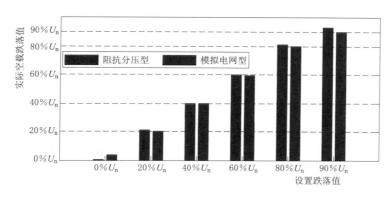

图 3-171　工况 1，三相电压跌落，检测装置跌落精度对比

图 3-172 为逆变器按照轻载运行（工况 2），三相电压跌落，两种检测装置跌落精度对比图。Q/GDW 617—2011 对 $0\%U_n$ 跌落点无要求，因此电压跌落期间逆变器是否发无功没有明确要求，测试过程中仅 $0\%U_n$ 跌落点，逆变器发出动态无功电流进行支撑，阻抗分压型低电压穿越检测装置的电压跌落深度为 $3.51\%U_n$，模拟电网型低电压穿越检测装置的电压跌落深度为 $3.55\%U_n$；其他各跌落点均无动态电流发出，模拟电网型低电压穿越检测装置实际电压跌落深度与设置值误差在 0.5% 以内，阻抗分压型低电压穿越检测装置实际电压跌落深度与设置值误差最大为 3.08%。

图 3-173 为逆变器按照 GB/T 19964—2012 要求轻载运行（工况 3），三相电压跌落，两种检测装置跌落精度对比图。电压跌落时，被测逆变器按照 GB/T 19964—2012 要求发出动态无功电流支撑，然而由于模拟电网型低电压穿越检测装置自身特性，逆变器发出动态无功电流对其影响不大，除 $0\%U_n$ 跌落点外，各跌落点电压误差小于 3%；阻抗分压型低电压穿越检测装置跌落深度明显大于模拟电网型低电压穿越检测装置，各跌落点电压误差最高达 9.59%。同一工况下，逆变器发出的动态无功电流对模拟电网型低电压穿越检测装置跌落精度的影响比阻抗分压型低电压穿越检测装置小。

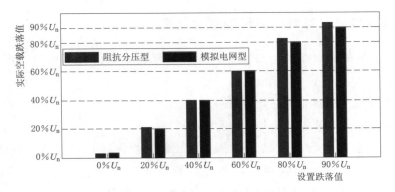

图 3-172　工况 2，三相电压跌落，检测装置跌落精度对比

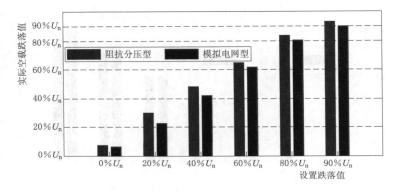

图 3-173　工况 3，三相电压跌落，检测装置跌落精度对比

图 3-174 逆变器按照重载运行（工况 4），三相电压跌落，两种检测装置跌落精度对比图。$0\%U_n$ 跌落点测试时，光伏逆变器发出动态无功电流，阻抗分压型低电压穿越检测装置电压跌落深度比设定值高 5.68%，模拟电网型低电压穿越检测装置比设定值大 3.55%。其他跌落点测试，逆变器没有发出动态无功电流，模拟电网型低电压穿越检测装置实际电压跌落深度与设置值误差下雨 0.4%，阻抗分压型低电压穿越检

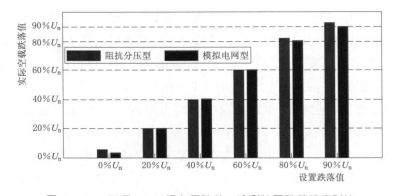

图 3-174　工况 4，三相电压跌落，检测装置跌落精度对比

测装置实际电压跌落深度与设置值误差最大为 2.75%。

图 3-175 为逆变器按照 GB/T 19964—2012 要求重载运行（工况 5），三相电压跌落，两种检测装置跌落精度对比图。电压跌落时，被测逆变器按照 GB/T 19964—2012 要求发出动态无功电流支撑，然而由于模拟电网型低电压穿越检测装置自身特性，逆变器发出动态无功电流对其影响不大，除 $0\%U_n$ 跌落点外，各跌落点电压误差小于 3%；阻抗分压型低电压穿越检测装置跌落深度明显大于模拟电网型低电压穿越检测装置，各跌落点电压误差最高达 9.4%。同一工况下，逆变器发出的动态无功电流对模拟电网型低电压穿越检测装置跌落精度的影响比阻抗分压型低电压穿越检测装置小。

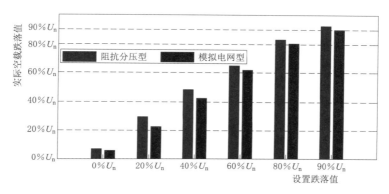

图 3-175　工况 5，三相电压跌落，检测装置跌落精度对比

图 3-176 为 A 相电压空载跌落（工况 1），两种检测装置跌落精度对比图。图中可看出，除 $0\%U_n$ 跌落点外，其他各跌落点模拟电网型低电压穿越检测装置跌落精度比阻抗分压型低电压穿越检测装置高。

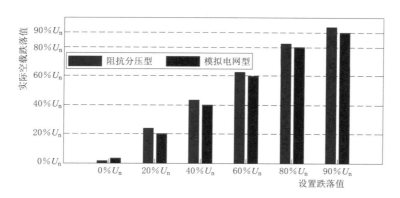

图 3-176　工况 1，A 相电压跌落，检测装置跌落精度对比

图 3-177 为逆变器按照轻载运行（工况 2），A 相电压跌落，两种检测装置跌落精度对比图。$0\%U_n$ 跌落点，阻抗分压型低电压穿越检测装置比模拟电网型低电压穿越检测装置跌落精度高，误差分别为 2.49%、3.68%；其他各跌落点，模拟电网型低

电压穿越检测装置跌落误差小于 0.15％，阻抗分压型低电压穿越检测装置跌落误差最小为 2.09％，最大为 3.08％。

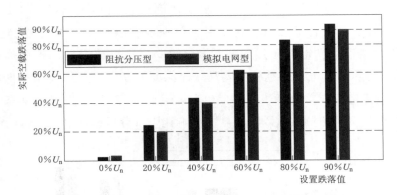

图 3-177　工况 2，A 相电压跌落，检测装置跌落精度对比

图 3-178 为逆变器按照 GB/T 19964—2012 要求轻载运行（工况 3），A 相电压跌落，两种检测装置跌落精度对比图。低电压穿越测试过程中，逆变器按照正序电压跌落幅值发出动态无功电流，其中 A 相电压跌落至 80％U_n、90％U_n 时，正序电压跌落幅值大于 90％，不需要发出无功电流。0％U_n 跌落点，阻抗分压型低电压穿越检测装置比模拟电网型低电压穿越检测装置跌落精度高，误差分别为 4.03％、4.4％；其他各跌落点，模拟电网型低电压穿越检测装置跌落误差小于 0.5％，阻抗分压型低电压穿越检测装置跌落误差最小为 2.46％，最大为 6.55％。

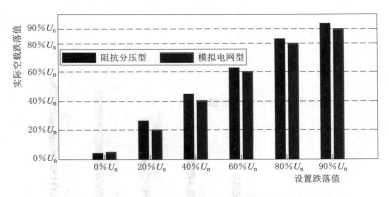

图 3-178　工况 3，A 相电压跌落，检测装置跌落精度对比

图 3-179 为逆变器按照重载运行（工况 4），A 相电压跌落，两种检测装置跌落精度对比图。各电压跌落点，模拟电网型低电压穿越检测装置均比阻抗分压型低电压穿越检测装置跌落精度高。模拟电网型低电压穿越检测装置，除 0％U_n 跌落点电压跌落误差为 4.55％，其他各跌落点误差均小于 0.6％，阻抗分压型低电压穿越检测装置跌落误差最小为 2.47％，最大为 5.57％。

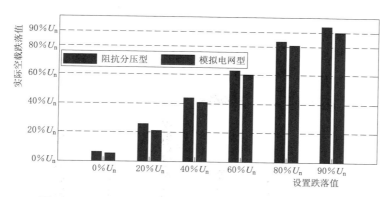

图 3-179　工况 4，A 相电压跌落，检测装置跌落精度对比

图 3-180 为逆变器按照 GB/T 19964—2012 要求重载运行（工况 5），A 相电压跌落，两种检测装置跌落精度对比图。低电压穿越测试过程中，逆变器按照正序电压跌落幅值发出动态无功电流，其中 A 相电压跌落至 $80\%U_n$、$90\%U_n$ 时，正序电压跌落幅值大于 90%，不需要发出无功电流。各电压跌落点，模拟电网型低电压穿越检测装置比阻抗分压型低电压穿越检测装置跌落精度高。模拟电网型低电压穿越检测装置，除 $0\%U_n$ 跌落点电压跌落误差为 5.28%，其他各跌落点误差均小于 1.2%，阻抗分压型低电压穿越检测装置跌落误差最小为 2.74%，最大为 7.33%。

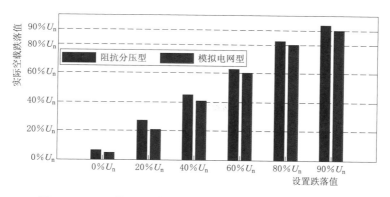

图 3-180　工况 5，A 相电压跌落，检测装置跌落精度对比

2. 不同工况，同一跌落点电压精度对比

图 3-181 为各种工况下三相电压跌落至 $0\%U_n$ 时两种检测装置跌落精度对比图。逆变器工况 3～工况 5 运行时，两种装置电压跌落幅值均比空载时大；工况 3 采用阻抗分压型低电压穿越检测装置和模拟电网型低电压穿越检测装置逆变器发出的无功电流分别为 1.13p.u.、1.36p.u.，工况 5 逆变器发出的无功电流分别为 1.11p.u.、1.33p.u.，工况 2 和工况 3 对比，工况 4 和工况 5 对比，说明不论哪种检测装置，无功电流均能够支撑故障点电压，采用阻抗分压型低电压穿越检测装置更加明显；工况

2 和工况 4 对比,工况 3 和工况 4 对比,可以发现该跌落点测试中,阻抗分压型低电压穿越检测装置的跌落幅值随逆变器功率的增大而升高,而模拟电网型装置跌落幅值基本不变。

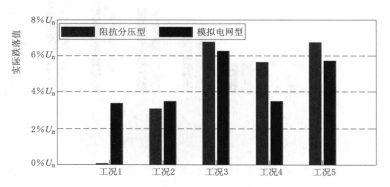

图 3-181　三相电压跌落至 0%U_n 时检测装置跌落精度对比

图 3-182 为各种工况下三相电压跌落至 20%U_n 时两种检测装置跌落精度对比图。逆变器不发无功时,两种装置带载工况下的跌落精度与空载时相差不大;工况 3 采用阻抗分压型低电压穿越检测装置和模拟电网型低电压穿越检测装置逆变器发出的无功电流分别为 0.95p.u.、1.3p.u.,工况 5 逆变器发出的无功电流分别为 0.94p.u.、1.3p.u.,工况 2 和工况 3 对比,工况 4 和工况 5 对比,说明不论哪种检测装置,无功电流均能够支撑故障点电压;工况 2 和工况 4 对比,工况 3 和工况 4 对比,可以发现该跌落点测试中,阻抗分压型低电压穿越检测装置的跌落幅值随逆变器功率的增大而减小,而模拟电网型低电压穿越检测装置跌落幅值基本不变。

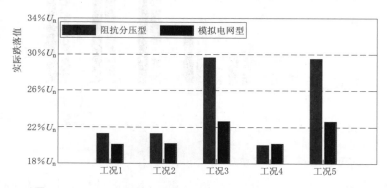

图 3-182　三相电压跌落至 20%U_n 时检测装置跌落精度对比

图 3-183 为各种工况下三相电压跌落至 40%U_n 时两种检测装置跌落精度对比图。逆变器不发无功时,两种装置带载工况下的跌落精度与空载时相差不大;工况 3 采用阻抗分压型低电压穿越检测装置和模拟电网型低电压穿越检测装置逆变器发出的无功电流分别为 0.84p.u.、0.92p.u.,工况 5 逆变器发出的无功电流分别为

0.82p.u.、0.91p.u.，工况 2 和工况 3 对比，工况 4 和工况 5 对比，说明不论哪种检测装置，无功电流均能够支撑故障点电压；工况 2 和工况 4 对比，工况 3 和工况 4 对比，可以发现该跌落点测试中，阻抗分压型低电压穿越检测装置的跌落幅值随逆变器功率的增大略有减小，而模拟电网型低电压穿越检测装置跌落幅值基本不变。

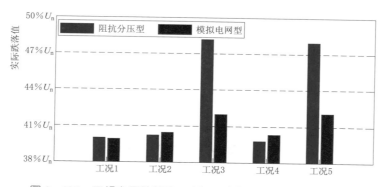

图 3-183　三相电压跌落至 40%U_n 时检测装置跌落精度对比

图 3-184 为各种工况下三相电压跌落至 60%U_n 时两种检测装置跌落精度对比图。逆变器不发无功时，两种装置带载工况下的跌落精度与空载时差别不明显；工况 3 采用阻抗分压型低电压穿越检测装置和模拟电网型低电压穿越检测装置逆变器发出的无功电流分别为 0.5p.u.、0.56p.u.，工况 5 逆变器发出的无功电流分别为 0.46p.u.、0.51p.u.，工况 2 和工况 3 对比，工况 4 和工况 5 对比，说明不论哪种检测装置，无功电流均能够支撑故障点电压；工况 2 和工况 4 对比，工况 3 和工况 4 对比，可以发现该跌落点测试中，阻抗分压型低电压穿越检测装置的跌落幅值随逆变器功率的增大略有减小，而模拟电网型低电压穿越装置跌落幅值基本不变。

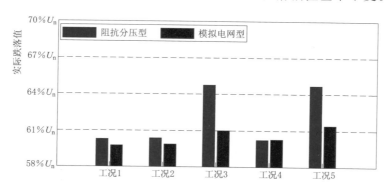

图 3-184　三相电压跌落至 60%U_n 时检测装置跌落精度对比

图 3-185 为各种工况下三相电压跌落至 80%U_n 时两种检测装置跌落精度对比图。逆变器不发无功时，两种装置带载工况下的跌落精度与空载时相差不大；工况 3 采用阻抗分压型低电压穿越检测装置和模拟电网型低电压穿越检测装置逆变器发出的

无功电流分别为 0.12p.u.、0.18p.u.，工况 5 逆变器发出的无功电流分别为
0.12p.u.、0.14p.u.，工况 2 和工况 3 对比，工况 4 和工况 5 对比，说明不论哪种检
测装置，无功电流能够均支撑故障点电压；工况 2 和工况 4 对比，工况 3 和工况 4 对
比，可以发现该跌落点测试中，阻抗分压型低电压穿越检测装置的跌落幅值随逆变器
功率的增大略有减小，而模拟电网型低电压穿越装置跌落幅值基本不变。

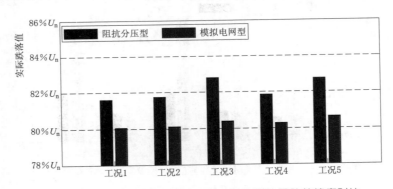

图 3-185　三相电压跌落至 80%U_n 时检测装置跌落精度对比

图 3-186 为各种工况下三相电压跌落至 90%U_n 时两种检测装置跌落精度对比
图。逆变器不发无功时，两种装置带载工况下的跌落精度与空载时相差不大；工况 3
采用阻抗分压型低电压穿越检测装置和模拟电网型低电压穿越检测装置逆变器发出的
无功电流分别为 0.12p.u.、0.18p.u.，工况 5 逆变器发出的无功电流分别为
0.12p.u.、0.14p.u.，工况 2 和工况 3 对比，工况 4 和工况 5 对比，说明不论哪种检
测装置，无功电流均能够支撑故障点电压；工况 2 和工况 4 对比，工况 3 和工况 4 对
比，可以发现该跌落点测试中，阻抗分压型低电压穿越检测装置的跌落幅值随逆变器
功率的增大略有减小，而模拟电网型低电压穿越装置跌落幅值基本不变。

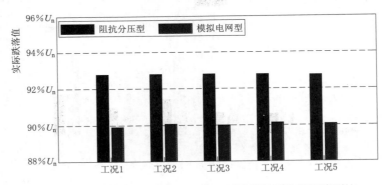

图 3-186　三相电压跌落至 90%U_n 时检测装置跌落精度对比

图 3-187 为各种工况下 A 相电压跌落至 0%U_n 时两种检测装置跌落精度对比图。
空载工况时，两种装置电压跌落精度最高，且阻抗分压型低电压穿越检测装置跌落精

度高于模拟电网型低电压穿越检测装置。对于两种装置，带载工况下电压跌落幅值均比空载工况时高，且随着功率的增大，跌落幅值逐渐增大。同时，低电压穿越测试过程中无功电流的输出能够增加电压跌落幅值。

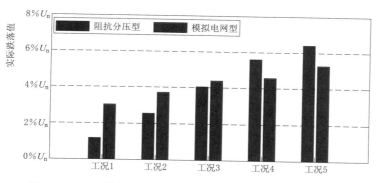

图 3-187　A 相电压跌落至 $0\%U_n$ 时检测装置跌落精度对比

图 3-188 为各种工况下 A 相电压跌落至 $20\%U_n$ 时两种检测装置跌落精度对比图。图中可看出：模拟电网型低电压穿越检测装置跌落精度高于阻抗分压型低电压穿越检测装置；工况 3 采用阻抗分压型低电压穿越检测装置和模拟电网型低电压穿越检测装置逆变器发出的无功电流分别为 0.25p.u.、0.3p.u.，工况 5 逆变器发出的无功电流分别为 0.22p.u.、0.27p.u.，工况 2 和工况 3 对比，工况 4 和工况 5 对比，说明不论哪种检测装置，无功电流均能够支撑故障点电压；工况 2 和工况 4 对比，工况 3 和工况 4 对比，随逆变器功率的增加，两种装置实际跌落幅值均增大。

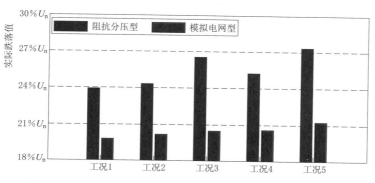

图 3-188　A 相电压跌落至 $20\%U_n$ 时检测装置跌落精度对比

图 3-189 为各种工况下 A 相电压跌落至 $40\%U_n$ 时两种检测装置跌落精度对比图。图中可看出：各种工况下，模拟电网型低电压穿越检测装置跌落精度高于阻抗分压型低电压穿越检测装置；工况 3 采用阻抗分压型低电压穿越检测装置和模拟电网型低电压穿越检测装置逆变器发出的无功电流分别为 0.15p.u.、0.18p.u.，工况 5 逆变器发出的无功电流分别为 0.14p.u.、0.15p.u.，工况 2 和工况 3 对比，工况 4 和工况

5 对比，表明无功电流能够支撑故障点电压；工况 2 和工况 4 对比，工况 3 和工况 4 对比，随逆变器输出功率的增加，两种装置实际跌落幅值略有增大。

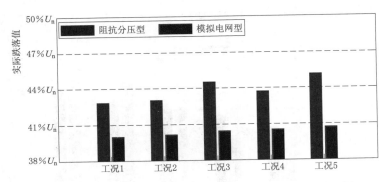

图 3 - 189　A 相电压跌落至 40%U_n 时检测装置跌落精度对比

图 3 - 190 为各种工况下 A 相电压跌落至 60%U_n 时两种检测装置跌落精度对比图。图中可看出：各种工况下，模拟电网型低电压穿越检测装置跌落精度高于阻抗分压型低电压穿越检测装置；工况 3 采用阻抗分压型低电压穿越检测装置和模拟电网型低电压穿越检测装置逆变器发出的无功电流分别为 0.05p.u.、0.06p.u.，工况 5 逆变器发出的无功电流分别为 0.05p.u.、0.04p.u.，工况 2 和工况 3 对比，工况 4 和工况 5 对比，表明无功电流能够支撑故障点电压；工况 2 和工况 4 对比，工况 3 和工况 4 对比，随逆变器输出功率的增加，两种装置实际跌落幅值略有增大。

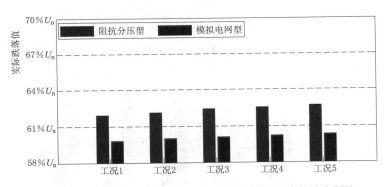

图 3 - 190　A 相电压跌落至 60%U_n 时检测装置跌落精度对比

图 3 - 191 为各种工况下 A 相电压跌落至 80%U_n 时两种检测装置跌落精度对比图。两种检测装置带工况下的跌落精度与空载相差不大，且模拟电网型低电压穿越检测装置跌落精度高于阻抗分压型低电压穿越检测装置；电压单相跌落至 80%U_n，正序电压幅值高于 90%，按照 Q/GDW 617—2011 和 GB/T 19964—2012 的要求，均不需要发出无功电流。因此，五种工况下采用阻抗分压型低电压穿越检测装置的电压跌落精度基本一致，采用模拟电网型低电压穿越检测装置的电压跌落精度也一致。

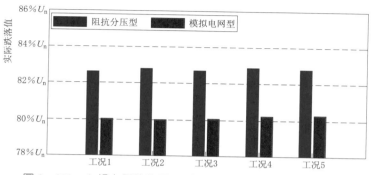

图 3-191　A 相电压跌落至 80%U_n 时检测装置跌落精度对比

图 3-192 为各种工况下 A 相电压跌落至 90%U_n 时两种检测装置跌落精度对比图。两种检测装置带工况下的跌落精度与空载相差不大，且模拟电网型低电压穿越检测装置跌落精度高于阻抗分压型低电压穿越检测装置；电压单相跌落至 90%U_n，按照 Q/GDW 617—2011 和 GB/T 19964—2012 的要求，均不需要发出无功电流。因此，五种工况下采用阻抗分压型低电压穿越检测装置电压跌落精度基本一致，采用模拟电网型低电压穿越检测装置电压跌落精度也一致。

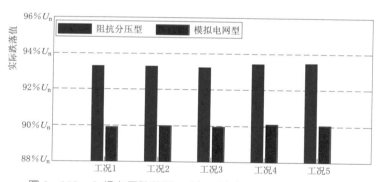

图 3-192　A 相电压跌落至 90%U_n 时检测装置跌落精度对比

3. 结论

（1）两种检测装置空载跌落精度。根据图 3-171 和图 3-176 可得两种检测装置空载跌落精度对比。表 3-7 为两种检测装置三相、单相跌落至各跌落点时，输出电压与实际设定跌落值的误差比较。由表中可看出，模拟电网型低电压穿越检测装置各点跌落精度高于阻抗分压型低电压穿越检测装置。

表 3-7　　　　　　　　　　　两种检测装置空载跌落误差

跌 落 点	阻抗分压型	模拟电网型
三相电压跌落至 0%U_n	0.04%	0.20%
三相电压跌落至 20%U_n	1.22%	0.08%
三相电压跌落至 40%U_n	−0.04%	−0.12%

续表

跌 落 点	阻抗分压型	模拟电网型
三相电压跌落至 $60\%U_n$	0.21%	−0.22%
三相电压跌落至 $80\%U_n$	1.6%	0.02%
三相电压跌落至 $90\%U_n$	2.78%	−0.07%
A 相电压跌落至 $0\%U_n$	1.15%	1.04%
A 相电压跌落至 $20\%U_n$	3.93%	−0.26%
A 相电压跌落至 $40\%U_n$	2.85%	−0.08%
A 相电压跌落至 $60\%U_n$	1.93%	−0.22%
A 相电压跌落至 $80\%U_n$	2.59%	0.02%
A 相电压跌落至 $90\%U_n$	3.33%	−0.07%

（2）逆变器输出有功功率变化对检测装置电压跌落精度的影响。以逆变器按照 Q/GDW 617—2011 运行为例，分析逆变器输出有功功率变化对检测装置电压跌落精度的影响。根据图 3 - 171、图 3 - 172 和图 3 - 174，可得表 3 - 8 中逆变器输出有功功率不同，通过两种低电压穿越检测装置引起电压跌落误差比较，采用阻抗分压型低电压穿越检测装置，由于零电压跌落时逆变器有无功输出，在此不做比较。可以发现，逆变器轻载运行、重载运行对阻抗分压型低电压穿越检测装置跌落值的影响非常小，主要由于逆变器输出阻抗对未发出的无功电流进行支撑，且逆变器轻载运行与重载运行输出的有功功率变化最大为 350kW，与阻抗分压型低电压穿越检测装置短路容量 2MW 相比非常小，因此有功功率变化对阻抗分压型低电压穿越检测装置跌落精度的影响非常小；而模拟电网型低电压穿越检测装置由电力电子器件组成，为闭环控制，等效内阻非常小，输出电压几乎不受外界条件影响，因此逆变器空载运行、轻载运行和重载运行造成的电压跌落误差几乎相等。

表 3 - 8　　　　　　　　　不同工况引起的电压跌落误差

跌 落 点	阻抗分压型			模拟电网型		
	空载	轻载	重载	空载	轻载	重载
三相电压跌落至 $0\%U_n$	0.04%	—	—	0.2%	0.51%	0.55%
三相电压跌落至 $20\%U_n$	1.22%	1.29%	1.20%	0.08%	0.15%	0.15%
三相电压跌落至 $40\%U_n$	−0.04%	0.21%	−0.26%	−0.12%	0.39%	0.34%
三相电压跌落至 $60\%U_n$	0.21%	0.34%	0.24%	−0.22%	−0.09%	0.27%
三相电压跌落至 $80\%U_n$	1.60%	1.74%	1.83%	0.02%	0.12%	0.27%
三相电压跌落至 $90\%U_n$	2.78%	2.80%	2.75%	−0.07%	0.01%	0.1%

（3）无功电流对检测装置电压跌落精度的影响。以逆变器轻载运行为例，分析三相电压对称跌落时，无功电流对两种检测装置电压跌落精度的影响。根据图 3 - 172

和图3-173可得逆变器低电压穿越期间发无功电流和不发出无功电流时，两种检测装置跌落值与设定值的误差，见表3-9。

表3-9　　　　　　　　　　　　无功电流对电压跌落精度的影响

跌　落　点	阻抗分压型		模拟电网型	
	不发无功电流	发无功电流	不发无功电流	发无功电流
三相电压跌落至 $0\%U_n$	3.08%	6.80%	3.51%	6.28%
三相电压跌落至 $20\%U_n$	1.29%	9.59%	0.15%	2.61%
三相电压跌落至 $40\%U_n$	0.21%	8.17%	0.39%	1.94%
三相电压跌落至 $60\%U_n$	0.34%	4.73%	−0.09%	0.97%
三相电压跌落至 $80\%U_n$	1.74%	2.80%	0.12%	0.38%
三相电压跌落至 $90\%U_n$	2.80%	2.80%	0.01%	0.01%

对于阻抗分压型低电压穿越检测装置，逆变器发出无功电流与不发无功电流相比，跌落点电压明显升高，其中三相电压跌落至 $20\%U_n$、$40\%U_n$ 时，对跌落点电压支撑作用最明显，其发出的无功电流分别为0.95p.u.、0.84p.u.；而对于模拟电网型低电压穿越检测装置，逆变器是否发无功电流对跌落点电压有影响，但影响不大，主要由于模拟电网型低电压穿越检测装置由电力电子器件组成，不像阻抗分压型低电压穿越检测装置一样完全模拟电网的暂态特性。

由此可见，低电压穿越过程中逆变器动态无功电流输出能够较大地减少阻抗分压型低电压穿越检测装置的电压跌落深度，但对模拟电网型低电压穿越检测装置设定的电压跌落深度影响较小。

3.4.3.2　电网电压波动对比研究

阻抗分压型低电压穿越检测装置对并网点电能质量的影响主要表现在电压波动方面，本小节针对各种工况、各种跌落深度时，阻抗分压型低电压穿越检测装置和模拟电网型低电压穿越检测装置对并网点电压波动的影响因素进行分析。

实际测试中，各种工况运行时模拟电网型低电压穿越检测装置对并网点电压波动均无影响，本小节图中显示了阻抗分压型低电压穿越检测装置的电压波动值。

1. 各种工况，跌落深度对并网点电压波动影响

图3-193为逆变器按照工况1运行，三相电压跌落，阻抗分压型低电压穿越检测装置对并网点电能质量影响对比图。可以看出，随着电压跌落幅值的增大，并网点电压波动值先增大后减小，在位于4%附近波动，电压跌落至 $60\%U_n$ 时，电压波动值最大，为4.3%。

图3-194为逆变器按照工况2运行，三相电压跌落，阻抗分压型低电压穿越检测装置对并网点电能质量影响对比图。三相电压波动值大致相同，且各跌落点引起的电压波动基本相同，位于4%附近。

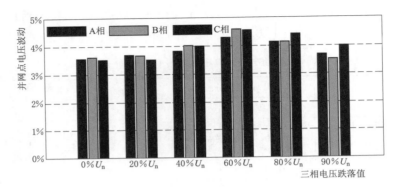

图 3-193　工况 1，三相电压跌落，并网点电压波动

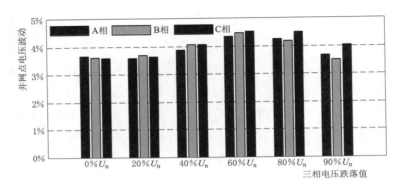

图 3-194　工况 2，三相电压跌落，并网点电压波动

图 3-195 为逆变器按照工况 3 运行，三相电压跌落，阻抗分压型低电压穿越检测装置对并网点电能质量影响对比图。电压跌落过程中，逆变器发出无功电流支撑，并网点三相电压波动值大致相同，且各跌落点引起的电压波动基本相同，位于 3.9%附近。

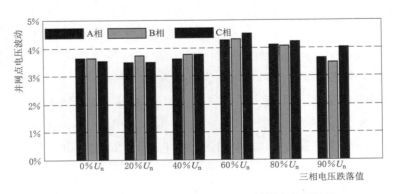

图 3-195　工况 3，三相电压跌落，并网点电压波动

图 3-196 为逆变器按照工况 4 运行，三相电压跌落，阻抗分压型低电压穿越检测

装置对并网点电能质量影响对比图。并网点三相电压波动值大致相同，考虑电抗器参数存在误差，可认为各跌落点引起的电压波动相同。

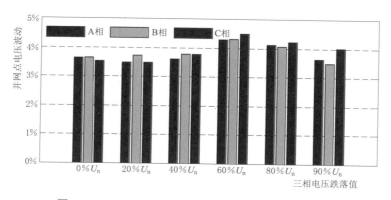

图 3-196　工况 4，三相电压跌落，并网点电压波动

图 3-197 为逆变器按照工况 5 运行，三相电压跌落，阻抗分压型低电压穿越检测装置对并网点电能质量影响对比图。电压跌落过程中，逆变器发出无功电流支撑，并网点三相电压波动值大致相同，且各跌落点引起的电压波动基本相同，位于 3.9% 附近。

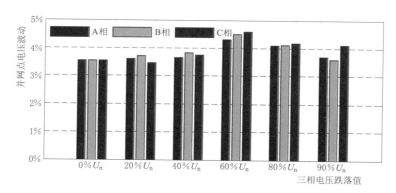

图 3-197　工况 5，三相电压跌落，并网点电压波动

图 3-198 为逆变器按照工况 1 运行，A 相电压跌落，阻抗分压型低电压穿越检测装置对并网点电能质量影响对比图。图中可以看出，A 相电压波动最大，随着电压跌落幅值的变化，电压波动值在 3.5% 附近波动；受变压器的影响，B、C 两相也存在电压波动，均小于 1.5%。

图 3-199 为逆变器按照工况 2 运行，A 相电压跌落，阻抗分压型低电压穿越检测装置对并网点电能质量影响对比图。图中可以看出，A 相电压波动最大，随着电压跌落幅值的变化，电压波动值在 3.5% 附近波动；受变压器的影响，B、C 两相也存在电压波动，均小于 1.2%。

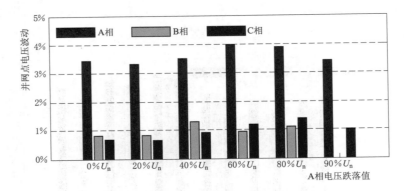

图 3-198　工况 1，A 相电压跌落，并网点电压波动

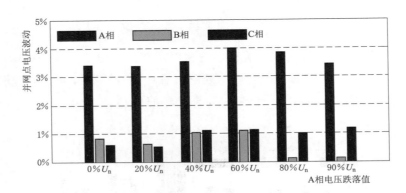

图 3-199　工况 2，A 相电压跌落，并网点电压波动

　　图 3-200 为逆变器按照工况 3 运行，A 相电压跌落，阻抗分压型低电压穿越检测装置对并网点电能质量影响对比图。图中可以看出，A 相电压波动最大，随着电压跌落幅值的变化，电压波动值在 3.7% 附近波动；受变压器的影响，B、C 两相也存在电压波动，均小于 1.5%。

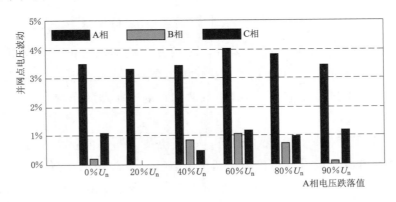

图 3-200　工况 3，A 相电压跌落，并网点电压波动

图 3-201 为逆变器按照工况 4 运行，A 相电压跌落，阻抗分压型低电压穿越检测装置对并网点电能质量影响对比。图中可以看出，A 相电压波动最大，随着电压跌落幅值的变化，电压波动值在 3.5% 附近波动；受变压器的影响，B、C 两相也存在电压波动，均小于 1.5%。

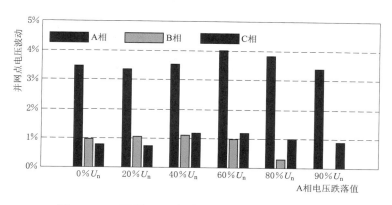

图 3-201　工况 4，A 相电压跌落，并网点电压波动

图 3-202 为逆变器按照工况 5 运行，A 相电压跌落，阻抗分压型低电压穿越检测装置对并网点电能质量影响对比图。图中可以看出，A 相电压波动最大，随着电压跌落幅值的变化，电压波动值在 3.7% 附近波动；受变压器的影响，B、C 两相也存在电压波动，均小于 1.5%。

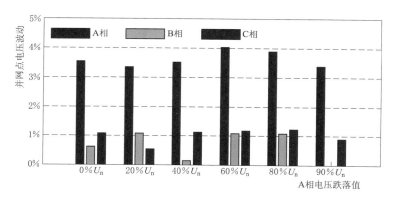

图 3-202　工况 5，A 相电压跌落，并网点电压波动

2. 各种工况对并网点电压的影响

图 3-203 为各种工况下三相电压跌落至 0% U_n 时阻抗分压型低电压穿越检测装置对并网点电能质量影响对比图。空载工况与带载工况引起的并网点三相电压波动差别不大，工况 2 与工况 3、工况 4 与工况 5 对比发现，逆变器无功电流的输出能够减小并网点电压波动，但不明显。

图 3-204 为各种工况下三相电压跌落至 20% U_n 时阻抗分压型低电压穿越检测装

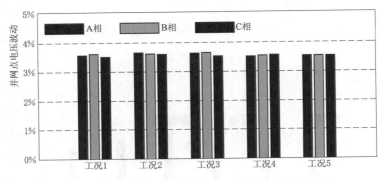

图 3 - 203　三相电压跌落至 $0\%U_n$ 时并网点电压波动

置对并网点电能质量影响对比图。空载工况与带载工况引起的并网点三相电压波动差别不大，工况 2 与工况 3、工况 4 与工况 5 对比发现，逆变器无功电流的输出，能够减小并网点电压波动，但不明显。

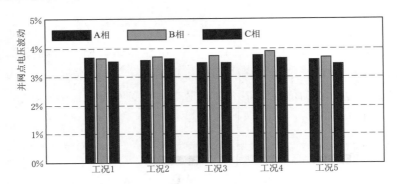

图 3 - 204　三相电压跌落至 $20\%U_n$ 时并网点电压波动

图 3 - 205 为各种工况下三相电压跌落至 $40\%U_n$ 时阻抗分压型低电压穿越检测装置对并网点电能质量影响对比图。图中可明显看出，逆变器低电压穿越过程中发出无功电流，工况 3 引起的并网点电压波动小于工况 2，工况 5 引起的并网点电压波动小

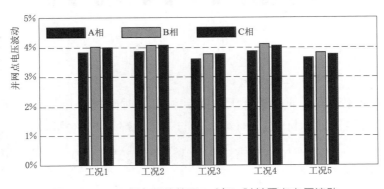

图 3 - 205　三相电压跌落至 $40\%U_n$ 时并网点电压波动

于工况 4；逆变器输出功率变化，对并网点电压波动的影响非常小。

　　图 3 - 206 为各种工况下三相电压跌落至 $60\%U_n$ 时阻抗分压型低电压穿越检测装置对并网点电能质量影响对比图。该跌落点，逆变器低电压穿越过程中发出无功电流，并网点电压波动不大；逆变器输出功率变化，对并网点电压波动的影响非常小。

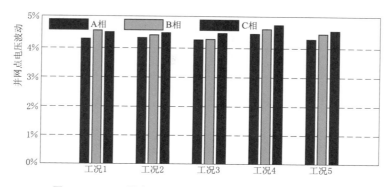

图 3 - 206　三相电压跌落至 $60\%U_n$ 时并网点电压波动

　　图 3 - 207 为各种工况下三相电压跌落至 $80\%U_n$ 时阻抗分压型低电压穿越检测装置对并网点电能质量影响对比图。图中可明显看出，逆变器低电压穿越过程中发出无功电流，工况 3 引起的并网点电压波动小于工况 2，工况 5 引起的并网点电压波动小于工况 4；逆变器输出功率变化，对并网点电压波动的影响非常小。

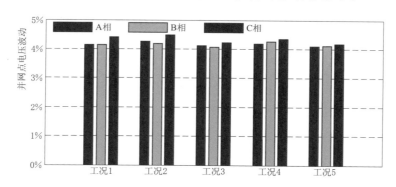

图 3 - 207　三相电压跌落至 $80\%U_n$ 时并网点电压波动

　　图 3 - 208 为各种工况下三相电压跌落至 $90\%U_n$ 时阻抗分压型低电压穿越检测装置对并网点电能质量影响对比图。空载与带载工况下，并网点电压波动基本不变。根据 Q/GDW 617—2011 和 GB/T 19964—2012，电压跌落至 $90\%U_n$ 时逆变器不需要发出无功电流，因此工况 2 与工况 3、工况 4 与工况 5 运行情况一致，对并网点产生的影响也相同。

　　图 3 - 209 为各种工况下 A 相电压跌落至 $0\%U_n$，阻抗分压型低电压穿越检测装置对并网点电能质量影响对比图。各种工况变化，检测装置引起的并网点 A 相电压波

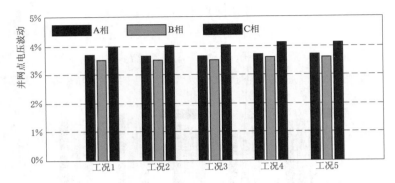

图 3-208　三相电压跌落至 $90\%U_n$ 时并网点电压波动

动变化不大，在 3.5% 附近波动；受变压器的影响，B、C 两相也存在电压波动，波动值均小于 1.5%。

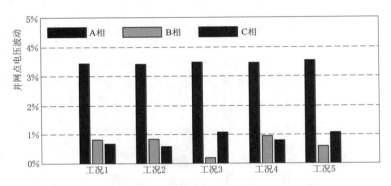

图 3-209　A 相电压跌落至 $0\%U_n$ 时并网点电压波动

图 3-210 为各种工况下 A 相电压跌落至 $20\%U_n$ 时阻抗分压型低电压穿越检测装置对并网点电能质量影响对比图。各种工况变化，检测装置引起的并网点 A 相电压波动变化不大，在 3.3% 附近波动；受变压器的影响，B、C 两相也存在电压波动，波动值均小于 1.1%。

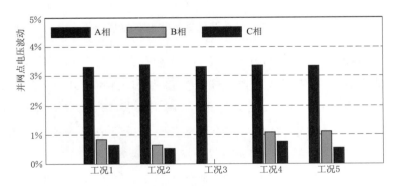

图 3-210　A 相电压跌落至 $20\%U_n$ 时并网点电压波动

图 3-211 为各种工况下 A 相电压跌落至 40%U_n 时阻抗分压型低电压穿越检测装置对并网点电能质量影响对比图。各种工况变化，检测装置引起的并网点 A 相电压波动变化不大，在 3.3% 附近波动，其中工况 3 和工况 5 中逆变器发出无功电流，检测装置引起的电压波动值最小；受变压器的影响，B、C 两相也存在电压波动，波动值均小于 1.1%。

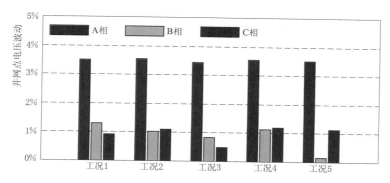

图 3-211　A 相电压跌落至 40%U_n 时并网点电压波动

图 3-212 为各种工况下 A 相电压跌落至 60%U_n 时阻抗分压型低电压穿越检测装置对并网点电能质量影响对比图。各种工况变化，检测装置引起的并网点 A 相电压波动变化不大，在 4% 附近波动；受变压器的影响，B、C 两相也存在电压波动，波动值均小于 1.2%。

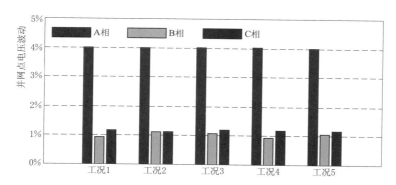

图 3-212　A 相电压跌落至 60%U_n 时并网点电压波动

图 3-213 为各种工况下 A 相电压跌落至 80%U_n 时阻抗分压型低电压穿越检测装置对并网点电能质量影响对比图。由于单相跌落至 80%U_n 时，正序基波电压大于 90%U_n，各种工况下逆变器均不发出无功电流。图中发现，各种工况变化，检测装置引起的并网点 A 相电压波动变化不大，在 3.8% 附近波动；受变压器的影响，B、C 两相也存在电压波动，波动值均小于 1.4%，以空载工况时为最大。

图 3-214 为各种工况下 A 相电压跌落至 90%U_n 时阻抗分压型低电压穿越检测装

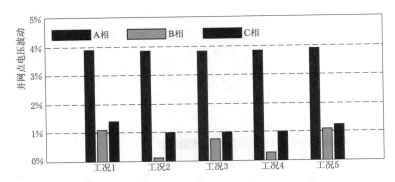

图 3-213 A 相电压跌落至 $80\%U_n$ 时并网点电压波动

置对并网点电能质量影响对比图。电压跌落至 $90\%U_n$ 时，各种工况下逆变器均不发出无功电流。工况 2 与工况 3、工况 4 与工况 5 运行情况一致，对并网点产生的影响相同；各种工况变化，检测装置引起的并网点 A 相电压波动变化不大，在 3.5% 附近波动；受变压器的影响，B、C 两相也存在电压波动，波动值均小于 1.2%。

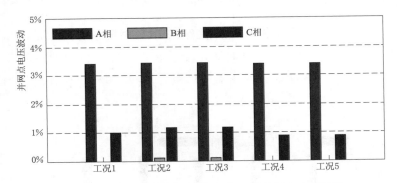

图 3-214 A 相电压跌落至 $90\%U_n$ 时并网点电压波动

3. 结论

（1）检测装置空载引起的电压波动变化。根据图 3-193 和图 3-198，以阻抗分压型低电压穿越检测装置引起的并网点 A 相电压波动为例，三相电压跌落至 $0\%U_n$、$20\%U_n$、$40\%U_n$、$60\%U_n$、$80\%U_n$、$90\%U_n$ 引起的并网点 A 相电压波动分别为 3.57%、3.68%、3.83%、4.30%、4.17%、3.68%，随跌落值的变化，电压波动值没有明显变化规律，电压波动最大值与最小值相差 0.73%，A 相电压跌落至 $0\%U_n$、$20\%U_n$、$40\%U_n$、$60\%U_n$、$80\%U_n$、$90\%U_n$ 引起的并网点 A 相电压波动分别为 3.44%、3.31%、3.51%、3.99%、3.9%、3.42%，没有明显变化规律，电压波动最大值与最小值相差 0.68%。

可以发现，同种跌落工况下，模拟电网型低电压穿越检测装置不会引起并网点电压波形；阻抗分压型低电压穿越检测装置引起的并网点电压波动较为明显，但最大电压波动幅度仍不超过 $5\%U_n$。

（2）逆变器输出有功功率对并网点电压波动的影响。通过对图 3－194、图 3－196、图 3－199 和图 3－201 可得逆变器按照 Q/GDW 617—2011 运行，电压跌落至不同深度引起的并网点电压波动值，见表 3－10。

表 3－10 输出功率变化引起的并网点电压波动值

跌落点	轻载运行引起的A 相电压波动	重载运行引起的A 相电压波动	轻载、重载引起的电压波动差值
三相电压跌落至 $0\%U_n$	3.65%	3.52%	0.13%
三相电压跌落至 $20\%U_n$	3.59%	3.76%	−0.17%
三相电压跌落至 $40\%U_n$	3.87%	3.88%	−0.01%
三相电压跌落至 $60\%U_n$	4.35%	4.50%	−0.15%
三相电压跌落至 $80\%U_n$	4.27%	4.19%	0.08%
三相电压跌落至 $90\%U_n$	3.66%	3.70%	−0.04%
A 相电压跌落至 $0\%U_n$	3.41%	3.47%	−0.06%
A 相电压跌落至 $20\%U_n$	3.39%	3.38%	0.01%
A 相电压跌落至 $40\%U_n$	3.53%	3.53%	0.01%
A 相电压跌落至 $60\%U_n$	4%	4.02%	−0.02%
A 相电压跌落至 $80\%U_n$	3.86%	3.84%	0.02%
A 相电压跌落至 $90\%U_n$	3.44%	3.33%	0.05%

表 3－10 表明，同种运行工况下，逆变器输出有功功率变化，引起的并网点电压波动值变化非常小，最大值为 0.17%。究其原因为逆变器轻载与重载运行，输出的有功功率编号最大为 350kW，与阻抗分压型低电压穿越检测装置短路容量 2MW 相比非常小，同时由于 PT 采样电压引入的测量误差，导致同一个跌落点、按照同一标准运行，逆变器输出功率变化，并网点电压波动值变化有正有负，但是波动变化值都很小。

同理，依据图 3－195、图 3－197、图 3－200 和图 3－202 也可以得出：逆变器输出有功功率变化对两种类型的低电压穿越检测装置引起的并网点电压波动无影响。

（3）无功电流对并网点电压波动的影响。通过对图 3－194、图 3－195、图 3－199、图 3－200 以及图 3－203～图 3－214 进行比较分析，可以得到各个跌落点、逆变器分别按照 Q/GDW 617—2011 和 GB/T 19964—2012 运行引起的并网点 A 相电压波动值，见表 3－11。

表 3－11 中，低电压穿越测试期间，逆变器按照 Q/GDW 617—2011 轻载运行，几乎不发出无功电流，逆变器按照 GB/T 19964—2012 轻载运行，发出动态无功电流支撑电网电压。比较两种工况发现，除 A 相电压跌落至 $0\%U_n$ 和 A 相电压跌落至 $60\%U_n$ 点外，逆变器发出无功电流能够减小并网点电压波动，但由于逆变器能够发

出的最大无功电流为 1.13p. u.，相对于容量为 4MVA 的并网点，无功电流的支撑作用非常小，所以导致表 3-11 中逆变器发出动态无功电流引起的电压波动与不发出无功电流引起的电压波动，最大差值仅为 0.27%。同时，较小的无功电流，以及并网点电压引入的测量误差，导致部分跌落点逆变器发出动态无功电流，但电压波动值比不发出无功电流时增大。

表 3-11　　　　　　　　　无功电流对并网点电压波动的影响

跌　落　点	按 Q/GDW 617—2011 轻载运行		按 GB/T 19964—2012 轻载运行		两种工况引起的电压波动差值
	电压波动	无功电流	电压波动	无功电流	
三相电压跌落至 0%U_n	3.65%	0.5p. u.	3.64%	1.13p. u.	0.01%
三相电压跌落至 20%U_n	3.59%	0	3.48%	0.95p. u.	0.11%
三相电压跌落至 40%U_n	3.87%	0	3.60%	0.84p. u.	0.27%
三相电压跌落至 60%U_n	4.35%	0	4.28%	0.50p. u.	0.07%
三相电压跌落至 80%U_n	4.27%	0	4.13%	0.12p. u.	0.14%
三相电压跌落至 90%U_n	3.66%	0	3.66%	0	0%
A 相电压跌落至 0%U_n	3.41%	0	3.50%	0.41p. u.	−0.09%
A 相电压跌落至 20%U_n	3.39%	0	3.31%	0.25p. u.	0.08%
A 相电压跌落至 40%U_n	3.53%	0	3.44%	0.15p. u.	0.09%
A 相电压跌落至 60%U_n	4.0%	0	4.01%	0.04p. u.	−0.01%
A 相电压跌落至 80%U_n	3.86%	0	3.83%	0	0.03%
A 相电压跌落至 90%U_n	3.44%	0	3.44%	0	0%

　　总体来说，逆变器在低电压穿越过程中进行的动态无功补偿，将有助于减小阻抗分压型低电压穿越检测装置对并网点电压造成的波动影响。

3.4.4　小结

　　本节主要开展了低电压穿越检测装置对电网的影响的研究工作。首先，制定总体研究方案，利用阻抗分压型低电压穿越检测装置和模拟电网型低电压穿越检测装置，对于空载、轻载和重载工况下的同一型号逆变器开展低电压穿越测试；其次，分析不同测试工况下的测试结果，研究不同测试工况对电网的影响；最后，对比研究了两种检测装置对并网点电压跌落精度和电网电压波动产生的影响，得出了以下结论：

　　（1）空载工况下，模拟电网型低电压穿越检测装置的跌落精度明显高于阻抗分压型低电压穿越检测装置。

　　（2）逆变器输出有功功率变化对两种类型的低电压穿越检测装置电压跌落精度无影响。

　　（3）低电压穿越过程中逆变器动态无功电流输出能够较大地减小阻抗分压型低电

压穿越检测装置的电压跌落深度，但对模拟电网型低电压穿越检测装置设定的电压跌落深度影响较小。

（4）同种跌落工况下，模拟电网型低电压穿越检测装置几乎不会引起并网点电压波形变化。阻抗分压型低电压穿越检测装置引起的并网点电压波动较为明显，但最大电压波动幅度仍不超过 $5\%U_n$。

（5）逆变器输出有功功率变化对两种类型的低电压穿越检测装置引起的并网点电压波动无影响。

（6）逆变器在低电压穿越过程中进行的动态无功补偿，将有助于减小阻抗分压型低电压穿越检测装置对并网点电压造成的波动影响。

可以看出，两种检测装置都能够达到标准要求的跌落精度，且造成的并网点电压波动小于 5%，均能满足低电压穿越测试功能。而模拟电网型低电压穿越检测装置作为电力电子装置，能够快速响应指令，在响应时间和稳态跌落精度明显优于阻抗分压型低电压穿越检测装置。但是由于现实中无法提取真实电网暂态特性指标，模拟电网型低电压穿越检测装置很难通过自身控制策略来模拟真实电网故障暂态特性，而阻抗分压型低电压穿越检测装置与真实电网结构具有很大相似性，因此测试中宜采用阻抗分压型低电压穿越检测装置。

3.5 现场低电压穿越检测案例

根据大规模光伏电站低电压穿越能力检测技术研究需求，选择采用阻抗分压型低电压穿越检测装置测试的甘肃某光伏电站和模拟电网型低电压穿越检测装置测试的青海省某光伏电站为例，介绍两座光伏电站低电压穿越检测的实际测试情况。

3.5.1 检测案例一

3.5.1.1 光伏电站基本信息

甘肃某光伏电站位于敦煌市，地域开阔，光照条件优越，年日照总时间达 3226.1h，年峰值日照时间达 730h，年均日照强度为 6364.13MJ/m²，是理想的太阳能光伏发电场。该电站总装机容量为 18MW，共 18 个并网发电单元，每个单元为 1MW，每个 1MW 光伏并网发电单元的电池组件采用串并联的方式将多个光伏组件组成多个太阳能电池阵列，光伏阵列输入光伏方阵防雷汇流箱后接入直流配电柜，然后经并网光伏逆变器和交流防雷配电柜接入 0.27kV/35kV 变压配电装置进行升压，与远端 35kV 母线连接。

电站使用的光伏组件涵盖单晶和多晶两种类型，光伏组件安装类型为固定式，组件安装倾角为 39°。电站使用两种类型的光伏逆变器，包括 6 台逆变器 A 和 30 台逆变器 B，两种逆变器参数见表 3-12 和表 3-13。

表 3-12 逆变器 A 电气参数

直流侧参数		交流侧参数	
直流母线启动电压/V	470	最大输出功率/kW	550
最低直流母线电压/V	450	额定网侧电压/V	270
最高直流母线电压/V	900	允许网侧电压范围/V	210~310
满载 MPPT 电压范围/V	450~820	额定电网频率/Hz	50/60
最佳 MPPT 工作点电压/V	450	允许电网频率范围/Hz	47~52/57~62
最大输入电流/A	1247	最大交流输出电流/A	1170
		有无隔离变/升压变	无
电路拓扑			

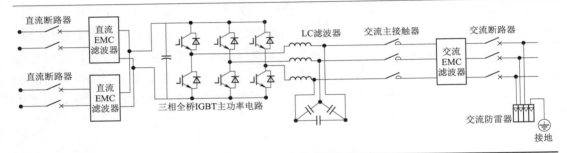

表 3-13 逆变器 B 电气参数

直流侧参数		交流侧参数	
直流母线启动电压/V	300	最大输出功率/kW	500
最低直流母线电压/V	300	额定网侧电压/V	380
最高直流母线电压/V	900	允许网侧电压范围/V	280~480
满载 MPPT 电压范围/V	300~850	额定电网频率/Hz	50
最佳 MPPT 工作点电压/V	600	允许电网频率范围/Hz	48~50.5
最大输入电流/A	1200	最大交流输出电流/A	794
		有无隔离变/升压变	无
单元模块电路拓扑			

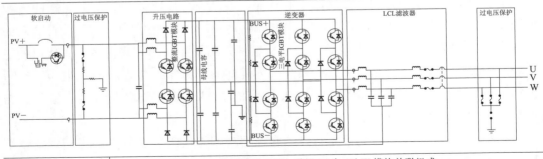

备注	此型号逆变器，采用 10 台 50kW 模块并联组成

3.5.1.2 现场测试方案

甘肃某光伏电站使用的低电压穿越移动测试装置，集成安装于 1 台 12.192m 标准海运集装高箱内，集装箱具体尺寸为 12192mm×2438mm×2896mm（长×宽×高），整体重量约为 19t，整体外观如图 3-215 所示。

图 3-215　光伏电站并网检测用低电压穿越移动测试装置

测试设备主要由电抗器组合、开关柜组合以及综合控制系统构成。通过"导铜排"（即短接电抗器组合内不同电抗器间的铜排）和闭合开关柜组合内的不同开关组合，形成限流电抗器和接地电抗器的不同阻抗值，即可实现不同跌落深度的电压跌落故障模拟。该设备可实现多个电压跌落深度的模拟，其跌落类型只有三相电压对称跌落和 AB 相不对称跌落两种。因此，受设备功能限制，Q/GDW 618—2011 中规定的单相不对称跌落测试项目无法进行。

检测装置使用时串接在电站并网点处，由可调限流电抗器和可调接地电抗器的不同组合，实现不同等级的电压跌落故障模拟，其主接线图如图 3-216 所示。图中 S1、S2 为隔离开关；G1、G2 为接地开关；CB1、CB2、CB3 为断路器；JCQ 为单相接触器。该装置的集装箱内接有一台奥地利德维创品牌的 18 通道录波仪，采集并网点三相电压和三相电流信号；测试由操作人员在电站集控室的 PC 客户端发出远程遥控命令来完成。

光伏电站低电压穿越测试需针对电站内全部逆变器种类开展测试。由于低电压穿越测试装置容量的限制，选择光伏并网发电单元作为被测对象，按逆变器型号的不同将整个光伏电站划为多个分区，根据抽检原则选取第 2 单元和第 9 单元。第 2 单元由 2 台逆变器 A 组成，第 9 单元由 2 台逆变器 B 组成。

测试接线时先停止被测并网单元逆变器的输出，将测试电缆接在被测并网单元的并网断路器两侧，测试接线图如图 3-217 所示，从而将移动检测平台串接在电站网

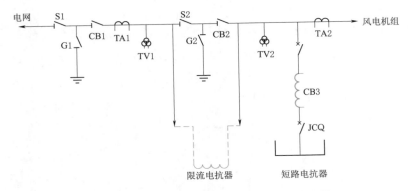

图 3 - 216　低电压穿越检测系统一次主接线图

络主回路中，接线工作完成后闭合被测单元并网断路器，恢复所有电源，使电站正常运行。

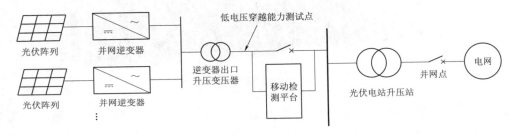

图 3 - 217　光伏电站低电压穿越能力测试的常规测试接线

具体的检测步骤如下：

（1）空载测试。确定被测光伏发电单元各设备处于停运状态，调节低电压穿越检测装置，模拟电压三相对称跌落和两相（或单相）不对称跌落，电压跌落点为 $20\%U_n$、$(20\%\sim40\%)U_n$、$(40\%\sim60\%)U_n$、$(60\%\sim80\%)U_n$、$(80\%\sim90\%)U_n$ 区间内任意选取 5 个点。

（2）低电压穿越轻载测试。被测功率单元功率范围为 $0.1P_n<P<0.3P_n$，功率单元输出稳定后开始测试。轻载测试仅针对 ABC 三相平衡跌落，对空载测试中选择的 $20\%U_n$、$(40\%\sim60\%)U_n$、$(60\%\sim80\%)U_n$ 区间内的 3 个点开展测试，记录测试数据和波形，同一点应进行连续两次测试并通过。

（3）低电压穿越满载测试。被测功率单元功率范围为 $0.8P_n<P$，功率单元输出稳定后开始测试。参照 Q/GDW 617—2011 中大中型光伏电站低电压穿越能力要求曲线，分别设置光伏电站并网点处三相电压幅值、两相电压幅值分别为空载测试中选择的 $20\%U_n$、$(20\%\sim40\%)U_n$、$(40\%\sim60\%)U_n$、$(60\%\sim80\%)U_n$、$(80\%\sim90\%)U_n$ 区间内的点，记录 5 个光伏电站并网点处电压、持续时间及波形，同一点应进行连续两次测试并通过。

（4）数据处理。

读取数据采集装置和功率测试装置的数据进行分析，输出报表和测量曲线，并判别是否满足 Q/GDW 617—2011 要求。

3.5.1.3　检测结果分析

根据两个被测并网发电单元测试结果，分别计算相电流、线电压、基波正序无功电流、基波正序有功功率及无功功率，本节选取三相轻载、AB 相重载分别跌落至 $20\%U_n$、$60\%U_n$ 四种工况开展分析工作。

为了更加直观地观测低电压穿越过程中电压、电流变化，下述波形均采用标幺值表示，电压基准值为 35kV，功率基准值为 500kW。

1. 第 2 并网发电单元

（1）空载运行，三相电压跌落至 $20\%U_n$。

表 3-14 为阻抗分压型低电压穿越检测装置空载运行，三相电压跌落至 $20\%U_n$ 时测量参数，图 3-218 为该工况下电压有效值波形，电压跌落精度为 18%，电压跌落响应时间为 15ms，恢复响应时间为 12ms。

表 3-14　　甘肃某光伏电站第 2 单元空载运行，三相电压跌落至 $20\%U_n$ 时参数

测 量 参 数	电压跌落前	穿越过程	电压恢复后
交流输出侧 A 相电压 U_{ab}/V	37712.78	6765.03	37237.77
交流输出侧 B 相电压 U_{bc}/V	37532.75	6761.13	37592.19
交流输出侧 C 相电压 U_{ca}/V	37512.91	6741.65	37430.88

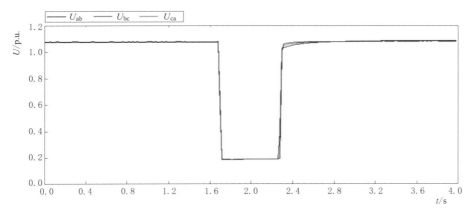

图 3-218　三相电压跌落至 $20\%U_n$ 时电压波形图（空载运行）

（2）空载运行，三相电压跌落至 $60\%U_n$。

表 3-15 为阻抗分压型低电压穿越检测装置空载运行，三相电压跌落至 $60\%U_n$ 时测量参数，图 3-219 为该工况下电压有效值波形，电压跌落精度为 61%，电压跌落响应时间为 16ms，恢复响应时间为 13ms。

表 3 - 15   甘肃某光伏电站第 2 单元空载运行，三相电压跌落至 60%U_n 时参数

测 量 参 数	电压跌落前	穿越过程	电压恢复后
交流输出侧 A 相电压 U_{ab}/V	38098.82	23457.33	38377.69
交流输出侧 B 相电压 U_{bc}/V	38035.64	23501.56	38360.36
交流输出侧 C 相电压 U_{ca}/V	37822.89	23363.63	38158.65

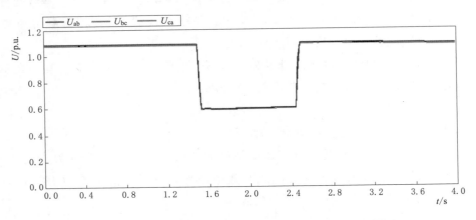

图 3 - 219   三相电压跌落至 60%U_n 电压波形图（空载运行）

（3）空载运行，两相电压跌落至 20%U_n。

表 3 - 16 为阻抗分压型低电压穿越检测装置空载运行，两相电压跌落至 20%U_n 时测量参数，图 3 - 220 为该工况下电压有效值波形，AB 线电压跌落精度为 18%，电压跌落响应时间为 15ms，恢复响应时间为 12ms。

表 3 - 16   甘肃某光伏电站第 2 单元空载运行，两相电压跌落至 20%U_n 时参数

测 量 参 数	电压跌落前	穿越过程	电压恢复后
交流输出侧 A 相电压 U_{ab}/V	37767.86	6773.57	37784.6
交流输出侧 B 相电压 U_{bc}/V	37697.69	32941.63	37829.9
交流输出侧 C 相电压 U_{ca}/V	37655.41	32732.41	37731.12

（4）空载运行，两相电压跌落至 60%U_n。

表 3 - 17 为阻抗分压型低电压穿越检测装置空载运行，两相电压跌落至 60%U_n 测量参数，图 3 - 221 该工况下电压有效值波形，AB 线电压跌落精度为 61%，电压跌落响应时间为 11ms，恢复响应时间为 12ms。

表 3 - 17   甘肃某光伏电站第 2 单元空载运行，两相电压跌落至 60%U_n 时参数

测 量 参 数	电压跌落前	穿越过程	电压恢复后
交流输出侧 A 相电压 U_{ab}/V	38163.98	23638.94	38398.87
交流输出侧 B 相电压 U_{bc}/V	37971.85	35226.28	38293.55
交流输出侧 B 相电压 U_{ca}/V	37878.48	34770.83	38135.61

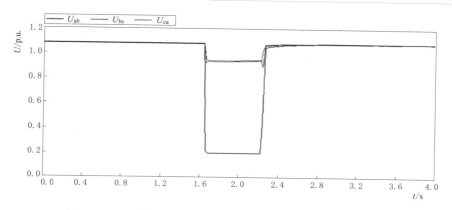

图 3-220　两相电压跌落至 $20\%U_n$ 电压波形图（空载运行）

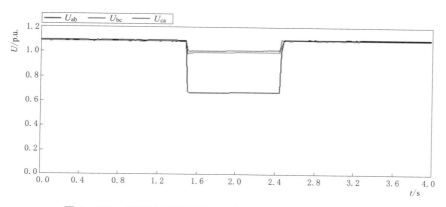

图 3-221　两相电压跌落至 $20\%U_n$ 电压波形图（空载运行）

（5）轻载 $0.1P_n<P<0.3P_n$，三相电压跌落至 $20\%U_n$。

表 3-18 为光伏并网单元轻载运行，三相电压跌落至 $20\%U_n$ 时测量参数，电压实际跌落深度为 $17.7\%U_n$，跌落持续时间为 980ms。

表 3-18　甘肃某光伏电站第 2 单元轻载运行，三相电压跌落至 $20\%U_n$ 时参数

测 量 参 数	电压跌落前	穿越过程	电压恢复后
交流输出侧 A 相电压 U_{ab}/V	38234.63	6779.04	38061.01
交流输出侧 B 相电压 U_{bc}/V	38093.51	6801.79	38308.73
交流输出侧 B 相电压 U_{ca}/V	37995.08	6728.13	37953.62
交流输出侧 A 相电流 I_a/A	4.64	7.96	6.2
交流输出侧 B 相电流 I_b/A	4.86	30.46	7.54
交流输出侧 B 相电流 I_c/A	5.08	21.7	3.04
交流输出侧有功功率/kW	296.86	156.90	286.68
交流输出侧无功功率/kvar	121.92	−111.78	−192.04
故障持续时间/ms		980	
功率恢复时间/s		0.34	

无功支撑能力：由图 3 - 222 可以看出，当并网点电压发生跌落时，无功电流均为负值，发出无功呈容性，向电网吸收 111.78kvar 感性无功，发电单元不具备无功支撑能力。

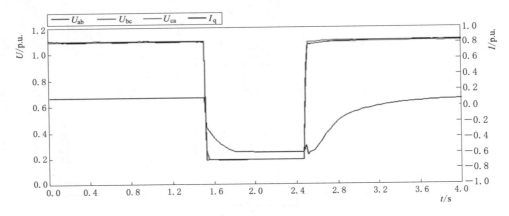

图 3 - 222　三相轻载跌落至 20%U_n 时电压和无功电流有效值波形图

低电压穿越能力：由图 3 - 223 可以看出，当并网点电压发生三相对称跌落时，三相电流无断续，可以看出，在并网点电压发生跌落时，光伏发电单元未脱网运行，具备低电压穿越能力。

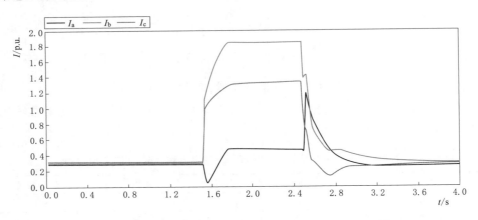

图 3 - 223　三相轻载跌落至 20%U_n 时电流有效值波形图

有功功率恢复能力：Q/GDW 617—2011 中指出，光伏电站有功功率在电压发生跌落后至少以每秒 10% 的速率恢复。由图 3 - 224 可以看出，有功功率由 156.90kW 恢复至 268.68kW，功率恢复时间为 0.34s，有功功率恢复速率满足要求。

（6）轻载 0.1P_n＜P＜0.3P_n，三相电压跌落至 60%U_n。

表 3 - 19 为轻载运行，三相电压跌落至 60% 时 U_n 时测量参数，电压跌落深度为 61.7%U_n，故障跌落持续时间为 2180ms。

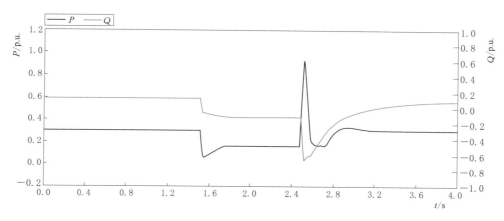

图 3-224　三相轻载跌落至 20%U_n 时有功/无功功率波形图

表 3-19　甘肃某光伏电站第 2 单元 LVRT 测试轻载运行，三相电压跌落至 60%U_n 时参数

测 量 参 数	电压跌落前	穿越过程	电压恢复后
交流输出侧 A 相电压 U_{ab}/V	37966.41	23449.33	38564.44
交流输出侧 B 相电压 U_{bc}/V	38061.81	23583.97	38754.88
交流输出侧 C 相电压 U_{ca}/V	37661.46	23252.81	38295.12
交流输出侧 A 相电流 I_a/A	4.02	7.4	3.16
交流输出侧 B 相电流 I_b/A	4.18	8.42	4.82
交流输出侧 C 相电流 I_c/A	4.3	2.64	3.9
交流输出侧有功功率/kW	246.28	198.82	259.8
交流输出侧无功功率/kvar	118.34	−116.38	3.66
故障持续时间/ms		2180	
功率恢复时间/s		0.46	

无功支撑能力：由图 3-225 可以看出，当并网点电压发生跌落时，无功电流均为负值，发出无功呈容性，向电网吸收 116.38kvar 感性无功，发电单元不具备无功支撑能力。

低电压穿越能力：由图 3-226 可以看出，当并网点电压发生三相对称跌落时，三相电流无断续，可以看出，在并网点电压发生跌落时，光伏发电单元未脱网运行，具备低电压穿越能力。

有功功率恢复能力：Q/GDW 617—2011 中指出，光伏电站有功功率在电压发生跌落后至少以每秒 10% 的速率恢复。由图 3-227 可以看出，有功功率由 198.82kW 恢复至 259.8kW，功率恢复时间为 0.46s，有功功率恢复速率满足要求。

（7）重载 0.8P_n＜P，两相电压跌落至 20%U_n。

表 3-20 为重载运行，两相电压跌落至 20%U_n 时测量参数，电压跌落深度为 18.1%U_n，故障跌落持续时间为 960ms。

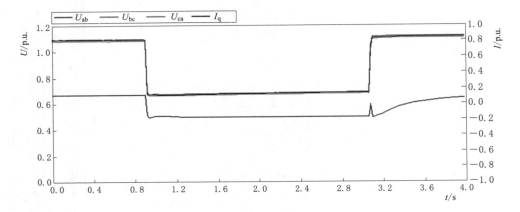

图 3 - 225　三相轻载跌落至 $60\%U_n$ 时电压和无功电流有效值波形图

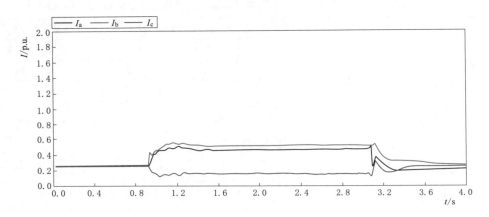

图 3 - 226　三相轻载跌落至 $60\%U_n$ 时电流有效值波形图

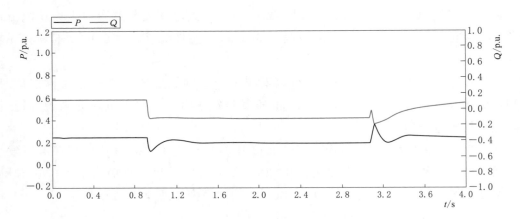

图 3 - 227　三相轻载跌落至 $60\%U_n$ 时有功/无功功率波形图

表 3 - 20　　甘肃某光伏电站第 2 单元 LVRT 测试重载运行，两相电压跌落至 20%U_n 时参数

测量参数	电压跌落前	穿越过程	电压恢复后
交流输出侧 A 相电压 U_{ab}/V	38341.63	6880.44	37847.36
交流输出侧 B 相电压 U_{bc}/V	38288.72	33441.96	38060.65
交流输出侧 B 相电压 U_{ca}/V	38261.11	33287.05	38058.76
交流输出侧 A 相电流 I_a/A	13.06	10.12	12.04
交流输出侧 B 相电流 I_b/A	13.66	23.98	17.8
交流输出侧 B 相电流 I_c/A	14.28	17.6	14.58
交流输出侧有功功率/kW	896.08	600.62	911.88
交流输出侧无功功率/kvar	135.46	−92.30	−303.66
故障持续时间/ms		960	
功率恢复时间/s		0.26	

　　无功支撑能力：由图 3 - 228 可以看出，当并网点电压发生跌落时，无功电流均为负值，发出无功呈容性，向电网吸收 92.30kvar 感性无功，发电单元不具备无功支撑能力。

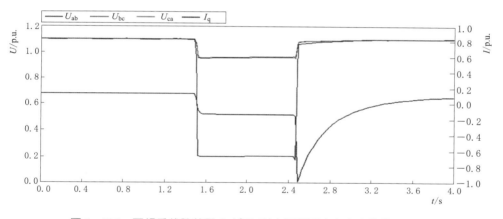

图 3 - 228　两相重载跌落至 20%U_n 时电压和无功电流有效值波形图

　　低电压穿越能力：当并网点电压发生三相对称跌落时，三相电流无断续，图 3 - 229 可以看出，在并网点电压发生跌落时，光伏发电单元未脱网运行，具备低电压穿越能力。

　　有功功率恢复能力：Q/GDW 617—2011 中指出，光伏电站有功功率在电压发生跌落后至少以每秒 10% 的速率恢复，由图 3 - 230 所示，有功功率由 600.62kW 恢复至 911.88kW，功率恢复时间为 0.26s，有功功率恢复速率满足要求。

　　(8) 重载 0.8P_n<P，两相电压跌落深度 60%U_n。

　　表 3 - 21 为重载运行，两相电压跌落至 60%U_n 测量参数，电压跌落深度为 61.4%U_n，故障跌落持续时间为 2180ms。

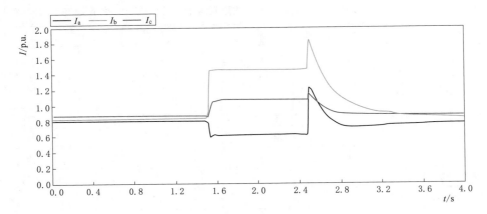

图 3-229　两相重载跌落至 $20\%U_n$ 时电流有效值波形图

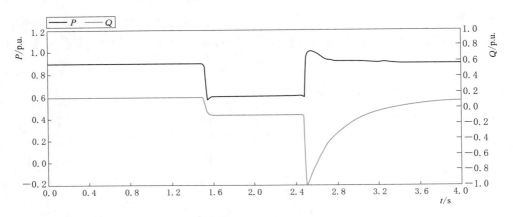

图 3-230　两相重载跌落至 $20\%U_n$ 时有功/无功功率波形图

表 3-21　甘肃某光伏电站第 2 单元 LVRT 测试重载运行，两相电压跌落至 $60\%U_n$ 时参数

测量参数	电压跌落前	穿越过程	电压恢复后
交流输出侧 A 相电压 U_{ab}/V	38167.88	23465.15	38141.35
交流输出侧 B 相电压 U_{bc}/V	38222.26	35117.06	38252.28
交流输出侧 C 相电压 U_{ca}/V	37748.67	34550.03	37886.74
交流输出侧 A 相电流 I_a/A	12.78	7.02	11.02
交流输出侧 B 相电流 I_b/A	13.38	21.52	16.94
交流输出侧 C 相电流 I_c/A	13.76	21.66	14.28
交流输出侧有功功率/kW	866.08	807.16	868.70
交流输出侧无功功率/kvar	136.06	-152.22	-288.68
故障持续时间/ms		2180	
功率恢复时间/s		0.18	

无功支撑能力：由图 3-231 可以看出，当并网点电压发生跌落时，无功电流均为负值，发出无功呈容性，向电网吸收 152.22kvar 感性无功，发电单元不具备无功支撑能力。

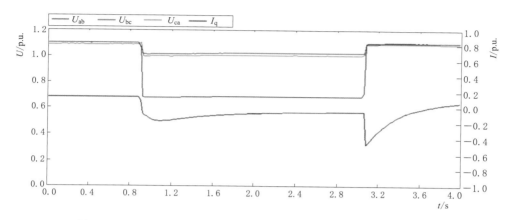

图 3-231　两相重载跌落至 $60\%U_n$ 时电压和无功电流有效值波形图

低电压穿越能力：由图 3-232 可以看出，当并网点电压发生三相对称跌落时，三相电流无断续，在并网点电压发生跌落时，光伏发电单元未脱网运行，具备低电压穿越能力。

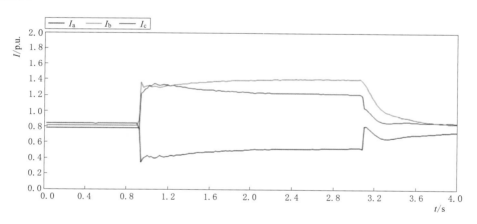

图 3-232　两相重载跌落至 $60\%U_n$ 时电流有效值波形图

有功功率恢复能力：Q/GDW 617—2011 中指出，光伏电站有功功率在电压发生跌落后至少以每秒 10% 的速率恢复。由图 3-233 可以看出，有功功率由 807.16kW 恢复至 868.70kW，功率恢复时间为 0.18s，有功功率恢复速率满足要求。

2. 第 9 单元并网发电单元

(1) 空载，三相电压跌落至 $20\%U_n$。

表 3-22 为空载运行，三相电压跌落至 $20\%U_n$ 测量参数，图 3-234 为该工况下

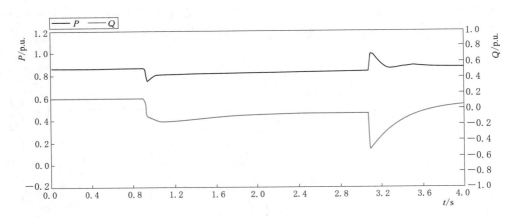

图 3-233　两相重载跌落至 60%U_n 时有功/无功功率波形图

电压有效值波形，电压跌落精度为 17.9%，电压跌落响应时间为 10ms，恢复响应时间为 8ms。

表 3-22　　甘肃某光伏电站第 9 单元 LVRT 测试空载运行，三相电压跌落至 20%U_n 时参数

测 量 参 数	电压跌落前	穿越过程	电压恢复后
交流输出侧 A 相电压 U_{ab}/V	37868.89	6778.62	37952.85
交流输出侧 B 相电压 U_{bc}/V	37992.67	6778.51	37724.01
交流输出侧 C 相电压 U_{ca}/V	37955.50	6755.04	37895.62

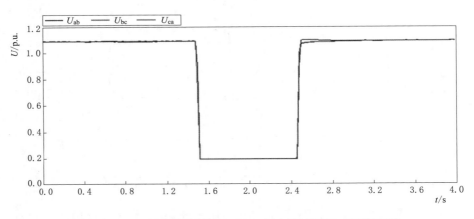

图 3-234　三相电压跌落至 20%U_n 时电压波形图（空载运行）

（2）空载，三相电压跌落至 60%U_n。

表 3-23 为空载运行，三相电压跌落至 60%U_n 时测量参数，图 3-235 为该工况下电压有效值波形，电压跌落精度为 61.7%，电压跌落响应时间为 15ms，恢复响应时间为 12ms。

表 3 - 23   甘肃某光伏电站第 9 单元 LVRT 测试空载运行，三相电压跌落至 60%U_n 时参数

测 量 参 数	电压跌落前	穿越过程	电压恢复后
交流输出侧 A 相电压 U_{ab}/V	38146.8	23549.07	38169.81
交流输出侧 B 相电压 U_{bc}/V	38148.54	23514.44	38094.08
交流输出侧 B 相电压 U_{ca}/V	37948.2	23400.88	37945.78

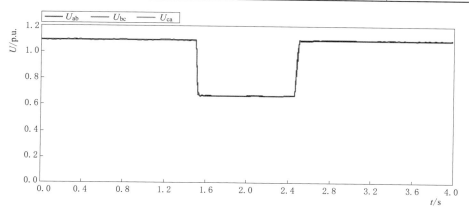

图 3 - 235   三相电压跌落至 60%U_n 时电压波形图（空载运行）

（3）空载，两相电压跌落至 20%U_n。

表 3 - 24 为空载运行，两相电压跌落至 20%U_n 时测量参数，图 3 - 236 为该工况下电压有效值波形，电压跌落精度为 18%U_n，电压跌落响应时间为 15ms，恢复响应时间为 12ms。

表 3 - 24   甘肃某光伏电站第 9 单元 LVRT 测试空载运行，两相电压跌落至 20%U_n 时参数

测 量 参 数	电压跌落前	穿越过程	电压恢复后
交流输出侧 A 相电压 U_{ab}/V	37903.69	6762.19	37514.8
交流输出侧 B 相电压 U_{bc}/V	38083.93	33223.08	37965.78
交流输出侧 B 相电压 U_{ca}/V	38053.11	33008.04	37833.45

（4）空载，两相电压跌落至 60%U_n。

表 3 - 25 为空载运行，两相电压跌落至 60%U_n 时测量参数，图 3 - 237 为该工况下电压有效值波形，电压跌落精度为 61.6%，电压跌落响应时间为 12ms，恢复响应时间为 13ms。

表 3 - 25   甘肃某光伏电站第 9 单元 LVRT 测试空载运行，两相电压跌落至 60%U_n 时参数

测 量 参 数	电压跌落前	穿越过程	电压恢复后
交流输出侧 A 相电压 U_{ab}/V	38065.94	23469.41	38004.87
交流输出侧 B 相电压 U_{bc}/V	38032.72	35128.84	38032.17
交流输出侧 C 相电压 U_{ca}/V	37900.23	34654.63	37876.46

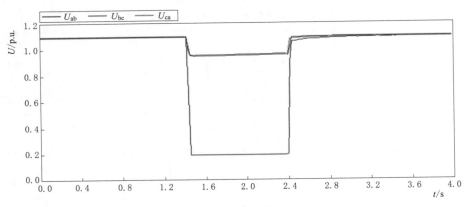

图 3-236　两相电压跌落至 20%U_n 时电压波形图（空载运行）

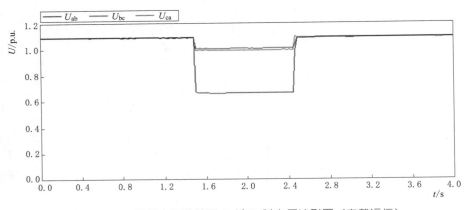

图 3-237　两相电压跌落至 60%U_n 时电压波形图（空载运行）

（5）轻载 0.1P_n＜P＜0.3P_n，三相电压跌落至 20%U_n。

表 3-26 为轻载运行，三相电压跌落至 20%U_n 时测量参数，电压跌落深度为 17.9%U_n，故障跌落持续时间为 980ms。

表 3-26　　甘肃某光伏电站第 9 单元 LVRT 测试轻载运行，三相电压跌落至 20%U_n 时参数

测 量 参 数	电压跌落前	穿越过程	电压恢复后
交流输出侧 A 相电压 U_{ab}/V	37990.07	6803.19	37572.45
交流输出侧 B 相电压 U_{bc}/V	37992.39	6812.27	37460.95
交流输出侧 C 相电压 U_{ca}/V	37913.61	6784.92	37786.49
交流输出侧 A 相电流 I_a/A	4.04	1.64	1.46
交流输出侧 B 相电流 I_b/A	4.22	22.18	6.72
交流输出侧 C 相电流 I_c/A	4.04	16.9	7.3
交流输出侧有功功率/kW	230.2	71.6	232.52
交流输出侧无功功率/kvar	139.74	−59.8	−207.44
故障持续时间/ms		980	
功率恢复时间/s		0.18	

无功支撑能力：由图 3-238 可以看出，当并网点电压发生跌落时，无功电流均为负值，发出无功呈容性，向电网吸收 59.8kvar 感性无功，发电单元不具备无功支撑能力。

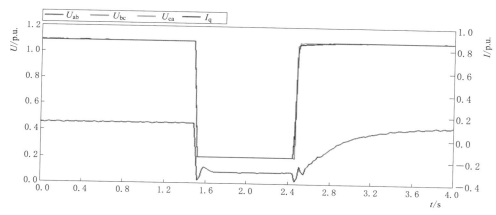

图 3-238　三相轻载跌落至 $20\%U_{n}$ 时电压和无功电流有效值波形图

低电压穿越能力：由图 3-239 可以看出，当并网点电压发生三相对称跌落时，三相电流无断续，在并网点电压发生跌落时，光伏发电单元未脱网运行，具备低电压穿越能力。

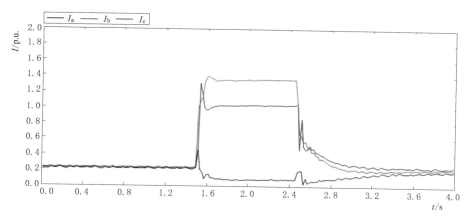

图 3-239　三相轻载跌落至 $20\%U_{n}$ 时电流有效值波形图

有功功率恢复能力：Q/GDW 617—2011 中指出，光伏电站有功功率在电压发生跌落后至少以每秒 10% 的速率恢复。由图 3-240 可以看出，有功功率由 71.6kW 恢复至 232.52kW，功率恢复时间为 0.18s，有功功率恢复速率满足要求。

（6）轻载 $0.1P_{n}<P<0.3P_{n}$，三相电压跌落至 $60\%U_{n}$。

表 3-27 为轻载运行，三相电压跌落至 $60\%U_{n}$ 测量参数时，电压跌落深度为 $62\%U_{n}$，故障跌落持续时间为 2180ms。

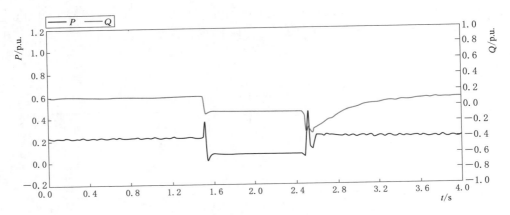

图 3 - 240　三相轻载跌落至 20%U_n 时有功/无功功率波形图

表 3 - 27　　甘肃某光伏电站第 9 单元 LVRT 测试轻载运行，三相电压跌落至 60%U_n 时参数

测 量 参 数	电压跌落前	穿越过程	电压恢复后
交流输出侧 A 相电压 U_{ab}/V	37922.89	23542.81	38130.78
交流输出侧 B 相电压 U_{bc}/V	38041.12	23629.72	38241.99
交流输出侧 C 相电压 U_{ca}/V	37854.83	23488.41	37988.88
交流输出侧 A 相电流 I_a/A	4.62	9.46	4.92
交流输出侧 B 相电流 I_b/A	4.82	8.34	4.42
交流输出侧 C 相电流 I_c/A	4.62	0.86	3.24
交流输出侧有功功率/kW	270.48	223.02	271.88
交流输出侧无功功率/kvar	147.44	—115	144.82
故障持续时间/ms		2180	
功率恢复时间/s		0.12	

无功支撑能力：由图 3 - 241 可以看出，当并网点电压发生跌落时，无功电流均为负值，发出无功呈容性，向电网吸收 115kvar 感性无功，发电单元不具备无功支撑能力。

低电压穿越能力：由图 3 - 242 可以看出，当并网点电压发生三相对称跌落时，三相电流无断续，在并网点电压发生跌落时，光伏发电单元未脱网运行，具备低电压穿越能力。

有功功率恢复能力：Q/GDW 617—2011 中指出，光伏电站有功功率在电压发生跌落后至少以每秒 10% 的速率恢复。由图 3 - 243 可以看出，有功功率由 223.02kW 恢复至 271.88kW，功率恢复时间为 0.12s，有功功率恢复速率满足要求。

(7) 重载 $0.8P_n < P$，两相电压跌落深度 20%U_n。

表 3 - 28 为重载运行，两相电压跌落至 20%U_n 时测量参数，电压跌落深度为 18.1%U_n，故障跌落持续时间为 960ms。

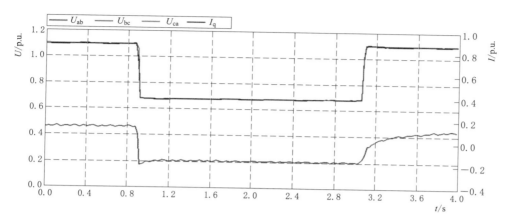

图 3-241　三相轻载跌落至 $60\%U_n$ 时电压和无功电流有效值波形图

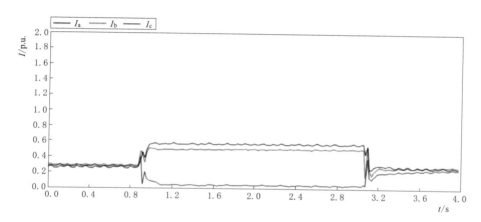

图 3-242　三相轻载跌落至 $60\%U_n$ 时电流有效值波形图

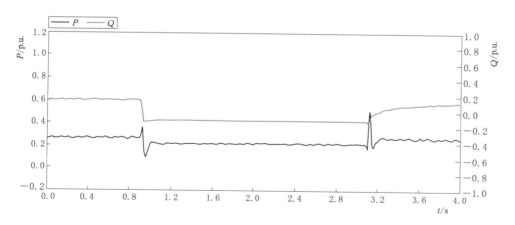

图 3-243　三相轻载跌落至 $60\%U_n$ 时有功/无功功率波形图

表 3 - 28　　甘肃某光伏电站第 9 单元 LVRT 测试重载运行，两相电压跌落至 20% U_n 时参数

测 量 参 数	电压跌落前	穿越过程	电压恢复后
交流输出侧 A 相电压 U_{ab}/V	38118.26	6808.45	38077.98
交流输出侧 B 相电压 U_{bc}/V	37985.07	33059.91	37983.28
交流输出侧 C 相电压 U_{ca}/V	37956.44	32913.57	37961.5
交流输出侧 A 相电流 I_a/A	12.87604	10.08	12.26
交流输出侧 B 相电流 I_b/A	13.40957	24.44	13.04
交流输出侧 C 相电流 I_c/A	13.68662	17.46	13.52
交流输出侧有功功率/kW	868.44	604.82	844.52
交流输出侧无功功率/kvar	124.38	−108.64	110.1
故障持续时间/ms		960	
功率恢复时间/s		0.5	

　　无功支撑能力：由图 3 - 244 可以看出，当并网点电压发生跌落时，无功电流均为负值，发出无功呈容性，向电网吸收 108.64kvar 感性无功，发电单元不具备无功支撑能力。

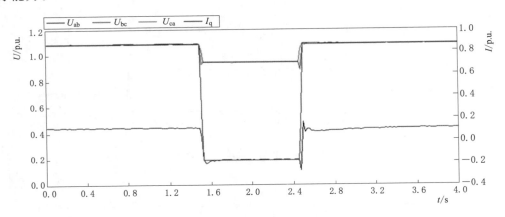

图 3 - 244　两相重载跌落至 20% U_n 时电压和无功电流有效值波形图

　　低电压穿越能力：由图 3 - 245 可以看出，当并网点电压发生三相对称跌落时，三相电流无断续，在并网点电压发生跌落时，光伏发电单元未脱网运行，具备低电压穿越能力。

　　有功功率恢复能力：Q/GDW 617—2011 中指出，光伏电站有功功率在电压发生跌落后至少以每秒 10% 的速率恢复。由图 3 - 246 可以看出，有功功率由 604.82kW 恢复至 844.52kW，功率恢复时间为 0.50s，有功功率恢复速率满足要求。

　　（8）重载 $0.8P_n < P$，两相电压跌落深度 60% U_n。

　　表 3 - 29 为重载运行，两相电压跌落至 60% U_n 时测量参数，电压跌落深度为 61.5% U_n，故障跌落持续时间为 2180ms。

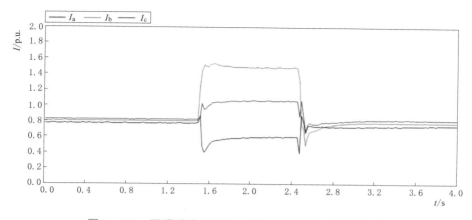

图 3-245 两相重载跌落至 $20\%U_n$ 时电流有效值波形图

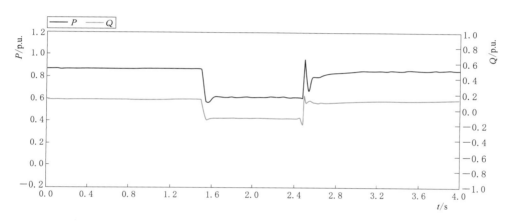

图 3-246 两相重载跌落至 $20\%U_n$ 时有功/无功功率波形图

表 3-29 甘肃某光伏电站第 9 单元 LVRT 测试重载运行，两相电压跌落至 $60\%U_n$ 时参数

测 量 参 数	电压跌落前	穿越过程	电压恢复后
交流输出侧 A 相电压 U_{ab}/V	38000.96	23377.46	38024.17
交流输出侧 B 相电压 U_{bc}/V	37964.75	34968.75	38137.35
交流输出侧 C 相电压 U_{ca}/V	37716.4	34447.91	37778.31
交流输出侧 A 相电流 I_a/A	12.24	9.84	12.32
交流输出侧 B 相电流 I_b/A	12.88	22.18	14.18
交流输出侧 C 相电流 I_c/A	12.94	18.28	11.26
交流输出侧有功功率/kW	821.58	820.52	817.38
交流输出侧无功功率/kvar	131.74	−66.88	−88.86
故障持续时间/ms		2180	
功率恢复时间/s		0.02	

无功支撑能力：由图 3-247 可以看出，当并网点电压发生跌落时，无功电流均为负值，发出无功呈容性，向电网吸 66.88kvar 感性无功，发电单元不具备无功支撑能力。

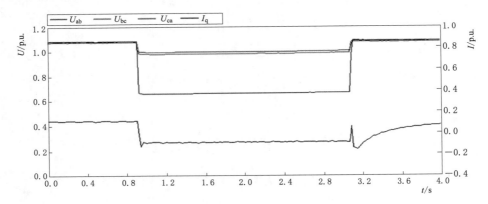

图 3-247　两相重载跌落至 60%U_n 时电压和无功电流有效值波形图

低电压穿越能力：由图 3-248 可以看出，当并网点电压发生三相对称跌落时，三相电流无断续，在并网点电压发生跌落时，光伏发电单元未脱网运行，具备低电压穿越能力。

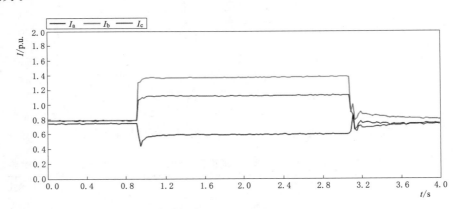

图 3-248　两相重载跌落至 60%U_n 时电流有效值波形图

有功功率恢复能力：Q/GDW 617—2011 中指出，光伏电站有功功率在电压发生跌落后至少以每秒 10% 的速率恢复。由图 3-249 可以看出，跌落期间和电压恢复后，有功功率基本不变，存在短暂的暂态调节过程，功率恢复时间为 0.02s，有功功率恢复速率满足要求。

3.5.2　检测案例二

3.5.2.1　电站基本信息

青海某光伏电站位于青海省海西州，海拔 3100.00m，占地面积 0.91km^2。该地

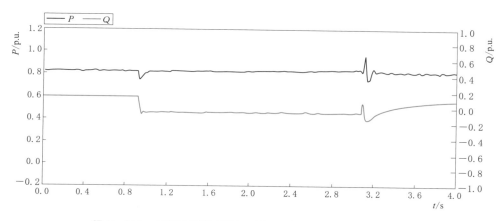

图 3-249　两相重载跌落至 $60\%U_n$ 时有功/无功功率波形图

年均日照小时数 3015h，年均日照强度 $6780\mathrm{MJ/m^2}$，夏季平均气温 $17.6\,^\circ\!\mathrm{C}$，冬季平均气温 $-9.7\,^\circ\!\mathrm{C}$。该电站总装机容量 30MW，含 30 个并网发电单元，每个并网单元为 1MW，采用串并联的方式组成光伏阵列，光伏阵列输入光伏方阵防雷汇流箱后接入直流配电柜，然后经并网光伏逆变器和交流防雷配电柜接入 0.27/10kV 变压配电装置进行升压，30 个并网单元汇流后，经主变压器升压至 110kV，与远端 110kV 母线连接。

电站使用的光伏组件为多晶硅组件，使用的 60 台逆变器 B 全部为同一类型，两台逆变器 B 组成一个光伏并网发电单元，该逆变器参数已在上文中介绍，在此不做赘述。

3.5.2.2　现场测试方案

青海某光伏电站使用的低电压穿越能力测试的主要设备有国家能源太阳能发电研发（实验）中心自主研发的光伏电站移动检测平台、数据采集装置和功率测试装置。由于低电压穿越检测装置体积较大，需要配置 4 个集装箱放置，安放在 4 辆检测车内。其中 1 号检测车放置断路器集装箱，2 号检测车放置升压变压器集装箱，3 号检测车放置降压变压器集装箱，4 号检测车放置低电压穿越装置集装箱。

该种低电压穿越检测装置为模拟电网型，采用电力电子电路实现电压幅值和频率的变化，通过编程实现模拟电网型低电压穿越检测装置输出各种类型的电压波形，输出电压分辨率为 0.2%，输出电压谐波 THD 小于 2%，可实现多个电压跌落深度的模拟，跌落类型有三相电压对称跌落、两相不对称跌落和单相不对称跌落三种。

该电站只存在 1 个型号的逆变器，因此只需抽检一个并网单元即可。根据抽检原则，选取第 16 单元作为低电压穿越测试对象。测试接线时先停止被测并网单元逆变器的输出，将测试电缆接在被测并网单元的并网断路器两侧，测试接线图与甘肃某光伏电站相同，将移动检测平台串接在电站网络主回路中，接线工作完成后闭合被测单元并网断路器，恢复所有电源，使电站正常运行。

具体的检测步骤如下：

（1）空载测试。确定被测光伏发电单元各设备处于停运状态，调节低电压穿越检测装置，模拟电压三相对称跌落和两相（或单相）不对称跌落，电压跌落点为 $20\%U_n$、$(20\%\sim40\%)U_n$、$(40\%\sim60\%)U_n$、$(60\%\sim80\%)U_n$、$(80\%\sim90\%)U_n$ 区间内任意选取 5 个点。

（2）轻载测试。被测功率单元功率范围为 $0.1P_n<P<0.3P_n$，功率单元输出稳定后开始测试。分别设置光伏电站并网点处三相电压幅值、两相电压幅值、单相电压幅值分别为 $20\%U_n$、持续时间为 1s，并参照 Q/GDW 617—2011 中规定的大中型光伏电站低电压穿越能力要求曲线，任意设置 4 个光伏电站并网点处电压和持续时间。记录测试数据和波形，同一点应进行连续两次测试并通过。

（3）重载测试。被测功率单元功率范围为 $0.8P_n<P$，功率单元输出稳定后开始测试。设置光伏电站并网点处三相电压幅值、两相电压幅值、单相电压幅值分别为 $20\%U_n$、持续时间为 1s，并参照 Q/GDW 617—2011 中规定的大中型光伏电站低电压穿越能力要求曲线，任意设置 4 个光伏电站并网点处电压和持续时间。记录测试数据和波形；同一点应进行连续两次测试。

（4）数据处理。读取数据采集装置和功率测试装置的数据进行分析，输出报表和测量曲线，并判别是否满足 Q/GDW 617—2011 中规定要求。

3.5.2.3　检测结果分析

根据被测并网发电单元测试结果，分别计算相电流、线电压、基波正序无功电流、基波正序有功功率及无功功率，本节选取三相轻载、BC 相重载分别跌落至 $20\%U_n$、$60\%U_n$ 四种工况开展分析工作。

（1）空载，三相电压跌落至 $20\%U_n$。表 3-30 阻抗分压型低电压穿越检测装置空载运行，三相电压跌落至 $20\%U_n$ 时测量参数，图 3-250 为该工况下电压有效值波形，电压跌落精度为 20.1%，电压跌落响应时间为 8ms，恢复响应时间为 6ms。

表 3-30　青海某光伏电站第 16 单元 LVRT 测试空载运行，三相电压跌落至 $20\%U_n$ 时参数

测量参数	电压跌落前	穿越过程	电压恢复后
交流输出侧 A 相电压 U_{ab}/V	10056.07	2022.02	10055.22
交流输出侧 B 相电压 U_{bc}/V	10067.27	2015.98	10063.95
交流输出侧 C 相电压 U_{ca}/V	10074.83	2012.42	10062.41

（2）空载，三相电压跌落至 $60\%U_n$。表 3-31 为阻抗分压型低电压穿越检测装置空载运行，三相电压跌落至 $60\%U_n$ 时测量参数，图 3-251 为该工况下电压有效值波形，电压跌落精度为 60.1%，电压跌落响应时间为 15ms，恢复响应时间为 12ms。

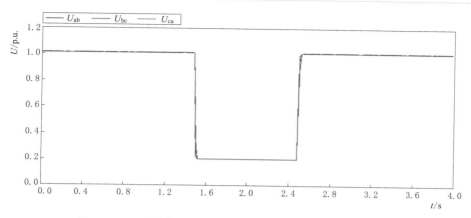

图 3-250　三相电压跌落至 20%U_n 电压波形图（空载运行）

表 3-31　　青海某光伏电站第 16 单元 LVRT 测试空载运行，三相电压跌落至 60%U_n 时参数

测 量 参 数	电压跌落前	穿越过程	电压恢复后
交流输出侧 A 相电压 U_{ab}/V	10061.05	6036.88	10045.02
交流输出侧 B 相电压 U_{bc}/V	10072.3	6048.89	10050.85
交流输出侧 C 相电压 U_{ca}/V	10075.36	6066.65	10066.83

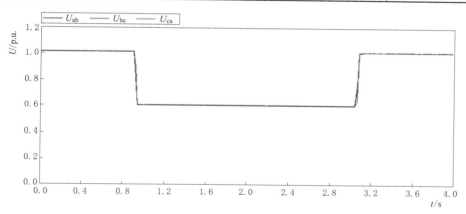

图 3-251　三相电压跌落至 60%U_n 时电压波形图（空载运行）

（3）空载，两相电压跌落至 20%U_n。表 3-32 为阻抗分压型检测装置空载运行，两相电压跌落至 20%U_n 时测量参数，图 3-252 为该工况下电压有效值波形，电压跌落精度为 20.1%，电压跌落响应时间为 14ms，恢复响应时间为 12ms。

表 3-32　　青海某光伏电站第 16 单元 LVRT 测试空载运行，两相电压跌落至 20%U_n 时参数

测 量 参 数	电压跌落前	穿越过程	电压恢复后
交流输出侧 A 相电压 U_{ab}/V	10054.96	6467.36	10050.73
交流输出侧 B 相电压 U_{bc}/V	10064.09	2022.38	10061.17
交流输出侧 C 相电压 U_{ca}/V	10077.04	6450.39	10075.60

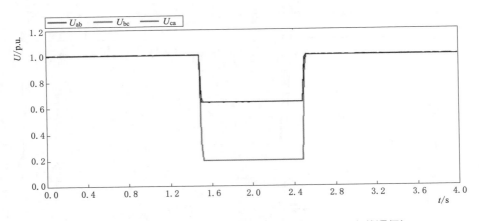

图 3 - 252　两相电压跌落至 20%U_n 时电压波形图（空载运行）

（4）空载，两相电压跌落至 60%U_n。表 3 - 33 为阻抗分压型低电压穿越检测装置空载运行，两相电压跌落至 60%U_n 时测量参数，图 3 - 253 为该工况下电压有效值波形，电压跌落精度为 60.1%U_n，电压跌落响应时间为 15ms，恢复响应时间为 13ms。

表 3 - 33　　青海某光伏电站第 16 单元 LVRT 测试空载运行，两相电压跌落至 60%U_n 时参数

测 量 参 数	电压跌落前	穿越过程	电压恢复后
交流输出侧 A 相电压 U_{ab}/V	10048.83	8123.91	10047.23
交流输出侧 B 相电压 U_{bc}/V	10082.04	6040.00	10075.91
交流输出侧 C 相电压 U_{ca}/V	10061.88	8123.1	10063.23

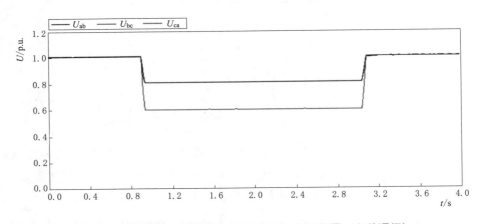

图 3 - 253　两相电压跌落至 60%U_n 时电压波形图（空载运行）

（5）轻载 0.1P_n＜P＜0.3P_n，三相电压跌落至 20%U_n。

表 3 - 34 为轻载运行，三相电压跌落至 20%U_n 时测量参数，电压跌落深度为 21.7%U_n，故障跌落持续时间为 1000ms。

表 3-34　　青海某光伏电站第 16 单元 LVRT 测试轻载运行，三相电压跌落至 20%U_n 时参数

测 量 参 数	电压跌落前	穿越过程	电压恢复后
交流输出侧 A 相电压 U_{ab}/V	10135.37	2206.87	10164.08
交流输出侧 B 相电压 U_{bc}/V	10179.48	2200.82	10190.56
交流输出侧 C 相电压 U_{ca}/V	10167.27	2218.11	10172.4
交流输出侧 A 相电流 I_a/A	13.28	28.48	13.58
交流输出侧 B 相电流 I_b/A	13.6	27.34	14.16
交流输出侧 C 相电流 I_c/A	12.08	28.48	10.36
交流输出侧有功功率/kW	227.94	107.06	221.48
交流输出侧无功功率/kvar	1.6	9.5	4.68
故障持续时间/ms		1000	
功率恢复时间/s		0.22	

无功支撑能力：由图 3-254 可以看出，当并网点电压发生跌落时，无功电流为正值，向电网发出 9.5kvar 感性无功，发电单元具备无功支撑能力。

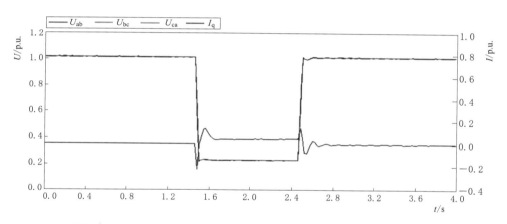

图 3-254　三相轻载跌落至 20%U_n 时电压和无功电流有效值波形图

低电压穿越能力：由图 3-255 可以看出，当网点电压发生三相对称跌落时，三相电流无断续，在并网点电压发生跌落时，光伏发电单元未脱网运行，具备低电压穿越能力。

有功功率恢复能力：Q/GDW 617—2011 中规定，光伏电站有功功率在电压发生跌落后至少以每秒 10% 的速率恢复。由图 3-256 可以看出，有功功率由 107.06kW 恢复至 221.48kW，功率恢复时间为 0.22s，有功功率恢复速率满足要求。

（6）轻载 0.1P_n<P<0.3P_n，三相电压跌落至 60%U_n。

表 3-35 为轻载运行，三相电压跌落至 60%U_n 时测量参数，电压跌落深度为 60.9%U_n，故障跌落持续时间为 2160ms。

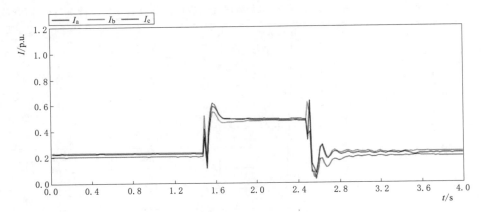

图 3-255　三相轻载跌落至 20%U_n 时电流有效值波形图

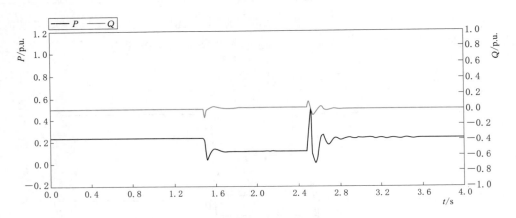

图 3-256　三相轻载跌落至 20%U_n 时有功/无功功率波形图

表 3-35　　青海某光伏电站第 16 单元 LVRT 测试轻载运行，三相电压跌落至 60%U_n 时参数

测 量 参 数	电压跌落前	穿越过程	电压恢复后
交流输出侧 A 相电压 U_{ab}/V	10164.47	6191.97	10141.46
交流输出侧 B 相电压 U_{bc}/V	10190.79	6220.35	10169.3
交流输出侧 C 相电压 U_{ca}/V	10179.48	6179.36	10166.94
交流输出侧 A 相电流 I_a/A	13.14	21.72	13.60
交流输出侧 B 相电流 I_b/A	13.56	21.05	15.04
交流输出侧 C 相电流 I_c/A	12.08	20.94	11.74
交流输出侧有功功率/kW	227.48	227.54	235.02
交流输出侧无功功率/kvar	0.10	−13.62	4.32
故障持续时间/ms		2160	
功率恢复时间/s		0.02	

无功支撑能力：由图 3-257 可以看出，当并网点电压发生跌落时，无功电流均为负值，发出无功呈容性，向电网吸收－13.62kvar 感性无功，发电单元不具备无功支撑能力。

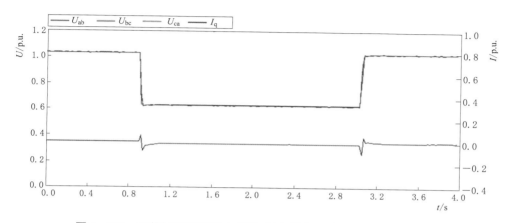

图 3-257　三相轻载跌落至 $60\%U_n$ 时电压和无功电流有效值波形图

低电压穿越能力：由图 3-258 可以看出，当并网点电压发生三相对称跌落时，三相电流无断续，在并网点电压发生跌落时，光伏发电单元未脱网运行，具备低电压穿越能力。

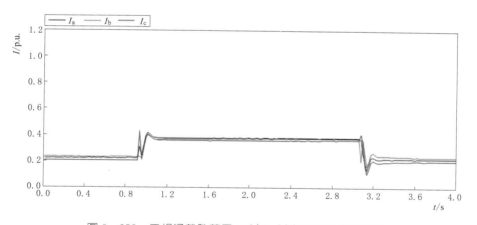

图 3-258　三相轻载跌落至 $60\%U_n$ 时电流有效值波形图

有功功率恢复能力：Q/GDW 617—2011 中规定，光伏电站有功功率在电压发生跌落后至少以每秒 10% 的速率恢复。由图 3-259 可以看出，电压跌落期间，有功功率没有变化，功率恢复时间为 0.02s，有功功率恢复速率满足要求。

（7）重载 $0.8P_n < P$，两相电压跌落至 $20\%U_n$。

表 3-36 为重载运行，三相电压跌落至 $20\%U_n$ 时测量参数，电压跌落深度为 $21.8\%U_n$，故障跌落持续时间为 1000ms。

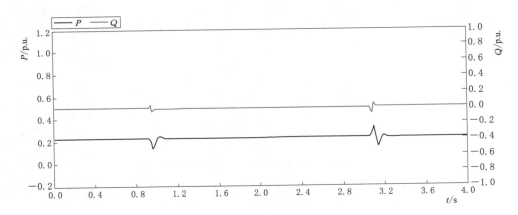

图 3-259　三相轻载跌落至 60%U_n 时有功/无功功率波形图

表 3-36　　青海某光伏电站第 16 单元 LVRT 测试重载运行，两相电压跌落至 20%U_n 时参数

测量参数	电压跌落前	穿越过程	电压恢复后
交流输出侧 A 相电压 U_{ab}/V	10222.69	6462.8	10224.25
交流输出侧 B 相电压 U_{bc}/V	10276.73	2239.92	10278.66
交流输出侧 C 相电压 U_{ca}/V	10251.48	6875.95	10247.28
交流输出侧 A 相电流 I_a/A	41	56.14	41.16
交流输出侧 B 相电流 I_b/A	41.72	54.48	41.36
交流输出侧 C 相电流 I_c/A	39.44	56.08	39.38
交流输出侧有功功率/kW	721.3	471.34	720
交流输出侧无功功率/kvar	−40.08	20.20	−36.1
故障持续时间/ms		1000	
功率恢复时间/s		0.5	

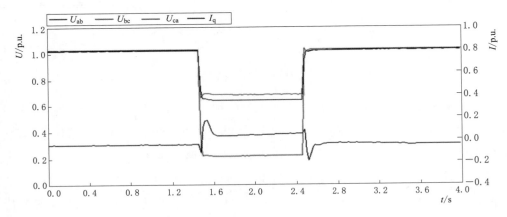

图 3-260　两相重载跌落至 20%U_n 时电压和无功电流有效值波形图

无功支撑能力：由图 3-260 可以看出，当并网点电压发生跌落时，无功电流为正值，向电网发出 20.20kvar 感性无功，发电单元具备较弱的无功支撑能力。

低电压穿越能力：由图 3-261 可以看出，当并网点电压发生三相对称跌落时，三相电流无断续，光伏发电单元未脱网运行，具备低电压穿越能力。

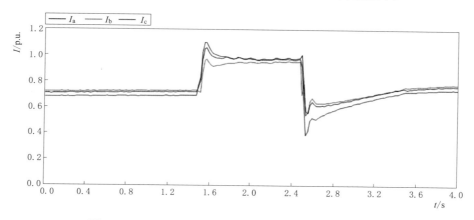

图 3-261 两相重载跌落至 20%U_n，电流有效值波形图

有功功率恢复能力：Q/GDW 617—2011 中规定，光伏电站有功功率在电压发生跌落后至少以每秒 10% 的速率恢复。由图 3-262 可以看出，有功功率由 471.34kW 恢复至 720kW，功率恢复时间为 0.5s，有功功率恢复速率满足要求。

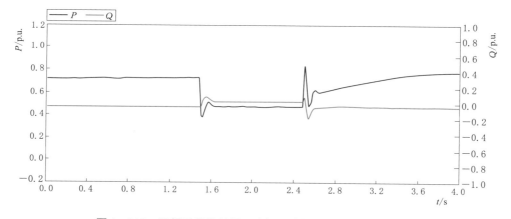

图 3-262 两相重载跌落至 20%U_n 时有功/无功功率波形图

（8）重载 $0.8P_n < P$，两相电压跌落至 60%U_n。

表 3-37 为重载运行，两相电压跌落至 60%U_n 时测量参数，电压跌落深度为 61.7%U_n，故障跌落持续时间为 2180ms。

无功支撑能力：由图 3-263 可以看出，当并网点电压发生跌落时，无功电流均为负值，发出无功呈容性，向电网吸收 60.82kvar 感性无功，发电单元不具备无功支撑能力。

表 3－37　青海某光伏电站第 16 单元 LVRT 测试重载运行，两相电压跌落至 60%U_n 时参数

测量参数	电压跌落前	穿越过程	电压恢复后
交流输出侧 A 相电压 U_{ab}/V	10233.69	8162.23	10144.85
交流输出侧 B 相电压 U_{bc}/V	10279.31	6118.48	10215.48
交流输出侧 C 相电压 U_{ca}/V	10240.17	8325.35	10211.41
交流输出侧 A 相电流 I_a/A	46.32	55.56	44.64
交流输出侧 B 相电流 I_b/A	47.5	55.16	45.02
交流输出侧 C 相电流 I_c/A	44.72	55.14	40.24
交流输出侧有功功率/kW	818.28	713.56	761.84
交流输出侧无功功率/kvar	−46.8	−60.82	−48.5
故障持续时间/ms		2180	
功率恢复时间/s		0.1	

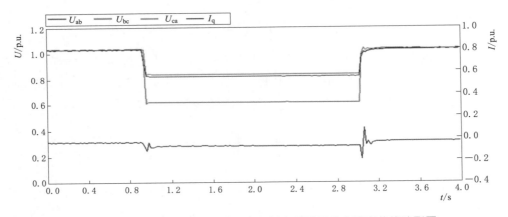

图 3－263　两相重载跌落至 60%U_n 时电压和无功电流有效值波形图

低电压穿越能力：由图 3－264 可以看出，当并网点电压发生三相对称跌落时，三相电流无断续，光伏发电单元未脱网运行，具备低电压穿越能力。

有功功率恢复能力：Q/GDW 617—2011 中规定，光伏电站有功功率在电压发生跌落后至少以每秒 10% 的速率恢复。由图 3－265 可以看出，有功功率由 713.56kW 恢复至 761.84kW，功率恢复时间为 0.1s，有功功率恢复速率满足要求。

3.5.3　小结

本节以采用阻抗分压型低电压穿越检测装置测试的甘肃省某光伏电站和采用模拟电网型低电压穿越检测装置测试的青海某光伏电站为例，研究了两座光伏电站低电压穿越检测的实际测试方案，并对光伏并网发电单元空载、轻载和重载运行工况下的测

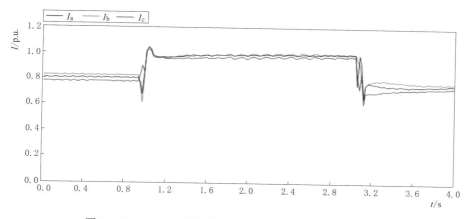

图 3 - 264　两相重载跌落至 $60\%U_n$ 时电流有效值波形图

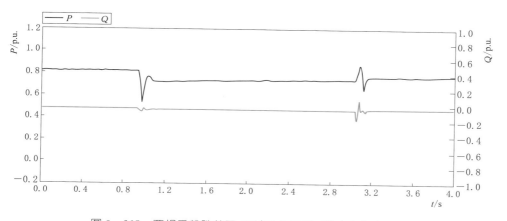

图 3 - 265　两相重载跌落至 $60\%U_n$ 时有功/无功功率波形图

试结果进行了数据处理和分析研究。

3.6　总结

本章研究了国内外低电压穿越标准、大规模光伏电站的并网故障特性、低电压穿越检测方法、低电压穿越检测装置研制方案和检测装置对电网影响等，并完成大型光伏电站现场低电压穿越测试。主要研究内容如下：

3.6.1　大规模光伏电站的并网故障特性

首先介绍了我国光伏电站典型拓扑结构，研究了光伏电站中核心部件——光伏并网逆变器的典型功率电路拓扑结构，然后研究了光伏逆变器并网故障控制策略，包括并网运行控制策略、低电压穿越控制以及动态无功补偿控制策略，最后依托我国西北地区容量最大的黄河水电格尔木 200MW 光伏电站关键参数,搭建 DIgSILENT 仿真平台,仿真分析了光伏逆变器、光伏并网发电单元和光伏电站的暂态特性关系以及各种故障工况下光伏电站无功支撑能力对电网电压的影响,结果表明:

(1) 电网故障发生时,光伏并网逆变器与光伏发电单元暂态特性基本一致,跌落过程中逆变器有功功率输出为 0,电压恢复后,有功功率随之恢复;光伏电站暂态特性则由组成电站的 9 种逆变器暂态特性共同决定。

(2) 电网故障发生时,不具备低电压穿越能力的光伏电站直接脱网,且短时间内不会重新启动;若光伏电站具备低电压穿越能力且站内逆变器提供无功电流,对站内 35kV 母线电压支撑能力明显。

3.6.2 光伏电站低电压穿越检测方法研究

分析了常见电力系统故障类型,并以光伏电站密度最大、电气距离最短的海西电网故障为例,分别研究了 330kV、110kV 和 35kV 光伏电站送出线路发生低电压穿越时,该光伏电站并网点、站内各电压等级母线电压以及相邻光伏电站的变化趋势,据此分析得出了故障穿越曲线关键参数的选取依据;然后结合我国大规模光伏电站实际情况,选取光伏并网发电单元的并网点低电压穿越能力的测试点,提出以光伏并网发电单元的低电压穿越测试结果作为光伏电站整体低电压穿越能力评价的依据;最后对比研究了几种典型的低电压穿越检测装置的拓扑结构,并以阻抗分压型检测装置为例,研究了检测装置容量选取依据,提出了检测装置短路容量应为被测光伏发电单元所配逆变器总额定功率的 3 倍以上;最终提出了现场低电压穿越检测流程。

3.6.3 低电压穿越检测装置研制

提出了阻抗分压型低电压穿越检测装置自主研制方案和模拟电网型低电压穿越检测装置集成方案,从整体方案、拓扑结构与关键参数、装置检测流程和特点方面描述了两种低电压穿越检测装置的研制方案,其中阻抗分压型低电压穿越检测装置在国内外首次采用电力变压器常用的无励磁分压调节开关来切换电抗器的投入抽头切换和主回路拓扑的切换,从而实现检测装置的多种幅值的跌落的切换,不仅规避了断路器投切寿命少的弊端,还实现了远程自动调节功能,减少了检测的时间和工作量。

3.6.4 检测装置对电网的影响研究

首先,制定总体研究方案,利用阻抗分压型低电压穿越检测装置和模拟电网型低电压穿越检测装置,对运行于空载、轻载和重载工况下的同一型号逆变器开展低电压穿越测试;其次,分析不同测试工况下的测试结果,研究不同测试工况对电网的影响;最后,对比研究了两种检测装置对并网点电压跌落精度和电网电压波动产生的影响，并得出以下结论：

（1）空载工况下，模拟电网型低电压穿越检测装置的跌落精度明显高于阻抗分压型低电压穿越检测装置。

（2）逆变器输出有功功率变化对两种类型的低电压穿越检测装置电压跌落精度无影响。

（3）低电压穿越过程中逆变器动态无功电流输出能够较大地减小阻抗分压型低电压穿越检测装置的电压跌落深度，但对模拟电网型低电压穿越检测装置设定的电压跌落深度影响较小。

（4）同种跌落工况下，模拟电网型低电压穿越检测装置几乎不会引起并网点电压波形。阻抗分压型低电压穿越检测装置引起的并网点电压波动较为明显，但最大电压波动幅度仍不超过 $5\%U_n$。

（5）逆变器输出有功功率变化对两种类型的低电压穿越检测装置引起的并网点电压波动无影响。

（6）逆变器在低电压穿越过程中进行的无功动态补偿，将有助于减小阻抗分压型低电压穿越检测装置对并网点电压造成的波动影响。

（7）两种检测装置都能够达到标准要求的跌落精度，且造成的并网点电压波动小于 5%，均能满足低电压穿越测试功能。而模拟电网型低电压穿越检测装置作为电力电子装置，能够快速响应指令，在响应时间和稳态跌落精度上明显优于阻抗分压型低电压穿越检测装置。但是由于现实中无法提取真实电网暂态特性指标，而阻抗分压型低电压穿越检测装置和真实电网结构具有较大相似性，因此测试中宜采用阻抗分压型低电压穿越检测装置。

3.6.5　现场低电压穿越检测案例

以采用阻抗分压型低电压穿越检测装置测试的甘肃省某光伏电站和采用模拟电网型低电压穿越检测装置测试的青海某光伏电站为例，研究了两座光伏电站低电压穿越检测的实际测试方案，并对光伏并网发电单元空载、轻载和重载运行工况下的测试结果进行了数据处理和分析研究，证明了两种检测装置进行低电压穿越测试的可行性。

第 4 章

光伏逆变器标准环境与现场环境
检测结果对比分析

在光伏逆变器标准环境下，光伏电站对逆变器要求主要体现在以下几个方面：

（1）当电站频率处于正常范围以内时，逆变器需要保证并网，频率超过正常范围后，需要逆变器立即切断与电网连接；

（2）当电力系统事故或扰动引起电网电压跌落时，光伏电站应确保不脱网运行，支持电网故障恢复。实验室无法完全模拟电站现场的运行环境，在实际运行中，逆变器的各项性能将遭受更严峻的考验，对光伏逆变器的电能质量、频率响应、低电压穿越能力等造成影响，因此现场检测是必不可少的。现场检测是在现场实际运行环境下，测试光伏逆变器的各项性能。

本章节通过对 25 种不同型号逆变器的实验室和现场检测数据开展对比分析，比较实验室和现场检测环境、检测方案的异同，并以某型 500kW 光伏逆变器对低电压穿越、频率扰动以及电能质量检测结果进行对比，分析该差异性对大规模光伏电站逆变器测试结果的影响。

4.1 实验室和现场测试方案对比

4.1.1 测试环境差异性研究

4.1.1.1 实验室测试环境

《光伏电站接入电网测试规程》（Q/GDW 618—2011）规定测试环境为：环境温度为 10～50℃，实验室测试环境温度为恒温 25℃。

测试设备方面，实验室检测采用可控直流电源、模拟交流电源和低电压穿越检测装置对逆变器进行测试。

1. 可控直流电源

可控直流电源接线图如图 4-1 所示。可控直流电源装置模拟光伏阵列工作特性，能够模拟光伏阵列在各种环境下的电压变化，直流输出电压 $20\sim1000\text{V}$ 可调，直流输出最大电流不小于 1350A，可满足 1MW 容量逆变器测试要求，且具备与集控系统进行通信的能力，可上传/下载各类模拟量与开关量。可控直流电源还具备以下特点：

（1）负载输出稳压精度为不大于 $\pm0.1\%$ FS（在恒定电源输入以及恒定温度下，载荷变化范围的标准值在 $0\sim100\%$ 变化）；负载输出调整时间为小于 2ms（在 $10\%\sim90\%$ 的阻性负载阶跃变化及恒定电源输入以及恒定温度的条件下，达到小于设定值 $\pm5\%$ 范围内的时间）。

（2）可控直流电源装置可以分割成多套独立的可调直流电源，可以模拟多套独立的太阳能电池。该装置输出总分割数为 12 路，且每路输出可单独调节，可同时设

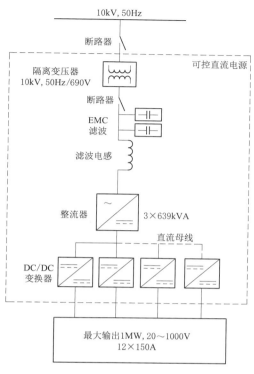

图 4-1 可控直流电源接线图

定不同的输出 $I\text{-}U$ 曲线，用以模拟光伏阵列被云遮挡等多种工况。12 路输出分为 3 组（每组为 4 个 DC/DC 变换器），每组之间相互绝缘。12 路输出可任意组合（并联连接）运行。

（3）可控直流电源装置可模拟光伏阵列在各种工况下的运行参数，具有可模拟太阳能电池组件的伏安特性曲线库供用户调用，也可自定义设置伏安特性曲线，输出可以在多条伏安特性曲线之间跳变，且装置的操作系统需要具有对不同曲线跳变顺序和时间的编程功能。

2. 模拟交流电源

光伏逆变器经多抽头双绕组变压器升压至 10kV，再经降压变压器接入模拟交流电源，模拟交流电源电气参数见表 4-1。

表 4-1 模拟交流电源电气参数

工作电源	电源容量	1000kW
	电压范围	AC 220/380V$\pm15\%$ 三相四线+地线
	工作频率	50Hz$\pm5\%$
	功率因数	$\geqslant0.95$（额定工况下）

续表

输出参数	对电网干扰	反馈至电网电流谐波＜5％（额定工况下）
	交流输出电压形式	三相四线制
	交流电压输出范围	相电压 10～300V
	交流电流最大输出	1500A（相电流）
	交流输出频率范围	45～65Hz 连续可调
	电源稳压率	＜0.5％F. S.
	负载稳压率	＜0.5％F. S.
	频率跳变响应时间	＜1ms
	频率稳定率	＜0.01Hz
输出参数	可编程输出	电源的三相输出完全解耦，每相可独立调节参数；三相相位从 0～180°任意可调，三相电压分别调节
		电源的输出电压和频率可按照设定进行变化，模拟电网电压响应、频率响应、输出低电压穿越、输出过压等功能
	隔离功能	内置隔离变压器
环境	工作温度	0～40℃
	相对湿度	0～90％无凝露
	工作高度	低于 1500km
安规	耐压绝缘	AC 2000V，10A/min
	绝缘阻抗	≥DC 500V，10MΩ

3. 低电压穿越检测装置

实验室低电压穿越能力检测装置采用阻抗分压型，主要由接地电抗器、限流电抗器和中压断路器等组成。接地电抗器用来模拟光伏电站出口侧实际接地短路故障，使出口侧电压产生跌落。接地电抗器由四只多抽头电抗器串联实现，完全满足最大容量为 1.5MW 光伏逆变器测试的需要。测试前根据系统和测试需求，计算满足测试时不同跌落度需要的电抗值，并接入系统。

4. 测量仪器

在实验室环境下测试中，测试系统的电流电压传感器采用高精度霍尔传感器、差分探头、功率分析仪、示波器采集测试过程信号，记录测试过程中逆变器的电压、电流和功率等参数变化，用于逆变器测试结果的评估，如图 4-2 所示。

4.1.1.2 现场测试环境

实验室可模拟出恒温、恒湿测试环境，但现场测试环境的不确定性较强。我国电站主要分布于西北地区，以青海省为例，光伏电站大都建在高海拔、高寒地区，这些地区年平均气温都在 0℃ 以下，一年中有 7 个月的月平均气温在 0℃ 以下，青藏高原的特殊自然条件对逆变器是一大考验。现场测试时温度通常在－20～40℃ 之间。

现场测试直流源采用光伏阵列，光伏阵列受自然界真实太阳辐照度、温度影响较

（a）电流探头

（b）功率分析仪

（c）差分探头

（d）示波器

图 4-2　实验室测试装置

大。交流源采用真实电网，线路阻抗较小，接入输电网。且现场测试环境下，光伏逆变器通过双分裂三绕组、双绕组等多种升压变压器升至 10kV 或 35kV 等不同等级电压。

　　低电压穿越能力移动检测平台电气框图如图 4-3 所示，由被测光伏并网单元、兆瓦级车载低电压耐受测试装置和车载集控系统组成，其中兆瓦级车载低电压耐受测试装置采用交-直-交变频器的方式来实现，兼具低电压穿越检测和电压/频率扰动特性检测功能。由于低电压耐受测试装置体积较大，需要 4 个 20 英尺（1 英寸＝2.54cm）钢制标准箱进行改造，对应配置 4 辆车放置，如图 4-4 所示，1～4 号车分别为断路器集装箱、升压变压器集装箱、降压变压器集装箱和低电压穿越功率单元集装箱。

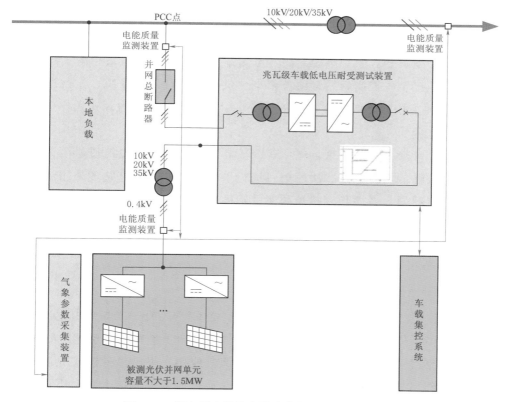

图 4-3　低电压穿越能力移动检测平台电气框图

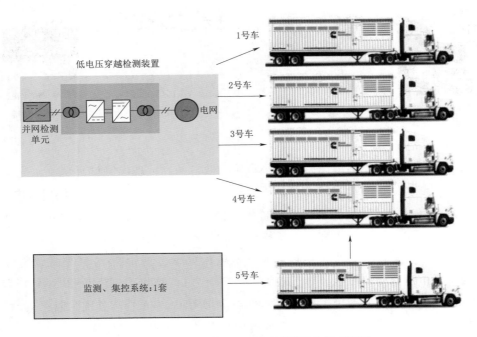

图4-4 低电压穿越能力移动检测平台组成框图

监测、集控系统单独放置在一辆特种厢式车中，包括主控制柜、琴式操作台、配电隔离变压器、配电柜、手动电缆卷筒、电量采集系统、工具仪表柜等。外部电源通过隔离变压器连接至主控制柜用来给整个平台供电。电量采集系统、车载通信组件和UPS电源安装在主控制柜内，主控制柜负责整个平台的通信并为琴式操作台及整个平台提供可靠的电源。

在现场测试环境下，由于现场电压等级较高，进行并网点电能质量测试时，必须通过电流钳、柔性探头对电站二次侧信号进行采样，由于当前电站多采用绕组式电压互感器和电流互感器，考虑到互感器的测量精度和频带宽度影响，必然对电能质量中谐波及其他测试精度造成影响。

4.1.2 实验室测试方案

4.1.2.1 低电压穿越测试

图4-5为《光伏电站接入电网测试规程》（Q/GDW 618—2011）中规定的低电压穿越测试示意图。以此为指导，在实验室并网检测平台上进行低电压穿越测试。

测试时，直流可控电源连接光伏逆变器直流进线侧，提供多种模式的模拟直流电源。光伏逆变器出口连接低电压穿越测试装置，通过该装置模拟电网电压跌落，实现低电压穿越测试。

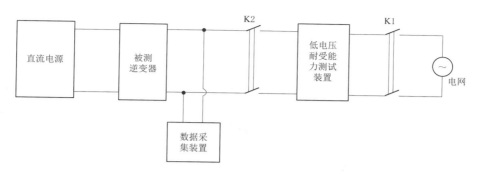

图 4-5　低电压穿越测试示意图

低电压穿越测试操作流程如图 4-6 所示。

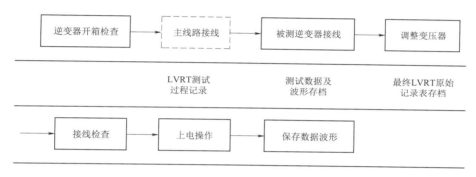

图 4-6　低电压穿越测试操作流程图

（1）按要求完成低电压穿越测试前的准备工作，在开展低电压穿越测试实验前，完成待测逆变器直流进线和交流出线的连接工作。

（2）选择与被测逆变器容量相应根数电缆，分正负进行连接，其一端与测试小车背面相连，另一端与被测逆变器相连，连接图如图 4-7 所示，保证正负极连接正确。

图 4-7　被测逆变器接线图

（3）选择与被测逆变器容量相应根数的交流电缆，分A相（黄色）、B相（蓝色）、C相（红色）连接逆变器，如图4-8所示。中线分别连接逆变器交流侧端口以及测试小车背面交流侧端口，测试区域四周均设置接地铜排。

图4-8　A相、B相和C相交流接线图

（4）低电压穿越能力测试装置由阻抗分压型电压跌落装置来实现，具备模拟三相电压对称和不对称故障的能力，对电压跌落曲线的拟合误差不大于5%，跌落深度、持续时间和恢复时间可设定，且测试时对公共连接点造成的电压跌落不超过额定电压的5%。

（5）测试步骤。测试步骤框图如图4-9所示。

图4-9　测试步骤框图

1）合交流断路器。沟通确认后，开始对逆变器进行上电。通过集控系统远程控制各开关状态，形成测试回路，使其工作在低电压穿越测试模式，完成交流源上电工作。

2）合直流断路器。为减小对测试设备及待测设备的冲击，按照50～100V的幅度增加直流电压参考值，直至在$I-U$曲线恒电流模式下达到开路电压值，或者固定电压模式达到测试要求的电压值，完成直流源上电操作。

3）正常加载运行（MPPT）。逆变器启动，观察功率分析仪上功率值，当接近被测逆变器工作值30%负载（轻载）时，通知监控室可开始进行实验。

4）跌落试验。通过低电压穿越能力测试装置模拟不同的故障类型，测试电压跌落目标电压分别为0.2倍、0.4倍、0.6倍、0.8倍、0.9倍被测逆变器额定电压，跌落形式分别为ABC三相同时跌落和各相单独跌落，电压跌落的持续时间分别为1s、1.57s、2.14s、2.71s、3s，记录被测逆变器低电压穿越能力测试装置输出曲线，每次跌落需重复一次。

5）正式LVRT实验。调整被测逆变器直流电源$I-U$曲线，使被测逆变器运行在大于80%额定功率状态，重复步骤4）。

6）记录。记录被测逆变器低电压穿越能力测试装置输出曲线，输出报表。

4.1.2.2　频率扰动测试

前期准备工作与低电压穿越测试相似，在此便不再赘述。频率扰动测试的主要测试过程如下：

(1) 设置模拟电网参数，频率设置为 47.95Hz 时，设置持续时间为 10min。

(2) 选取频率区间 48Hz＜f＜49.5Hz 内一点，设置持续时间为 10min。

(3) 选取频率区间 50.2Hz＜f＜50.5Hz 内一点，设置持续时间为 2min。

(4) 频率设置为 50.55Hz，设置持续时间为 30s。记录测试数据和波形。

(5) 同一点应连续进行两次测试并通过。

4.1.2.3　电能质量测试

调整实验室光伏模拟直流源输出功率大小，使光伏逆变器运行于不同功率区间，从而对光伏逆变器在不同功率区间的电能质量进行测试。

1. 电压不平衡度测试

在被测逆变器公共连接点处接入电能质量测试装置；启动光伏逆变器，控制其无功功率输出趋近于 0，从光伏发电站持续正常运行的最小功率开始，每递增 10% 的逆变器总额定功率为一个区间，10min 计算一组不平衡度结果，分别记录各个功率区间下负序电流不平衡度测量值的 95% 大值以及所有测量值中的最大值。

2. 电压闪变测试

在被测逆变器公共连接点处接入电能质量测试装置，测量电压和电流的截止频率应不小于 400Hz；控制被侧逆变器无功功率输出趋近于 0，每递增 10% 的逆变器总额定功率为一个区间，10min 计算一组电站闪变结果，记录各个功率区间下闪变最大值。

3. 电流谐波测试

在被测逆变器公共连接点处接入电能质量测试装置；控制被测逆变器无功功率输出趋近于 0，从被测逆变器持续正常运行的最小功率开始，每递增 10% 的逆变器总额定功率为一个区间，10min 计算一组电压谐波测试结果，记录各个功率区间下谐波测试值的 95% 大值。

4.1.3　现场测试方案

4.1.3.1　低电压穿越测试

光伏电站分布广泛，采用移动式故障穿越测试装置进行低电压穿越测试。低电压穿越能力测试应选择太阳辐射强度达到标准太阳辐射强度 70% 及以上的良好时段进行。

1. 现场抽检

一般装机容量 10MW 以上规模化并网光伏电站均由多个光伏阵列并联后经集电线

路输送至光伏电站主变压器，后经升压输送至电网。由于低电压穿越测试装置容量的限制，不可能直接在 10MW 以上规模化并网光伏电站的并网点处进行低电压穿越检测；因此，光伏电站低电压穿越检测一般针对光伏电站内部各 1MW 光伏并网发电单元的并网点进行抽检，通过分类抽检的原则，对光伏电站并网单元进行低电压穿越测试。

2. 测试接线

测试的接线包括光伏电站并网检测平台间的一次回路、二次回路信号线以及所有测试仪器的接线。低电压穿越检测一次回路接线图如图 4-10 所示。断开被测并网单元所连 10kV 母线上的电源，停止被测并网单元逆变器的输出，按图 4-10 连接一次测试电缆。低电压穿越检测装置四个集装箱的地线两两相连，并通过功率单元车连接到集控车，由集控车连接到接地点。接线工作完成后合上被测单元并网断路器，恢复所有电源，使电站正常运行。

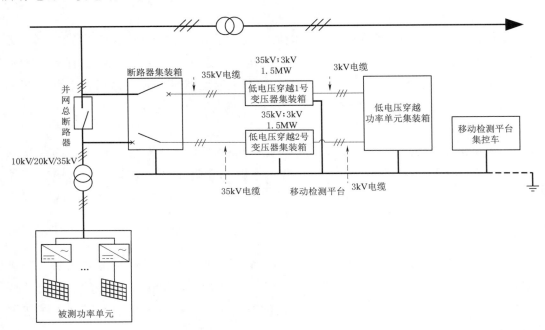

图 4-10　低电压穿越检测一次回路接线图

低电压穿越检测装置二次回路接线图如图 4-11 所示，集控系统车从光伏电站厂用电引出一路容量为 80kW 的 380V 电源供检测平台使用。集控车与低电压穿越功率单元箱相连，再由功率单元箱配给其他各集装箱。

整套低电压穿越检测装置的集装箱通信信号由功率单元箱与集控车相连，箱与箱之间信号线通过矩形接插件直接相连。

3. 测试环境准备

（1）检查烟雾报警器是否工作正常、灭火器是否就位并可以正常使用。

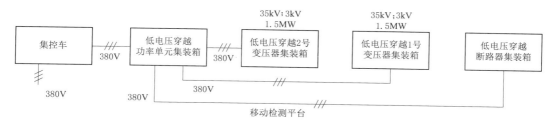

图 4-11　低电压穿越检测装置二次回路接线图

（2）检查操作人员是否正确穿戴绝缘手套、绝缘鞋、安全帽。

（3）检查测试场地是否安放围栏、警示牌。

4. 测试操作

（1）断开被测单元并网断路器，闭合低电压穿越检测装置输入断路器，观察控制柜操作面板上的电压显示。

（2）启动低电压穿越性能测试装置，随机启动被测并网单元中两台逆变器，使逆变器正常并网运行。

（3）在控制柜操作面板上进行测试前设置。

（4）按"启动"按钮启动装置后，观察装置工作是否正常。

（5）低电压穿越测试：设定被测功率单元功率范围，功率单元输出稳定后开始测试。分别设置光伏电站并网点处三相电压幅值、两相电压幅值、单相电压幅值和持续时间，并参照 Q/GDW 617—2011 中规定的大中型光伏电站低电压穿越能力要求，任意设置 4 个光伏电站并网点并测试其电压和持续时间。记录测试数据和波形，同一点应连续进行两次测试并通过。

（6）测试完毕后，按"停止"按钮，并断开装置进线断路器。合上接地开关，断开二次电源。

4.1.3.2　频率扰动测试

频率扰动前期准备工作与低电压穿越测试相似，测试过程如下：

（1）按"启动"按钮启动装置后，观察装置工作是否正常；

（2）进入主屏设置，分别设置光伏电站并网点处的频率为 47.95Hz，持续时间为 10min；

（3）选取频率区间 $48\text{Hz} < f < 49.5\text{Hz}$ 内一点，设置持续时间为 10min；

（4）选取频率区间 $50.2\text{Hz} < f < 50.5\text{Hz}$ 内一点，设置持续时间为 2min；

（5）频率为 50.55Hz，设置持续时间为 30s。记录测试数据和波形；

（6）同一点应进行连续两次测试并通过。

测试完毕后，按"停止"按钮，并断开装置进线断路器。合上接地开关，断开二次电源。

4.1.3.3 电能质量测试

为了不影响电站发电功率，与实验室设定逆变器功率运行点不同，现场测试不控制电压有功功率输出，而采用增加测试时间的方法，力求测试完整，包含电站所有功率区间。

1. 电压不平衡度测试

在光伏发电站公共连接点处接入电能质量测试装置；运行光伏发电站，控制其无功功率输出趋近于 0，从光伏发电站持续正常运行的最小功率开始，10min 计算一组不平衡度结果，记录电站完整功率区间所有电压不平衡度测试结果。依据功率区间对不平衡度结果进行划分，分别记录各个功率区间下负序电流不平衡度测量值的 95% 大值以及所有测量值中的最大值。

2. 电压闪变测试

在光伏电站公共连接点处接入电能质量测试装置，测量电压和电流的截止频率应不小于 400Hz；控制光伏发电站无功功率输出趋近于 0，从光伏发电站持续正常运行的最小功率开始，10min 计算一组电站闪变计算结果，记录电站完整功率区间所有电压闪变测试结果。依据功率区间对不平衡度结果进行划分，记录各个功率区间下闪变最大值。

3. 电流谐波测试

在光伏电站公共连接点处接入电能质量测试装置；控制光伏发电站无功功率输出趋近于 0，从光伏发电站持续正常运行的最小功率开始，10min 计算一组电压谐波测试结果，记录电站完整功率区间所有谐波测试结果。依据功率区间对不平衡度结果进行划分，记录各个功率区间下谐波测试 95% 大值。

4.1.4 实验室和现场测试方案对比分析

在不同的测试环境下逆变器低电压穿越性能测试及频率异常（扰动）响应特性测试点不同。低电压穿越性能测试及频率异常（扰动）响应特性测试实验室和现场测试方案对比见表 4-2 和表 4-3。

表 4-2 　　　　　　　　　　　低电压穿越性能测试方案对比

测试环境		实验室测试		现 场 测 试	
功率范围		$(10\%\sim30\%)P_n$ 轻载跌落	$\geqslant80\%P_n$ 重载跌落	$(10\%\sim30\%)P_n$ 轻载跌落	$\geqslant80\%P_n$ 重载跌落
跌落类型	三相对称跌落（两次）	$90\%U_n$	$90\%U_n$	—	$80\%U_n<U\leqslant90\%U_n$
		$80\%U_n$	$80\%U_n$	$60\%U_n<U\leqslant80\%U_n$	$60\%U_n<U\leqslant80\%U_n$
		$60\%U_n$	$60\%U_n$	$40\%U_n<U\leqslant60\%U_n$	$40\%U_n<U\leqslant60\%U_n$
		$40\%U_n$	$40\%U_n$	—	$20\%U_n<U\leqslant40\%U_n$
		$20\%U_n$	$20\%U_n$	$20\%U_n$	$20\%U_n$

续表

测试环境		实验室测试		现场测试
跌落类型	单相不对称跌落 A 相（两次）	$90\%U_n$	$90\%U_n$	—	$80\%U_n<U\leqslant90\%U_n$
		$80\%U_n$	$80\%U_n$	—	$60\%U_n<U\leqslant80\%U_n$
		$60\%U_n$	$60\%U_n$	—	$40\%U_n<U\leqslant60\%U_n$
		$40\%U_n$	$40\%U_n$	—	$20\%U_n<U\leqslant40\%U_n$
		$20\%U_n$	$20\%U_n$	—	$20\%U_n$
	单相不对称跌落 B 相（两次）	$90\%U_n$	$90\%U_n$	—	$80\%U_n<U\leqslant90\%U_n$
		$80\%U_n$	$80\%U_n$	—	$60\%U_n<U\leqslant80\%U_n$
		$60\%U_n$	$60\%U_n$	—	$40\%U_n<U\leqslant60\%U_n$
		$40\%U_n$	$40\%U_n$	—	$20\%U_n<U\leqslant40\%U_n$
		$20\%U_n$	$20\%U_n$	—	$20\%U_n$
	单相不对称跌落 C 相（两次）	$90\%U_n$	$90\%U_n$	—	$80\%U_n<U\leqslant90\%U_n$
		$80\%U_n$	$80\%U_n$	—	$60\%U_n<U\leqslant80\%U_n$
		$60\%U_n$	$60\%U_n$	—	$40\%U_n<U\leqslant60\%U_n$
		$40\%U_n$	$40\%U_n$	—	$20\%U_n<U\leqslant40\%U_n$
		$20\%U_n$	$20\%U_n$	—	$20\%U_n$
	AB 两相不对称跌落（两次）	—	—	—	$80\%U_n<U\leqslant90\%U_n$
		—	—	—	$60\%U_n<U\leqslant80\%U_n$
		—	—	—	$40\%U_n<U\leqslant60\%U_n$
		—	—	—	$20\%U_n<U\leqslant40\%U_n$
		—	—	—	$20\%U_n$
	BC 两相不对称跌落（两次）	—	—	—	$80\%U_n<U\leqslant90\%U_n$
		—	—	—	$60\%U_n<U\leqslant80\%U_n$
		—	—	—	$40\%U_n<U\leqslant60\%U_n$
		—	—	—	$20\%U_n<U\leqslant40\%U_n$
		—	—	—	$20\%U_n$
	CA 两相不对称跌落（两次）	—	—	—	$80\%U_n<U\leqslant90\%U_n$
		—	—	—	$60\%U_n<U\leqslant80\%U_n$
		—	—	—	$40\%U_n<U\leqslant60\%U_n$
		—	—	—	$20\%U_n<U\leqslant40\%U_n$
		—	—	—	$20\%U_n$

表 4-3　　　　　　　频率异常（扰动）响应特性测试方案对比

测试环境	实验室测试	现场测试
三相频率扰动	$f\leqslant48Hz$	$f\leqslant48Hz$
	$48Hz<f<49.5Hz$	$48Hz<f<49.5Hz$
	$50.2Hz<f<50.5Hz$	$50.2Hz<f<50.5Hz$
	$f\geqslant50.5Hz$	$f\geqslant50.5Hz$

分析表 4-2 和表 4-3 可以发现，实验室环境和现场环境对于频率异常（扰动）响应特性的测试方案相同，而低电压穿越性能的测试方案则相差较大。现场测试在轻载跌落时，只需进行三个点的测试；在重载跌落时，相比实验室标准环境检测增加了两相不对称跌落的测试，实际选取的测试点也有所不同。

4.1.5　小结

本节从测试环境和测试方案两个方面对比了实验室标准环境检测和现场检测的异同，见表 4-4。

表 4-4　　　　　　　　　实验室标准环境检测和现场检测的异同

对 比 项		实验室标准环境检测	现场检测
测试环境	气象环境	太阳辐射强度：采用直流源模拟 温度：25℃	太阳辐射强度：自然界真实辐照 温度：-20～40℃
	电气环境	接入模拟电网	接入输电网
	变压器类型	多抽头双绕组升压变压器	双分裂三绕组、双绕组等多种升压变压器
测试方案		按照测试规程的要求	在符合测试规程的基础上，考虑现场实际情况

4.2　实验室和现场测试结果对比分析

4.2.1　逆变器和测试环境简介

以某 500kW 逆变器 A 型为例，分析实验室标准环境与现场检测结果。逆变器 A 型电气参数见表 4-5，电路拓扑图如图 4-12 所示。

表 4-5　　　　　　　　　　逆变器 A 型电气参数

直 流 侧 参 数		交 流 侧 参 数	
直流母线启动电压/V	470	额定输出功率/kW	500
最低直流母线电压/V	450	最大输出功率/kW	550
最高直流母线电压/V	900	额定网侧电压/V	270
满载 MPPT 电压范围/V	450～820	允许网侧电压范围/V	210～310
最佳 MPPT 工作点电压/V	450	额定电网频率/Hz	50/60
最大输入电流/A	1247	允许电网频率范围/Hz	47～52/57～62
		总电流谐波畸变率/%	<3

现场检测以青海某光伏电站为例，该电站总装机容量 50MW，电站所在地海拔 2800m，年日照总时间达 3080h，年峰值日照时间达 1680h，是理想的太阳能光伏发电场。该电站共 50 个并网发电单元，每个光伏组件为 1MW，采用串并联的方式将

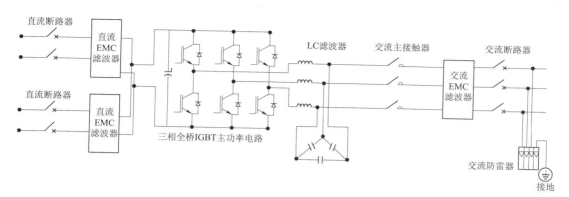

图 4-12　逆变器电路拓扑图

若干个光伏组件组成光伏阵列，光伏阵列的发电输入光伏方阵防雷汇流箱后接入直流配电柜，然后经并网光伏逆变器和交流防雷配电柜接入 0.27kV/35kV 变压配电装置进行升压，与远端 35kV 母线连接。其中每 15 个光伏阵列采用一个逆变器，共30 台。

　逆变器在实验室标准环境下和现场测试环境下所进行的低电压穿越测试和频率扰动测试进行比较，结果见表 4-6 和表 4-7。

表 4-6　　　　　　　　　　两种测试环境下低电压穿越测试比较

测试环境		实验室测试		现场测试	
	功率范围	$(10\%\sim30\%)P_n$ 轻载跌落	$\geqslant80\%P_n$ 重载跌落	$(10\%\sim30\%)P_n$ 轻载跌落	$\geqslant80\%P_n$ 重载跌落
跌落类型	三相对称跌落（两次）	$90\%U_n$	$90\%U_n$	—	—
		$80\%U_n$	$80\%U_n$	$80\%U_n$	$77\%U_n$
		$60\%U_n$	$60\%U_n$	$50\%U_n$	$46\%U_n$
		$40\%U_n$	$40\%U_n$	—	$34\%U_n$
		$20\%U_n$	$20\%U_n$	$20\%U_n$	$20\%U_n$
	单相不对称跌落 A 相（两次）	$90\%U_n$	$90\%U_n$		
		$80\%U_n$	$80\%U_n$		$78\%U_n$
		$60\%U_n$	$60\%U_n$	—	$51\%U_n$
		$40\%U_n$	$40\%U_n$		$33\%U_n$
		$20\%U_n$	$20\%U_n$		$20\%U_n$
	单相不对称跌落 B 相（两次）	$90\%U_n$	$90\%U_n$		—
		$80\%U_n$	$80\%U_n$		$80\%U_n$
		$60\%U_n$	$60\%U_n$		$52\%U_n$
		$40\%U_n$	$40\%U_n$		$39\%U_n$
		$20\%U_n$	$20\%U_n$		$20\%U_n$

测试环境		实验室测试		现 场 测 试	
跌落 类型	单相不对称跌落 C 相（两次）	$90\%U_n$	$90\%U_n$	—	—
		$80\%U_n$	$80\%U_n$	—	$77\%U_n$
		$60\%U_n$	$60\%U_n$	—	$49\%U_n$
		$40\%U_n$	$40\%U_n$	—	$37\%U_n$
		$20\%U_n$	$20\%U_n$	—	$20\%U_n$

表 4-7   **两种测试环境下频率扰动测试比较**   单位：Hz

测试环境		实验室测试	现场测试
测试工况	三相频率扰动	47.95	47.95
		49.45	49.00
		50.45	50.40
		50.55	50.55

4.2.2　测试项目结果对比研究

4.2.2.1　低电压穿越测试

本书只选取具有代表性的几种工况，对比分析其在实验室标准环境和现场测试环境下的测试结果。

1. $(10\%\sim30\%)\,P_n$ 轻载三相对称跌落，跌落到 $20\%U_n$

图 4-13 为实验室标准环境和现场测试环境下，被测装置轻载运行，三相电压对称跌落至 $20\%U_n$ 时并网点电压有效值变化曲线。实验室标准环境下，并网点电压跌落度为 $25\%U_n$，跌落响应时间为 15ms，持续 1s 后电压恢复，恢复响应时间为 5ms；现场测试环境下，并网点电压跌落度为 $21\%U_n$，跌落响应时间为 10ms，持续 1s 后电压恢复至额定电压，恢复响应时间为 5ms。

图 4-14 为实验室标准环境和现场测试环境下，被测装置轻载运行，三相电压对称跌落至 $20\%U_n$ 时被测装置并网电流有效值变化曲线。实验室标准环境下，电压跌落发生后，被测装置并网电流迅速增大至稳态值 $1.1I_n$，且在变化过程中无突变产生，低电压穿越过程中，三相电流无断续，电压恢复后，被测装置并网电流迅速恢复至跌落前状态；现场测试环境下，电压跌落发生后，被测装置并网电流迅速增大至稳态值 $1.15I_n$，且在变化过程中无突变产生，低电压穿越过程中，三相电流无断续，电压恢复后，被测装置并网电流缓慢恢复至电压跌落前状态，恢复过程有轻微振荡。

根据表 4-8 和表 4-9 所示的测试结果可以发现，实验室标准环境下电压跌落度为 $24.96\%U_n$，低电压穿越过程中输出有功功率为 $0.4\%P_n$，无功功率为 $33\%P_n$，电

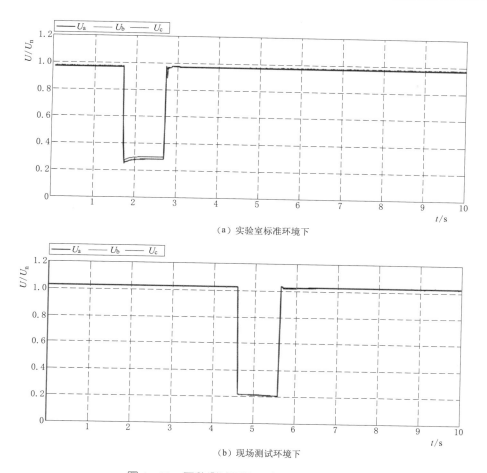

（a）实验室标准环境下

（b）现场测试环境下

图 4-13 两种测试环境下电压有效值曲线

压恢复后有功恢复速率为 $339.67\%P_n/s$；现场测试环境下电压跌落度为 $21.77\%U_n$，低电压穿越过程中输出有功功率为 $0.6\%P_n$，无功功率为 $40\%P_n$，电压恢复后有功恢复速率为 $301.54\%P_n/s$。对比可得，两种检测环境下逆变器均具备无功支撑能力且能够根据电压跌落度实时调整无功电流大小，具备相同的有功恢复速率，但是实验室标准环境下电压稳态跌落度高于现场测试环境，如图 4-15 所示。

表 4-8　　　　　　　　　　实验室标准环境下测试参数指标

测 量 参 数	电压跌落前	穿越过程	电压恢复后
交流输出侧 A 相电压 U_a/V	177	44	177
交流输出侧 B 相电压 U_b/V	177	43	177
交流输出侧 C 相电压 U_c/V	176	44	176
交流输出侧 A 相电流 I_a/A	268	1023	262

续表

测 量 参 数	电压跌落前	穿越过程	电压恢复后
交流输出侧 B 相电流 I_b/A	269	1025	263
交流输出侧 C 相电流 I_c/A	268	1023	262
交流输出侧有功功率 P/kW	142	2	139
交流输出侧无功功率 Q/kvar	3	165	4
直流侧母线电压 U_{dc}/V	631	750	655
直流侧母线电流 I_{dc}/A	232	22	214
基波电压稳态跌落度/%	24.96		
基波电压暂态跌落度/%	24.28		
有功功率恢复速率/(%P_n/s)	339.67		

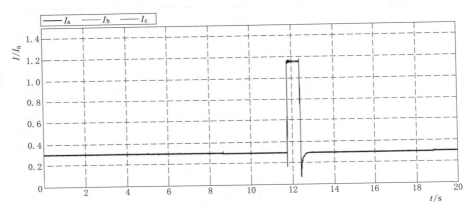

（a）实验室标准环境下

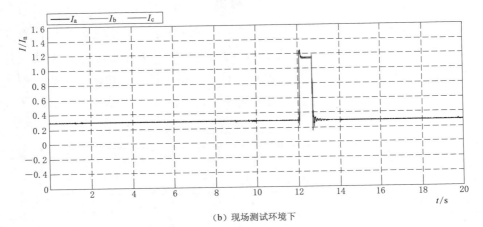

（b）现场测试环境下

图 4-14 两种测试环境下电流有效值曲线

表 4 - 9   现场测试环境下测试参数指标

测量参数	电压跌落前	穿越过程	电压恢复后
交流输出侧 A 相电压 U_a/V	20891	4264	20862
交流输出侧 B 相电压 U_b/V	20760	4241	20762
交流输出侧 C 相电压 U_c/V	20847	4256	20842
交流输出侧 A 相电流 I_a/A	2.65	6.90	2.63
交流输出侧 B 相电流 I_b/A	2.66	6.89	2.64
交流输出侧 C 相电流 I_c/A	2.65	6.89	2.63
交流输出侧有功功率 P/kW	148	3	147
交流输出侧无功功率 Q/kvar	25	197	24
基波电压稳态跌落度/%		21.77	
基波电压暂态跌落度/%		20.09	
有功功率恢复速率/($\%P_n$/s)		301.54	

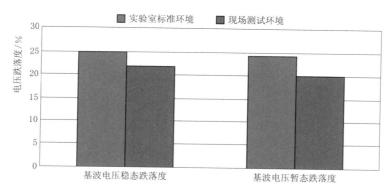

图 4 - 15   两种测试环境下电压跌落度对比图

2. 不小于 $80\%P_n$ 重载三相对称跌落，跌落到 $20\%U_n$

图 4 - 16 为实验室标准环境和现场测试环境下，被测装置重载运行，三相电压对称跌落至 $20\%U_n$ 时并网点电压有效值变化曲线。实验室标准环境下，并网点电压跌落度为 $25\%U_n$，跌落响应时间为 10ms，持续 1s 后电压恢复，恢复响应时间为 3ms；现场测试环境下，并网点电压跌落度为 $22\%U_n$，跌落响应时间为 8ms，持续 1s 后电压恢复至额定电压，恢复响应时间为 3ms。

图 4 - 17 为实验室标准环境下，电压跌落发生后被测装置并网电流有较明显的暂态过程，三相电流无断续，有效值为 $1.15I_n$，电压恢复后，被测装置并网电流增大且有轻微振荡；现场测试环境下，电压跌落发生后，被测装置并网电流缓慢增大，直至电压恢复时刻，此时并网电流为 $1.0I_n$，三相电流无断续，电压恢复后，电流先减小后增大，动态过程明显。

实验室标准环境下测试参数指标见表 4 - 10。

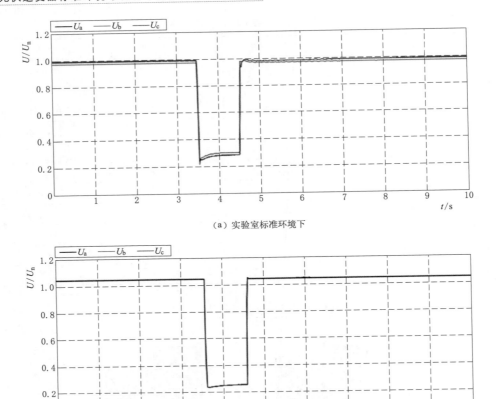

（a）实验室标准环境下

（b）现场测试环境下

图 4-16　两种测试环境下电压有效值曲线

表 4-10　　　　　　　　　　　　实验室标准环境下测试参数指标

测 量 参 数	电压跌落前	穿越过程	电压恢复后
交流输出侧 A 相电压 U_a/V	180	45	180
交流输出侧 B 相电压 U_b/V	181	45	181
交流输出侧 C 相电压 U_c/V	177	46	177
交流输出侧 A 相电流 I_a/A	918	1024	912
交流输出侧 B 相电流 I_b/A	919	1026	913
交流输出侧 C 相电流 I_c/A	920	1024	914
交流输出侧有功功率 P/kW	495	1	491
交流输出侧无功功率 Q/kvar	6	164	6
直流侧母线电压 U_{dc}/V	616	753	634
直流侧母线电流 I_{dc}/A	818	23	790
基波电压稳态跌落度/%	24.93		
基波电压暂态跌落度/%	22.59		
有功功率恢复速率/($\%P_n$/s)	91.76		

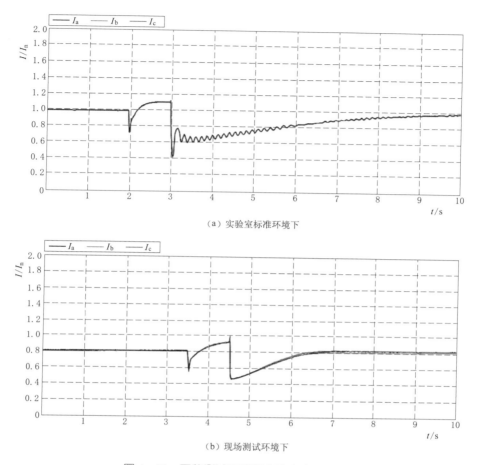

（a）实验室标准环境下

（b）现场测试环境下

图 4 - 17　两种测试环境下电流有效值曲线

现场测试环境下测试参数指标见表 4 - 11。

表 4 - 11　　　　　　　　　　现场测试环境下测试参数指标

测 量 参 数	电压跌落前	穿越过程	电压恢复后
交流输出侧 A 相电压 U_a/V	21025	5064	21073
交流输出侧 B 相电压 U_b/V	20933	5049	20948
交流输出侧 C 相电压 U_c/V	20985	5062	21018
交流输出侧 A 相电流 I_a/A	7.47	7.29	7.63
交流输出侧 B 相电流 I_b/A	7.44	7.30	7.58
交流输出侧 C 相电流 I_c/A	7.47	7.28	7.61
交流输出侧有功功率 P/kW	467	8	474
交流输出侧无功功率 Q/kvar	53	150	68
基波电压稳态跌落度/%		24.98	
基波电压暂态跌落度/%		22.67	
有功功率恢复速率/($\%P_n$/s)		96.36	

根据表 4-10 和表 4-11 所示的测试结果可以发现，实验室标准环境下电压跌落度为 $24.93\%U_n$，低电压穿越过程中输出有功功率为 $0.2\%P_n$，无功功率为 $33\%P_n$，电压恢复后有功恢复速率为 $91.76\%P_n/s$；现场测试环境下电压跌落度为 $24.98\%U_n$，低电压穿越过程中输出有功功率为 $1.6\%P_n$，无功功率为 $30\%P_n$，电压恢复后有功恢复速率为 $96.36\%P_n/s$。对比可得，两种检测环境下逆变器具备无功支撑能力且能够根据电压跌落度实时调整无功电流大小，有功恢复速率大致相同，电压稳态跌落度也大致相同，如图 4-18 所示。

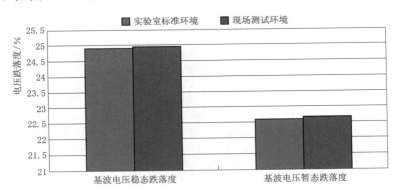

图 4-18　两种测试环境下电压跌落度对比图

3. $(10\%\sim30\%)P_n$ 轻载三相对称跌落，跌落到 $80\%U_n$

图 4-19 为实验室标准环境和现场测试环境下，被测装置轻载运行，三相电压对称跌落至 $80\%U_n$ 时并网点电压有效值变化曲线。实验室标准环境下，并网点电压跌落度为 $80\%U_n$，跌落响应时间为 5ms，持续 2.8s 后电压恢复，恢复响应时间为 5ms；现场测试环境下，并网点电压跌落度为 $80\%U_n$，跌落响应时间为 6ms，持续 2.8s 后电压恢复至额定电压，恢复响应时间为 5ms。

图 4-20 为实验室标准环境和现场测试环境下，被测装置轻载运行，三相电压对称跌落至 $80\%U_n$ 时被测装置并网电流有效值变化曲线。实验室标准环境下，电压跌落发生后，被测装置并网电流迅速增大至稳态值 $0.58I_n$，且在变化过程中无突变产生，低电压穿越过程中，三相电流无断续，电压恢复后，被测装置并网电流迅速恢复至跌落前状态；现场测试环境下，电压跌落发生后，被测装置并网电流缓慢增大，直至电压恢复时刻，此时并网电流为 $0.45I_n$，三相电流无断续，电压恢复后，电流平滑减小至电压跌落前状态。

实验室标准环境下测试参数指标见表 4-12。

现场测试环境下测试参数指标见表 4-13。

根据表 4-12 和表 4-13 所示的测试结果可以发现，实验室标准环境下电压跌落度为 $84.25\%U_n$，低电压穿越过程中输出有功功率为 $28\%P_n$，无功功率为 $36\%P_n$，

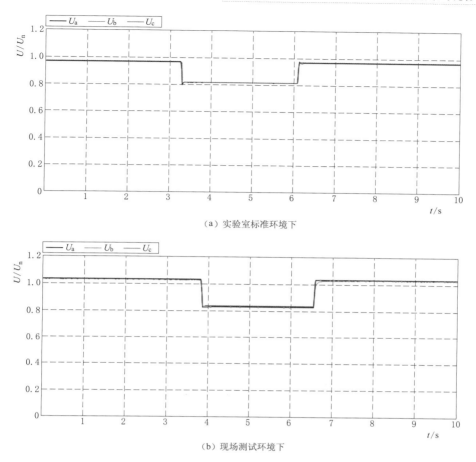

（a）实验室标准环境下

（b）现场测试环境下

图 4-19　两种测试环境下电压有效值曲线

表 4-12　　　　　　　　　　　实验室标准环境下测试参数指标

测　量　参　数	电压跌落前	穿越过程	电压恢复后
交流输出侧 A 相电压 U_a/V	177	148	177
交流输出侧 B 相电压 U_b/V	177	149	177
交流输出侧 C 相电压 U_c/V	176	149	176
交流输出侧 A 相电流 I_a/A	268	510	267
交流输出侧 B 相电流 I_b/A	269	511	268
交流输出侧 C 相电流 I_c/A	268	510	267
交流输出侧有功功率 P/kW	142	140	142
交流输出侧无功功率 $Q/kvar$	3	179	3
直流侧母线电压 U_{dc}/V	629	629	606
直流侧母线电流 I_{dc}/A	232	231	240
基波电压稳态跌落度/%	84.25		
基波电压暂态跌落度/%	82.27		
有功功率恢复速率/($\%P_n/s$)	294.23		

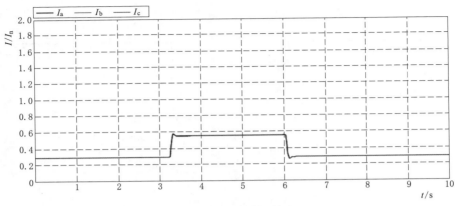

（a）实验室标准环境下

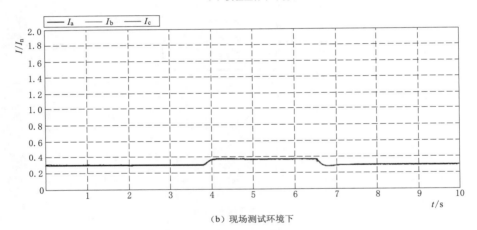

（b）现场测试环境下

图 4-20　两种测试环境下电流有效值曲线

表 4-13　　　　　　　　　　　现场测试环境下测试参数指标

测 量 参 数	电压跌落前	穿越过程	电压恢复后
交流输出侧 A 相电压 U_a/V	20891	16694	20862
交流输出侧 B 相电压 U_b/V	20760	16775	20762
交流输出侧 C 相电压 U_c/V	20747	16762	20842
交流输出侧 A 相电流 I_a/A	2.65	4.07	2.63
交流输出侧 B 相电流 I_b/A	2.66	4.14	2.64
交流输出侧 C 相电流 I_c/A	2.65	3.96	2.63
交流输出侧有功功率 P/kW	148	146	147
交流输出侧无功功率 Q/kvar	25	89	24
基波电压稳态跌落度/%	80.34		
基波电压暂态跌落度/%	79.89		
有功功率恢复速率/($\%P_n$/s)	268.99		

电压恢复后有功恢复速率为 $294.23\%P_n/s$；现场测试环境下电压跌落度为 80.34% U_n，低电压穿越过程中输出有功功率为 $29.2\%P_n$，无功功率为 $17.8\%P_n$，电压恢复后有功恢复速率为 $268.99\%P_n/s$。对比可得，两种检测环境下逆变器均具备无功支撑能力，电压恢复后有功恢复速率相差不大，但实验室标准环境下电压稳态跌落度高于现场测试环境，如图 4-21 所示。

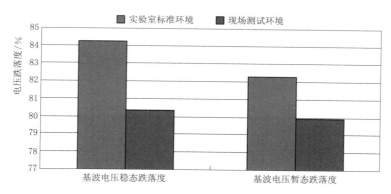

图 4-21　两种测试环境下电压跌落度对比图

4. 不小于 $80\%P_n$ 重载三相对称跌落，跌落到 $80\%U_n$

图 4-22 为实验室标准环境和现场测试环境下，被测装置重载运行，三相电压对称跌落至 $80\%U_n$ 时并网点电压有效值变化曲线。实验室标准环境下，并网点电压跌落度为 $80\%U_n$，跌落响应时间为 5ms，持续 2.8s 后电压恢复，恢复响应时间为 3ms；现场测试环境下，并网点电压跌落度为 $80\%U_n$，跌落响应时间为 8ms，持续 2.8s 后电压恢复至额定电压，恢复响应时间为 5ms。

图 4-23 为实验室标准环境和现场测试环境下，被测装置重载运行，三相电压对称跌落至 $80\%U_n$ 时被测装置并网电流有效值变化曲线。实验室标准环境下，电压跌落发生后，被测装置并网电流经 0.5s 达到稳态值 $0.8I_n$，且在变化过程中无突变产生，低电压穿越过程中，三相电流无断续，电压恢复后，被测装置并网电流有较为明显的暂态过程；现场测试环境下，电压跌落发生后，被测装置并网电流减小，1s 后达到稳态值 $0.75I_n$，电压恢复后，电流缓慢增大至电压跌落前状态。

实验室标准环境下测试参数指标见表 4-14。

表 4-14　　　　　　　　　　实验室标准环境下测试参数指标

测量参数	电压跌落前	穿越过程	电压恢复后
交流输出侧 A 相电压 U_a/V	180	154	180
交流输出侧 B 相电压 U_b/V	181	155	181
交流输出侧 C 相电压 U_c/V	177	154	177
交流输出侧 A 相电流 I_a/A	918	771	911

续表

测 量 参 数	电压跌落前	穿越过程	电压恢复后
交流输出侧 B 相电流 I_b/A	918	773	912
交流输出侧 C 相电流 I_c/A	919	777	913
交流输出侧有功功率 P/kW	494	315	491
交流输出侧无功功率 Q/kvar	6	140	6
直流侧母线电压 U_{dc}/V	619	736	637
直流侧母线电流 I_{dc}/A	816	424	789
基波电压稳态跌落度/%	83.44		
基波电压暂态跌落度/%	82.34		
有功功率恢复速率/($\%P_n$/s)	232.16		

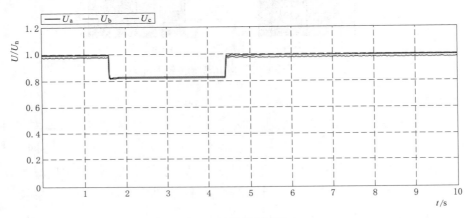

（a）实验室标准环境下

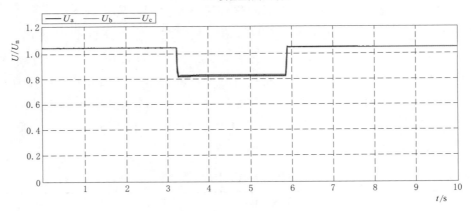

（b）现场测试环境下

图 4-22　两种测试环境下电压有效值曲线

现场测试环境下测试参数指标见表 4-15。

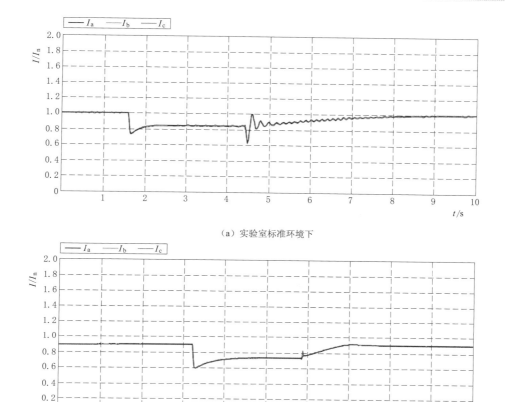

（a）实验室标准环境下

（b）现场测试环境下

图 4 - 23　两种测试环境下电流有效值曲线

表 4 - 15　　　　　　　　　现场测试环境下测试参数指标

测 量 参 数	电压跌落前	穿越过程	电压恢复后
交流输出侧 A 相电压 U_a/V	21000	16440	21015
交流输出侧 B 相电压 U_b/V	20931	16579	20959
交流输出侧 C 相电压 U_c/V	20922	16658	20937
交流输出侧 A 相电流 I_a/A	7.45	5.96	7.52
交流输出侧 B 相电流 I_b/A	7.43	5.99	7.50
交流输出侧 C 相电流 I_c/A	7.45	6.03	7.53
交流输出侧有功功率 P/kW	465	196	469
交流输出侧无功功率 Q/kvar	54	90	62
基波电压稳态跌落度/%	78.78		
基波电压暂态跌落度/%	77.86		
有功功率恢复速率/(%P_n/s)	218.39		

根据表 4-14 和表 4-15 所示的测试结果可以发现，实验室标准环境下电压跌落度为 83.44%U_n，低电压穿越过程中输出有功功率为 32.16%P_n，无功功率为 28%P_n，电压恢复后有功恢复速率为 232.16%P_n/s；现场测试环境下电压跌落度为 78.78%U_n，低电压穿越过程中输出有功功率为 39.2%P_n，无功功率为 18%P_n，电压恢复后有功恢复速率为 218.39%P_n/s。对比可得，两种检测环境下逆变器均具备无功支撑能力且能够根据电压跌落度实时调整无功电流大小，有功恢复速率大致相同，实验室标准环境下电压稳态跌落度高于现场测试环境，如图 4-24 所示。

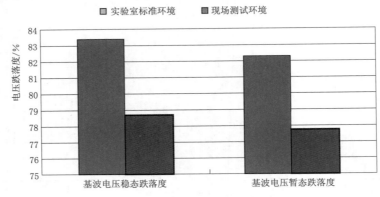

图 4-24　两种测试环境下电压跌落度对比图

5. 不小于 80%P_n 重载 A 相不对称跌落，跌落到 20%U_n

图 4-25 为实验室标准环境和现场测试环境下，被测装置重载运行，A 相电压跌落至 20%U_n 时并网点电压有效值变化曲线。实验室标准环境下，并网点电压跌落度为 22%U_n，跌落响应时间为 5ms，持续 1s 后电压恢复，恢复响应时间为 5ms；现场测试环境下，并网点电压跌落度为 21%U_n，跌落响应时间为 4ms，持续 1s 后电压恢复至额定电压，恢复响应时间为 3ms。

图 4-26 为实验室标准环境和现场测试环境下，被测装置重载运行，A 相电压跌落至 20%U_n 时被测装置并网电流有效值变化曲线。实验室标准环境下，电压跌落发生后，三相电流对称，迅速达到稳态值 0.58I_n，低电压穿越过程中，三相电流无断续，电压恢复过程中被测装置并网电流振荡上升；现场测试环境下，电压跌落发生后，三相电流减小至 0.43I_n，三相电流无断续，电压恢复后，电流缓慢增大至电压跌落前状态。

实验室标准环境下测试参数指标见表 4-16。

表 4-16　　　　　　　　实验室标准环境下测试参数指标

测 量 参 数	电压跌落前	穿越过程	电压恢复后
交流输出侧 A 相电压 U_a/V	180	45	180
交流输出侧 B 相电压 U_b/V	181	184	181
交流输出侧 C 相电压 U_c/V	177	181	177

测 量 参 数	电压跌落前	穿越过程	电压恢复后
交流输出侧 A 相电流 I_a/A	918	583	917
交流输出侧 B 相电流 I_b/A	920	610	918
交流输出侧 C 相电流 I_c/A	920	595	919
交流输出侧有功功率 P/kW	495	159	494
交流输出侧无功功率 Q/kvar	6	168	6
直流侧母线电压 U_{dc}/V	618	736	638
直流侧母线电流 I_{dc}/A	817	227	793
基波电压稳态跌落度/%	24.45		
基波电压暂态跌落度/%	22.83		
有功功率恢复速率/($\%P_n$/s)	88.60		

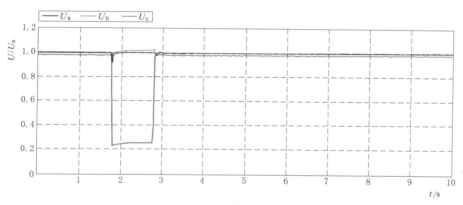

（a）实验室标准环境下

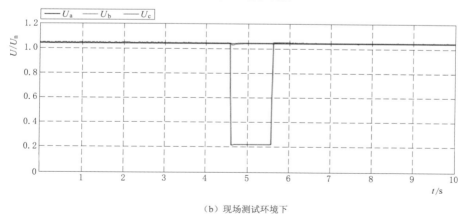

（b）现场测试环境下

图 4 - 25 两种测试环境下电压有效值曲线

现场测试环境下测试参数指标见表 4 - 17。

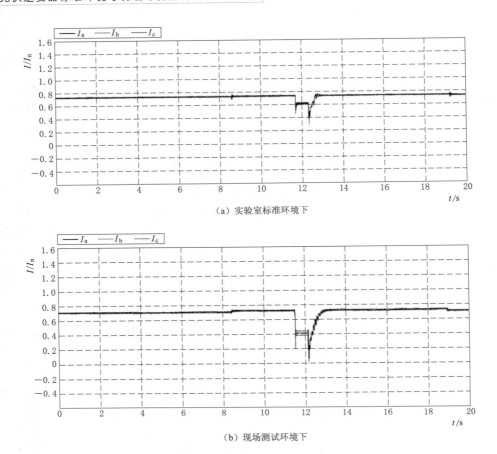

（a）实验室标准环境下

（b）现场测试环境下

图 4-26　两种测试环境下电流有效值曲线

表 4-17　　　　　　　　现场测试环境下测试参数指标

测　量　参　数	电压跌落前	穿越过程	电压恢复后
交流输出侧 A 相电压 U_a/V	20954	4671	20942
交流输出侧 B 相电压 U_b/V	20969	20968	20974
交流输出侧 C 相电压 U_c/V	21017	20992	21026
交流输出侧 A 相电流 I_a/A	7.96	7.40	7.97
交流输出侧 B 相电流 I_b/A	7.91	7.80	7.92
交流输出侧 C 相电流 I_c/A	7.94	7.37	7.96
交流输出侧有功功率 P/kW	497	110	498
交流输出侧无功功率 Q/kvar	48	154	48
基波电压稳态跌落度/%	22.58		
基波电压暂态跌落度/%	21.23		
有功功率恢复速率/（%P_n/s）	97.55		

根据表 4-16 和表 4-17 所示的测试结果可以发现，实验室标准环境下 A 相电压跌落度为 24.45％U_n，低电压穿越过程中输出有功功率为 31.8％P_n，无功功率为 33％P_n，电压恢复后有功恢复速率为 88.60％P_n/s；现场测试环境下电压跌落度为 22.58％U_n，低电压穿越过程中输出有功功率为 22％P_n，无功功率为 30.8％P_n，电压恢复后有功恢复速率为 97.55％P_n/s。对比可得，两种检测环境下逆变器均具备无功支撑能力且能够根据电压跌落度实时调整无功电流大小，实验室标准环境下电压稳态跌落度高于现场测试环境，如图 4-27 所示。

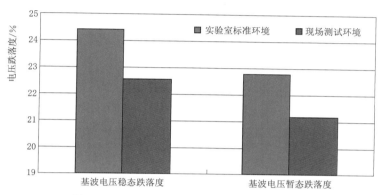

图 4-27　两种测试环境下电压跌落度对比图

6. 不小于 80％P_n 重载 A 相不对称跌落，跌落到 80％U_n

图 4-28 为实验室标准环境和现场测试环境下，被测装置重载运行，A 相电压跌落至 80％U_n 时并网点电压有效值变化曲线。实验室标准环境下，并网点电压跌落度为 80％U_n，跌落响应时间为 5ms，持续 2.8s 后电压恢复，恢复响应时间为 3ms；现场测试环境下，并网点电压跌落度为 80％U_n，跌落响应时间为 4ms，持续 2.8s 后电压恢复至额定电压，恢复响应时间为 5ms。

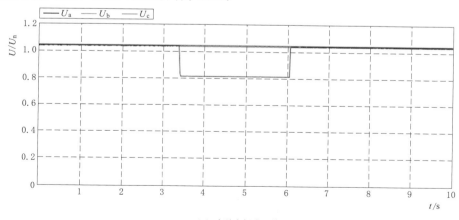

（a）实验室标准环境下

图 4-28（一）　两种测试环境下电压有效值曲线

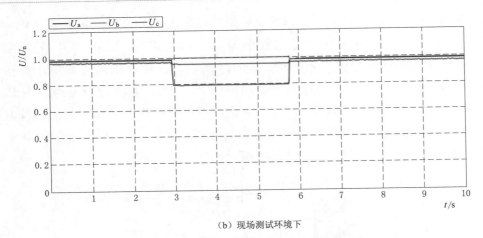

（b）现场测试环境下

图 4-28（二）　两种测试环境下电压有效值曲线

　　图 4-29 为实验室标准环境和现场测试环境下，被测装置重载运行，A 相电压跌落至 $80\%U_n$ 时被测装置并网电流有效值变化曲线。实验室标准环境下，电压跌落发生后，

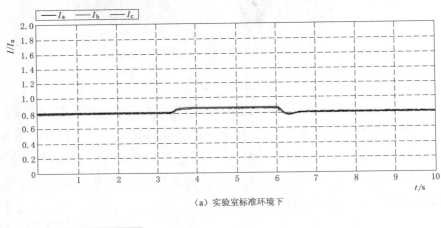

（a）实验室标准环境下

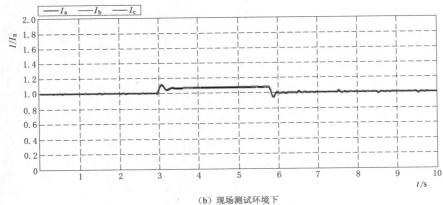

（b）现场测试环境下

图 4-29　两种测试环境下电流有效值曲线

三相电流对称，经 0.1s 达到稳态值 $0.9I_n$，低电压穿越过程中，三相电流无断续，电压恢复后，被测装置并网电流缓慢减小；现场测试环境下，电压跌落发生后，三相电流增大至 $1.05I_n$，三相电流无断续，电压恢复后，电流 0.2s 恢复至电压跌落前状态。

实验室标准环境下测试参数指标见表 4-18。

表 4-18　　　　　　　　　　实验室标准环境下测试参数指标

测量参数	电压跌落前	穿越过程	电压恢复后
交流输出侧 A 相电压 U_a/V	180	145	180
交流输出侧 B 相电压 U_b/V	181	183	181
交流输出侧 C 相电压 U_c/V	177	175	177
交流输出侧 A 相电流 I_a/A	918	986	914
交流输出侧 B 相电流 I_b/A	919	989	913
交流输出侧 C 相电流 I_c/A	920	982	916
交流输出侧有功功率 P/kW	494	495	492
交流输出侧无功功率 Q/kvar	6	0	6
直流侧母线电压 U_{dc}/V	618	625	601
直流侧母线电流 I_{dc}/A	816	809	834
基波电压稳态跌落度/%	81.18		
基波电压暂态跌落度/%	81.03		
有功功率恢复速率/($\%P_n$/s)	181.60		

现场测试环境下测试参数指标见表 4-19。

表 4-19　　　　　　　　　　现场测试环境下测试参数指标

测量参数	电压跌落前	穿越过程	电压恢复后
交流输出侧 A 相电压 U_a/V	20964	16477	20963
交流输出侧 B 相电压 U_b/V	20924	20906	20910
交流输出侧 C 相电压 U_c/V	20959	20943	20965
交流输出侧 A 相电流 I_a/A	6.66	7.12	6.67
交流输出侧 B 相电流 I_b/A	6.50	7.20	6.65
交流输出侧 C 相电流 I_c/A	6.65	7.03	6.65
交流输出侧有功功率 P/kW	414	412	414
交流输出侧无功功率 Q/kvar	-61	-32	-19
基波电压稳态跌落度/%	78.47		
基波电压暂态跌落度/%	78.36		
有功功率恢复速率/($\%P_n$/s)	203.35		

根据表4-18和表4-19所示的测试结果可以发现，实验室标准环境下A相电压跌落度为81.18%U_n，低电压穿越过程中输出有功功率为98.8%P_n，无功功率为0，电压恢复后有功恢复速率为181.60%P_n/s；现场测试环境下电压跌落度为78.47%U_n，低电压穿越过程中输出有功功率为82.4%P_n，电压恢复后有功恢复速率为203.35%P_n/s。对比可得，两种检测环境下逆变器均不发出动态无功支撑，实验室标准环境下电压稳态跌落度高于现场测试环境，如图4-30所示。

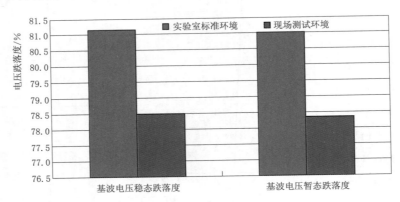

图4-30　两种测试环境下电压跌落度对比图

通过上述对比可以发现，针对同一型号逆变器，两种测试环境符合性检测结果均一致，仅数值上存在微小差别。

4.2.2.2　频率扰动测试

1. $f \leqslant 48\text{Hz}$

图4-31为实验室标准环境和现场测试环境下，并网点电压频率扰动为47.95Hz时电压有效值变化曲线。两种环境下，电压均存在轻微振荡。

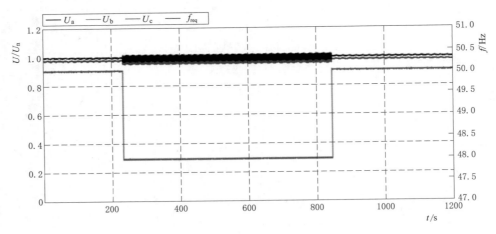

（a）实验室标准环境下

图4-31（一）　两种测试环境下电压有效值曲线

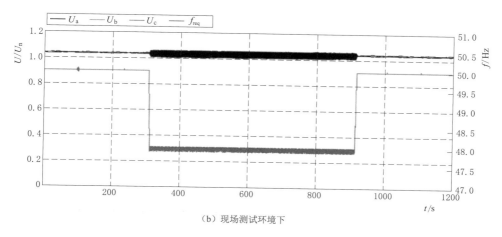

（b）现场测试环境下

图 4-31（二） 两种测试环境下电压有效值曲线

图 4-32 为实验室标准环境和现场测试环境下，并网点电压频率扰动为 47.95Hz 时被测装置并网电流有效值变化曲线。实验室标准环境下，被测装置并网电流为 $1.0I_n$，频率扰动前后电流大小不变；现场测试环境下，被测装置并网电流为

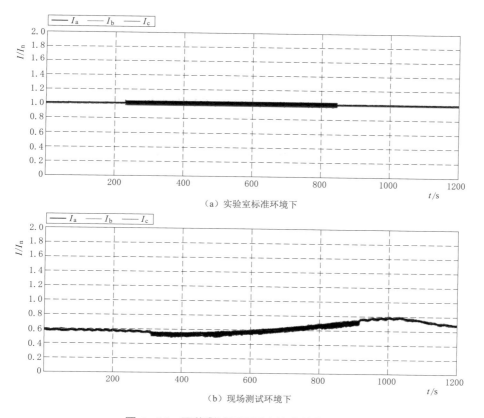

（a）实验室标准环境下

（b）现场测试环境下

图 4-32 两种测试环境下电流有效值曲线

$0.58I_n$，频率扰动发生后，电流缓慢上升至 $0.75I_n$。两种测试环境下，频率扰动被测装置均不停机。

2. $48\mathrm{Hz} < f < 49.5\mathrm{Hz}$

图 4-33 为实验室标准环境和现场测试环境下，并网点电压频率扰动时电压有效值变化曲线。实验室标准环境下，频率扰动值为 49.45Hz，电压存在轻微振荡；现场测试环境下，频率扰动值 49Hz，电压存在轻微振荡。

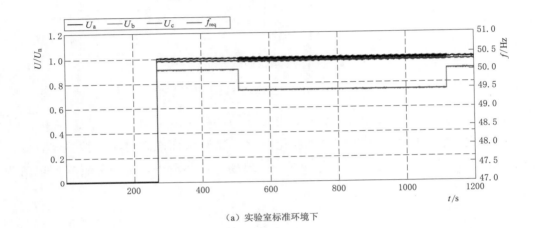

（a）实验室标准环境下

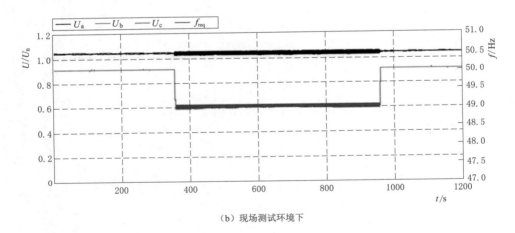

（b）现场测试环境下

图 4-33　两种测试环境下电压有效值曲线

图 4-34 为实验室标准环境和现场测试环境下，并网点电压频率扰动时被测装置并网电流有效值变化曲线。实验室标准环境下，被测装置并网电流为 $1.0I_n$，频率扰动前后电流大小不变；现场测试环境下，被测装置并网电流为 $0.60I_n$，频率扰动发生后，电流变化很小。两种测试环境下，被测装置均不停机。

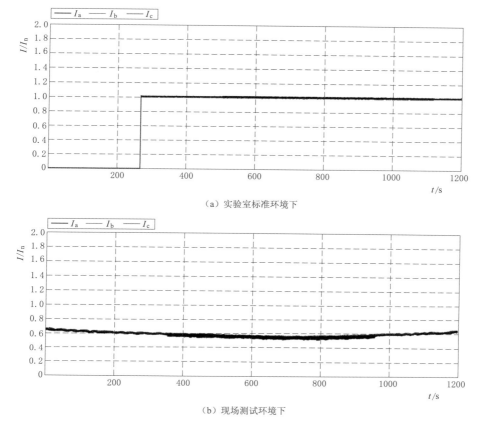

（a）实验室标准环境下

（b）现场测试环境下

图 4-34 两种测试环境下电流有效值曲线

3. 50.2Hz＜f＜50.5Hz

图 4-35 为实验室标准环境和现场测试环境下，并网点电压频率扰动时电压有效值变化曲线。实验室标准环境下，频率扰动值为 50.45Hz，电压存在轻微振荡；现场测试环境下，频率扰动值为 50.4Hz，电压存在轻微振荡。

图 4-36 为实验室标准环境和现场测试环境下，并网点电压频率扰动时被测装置并网电流有效值变化曲线。实验室标准环境下，被测装置并网电流为 $1.0I_n$，频率扰动前后电流大小不变；现场测试环境下，被测装置并网电流为 $0.70I_n$，频率扰动发生后，电流几乎不变。两种测试环境下，被测装置均不停机。

4. f≥50.5Hz

图 4-37 为实验室标准环境和现场测试环境下，并网点电压频率扰动为 50.55Hz 时电压有效值变化曲线。两种环境下，频率扰动发生后电压幅值均减小并存在小幅振荡。

图 4-38 为实验室标准环境和现场测试环境下，并网点电压频率扰动为 50.55Hz 时被测装置并网电流有效值变化曲线。实验室标准环境下，被测装置并网电流为 $1.0I_n$，频率扰动发生后，被测装置在 1s 内停机；现场测试环境下，被测装置并网电流为

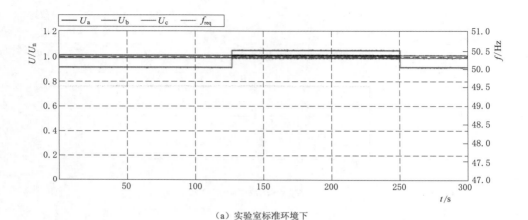

（a）实验室标准环境下

（b）现场测试环境下

图 4-35　两种测试环境下电压有效值曲线

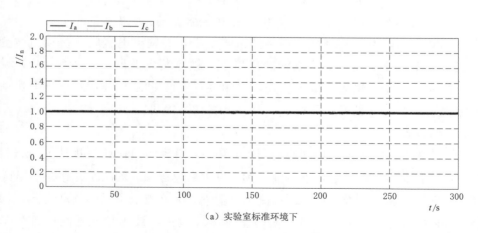

（a）实验室标准环境下

图 4-36（一）　两种测试环境下电流有效值曲线

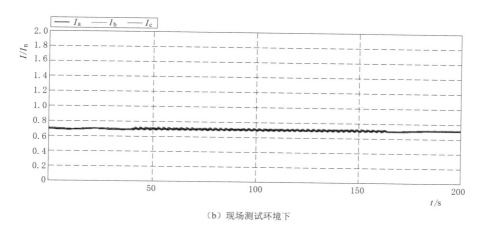

（b）现场测试环境下

图 4 - 36（二） 两种测试环境下电流有效值曲线

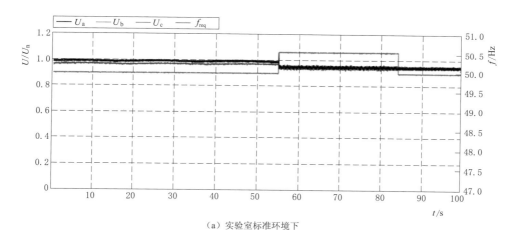

（a）实验室标准环境下

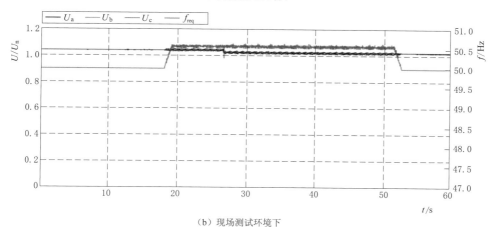

（b）现场测试环境下

图 4 - 37 两种测试环境下电压有效值曲线

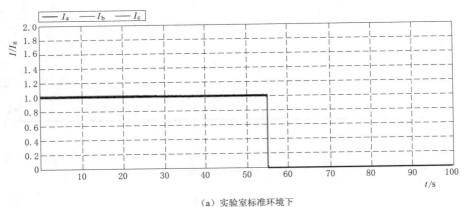

（a）实验室标准环境下

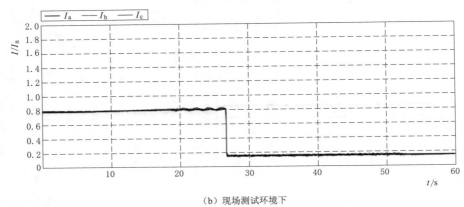

（b）现场测试环境下

图 4 - 38　两种测试环境下电流有效值曲线

$0.8I_n$，频率扰动发生后，电流发生小幅振荡，3s 后停机。

通过上述对比可以发现，针对同一型号逆变器，两种测试环境符合性检测结果均一致，仅数值上存在微小差别。

4.2.2.3　电能质量测试

逆变器 A 型电气参数见表 4 - 5，由交流侧并网电压为 270V，求得逆变器额定电流为 1069A。

1. 电压不平衡度

实验室电流和电压不平衡度测试结果见表 4 - 20。

表 4 - 20　　　　　　　　　　　实验室电流和电压不平衡度测试结果

功率区间	10%	20%	30%	40%	50%	60%	70%	80%	90%	100%
$\varepsilon_I/\%$	0.38	0.35	0.33	0.31	0.30	0.29	0.29	0.29	0.28	0.27
$\varepsilon_U/\%$	0.06	0.16	0.23	0.32	0.47	0.54	0.68	0.73	0.88	1.02

现场电流和电压不平衡度测量结果见表 4-21。

表 4-21　　　　　　　　　现场电流和电压不平衡度测量结果

功率区间	10%	20%	30%	40%	50%	60%	70%	80%	90%	100%
$\varepsilon_I/\%$	2.60	2.50	2.20	2.10	2.30	2.20	2.20	2.10	2.10	—
$\varepsilon_U/\%$	0.32	0.29	0.30	0.35	0.28	0.30	0.27	0.43	0.31	—

从表 4-20 和表 4-21 对比中可以看出，在实验室测试中，随着并网电流的上升，电流不平衡度没有明显变化，但是并网点电压不平衡度显著上升；在现场条件下，逆变器并网电流的不平衡度较实验室有所增加，但并网点电压不平衡度整体较小，且各个功率区间下基本保持一致。说明由于两种环境下并网阻抗大小等因素的差异，逆变器并网电流不平衡度及并网点电压不平衡度的测试结果有所差别。

2. 电压闪变

实验室闪变测量结果见表 4-22，闪变值取三相电压中的闪变最大值。

表 4-22　　　　　　　　　实验室闪变测量结果

功率区间	10%	20%	30%	40%	50%	60%	70%	80%	90%	100%
短时闪变	0.094	0.131	0.133	0.136	0.151	0.268	0.344	0.436	0.475	0.421

现场闪变测量结果如表 4-23 所示，闪变值取三相电压中的闪变最大值。

表 4-23　　　　　　　　　现场闪变测量结果

功率区间	10%	20%	30%	40%	50%	60%	70%	80%	90%	100%
短时闪变	0.125	0.27	0.22	0.18	0.19	0.21	0.20	0.19	0.19	—

从表 4-22 可以看出，在实验室测试中，随着并网电流的上升，短时闪变测量结果有明显的上升趋势，而从表 4-23 可以看出，在现场测试中，随着并网电流的上升，各个功率区间下短时闪变测试结果基本保持一致。说明由于两种环境下并网阻抗大小等因素的差异，逆变器并网点短时闪变测试结果有所差别。

3. 电流谐波

电流谐波测试结果为额定电流谐波畸变率 THD_{In}，即谐波有效值与额定电流比值。各个功率区间下实验室测试结果见表 4-24，测试结果取三相电流结果最大值。

表 4-24　　　　　　　　　实验室测试结果

功率区间	10%	20%	30%	40%	50%	60%	70%	80%	90%	100%
功率/kW	50.50	101.10	151.12	200.06	249.54	298.48	358.71	389.91	436.70	498.54
$THD_{In}/\%$	0.63	0.52	0.50	0.46	0.45	0.49	0.54	0.59	0.68	0.79

各个功率区间下现场测试结果见表 4 - 25，测试结果同样取三相电流结果最大值。

表 4 - 25 　　　　　　　　　　　　现 场 测 试 结 果

功率区间	10%	20%	30%	40%	50%	60%	70%	80%	90%	100%
功率/kW	16.18	74.29	124.20	176.50	225.08	274.09	324.71	391.95	450.00	—
THD_{In}/%	0.36	0.40	0.36	0.49	0.49	0.47	0.51	0.58	0.80	—

根据表 4 - 24 和表 4 - 25 中数据，绘制两种逆变器谐波电流变化趋势如图 4 - 39 所示。

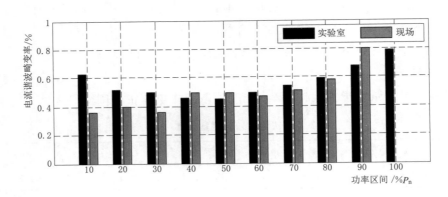

图 4 - 39　实验室和现场电流谐波畸变率对比图

在实验室测试中，电流谐波畸变率在低功率区间和高功率区间下较大。在现场测试中，谐波在高功率区间下较大，低功率区间下较小。两种环境下，逆变器电流谐波畸变率大小基本保持一致，但在与并网功率大小的相关性上有所差别。

4.2.3　小结

针对低电压穿越、频率扰动和电能质量三项测试的结果分析，现场测试环境下由于受到太阳辐射强度和云层遮挡等因素的影响，电流和功率变化波动较大，但电压波动较小。针对同一型号逆变器，两种测试环境符合性检测结果均一致，但是现场检测更能定量地真实反映现场环境下各关键部件的运行性能。

4.3　总结

本章从光伏并网标准和检测规程研究出发，对比分析了实验室和电站现场电气环境的差异性、检测设备的差异性和测试方案的差异性等。以 Q/GDW 617—2011 为依据，对比分析了 25 种不同型号逆变器低电压穿越测试、频率扰动测试和电能质量测试结果，并以某型 500kW 逆变器 A 型为例，对实验室环境和现场环境下低电压穿越、频率扰动和电能质量三种测试的结果进行说明。对比结果表明，针对同一型号逆变器，现场与实验室标准符合性检测结果均一致，但是现场检测更能定量地真实反映现场环境下各关键部件的运行性能，可为后续电站的整站并网性能评价提供更加准确的原始数据。

第 5 章

光伏电站并网性能抽检与评价方法研究

为保障光伏电站接入后电网的安全稳定运行，光伏电站应满足相关技术指标要求，并网时需考核的主要性能包括低电压穿越、电能质量、有功无功控制特性、电网适应性等。在进行并网性能测试时，由于受测试设备容量及成本限制，低电压穿越和运行适应性测试必须通过对光伏发电单元进行抽检才能完成，无法直接对整站进行测试。因此，在现场对光伏电站进行抽样检验，进而评价整个电站并网特性的技术可行性与方法合理性就显得尤为重要。

本章围绕光伏发电系统现场抽检方法，结合当前并网标准，介绍光伏电站并网性能检测时需要进行抽检的项目和抽检方法，并分析相关统计学抽样方法与标准，制订适合光伏电站并网性能抽检的抽检方案。介绍光伏逆变器单机以及光伏发电单元的DIgSILENT建模方法，并通过型式试验结果和现场抽检结果分别对模型进行校验。建立基于型式试验数据的光伏电站详细模型，对光伏电站的并网性能进行仿真评价。

5.1 适用于光伏电站并网检测的抽检方法

目前我国光伏电站并网标准主要遵循《光伏电站接入电网技术规定》（GDW 617—2011）和《光伏发电站接入电力系统技术规定》（GB/T 19964—2012），本节将在这两个标准的基础上介绍光伏电站并网检测的检测项目和检测方法，研究测试项目中的相关统计学抽样方法与抽样标准，制订适合光伏电站并网性能评价的抽检方案。

5.1.1 抽检项目及其指标要求

目前我国对于大规模光伏电站测试项目包括功率特性、运行适应性、电能质量、低电压穿越。如图 5-1 所示，光伏电站一般由 n 个 1MW 的发电单元组成，每个单元由 2 台 500kW 光伏逆变器完成直-交电能转换；n 个光伏发电单元输出的低压交流电分别经箱式变压器升压，汇流后由站级升压变压器再次升压并接入外部电网。

在进行并网性能测试时，可使用电能质量分析仪和功率分析仪等设备通过并网光

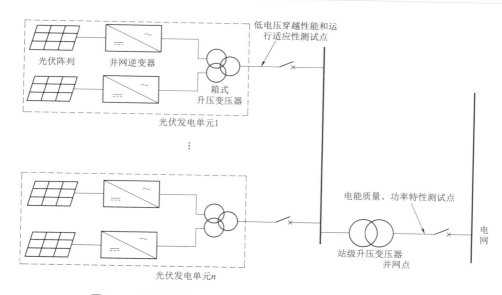

图 5-1　并网光伏电站典型结构及并网性能现场测试的测试点

伏电站并网点的电压互感器 TV 和电流互感器 TA 进行整站检测。而在进行低电压穿越和运行适应性测试时，需要将电网扰动发生装置等测试设备直接串联入被测点一次侧电路，但测试设备的容量受其元器件最大工作电压和最大工作电流等参数的限制，因此无法直接进行电站级的大容量故障耐受能力测试。考虑到并网光伏电站可看做由 n 个光伏发电单元构成，每个光伏发电单元都包含 1 台升压变压器、1 台或 2 台光伏逆变器及其所连接的光伏阵列等设备，因此光伏电站的低电压穿越和运行适应性可针对典型光伏发电单元进行抽样检测，测试点放在光伏逆变器出口升压变压器的高压侧，利用光伏发电单元的抽样检测结果进行光伏电站的整站建模仿真，进而实现整个光伏电站的低电压穿越和运行适应性评估。

综上所述，大规模光伏电站并网性能测试的测试项目、检测形式以及测试点选取情况见表 5-1。

表 5-1　　　　　　　　　　　大规模光伏电站并网性能测试

测试项目	检测形式	测试点选取
电能质量	整站检验	并网点
功率特性	整站检验	并网点
运行适应性	抽检	光伏逆变器出口升压变压器的高压侧
低电压穿越	抽检	光伏逆变器出口升压变压器的高压侧

5.1.1.1　运行适应性测试

运行适应性主要包括电压适应性、频率适应性和电能质量适应性，其测试接线电路示意如图 5-2 所示。

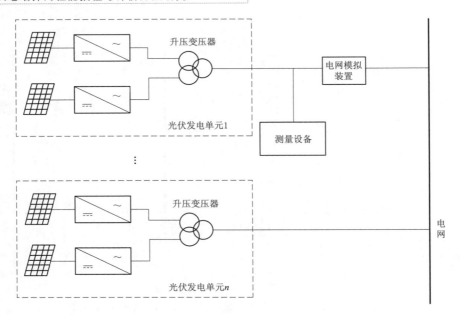

图 5-2　运行适应性测试示意图

光伏电站在并网点电压范围内应能按规定运行，其具体要求见表 5-2。

表 5-2　　　　　　　　光伏电站在不同并网点电压范围内的运行规定

电压范围	运行要求	电压范围	运行要求
$U_T<0.9\text{p.u.}$	应符合本标准对低电压穿越的要求	$1.1\text{p.u.}<U_T<1.2\text{p.u.}$	应至少持续运行 10s
$0.9\text{p.u.}\leqslant U_T\leqslant1.1\text{p.u.}$	应正常运行	$1.2\text{p.u.}\leqslant U_T\leqslant1.3\text{p.u.}$	应至少持续运行 0.5s

对于频率适应性，光伏电站在不同电力系统频率范围内按规定运行，其具体要求见表 5-3。

表 5-3　　　　　　　　光伏电站在不同电力系统频率范围内的运行规定

频率范围	运行要求
$f<48\text{Hz}$	根据光伏电站逆变器允许运行的最低频率而定
$48\text{Hz}\leqslant f<49.5\text{Hz}$	频率每次低于 49.5Hz 时，光伏电站应能运行 10min 以上
$49.5\text{Hz}\leqslant f\leqslant50.2\text{Hz}$	连续运行
$50.2\text{Hz}<f\leqslant50.5\text{Hz}$	频率每次高于 50.2Hz 时，光伏电站应能运行 2min 以上，并执行电网调度机构下达的降低出力或高周切机策略；不允许处于停运状态的光伏发电站并网
$f>50.5\text{Hz}$	立刻终止向电网线路送电，且不允许处于停运状态的光伏发电站并网

在电能质量适应性方面，整个检测过程中应保证光伏发电单元输出功率达到其所配逆变器总额定功率的 70% 以上。当光伏电站并网点的谐波值满足《电能质量　公用电网谐波》（GB/T 14549—1993）、三相电压不平衡度满足《电能质量　三相电压不平衡》（GB/T 15543—2008）、间谐波值满足《电能质量　公用电网间谐波》（GB/T

24337—2009）的规定时，光伏电站应能正常运行。

5.1.1.2 低电压穿越能力测试

低电压穿越能力测试的目的是确保光伏电站具备低电压穿越功能，在电网电压由于故障等因素突然降低时，光伏电站保持不脱网，并能提供一定的无功补偿，从而支持电网撑过这段故障期，避免更大规模的低压故障，甚至是电网崩溃。

较早的企业标准《光伏电站接入电网技术规定》（GDW 617—2011）要求：大中型光伏电站应能穿越（20%～90%）U_n（U_n 为并网点的额定电压）的电压异常阶段。随着光伏电站并网容量的不断增大，其低电压穿越能力也应更强，目前对于并网光伏电站已提出了零电压穿越的技术要求，如图 5-3 所示。

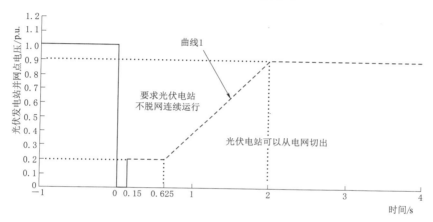

图 5-3 光伏电站的低电压穿越能力要求

具体要求如下：

（1）光伏电站并网点电压跌至 0 时，光伏电站应能不脱网连续运行 0.15s。

（2）光伏电站并网点电压跌至曲线 1 以下时，光伏电站可以从电网切出。

不同的电压异常故障类型也有不同的考核指标，见表 5-4。其中，若光伏电站并网点考核电压全部在图 5-3 中电压轮廓线及以上的区域内，光伏电站应保证不脱网连续运行；否则，允许光伏电站切出。

表 5-4   光伏电站低电压穿越考核电压

故障类型	考核电压	故障类型	考核电压
三相短路故障	并网点线电压	单相接地短路故障	并网点相电压
两相短路故障	并网点线电压		

对电力系统故障期间没有脱网的光伏电站，其有功功率在故障清除后应快速恢复，自故障清除时刻开始，以至少 $30\%P_n/s$ 的功率变化率恢复至故障前的值。

对于通过 220kV（或 330kV）光伏发电汇集系统升压至 500kV（或 750kV）电压等级接入电网的光伏电站群中的光伏电站，当电力系统发生短路故障引起电压跌落时，光伏电站注入电网的动态无功电流应满足以下要求：

（1）自并网点电压跌落的时刻起，动态无功电流的响应时间不大于 30ms。

（2）自动态无功电流响应起直至电压恢复至 0.9p.u. 期间，光伏电站注入电力系统的无功电流 I_T 应实时跟踪并网点电压变化，并应满足：

$$I_T \geqslant 1.5 \times (0.9 - U_T) I_N \quad (0.2 \leqslant U_T \leqslant 0.9) \tag{5-1}$$

$$I_T \geqslant 1.05 I_N \quad (U_T < 0.2) \tag{5-2}$$

$$I_T \geqslant I_1 \quad (U_T > 0.9) \tag{5-3}$$

式中　U_T——光伏电站并网点电压标幺值；

　　　I_N——光伏电站额定电流；

　　　I_1——故障前光伏电站注入电网的无功电流。

5.1.2　并网检测适用抽检方法

5.1.2.1　光伏发电单元的分层随机抽样

低电压穿越能力运行适应性测试需对光伏发电单元进行抽检，但与系统效率抽检不同的是决定单元并网性能的是光伏逆变器，因此并网测试针对整个光伏发电单元进行，不需要再对光伏发电单元内的单个逆变器、阵列、组串及组件进一步检测。

在对光伏电站进行抽检时，同一电站中光伏逆变器可能存在多个品牌，同时光伏阵列的形式较多，其中：光伏组件类型包括单晶硅、多晶硅、非晶薄膜等；支架包括跟踪式和固定式；跟踪支架包括单轴、双轴等。因此，在对光伏发电单元抽检时，应综合考虑逆变器、组件及支架的不同组合类型进行分类，然后在每个类型中独立地进行随机抽样检测，这种抽样方法称为分层随机抽样，每种分类称作一个样本层，最终抽取到的光伏发电单元即单位产品。

某 30MWp 光伏电站由 30 个光伏发电单元构成，其中 10 个单元由"A 型组件构成的光伏阵列＋某 500kW 逆变器 A"构成，另外 20 个单元由"B 型组件构成的光伏阵列＋某 500kW 逆变器 B"构成。其电站光伏单元的分层抽样如图 5-4 所示。

若对该电站进行并网性能抽检，则可应用分层随机抽样方法，首先按照光伏阵列和逆变器的两种不同组合结构将所有光伏发电单元分为"A 型组件构成的光伏阵列＋某 500kW 逆变器 A"和"B 型组件构成的光伏阵列＋某 500kW 逆变器 B"两个样本层，然后在这两个样本层中再分别独立地随机抽样，对抽样结果进行综合分析，得出整个光伏电站并网性能的评价。

在实际工程中，尤其是目前新建的光伏电站，大多采用单一结构构成，所有光伏发电单元结构一致，且采用的逆变器和光伏组件型号均完全一样，在这种情况下，相当于样本层为 1，可直接对 n 个相同类型的光伏发电单元进行简单随机抽样。

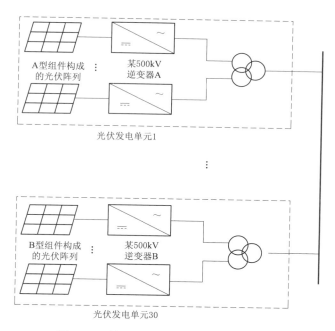

图 5-4　某光伏电站光伏单元的分层抽样

5.1.2.2　抽样方案的制定

由于实际光伏电站中光伏发电单元一般是由 2 台 500kW 光伏逆变器及其光伏阵列所构成的 1MW 并网单元，而目前我国已建光伏电站装机容量最大的是由黄河水电公司投资建设的中电投格尔木 I 期 200MW 并网光伏发电站，也仅由 200 个 1MW 光伏发电单元构成，被检单位产品总量小于 250，适合采用《计数抽样检验程序　第 11 部分：小总体声称质量水平的评定程序》（GB/T 2828.11—2008）规定的方法进行抽样。

根据 GB/T 2828.11—2008 规定，光伏电站业主申请并网则相当于被核查方有把握认为该核查总体中的单位产品都合格，因此当对此总体进行质量核查时，可规定声称质量水平 $DQL=0$。当规定声称质量水平 $DQL=0$ 时，用抽样方案（n，L）$=（n$，0），n 值可根据实际情况需要在 $1\sim N$ 中选取（其中 L 是不合格品限定数，n 是样本量）。当样品中的不合格品数 $d>0$ 时，则判核查总体不合格，且不允许复检。当 $d=0$ 时，只能判核查通过，其检验结论应为"不否定其声称质量水平"。

此外，该标准还规定，当 $DQL=0$ 时，可以不采用随机抽样，而根据专业知识或经验进行目的抽样。

在实际的光伏电站并网性能抽检时，考虑到大型测试设备操作困难且测试成本昂贵，因此一般在每个样本层中随机抽取一个光伏发电单元进行检测。若被测光伏发电单元性能指标未能通过并网标准的要求，则 $d=1>0$，判核查总体不合格，且不允许当场复验，但可在光伏电站技术整改后重新提出并网检测申请。

根据 GB/T 2828.11—2008 对抽检结论的统计解释，当抽样方案的样本量较小时，有较大的概率将不合格的产品判为核查通过，故其检验结论应为"不否定该核查总体产品的声称质量水平"，而不应为"核查总体合格"，负责部门对判定核查通过的核查总体不负确认总体合格的责任。因此，若被测光伏发电单元性能指标满足并网标准的要求，其检验结论应为"抽检结果表明被测光伏发电单元具备满足标准要求的并网性能"，而不是"抽检结果表明被测光伏电站具备满足标准要求的并网性能"。

当光伏电站内并网发电单元超出 250 个以上时，可依照《计数抽样检验程序　第 4 部分：声称质量水平的评定程序》（GB/T 2828.4—2008）规定的方法进行抽样。

5.1.3　小结

围绕光伏发电系统的现场抽样方法研究，主要包括：

（1）对运行适应性和低电压穿越能力等光伏电站并网检测主要检测项目进行了介绍，分别指出了其并网所需满足的指标要求。

（2）根据光伏发电系统的结构特点，提出了光伏发电单元的分层随机抽样方法，并依据 GB/T 2828.11—2008 确定了抽检时抽样方案。

5.2　光伏发电单元建模与模型验证

在光伏发电单元并网性能抽检的基础上，本节以低电压穿越测试为例研究光伏发电单元的仿真模型建立及基于抽检结果的模型验证算法。

5.2.1　光伏发电单元建模

光伏发电单元低电压穿越检测电路包括光伏阵列、光伏并网逆变器、单元升压变、低电压穿越检测装置、电站升压变及交流电网，鉴于上节中介绍的光伏电站典型结构，通常光伏发电单元低电压穿越检测电路模型如图 5-5 所示。

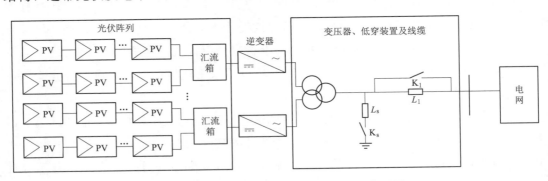

图 5-5　光伏发电单元低电压穿越检测电路模型

为准确反映模型特性，仿真模型电路的结构及参数选取与实际光伏发电单元检测电路应保持一致。

5.2.1.1 光伏阵列模型

光伏阵列由光伏组件串并联组成，组件模型以光伏组件模型为基础。光伏组件仿真原则上应尽可能地在工程精度允许的条件下建立既实用又较精确的工程简化数学模型，通常采用工程数学模型描述光伏组件，但考虑环境因素对光伏组件输出特性的影响，根据环境修正性能参数的光伏组件工程数学模型已较成熟应用，光伏组件的输出特性曲线可以在实际应用中应考虑环境温度和光照强度 S 对太阳电池温度 T 的影响，再对光照强度和太阳电池温度进行补偿得出不同太阳辐照度和电池温度下的 I_m、U_m、I_{sc}、U_{oc} 4 个电池参数，则光伏组件的数学模型为

$$\begin{cases} \Delta T = T - T_{ref} \\ \Delta I = \alpha \dfrac{S}{S_{ref}} \Delta T + \left(\dfrac{S}{S_{ref}} - 1 \right) I_{sc} \\ \Delta U = \beta \Delta T - R \Delta I \\ I' = I + \Delta I \\ U' = U + \Delta U \\ C = (1 - I_m / I_{sc}) \exp\left(-\dfrac{U_m}{C_2 U_{oc}} \right) \\ C_2 = (U_m / U_{oc} - 1) / [\ln(1 - I_m / I_{sc})] \end{cases} \tag{5-4}$$

$$I' = I_{sc} \left\{ 1 - C_1 \left[\exp\left(\dfrac{U' - \Delta U}{C_2 U_{oc}} \right)^{-1} \right] \right\} + \Delta I \tag{5-5}$$

式中　　T_{ref}、S_{ref}——光伏组件温度参考值及太阳辐照度参考值；

I_{sc}、U_{oc}——光伏组件的短路电流及开路电压；

I_m、U_m——光伏组件的最大电流及最大电压；

α、β——参考日太阳辐照度下的电流温度系数及电压温度系数；

R_s——串联等效电阻。

5.2.1.2 光伏逆变器模型

考虑现行逆变器拓扑以三相全桥电路为主，逆变器模型采用三相全桥主电路拓扑，控制方式采用 SPWM 调制的电压电流闭环控制，具备功率调节能力、低电压穿越能力、无功电流支撑能力等功能。

1. 控制电路模型

为实现逆变器功率解耦控制，基于等效功率变换将三相静止坐标系 abc 转换为两相旋转坐标系 dq，在 dq 坐标系下建立外环电压、无功控制及内环电流控制，光伏逆变器控制策略模型如图 5-6 所示。

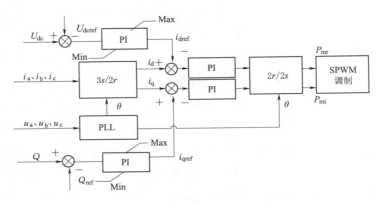

图 5-6 光伏逆变器控制策略模型

DIgSILENT 中逆变器模型 SPWM 调制信号采用正弦电压的相量表示为

$$\begin{cases} U_{ACr} = K_0 P_{mr} U_{DC} \\ U_{ACi} = K_0 P_{mi} U_{DC} \\ U_{AC} = U_{ACr} + j U_{ACi} \end{cases} \quad (5-6)$$

式中 U_{ACr}、U_{ACi}——逆变器交流侧电压的实部与虚部；

$\qquad U_{AC}$——逆变器交流侧桥壁输出电压；

$\qquad P_{mr}$、P_{mi}——逆变器调制系数的实部与虚部；

$\qquad K_0$——直流母线电压利用率，SPWM 调制下为 $\sqrt{3}/2/\sqrt{2}$。

2. 电压及频率保护电路模型

保护电路包括过/欠压保护及过/欠频保护，电流在控制电路中限制，保护电路需定义电压、频率阈值及持续时间，根据逆变器出厂保护值设定，光伏逆变器电压及频率保护策略模型如图 5-7 所示。

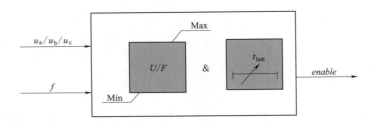

图 5-7 光伏逆变器电压及频率保护策略模型

U/F 限值考虑运行适应性技术要求中电压及频率的范围。

ABC 三相电压中任意相电压或者频率超出保护范围，输出使能信号将控制逆变器交流电流为零，保证并网点电压或频率变化超出设定范围时，光伏逆变器脱网运行。

5.2.1.3 低电压穿越检测装置电气模型

电力系统故障多为短路故障，当短路故障发生时将引起母线电压降落，通过电网电压跌落模拟短路故障发生为常用的故障穿越检测手段。低电压穿越检测装置主要包括短路电抗器 L_s、限流电抗器 L_1、短路开关 K_s 及限流开关 K_1，建模时电抗器视为线性元件，开关视为理想开关。

低电压穿越检测装置电气模型如图 5-8 所示。

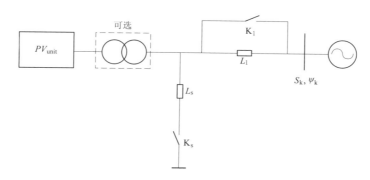

图 5-8　低电压穿越检测装置电气模型

5.2.1.4　变压器与模拟电网模型

变压器模型通常采用 T 型等效电路，一般忽略铁损，考虑额定输入电压、额定输出电压、结联方式、短路电压百分值等参数。DIgSILENT 中采用模型库中变压器模型，模型参数根据实际变压器参数设定。

交流电网主要考虑电网电压等级 U_G 及电网阻抗值 Z_G，电网阻抗包括线路阻抗、高压侧变压器阻抗及电网负荷阻抗等。由于测试平台上级线路较短，忽略线路阻抗，除高压侧变压器 T_2，电网模型仅需考虑电网电压等级，采用 DIgSILENT 的模型库中理想交流源模型。

5.2.2　模型验证和评价方法

分析光伏逆变单元模型与实测结果的误差，完成模型验证工作，有效评估逆变单元模型的准确性，以评价整站并网性能。

5.2.2.1　模型验证指标

光伏发电系统在电压发生跌落故障时向电网吸收无功，导致母线电压进一步降低，母线电压降低将不足以维持相联负载正常工作，故障穿越要求光伏逆变器在电网发生故障时能够保持并网运行，同时提供无功电流以支撑母线电压，保证电压稳定性，因此建模需考虑光伏逆变器在故障穿越时的无功电流 I_r、有功功率 P、无功功率 Q 的基波正序分量。

5.2.2.2　模型评价方法

为确保测试与仿真的可比性，实测数据与仿真数据时序保持同步，实测及仿真数据一致性算法流程如图 5-9 所示。

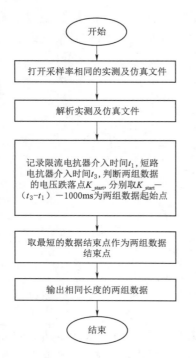

图 5-9　实测及仿真数据一致性
算法流程图

光伏发电单元在发生电压故障时，存在不同阶段的暂态及稳态区间，通常在发生扰动前后，将系统分为故障前、故障中和故障后三个阶段。因此，为更精确地分析发电单元不同区间内的误差，更准确地评价光伏发电模型，按照电压故障区间分为三个时间范围：A 为电压跌落前的时间；B 为电压跌落至故障清除的时间；C 为故障清除后的时间。

按照 A、B、C 三个时间段划分暂态和稳态区间，得到更加精细化的模型验证区间。暂态区间划分情况示意图如图 5-10 所示。

将每个时间段按照暂稳态划分得到更精细的区间为：

（1）A 区域分为 A_1、A_2 和 A_3。如果未使用限流电抗或限流电抗未动作，则 A_1 和 A_2 可忽略。A_2 是一个暂态范围，A_1、A_3 是稳态范围。

（2）B 区域范围分为："r" 区域为无功功率和无功电流，"a" 区域为有功功率的暂态和稳态

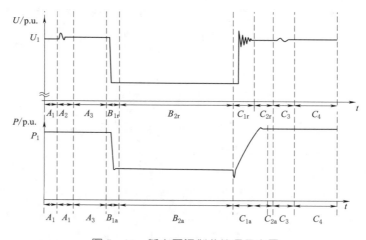

图 5-10　暂态区间划分情况示意图

行为。B_1 是暂态范围，B_2 是稳态范围。因此，B_{1a} 指有功的暂态范围，B_{2a} 指有功的稳态范围。相应地，B_{1r} 表示无功功率和电流的暂态范围，B_{2r} 为无功功率和电流的稳态范围。

（3）C 区域分为 C_1、C_2、C_3、C_4。C_1、C_3 是暂态区域，C_2、C_4 是稳态区域。

C_3、C_4 仅当限流电抗使用时存在。同理，C_1、C_2 按照无功、有功可划分为 C_{1r}、C_{1a}、C_{2r}、C_{2a}。

5.2.2.3 误差算法分析

通过实测与仿真数据之间的误差分析可以定量评价模型的准确程度，令 K_{M_Begin}/K_{M_End} 和 K_{S_Begin}/K_{S_End} 为实际测试数据和仿真数据的开始时间/结束时间，均值误差计算公式表示为

$$F = \left| \frac{1}{K_{M\_End} - K_{M\_Begin} + 1} \sum_{\substack{i=1 \\ i=K_{M\_Begin}}}^{K_{M\_End}} xM(i) - \frac{1}{K_{S\_End} - K_{S\_Begin} + 1} \sum_{\substack{i=1 \\ i=K_{S\_Begin}}}^{K_{S\_End}} xS(i) \right| \tag{5-7}$$

最大误差计算公式表示为

$$F' = \max_{i = K_{M\_Begin}, \cdots, K_{M\_End}} \{ xM(i) - xS(i) \} \tag{5-8}$$

根据暂态故障分区原则，在 A、B 和 C 的范围内，每个区间均包含有功功率、无功功率和无功电流，即 F_{IrA}，F_{IrB}，F_{IrC}，F_{QA}，F_{QB}，F_{QC}，F_{PA}，F_{PB}，F_{PC} 共 9 种"区域故障"，以范围 A 的无功电流误差 F_{IrA} 为例，即

$$F_{IrA} = \left| \frac{F_{IrA_1}(k_{A_1 End} - k_{A_1 Begin}) + F_{IrA_2}(k_{A_2 End} - k_{A_2 Begin}) + F_{IrA_3}(k_{A_3 End} - k_{A_3 Begin})}{k_{AEnd} - k_{ABegin}} \right| \tag{5-9}$$

根据 A、B、C 各范围的权重分配原则，以及各区域故障的持续时间，故障发生前的时间为 10%，故障期间的时间为 60%，故障恢复后的时间为 30%。因此，通过加权计算有功功率、无功功率和无功电流的总误差，参考《光伏发电系统模型及参数测试规程》（GB/T 32892—2016）中给定的误差容限，完成光伏发电单元模型验证。误差容限阈值技术要求见表 5-5。

表 5-5　　　　　　　　　　　误差容限阈值技术要求

电气参数	F_1	F_2	F_3	F_G
有功功率，$\Delta P/P_n$	0.10	0.20	0.15	0.15
无功功率，$\Delta Q/P_n$	0.10	0.20	0.10	0.15
无功电流，$\Delta I_r/I_n$	0.10	0.20	0.15	0.15

注　F_1 为稳态范围内均值偏差；F_2 为暂态范围内均值偏差；F_3 为稳态范围内正序均值的最大偏差；F_G 为加权总误差。

依据标准开发的光伏发电单元模型验证工具，其软件界面如图 5-11 所示。

5.2.3　小结

（1）结合现场低电压穿越检测电路拓扑，针对光伏发电单元中主要部件，包括光

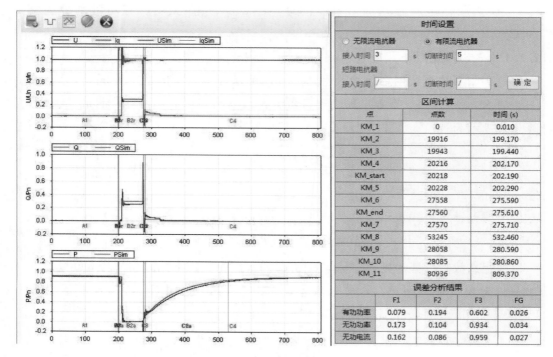

图 5 - 11　光伏发电单元模型验证软件界面

伏阵列、光伏逆变器及低电压穿越检测装置、变压器、模拟电网建模方法展开介绍。

（2）针对低电压穿越特性，明确模型验证的评价指标，介绍模型评价方法，并给定暂稳态区间划分方法，详细阐述误差分析算法，基于模型验证评价流程开发软件工具，为开展光伏发电单元模型验证工作提供手段。

5.3　光伏电站整体建模与评价案例

本节基于模型验证的光伏发电单元构建光伏电站整体模型，通过实例模型的低电压穿越仿真来评价光伏电站的并网性能。

5.3.1　电站基本信息

以某 100MW 光伏电站为例开展整站建模与评价工作。该电站一期的总装机容量为 50MWp，分为 43 个发电单元，包括 23 个 1MWp 光伏并网发电单元和 20 个 1.26MWp 光伏并网发电单元，通过 2 回 35kV 集电线路接入 110kV 升压站，该电站一期 50MWp 工程的电气拓扑结构如图 5 - 12 所示。

该电站使用两种型号的逆变器，容量分别为 500kW 及 630kW。光伏电站内母线包括 35kV 及 110kV 两个电压等级，站内建立 110kV 升压变电站，完成交流汇流后，

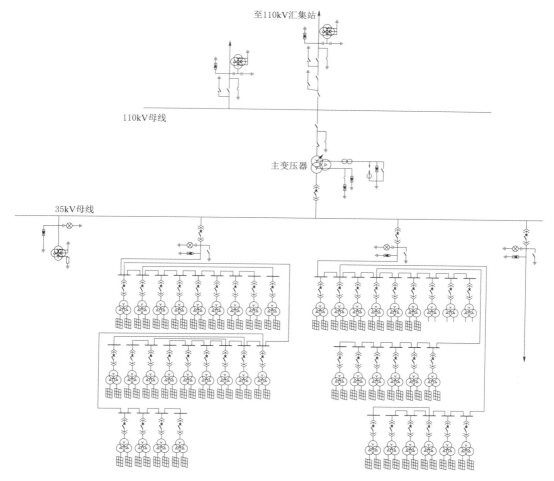

图 5 - 12　某电站一期 50MWp 工程的电气拓扑结构

由 35kV 升至 110kV。其中 35kV 母线采用两段单母线接线方式，110kV 母线采用单母线接线方式。

光伏电站内变压器包括 35kV 至 110kV 升压变压器、光伏逆变器至 35kV 升压变压器。

升压变压器额定容量为 63000kVA，额定电压为 115±8×1.25％/35±2×2.5％/10.5kV，联结组别为 YNYn0d11。

升压箱式变压器：与 2×500kW 逆变器匹配，容量为 1100kVA，型号 S11-1100，38.5±2×2.5％/0.315kV，联结组别为 Yd11d11。

升压箱式变压器：与 2×630kW 逆变器匹配，容量为 1300kVA，型号 S11-1300，38.5±2×2.5％/0.315kV，联结组别为 Yd11d11。

该光伏电站组件与逆变器电气参数见表 5-6～表 5-8。

表 5 - 6 光 伏 组 件 参 数

U_{oc}/V	I_{sc}/A	U_m/V	I_m/A	$\alpha/(\%/℃)$	$\beta/(\%/℃)$	$\gamma/(\%/℃)$
37.6	8.92	29.8	8.39	0.05	-0.32	-0.42

表 5 - 7 光 伏 组 件 参 数

参 数	数 值	参 数	数 值
最大直流电压/V	1000	额定输出功率/kW	500
启动电压/V	520	最大交流输出电流/A	1008
满载 MPP 电压范围/V	500~850	额定电网电压/V	315
最低电压/V	500	允许电网电压/V	252~362
额定功率最大输入电流/V	1120	额定电网频率/Hz	50

表 5 - 8 某 630kW 光伏逆变器参数

参 数	数 值	参 数	数 值
最大直流电压/V	1000	额定输出功率/kW	630
启动电压/V	520	最大交流输出电流/A	1270
满载 MPP 电压范围/V	500~820	额定电网电压/V	315
最低电压/V	500	允许电网电压/V	250~362
额定功率最大输入电流/A	1400	额定电网频率/Hz	50

5.3.2 抽检结果

按照 5.1 节介绍的抽样原则，本次测试抽检的是该光伏电站第 2 单元（含某 500kW 逆变器 A 的发电单元）和第 3 单元（含某 630kW 逆变器 B 的发电单元）。

5.3.2.1 第 2 单元

1. 低电压穿越

第 2 单元测试日期为 2013 年 7 月 19 日，当日环境温度为 22℃，相对湿度 29％，对该光伏发电单元进行 $\geq 80\% P_n$ 重载跌落到 $40\% U_n$ 的低电压穿越测试，1MW 并网单元重载跌落到 $40\% U_n$ 主要测试结果见表 5 - 9。1MW 并网三相对称跌落到 $40\% U_n$ 时的电压、电流波形如图 5 - 13 所示。

表 5 - 9 1MW 并网单元重载跌落到 $40\% U_n$ 主要测试结果

测 量 参 数	电压跌落前	穿越过程	电压恢复后
交流输出侧 A 相电压/V	20853	8716	20841
交流输出侧 B 相电压/V	20899	8748	20884
交流输出侧 C 相电压/V	20910	8732	20898
交流输出侧 A 相电流/A	18.850	3.198	18.798

续表

测 量 参 数	电压跌落前	穿越过程	电压恢复后
交流输出侧 B 相电流/A	18.928	3.302	18.928
交流输出侧 C 相电流/A	18.824	3.198	18.772
交流输出侧有功功率/kW	1180.4	33.8	1177.8
交流输出侧无功功率/kvar	63.2	37.4	37.8
故障持续时间/ms	1000		
功率恢复时间/s	0.7		
测试期间波形记录	图 5-13		

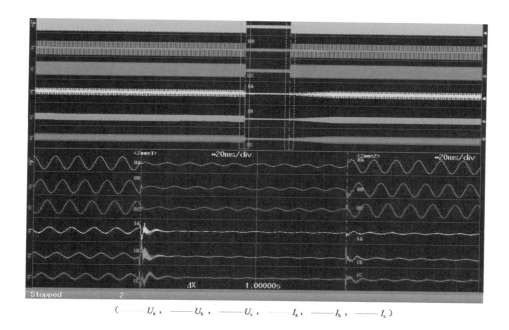

$(\underline{\quad\quad} U_a , \underline{\quad\quad} U_b , \underline{\quad\quad} U_c , \underline{\quad\quad} I_a , \underline{\quad\quad} I_b , \underline{\quad\quad} I_c)$

图 5-13　1MW 并网三相对称跌落到 40%U_n 时的电压、电流波形

由表 5-9 和图 5-13 可知，当电网电压跌落至 40%U_n 且故障持续 1s 时，第 2 并网单元始终保持并网，测试结果符合 GB/T 19964—2012 的并网标准要求。

2. 频率保护

在 $f > 50.5$Hz 频率段进行频率适应性测试，测试日期是 2013 年 7 月 19 日，环境温度为 22℃，相对湿度 29%。测试时电网扰动装置频率设置为 50.55Hz。

对于频率适应性，GB/T 19964—2012 中规定：当并网点频率 $f > 50.5$Hz 时，光伏电站应在 0.2s 内停止向电网线路送电，且不允许处于停运状态的光伏电站并网。

1MW 并网单元频率适应性测试见表 5-10。1MW 并网单元频率适应性测试期间电流、电压及频率波形如图 5-14 所示。

表 5 - 10   **1MW 并网单元频率适应性测试**

测 量 参 数	频率扰动前	评率扰动中	频率扰动后
交流输出侧 A 相电压/V	20913	20423	20531
交流输出侧 B 相电压/V	20854	20538	20539
交流输出侧 C 相电压/V	20817	20620	20565
交流输出侧 A 相电流/A	19.1828	2.2204	0
交流输出侧 B 相电流/A	19.2556	2.1840	0
交流输出侧 C 相电流/A	19.1464	2.3296	2.2568
交流输出侧有功功率/kW	1197.56	18.20	1164.80
交流输出侧无功功率/kvar	47.32	70.28	70.28
并网点输出电压频率/Hz	50.00	50.56	50.00
故障持续时间/min	0.5		
是否跳闸	☑是 □否		
跳闸时间/ms	164		
测试期间波形记录	图 5 - 14		

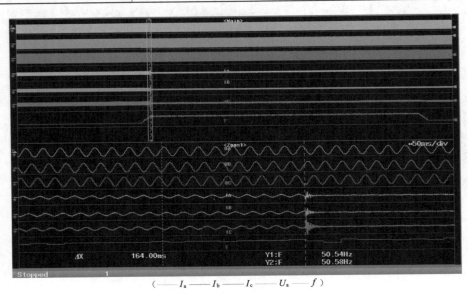

$(\ ——\ I_a\ ——\ I_b\ ——\ I_c\ ——\ U_a\ ——\ f\ )$

图 5 - 14   1MW 并网单元频率适应性测试期间电流、电压及频率波形

    由表 5 - 10 和图 5 - 14 可知，当并网点频率偏高至 50.55Hz 时，被抽检的 1MW 并网单元在 164ms 时停止向电网线路送电，因此该发电单元的频率适应性满足 GB/T 19964—2012 中的要求。

5.3.2.2   第 3 单元

    1. 低电压穿越

    第 3 单元测试日期为 2013 年 7 月 31 日，当日环境温度为 24℃，相对湿度

30.6%，对该光伏发电单元进行≥80%P_n重载跌落到 20%U_n 的低电压穿越测试，测试结果符合 GB/T 19964—2012 的并网标准要求。1.26MW 并网单元重载跌落到 20% U_n 时主要测试结果见表 5-11。1.26MW 并网三相对称跌落到 40%U_n 时的电压、电流波形如图 5-15 所示。

表 5-11　　　　　　　1.26MW 并网单元重载跌落到 20%U_n 时主要测试结果

测 量 参 数	电压跌落前	穿越过程	电压恢复后
交流输出侧 A 相电压 U_a/V	20864	9036	20860
交流输出侧 B 相电压 U_b/V	20810	9008	20867
交流输出侧 C 相电压 U_c/V	20859	9040	20798
交流输出侧 A 相电流 I_a/A	9.6624	11.2176	9.5472
交流输出侧 B 相电流 I_b/A	9.7776	11.2176	9.5760
交流输出侧 C 相电流 I_c/A	9.5472	11.1888	9.2304
交流输出侧有功功率 P/kW	1035.36	149.76	588.96
交流输出侧无功功率 Q/kvar	33.12	25.92	30.08
故障持续时间 T/ms	1000		
功率恢复时间 R/s	0.1		
测试期间波形记录	图 5-15		

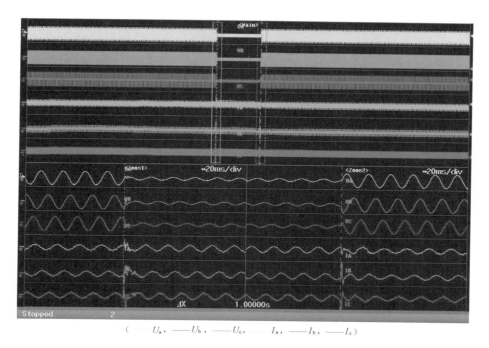

(——U_a,　——U_b,　——U_c,　　I_a,　——I_b,　——I_c)

图 5-15　1.26MW 并网三相对称跌落到 40%U_n 时的电压、电流波形

2. 频率适应性

在 $f>50.5\mathrm{Hz}$ 频率段进行频率适应性测试，测试日期是 2013 年 7 月 31 日，环境温度为 24℃，相对湿度 30.6%。测试时电网扰动装置频率设置为 50.55Hz。1.26MW 并网单元频率适应性测试结果见表 5 - 12。1.26MW 并网单元频率适应性测试期间电流、电压及频率波形如图 5 - 16 所示。

表 5 - 12 1.26MW 并网单元频率适应性测试结果

测 量 参 数	频率扰动前	评率扰动中	频率扰动后
交流输出侧 A 相电压/V	20924	20555	20463
交流输出侧 B 相电压/V	20829	20521	20556
交流输出侧 C 相电压/V	20888	20616	20560
交流输出侧 A 相电流/A	19.3824	0	0
交流输出侧 B 相电流/A	19.6128	0	0
交流输出侧 C 相电流/A	19.1520	0	0
交流输出侧有功功率/kW	1212.48	−5.76	−5.76
交流输出侧无功功率/kvar	−54.144	0	0
并网点输出电压频率/Hz	50.00	50.55	50.00
故障持续时间/min	0.5		
是否跳闸	☑是　□否		
跳闸时间/ms	114		
测试期间波形记录	图 5 - 16		

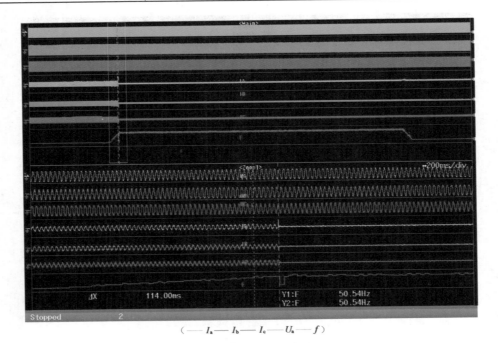

$$(\quad\!\!-\!\!-\; I_\mathrm{a} \!-\!\!- I_\mathrm{b} \!-\!\!- I_\mathrm{c} \!-\!\!- U_\mathrm{a} \!-\!\!- f\;)$$

图 5 - 16　1.26MW 并网单元频率适应性测试期间电流、电压及频率波形

由表 5 - 12 和图 5 - 16 可知，当并网点频率偏高至 50.55Hz 时，被抽检的 1.26MW 并网单元在 114ms 时发生保护跳闸，其频率适应性满足 GB/T 19964—2012 中的要求。

5.3.3 光伏发电单元建模及其验证

5.3.3.1 光伏发电单元建模

按照采用 DIgSILENT 仿真软件进行光伏发电单元机电暂态建模，即得到光伏发电单元低电压穿越检测电路模型，如图 5 - 17 所示。光伏逆变器低电压穿越测试的拓扑中含 2 台变压器，均为三相双绕组变压器，其中 110kV 母线升压变压器 T_1 的高压侧为并网点。

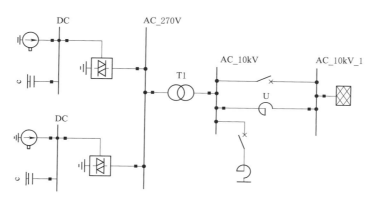

图 5 - 17　光伏发电单元低电压穿越检测电路模型

两型号光伏逆变器的控制均采用电压—电流双环控制策略，其控制策略框图如图 5 - 18 所示，主要包括电压外环、电流内环以及 PWM 调制等功能模块。

电压外环（图 5 - 19）的作用是控制逆变器输入侧的直流电压，使其快速准确地跟踪最大功率点参考电压 u_{dc_ref}。电流内环（图 5 - 20）的作用是实现逆变器输出 d、q 轴电流的解耦，并通过同步矢量电流 PI 控制器分别进行有功电流 i_d 和无功电流 i_q 的调节，分别跟踪其给定电流 i_{d_ref} 和 i_{q_ref}，一般设定 $i_{q\_ref}=0$ 保证光伏并网逆变器输出电流与电网电压同频同相，即以单位功率因数并网运行。

根据被测光伏电站第 2 单元和第 3 单元两个 1MW 光伏发电单元的实际电气参数分别建立其仿真模型，进行电网电压三相对称跌落至 $40\%U_n$ 时的低电压穿越仿真。第 2 单元 1MW 光伏发电单元仿真，三相对称跌落到 $40\%U_n$ 时的波形如图 5 - 21 所示；第 3 单元 1.26MW 光伏发电单元仿真，三相对称跌落到 $40\%U_n$ 时的波形如图 5 - 22 所示。

5.3.3.2 模型验证

利用自主开发的模型验证工具，将实测数据与仿真数据按 4.2.2.3 节方法进行误

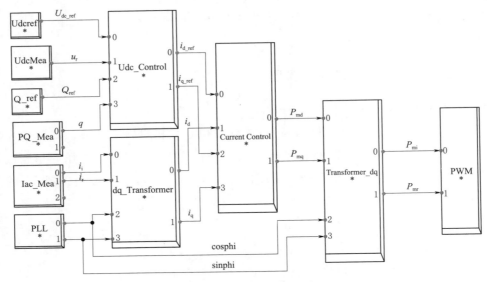

图 5 - 18　光伏逆变器控制策略框图

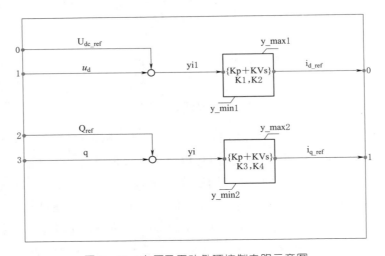

图 5 - 19　电压及无功外环控制电路示意图

差分析，得到第 2 单元 1MW 光伏发电单元暂态区间划分图如图 5 - 23 所示。将所有仿真与实测数据点进行加权统计，得到模型验证误差分析结果见表 5 - 13 和表 5 - 14。由结果可知，模型仿真结果与实测结果误差满足标准要求，可保证模型正确性，用于电站建模与评价。

　　通过误差计算公式得到分析结果见表 5 - 13，与表 5 - 5 中对应的容限对比，可知该光伏并网发电单元模型的有功功率、无功功率及无功电流均满足相关标准阈值要求。

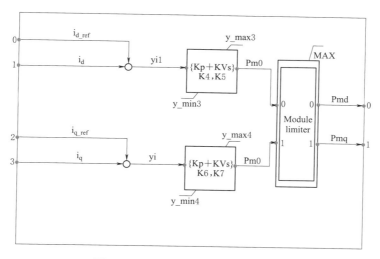

图 5-20　电流内环控制电路示意图

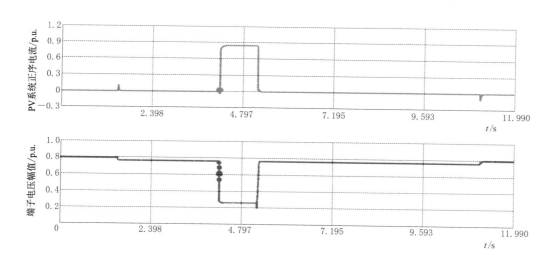

图 5-21　第 2 单元 1MW 光伏发电单元仿真，三相对称跌落到 $40\%U_n$ 时的波形

表 5-13　　　　　　　　　　　模型验证误差分析结果

电气参数	F_1	F_2	F_3	F_G
$\Delta P/P_n$	0.029	0.100	0.060	0.009
$\Delta Q/P_n$	0.010	0.115	0.065	0.006
$\Delta I_r/I_n$	0.018	0.227	0.059	0.014

通过误差计算公式得到分析结果见表 5-14，与表 5-5 对应的容限对比，可知该光伏并网发电单元模型的有功功率、无功功率及无功电流均满足标准阈值要求。

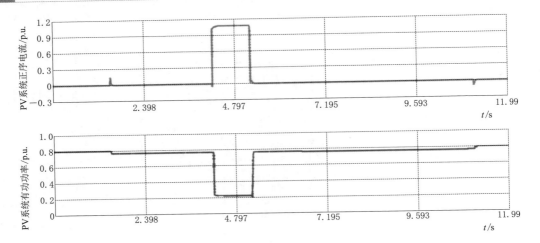

图 5-22　第 3 单元 1.26MW 光伏发电单元仿真：三相对称跌落到 40%U_n 时的波形

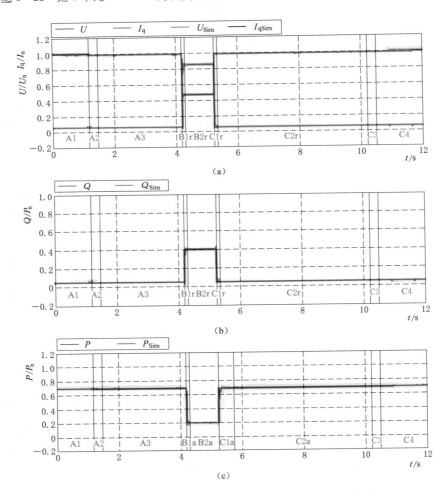

图 5-23　第 2 单元 1MW 光伏发电单元暂态区间划分图

表 5-14   模型验证误差分析结果

电气参数	F_1	F_2	F_3	F_G
$\Delta P/P_n$	0.034	0.112	0.064	0.01
$\Delta Q/P_n$	0.010	0.113	0.056	0.008
$\Delta I_r/I_n$	0.016	0.235	0.058	0.015

5.3.4 电站并网性能评价案例

以被测电站为例，利用已经通过模型验证的光伏发电单元模型建立整站模型，并通过仿真结果评价电站整体并网性能。

图 5-24 及图 5-25 为两种型号光伏逆变器 PQ 输出特性曲线，光伏电站建模时采用模型验证后的逆变器模型，并输入对应的 PQ 曲线，保证潮流分析准确性。

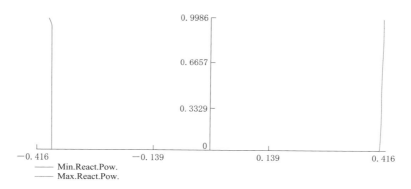

图 5-24 500kW 光伏逆变器 PQ 输出特性曲线

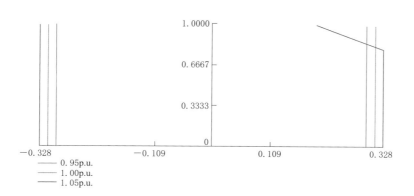

图 5-25 630kW 光伏逆变器 PQ 输出特性曲线

光伏电站的整体模型如图 5-26 所示，模型中各级变压器、线缆均应参照光伏电站实际器件参数，使模型尽可能真实地反映电站特性。

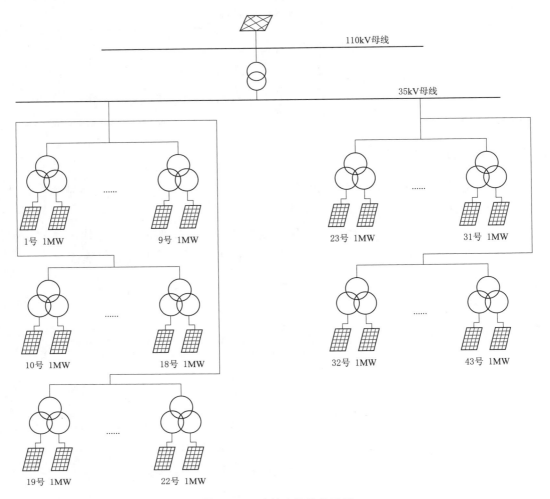

图 5 - 26　光伏电站整体模型

5.3.4.1　低电压穿越能力评价

1. 站内光伏发电单元均满足 GB/T 19964—2012 要求

站内光伏发电单元均满足国标要求，在光伏电站 110kV 母线设置短路故障，假定发生三相对称 $20\%U_n$、$40\%U_n$、$60\%U_n$ 跌落，通过并网点仿真结果可见高压侧母线电压跌落度、故障持续时间、光伏电站是否具备无功支撑能力。

（1）发生三相对称 $20\%U_n$ 跌落时，故障跌落仿真设置值见表 5 - 15，光伏电站并网点电压及无功电流仿真波形图如图 5 - 27 所示，光伏电站并网点电压及有功功率仿真波形图如图 5 - 28 所示。

由图 5 - 27 可见，当 110kV 母线高压侧发生 $20\%U_n$ 跌落时，并网点处输出无功电流为正值呈感性，幅值为 1.05p. u.，具备无功支撑能力，且满足 GB/T 19964—2012 要求。

表 5 - 15 **20%U_n故障跌落仿真设置值**

参　　数	设　定　值	参　　数	设　定　值
故障开始时间/s	0.400	功率恢复开始时间/s	1.035
故障结束时间/s	1.030	功率恢复结束时间/s	1.052
电压跌落度/p.u.	0.206		

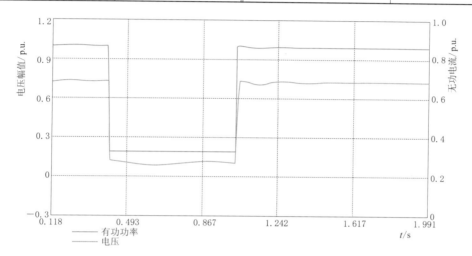

图 5 - 27　20%U_n故障跌落光伏电站并网点电压及无功电流仿真波形图

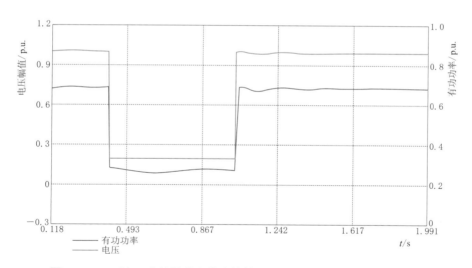

图 5 - 28　20%U_n故障跌落光伏电站并网点电压及有功功率仿真波形图

当并网点电压发生三相对称 20%U_n 跌落时，有功功率无断续，光伏发电单元未脱网运行，具备低电压穿越能力。由图 5 - 28 可知，在跌落过程中有功功率变化值为23.85MW，功率恢复时间为 0.017s，功率恢复速率为 2805%P_n/s，满足相关标准要求。

（2）发生三相对称 40%U_n 跌落时，故障跌落仿真设置值见表 5 - 16，光伏电站并网点电压及无功电流仿真波形图如图 5 - 29 所示，光伏电站并网点电压及有功功率仿真波形图如图 5 - 30 所示。

表 5 - 16　　　　　　　　　　**40%U_n 故障跌落仿真设置值**

参　　数	设　定　值	参　　数	设　定　值
故障开始时间/s	0.500	功率恢复开始时间/s	1.514
故障结束时间/s	1.520	功率恢复结束时间/s	1.542
电压跌落度/p.u.	0.398		

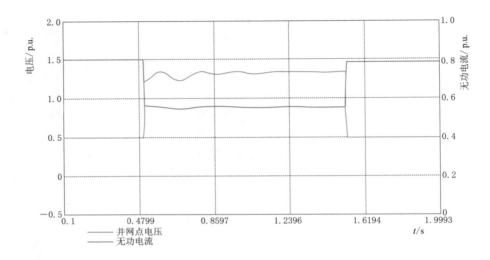

图 5 - 29　40%U_n 跌落时光伏电站并网点电压及无功电流仿真波形图

由图 5 - 29 可知，当 110kV 母线高压侧发生 40%U_n 跌落时，并网点处输出无功电流为正值呈感性，幅值为 0.824p.u.，具备无功支撑能力，且满足 GB/T 19964—2012 要求。

当并网点电压发生三相对称 40%U_n 跌落时，有功功率无断续，光伏发电单元未脱网运行，具备低电压穿越能力。由图 5 - 30 可知，在跌落过程中有功功率变化值为 24.31MW，功率恢复时间为 0.028s，功率恢复速率为 1736%P_n，满足相关标准要求。

（3）发生三相对称 60%U_n 跌落时，故障跌落仿真设置值见表 5 - 17，光伏电站并网点电压及无功电流仿真波形图如图 5 - 31 所示，光伏电站并网点电压及有功功率仿真波形图如图 5 - 32 所示。

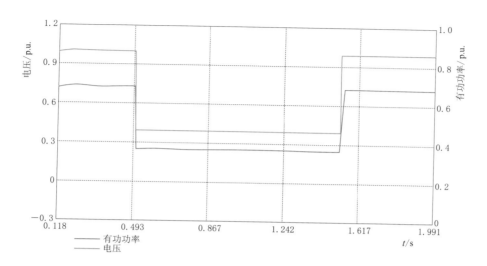

图 5-30　40%U_n 跌落时光伏电站并网点电压及有功功率仿真波形图

表 5-17　　　　　　　　　　60%U_n 故障跌落仿真设置值

参　　数	设　定　值	参　　数	设　定　值
故障开始时间/s	0.400	功率恢复开始时间/s	1.816
故障结束时间/s	1.810	功率恢复结束时间/s	1.833
电压跌落深度/p.u.	0.602		

由图 5-31 可见，当 110kV 母线高压侧发生三相对称 60%U_n 跌落时，并网点处输出无功电流为 0.55p.u.，具备无功支撑能力，且满足 GB/T 19964—2012 要求。

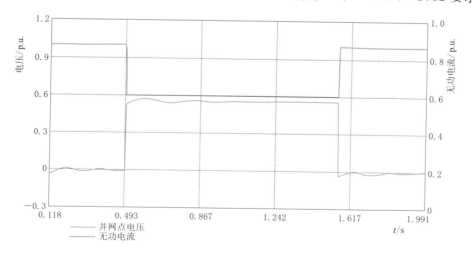

图 5-31　三相对称 60%U_n 跌落，光伏电站并网点电压及无功电流仿真波形图

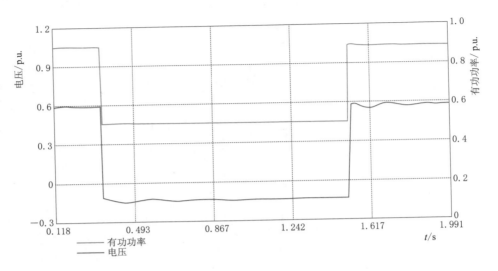

图 5-32　三相对称 $60\%U_n$ 跌落，光伏电站并网点电压及有功功率仿真波形图

当并网点电压发生三相对称 $60\%U_n$ 跌落时，有功功率无断续，光伏发电单元未脱网运行，具备低电压穿越能力。由图 5-32 可见，在跌落过程中有功功率变化值为 23.418MW，功率恢复时间为 0.017s，功率恢复速率为 $2755\%P_n/s$，满足相关标准要求。

2. 站内光伏发电单元均满足 GB/T 19964—2012 要求

为分析评价光伏电站在部分发电单元不能提供无功支撑的情况下，电站整体是否仍能够满足 GB/T 19964—2012 要求，假设光伏电站内部分发电单元仅满足要求，在电压跌落期间不脱网运行，但不能提供无功支撑能力，将 15 号、19 号、22 号发电单元模型修改为仅满足 Q/GWD 617—2011 标准，站内光伏发电单元模型修改示意图如图 5-33 所示。

验证在并网点处发生零电压穿越时，评价电站能否在最严苛的条件下仍满足 GB/T 19964—2012 要求，提供无功电流支撑。当并网点发生 $2.2\%U_n$ 跌落时，满足 Q/GWD 617—2011 的 10MW 光伏发电单元的有功及无功功率要求，三相对称零电压跌落时有功及无功功率仿真波形如图 5-34 所示。由图 5-34 可见，当并网点发生零电压穿越时，满足 Q/GWD 617—2011 的某发电单元电压跌落深度为 7.1%，此时有功功率不断续，但不提供无功电流。

当并网点发生零电压穿越时，满足 GB/T 19964—2012 的某发电单元电压跌落深度 $11.5\%U_n$，某发电单元电压及无功电流仿真波形如图 5-35 所示。无功电流注入值为 1.1p.u.，此时并网点无功电流仿真波形如图 5-36 所示，无功电流输出值为 1.069p.u.，仍满足 GB/T 19964—2012 要求。

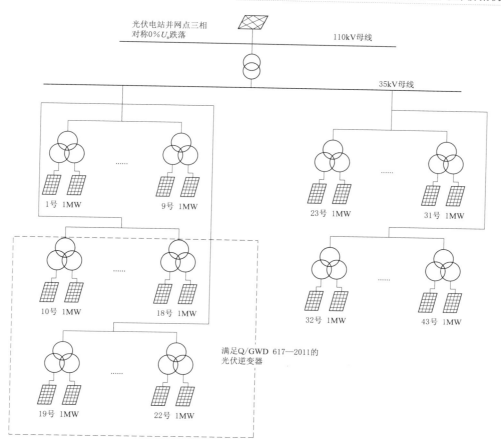

图 5-33　站内光伏发电单元模型修改示意图

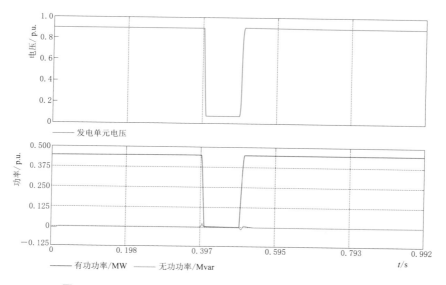

图 5-34　三相对称零电压跌落时有功及无功功率仿真波形图

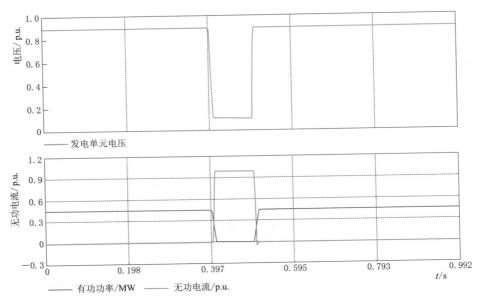

图 5-35　某发电单元电压及无功电流仿真波形图

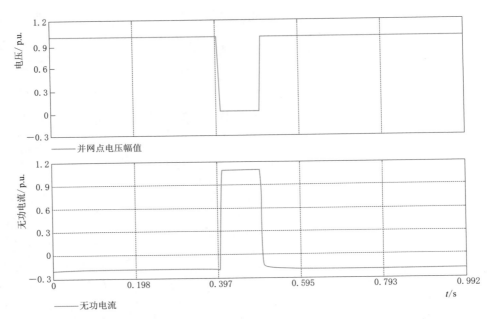

图 5-36　三相对称零电压跌落，光伏电站并网点电压及无功电流仿真波形图

5.3.4.2　电网适应性能力评价

限于光伏发电站电网适应性检测装置容量，电网适用性仅在光伏发电单元开展，通过电站模型评价光伏电站并网点处的电网适应性。由于在电站未开展电压适应性检测，仅评价电站频率适应性。依据光伏电站第 2、3 单元的频率适应性测试结果，发

电单元在 50.55Hz 时，立即脱网运行，可建立光伏发电单元频率保护模型，在电站并网点处开展频率适应性检测，当并网点频率由 50Hz 变化为 50.5Hz 时，电站并网点处频率适应性检测仿真波形如图 5-37 所示。

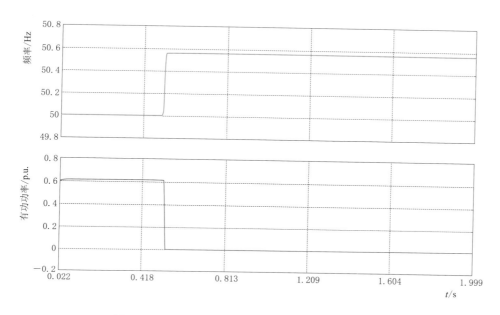

图 5-37 电站并网点处频率适应性检测仿真波形图

由图 5-37 可知，当电网频率变化为 50.5Hz 时，并网点有功功率输出变为零，电站具备满足 GB/T 19964—2012 的频率适应性能力。

5.3.4.3 电能质量测试及评价

光伏电站并网点电压指标测试结果见表 5-18。

表 5-18　　　　　　　　　　光伏电站并网点电压指标测试结果

测　　试	电压偏差	频率偏差	不平衡度	长时闪变	电压谐波畸变率
测试结果	6.57	0.05	0.26	0.42	0.93
GB/T 19964—2012 限值	10.0	0.2	4.0	1.0	3.0

电站通过 110kV 线路接入上级汇流站，站内母线最小短路容量为 619.43MVA。根据国家标准 110kV 下基准短路容量为 750MVA 的公共节点的各次谐波准许注入电流限值，由母线最小短路容量 S_k 计算出的汇流站内母线各次注入谐波电流限值见表 5-19。

因此，该 50MW 光伏电站电压偏差、频率偏差、不平衡度、长时闪变、电压谐波畸变率和电流各次谐波均符合 GB/T 19964—2012 要求。

表 5-19　　由母线最小短路容量 S_k 计算的出汇流站内母线各次注入谐波电流限值

谐波次数	限值/A	95%大值	谐波次数	限值/A	95%大值
2	9.91	0.15	14	1.70	1.40
3	7.93	0.63	15	1.90	1.57
4	4.96	0.00	16	1.50	1.24
5	7.93	1.26	17	2.80	2.31
6	3.30	0.00	18	1.30	1.07
7	5.62	0.00	19	2.50	2.06
8	2.48	0.00	20	1.20	0.99
9	2.64	0.00	21	1.40	1.16
10	1.98	0.00	22	1.10	0.91
11	3.55	0.00	23	2.10	1.73
12	1.65	0.00	24	1.00	0.83
13	3.06	0.00	25	1.90	1.57

5.3.4.4　功率控制测试及评价

对该光伏电站进行有功功率控制特性测试。三相对称零电压跌落，有功功率控制特性曲线如图 5-38 所示。

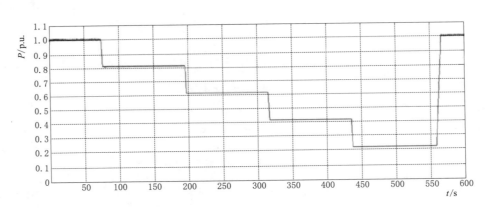

图 5-38　三相对称零电压跌落，有功功率控制特性曲线

根据测试结果分析计算，得到有功功率偏差及响应时间见表 5-20。

表 5-20　　　　　　　　　　　　有功功率偏差及响应时间

有功功率设定点	$\Delta P/P_n$	响应时间/s
80%	0.012	2.00
60%	0.016	1.89
40%	0.020	2.00

有功功率设定点	$\Delta P/P_n$	响应时间/s
20%	0.024	1.79
100%	0.018	8.11

由表 5 - 20 可见，当并网点处开展有功功率控制测试时，有功功率偏差及响应时间均满足要求。光伏电站 $50\% P_0$ 功率区间，无功功率控制特性曲线如图 5 - 39 所示。得到无功功率偏差及响应时间见表 5 - 21。

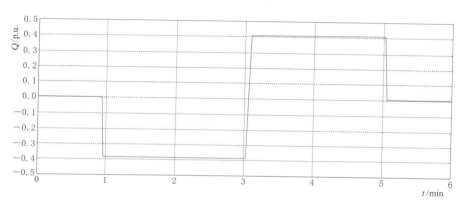

图 5 - 39 $50\% P_0$ 功率区间的无功功率控制特性曲线

表 5 - 21   **无功功率偏差及响应时间**

阶跃区间	60s 内无功最大精度偏差	响应时间/s
$Q_0 \sim Q_C$	0.191	1.49
$Q_C \sim Q_L$	0.200	3.32
$Q_L \sim Q_0$	0.400	1.99

由表 5 - 21 可知，当并网点处开展无功功率控制测试时，无功功率偏差及响应时间均满足要求。

5.3.5   小结

本节以某 50MW 光伏电站为例进行并网性能的光伏发电单元抽检，结合模型验证方法，完成光伏电站低电压穿越性能评价，包括：

(1) 对光伏电站进行单元抽检，抽检结果表明：被抽检的 1MW 及 1.26MW 的光伏发电单元低电压穿越能力及频率适应性满足标准要求。

(2) 采用抽检过的光伏发电单元低电压穿越检测数据，开展发电单元模型验证，基于模型验证后的光伏发电单元建立光伏电站整体模型，保证电站内变压器及线缆等电气参数与实际参数一致，在电站模型并网点处开展并网性能测试，验证光伏电站低电压穿越能力、频率适应性能力、功率控制能力、电能质量满足国标要求。

5.4 总结

本章提出了一套完整的光伏发电系统现场抽检方案，并应用到某光伏并网发电系统的现场效率抽检中；建立光伏电站的整体模型，通过仿真实验对光伏电站的低电压穿越性能进行评价。包括：

（1）研究国内光伏主要并网标准，发现在并网测试中，低电压穿越能力和运行适应性测试受测试装置容量限制，只能对光伏发电单元进行测试，因此需要对电站光伏发电单元进行抽检。

（2）研究当前统计学抽样标准，发现在目前的光伏电站并网性能抽检中，应参照 GB/T 2828.11—2008《计数抽样检验程序 第 11 部分：小总体声称质量水平的评定程序》，以分层随机抽样方法进行光伏发电单元的抽检，抽样方案为 $(n, L) = (1, 0)$；结合之前对光伏电站并网性能检测内容的研究，形成了一套适用于光伏电站并网性能检测的抽检方案。

（3）围绕光伏电站的低电压穿越能力评价，研究了光伏逆变器单机以及光伏发电单元的 DIgSILENT 建模方法，通过对仿真曲线与实验室标准环境测试结果、现场抽检测试结果对比分析，完成了模型验证工作。

（4）选择某 50MW 光伏电站为实例，针对站内两种型号光伏逆变单元进行抽检，依据抽检结果进行模型验证，并结合站内变压器、线缆等参数建立光伏电站整站模型，通过站级仿真得到光伏电站低电压穿越能力、频率适应性能力仿真结果，依据国标 GB/T 19964—2012 给予电站低电压穿越能力及频率适应性能力评价，并结合功率控制、电能质量测试结果，完成电站整体并网性能评价。

第 6 章

光伏发电系统效率现场快速检测
及评估技术研究

    光伏发电系统效率评价主要参考光伏发电系统性能效率（Performance Ratio, PR）值。为了获取全面的光伏系统 PR 值，需要对光伏发电系统以及气象环境进行 1 年以上的测试，测试周期较长。同时，采用 PR 值仅能反映光伏系统整体性能，对于造成系统效率损失的原因无法判定，无法对光伏系统整改与优化提出建设性意见。因此，有必要针对光伏发电系统效率开展快速测试与评估工作，分析温度、辐照度等各类环境因素与组件实际功率的关联性，通过离群数据过滤，确定强相关量和最优拟合准则，确定组件功率与其他因素的关联系数。

    本章主要介绍了光伏系统效率影响因素、光伏发电系统关键部件测试方法、光伏系统效率评价方法以及光伏发电系统效率快速测试方案与评估体系。首先，介绍了辐照度、温度、风速等环境因素对光伏组件性能的影响，分析了光伏阵列倾角、光伏组件一致性分布对系统效率的影响；其次，分析了光伏组件及光伏阵列户外效率测试与转换方法，并对测试结果进行了离群数据过滤，确定了最优拟合准则；然后，介绍了光伏阵列多峰工况的逆变器效率测试方法和基于仿真与实测相结合的光伏系统效率快速检测与评估方法；最后，以某 2.75MW 光伏电站为例，进行了系统效率快速检测与评估验证。

6.1　光伏发电系统原理

    本节针对光伏组件及光伏阵列发电原理进行分析。同时，还针对光伏发电系统体系结构及光伏系统效率评价现状进行分析。

6.1.1　光伏发电工作原理

6.1.1.1　光伏组件工作原理

    光伏组件片是光伏组件的最小组成单元，其结构示意图如图 6-1 所示。它由两种不同的硅材料层叠而成，硅材料的顶层及底层有用来导电的电极栅格，在光伏组件表面通常用钢化玻璃作为保护层，在保护层与电极层之间涂有防反射涂层以增加太阳辐射透过率。

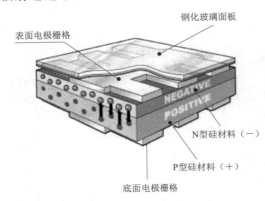

图 6-1　光伏组件片结构示意图

当半导体材料吸收的光子能量大于材料能级时，电子空穴对被激发并相向移动，通过外接电极与负载形成光生电流回路，光生电流使 PN 结上产生了一个光生电动势，这一现象被称为光生伏打效应（Photo Voltaic Effect，PV）。光子的能量与其波长有关，因此半导体材料光伏组件表现出对光谱的选择特性。

光伏组件因其制作材料与工艺不同可分单晶硅、多晶硅和非晶类光伏组件，目前应用最为广泛的主要是晶硅电池，这是由于晶体硅材料的能级与太阳辐射光谱的理论最大能量分布相一致，可最大限度地吸收太阳辐射能量，因而具有较高的光电转换效率。其中，单晶硅光伏电池一般以高纯的单晶硅硅棒为原料制成，单片光伏组件转换效率在我国已经平均达到 16.5%，而实验室记录的最高光电转换效率超过了 24.7%。这是所有类型的光伏组件中光电转换效率最高的，但制作成本很大，还不能被大量普遍使用。多晶硅光伏组件是以多晶硅材料为基体的光伏组件，制作工艺与单晶硅光伏组件差不多，但由于多晶硅材料多以浇铸代替了单晶硅的拉制过程，因而生产时间缩短，制造成本大幅度降低。再加之单晶硅硅棒呈圆柱状，用此制作的光伏组件也是圆片，因而组成光伏组件后平面利用率较低，与单晶硅光伏组件相比，多晶硅光伏组件就显得具有一定竞争优势。但多晶硅光伏组件的使用寿命要比单晶硅光伏组件短。从性能价格比来讲，单晶硅光伏组件略优。

光伏组件片输出功率很小，一般只有几瓦。为增大输出功率，采用专用材料通过专门生产工艺把多个单体光伏组件片串、并联后进行封装，即构成了光伏组件。光伏发电应用场合多种多样，所以光伏组件在封装材料和生产工艺上也不尽相同。常见的地面大中型光伏电站和屋顶式光伏电站一般使用钢化玻璃层压组件，也称平板式光伏组件，其外形如图 6-2 所示。

从构成材料来讲，钢化玻璃层压组件主要由低铁钢化玻璃、太阳能芯片、两层 EVA 胶膜、TPT 背板膜及铝合金边框等组成，其

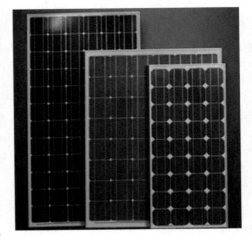

图 6-2　钢化玻璃层压组件外形图

结构示意图如图 6-3 所示。

封装后的光伏组件坚固耐用，使用寿命一般可达 15 年，最高可达 25 年，但受封装材料和工艺影响，光伏组件的转换效率要较单个电池片的效率降低很多。

6.1.1.2　光伏阵列

光伏阵列由光伏组件通过一定的结构连接而成，是光伏发电系统的能量接收部件。常见光伏阵列可分为平板式和聚光式两大类，其外观如图 6-4 所示。平板式

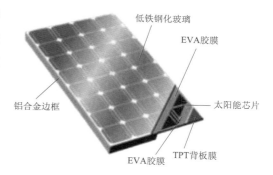

图 6-3　钢化玻璃层压组件结构示意图

阵列，只需把一定数量的光伏组件按照电气性能的要求串、并联起来即可，不需加装汇聚阳光的装置，结构简单，多用于固定安装的场合。聚光式阵列加有汇聚阳光的收集器，通常采用平面反射镜、抛物面反射镜或菲涅尔透镜等装置来聚光，以提高入射光谱太阳辐照度。聚光式阵列，可比相同功率输出的平板式阵列少用一些单体光伏组件，使成本下降；但通常需要装设向日跟踪装置，因有了转动部件，从而降低了可靠性。

（a）平板式光伏阵列

（b）聚光式光伏阵列

图 6-4　两种常见光伏阵列外观图

光伏阵列的设计，一般来说，就是按照用户的要求和负载的用电量及技术条件计算光伏组件的串、并联数。串联数由光伏阵列的工作电压决定，应考虑蓄电池的浮充电压、线路损耗以及温度变化对光伏组件的影响等因素。在光伏组件串联数确定之后，即可按照气象台提供的太阳年辐射总量或年日照时数的 10 年平均值计算确定光伏组件的并联数。光伏阵列的输出功率与组件的串、并联数量有关，组件的串联是为了获得所需要的电压，组件的并联是为了获得所需要的电流。

太阳能光伏组件（PV Module）也称太阳能电池组件（Solar Module），通常还简称为光伏组件或光伏组件板，其作用是利用光生伏打效应将太阳能转化为电能。

表征光伏组件在一定辐照条件下产生电能特性的是 I-U 特性曲线和 P-U 特性曲线，如图 6-5 所示。

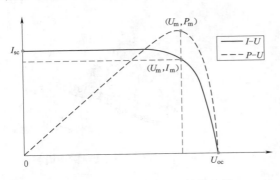

图 6-5　光伏组件 I-U 特性曲线
和 P-U 特性曲线

I-U 特性曲线上有 3 个具有重要意义的点，即最大功率点（Maximum Power Point）、电压开路点（Open Circuit Point）和电流短路点（Short Circuit Point）。与之对应的光伏组件主要性能参数是：短路电流、开路电压、最大功率点电流、最大功率点电压、最大输出功率、填充因子和转换效率。

（1）短路电流 I_{sc}。当将光伏组件的正负极短路，使 $U=0$ 时，此时的电流就是光伏组件的短路电流。

（2）开路电压 U_{oc}。当光伏组件的正负极不接负载时，组件正负极间的电压就是开路电压。光伏组件的开路电压随电池片串联数量的增减而变化。

（3）最大功率点电流 I_m。峰值电流也叫最大工作电流或最佳工作电流。峰值电流是指光伏组件输出最大功率时的工作电流。

（4）最大功率点电压 U_m。峰值电压也称为最大工作电压或最佳工作电压。峰值电压是指光伏组件输出最大功率时的工作电压。

（5）最大输出功率 P_m。最大输出功率也叫最佳输出功率或峰值功率，它等于最大功率点电流与最大功率点电压的乘积：$P_m = I_m \times U_m$。光伏组件的工作表现受太阳辐射强度、太阳光谱分布和组件工作温度影响很大，所以光伏组件最大输出功率应在标准测试条件下（即 Standard Test Condition，简称为 STC）：太阳辐射强度 1000W/m² 、大气质量 AM=1.5、测试温度 25℃测量得到。

（6）填充因子 FF。填充因子也称曲线因子，是指光伏组件的最大功率与开路电压和短路电流乘积的比值，即

$$FF = \frac{P_m}{I_{sc} U_{oc}} \tag{6-1}$$

填充因子是评价光伏组件所用电池片输出特性好坏的一个重要参数，它的值越高，表明所用太阳能电池片输出特性越趋于矩形，电池的光电转换效率越高。光伏组件的填充因子系数一般为 0.5～0.8，也可以用百分数表示。

（7）转换效率 η。转换效率是指光伏组件受光照时的最大输出功率与照射到组件上的太阳能量功率的比值，即

$$\eta = \frac{P_m}{AR} \tag{6-2}$$

式中　A——光伏组件的有效面积；

　　　R——单位面积的入射光辐照度。

光伏组件的转换效率是衡量和评价光伏组件性能的另一个重要指标，通常也用百分数来表示。但是对同一光伏组件来说，辐照度、负载等因素的变化会导致其转换效率的变化，因此一般采用 STC 条件下的公称效率来表示光伏组件的转换效率。

6.1.2　并网光伏发电系统结构

并网光伏发电系统主要由光伏阵列和逆变器构成，其结构示意图如图 6-6 所示。其中，光伏阵列由光伏组件、防雷汇流箱和连接电缆等组成，负责接收太阳辐射并将光能转化为直流电能，逆变器实现直-交（DC-AC）电能变换，逆变器输出经变压器升压后接入外部输电网络或配电网络。

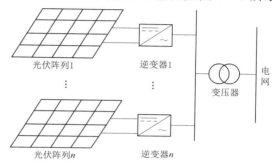

图 6-6　并网光伏发电系统结构示意图

根据光伏阵列的不同分布以及功率等级，常见的并网光伏系统结构一般可分为：集中式结构、交流模块式结构和支路式结构三类。

1. 集中式结构

集中式结构是目前大中型地面光伏并网发电系统中最常见的结构型式，一般用于 MW 级以上较大功率的并网光伏系统，其结构配置如图 6-7 所示。根据发电容量所需设计 n 个发电单元，一个发电单元一般由两个光伏阵列及其连接的大容量逆变器构成；在每个发电单元中，光伏组件通过串并联构成光伏阵列以产生一个足够高的直流电压，然后通过一个并网逆变器集中将直流转换为交流；箱式变压器和站级主变压器则实现逆变器输出电压和外部电网的电压匹配，最后交流能量输入外部电网。

集中式并网光伏发电系统结构的主要优点是：每个光伏阵列只采用一台并网逆变器，因而结构简单、逆变效率较高且易于扩容。但随着一大批并网光伏系统的实施与投运，也发现了集中式结构存在以下缺点：

（1）阻塞和旁路二极管使得系统损耗增加。

（2）抗热斑和抗阴影能力差，系统功率失配现象严重。

（3）光伏阵列的特性曲线出现复杂多波峰，单一的集中式结构难以实现良好的最大功率点跟踪（Maximum Power Point Tracking，MPPT）。

（4）这种结构需要相对较高电压的直流母线将并网逆变器与光伏阵列相连接，降低了系统安全性。

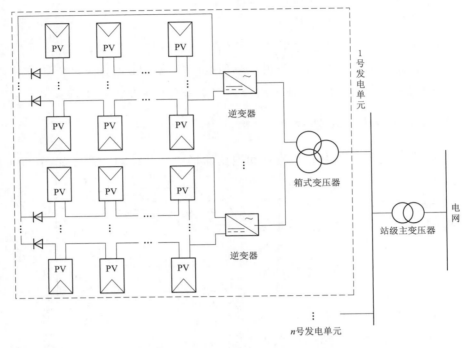

图6-7 集中式并网光伏发电系统结构配置图

虽然存在以上不足，但随着并网光伏发电系统的功率越来越大，集中式结构光伏发电系统单位发电成本低的优势十分明显，非常适合用于光伏电站等功率等级较大的场合，因此这种结构在我国西北荒漠地区的大型光伏发电系统中得到了广泛的应用。

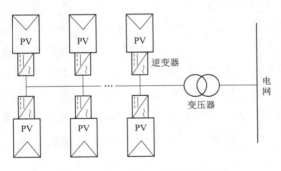

图6-8 交流模块式并网光伏发电
系统结构配置图

2. 交流模块式结构

交流模块式结构（Module Integrated Converter，MIC），最早于20世纪80年代提出，交流模块式结构是指把并网逆变器和光伏组件集成在一起作为一个光伏发电系统模块，其结构配置图如图6-8所示。交流模块式结构与集中式结构相比，具有以下优点：

（1）无阻塞和旁路二极管，光伏组件损耗低。

（2）无热斑和阴影问题。

（3）每个模块独立 MPPT 设计，最大限度地提高了系统发电效率。

（4）每个模块独立运行，系统扩展和冗余能力强。

（5）系统扩充提供灵活，即插即用。

（6）交流模块式结构没有直流母线高压，增加了整个系统工作的安全性。

交流模块式结构的主要缺点是：由于采用小容量逆变器设计，因而逆变效率相对较低。

随着日本、德国、美国、意大利等国家光伏屋顶计划、建筑一体化计划的推进，交流模块式结构得到大量的应用。目前交流模块式结构的功率等级较低，在同等功率水平条件下，其价格远高于其他结构类型，因此，交流模块式结构下一步的发展主要集中在降低价格。

3. 支路式结构

支路式并网光伏发电系统将光伏组件串联起来接到并网逆变器输入端，再经升压变压器接入公用电网，其结构配置如图 6-9 所示。这种光伏发电系统可根据光伏阵列输出功率的大小选用单相或三相逆变器，非常适合城市的分布式发电和家庭用户并网发电。

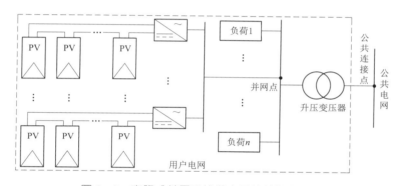

图 6-9　支路式并网光伏发电系统结构配置图

支路式并网结构常见于分布式发电系统，符合就近发电、就近并网、就近转换、就近使用的原则，避免了电力在升压及远距离输送中的损耗问题。目前建在城市建筑屋顶、容量不大的光伏发电项目广泛使用此类结构，其优点是：

（1）支路式结构中由于光伏阵列中省去了阻塞二极管，阵列损耗下降。

（2）抗热斑和抗阴影能力增加，多串 MPPT 设计，运行效率高。

（3）系统扩展和冗余能力增强。

支路式结构存在的主要不足在于系统仍有热斑和阴影问题，另外，逆变器数量增多，扩展成本增加且逆变效率相对有所降低，但仍高于交流模块式结构。

在支路式结构中，光伏组件串联构成的光伏阵列与并网逆变器直接相连，和集中式结构相比不需要直流母线。支路式结构的最大输出功率受光伏组件绝缘电压和功率器件工作电压的限制，如果用户所需功率较大，可将多个支路式结构并联工作，可见支路式结构具有交流模块式结构的集成化模块特征。支路式结构仍然存在串联功率失配和串联多波峰问题。由于每个串联阵列配备一个 MPPT 控制电路，该结构只能保证每个光伏组件串的输出达到当前总的最大功率点，而不能确保每个光伏组件都输出在各自的最大功率点，与集中式结构相比，光伏组件的利用率大大提高，但仍低于交流模块式结构。

除了上面分析的三种系统结构之外，光伏发电系统还有主从结构、直流模块式结构等新型结构类型。不同配置结构对光伏发电系统和效率的影响见表6-1，使用方式和发展趋势各异。在大功率等级方面，集中式结构仍然占主导地位，主从结构以及支路式结构也将会被采用。在小功率方面，随着家庭用户的增加以及建筑一体化技术的发展，交流模块式和直流模块式结构将得到很好的发展，支路式结构也会应用到其中。

表6-1　　　　　　　　　　　不同配置结构对光伏发电系统和效率的影响

配置结构	对光伏发电系统和效率的影响
集中式结构	阻塞和旁路二极管增加了系统损耗；抗热斑和抗阴影能力差，系统功率失配现象严重；逆变效率较高，单位发电成本低
交流模块式结构	多采用小容量逆变器设计，逆变效率相对较低；无阻塞和旁路二极管，光伏组件损耗低；无热斑和阴影问题；每个模块独立MPPT设计，最大限度地特高了系统发电效率
支路式结构	光伏阵列中省去了阻塞二极管，阵列损耗下降；抗热斑和抗阴影能力增加，多串MPPT设计，运行效率高；系统仍有热斑和阴影问题，另外，逆变器数量增多，扩展成本增加且逆变效率相对有所降低，但仍高于交流模块式结构
主从结构	控制系统较为复杂，但可动态改变系统结构以达到最佳的光伏能量利用效率，光伏系统整体效率较高
直流模块式结构	直流模块式结构由光伏直流建筑模块和集中逆变模块构成，每一个光伏直流建筑模块具有独立的MPPT电路，能保证每个光伏组件均运行在最大功率点，最大限度地发挥了光伏组件的效能。且能量转化效率高；具有很高的抗局部阴影和组件电气参数失配能力，适合在具有不同大小、安装方向和角度特点的建筑物中应用；采用模块化设计，系统构造灵活，适合批量生产，降低系统成本

6.1.3　光伏系统总效率

6.1.3.1　光伏系统总效率评价指标

根据系统主要功能结构，并网光伏发电系统总效率可认为由光伏阵列效率 η_A、光伏逆变器效率 η_C、交流并网效率 η_1 三部分组成，其示意图如图6-10所示。系统总效率 $\eta = \eta_A \eta_C \eta_1$。但由于光伏发电系统使用的组件、逆变器、变压器、线缆等数量众多，在实际测算时存在测试工作量过大的问题，且该效率指标受光伏发电系统所在地气象条件影响严重，无法客观评判光伏系统自身性能的优劣。

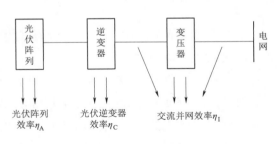

图6-10　并网光伏发电系统
总效率构成示意图

为此，*Photovoltaic system performance monitoring - Guidelines for measurement,data exchange and analysis*（IEC 61724 - 1998 - 04）定义了并网光伏发电系统发电性能的另一种指标——PR（Performance Ratio）值，《光伏系统性能监测　测量、数据交换和分析导则》（GB/T 20513—2006）等同引用了该定义。除此之外，其他一些文献通过对光伏系统的分析，也提出了一些不同的系统效率评价指标，如 PVUSA Rating Method、系统能效比等。

1. 光伏组件效率

光伏组件效率 η_M（%）表示受光照组件的最大功率与入射到该组件总面积上辐照功率的百分比，即

$$\eta_M = \frac{P_m}{G_M \cdot S_M} \qquad (6-3)$$

式中　　P_m——受光照组件的最大功率，W；

G_M——光伏组件输出最大功率时对应的太阳辐照度，W/m^2；

S_M——光伏组件受光面包括边缘、框架和任何凸出物的总面积，m^2。

此外，还有组件实际效率的概念，指的是受光伏组件的最大功率与入射到该组件有效面积上辐照功率的百分比。在测定组件有效面积时，对于采用相同规格电池片且数量不超过 100 片的光伏组件，可随机测量 3 块电池片的面积，计算出平均值后乘以封装在组件内的电池片数，即为该组件的有效面积。对于采用一种以上规格电池片的组件，各规格电池片总面积相加后即为该组件的有效面积；若某规格电池片的数量大于100 片，则以总片数乘以 3% 取整数作为计算电池片平均面积所应抽取的电池片数量。

2. 光伏阵列效率

光伏阵列效率 η_A（%）表示在一段时间内，光伏阵列最大输出直流发电量和光伏阵列倾斜面接收的太阳总辐射量之比，即

$$\eta_A = \frac{E_{DC}}{H_A \cdot S_A} \qquad (6-4)$$

式中　　E_{DC}——一段时间内的光伏阵列最大输出直流发电量，$kW \cdot h$。

由于组件一致性失配和直流线路损耗等原因，光伏阵列效率要明显低于阵列内所有组件光电转换效率之和。

3. 光伏逆变器效率

光伏逆变器效率 η_C（%）表示一段时间内并网逆变器输出交流发电量与输入直流发电量（即光伏阵列最大输出直流发电量）之比，即

$$\eta_C = \frac{E_{AC}}{E_{DC}} \qquad (6-5)$$

式中　　E_{AC}——一段时间内的逆变器输出交流发电量，$kW \cdot h$。

因为受直流侧光伏阵列影响，光伏逆变器效率定义与传统电力电子设备效率定义存在一定差别，在评价时存在静态 MPPT 效率、动态 MPPT 效率、欧洲效率和加州效率等多种指标。

4. 交流并网效率

交流并网效率 η_I（%）即从逆变器输出点到并网点的传输效率，其中最主要的是升压变压器的效率和交流电气连接的线路损耗，即

$$\eta_I = \frac{E_I}{E_{AC}} \tag{6-6}$$

式中 E_I——一段时间内的光伏系统并入电网的发电量，$kW \cdot h$。

5. 光伏系统交流侧最大输出功率

光伏系统交流侧最大输出功率多用于光伏系统设计阶段。

（1）将光伏系统建设地点的月晴朗日最大辐照强度平均值除以 STC 标准太阳辐照度 E_s（$1000W/m^2$），即得到光强系数 η_q 为

$$\eta_q = \frac{E_q}{E_s} = \frac{E_q}{1000} \tag{6-7}$$

（2）根据正午时的太阳高度角和光伏阵列安装倾角，得到光伏系统的组件安装方位角、倾角修正系数 η_i，即

$$\eta_i = \frac{\sin\theta}{\sin H_A} \tag{6-8}$$

（3）利用组件转换效率的功率温度系数求得组件效率温度修正系数 η_T，即

$$\eta_T = 1 + \psi_w \Delta t \tag{6-9}$$

（4）对逆变器转换系数 η_n 和线路损失修正系数 η_l 采用厂家给定值和经验值。

（5）可计算光伏系统最大输出功率，即

$$Q = \eta_q \eta_T \eta_i \eta_n \eta_l P_{AS} = \eta_z P_{AS} \tag{6-10}$$

以光伏系统装机容量为参考，求得以上各项修正系数下的光伏系统最大输出功率。该方法主要计算了光伏系统理论月最大交流输出功率，其相关系数多为经验估计值，与实际系数存在一定差异。同时，该方法缺乏对光伏系统在实际运行中的组件一致性、组件与逆变器匹配、阴影遮挡以及组件污损等因素的考虑。

6. 理论发电时长

理论发电时长 Y_R 表示一段时间内，单位面积的光伏阵列倾斜面总辐照度与光伏组件标准测试条件下的标准辐照度之比，单位为 h，即

$$Y_R = \frac{H_A}{G_{STC}} \tag{6-11}$$

式中 H_A——一段时间内，单位面积的光伏阵列倾斜面接收的总辐照度，$kW \cdot h/m^2$；

G_{STC}——标准辐照度，大小为 $1000W/m^2$。

7. 满发时长

满发时长 Y_F 表示一段时间内，并网光伏发电系统最终并网交流发电量（上网电量）与光伏系统额定功率（标称功率或峰值功率）之比，单位为 h。满发时数 Y_F 是用光伏系统装机容量归一化后的上网电量，可用于不同装机容量光伏系统的比较。

$$Y_F = \frac{E_{AC}}{P_O} \tag{6-12}$$

8. 光伏系统长时发电量估算

光伏系统长时发电量估算 E_p 同样用于光伏系统设计阶段，根据太阳辐照度分析确定光伏系统多年平均年辐照度，结合初步选择的光伏组件类型和布置方案，进行光伏系统年发电量估算。根据光伏系统选址周围的地形图，通过对光伏系统周围环境、地面遮光障碍物情况的初步考察，建立光伏系统上网电量计算模型，并确定最终的上网电量。

光伏系统长时发电量 E_p 计算公式为

$$E_P = H_A P_{az} K \tag{6-13}$$

式中　　H_A——多年统计后得出的平均年辐照度总量；

　　　　P_{az}——光伏系统安装容量，容量为峰值功率；

　　　　K——综合效率系数，其取值受多种因素影响，包括：光伏组件安装倾角、方位角、光伏发电系统年利用率、电池组件转换效率、周围障碍物遮光、逆变损失以及光伏电场线损、变压器铁损等。

与逆变器最大交流输出功率相比，光伏发电系统发电量估算考虑到光伏发电系统长期运行过程中光伏组件的衰减系数、组件清理与维护频率、逆变器静态 MPP 效率以及变压器铁损等。相对于逆变器最大交流输出功率，光伏发电系统发电量估算更侧重于光伏发电系统长期运行过程中的实际情况。但是该方法对于组件衰减系数采用经验估计值，该值与光伏组件实际运行中相应的衰减会存在一定差异。同时，由于现场温度与太阳辐射强度等实际因素影响，将导致光伏逆变器转换效率与标称转换效率存在差异。因此，光伏系统平均上网电量仅能在设计阶段对光伏系统长时发电量进行预估，缺乏实际测量结果。

9. 光伏系统 PR

目前，利用光伏系统 PR 来评价光伏系统实际运行性能已被大多数光伏系统设计和评价机构所采纳，并被写入 *Photovoltaic system performance monitoring - Guidelines for measurement，data exchange and analysis*（IEC 61724—1998）［《光伏系统性能监测　测量、数据交换和分析导则》（GB/T 20513—2006）等同引用］中，光伏系统满发时数 Y_F 和理论发电时数 Y_R 之比，得到光伏系统 PR 计算公式为

$$PR = \frac{Y_F}{Y_R} \qquad\qquad (6-14)$$

该指标去除了光伏系统所在地理位置、阵列倾角、朝向以及装机容量影响，反映整个光伏系统的损失、包括低太阳辐照度、高温、灰尘、积雪、老化、阴影、失配以及逆变器、线路连接、系统停机、设备故障等产生的损失。通过光伏系统 PR 的评价，将不同地点、不同气候条件和不同装机容量的光伏系统效率性能进行归一化，实现对不同电站效率性能的综合评价与对比，并可初步量化评估光伏系统效率损失情况，为进一步判断光伏系统效率损失源奠定基础。

10. PVUSA 功率等级评估

美国于 20 世纪 80 年代开展的光伏系统在公用事业的规模应用计划（Photovoltaics for Utility – Scale Applications，PVUSA）采用一种等级算法（PVUSA Rating Methodology）来评价光伏系统性能，该方法主要考察 PTC 条件下（PTC 条件：太阳辐照度 $1000W/m^2$，风速 $1m/s$，温度 20℃；其中对于聚光组件，太阳辐射强度为 $850W/m^2$）光伏系统交流侧输出功率。

为了进行该计算，首先利用一个多元线性回归模型将交流侧功率表示为太阳辐照度、风速以及温度的函数，即

$$P = I(a + bI + cW + dT) \qquad\qquad (6-15)$$

式中 P——光伏系统交流侧功率；

         I——组件斜面上太阳辐照度；

        W——风速；

        T——环境温度；

a、b、c、d——需要确定的回归方程系数。

然后根据式（6-15）大量选取现场测试数据，依据太阳辐照度对数据进行过滤。因为 PTC 条件规定太阳辐照度为 $1000W/m^2$，因此需要滤除太阳辐照度较低的数据（比如滤除太阳辐射强度低于 $500W/m^2$），以保证数据的准确性。通过测试数据点拟合，求得线性回归方程的待定系数，确定光伏系统的 PTC 回归方程。

最后考虑系数偏差，将偏差值范围内的 PTC 标准条件代入该回归模型中，求得光伏系统交流侧输出功率。

与其他方法相比，PVUSA 在对光伏系统进行评价时，有一套自己的评价体系（PTC 条件），该评价体系不仅考虑了太阳辐照度、温度影响，还考虑了风速影响，因为风速在一定程度上可以结合现场环境温度反映光伏组件背板温度。该方法目前已经被美国标准 *Standard test method for rating electrical performance of concentrator terrestrial photovoltaic module sand system under natural sunlight*（ASTME 2527-09）所采用。但是，该方法在具体实践中还须结合现场情况对测试数据进行过滤，最常见

的就是根据太阳辐照度值将低太阳辐照度的测试数据进行滤除，以保证测试的精确度。由此可看出该方法对数据质量有一个较高的要求。但是，正是由于该方法对测试数据的要求，可能会导致对低太阳辐照度下光伏系统效率评价不准确。

11. 系统能效比

系统能效比 η_e 是指一段时间内，并网光伏发电系统最终并网发电量与光伏系统倾斜面接收的太阳总辐射量之比，反映整个并网光伏系统对于单位入射辐照能量的最终利用率，即

$$\eta_e = \frac{E_{AC}}{H_A S_A} = \eta_A \eta_1 = \eta_{AO} PR \qquad (6-16)$$

以上介绍的 11 种评价指标，分别表征光伏发电系统某一效率或效率相关性能，单一指标难以反映系统真实性能及效率损失源，本书考虑在系统效率分析时采用不同类型的指标组合。

6.1.3.2 光伏系统总效率评价现状

目前，国际上对光伏系统总效率评价主要采用光伏系统 PR 值或系统能效比，但从各种分析中不难看出，光伏系统能效比与光伏系统 PR 值之间相差一个常数，其本质还是相同的。但是，仅依靠光伏系统 PR 值对光伏系统进行评价还存在诸多问题，如全面评价光伏系统的效率起码需要对光伏系统一年以上的逐月发电量和光伏阵列表面的辐照量进行监测，测试时间比较长，同时，由于光伏系统现场的气象装置通常只检测水平面的辐照量，造成光伏系统最终效率计算不准确。

此外，仅从测试得到的光伏系统 PR 值以及 PR 值逐月的变化无法识别是何种原因导致光伏系统 PR 值降低，无法给光伏系统投资方提出有效的系统效率改进措施。

在对光伏系统效率影响因素分析以及系统关键环节效率测试研究的基础上，可以提出光伏发电系统效率现场快速测试的方法，该方法通过对比光伏系统理论效率与实际运行效率，分析光伏系统中每个发电单元关键环节效率，针对存在问题的关键环节进行现场测试，其效率参数通过仿真软件对系统效率进行评估与预评估。在对光伏系统效率进行评价的同时，还可对系统效率提出改进方案。

6.1.4 小结

本节针对光伏发电系统，主要分析了光伏组件工作原理，光伏组件以及光伏阵列运行参数指标；调研了我国主要运行的光伏发电系统，根据光伏系统结构不同对系统进行分类；此外，还介绍了目前主要采用的光伏系统及其关键部件效率评价指标及评价方法。

6.2 光伏组件性能与环境相关性研究

本节主要研究光伏组件性能与环境的相关性，在分析太阳辐射强度、温度等因素对光伏组件性能影响的基础上介绍相关户外模型，通过实测数据的相关系数计算，定性分析不同环境因素对组件性能的影响大小。

6.2.1 环境因素对光伏组件性能的影响

光伏发电系统的建设地点不同，环境和气候各异，光伏组件工作性能受环境因素的影响，其实际输出各项参数与在标准工作条件下的额定参数会有较大的差异，因此着重讨论太阳辐射强度、温度这两大环境因素对光伏组件工作性能的影响。

6.2.1.1 太阳辐射强度对光伏组件性能的影响

当太阳光照射到光伏组件时，电池材料价带中的电子吸收光子携带的能量后被激发跃迁到导带，在价带中产生空穴，电子和空穴分别聚集到电池材料的两极，形成电动势。电子-空穴对产生的速率表征了光生电流的大小，其表达式是电子-空穴对在太阳电池内所处位置的函数，即

$$G(x) = (1-s)\int_{\lambda}[1-r(\lambda)]f(\lambda)\alpha(\lambda)\mathrm{e}^{-\alpha x}\,\mathrm{d}\lambda \tag{6-17}$$

式中　λ——入射光的波长；

s——栅线遮光系数；

$r(\lambda)$——入射率；

$\alpha(\lambda)$——太阳能电池对电子-空穴对的吸收系数；

$f(\lambda)$——入射光子流密度（单位面积上每秒钟每个波长下入射的光子数）。

假定太阳光在 $x=0$ 处入射，这里吸收系数可通过关系式 $h_{\mathrm{v}}=h_{\mathrm{c}}/\lambda$ 转变为光子波长的函数，通过用每个波长下的入射功率密度除以光子的能量得到光子流密度 $f(\lambda)$。

对于某一特定光伏组件来讲，s、$r(\lambda)$、$\alpha(\lambda)$ 等均为定值，则电子-空穴对产生的速率与太阳光入射功率密度成正比。在同样光谱分布的情况下，光生电流大小就与太阳辐射强度成正比例。而光伏组件短路电流 I_{sc} 的大小约等于光生电流值。所以可知，I_{sc} 的大小正比于太阳辐射强度的高低。

光伏组件等效 PN 结的静电势差是内建势，其表达式为

$$V_{\mathrm{bi}} = \frac{kT}{q}\ln\left(\frac{N_{\mathrm{D}}N_{\mathrm{A}}}{n_{\mathrm{i}}^2}\right) \tag{6-18}$$

式中　N_{D}——半导体 PN 结施主浓度；

N_{A}——半导体 PN 结受主浓度；

n_i——不同电离状态下的电子浓度。

在一般的硅太阳能电池中，N 型发射极和 P 型发射极基区是极大不对称的，发射极大约薄 1000 倍，掺杂浓度高 10000 倍。在开路条件下，开路电压可以写成

$$U_{oc} = \frac{kT}{q} \ln \frac{I_{sc}}{I_o} \tag{6-19}$$

式中　I_{sc}——约等于光生电流的大小；

I_o——二极管饱和暗电流，其大小和电子浓度、寿命以及耗尽区宽度有关。

由式（6-19）可知，开路电压也将随着辐照强度升高而增大，但其关系是非正比例的，增大幅度也较短路电流的变化幅度小得多。

由 I_{sc} 和 V_{oc} 限定的矩形可以提供一种表征组件最大功率的简便方法，即

$$P_m = FF \times I_{sc} V_{oc} \tag{6-20}$$

则光伏组件转换效率可表示为

$$\eta = \frac{P_m}{P_{in}} = \frac{FF \times I_{sc} V_{oc}}{P_{in}} \tag{6-21}$$

对于特定材料制成的光伏组件，其填充因子为一固定值，因此由 I_{sc} 和 U_{oc} 与太阳辐射强度的关系可知，随着太阳辐射强度的增强，组件效率也应变大，但增长幅度会越来越小。

为了验证以上理论分析结果，本书中利用 PVSYST 软件内置的光伏组件数据库，绘制组件 $I-U$、$P-U$ 以及 $\eta-G$ 等特性曲线，分析随着太阳辐射强度变化光伏组件工作性能的改变情况。由于目前光伏组件应用的主流是晶硅类组件，且单晶硅材料和多晶硅材料在性能表现上具有较高的相似性，因此这里选取无锡尚德太阳能电力有限公司生产的 STP 240S-20/Wd 型单晶硅光伏组件为代表，讨论光伏组件在不同太阳辐射强度下的工作特性。

STP 240S-20/Wd 型单晶硅光伏组件在标准测试条件下性能参数见表 6-2。

表 6-2　　STP 240S-20/Wd 型单晶硅光伏组件在标准测试条件下性能参数表

P_m/W_p	I_{sc}/A	U_{oc}/V	I_m/A	U_m/V	$\alpha/(\%/℃)$	γ	R_s/Ω	R_{sh}/Ω	N_{cs}
240	8.43	37.2	7.95	30.2	0.06	-0.44	0.22	300	60

注　α 为短路电流温度系数，γ 为最大功率温度系数，R_s 为串联电阻，R_{sh} 为并联电阻，N_{cs} 为组件内串联电池片的个数。

不同太阳辐照度条件下，STP 240S-20/Wd 型单晶硅光伏组件的 $I-U$ 特性曲线、$P-U$ 特性曲线以及最大功率点处的效率曲线的影响分别如图 6-11、图 6-12 和图 6-13 所示。

在图 6-11 中，随着太阳辐照度增强，单晶硅光伏组件的短路电流和开路电压均随之变大，其中，短路电流随太阳辐照度增强而线性变大，开路电压的变化比例则是

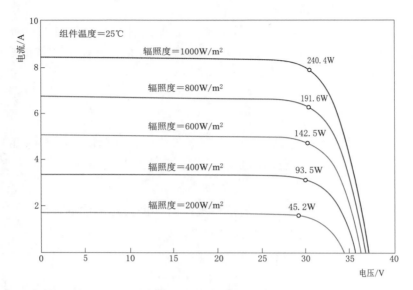

图 6-11　太阳辐照度对 STP 240S-20/Wd 型单晶硅光伏组件的 I-U 特性曲线的影响

越来越小；结合图 6-12 和图 6-13 可看出，单晶硅光伏组件的最大功率也随着太阳辐照度的增强而变大，但其增量主要由电流增量带来，因此最大工作点电压变化并不明显。

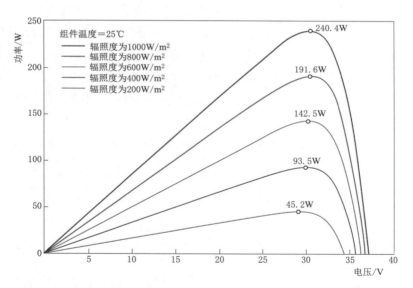

图 6-12　太阳辐照度对 STP 240S-20/Wd 型单晶硅光伏组件的 P-U 特性曲线的影响

　　而图 6-13 则显示出：在同一组件温度条件下，太阳辐照度越高，单晶硅光伏组件的转换效率越高；在 200W/m² 的低太阳辐照度下，STP 240S-20/Wd 型单晶硅光伏组件转换效率约为 13.9%，而在 1000W/m² 的高太阳辐照度下，其转换效率约为

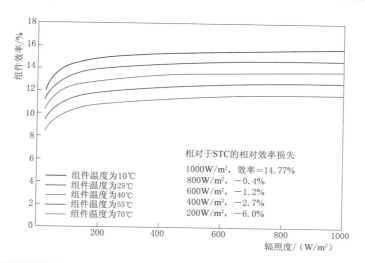

图 6-13　太阳辐照度对 STP 240S-20/Wd 型单晶硅光伏组件最大功率点处的效率曲线的影响

14.8%；在 $200\sim600W/m^2$ 的较低太阳辐照度区间，STP 240S-20/Wd 型单晶硅光伏组件转换效率随太阳辐照度增强的变化率较大，而在 $600\sim1000W/m^2$ 的较高太阳辐照度区间，STP 240S-20/Wd 型单晶硅光伏组件转换效率趋于恒值，晶硅类光伏组件的转换效率在低太阳辐照度和高太阳辐照度时存在明显的差异。

6.2.1.2　组件温度对光伏组件性能的影响

从微观物理来讲，组件温度本质上体现了其内部稳定状态的能量平衡，因此组件温度的改变意味着组件内部能量发生了变化，其外在输出性能必然发生改变。光伏组件工作时，吸收的太阳辐射能量一部分转换为有用的电能，另一部分以发热的形式浪费到周围环境中，受组件外封装的阻挡，这部分热量将使组件工作温度升高。因此影响光伏组件温度的因素不仅有环境温度、封装材料及封装方式，还有太阳辐照度。

在研究组件温度对于组件工作性能的影响时，一种常用的简化假设是组件温度和环境温度的差值随太阳辐照度线性增大，变化系数则依赖于组件的安装、风向风速、环境相对湿度等因素，这些信息都包含在标准组件工作温度（Nominal Operating Cell Temperature，NOCT）中，NOCT 被定义为环境温度 20℃、太阳辐照度 $800W/m^2$、风速 1m/s 时的组件温度。典型的 NOCT 值为 45℃，而对于其他太阳辐照度下的组件温度，计算公式为

$$T = T_a + G\frac{NOCT-20}{800} \tag{6-22}$$

组件短路电流通常被认为严格正比于太阳辐照度，则随着组件温度增加，短路电流值会少量增加，计算公式为

$$I_{sc}(T,G) = I_{sc}(STC)\frac{G}{1000}[1+\alpha(T-25)] \tag{6-23}$$

式中 α——每升高 1℃时的电流增量，对于晶体硅，$\alpha \approx 0.4\%/℃$。

而由于受本征浓度的影响，开路电压则很强烈地依赖于组件温度，并随温度升高而线性减小，即

$$U_{oc}(T,G)=U_{oc}(STC)-\beta(T-25) \tag{6-24}$$

对于晶体硅，每个串联电池片的 $\beta \approx 2mV/℃$。

组件温度对于光伏组件效率的影响，则

$$\eta(T,G)=\eta(STC)[1-\gamma(T-25)] \tag{6-25}$$

式中 γ——最大功率温度系数，通常近似为 $0.5\%/℃$。

不同温度条件下，STP 240S - 20/Wd 型单晶硅光伏组件的 I - U 特性曲线、P - U 特性曲线以及最大功率点处的效率曲线的影响分别如图 6 - 14、图 6 - 15 和图 6 - 16 所示。

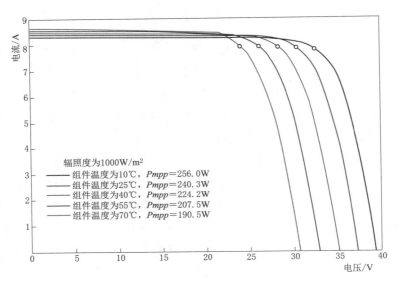

图 6 - 14   温度对 STP 240S - 20/Wd 型单晶硅光伏组件 I - U 特性曲线的影响

这里同样利用 PVSYST 软件内置的无锡尚德 STP 240S - 20/Wd 型单晶硅光伏组件数据进行分析。图 6 - 14 是同一太阳辐照度、不同组件温度下的 5 组 I - U 曲线簇，可以看出，温度升高时，单晶硅光伏组件的短路电流增大，开路电压减小，其中开路电压的变化幅度较短路电流大；单晶硅光伏组件在其他运行时刻的输出电压和输出电流也有着同样的变化趋势，因此，组件输出功率随着温度升高时而逐渐降低，这一结论也可由图 6 - 15 看出。图 6 - 16 则明确的显示出单晶硅光伏组件的负温度系数特性，温度越高，组件效率越低，且 $\Delta\eta/\Delta T$ 基本为一定值。

除了上面分析的太阳辐照度和组件温度因素之外，风向风速、相对湿度等也会给光伏组件的工作性能带来影响。保持组件上下方空气流通顺畅可以将组件周围的热量

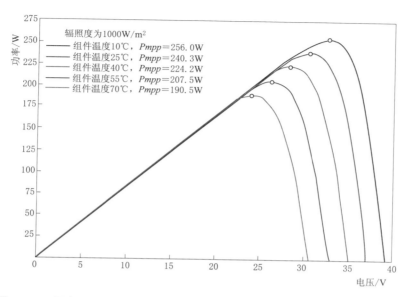

图 6 - 15　温度对 STP 240S - 20/Wd 型单晶硅光伏组件 P - U 特性曲线的影响

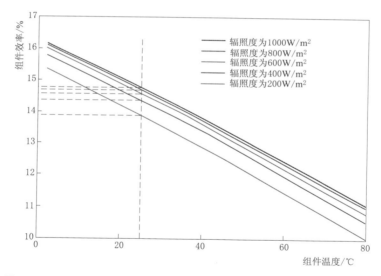

图 6 - 16　温度对 STP 240S - 20/Wd 型单晶硅光伏组件效率曲线的影响

带走，避免或减少组件温度升高，从而增大组件输出功率、提升组件转换效率。而相对湿度增加，意味着空气中水汽含量增加，对太阳辐射的削弱增加，从而导致光伏电站光伏功率减少。研究人员利用华电宁夏陆家东光伏电站 2010 年 6 月 1 日—2011 年 5 月 31 日的逐分钟光伏功率资料和同期银川国家气候观象台的气象观测资料，分析得出：宁夏地区光伏电站逐日功率与相对湿度的相关系数为 -0.3287，达极显著程度，且相对湿度每增加 1%，光伏功率将减少 27.35kW。

6.2.1.3 基于太阳辐照度和组件温度的光伏组件户外效率模型

影响光伏发电系统效率的因素主要是太阳辐照度和组件温度，因此，研究基于太阳辐照度和温度的光伏组件户外效率模型，以便快速计算光伏组件的输出功率和转化效率。

晶体硅组件在冬季表现更好，因为晶体硅光伏电池的负温度系数 K 较大，冬季晶体硅光伏组件效率比夏季高 10%。常用的晶体硅光伏组件户外效率模型为

$$\eta_{\text{module}} = \eta_{\text{ref}} \left[1 - K(T_{\text{module}} - 25) + \gamma' \log \frac{R_{\text{g}}}{1000} \right] \qquad (6-26)$$

式中　η_{ref}——在标准测试条件（辐照度 1000W/m^2、大气质量 $AM=1.5$、环境温度 25℃）下光伏组件的效率；

　　　γ'——光伏组件辐照系数。

η_{ref}、γ' 均可从光伏组件的生产厂商的技术手册中得到，Evans 模型对晶体硅光伏电池取 $K=0.0048℃^{-1}$、$\gamma'=0.12$；Hegazy 模型在 Bergene 和 Lovik 的研究工作的基础上分别取 $K=0.004℃^{-1}$、$\gamma'=0$，其中 $\gamma'=0$ 应用更为普遍。

光伏组件的温度通常可根据光伏组件手册的 $NOCT$ 参数来计算，即

$$T_{\text{module}} = T_{\text{a}} + (NOCT - 20)\frac{R_{\text{g}}}{800} \qquad (6-27)$$

式中　T_{a}——环境温度。

2007 年，Durishch 通过大气质量 AM 值，提出了一个计算光伏组件效率的半经验公式为

$$\eta_{\text{module}} = P_{\text{d}} \left[q_{\text{d}} \frac{R_{\text{g}}}{1000} + \left(\frac{R_{\text{g}}}{800} \right)^{m_{\text{d}}} \right] \left[1 + r_{\text{d}} \frac{T_{\text{module}}}{25} + s_{\text{d}} \frac{AM}{1.5} + \left(\frac{AM}{1.5} \right)^{u_{\text{d}}} \right] \qquad (6-28)$$

$$AM = \left(\frac{1}{\cos\theta_z} + 0.15(3.885 + \theta_z)^{-1.253} \right) \cdot \exp(-0.0001184 ASL) \qquad (6-29)$$

式中　ASL——当地海拔，m；

　　　θ_z——组件天顶角的大小。

当光伏组件温度 T_{module} 通过 Ross 方程计算得到时，Ross 方程的表达式为

$$T_{\text{module}} = T_{\text{a}} + h_{\text{r}} R_{\text{g}} \qquad (6-30)$$

式中　h_{r}——Ross 参数。

有研究还给出了 BP585F、Kyocera LA361K51S、UniSolar UPM US-30 等光伏组件拟合的 Durishch 参数 p_{d}、q_{d}、m_{d}、r_{d}、s_{d} 和 u_{d} 等。

通过在任意倾斜平面上的辐照度和光伏组件户外效率模型，可以得到光伏组件户外工作的最大点功率为

$$P_{\text{m}} = \mu_{\text{module}} R_{\text{g}} A_{\text{module}} \qquad (6-31)$$

式中　A_{module}——光伏组件的有效发电面积，m^2。

光伏发电系统的户外最大点功率还可通过最大点功率电压 U_m 和最大点功率电流 I_m 计算得到。Borowy 等在 1994 年提出的模型为

$$I_m = I_{sc}\left\{1 - C_{1,b}\left[\exp\left(\frac{U_{ref}}{C_{2,b}U_{oc}}\right) - 1\right]\right\} + \Delta I \tag{6-32}$$

$$U_m = U_{ref}\left[1 - 0.539\ln\left(\frac{R_g}{1000}\right)\right] + K_v(T_{module} - 25) \tag{6-33}$$

$$C_{1,b} = U_{ref}\left(1 - \frac{I_{ref}}{I_{sc}}\right)\exp\left(-\frac{U_{ref}}{C_{2,b}U_{oc}}\right) \tag{6-34}$$

$$C_{2,b} = \frac{U_{ref}/U_{oc}}{\ln(1 - I_{ref}/I_{sc})} \tag{6-35}$$

$$\Delta I = K_i\frac{R_g}{1000}(T_a - 25) + \left(\frac{R_g}{1000} - 1\right)I_{sc} \tag{6-36}$$

在 Borowy 模型中，组件在标准测试条件下的最大点功率点电压 U_{ref}、最大点功率点电流 I_{ref}、短路电流 I_{sc}、开路电压 U_{oc}、电流温度系数 K_i、电压温度系数 K_v 等参数均可从光伏组件用户手册中得到。

2006 年，Labbe 给出了一个预测组件最大输出功率的经验公式为

$$P_m = \frac{R_g}{1000}\left[P_{mref} + \gamma_0(T_{module} - 25)\right] \tag{6-37}$$

式中　γ_0——光伏组件的功率温度系数。

Notton 等对多种光伏组件输出模型进行了验证讨论。验证结果显示：Durisch 模型精度最佳，平均误差只有 0.53% 左右，但 Durisch 模型的缺点是需要通过长期试验来确定相关参数，通用性较差；Evans 模型在短期和长期预测时均保持了较高的精准度，排名第二；Labbe 模型简单、便于计算，平均误差在 1.08% 左右，排在第三位；Borowy 模型平均误差最大，在 -6.36% 左右，但其优点是可提供最大功率点电流 I_m 和电压 U_m。

所以，为了兼顾计算速度和计算精度，可选用 Labbe 模型来快速测算户外光伏组件功率和效率。使用该模型时，需分别得到光伏组件平面上的总太阳辐照度 R_g、在标准测试条件下的输出功率 P_{mref}、功率温度系数 γ_0 和工作温度 T_{module}。其中，R_g 和 T_{module} 可以直接测得，γ_0 可由光伏组件基本参数表查知，P_{mref} 的准确与否就决定着组件输出功率快速计算结果的可信度与精度。因为光伏组件户外工作条件的复杂性、组件不可准确预知的损耗与衰减等原因，P_{mref} 的取值不能简单地套用光伏组件厂商提供的参数。本书中，根据 *Photovoltaic devices - Procedures for temperature and irradiance corrections to measured I - V characteristics*（IEC 60891—2009）标准提供的

温度、太阳辐照度数据转换与校正方法，精确求取户外光伏组件的 I-U 特性，从而得到真实的 P_{mref} 值，该部分内容将在后文中详细阐述。

综上所述，可得如下结论：

（1）对于太阳辐照度这一主要环境影响因素，无论是晶硅类组件还是非晶硅类组件，其短路电流都随太阳辐照度增强而线性变大，其开路电压也随太阳辐照度增强变大，但变化比例越来越小；组件的最大功率也随着太阳辐照度的增强而变大，虽然功率增量主要由电流增量带来，但非晶硅类组件最大工作点电压的变化要较晶硅类光伏组件明显得多。

（2）在组件温度影响方面，无论是晶硅类组件还是非晶硅类光伏组件，其短路电流都会随着组件温度增加而少量增加，其开路电压随组件温度升高线性减小，开路电压的变化幅度较短路电流的大，因此组件输出功率随着温度升高而逐渐降低，但非晶硅组件的负温度系数要较晶硅类组件的小。

（3）除太阳辐照度和组件温度之外，风向风速、相对湿度等也会给光伏组件的工作性能带来影响。保持组件上下方空气流通顺畅可以将组件周围的热量带走，避免或减少组件温度升高，从而增大组件输出功率、提升组件转换效率。而相对湿度增加，意味着空气中水汽含量增加，对太阳辐射的削弱增加，从而导致光伏电站光伏功率减少。

（4）为了兼顾计算速度和计算精度，可选用 Labbe 模型来快速测算户外光伏组件功率和效率。

6.2.2 关联系数分析

在实际测试过程中，受到现场环境以及仪器稳定性的影响，需要对测试数据进行处理后再对光伏阵列功率进行分析。以某电站实际光伏组件及光伏阵列现场的测试数据为例来说明光伏阵列输出功率与其他因素的关联性及相关处理流程与方法。该光伏阵列所用光伏组件参数见表 6-3，光伏组件功率为 300W，20 串 200 并形成光伏阵列，本次测试与分析均针对光伏阵列开展。

表 6-3　　　　　　　　　　　光 伏 组 件 性 能 参 数

峰值功率 P_{max}/W	300
最佳工作电压 U_{mp}/V	36.4
最佳工作电流 I_{mp}/A	8.3
短路电流 I_{sc}/A	8.7
开路电压 U_{oc}/V	44.8
短路电流温度系数/（%/℃）	0.065±0.015

续表

开路电压温度系数/(mV/℃)	$-(0.36\pm0.05)$
最大功率温度系数/(%/℃)	$-(0.5\pm0.05)$
正常工作电池温度/℃	47 ± 2（湿度20℃；太阳辐照度0.8kW/m²；风速1m/s）
最大串保险丝系数/A	15
最大系统电压/V	1000
尺寸/(mm×mm×mm)	1986×987×50（长×宽×深）
重量/kg	22.1
电池片/片	144（156mm×78mm）电池片，2个6行12列串联并以矩阵排列

6.2.2.1 离群数据过滤

同时对光伏阵列进行太阳辐照度与直流侧功率测试，由于测试时的干扰等因素，测试结果中常存在与均值偏差较大的测量结果，直接将这些测量结果进行拟合会对最终结果造成一定影响，因此需要对测试离群数据进行过滤。该光伏阵列直流侧功率如图6-17所示，由于所有转换方法只对太阳辐照度较高情况下的光伏组件适用，因此只考虑太阳辐照度大于700W/m²时的光伏阵列功率，并将其转换至标准条件下的光伏阵列功率。

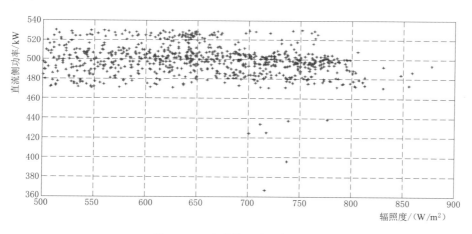

图6-17　光伏阵列直流侧功率

由图6-17可以看出，光伏阵列功率与太阳辐照度基本符合线性相关的特性，但是存在7个可能离散点，其功率分别为438.57kW、395.79kW、424.68kW、425.10kW、433.93kW、366.63kW以及437.14kW。利用向后逐一剔除方法将这些离散点进行过滤。

将这7个可能离散点剔除，计算剩余样本的均值u与标准差σ。得到样本均值为493.01kW，标准差为6.055。

计算可能离散点的残差分别为54.44、97.22、68.33、67.91、59.08、126.38以

及 55.87。

由图 6-17 可看出光伏阵列功率在太阳辐照度范围内呈现均匀分布的状态，选取数据总体分布的置信因子 $k_p = 1.732$，则残差判别预期值为 10.49，上述 7 个可能离散点的残差都大于残差判别预期值，因此判定这 7 个值为离散数据，需将其滤除，滤除后光伏阵列直流侧功率如图 6-18 所示。

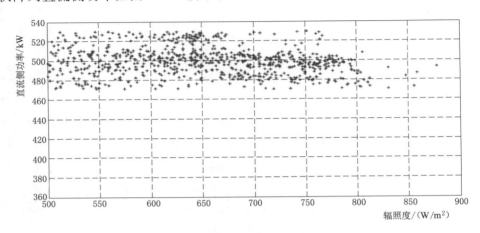

图 6-18　离群数据过滤后光伏阵列直流侧功率

6.2.2.2　关联系数计算

光伏阵列效率与阵列表面太阳辐照度和组件温度相关，同时 PVUSA 研究还指出，光伏阵列效率与现场风速相关。因此有必要研究光伏电站的环境因素与其效率、发电量的相关性，并确定环境因素与光伏阵列的强相关量。

在对光伏阵列与环境因素影响关联系数分析中，引入光伏阵列皮尔森相关系数评价不同数据之间的相关性能，皮尔森相关系数越大，表示两者之间的相关性越强，通常用 r 来表示，当 $|r|$ 越接近于 1，表明两变量相关程度极高，它们之间的关系越密切。表 6-4 表示 $|r|$ 的取值与相关程度。

表 6-4　　　　　　　　　　　　　　$|r|$ 取值与相关程度

$|r|$的取值范围	$|r|$的意义	$|r|$的取值范围	$|r|$的意义
0.00～0.19	极低相关	0.70～0.89	高度相关
0.20～0.39	低度相关	0.90～1.00	极高相关
0.40～0.69	中度相关		

皮尔森相关系数的计算条件如下：

（1）两个变量均应由测量得到的连续变量。

（2）两个变量所来自的总体都应是正态分布，或接近正态的单峰对称分布。

（3）变量必须是成对的数据。

（4）两变量间为线性关系，即散点图具有线性趋势。

Pearson 相关系数的计算方法为

$$r = \frac{\sum (X - \overline{X})(Y - \overline{Y})}{\sqrt{\sum (X - \overline{X})^2 (Y - \overline{Y})^2}} = \frac{l_{XY}}{\sqrt{l_{XX} l_{YY}}} \tag{6-38}$$

$$l_{XX} = \sum (X - \overline{X})^2$$

$$l_{YY} = \sum (Y - \overline{Y})^2$$

$$l_{XY} = \sum (X - \overline{X})(Y - \overline{Y})$$

判断样本的相关系数是否有意义，需要与总体相关系数（$\rho = 0$）进行比较，看两者的差别有无统计学意义。就要对 r 进行假设检验，判断 $r \neq 0$ 是由于抽样误差所致，还是两个变量之间确实存在相关关系。步骤方法如下：

（1）提出假设。

$$H_0: \rho = 0 \quad \text{无关}$$

$$H_1: \rho \neq 0 \quad \text{相关}$$

（2）确定显著性水平 $\alpha = 0.01$。如果从相关系数 $\rho = 0$ 的总体中取得某 r 值的概率 $P > 0.01$，即表示此 r 值很可能是从总体中取得的，虽然样本呈现相关性，但是两者总体并无显著相关性。

如果取得 r 值的概率 $P \leqslant 0.01$，就在 $\alpha = 0.01$ 水准上拒绝检验假设，认为该 r 值不是来自 $\rho = 0$ 的总体，而是来自 $\rho \neq 0$ 的另一个总体，因此就判断两变量间有显著关系。

（3）计算检验统计量，查表得到 P 值。拒绝 H_0 则两变量相关。否则，两变量无关。在计算检验时，可采用 t 检验法，即

$$t_r = \frac{|r - 0|}{\sqrt{\dfrac{1 - r^2}{n - 2}}} \tag{6-39}$$

根据以上三个步骤计算实测光伏阵列与太阳辐照度、温度、风速 $v = n - 2$ 的相关系数，在计算中采用逐月数据，因此光伏阵列功率等价为光伏阵列发电量。评价内容包括光伏阵列月发电量、月累积太阳辐射强度、月均温度、月均风速以及月平均阵列效率。光伏系统各月运行值的计算结果见表 6-5。

表 6-5　　　　　　　　　　光伏系统各月运行值的计算结果

月份	太阳辐照度/(kW·h/m²)	温度/℃	风速/(m/s)	发电量/(kW·h)	光伏阵列效率/%
1	19575.00	6.711957	1.286400	9699.694	15.1296
2	23917.92	13.348040	0.896429	11330.240	14.4710
3	83847.83	25.032640	1.463097	39324.360	14.2788
4	28730.25	27.964730	1.679142	12534.040	13.3178

续表

月份	太阳辐照度/(kW·h/m²)	温度/℃	风速/(m/s)	发电量/(kW·h)	光伏阵列效率/%
5	104613.70	30.219200	1.558559	44007.310	12.8408
6	30575.42	30.834330	1.184874	12750.460	12.7447
7	74016.50	33.524260	1.611827	30826.410	12.7320
8	91618.92	27.041440	1.983453	40973.850	13.6330
9	79474.17	21.762940	1.146739	39021.010	14.9535
10	13731.67	11.403570	1.560870	6812.791	15.1282
11	10128.08	5.030391	0.948229	5210.453	15.7393
12	10875.58	3.546218	1.365785	6782.113	15.9557

利用皮尔森相关系数计算各运行指标之间的相关性，见表6-6。

表6-6 　　　　　　　　　　光伏阵列运行指标与环境因素的相关系数

相关系数	太阳辐照度/(kW·h/m²)	温度/℃	风速/(m/s)	发电量/(kW·h)	光伏阵列效率/%
太阳辐照度	1.000	0.724	0.489	0.994	−0.563
温度	0.724	1.000	0.502	0.677	−0.937
风速	0.489	0.502	1.000	0.459	−0.451
发电量	0.994	0.677	0.459	1.000	−0.489
光伏阵列效率	−0.563	−0.937	−0.451	−0.489	1.000

结合表6-5和表6-6可看出，光伏阵列发电量与太阳辐照度呈现极高正相关，即当地太阳辐照度直接决定了光伏阵列功率与发电量；光伏阵列发电量与温度、风速呈现中度正相关，主要是由于当地太阳辐照度上升，使得该地区温度随之上升。光伏阵列效率与温度呈现极高负相关性，即当地温度直接决定了光伏阵列效率，光伏阵列效率随着温度上升而出现明显下降。而光伏阵列效率与太阳辐照度和风速呈现中度负相关。

由以上分析可以看出，太阳辐照度是光伏阵列的发电量与阵列功率的强相关量，与其他环境因素呈现中度正相关；温度是光伏阵列转换效率的负强相关量，与其他环境因素呈现中度负相关。因此在现场进行实测转换时：光伏阵列功率转换时，按照相关性强弱应首先考虑太阳辐照度转换，其次考虑温度转换，最后考虑风速影响因素转换；光伏阵列效率转换时，应首先考虑温度转换，其次考虑太阳辐照度转换，最后考虑风速影响的转换。

6.2.3　小结

本节针对光伏组件性能与环境相关性进行分析，主要介绍了太阳辐照度、组件温度等环境因素对光伏性能的影响；在环境因素影响下的光伏组件输出功率和组件效率转换模型；光伏组件户外输出功率测试结果采用残差判别法对可能的离群数据进行过滤，滤除残差值大于残差判别预期值得离群数据点；利用 Pearson 相关系数分析光伏组件功率、光伏组件效率与环境因素的关联性，光伏组件输出功率与太阳辐照度呈现极高正相关，与温度以及风速呈现中度正相关；组件效率与温度呈现极高负相关，与太阳辐照度以及风速呈现中度负相关。

6.3 光伏发电系统效率损失源研究

6.3.1 光伏阵列倾角对系统效率的影响

为了使光伏阵列表面在相同时间内可以接受到更多的太阳辐照量，根据日地运行规律，通常采用的方法是将光伏阵列朝向正南（北半球）或正北（南半球），并且在安装光伏阵列时使阵列与地面具有一定夹角，称为光伏阵列倾角 β。通过光伏倾角的设计，可达到如下目的：

（1）能够增加全年光伏阵列表面所接收到的太阳辐照量：在北半球，太阳主要在南半边天空中运转，若将方阵表面向南倾斜，可增加全年所接收到的太阳辐照度。

（2）能改变每个月光伏阵列表面所接收到的太阳辐照度的分布：在北半球，夏天时高度角较大；而冬天高度角偏小。因此如果将光伏阵列向南倾斜，虽然夏天接收到的太阳辐照度有所减小，但是冬天接收到的太阳辐照度会有所增加，也就使全年太阳辐照度趋于均衡。

在光伏阵列倾角设计初期，由于缺乏对太阳辐照度的全面认识，通常认为光伏阵列倾角等于当地纬度为最佳。这样做的结果是：在夏季光伏阵列表面太阳辐照度较大，冬季光伏阵列表面太阳辐照度较小。但由于夏季温度较高，光伏阵列效率随着温度上升而下降，并没有有效提升光伏系统发电量。

在一些光伏发电系统设计手册中认为，所取得光伏阵列倾角应以使全年辐照度最弱的月份能够得到最大太阳辐照度为基准。基于此，部分文献推荐光伏阵列倾角设计为在当地纬度的基础上再增加 $15°\sim20°$。国外有的设计手册也提出，设计月份应以太阳辐照度最小的 12 月（北半球）作为依据。

本节通过对光伏阵列表面太阳辐照度分析以及不同倾角下光伏阵列性能仿真，研究光伏阵列倾角对光伏发电系统效率的影响，确定光伏阵列最优倾角。

6.3.1.1 光伏阵列表面太阳辐照度分析

光伏发电系统的全部能量都来自于太阳。太阳总辐照度可分为直射太阳辐照度、散射太阳辐照度以及反射太阳辐照度之和，通常测试的是水平面上直射太阳辐照度、散射太阳辐照度以及反射太阳辐照度，此时可利用文献［55］中叙述方法将水平面上辐照量转换成斜面上的太阳辐射强度。假定倾斜面上总辐射度为 H_T、直射太阳辐照度为 H_{bT}、散射太阳辐照度为 H_{dT} 以及反射太阳辐照度为 H_{rT}，则有

$$H_T = H_{bT} + H_{dT} + H_{rT} \tag{6-40}$$

H_{bT} 与水平面上直接太阳辐照度 H_b 关系为

$$H_{bT} = H_b R_b \tag{6-41}$$

两者比值 R_b 为

$$R_b = \frac{\cos(\varphi-\beta)\cos\delta\sin\omega_{sT} + \frac{\pi}{180}\omega_{sT}\sin(\varphi-\beta)\sin\delta}{\cos\varphi\cos\delta\sin\omega_s + \frac{\pi}{180}\omega_s\sin\varphi\sin\delta} \tag{6-42}$$

其中，δ 可近似表示成

$$\delta = 23.45\sin\left[\frac{360}{365}(284+n)\right] \tag{6-43}$$

式中　φ——当地纬度；

　　　β——光伏阵列倾角；

　　　δ——太阳赤纬角；

　　　n——一年中从元旦算起的天数。

水平面上日落时角

$$\omega_s = \cos^{-1}\left[-\tan\varphi\tan\delta\right] \tag{6-44}$$

倾斜面上日落时角

$$\omega_{sT} = \min\{\omega_s, \cos^{-1}\left[-\tan(\varphi-\beta)\tan\delta\right]\} \tag{6-45}$$

在计算散射太阳辐照度时，主要分为天空各向同性模型和天空各向异性模型。天空各向同性模型认为在天空太阳散射辐射是各向同性的。然而有学者研究提出该假设不够恰当。因为在北半球，南面天空的散射辐射大于背面天空，以 6 月为例，北半球南面的天空散射太阳辐照度要占总散射太阳辐照度的 63%，而在南半球则正好相反。有基于此，部分学者对各向同性模型进行了修改，有专家提到 Bugler 主张将各向同性的直接太阳辐照度增加 5%，Cohen 提出将观测的总太阳辐照度与大气层外相应量的比值加一经验修正量，Ineichen 认为散射太阳辐照度至少等于直射太阳辐照度的 6%。

此外，还有专家分别提出了天空散射各向异性模型的计算方法，分析认定采用 Hay 模型比较简明实用。因此，采用 Hay 模型计算太阳辐照度为

$$H_{dT} = H_d\left[\frac{H-H_d}{H_0}R_d + \frac{1}{2}(1+\cos\beta)\left(1-\frac{H-H_d}{H_0}\right)\right] \tag{6-46}$$

$$H_0 = \frac{24}{\pi}Irr_{stc}\left[1+0.033\frac{360n}{365}\right]\left(\cos\varphi\cos\delta\sin\omega_s + \frac{\pi}{180}\omega_s\sin\varphi\sin\delta\right) \tag{6-47}$$

式中　H_d——水平面上散射太阳辐照度；

H——水平面上散射总太阳辐照度；

H_0——大气层外水平面上辐射量；

Irr_{stc}——太阳常数，通常为 $1367\text{W}/\text{m}^2$。

地面反射太阳辐照度的表达式为

$$H_{rT} = \frac{1}{2}\rho H(1-\cos\beta) \tag{6-48}$$

式中　ρ——地面反射率，根据实际地点而定。

将式（6-40）~式（6-48）综合后可得斜面上太阳辐照度总量的表达式为

$$H_T = H_b R_b + H_d\left[\frac{H-H_d}{H_0}R_b + \frac{1}{2}(1+\cos\beta)\left(1-\frac{H-H_d}{H_0}\right)\right] + \frac{\rho}{2}H(1-\cos\beta) \tag{6-49}$$

由式（6-49）可以看出，光伏阵列倾角与光伏阵列表面太阳辐照度之间关系比较复杂，并且呈现非线性的关系，方程较难解。通过式（6-41）和式（6-48）对光伏阵列倾角 β 求导，从而求取光伏阵列的最佳倾角。但是发现在夏季由于水平面日落时角 $\omega_{sT} \neq \omega_s$，因此该方法在夏季使用很难得出简明的数学关系式。

由式（6-49）可知，光伏阵列倾角 β 与当地太阳辐照度的分布情况等因素有关。就直射太阳辐照度而言，光伏阵列倾角增加可提升阵列表面直射太阳辐照度［见式（6-41）］，当仅考虑直射太阳辐照度时，光伏阵列最佳倾角应与当地纬度相同；就散射太阳辐照度而言，光伏阵列倾角增加使得阵列表面散射太阳辐照度降低［见式（6-45）］，当仅考虑散射太阳辐照度时，光伏阵列最佳倾角应为 $0°$；而对于反射太阳辐照度而言，虽然光伏阵列倾角增加可增加阵列表面反射太阳辐照度，但其与光伏系统建设地面反射率有关，不同光伏电站建设选址造成地表反射率差别很大，因此利用光伏组件倾角来研究反射太阳辐照度较为片面。总体来说，考虑全年太阳辐照度最优时光伏阵列倾角应在 $0°$ 至当地纬度之间进行选择。在本节以下分析中将忽略光伏阵列倾角变化时反射太阳辐照度对光伏系统的影响。

光伏阵列倾角与太阳辐照成分相关，当太阳辐照成分中直射辐照所占比重较大时，应考虑增大光伏阵列倾角，使之接近当地纬度；当太阳辐照成分中散射辐照所占比重较大时，应考虑减小光伏阵列倾角使光伏组件上获得更多太阳辐照度。为验证光伏阵列倾角、太阳辐照资源以及系统效率之间关系，针对两个光伏发电系统进行仿真分析。这两个光伏发电系统处于相同纬度，但由于所处经度不同导致辐照资源和辐照组成存在较大差异。在仿真研究中，首先分析两个地点的辐照资源以及辐照成分，对比直射太阳辐照度、散射太阳辐照度在不同经度地区所占比重大小，其次改变光伏系统中光伏阵列的倾角，比较两个地区的光伏系统在不同倾角下阵列表面年太阳辐照度、年发电量以及 PR 值。通过阵列表面年太阳辐照度、年发电量以及 PR 值的对比，分析阵列倾角对光伏系统主要性能指标的影响情况，确定光伏阵列倾角优化设计时主要参考指标。

6.3.1.2 不同倾角下光伏系统性能分析

本小节中设计两个处于同一纬度的光伏发电系统，研究光伏阵列倾角与地理位置、太阳辐射强度和辐照成分之间的关系。

系统1位于青海省格尔木地区，经纬度为 N36°18′、E94°54′，海拔 2837.00m。

系统2位于山东省青岛市附近，经纬度分别为 N36°18′、E120°13′，海拔 7.00m。

系统1与系统2除倾角设计存在差异外，其他均采用相同部件与设计方案。系统装机容量为500kW，光伏组件选用英利新能源 Ying li Solar YL250P 32b，光伏组件简要参数见表6-7。

表6-7　　　　　　　　　　　　　光伏组件简要参数

组件类型	多晶硅	短路电流	8.33A
开路电压	40.9V	最大功率电流	7.74A
最大功率电压	32.3V	标称功率	250W
转换效率	13.95%	串联电阻	0.393Ω
并联电阻	250Ω	旁路二极管数目	6

光伏逆变器选用山亿新能源 Solar Ocean 500TL，其简要参数见表6-8。光伏阵列设计采用20块组件串联，100串组串并联接入光伏逆变器直流侧。在仿真时，设定两个地区地表反射率为0，即忽略两个地区由于反射率不同而带来的反射太阳辐射强度的影响。同时设定线缆、组件等均相同。

表6-8　　　　　　　　　　　　　光伏逆变器简要参数

标称功率	500kW	MPP 电压工作范围	450~820V
最佳 MPP 电压	600V	并网电压	270V
最大效率	98.6%	欧洲效率	98.3%

根据 NASA 气象数据的统计信息，可以得到两个地区总辐照度、直射辐照度和散射辐照度逐月值，如图6-19和图6-20所示。

由图6-19和图6-20可以看出，格尔木地区与青岛地区同处于纬度 N36°18′上，这两个地区赤纬角相同，两个地区全年辐照量变化趋势一致，即1—5月总辐照量呈现上升趋势并在5月达到最大值，6—12月辐照量呈现下降趋势。

格尔木地区经度为 E94°54′，位于内陆青藏高原，海拔较高、天气稳定，没有台风等影响，使得格尔木地区辐照资源丰富，年总太阳辐照度为 1834.4kW·h/m²。同时，当地大气层薄而清洁，造成格尔木地区总太阳辐照度中直射太阳辐照度所占比重较大，约占全年总太阳辐照度的 68.15%。逐月对比分析，可以看出在冬季由于西伯

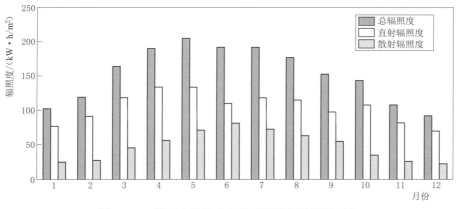

图 6-19 格尔木地区全年逐月辐照量及辐照成分

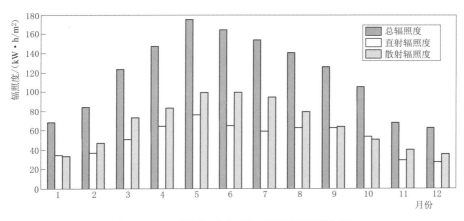

图 6-20 青岛附近全年逐月辐照度及辐照成分

利亚高压带影响，格尔木地区上空冬季空气比夏季更为稀薄，总辐照中直射太阳辐照度所占比重更大，2月直射太阳辐照度占比达到最大，为76.37%；在夏季受低气压带影响，大气层变厚，使得夏季散射太阳辐照度在总辐照中所占比重有所上升，但在直射太阳辐照度所占比重最小的6月，直射太阳辐照度仍占总太阳辐照度的57%以上。直射太阳辐照度逐月占比最大与最小之差约为20%。

青岛附近经度为E120°13′，是典型的温带海洋性季风气候，气旋频繁过境，上空气象多变，云层结构复杂。因此，该地区总辐照较弱，年总太阳辐照度约为1426.7kW·h/m²。同时，由于上空云层较厚，导致散射太阳辐照度占总太阳辐照度比重较大。7月散射太阳辐照度占总太阳辐照度达到最大，为61.44%。散射太阳辐照度占总太阳辐照度比重最小的月份在10月，为48.63%。主要原因是秋季受北方高气压带南移影响，使得该地区天空较为晴朗，增大了总太阳辐照度中直射太阳辐照度所占比重。散射太阳辐照度逐月占比最大与最小之差约为12.81%。对比格尔木地区与青岛地区可知，气象环境发生改变，对直射太阳辐照度影响较大。散射太阳辐照度与云层以及大气中凝胶等相关，通常波动相对直射变化较小。

针对两个不同经度的光伏系统，仿真光伏阵列倾角在 $0°\sim50°$ 范围内变化时，光伏阵列表面年辐照量、光伏系统年发电量以及系统 *PR* 值的变化。仿真步长设为 $2°$。位于青海格尔木地区的光伏系统1仿真结果如图6-21～图6-23所示，其仿真参数见表6-9～表6-11。

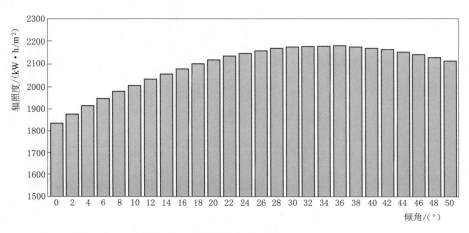

图6-21　光伏系统1倾角变化时光伏阵列表面年太阳辐照度

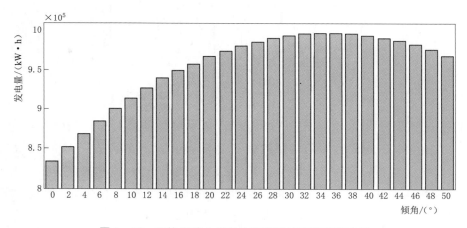

图6-22　光伏系统1倾角变化时光伏系统年发电量

表6-9　　　　　　　　　光伏系统1倾角变化时光伏阵列表面年太阳辐照度

角度/(°)	0	2	4	6	8	10	12	14	16
辐照度/(kW·h/m²)	1834.4	1872.3	1908.3	1942.1	1973.7	2003.2	2030.5	2055.8	2078.6
角度/°	18	20	22	24	26	28	30	32	34
辐照度/(kW·h/m²)	2099.2	2117.3	2133.2	2146.7	2158.0	2166.9	2173.5	2178.0	2179.8
角度/(°)	36	38	40	42	44	46	48	50	—
辐照度/(kW·h/m²)	2179.3	2176.2	2170.8	2163.1	2153.2	2140.9	2126.3	2109.4	—

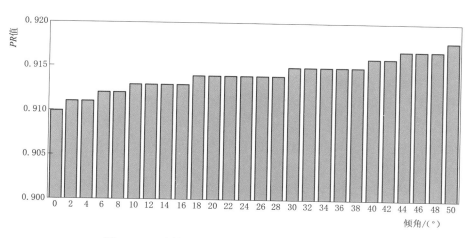

图 6-23   光伏系统 1 倾角变化时光伏系统年 PR

表 6-10   光伏系统 1 倾角变化时光伏系统年发电量

角度/(°)	0	2	4	6	8	10	12	14	16
发电量/(kW·h)	834598	852466	869488	885456	900388	914229	927025	938765	949365
角度/(°)	18	20	22	24	26	28	30	32	34
发电量/(kW·h)	958872	967303	974672	981054	986426	990732	993966	996159	997165
角度/(°)	36	38	40	42	44	46	48	50	
发电量/(kW·h)	997137	996086	993994	990987	986887	981708	975459	968138	

表 6-11   光伏系统 1 倾角变化时光伏系统年 PR

角度/(°)	0	2	4	6	8	10	12	14	16
PR 值	0.91	0.911	0.911	0.912	0.912	0.913	0.913	0.913	0.913
角度/(°)	18	20	22	24	26	28	30	32	34
PR 值	0.914	0.914	0.914	0.914	0.914	0.914	0.915	0.915	0.915
角度/(°)	36	38	40	42	44	46	48	50	
PR 值	0.915	0.915	0.916	0.916	0.917	0.917	0.917	0.918	

　　光伏系统 1 所处地区直射太阳辐射强度占总太阳辐照度比重较大，根据前文分析可知在直射太阳辐照度较大地区光伏阵列倾角应靠近当地纬度。由图 6-21～图 6-23 及表 6-9～表 6-11 可以看出，光伏阵列表面太阳辐照度与光伏系统发电量变化趋势相同。当光伏阵列倾角由 0°开始增大时，光伏阵列表面太阳辐照度以及光伏系统发电量呈先上升后下降的变化规律。当光伏阵列倾角在 34°附近时，光伏阵列表面太阳辐照度与光伏系统发电量较高。进一步缩小仿真步长，得到在光伏阵列倾角为 35°时，光伏阵列表面辐照度与光伏系统发电量最大。在该角度下，光伏阵列表面太阳辐照度

为 $2179.9kW \cdot h/m^2$，光伏系统发电量为 $997282kW \cdot h$。

光伏系统 PR 值随着光伏阵列倾角的增大呈现上升的趋势。在光伏阵列倾角由 0°向最佳倾角变化时，光伏系统表面太阳辐照度和光伏系统发电量增加，光伏系统 PR 值也随之增加。当光伏阵列倾角大于最佳倾角时，光伏系统表面太阳辐射强度发生损失，而在计算光伏系统 PR 值时，仅计算光伏阵列表面所能接收到的太阳辐照度，因此损失的太阳辐照度并不计入 PR 值计算当中。当光伏阵列倾角增加，表面太阳辐照度减小，组件温度也因太阳辐照度降低而降低，使得光伏系统的 PR 值仍然上升。

位于山东省青岛市附近的光伏系统 2 仿真结果如图 6-24～图 6-26 及表 6-12～表 6-14 所示。

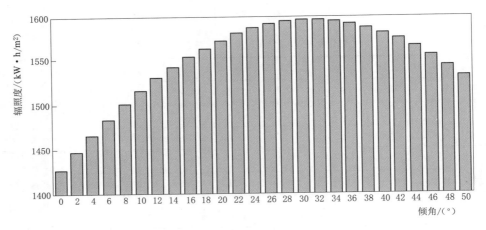

图 6-24　光伏系统 2 倾角变化时光伏阵列表面年太阳辐照度

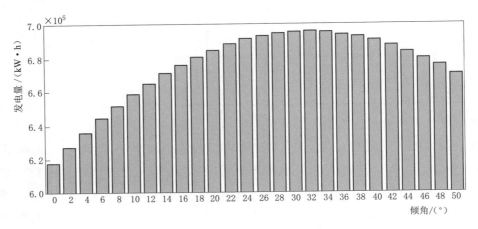

图 6-25　光伏系统 2 倾角变化时光伏系统年发电量

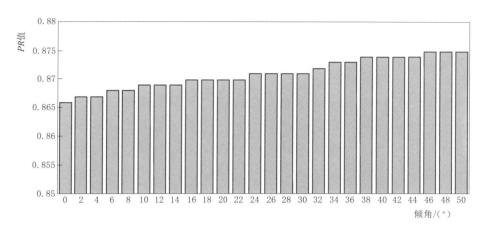

图 6-26　光伏系统 2 倾角变化时光伏系统年 PR 值

表 6-12　　　　　　　光伏系统 2 倾角变化时光伏阵列表面年太阳辐照度

角度/(°)	0	2	4	6	8	10	12	14	16
辐照度/(kW·h/m²)	1426.7	1447.3	1466.7	1484.8	1501.6	1517	1531.1	1543.9	1555.3
角度/(°)	18	20	22	24	26	28	30	32	34
辐照度/(kW·h/m²)	1565.4	1574.2	1581.6	1587.5	1592.0	1595.0	1596.6	1596.8	1595.4
角度/(°)	36	38	40	42	44	46	48	50	
辐照度/(kW·h/m²)	1592.7	1588.5	1582.8	1575.8	1567.3	1557.4	1546.1	1533.4	—

表 6-13　　　　　　　　光伏系统 2 倾角变化时光伏系统年发电量

角度/(°)	0	2	4	6	8	10	12	14	16
发电量/(kW·h)	617923	627166	636050	644322	652003	659085	665541	671406	676708
角度/(°)	18	20	22	24	26	28	30	32	34
发电量/(kW·h)	681381	685458	688909	691690	693853	695387	696280	696556	690208
角度/(°)	36	38	40	42	44	46	48	50	
发电量/(kW·h)	695222	693617	691389	688532	685081	681011	676421	671238	

表 6-14　　　　　　　　光伏系统 2 倾角变化时光伏系统年 PR 值

角度/(°)	0	2	4	6	8	10	12	14	16
PR 值	0.866	0.867	0.867	0.868	0.868	0.869	0.869	0.869	0.87
角度/(°)	18	20	22	24	26	28	30	32	34
PR 值	0.87	0.87	0.87	0.871	0.871	0.871	0.871	0.872	0.873
角度/(°)	36	38	40	42	44	46	48	50	
PR 值	0.873	0.874	0.874	0.874	0.874	0.875	0.875	0.875	

图 6-24～图 6-26 及表 6-12～表 6-14 可以看出，当光伏阵列倾角由 0°开始增大时，光伏阵列表面太阳辐照度以及光伏系统发电量呈先上升后下降的变化规律。当光

伏阵列倾角在 32°时，光伏阵列表面太阳辐照度与光伏系统发电量最大。在该角度下，光伏阵列表面太阳辐照度为 $1596.8kW \cdot h/m^2$，光伏系统发电量为 $696556kW \cdot h$。光伏系统 PR 值变化与光伏系统 1 变化一致，即随着光伏阵列倾角的增大呈现一个单调上升的趋势。

光伏系统 1 与光伏系统 2 的仿真结果表明：

（1）在相同纬度条件下，辐照成分不同，光伏阵列倾角设计也应有相应变化。青海地区辐照成分中直射辐照所占比重大，在倾角设计上倾向直射辐照，因此该地区光伏阵列最佳倾角为 35°，接近当地纬度。山东地区辐照成分中散射辐照所占比重大，在倾角设计上倾向散射辐照，该地区最佳倾角为 32°。

（2）虽然光伏系统 PR 值随着阵列倾角增加呈现上升趋势，但是系统发电量与光伏阵列表面辐照量变化趋势一致。因此，在光伏系统效率测试时，不能仅根据 PR 来判断光伏阵列倾角设计的合理性，而应根据光伏阵列表面接收太阳辐射强度最优来对光伏阵列倾角设计进行评估。

6.3.2 光伏组件不一致性对系统效率的影响

光伏组件不一致性指由于组件生产工艺水平所限，在出厂时就存在电气参数差异，从而导致光伏组件在使用过程中的性能和标称性能不一致的现象。

光伏组件的不一致性主要体现在两点：一是输出功率与额定最大功率间存在允许偏差；二是组件最大输出功率相同的情况下，其短路电流、开路电压等电气参数各不相同，与标称值不一致性。制造商一般会在组件技术参数手册（铭牌值）中提供最大功率的允许偏差，但没有提及短路电流、开路电压的误差范围。随着技术的发展成熟，目前光伏组件最大功率的制造允许偏差已由之前的 ±10％降至 ±3％以内，但这并不一定意味着光伏组件一致性的提高，因为短路电流、开路电压的相对偏差可能反而变得更大。

在实际光伏阵列中的所有光伏组件都具有不同的特性，输出电流最小的组件限制了光伏阵列的电流输出，表现为串联失配；最小的那串组件串电压（串内所有组件电压之和）限制了整个光伏阵列的输出电压，表现为并联失配。

本小节将首先讨论光伏组件不一致性的分布规律，然后从阵列的串联、并联以及常见串并联结构为例分析失配功率大小的计算方法。

6.3.2.1 光伏组件不一致性分布规律

分析由光伏组件不一致性引起光伏阵列的功率损失和效率下降时，首先要解决的问题是不一致性分布满足的统计规律及其统计特征值大小。在实际的光伏发电系统中，光伏阵列使用组件的数量往往很大，难以逐一统计其参数偏差分布情况，因此必须通过抽样检测来找出光伏阵列中全体组件的电气参数偏差大小及其分布规律。

在光伏组件不一致性分布规律的研究方面，从工程应用和统计学原理两方面进行了推导分析：对于未构成阵列的同型号大批量光伏组件，其最大功率偏差往往并不遵循任何已知的统计分布规律，但其电压、电流参数与额定功率之间的偏差则符合正态分布或卡方分布。有专家抽检了 2MW 光伏阵列（由 9280 块 215W 光伏组件构成）中的 4600 块光伏组件，统计出的组件功率与额定值之间的相对偏差分布如图 6-27 所示，该分布不符合已知的统计分布规律。也有专家指出，通过对短路电流、开路电压、最大功率点电流和最大功率点电压进行分析，发现组件的电压电流参数与其额定值之间的偏差分布符合正态分布，如图 6-28 所示，其中短路电流和最大工作点电流的偏差分布中心点

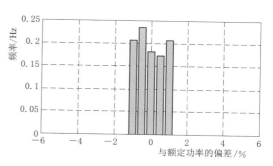

图 6-27　4600 块光伏组件的功率相对偏差分布

分别偏离额定值的 -2% 和 -1%。而这些组件随机使用构成的光伏阵列，由不一致性引起的相对功率损失情况如图 6-29 所示，其分布近似为卡方分布；由不一致性引起的相对功率偏差如图 6-30 所示，其分布近似为正态分布。

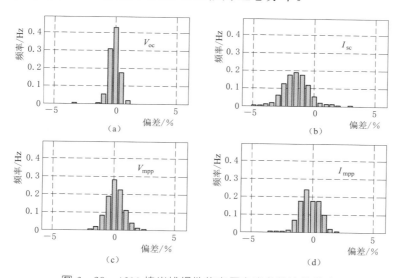

图 6-28　4600 块光伏组件的电压电流参数偏差分布

由图 6-29 可知，组件失配导致的光伏阵列相对功率损失一般为 $0.02\% \sim 0.06\%$，最小约为 0.015%，最大可超过 0.1%；而由图 6-30 可知，光伏阵列相对功率偏差基本处于 $-0.4\% \sim 0.15\%$，出现在 $-0.3\% \sim 0$ 的概率最大，而且负偏差的概率明显高于正偏差，光伏阵列表现出明显的欠功率性。

综上，对于随机抽取组件构成的光伏阵列，由不一致性引起的相对功率损失和相对

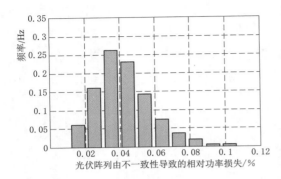

图 6-29　4600 块组件构成光伏阵列的
相对功率损失分布

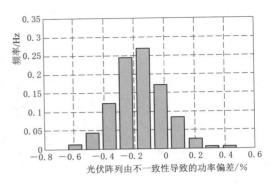

图 6-30　4600 块组件构成光伏阵列的
相对功率偏差分布

功率偏差一般可近似为正态分布或卡方分布。因此，在光伏阵列的现场随机抽检时，可按照正态分布或卡方分布的数学规律来计算样本容量大小，从而使抽检结果具有更高的可靠度。

6.3.2.2　组件结构及其不一致性功率损失分析

由于光伏组件电气参数不一致导致组串或阵列输出功率 P 小于所有组件（n 个）功率 P_m 之和的现象被称作功率失配，其相对功率损失（Related Power Loss，RPL）的大小为

$$RPL = \frac{\sum_{i=1}^{n} P_m(i) - P}{\sum_{i=1}^{n} P_m(i)} \qquad (6-50)$$

在构成光伏阵列时，组件的基本连接方式有并联和串联两种结构，以同型号同生产批次的光伏组件为例，分析组件在应用中不一致性功率损失。

1. 组件的串联结构

记该批 n 个组件额定的最大功率、短路电流、开路电压、最大工作点电流、最大工作点电压分别为 $P_m(i)$、$I_{sc}(i)$、$U_{oc}(i)$、$I_m(i)$、$U_m(i)$，其均值分别为 $\overline{P}_m$、$\overline{I}_{sc}$、$\overline{U}_{oc}$、$\overline{I}_m$ 和 $\overline{U}_m$，标准差分别为 σ_{P_m}、$\sigma_{I_{sc}}$、$\sigma_{V_{oc}}$、σ_{I_m} 和 σ_{V_m}。

由 L 个光伏组件串联构成的光伏组件串联结构如图 6-31 所示。串联方式可提高输出电压，但要求 PV_{S1}、PV_{S2}、…、PV_{SL} 流过电流相同。因此，实际输出电流最小的那个组件决定了串联组件的整体输出电流大小。

以 $L=2$ 为例对光伏组件分别进行串联前后的 Matlab/Simulink 仿真对比。假定两组件开路电压相同、组件 1 的短路电流大于组件 2 的短路电流，则串联前、后 I-U 曲线变化如图 6-32 所示，可以看出：两组件串联得到组串的开路电压等于两组件开路电压之和减去二极管导通电压，即 $U_{oc3} = VU_{oc1} + VU_{oc2}$；其短路电流则被短路电流较小的组件 2 所拉低，即 $I_{sc3} = I_{sc2}$。

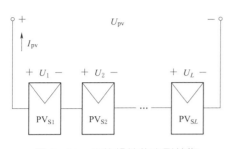

图 6-31　光伏组件的串联结构

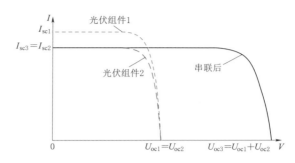

图 6-32　组件串联前后 I-U 曲线变化

同样道理，对于 L 个光伏组件构成的组串，串内工作电流最小的组件将会限制整个组串的工作性，光伏组件串的最大工作点电压和最大工作点电流分别为

$$U_{\mathrm{m}}^{\mathrm{Series}} = \sum_{i=1}^{L} U_{\mathrm{m}}(i) = L\overline{U}_{\mathrm{m}} \tag{6-51}$$

$$I_{\mathrm{m}}^{\mathrm{Series}} = \min(I_{\mathrm{m}}(i)) \tag{6-52}$$

则光伏组件串的相对功率损失大小为

$$RPL_{\mathrm{Series}} = \frac{L\overline{U}_{\mathrm{m}}\min(I_{\mathrm{m}}(i)) - P}{L\overline{U}_{\mathrm{m}}\min(I_{\mathrm{m}}(i))} \tag{6-53}$$

由于光伏组件电气性能在使用过程中会随着使用年限的增长而逐渐衰退，加剧组件相互之间的不一致性，因此在研究组件失配损失时必须加入可以体现该衰退特性的变量，该变量的提出应从光伏组件的基本输出特性入手。

由光伏组件数学模型可知其工作电流大小为

$$I = I_{\mathrm{ph}} - I_0\left\{\exp\left[\frac{q(U+R_{\mathrm{s}}I)}{AkT_{\mathrm{c}}}\right] - 1\right\} - \frac{U+R_{\mathrm{s}}I}{R_{\mathrm{sh}}} \tag{6-54}$$

若定义 $U' = U + R_{\mathrm{s}}I$，且 $I' = I + U'/R_{\mathrm{sh}}$，则

$$I' = I_{\mathrm{ph}} + I_0 - I_0\exp\left(\frac{qU'}{AkT_{\mathrm{c}}}\frac{\overline{U}_{\mathrm{m}}}{\overline{U}_{\mathrm{m}}}\right) \tag{6-55}$$

令式（6-55）除以 $\overline{U}_{\mathrm{m}}$，则

$$\frac{I'}{\overline{U}_{\mathrm{m}}} = \frac{I_{\mathrm{ph}}+I_0}{\overline{U}_{\mathrm{m}}} - \frac{I_0}{\overline{U}_{\mathrm{m}}}\exp\left(\frac{qU'}{AkT_{\mathrm{c}}}\frac{\overline{U}_{\mathrm{m}}}{\overline{U}_{\mathrm{m}}}\right) \tag{6-56}$$

再次定义变量 $\alpha = I_{\mathrm{ph}} + I_0/\overline{I}_{\mathrm{m}}$，$\beta = I_0/\overline{I}_{\mathrm{m}}$，$C = \dfrac{q\overline{U}_{\mathrm{m}}}{AkT_{\mathrm{c}}}$，则

$$\frac{I'}{\overline{U}_{\mathrm{m}}} = \alpha - \beta\exp\left(C\frac{U'}{\overline{U}_{\mathrm{m}}}\right) \tag{6-57}$$

式（6-57）和 Bucciarelli 模型的表达形式一致，提供了光伏组件最大功率点处 I-U 特性的精确表述方法。C 可看作光伏组件的一个特性参数，C 值大小会随着光

伏组件的老化逐渐变大，并且与光伏组件填充系数 FF 的关系为

$$FF = \frac{P_{\mathrm{m}}}{I_{\mathrm{sc}}U_{\mathrm{oc}}} = \frac{U_{\mathrm{m}}I_{\mathrm{m}}}{I_{\mathrm{sc}}U_{\mathrm{oc}}} = \frac{C^2}{(1+C)[C+\ln(1+C)]} \tag{6-58}$$

则光伏组件串联功率损失的最终表达式为

$$RPL_{\mathrm{Series}} = \frac{C+2}{C}\left(\frac{\sigma_{I_{\mathrm{m}}}}{\overline{I}_{\mathrm{m}}}\right)^2\left(1-\frac{1}{L}\right) \tag{6-59}$$

其中

$$CU_{\mathrm{I}} = \sigma_{I_{\mathrm{m}}}/\overline{I}_{\mathrm{m}}$$

式中　　$\sigma_{I_{\mathrm{m}}}$——组件最大功率点电流的标准偏差；

　　　　$\overline{I}_{\mathrm{m}}$——光伏组件在最大功率点电流的平均值；

　　　　L——串联电池的个数；

　　　　CU_{I}——光伏组件最大功率点电流的平均偏差系数，表征了该批次光伏组件
　　　　　　　输出最大功率点电流的稳定程度。

由式（6-58）可得到填充系数 FF 和光伏组件特性参数 C 的关系曲线如图6-33
所示，表6-15列出了一些填充系数 FF 与光伏组件特性参数 C 的典型值。

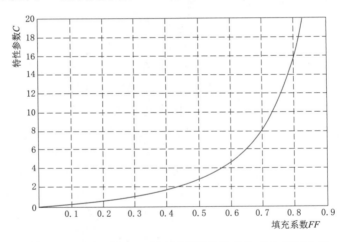

图6-33　填充系数 FF 和光伏组件特性参数 C 的关系曲线

表6-15　　　　　　　填充系数 FF 和光伏组件特性参数 C 的典型值

使用年限	填充因子 FF	组件特性参数 C
1	0.3	1
2	0.4	1.72
3	0.5	2.85
4	0.58	4.22
5	0.67	6.83
6	0.7	8.13
7	0.75	11.80

由式（6-58）和表6-15可知，随着组件使用年限的增大，串联失配引起的功率损失会越来越大，尤其是组件使用满5年之后，串联失配损失有较大的增速。

2. 组件的并联结构

图6-34为M个光伏组件并联，此时PV_{p1}、PV_{p2}、…、PV_{pM}输出电流互相独立，因此各组件间输出电流即使存在较大偏差，也不影响其他组件正常工作；但各组件由于并联限制，要求并联后的阵列端电压相同，因此输出电压较小的组件会拉低阵列内所有组件的输出电压。

同样以$M=2$为例进行光伏组件的并联结构分析：光伏组件4和光伏组件5短路电流相同，前者的开路电压大于后者的开路电压，则两者并联前后的I-U曲线变化如图6-35所示。

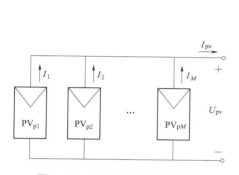

图6-34 光伏组件的并联结构

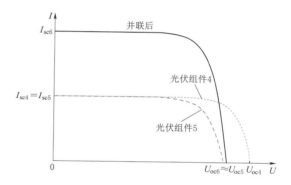

图6-35 光伏组件并联前后I-U曲线变化

当M个组件并联时光伏阵列（$1×M$阵列）的工作情况和两个组件并联工作并无本质不同。由于阵列出口电压被拉低，则出口电流增大，从而使得直流母线流过电流变大，线路损耗增加，阵列转换效率降低。此时$1×M$光伏阵列的最大工作点电压和最大工作点电流分别为

$$U_{\mathrm{m}}^{\mathrm{Parallel}} = \min(U_{\mathrm{m}}(i)) \tag{6-60}$$

$$I_{\mathrm{m}}^{\mathrm{Parallel}} = \sum_{i=1}^{L} I_{\mathrm{m}}(i) = L\overline{I}_{\mathrm{m}} \tag{6-61}$$

则$1×M$光伏阵列的相对功率损失大小为

$$RPL_{\mathrm{Parallel}} = \frac{M\overline{I}_{\mathrm{m}}\min(U_{\mathrm{m}}(i)) - P}{M\overline{I}_{\mathrm{m}}\min(U_{\mathrm{m}}(i))} \tag{6-62}$$

同样考虑到光伏组件性能逐年衰退，并联型光伏阵列不一致性带来的相对功率损失可表示为

$$RPL_{\mathrm{Parallel}} = \frac{C+2}{C}\left(\frac{\sigma_{U_{\mathrm{m}}}}{\overline{U}_{\mathrm{max}}}\right)^2\left(1-\frac{1}{M}\right) \tag{6-63}$$

其中

$$CU_{\mathrm{U}} = \sigma_{U_{\mathrm{m}}}/\overline{U}_{\mathrm{m}}$$

式中 σ_{U_m} ——组件中各个电池最大功率点电压的标准偏差；

$\overline{U}_{max}$ ——光伏组件在最大功率点电压的平均值；

M ——并联电池数；

C ——组件最大功率点电压的平均偏差系数，表征了该批次光伏组件输出最大功率点电压的稳定程度。

和串联失配损失一样，随着组件使用年限的增大，并联失配引起的功率损失也会越来越大。

3. 光伏组件的串并联混合结构

在实际的光伏阵列应用中，其结构一般是串、并联相结合，通过串联来增大电压，通过并联来增大电流，如图 6-36 所示，该光伏阵列由 N 个 $L \times M$ 的光伏组串组成，可有效增大光伏阵列容量。

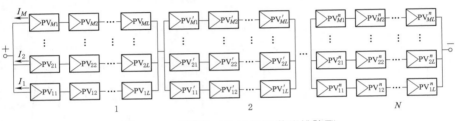

图 6-36 结构为 $N \times L \times M$ 的光伏阵列

根据光伏组件串联结构、并联结构的分析可推出，该 $N \times L \times M$ 结构光伏阵列的失配损失表达式为

$$RPL_{Array} = \frac{C+2}{C}\left\{ \left(\frac{\sigma_{I_m}}{\overline{I}_m}\right)^2\left(1 - \frac{1}{LMN}\right) - \left[\left(\frac{\sigma_{I_m}}{\overline{I}_m}\right)^2 - \left(\frac{\sigma_{U_m}}{\overline{U}_m}\right)^2\right]\frac{1}{LM}(M-1) \right\} \quad (6-64)$$

4. 相对失配损失计算案例

印度 CEL 公司生产的两批单晶硅光伏组件的最大功率点电压和电流平均偏差系数见表 6-16，其中旧电池已使用两年。该数据可等效为新旧两批光伏组件的最大功率点电压和电流平均偏差系数。

表 6-16 　　　　　　　　单晶硅光伏组件的最大功率点电压和电流平均偏差系数

类型	CU_I^2	CU_U^2	CU_I	CU_U
新电池	2.7×10^{-5}	6×10^{-6}	5.2×10^{-3}	2.45×10^{-3}
旧电池	3.36×10^{-4}	3.24×10^{-4}	0.058	0.018

由表 6-16 可知，旧光伏组件的最大功率点电压和电流平均偏差系数远大于新组件，且电流偏差远大于电压偏差。

结合前文推导的表达式，假定表 6-16 中新电池的特性参数 $C_1 = 11.8$，旧电池的特性参数 $C_2 = 1$，根据表中偏差统计数据为案例进行计算，分析光伏阵列相对失配损失与串联组件个数、并联组件个数以及光伏组件串个数的关系。

由式（6-59）可得组件串联时相对功率损失随串联个数 L 的变化曲线，如图6-37所示。其中实线是新组件的相对功率损失，虚线是旧组件的相对功率损失，可见，新电池的相对功率损失比旧电池的小很多，当电池数目为10片时，旧电池相对功率损失约为新电池的27倍。

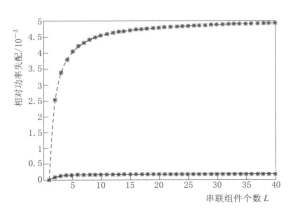

图6-37 组件串联相对功率损耗

同理，由式（6-63）可得并联组件相对功率损失随并联组件个数 M 的变化曲线，如图6-38所示，相对功率损失曲线和组件串联时相同，但由于组件最大功率点电压平均偏差系数 CU_U 较电流平均偏差系数 CU_I 小很多，组件并联时的失配功率损失约为串联时的1/10。如果36块光伏组件按照 $L \times M$ 的结果组成光伏阵列，根据式（6-64）可得到图6-39，图中实线是新组件的相对功率损失，虚线为旧组件的相对功率损失。对比图6-37、图6-38和图6-39发现，采用串并联 SP 结构的光伏阵列其损失主要在于串联失配损失，由并联结构引起的损失相对很小，因此，光伏阵列应少串联、多并联，以最低限度减小老化引起的失配损失，但这样做会导致工作电压低而工作电流大，不利于光伏阵列的运行，在实际应用中应综合考虑阵列工作电压大小和串联失配损失，对光伏阵列串、并联个数折中处理。

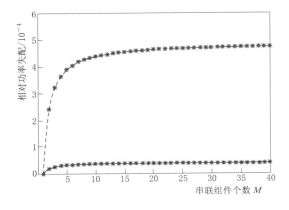

图6-38 组件并联相对功率损失

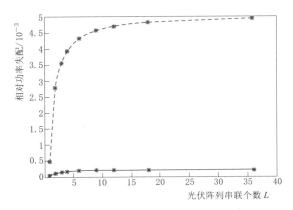

图6-39 不同 L 和 M 下相对功率损失和光伏组串个数 N 的关系

综上分析，可以得到：

（1）由于光伏组件一致性存在差异，组件在形成阵列后不可避免地产生了功率损失，功率损失的大小与组件的电流电压分布相关；并且随着使用年限的增加，组件电气参数一致性差异增大，分布更为离散，功率损失增加。

（2）光伏组件电压、电流参数与额定值之间的偏差通常符合正态分布或卡方分布。而随机抽取组件构成的光伏阵列，由不一致性引起的相对功率损失相对功率偏差一般也可近似为正态分布或卡方分布。

（3）若已知一批光伏组件的统计特征值：最大功率点处电流平均值 $\bar{I}_{\max}$ 及标准偏差 σ_I、最大功率点电压平均值 $\bar{U}_{\max}$ 及标准差 σ_U，可求得组件的串联功率损失和并联功率损失，进而也可近似算出组件串、并联组成阵列的功率损失。

（4）由以上分析，在选用组件组成光伏阵列时，应选用短路电流偏差尽量小的组件或组串形成串联结构，选用开路电压偏差尽量小的组件或组串形成并联结构，可以有效降低初始失配损耗；同时随着使用年限增加，应密切监测组件及阵列参数变化，避免因失配损失增大而导致系统发电量锐减。

6.3.3 直流电缆线路损耗分析

随着光伏发电系统发电容量的不断增大，直流侧组件及电缆的使用量也越来越大。根据多年设计经验，光伏发电场内高低压电缆的造价约占总造价的 6%，电缆路径规划及规格选型的不同对项目的投资造价有较大的影响。所以，光伏发电系统一般选用专用的光伏电缆，这种电缆的压降和损耗要求比普通电缆更严格，除了耐压要求比一般电缆高以外，压降和损耗也要比普通电缆小。电缆电阻的存在是导致直流侧传输功率损耗的根本原因，其阻值大小又会随工作温度的不同而发生变化。

光伏发电系统直流侧主要由光伏组件、汇流箱、直流配电柜等设备组成。不同的部件之间的连接电缆环境和要求各有不同，在选用时也应有不同的选型考量。每种类型所用电缆长度、阻值不同，流经的电流大小也可能不相同，因此，n 种直流电缆的线路损耗功率可表示为

$$P_{\text{loss}}^{\text{DC}} = \sum_{i=1}^{n} (I_i^2 R_i) \tag{6-65}$$

对于常见的钢芯铝线电缆，其 20℃ 时的直流电阻 R_{20} 为

$$R_{20} = \frac{4000\rho_{20}}{\pi d^2 N}(1+k) \tag{6-66}$$

式中　ρ_{20}——铝导线在 20℃ 时的电阻率；

　　　N——导线中的铝线总根数；

　　　d——导线中铝单线直径；

　　　k——绞制引起的电阻增量。

不同温度时的直流电阻 R_t 为

$$R_t = R_{20}[1 + \alpha_{20}(t - 20)] \qquad (6-67)$$

式中　α_{20}——20℃时电阻温度系数，1/℃，电阻温度系数与铝线的电阻率有关。

根据光伏发电系统直流侧所用电缆的基本信息，推出直流侧线缆损耗的大小。

减少这种损耗的方法目前有两种：一是增大电缆的导体截面积，使电缆电阻变小；二是增加组串中组件数量，使直流回路电压升高，则电缆内流过的电流变小，损耗功率也变小。

但要注意的是，增大截面积、减小线路损耗的同时会增大电缆成本，使初始投资增大；所以，电缆投资和电能损耗应保持适度平衡，尽量做到在某一截面区间内两者之和最少，即总费用最少。

6.3.4　光伏逆变器效率影响因素分析

光伏逆变器效率受逆变器功率开关器件、拓扑结构、控制方法以及调制方式影响，呈现较大差别。本小节将对光伏逆变器开关器件损耗、MPPT 控制方法损耗、拓扑结构以及调制方式等进行分析，研究光伏逆变器效率影响因素。

6.3.4.1　逆变器功率器件损耗分析

功率器件作为光伏逆变器的核心，其损耗情况将直接影响逆变器整体效率。目前，在光伏逆变器中主要使用的功率器件为 MOSFET 与 IGBT。MOSEFT 器件因其通态压降较低、开关频率较高，多用于小容量系统中；IGBT 导通电阻低、开关速度快、耐高压且易于驱动，多用于功率较大的系统中。本小节针对 IGBT 器件及其反并联二极管损耗进行分析，MOSFET 器件损耗的分析方法与其类似。

IGBT 器件及其反并联二极管的功率损耗可分为开通损耗、导通损耗（静态损耗）和关断损耗三部分，其中开通损耗和关断损耗合称为开关损耗（动态损耗）。影响导通损耗的主要因素为 IGBT 的导通压降和负载电流；影响开关损耗因素较为复杂，如负载电流、母线电压、结温、门极电压、门极电阻等，它们对开关损耗均存在不同程度的影响。

迄今为止，国内外许多学者对功率器件的损耗模型进行了大量的研究，综合来看，功率器件损耗模型的建立主要分为基于物理结构的 IGBT 损耗模型（Physics - based）和基于数学方法的 IGBT 损耗模型两大类。

基于数学方法的 IGBT 损耗模型不考虑器件的具体结构和类型，首先寻找与功耗有关的影响因素，然后建立其数量关系。其准确性与测试手段和测试代表数据有很大关系，但其计算速度快，并且易用于功率损耗的分析。目前基于数学方法的 IGBT 损耗模型主要有数据插值法、多项式法和指数法等。

1. 导通损耗

功率器件的导通损耗为

$$P_{\text{con\_T}} = \frac{1}{T} \int_0^T u_{\text{on}}(t) i_{\text{L}}(t) \, \mathrm{d}t \qquad (6-68)$$

式中　$P_{\text{con\_T}}$——功率器件的导通损耗；

　　　u_{on}——功率器件的导通压降；

　　　i_{L}——导通电流。

在 IGBT 工作过程中，导通压降受电流影响较大，可将导通电压表示成为 IGBT 饱和压降和一个与电流有关的动态电压之和。因此，式（6-68）可表示为

$$P_{\text{con\_T}} = \frac{1}{T} \int_0^T [U_{\text{ceo}} + r_{\text{on}} i_{\text{L}}(t)] i_{\text{L}}(t) \, \mathrm{d}t \qquad (6-69)$$

式中　U_{ceo}——IGBT 基准通态压降；

　　　r_{on}——IGBT 通态内阻。

对功率开关器件反并联二极管可采用相同的分析方法，功率器件反并联二极管损耗为

$$P_{\text{con\_d}} = \frac{1}{T} \int_0^T [V_{\text{ceo\_d}} + r_{\text{on\_d}} i_{\text{d}}(t)] i_{\text{d}}(t) \, \mathrm{d}t \qquad (6-70)$$

式中　$V_{\text{ceo\_d}}$——二极管通态电压；

　　　$r_{\text{on\_d}}$——二极管通态内阻；

　　　i_{d}——二极管通态电流。

由式（6-69）和式（6-70）可以看出，功率器件及反并联二极管的导通损耗与两者的基准通态电压、导通内阻密切相关，除此之外，功率器件及反并联二极管的导通时间也是决定通态损耗的一个重要因素。

2. 开关损耗

（1）二极管开关损耗。二极管的开通与关断都会伴随着功率损耗，目前应用较多的二极管大多为快速二极管，其开通损耗很小，与关断损耗相比只有不到 1%，通常可忽略不计。

典型二极管关断波形如图 6-40 所示，其中，电压记为 $U_{\text{d}}(t)$，电流记为 $I_{\text{d}}(t)$。由该图可以看出，二极管在关断瞬间可分为四个阶段，分别为 $t_0 \sim t_1$、$t_1 \sim t_2$、$t_2 \sim t_3$。

在 $t_0 \sim t_1$ 阶段，电流 I_{d} 线性下降，二极管的电压等于导通压降；

在 $t_1 \sim t_2$ 阶段，电压不变，电流按照指数规律反向增加；

在 $t_2 \sim t_3$ 阶段，电压下降而电流上升。

综上可得，在关断过程中二极管的功率损耗为

$$E_{\text{D(off)}} = \int_{t_0}^{t_3} U_{\text{d}}(t) I_{\text{d}}(t) \, \mathrm{d}t \qquad (6-71)$$

（2）IGBT 开关损耗。典型 IGBT 开通时波形图如图 6-41 所示。其中电压记为

U_{ce}，电流记为 I_c。IGBT 在 t_0 时刻获得出发脉冲，由于 IGBT 门极电容的影响，其门极电压无法瞬时上升，经过 $t_{d(on)}$ 时间的延时后，门极电压才能达到门槛电压 U_{th}，这时集电极电流 I_c 开始线性上升，同时与 IGBT 反桥臂的二极管电流也开始流通到 IGBT。集电极-发射极电压 $U_{ce}(t)$ 由于寄生电感 L_p 的原因会有所下降。I_c 超调的原因是二极管的反向恢复电流引起的，当二极管的反向恢复电流达到峰值 U_{ce} 才开始降落。和二极管关断一样，IGBT 的开通过程由三个阶段组成，其开通损耗为

$$E_{on} = \int_{t_1}^{t_4} U_{ce}(t) I_c(t) \mathrm{d}t \qquad (6-72)$$

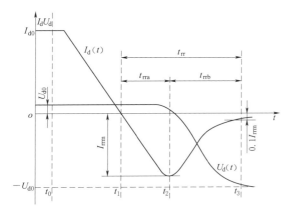

图 6-40 典型二极管关断波形

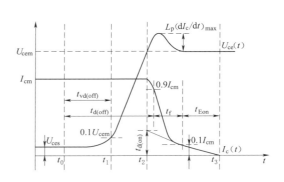

图 6-41 典型 IGBT 开通波形

IGBT 关断过程典型波形图如图 6-42 所示，从 t_0 时刻开始，门极电压 U_{ge} 开始降低，但此时集电极-发射极电压 U_{ce} 并没有立即下降，直至 U_{ge} 下降到一定程度使 IGBT 退出饱和状态，这个最初的周期在图 6-42 用 $t_{vd(off)}$ 来表示。此后 U_{ce} 开始急速上涨，当 U_{ce} 增加到额定电压 U_{cem}（t_2 时刻来表示）由于续流二极管的前向偏支负载电流开始降落，

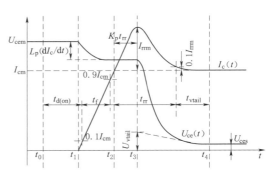

图 6-42 IGBT 关断过程典型波形

由于 IGBT 内部结构含有 MOSFET，使得集电极电流 I_c 初始阶段急剧下降，后期缓慢下降，直到 t_3 时刻变为零。由于寄生电感的原因，U_{ce} 会出现超调。IGBT 关断过程损耗为

$$E_{off} = \int_{t_0}^{t_3} U_{ce}(t) I_c(t) \mathrm{d}t \qquad (6-73)$$

（3）整体开关损耗。以两电平光伏逆变器为例，来分析功率器件总体开关损耗情况。功率器件开关能力损耗取决于开通或者关断时刻电流大小，开关损耗可以表示为

$$E_{sw} = \frac{U_{dc}}{U_{dc}^*} f \sum_{n=1}^{N} (E_{D(off)} + E_{on} + E_{off}) \qquad (6-74)$$

式中 U_{dc}——逆变器输入直流电压;

U_{dc}^*——IGBT 基准电压值,可从 IGBT 相配套的数据手册上查到;

f——输出电流频率;

N——开关次数。

当 N 很大时,式 (6-74) 可用积分表示,对式 (6-74) 进行积分计算,可得

$$E_{sw} = \frac{1}{2\pi} \int_{\alpha}^{\beta} (\Delta E_{D(off)} + \Delta E_{on} + \Delta E_{off}) \mid i_c \mid f_c \mathrm{d}(\omega t) \qquad (6-75)$$

式中 f_c——载波频率;

$E_{D(off)}$、ΔE_{on}、ΔE_{off}——单位电流下的器件开通和关断损耗;

i_c——负载电流;

α、β——每个周期内导通开始和结束时间段。

光伏逆变器功率器件在运行过程中的能量损失是导致逆变器效率降低的一个重要原因,由以上分析可以看出,功率器件的导通损耗与功率器件通态压降、内阻等有直接关系;功率器件的开关损耗与器件动态特性、负载电流和开关频率相关。通过 IG-BT 组件内部的优化、选择合适的开关频率等措施,在功率器件开关损耗与导通损耗之间找寻总损耗的最小值,可提升光伏逆变器的效率。

6.3.4.2 逆变器 MPPT 控制

1. 逆变器 MPPT 控制方法

在光伏发电系统中,光伏逆变器可通过最大功率点跟踪(Maximum Power Point Tracking,MPPT)技术来提升光伏逆变器整体效率。光伏逆变器 MPPT 控制技术的发展经历了恒定电压法等较为简单但不够精确的控制方法,到扰动观测法、电导增量法等应用较为广泛的 MPPT 控制方法以及采用模糊逻辑控制法、神经元网络法等基于智能处理方法和其他非线性控制策略在内的 MPPT 跟踪法。目前,较为常见的一些不同 MPPT 控制方法的优缺点对比见表 6-17。

表 6-17   常见 MPPT 控制方法的优缺点对比

MPPT 控制方法	优　　点	缺　　点
恒定电压法	最简单,简化为稳压控制	忽略了温度的影响,跟踪精度较差,仅在逆变器技术发展初期使用
扰动观测法	结构简单,被测参数少,容易实现,研究广泛,改进和优化的方法较多	系统在最大功率点附近会产生振荡,步长的选择会影响跟踪的速度,环境变化较快时功率损失大且可能发生误判
电导增量法	通过修改逻辑判断式减小了振荡	步长和阈值的选择上存在一定的困难

MPPT 控制方法	优 点	缺 点
模糊逻辑控制法	控制和跟踪迅速,具有较好的动态和稳态性能	设计环节需要设计人员更多的直觉和经验
神经元网络法	可以进行多变量输入,融合多参数进行判定	不同的光伏阵列系统需要进行有针对性且长时间的训练

2. 逆变器 MPPT 控制损耗分析

光伏逆变器 MPPT 控制可有效提升光伏系统效率,但是不同的控制方法都会在一定程度上造成效率损耗,以目前具有代表性的扰动观测法为例来说明不同控制算法的损耗情况。

扰动观测法基本思想是:首先扰动光伏阵列的输出电压(或电流);然后观测光伏阵列输出功率的变化,根据功率变化的趋势连续改变扰动电压(或电流)方向,使光伏阵列最终工作于最大功率点。扰动观测法的能量损耗包含由于引入扰动造成的振荡损耗以及外部环境变化情况下的损耗。

为对扰动观测法损耗分析方便,简述扰动观测法的基本原理如下,假设光强、温度等环境条件不变,并设:U、I 为上一次光伏阵列的电压、电流检测值,P 为对应输出功率,U_1、I_1 为当前光伏阵列的电压、电流检测值,P_1 为对应的输出功率,ΔU 为电压调整步长,$\Delta P = P_1 - P$ 为电压调整前后的输出功率差。扰动观测法 MPPT 过程如图 6-43 所示。

(1)当增大参考电压 $U(U_1 = U + \Delta U)$ 时,若 $P_1 > P$,表明当前工作点位于最大功率点的左侧,此时系统应保持增大参考电压的扰动方式,即 $U_2 = U_1 + \Delta U$,其中 U_2 为第二次调整后的电压值,如图 6-43(a)黑色虚线所示。

(2)当增大参考电压 $U(U_1 = U + \Delta U)$ 时,若 $P_1 < P$,表明当前工作点位于最大功率点的右侧,此时系统应采取减小参考电压的扰动方式,即 $U_2 = U_1 - \Delta U$,如图 6-43(a)红色虚线所示。

(3)当减小参考电压 $U(U_1 = U - \Delta U)$ 时,若 $P_1 > P$,表明当前工作点位于最大功率点的右侧,此时系统应保持减小参考电压的扰动方式,即 $U_2 = U_1 - \Delta U$,如图 6-43(b)黑色虚线所示。

(4)当减小参考电压 $U(U_1 = U - \Delta U)$ 时,若 $P_1 < P$,表明当前工作点位于最大功率点的左侧,此时系统应采取增大参考电压的扰动方式,即 $U_2 = U_1 + \Delta U$,如图 6-43(b)红色虚线所示。

根据扰动观测法原理,可总结出扰动观测法主要存在如下两种能量损耗:基于算法自身的振荡损耗以及基于外部环境变化的能量损失分析。

首先对扰动观测法的振荡损耗进行分析,假设当前工作点位于最大功率点左侧,

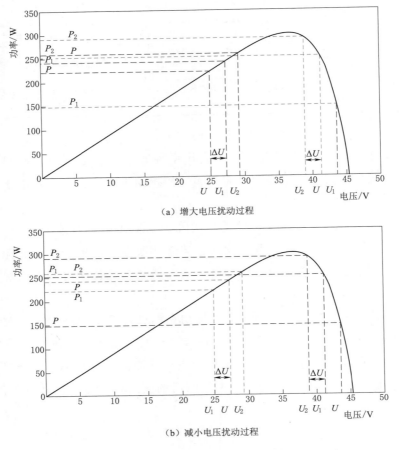

（a）增大电压扰动过程

（b）减小电压扰动过程

图 6-43　扰动观测法 MPPT 过程

记为 P_1。第一次扰动后系统工作点 $P_2(U_2)$ 将位于最大功率点 P_m 右侧，P_2 在 P_m 左边时扰动观测法 MPPT 损耗分析如图 6-44 所示。

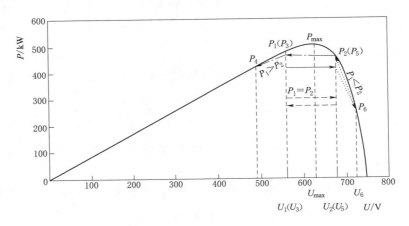

图 6-44　P_2 在 P_m 左边时扰动观测法 MPPT 损耗分析

根据 P_2 和 P_1 的关系,可以得到扰动观测发 MPPT 跟踪损耗 P_{loss}。其中 P_i 为光伏逆变器第 i 次跟踪功率,P_m 为理论最大功率点跟踪,$P_{(n)m}$ 表示第 n 次跟踪功率与第 m 次跟踪功率相同。

若 $P_2 < P_1$:

$$P_{loss} = 3P_m - P_2 - P_{(1)3} - P_4 \qquad (6-76)$$

若 $P_2 > P_1$:

$$P_{loss} = 3P_m - P_1 - P_{(2)5} - P_6 \qquad (6-77)$$

若 $P_2 = P_1$:

$$P_{loss} = 3P_m - P_1 - P_2 \qquad (6-78)$$

当调整后系统的工作点正好是最大功率点 P_m 时,其电压扰动及振荡过程如图 6-45 所示。可得到跟踪能量损失为

$$P_{loss} = 2P_2 - P_1 - P_3 \qquad (6-79)$$

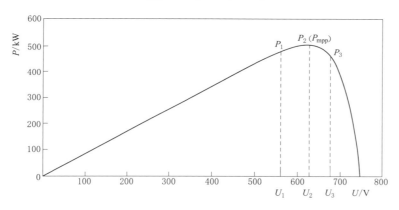

图 6-45　P_2 为 P_m 时扰动观测法 MPPT 损耗分析

当外部环境变化时,光伏阵列 $P\text{-}U$ 曲线的变化会导致光伏逆变器产生误判。如图 6-46 所示,曲线 1 为太阳辐照度较低时光伏阵列功率曲线,曲线 2 为太阳辐照度较高时光伏阵列功率曲线,其中 (U_{1m},P_{1m})、(U_{2m},P_{2m}) 分别为曲线 1 和曲线 2 的最大功率点。外部环境发生变化后,共有 4 种可能的逆变器最大功率点跟踪,分别是:

(1) 逆变器变化前的工作点在曲线 1 上 (U_{1m},P_{1m}) 的左侧,$P\text{-}U$ 曲线由曲线 1 变化到曲线 2。

(2) 逆变器变化前的工作点在曲线 1 上 (U_{1m},P_{1m}) 的右侧,$P\text{-}U$ 曲线由曲线 1 变化到曲线 2。

(3) 逆变器变化前的工作点在曲线 2 上 (U_{2m},P_{2m}) 的左侧,$P\text{-}U$ 曲线由曲线 2 变化到曲线 1。

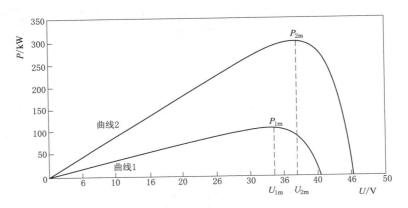

图 6-46　外部环境发生变化时光伏阵列功率曲线的变化

（4）逆变器变化前的工作点在曲线 2 上（U_{2m}，P_{2m}）的右侧，$P-U$ 曲线由曲线 2 变化到曲线 1。

第 1、第 2 两种情况对光伏逆变器 MPPT 控制并无影响，因此本书仅分析第 3、第 4 两种情况扰动观测法误判损耗。

逆变器变化前的工作点在曲线 2 上最大功率点（U_{2m}，P_{2m}）的左侧，记该点功率为（U_1，P_1），如图 6-47 所示。当功率由曲线 2 变化到曲线 1，根据 MPPT 跟踪算法，逆变器下一步应以 ΔU 的步长变化到功率点（U_2，P_2）处。由于功率曲线的下降，当光伏逆变器增大 ΔU 步长至 U_2 时，其功率落在曲线 1 上电压 U_2 所对应的功率点（U_2，P_3）处，由于 $P_1 > P_3$，则逆变器会以 $-\Delta U$ 步长减小电压，使得逆变器搜索到的功率点为曲线 1 上的电压 U_1 所对应的功率点（U_1，P_4）处。若此时功率曲线不变化或增大，则光伏逆变器以（U_1，P_4）为新起点往（U_{1m}，P_{1m}）点进行跟踪，在误判点处功率损失为 $P_3 - P_4$；若此时太阳辐射强度持续变小，则逆变器的 MPPT 空载系统持续误判，最终失败。

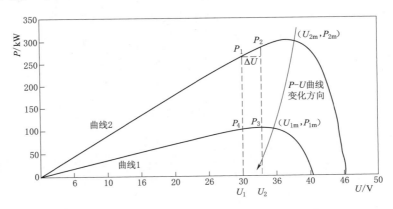

图 6-47　功率曲线下降，逆变器当前工作点在曲线 2 最大功率点左侧

功率曲线由曲线 2 变化到曲线 1，逆变器变化前的工作点在曲线 2 上最大功率点（U_{2m}，P_{2m}）右侧，记该点功率为（U_1，P_1），如图 6-48 所示。当功率由曲线 2 变化到曲线 1，根据 MPPT 跟踪算法，逆变器下一步应以 $-\Delta U$ 的步长变化到功率点（U_2，P_2）处。由于功率曲线的下降，当光伏逆变器以 $-\Delta U$ 步长减小至 U_2 时，其功率落在曲线 1 上电压 U_2 所对应的功率点（U_2，P_3）处，由于 $P_1 > P_3$，则逆变器会以 ΔU 步长增加电压，使得逆变器搜索到的功率点为曲线 1 上的电压 U_1 所对应的功率点（U_1，P_4）处。若此时功率曲线不变化或增大，则光伏逆变器以（U_1，P_4）为新起点往（U_{1m}，P_{1m}）点进行跟踪，在误判点处功率损失为 $P_3 - P_4$；若此时太阳辐射强度持续变小，则逆变器的 MPPT 空载系统持续误判，最终失败。

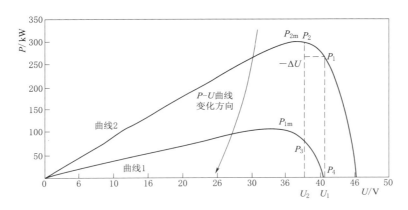

图 6-48　功率曲线下降，逆变器当前工作点在曲线 2 最大功率点右侧

扰动观测法具有控制概念清晰、简单、被测参数少等优点，因此被普遍应用于实际光伏发电系统的 MPPT 控制。由以上分析可看出，其算法中存在由于算法步长设定以及环境改变而造成的跟踪损耗。针对这些问题，目前常采用变步长扰动观测法来减小算法自身振荡所引起的损耗，采用基于功率预测的扰动观测法来降低由于环境因素的改变而造成的算法误判情况。

3. 多峰 MPPT 控制损耗分析

光伏阵列在实际运行过程中，由于建筑周围存在树木、电线杆、电缆等遮挡物，会使得光伏阵列上产生局部阴影，导致输出功率曲线上出现多极值点的情况。常规 MPPT 算法使逆变器稳定在某个非最大的极值点上，从而不能实现真正意义上的最大功率跟踪。本小节以一个光伏阵列双峰 $I-U$ 曲线为例来分析多峰 MPPT 控制中能量损耗情况。

该光伏阵列中组件选用 Suntech PLUTO250 型光伏组件，光伏组件参数信息见表 6-18。

表 6 - 18   Suntech PLUTO250 型光伏组件参数信息

组件类型	单晶硅	短路电流	8.63A
开路电压	37.4V	最大功率电流	8.15A
最大功率电压	30.7V	标称功率	250W
转换效率	15.55%	串联电阻	0.152Ω
并联电阻	500Ω	旁路二极管数目	3

光伏阵列由 20 块组件串联、20 个组件并联后组成，靠近开路电压的功率极值点记为 P_1，靠近短路电流的功率极值点记为 P_2，考虑阴影遮挡对光伏阵列 P-U 曲线的影响，光伏阵列共有三种双峰 P-U 曲线，即 $P_1>P_2$、$P_1<P_2$ 和 $P_1=P_2$。当 $P_1 \geqslant P_2$ 时，普通光伏逆变器 MPPT 控制算法都从开路电压开始向着电压减小方向搜索光伏阵列最大功率点。在该情况下，光伏逆变器仍然可以正确搜索到最大功率点。此处仅针对 $P_1<P_2$ 情况进行能量损耗分析。

如图 6-49 所示，在该种情况下光伏阵列实际最大功率点为 P_2，普通光伏逆变器 MPPT 控制算法从开路电压开始向着电压减小方向搜索光伏阵列最大功率点。在该情况下，光伏阵列所跟踪的最大功率点仍然在 P_1 处，所以分析光伏逆变器 MPPT 效率损失时，还应考虑阴影影响导致的效率损耗，即

$$P_{\mathrm{loss}} = \frac{P_2 - P_1}{P_2} \qquad (6-80)$$

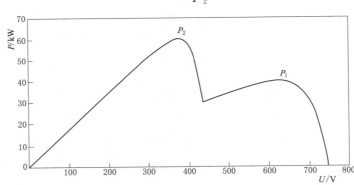

图 6 - 49 光伏阵列多峰 P-U 曲线（$P_1<P_2$）

由以上分析得出，光伏逆变器 MPPT 跟踪效率不仅受算法自身精度和鲁棒性的影响，同时也受周围环境因素变化影响，因此需要根据 MPPT 效率影响机理，全面客观地对逆变器 MPPT 效率进行测试与评价。

6.3.4.3　不同拓扑结构逆变器效率比较

光伏逆变器的拓扑结构种类繁多，按照其是否带隔离变压器可分为隔离型逆变器和非隔离型逆变器；按照逆变器相数可分为单相逆变器和三相逆变器；按照输出电压阶数可分为两电平逆变器和多电平逆变器。

统计国家能源太阳能发电研发（实验）中心 2013 年所检测的 500kW 光伏逆变器拓扑结构后发现，目前应用较多的逆变器拓扑结构为工频隔离两电平三相全桥式结构以及在此基础上改进的工频隔离两电平三相全桥多重结构，同时也有部分工频隔离三相三电平桥式结构。本小节将针对基于 SPWM 调制方式下的工频隔离两电平三相全桥式结构以及工频隔离三相三电平桥式结构逆变器损耗进行分析比较。为分析方便，现重列功率器件导通损耗与开关损耗如下：

由式（6-69）可得 IGBT 导通损耗：

$$P_{\text{con\_T}} = \frac{1}{T}\int_0^T \left[U_{\text{ceo}} + r_{\text{on}}i_{\text{T}}(t)\right]i_{\text{L}}(t)\mathrm{d}t$$

由式（6-70）可得反并联二极管导通损耗：

$$P_{\text{con\_d}} = \frac{1}{T}\int_0^T \left[U_{\text{ceo\_d}} + r_{\text{on\_d}}i_{\text{d}}(t)\right]i_{\text{d}}(t)\mathrm{d}t$$

由式（6-75）可得功率器件导通损耗：

$$E_{\text{sw}} = \frac{1}{2\pi}\int_\alpha^\beta (\Delta E_{\text{on}} + \Delta E_{\text{off}} + \Delta E_{\text{D(off)}})\mid i_{\text{c}}\mid f_{\text{c}}\mathrm{d}(\omega t)$$

1. 工频隔离两电平三相全桥电路损耗分析

工频隔离两电平三相全桥逆变电路如图 6-50 所示，其中 U_{dc} 为直流侧电压，VT_1、VT_3、VT_5 为上桥臂开关器件，VT_2、VT_4、VT_6 为下桥臂开关器件，VD_1、VD_3、VD_5 为上桥臂的反并联二极管，VD_2、VD_4、VD_6 为下桥臂的反并联二极管。各个桥臂的导电角度为 180°，同一相上下两臂交替导电，且在任一时刻不能同时导通。

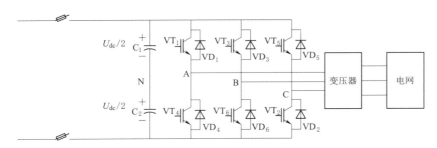

图 6-50　工频隔离两电平三相全桥逆变电路

为了计算功率损耗，应先分析逆变器在 SPWM 调制方式下的换流过程。为了方便分析，假设电路运行在稳定状态，三相功率平衡，这样三相逆变器中的每一相都可以独立考虑，由于滤波器的存在，输出电流滞后输出电压相位 φ。不考虑开关器件的纹波电流。

分析 A 相桥臂工作情况，其他桥臂类似，逆变器稳态输出时，上下桥臂无法同时导通。当 VT_1 导通时，与 VT_4 并联的反并联二极管 VD_4 被触发导通，给电流提供通路，反之亦然。逆变器输出侧电压电流的波形如图 6-51 所示。

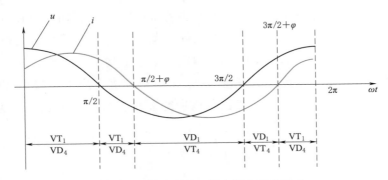

图 6-51　逆变器输出侧电压电流的波形

采用 SPWM 进行调制时，设调制比为 ma，则输出电压为

$$u = ma U_{\mathrm{m}} \cos \omega t \tag{6-81}$$

电流滞后电压角度 φ，则输出电流为

$$i_{\mathrm{L}} = I_{\mathrm{m}} \cos(\omega t - \varphi) \tag{6-82}$$

SPWM 调制方式，即通过载波信号和调制比信号在相交时刻做对比，根据大小关系，控制功率器件导通。在一个载波周期内，根据调制信号和载波信号的波形（图 6-52），可得到占空比表达式为

$$\delta = \frac{1 + ma \cos \omega t}{2} \tag{6-83}$$

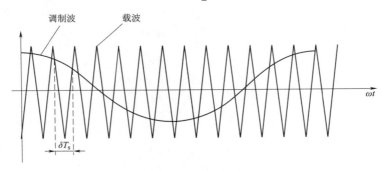

图 6-52　调制信号和载波信号的波形图

将式（6-81）～式（6-83）代入功率器件导通损耗模型中，积分计算电流为正的区域，可得

$$P_{\mathrm{con\_T1}} = \frac{1}{2\pi} \int_{-\frac{\pi}{2}+\varphi}^{\frac{\pi}{2}+\varphi} \left[U_{\mathrm{ceo}} + R_{\mathrm{T}} I_{\mathrm{m}} \cos(\omega t - \varphi) \right] I_{\mathrm{m}} \cos(\omega t - \varphi) \frac{1 + ma \cos \omega t}{2} \mathrm{d}\omega t$$

$$\tag{6-84}$$

$$P_{\mathrm{con\_D4}} = \frac{1}{2\pi} \int_{-\frac{\pi}{2}+\varphi}^{\frac{\pi}{2}+\varphi} \left[U_{\mathrm{F}} + R_{\mathrm{D}} I_{\mathrm{m}} \cos(\omega t - \varphi) \right] I_{\mathrm{m}} \cos(\omega t - \varphi) \frac{1 + ma \cos \omega t}{2} \mathrm{d}\omega t$$

$$\tag{6-85}$$

其他桥臂功率损耗等同于 A 相桥臂，因此 SPWM 调制下两电平逆变器总通态损耗为

$$\sum P_{con} = 3(2P_{con\_T1} + 2P_{con\_D4}) \tag{6-86}$$

将电流与电压的相位角及电流代入开关损耗中，可得 SPWM 调制策略下功率器件开关损耗为

$$P_{sw\_D4} = \frac{f_s I_m}{\pi}(\Delta E_{on} + \Delta E_{off}) \tag{6-87}$$

$$P_{sw\_D4} = \frac{f_s I_m}{\pi} \Delta E_{rr} \tag{6-88}$$

可得到逆变器开关损耗为

$$\sum P_{sw} = 3(2P_{sw\_T1} + 2P_{sw\_D4}) \tag{6-89}$$

2. 工频隔离三电平三相全桥电路损耗分析

多电平逆变器不仅谐波含量小，且功率较两电平方式由很大的提升空间。到目前为止，已出现多种三电平逆变器拓扑结构。其中中心点钳位式、飞跨电容和 H 桥结构较为常见。以中心点钳位式（neutral - point - clamped，NPC）逆变器为例分析其在 SPWM 调制下的功率损耗。

图 6 - 53 为 NPC 三电平逆变器电路，其中，逆变器 U 相桥臂是由 4 个主开关器件（$S_1 \sim S_4$），4 个续流二极管（$VD_3 \sim VD_6$）和两个钳位二极管（VD_1、VD_2）组成，V 相和 W 相结构与 U 相相同。在逆变器直流侧由两个电容 C_1、C_2 串联，每个电容上承受电压为 $U_{dc}/2$。两电容的中点 N 定义为中性点。

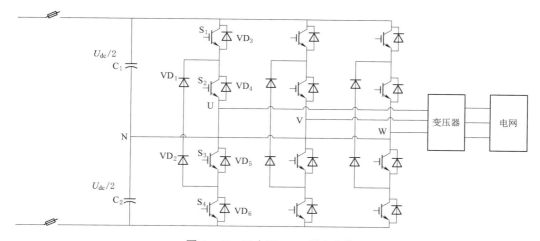

图 6 - 53　三电平 NPC 逆变电路

三电平逆变器每一桥臂有 4 个开关元件，以 U 相为例，为 $S_1 \sim S_4$，有三种开关状态：S_1、S_2 导通记为状态"1"；S_2、S_3 导通记为状态"0"；S_3、S_4 导通记为状态"—1"。

图 6-54 为基于 SPWM 调制后的三电平 NPC 逆变器输出电压、电流波形，调制函数为

$$u_{\mathrm{T}} = MU_{\mathrm{m}}\cos\omega t \qquad (6-90)$$

负载电流为

$$i_{\mathrm{T}} = I_{\mathrm{m}}\cos(\omega t - \varphi) \qquad (6-91)$$

式中　M——调制比；

　　　φ——功率因数角。

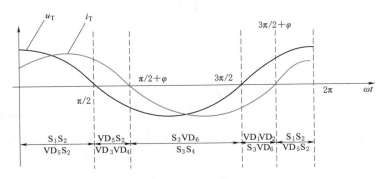

图 6-54　三电平 NPC 逆变器输出电压、电流波形

计算每个周期开关状态的占空比与调制比之间的关系，见表 6-19。

表 6-19　　　　　　　　　　　　开关状态导通占空比

区　域	开关状态	符　号	占　空　比
1~0	1	$\delta 1$	$M\cos\omega t$
	0	$\delta 2$	$1 - M\cos\omega t$
0~-1	0	$\delta 3$	$1 + M\cos\omega t$
	-1	$\delta 4$	$-M\cos\omega t$

根据功率器件的导通损耗，可计算得到 U 相桥臂中开关器件以及反并联二极管的导通损耗为

$$P_{\mathrm{con\_S1}} = \frac{MR_{\mathrm{T}}I_{\mathrm{m}}^2}{6\pi}(1+\cos\varphi)^2 + \frac{MV_{\mathrm{ceo}}I_{\mathrm{m}}}{4\pi}[\sin\varphi + (\pi-\varphi)\cos\varphi] \qquad (6-92)$$

$$P_{\mathrm{con\_S2}} = \left(\frac{R_{\mathrm{T}}I_{\mathrm{m}}^2}{4} + \frac{U_{\mathrm{ceo}}I_{\mathrm{m}}}{\pi}\right) - \frac{MR_{\mathrm{T}}I_{\mathrm{m}}^2}{6\pi}(1+\cos\varphi)^2 + \frac{MU_{\mathrm{ceo}}I_{\mathrm{m}}}{4\pi}(\varphi\cos\varphi - \sin\varphi) \qquad (6-93)$$

$$P_{\mathrm{con\_D3/D4}} = \frac{MR_{\mathrm{D}}I_{\mathrm{m}}^2}{6\pi}(1-\cos\varphi)^2 + \frac{MU_{\mathrm{fo}}I_{\mathrm{m}}}{4\pi}(\sin\varphi - \phi\cos\varphi) \qquad (6-94)$$

$$P_{con\_D5} = \left(\frac{R_D I_m^2}{4} + \frac{V_{fo} I_m}{\pi}\right) - \frac{MR_D I_m^2}{3\pi}(1+\cos\varphi)^2 + \frac{MU_{fo} I_m}{4\pi}\left[(2\pi-\varphi)\cos\varphi - 2\sin\varphi\right]$$

$$(6-95)$$

式中 R_T、R_D——功率器件和反并联二极管的导通内阻;

U_{ceo}、U_{fo}——功率器件和反并联二极管的导通电压。

在二极管钳位式三电平逆变器中,通常选用的四个 IGBT 的特性是基本一样的,而两个钳位二极管的特性也相似,从而整个三电平逆变器的总通态损耗为

$$\sum P_{con} = 3(2P_{con\_S1} + 2P_{con\_S2} + 4P_{con\_D3/D4} + 2P_{con\_D5}) \qquad (6-96)$$

三电平逆变器开关损耗与两电平逆变器开关损耗分析相类似,但是需要增加钳位二极管的关断损耗,三电平逆变器开关损耗为

$$P_{sw\_S1} = \frac{f_c I_m}{2\pi}(\Delta E_{on} + \Delta E_{off})(1+\cos\varphi) \qquad (6-97)$$

$$P_{sw\_S2} = \frac{f_c I_m}{2\pi}(\Delta E_{on} + \Delta E_{off})(1-\cos\varphi) \qquad (6-98)$$

$$P_{sw\_D3/D4} = \frac{f_c I_m}{2\pi}(\Delta E_{off})(1-\cos\varphi) \qquad (6-99)$$

$$P_{sw\_D5} = \frac{f_c I_m}{\pi}(\Delta E_{off}) \qquad (6-100)$$

从而整个三电平的总开关损耗为

$$\sum P_{sw} = 3(2P_{sw\_S1} + 2P_{sw\_S2} + 4P_{sw\_D3/D4} + 2P_{sw\_D5}) \qquad (6-101)$$

3. 不同拓扑结构逆变器损耗分析

某仿真试验分析了两电平逆变器和三电平逆变器中开关损耗、导通损耗、滤波电感损耗以及总损耗,如图 6-55 所示。

由图 6-55 可以看出,三电平拓扑中的开关器件电压应力仅为两电平拓扑功率的 1/2,开关损耗也显著减小,如图 6-55(a)所示;但电流流过串联功率器件的数目增加,使其导通损耗增加,如图 6-55(d)所示。随着开关频率增加,三电平的效率优势越来越明显,当开关频率为 10kHz 时,效率可提高 1.7%,当开关频率为 20kHz 时,效率可提升 2.79%。

6.3.4.4 不同调制方式对逆变器效率的影响

光伏逆变器功率器件损耗不仅和功率器件自身因素以及逆变器拓扑结构有关,还与逆变器不同的调制策略相关。目前调制方式种类繁多,但较为成熟同时应用范围较广的是 SPWM 调制方式和 SVPWM 调制方式。以 6.3.4.3 节中所分析的两电平逆变器拓扑电路为基础,分析光伏逆变器在不同调制方式下能量损失。为方便分析,取 A 相桥臂进行分析。

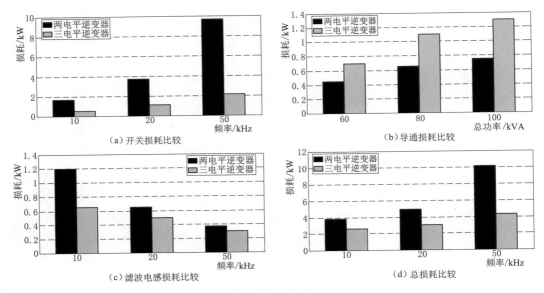

图 6-55　两电平逆变器与三电平逆变器损耗比较

1. SPWM 效率损耗分析

分析两电平逆变器 SPWM 损耗后，其功率器件的导通损耗与开关损耗公式重列如下：

（1）IGBT 导通损耗：

$$P_{con\_T1} = \frac{1}{2\pi}\int_{-\frac{\pi}{2}+\phi}^{\frac{\pi}{2}+\phi}\left[U_{ceo} + R_T I_m \cos(\omega t - \phi)\right]I_m \cos(\omega t - \phi)\frac{1 + ma\cos\omega t}{2}d\omega t$$

$$= \frac{R_T I_m^2}{8} + \frac{1}{2\pi}U_{ceo}I_m + \frac{ma}{3\pi}R_T I_m^2\cos\phi + \frac{ma}{8}U_{ceo}I_m\cos\phi \tag{6-102}$$

（2）反并联二极管导通损耗：

$$P_{con\_D4} = \frac{1}{2\pi}\int_{-\frac{\pi}{2}+\phi}^{\frac{\pi}{2}+\phi}\left[V_{fo} + R_D I_m \cos(\omega t - \phi)\right]I_m \cos(\omega t - \phi)\frac{1 - ma\cos(\omega t - \phi)}{2}d\omega t$$

$$= \frac{R_D I_m^2}{8} + \frac{1}{2\pi}V_{fo}I_m - \frac{ma}{3\pi}R_D I_m^2\cos\phi - \frac{ma}{8}V_{fo}I_m\cos\phi \tag{6-103}$$

（3）逆变器总导通损耗：

$$\sum P_{con} = 3\left[2P_{con\_T1} + 2P_{con\_D4}\right] \tag{6-104}$$

（4）IGBT 开关损耗：

$$P_{sw\_T1} = \frac{f_c I_m}{2\pi}(\Delta E_{on} + \Delta E_{off}) \tag{6-105}$$

（5）反并联二极管开关损耗：

$$P_{sw\_D4} = \frac{f_c I_m}{2\pi}\Delta E_{doff} \tag{6-106}$$

（6）逆变器总开关损耗：

$$\sum P_{\text{sw}} = 3[2P_{\text{sw\_T1}} + 2P_{\text{sw\_D4}}] \tag{6-107}$$

2. SVPWM 效率损耗分析

基本电压空间矢量图如图 6-56 所示，在三相对称正弦电压中，可定义电压空间矢量为

$$u_{\text{s}} = \frac{2}{3}(u_{\text{a}} + u_{\text{b}}\text{e}^{\text{j}\frac{2\pi}{3}} + u_{\text{c}}\text{e}^{-\text{j}\frac{2\pi}{3}}) \tag{6-108}$$

其中，a、b、c 分别表示在空间静止不动的三相绕组的轴线，空间互差 120°。电压空间矢量是一个以速度 ω 旋转的矢量，三相电压 u_{a}、u_{b}、u_{c} 可以看做是电压空间矢量 u_{s} 在 a、b、c 三个坐标轴上的投影，它们的方向始终在各相的轴线上，大小随时间按正弦规律变化，即

$$u_{\text{s}} = u_{\text{m}}(\cos\omega t + \text{j}\sin\omega t) = u_{\alpha} + \text{j}u_{\beta} \tag{6-109}$$

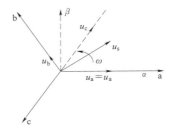

图 6-56　基本电压空间矢量图

可以看出，电压空间矢量 u_{s} 沿半径为 U_{m} 的原型轨迹匀速运动，速度为 ω。产生一个同样沿原型轨迹运动的旋转磁场，即磁链圆。电压空间矢量技术就是按照跟踪圆形旋转磁场来控制 PWM 电压，磁链的轨迹依靠电压空间矢量的相加。

定义三相整流桥开关函数为

$$S_k = \begin{cases} 1 & \text{上桥臂导通,下桥臂关断} \\ 0 & \text{下桥臂导通,上桥臂关断} \end{cases} \tag{6-110}$$

其中，$k=$a、b、c，正常工作时，上下桥臂有且仅有一个导通。

则整流器各相输入端电压可表示为

$$u_k = S_k U_{\text{dc}} \tag{6-111}$$

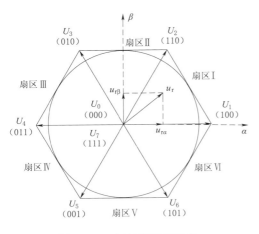

图 6-57　开关空间矢量图

$$u_{\text{s}} = \frac{2}{3}U_{\text{dc}}(S_{\text{a}} + S_{\text{b}}\text{e}^{\text{j}\frac{2\pi}{3}} + S_{\text{c}}\text{e}^{-\text{j}\frac{2\pi}{3}}) \tag{6-112}$$

开关函数 S_{a}、S_{b}、S_{c} 共有 8 种状态（000～111），其中 2 个零矢量（U_0、U_7），6 个非零矢量（$U_1 \sim U_6$），开关空间矢量图如图 6-57 所示。

SVPWM 控制通过分配 8 个基本电压空间矢量及其作用时间，最终形成等幅不等宽的 PWM 脉冲波，实现追踪磁通的圆形轨迹。空间电压矢量调制可以将母线直

流电压利用率提高 15%。

（1）SVPWM 导通损耗。与 SPWM 调制相似，在进行 SVPWM 调制功率损耗分析时，也需要计算 IGBT 与反并联二极管的占空比。定义 SVPWM 调制中调制比为 m，参考电压向量为 U_{ref}，直流电流为 I_{dc}，则

$$m = \frac{\sqrt{3}\,U_{ref}}{I_{dc}} \tag{6-113}$$

当电流为正区域时，设功率因数角为 φ。IGBT 与反并联二极管占空比见表 6-20。

表 6-20   IGBT 与反并联二极管占空比

扇区	[0, π/6]	
	IGBT	二极管
I	$\delta_1 = \frac{1}{2} + \frac{1}{2}m\sin\theta + \frac{1}{2}m\sin\left(\frac{\pi}{3}-\theta\right)$	$1-\delta_1 = \frac{1}{2} - \frac{1}{2}m\sin\theta - \frac{1}{2}m\sin\left(\frac{\pi}{3}-\theta\right)$
扇区	(π/6, π/2]	
	IGBT	二极管
II	$\delta_2 = \frac{1}{2} + \frac{1}{2}m\sin\left(\frac{\pi}{3}+\theta\right) - \frac{1}{2}m\sin\left(\frac{\pi}{3}-\theta\right)$	$1-\delta_2 = \frac{1}{2} - \frac{1}{2}m\sin\left(\frac{\pi}{3}+\theta\right) + \frac{1}{2}m\sin\left(\frac{\pi}{3}-\theta\right)$
V	$\delta_5 = \frac{1}{2} + \frac{1}{2}m\sin\left(\frac{\pi}{3}+\theta\right) - \frac{1}{2}m\sin\left(\frac{\pi}{3}-\theta\right)$	$1-\delta_5 = \frac{1}{2} - \frac{1}{2}m\sin\left(\frac{\pi}{3}+\theta\right) + \frac{1}{2}m\sin\left(\frac{\pi}{3}-\theta\right)$
VI	$\delta_6 = \frac{1}{2} + \frac{1}{2}m\sin\left(\frac{\pi}{3}+\theta\right) - \frac{1}{2}m\sin\theta$	$1-\delta_6 = \frac{1}{2} - \frac{1}{2}m\sin\left(\frac{\pi}{3}+\theta\right) + \frac{1}{2}m\sin\theta$
I	$\delta_1' = \frac{1}{2} + \frac{1}{2}m\sin\theta + \frac{1}{2}m\sin\left(\frac{\pi}{3}-\theta\right)$	$1-\delta_1' = \frac{1}{2} - \frac{1}{2}m\sin\theta - \frac{1}{2}m\sin\left(\frac{\pi}{3}-\theta\right)$
II	$\delta_2' = \frac{1}{2} + \frac{1}{2}m\sin\left(\frac{\pi}{3}+\theta\right) - \frac{1}{2}m\sin\left(\frac{\pi}{3}-\theta\right)$	$1-\delta_2' = \frac{1}{2} - \frac{1}{2}m\sin\left(\frac{\pi}{3}+\theta\right) + \frac{1}{2}m\sin\left(\frac{\pi}{3}-\theta\right)$
III	$\delta_3' = \frac{1}{2} + \frac{1}{2}m\sin\left(\frac{\pi}{3}+\theta\right) - \frac{1}{2}m\sin\theta$	$1-\delta_3' = \frac{1}{2} - \frac{1}{2}m\sin\left(\frac{\pi}{3}+\theta\right) + \frac{1}{2}m\sin\theta$
VI	$\delta_6' = \frac{1}{2} + \frac{1}{2}m\sin\left(\frac{\pi}{3}+\theta\right) - \frac{1}{2}m\sin\theta$	$1-\delta_6' = \frac{1}{2} - \frac{1}{2}m\sin\left(\frac{\pi}{3}+\theta\right) + \frac{1}{2}m\sin\theta$

当功率角在 [0, π/6]，逆变器上 VT_1、VT_4 导通损耗为

$$\begin{aligned}
P_{con\_VT1} = \frac{1}{2\pi} &\left\{ \int_0^{\frac{\pi}{3}} [U_{ceo} + R_T I_m \cos(\omega t - \varphi)] I_m \cos(\omega t - \varphi) \delta_1 \, d\omega t \right. \\
&+ \int_{\frac{\pi}{3}}^{\frac{\pi}{2}+\phi} [U_{ceo} + R_T I_m \cos(\omega t - \varphi)] I_m \cos(\omega t - \varphi) \delta_2 \, d\omega t \\
&+ \int_{-\frac{\pi}{2}+\phi}^{-\frac{\pi}{3}} [U_{ceo} + R_T I_m \cos(\omega t - \varphi)] I_m \cos(\omega t - \varphi) \delta_5 \, d\omega t \\
&\left. + \int_{-\frac{\pi}{3}}^{0} [U_{ceo} + R_T I_m \cos(\omega t - \varphi)] I_m \cos(\omega t - \varphi) \delta_6 \, d\omega t \right. \tag{6-114}
\end{aligned}$$

$$P_{con\_VD4} = \frac{1}{\pi} \left\{ \int_0^{\frac{\pi}{3}} [U_F + R_D I_m \cos(\omega t - \varphi)] I_m \cos(\omega t - \varphi)(1-\delta_1) \, d\omega t \right.$$

$$+ \int_{\frac{\pi}{3}}^{\frac{\pi}{2}+\phi} [U_F + R_D I_m \cos(\omega t - \varphi)] I_m \cos(\omega t - \varphi)(1 - \delta_2) d\omega t$$

$$+ \int_{-\frac{\pi}{2}+\phi}^{-\frac{\pi}{3}} [U_F + R_D I_m \cos(\omega t - \varphi)] I_m \cos(\omega t - \varphi)(1 - \delta_5) d\omega t$$

$$+ \int_{-\frac{\pi}{3}}^{0} [U_F + R_D I_m \cos(\omega t - \varphi)] I_m \cos(\omega t - \varphi)(1 - \delta_6) d\omega t$$

$$(6 - 115)$$

当功率角在 $(\pi/6, \pi/2)$，逆变器上 VT_1、VT_4 导通损耗为

$$P'_{con\_VT1} = \frac{1}{2\pi} \left\{ \int_{0}^{\frac{\pi}{3}} [U_{ceo} + R_T I_m \cos(\omega t - \varphi)] I_m \cos(\omega t - \varphi)\delta'_1 d\omega t \right.$$

$$+ \int_{\frac{\pi}{3}}^{\frac{\pi}{2}+\phi} [U_{ceo} + R_T I_m \cos(\omega t - \varphi)] I_m \cos(\omega t - \varphi)\delta'_2 d\omega t$$

$$+ \int_{-\frac{\pi}{2}+\phi}^{-\frac{\pi}{3}} [U_{ceo} + R_T I_m \cos(\omega t - \varphi)] I_m \cos(\omega t - \varphi)\delta'_5 d\omega t$$

$$+ \int_{-\frac{\pi}{3}}^{0} [U_{ceo} + R_T I_m \cos(\omega t - \varphi)] I_m \cos(\omega t - \varphi)\delta'_6 d\omega t \quad (6 - 116)$$

$$P'_{con\_VD4} = \frac{1}{2\pi} \left\{ \int_{0}^{\frac{\pi}{3}} [U_F + R_D I_m \cos(\omega t - \varphi)] I_m \cos(\omega t - \varphi)(1 - \delta'_1) d\omega t \right.$$

$$+ \int_{\frac{\pi}{3}}^{\frac{\pi}{2}+\phi} [U_F + R_D I_m \cos(\omega t - \varphi)] I_m \cos(\omega t - \varphi)(1 - \delta'_2) d\omega t$$

$$+ \int_{-\frac{\pi}{2}+\phi}^{-\frac{\pi}{3}} [U_F + R_D I_m \cos(\omega t - \varphi)] I_m \cos(\omega t - \varphi)(1 - \delta'_5) d\omega t$$

$$+ \int_{-\frac{\pi}{3}}^{0} [U_F + R_D I_m \cos(\omega t - \varphi)] I_m \cos(\omega t - \varphi)(1 - \delta'_6) d\omega t$$

$$(6 - 117)$$

其他桥臂功率损耗等同于 A 相桥臂，因此 SVPWM 调制下两电平逆变器总通态损耗为

$$\sum P_{con} = 3(2P_{con\_VT1} + 2P_{con\_VD4}) \qquad (6 - 118)$$

（2）SVPWM 开关损耗。功率器件的开关损耗取决于开通或者关断时刻的电流大小，直流母线电压大小和开关频率的高低。与调制方式没有直接联系。因此，SVP-WM 开关损耗与 SPWM 开关损耗相同。

3. 不同调制方式逆变器损耗分析

对英飞凌 FF1400R12IP4 功率器件及 500kW 光伏逆变器在不同调制方式下的损耗进行对比分析，结果如图 6 - 58 所示。可以看出，由于 SVPWM 可以更加合理地控制开关器件开通关断次序，同时对直流母线电压利用率更高，因此采用 SVPWM 调制的

逆变器损耗小于采用 SPWM 调制损耗。

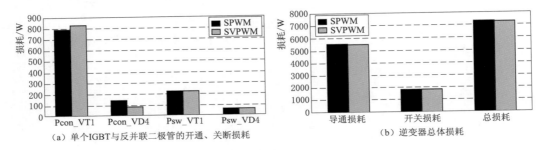

（a）单个IGBT与反并联二极管的开通、关断损耗　　（b）逆变器总体损耗

图 6-58　不同调制策略光伏逆变器损耗

光伏逆变器的损耗与功率器件、逆变器 MPPT 控制方法、拓扑结构和调制方式等都有关系。在光伏系统现场使用中，正确评价光伏逆变器效率是正确评价光伏系统效率的一个重要环节，光伏逆变器效率正确合理评价需综合实验室测试评价结果与现场测试评价结果。

6.3.5　阴影遮挡对光伏系统效率的影响

光伏系统在实际运行过程中，受周围建筑物、阵列表面污损等影响，在光伏阵列表面形成阴影，导致各光伏组件之间出现较大的电压、电流与功率偏差，影响光伏系统的整体效率，甚至引起火灾，造成安全问题。本节通过分析阴影对光伏阵列影响机理，建立阴影遮挡情况下光伏阵列模型，分析不同遮挡模式对不同结构光伏系统的影响。

6.3.5.1　阴影对光伏阵列影响机理分析

根据 6.1.3 节光伏组件特性分析，光伏组件的 $I\text{-}U$ 特性模型为

$$I = I_{sc} - I_{D0}(e^{\frac{qU}{nkT}} - 1) \tag{6-119}$$

式中　I_{sc}——短路电流；

　　I_{D0}——光伏组件在无光照时的饱和电流；

　　q——电子电荷常数，为 1.6×10^{-19}C；

　　n——理想因子，在 $1\sim2$ 之间变动；

　　k——波尔兹曼常数；

　　T——绝对温度。

在理想情况下，光伏阵列中各组件特性相同，对于由 N 个串联和 M 个并联起来的光伏阵列来说，其阵列的 $I\text{-}U$ 特性为

$$I = MI_{sc} - MI_{D0}(e^{\frac{qU}{nkTN}} - 1) \tag{6-120}$$

则光伏阵列总功率为

$$P_{arr} = MNP_{model} \tag{6-121}$$

式中　P_{arr}——光伏阵列功率；

　　　P_{model}——单个光伏组件功率。

由式（6-120）和式（6-121）可以看出，光伏阵列输出电压为各串联组件电压之和，输出电流为各并联组件的输出电流之和，输出功率为每个光伏组件功率之和。在实际运行过程中，阴影因素将导致每个光伏组件具有不同的特性。阴影影响分为并联光伏组件影响和串联光伏组件影响。

1. 阴影对并联光伏组件的影响

图 6-59 为两块相同型号并联光伏组件，其中光伏组件 2 受到阴影影响，表面太阳辐照度低于光伏组件 1。

当光伏组件 1 与光伏组件 2 太阳辐照度相同时，并联后电压等于单个组件电压，电流为两个组件电流之和。若光伏组件 2 表面受阴影遮挡，随着外接负载阻抗由 0 逐渐向无穷大增加时，组件光伏 1 与光伏组件 2 同时工作，受阴影影响，光伏组件 2 的输出电流小于光伏组件 1 的输出电流，若没有防逆流二极管 VD_1 时，光伏组件 2 将成为一个负载，光伏组件 1 与光伏组件 2 之间形成环流，消耗光伏组件 1 的部分能

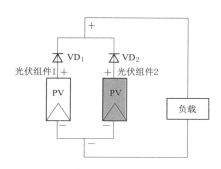

图 6-59　阴影对并联光伏组件影响

量以热能形式发散，容易形成热斑。因此目前在光伏阵列设计时，都会设计防逆流二极管以消除并联光伏组件之间的电流环流现象。在有防逆流二极管 VD_1 时，光伏组件 2 与光伏组件 1 并联后输出电流仍为两组件输出电流之和，输出电压为光伏组件 1 的电压，并联光伏组件受阴影影响时 $I-U$ 曲线如图 6-60 所示。

由图 6-60 可以看出，并联光伏组件受阴影影响时，其 $I-U$ 曲线外形变化较小，并联光伏组件的开路电压不变，并联光伏组件电流降低。随着光伏组件 2 表面受阴影遮挡情况逐渐增加，并联后两块组件输出的 $I-U$ 曲线开路电压始终为光伏组件 1 的开路电压，输出电流逐步下降，光伏阵列损耗也逐步增加。

2. 阴影对串联光伏组件的影响

图 6-61 为两块相同型号串联光伏组件，其中光伏组件 2 受到阴影影响，表面太阳照强度低于光伏组件 1。

当光伏组件 1 与光伏组件 2 的太阳辐照度相同时，串联后两组件输出电压为组件电压之和。当组件光伏 2 受阴影遮挡时，若没有并联旁路二极管 VD_2 时，光伏组件 1 由于光伏组件 2 中并联电阻的作用，在光伏组件 2 上消耗大部分能量，整个光伏组串对外 $I-U$ 特性曲线等效为两个组件 2 串联的形式，如图 6-62 所示。

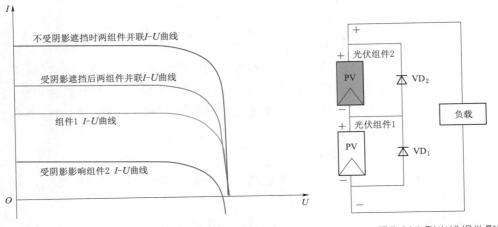

图 6-60 并联光伏组件受阴影影响时 I-U 曲线　　图 6-61 阴影对串联光伏组件影响

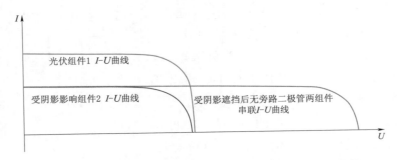

图 6-62 受阴影遮挡后无旁路二极管两组件串联 I-U 曲线

在这种情况下，光伏组件 2 将成为一个负载消耗光伏组件 1 的部分能量，这部分能量以热能形式发散，容易形成热斑。因此，目前在光伏组件设计时，都会设计并联旁路二极管以防止串联光伏组件之间形成热斑效应。

当安装并联二极管 VD_2 时，光伏组件 1 上大于光伏组件 2 的电流将从光伏组件 2 并联旁路二极管上流过，给负载供电。当外部负载内阻进一步增大，直到光伏组件 1 输出电流小于或等于光伏组件 2 在阴影辐照下的短路电流时，光伏组件 2 开始工作。此时，光伏组件 1 与光伏组件 2 同时对负载供电。

串联光伏组件受阴影影响时 I-U 曲线如图 6-63 所示，若每块组件具有旁路二极管时，由于二极管的导流作用，可有效抑制组件局部热斑，但其 I-U 曲线外形发生较大变化，光伏组件 I-U 曲线出现膝点，对应的 P-U 特性曲线上则会出现多个极大值点。随着光伏组件 2 所受阴影影响逐渐增加，光伏组件 2 的输出电流与输出电压逐渐减小。串联后光伏组串开路电压受光伏组件 2 影响也逐渐减小，而组串膝点电压逐渐增加。从膝点到组串开路电压段光伏组串输出电流减小，导致光伏组串整体效率损失加重。

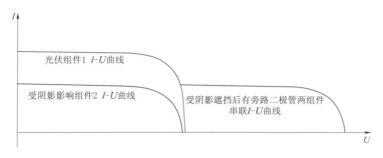

图 6-63　串联光伏组件受阴影影响时 I-U 曲线

6.3.5.2　光伏阵列阴影遮挡建模

由上小节分析可知，光伏阵列在受阴影遮挡特别是串联光伏阵列受遮挡时 I-U 曲线与理论值之间会有较大差异，该情况会降低光伏系统整体效率。为了分析阴影遮挡对光伏系统效率的影响，需要通过建立光伏阵列阴影遮挡模型来分析不同遮挡模式和遮挡程度下光伏阵列的 I-U 曲线以及 P-U 曲线。

近年来国内外对光伏阵列建模进行了研究，包括：采用 Matlab/Simulink 模块，基于光伏组件元建立了光伏阵列的仿真模型，但仅考虑了阵列受均匀光照的情况，没有考虑局部阴影对光伏阵列模型的影响；分析了光伏组件在局部阴影条件下的 I-U 特性曲线随阴影中的光伏组件数目的变化而呈现的不同变化，但是分析仅局限于单个光伏组件，缺乏对整体光伏阵列的分析；采用数学解析法，建立了局部阴影条件下光伏阵列的数学模型，模型表达式包含高维复杂的矩阵运算，而且需要各个光伏组件的详细物理参数，但这些物理参数难以准确获得。此外还有如 PV syst，PV-pspice 等用于光伏阵列仿真的专业软件。

综上所述，在光伏阵列建模方面，按其建模方法可分为两种：①通过仿真软件如 Matlab、Pspice 等搭建电路，建立光伏阵列的模型；②建立光伏阵列的数学方程，在软件环境中进行算法编程，建立光伏阵列的模型。

针对光伏阵列阴影遮挡下建模，选择光伏组件工程模型首先对光伏组件进行建模，该模型为

$$I = I_{sc}\left\{1 - C_1\left[\exp\left(\frac{U}{C_2 U_{oc}}\right)\right] - 1\right\} \tag{6-122}$$

其中

$$C_1 = \left(1 - \frac{I_m}{I_{sc}}\right)\exp\left(\frac{-U_m}{C_2 U_{oc}}\right) \tag{6-123}$$

$$C_2 = \left(\frac{U_m}{U_{oc}} - 1\right)\Big/\ln\left(1 - \frac{I_m}{I_{sc}}\right) \tag{6-124}$$

式中　I_{sc}——光伏组件短路电流；

U——光伏组件电压；

C_1、C_2——要求解的待定系数；

U_{oc}——光伏组件开路电压；

I_m、U_m——光伏组件最大功率点电流、电压。

当光伏组件受阴影遮挡时，其开路电压、短路电流会发生变化，此处忽略温度的影响，可得不同太阳辐射强度下组件相关参数为

$$I'_{sc} = I_{sc} S / S_{ref} \qquad (6-125)$$

$$U'_{oc} = U_{oc} \ln(e + \beta \Delta S) \qquad (6-126)$$

$$I'_{m} = I_{m} S / S_{ref} \qquad (6-127)$$

$$U'_{m} = U_{m} \ln(e + \beta \Delta S) \qquad (6-128)$$

式中　β——组件电压温度系数，通常 β 取典型值为 $-0.5℃$。

根据所得的光伏组件参数 I'_{sc}、U'_{oc}、I'_{m}、U'_{m} 便可求出光伏组串中各组件在实际运行状态下的 C_1、C_2。

首先对受阴影影响的串联光伏组件的 $I-U$ 曲线进行仿真，确定各组件表面辐照情况，光伏组件表面辐照度与组件短路电流成正比关系。因此在确定光伏组件表面太阳辐照度情况后，将不同条件下的光伏组件按照短路电流由大到小进行排列，记为 I_{sc_1}、I_{sc_2}、…、I_{sc_i}、…、I_{sc_n}，其中，$I_{sc\_1} > I_{sc\_2} > \cdots > I_{sc\_i} > \cdots > I_{sc\_n}$。在不同辐照条件下，串联光伏组件开路电压为其各组件开路电压之和，进而求得光伏组串开路电压，即

$$U_{oc\_all} = \sum_{i=1}^{n} U_{oc\_i} \qquad (6-129)$$

针对太阳辐照度（即短路电流）最大的光伏组件进行仿真，即

$$I_1 = I_{sc\_1} \left\{ 1 - C_{1\_1} \left[\exp\left(\frac{U}{C_{2\_1} U_{oc\_1}} \right) - 1 \right] \right\} \qquad (6-130)$$

对于其他组件，也可采用式（6-130）进行仿真，但是其他任意第 i 块光伏组件的开路电压为前 i 块光伏组件开路电压之和，即

$$I_i = I_{sc\_i} \left\{ 1 - C_{1\_i} \left[\exp\left(\frac{U}{C_{2\_i} \sum_{j=1}^{i} U_{oc\_j}} \right) - 1 \right] \right\} \qquad (6-131)$$

根据每个开路电压 U_{oc_i} 与其对应的短路电流 I_{sc_i} 并结合式（6-130）和式（6-131）得到每块光伏组件在串联光伏组串的 $I-U$ 曲线，在仿真过程中，记单块组件仿真总长度为 S_i，则光伏组串仿真总长度 S_{all} 为

$$S_{all} = \sum_{i=1}^{n} S_i \qquad (6-132)$$

对 I_{sc_i} 进行数据补全，其对应单块组件仿真总长度为 S_i，对任意 I_{sc_i} 光伏组件，

在其 I-U 曲线之后加补 $S_{i+1}+S_{i+2}+\cdots+S_n$ 个 0 值。在光伏组串端口电压由 0 至 U_{oc_all} 变化过程中，选取各电压点对应的最大电流作为该点光伏组串输出电流，即可得到光伏组串受阴影遮挡时对外 I-U 曲线，将电压与对应点电流相乘，即为光伏组串受阴影遮挡时对外 P-U 曲线。

其次，对并联光伏组件进行仿真，由于阴影对并联光伏组件整体影响较小，仅影响其输出特性，因此该仿真较为简单。采用式（6-122）的光伏组件模型，分别计算不同太阳辐照下各光伏组件的电压与电流值，将相同电压点上的电流值相加即可，并联开路电压采用所有并联组件开路电压的最大值。

该仿真方法采用光伏组件的工程模型，避免了组件物理模型中迭代算法较为复杂的情况。同时，仿真对单个光伏组件在整个光伏组串电压范围内进行扩展，简化了串联光伏组串电流大小的判断方法。

6.3.5.3 不同遮挡模式下损耗分析

光伏阵列受阴影影响模式、程度的不同，效率损耗也存在一定差异性。本小节针对 500kW 光伏阵列在不同遮挡模式下损耗进行分析，该阵列由 2000 块由 Suntech 生产的 PLUTO250 型号组成。阵列的组合方式为 20 块组件串联，100 个组串并联。光伏组件参数见表 6-21，阵列中单块光伏组件 I-U 曲线及 P-U 曲线如图 6-64 所示。

表 6-21 　　　　　　　　　　　　光 伏 组 件 参 数 信 息

组件类型	单晶硅	短路电流	8.63A
开路电压	37.4V	最大功率电流	8.15A
最大功率电压	30.7V	标称功率	250W
转换效率	15.55%	串联电阻	0.152Ω
并联电阻	500Ω	旁路二极管数目	3

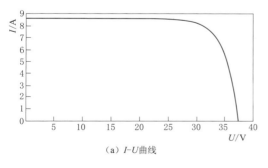
(a) I-U曲线

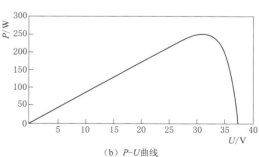
(b) P-U曲线

图 6-64　单块光伏组件性能曲线

考虑到阵列中光伏组件过多，为简化分析进行如下假设：

（1）在一组串中，设定 4 块组件串联后形成一块等效光伏组件，则等效组串为 5 块光伏组件串联。

（2）在光伏阵列中，设定 20 串组串为一个整体，则等效光伏阵列为 5 串光伏组串并联。

（3）每块组件都并联旁路二极管，阴影遮挡时考虑对整块组件进行遮挡。

等效光伏组件标称参数如下：

$I_{sc} = 8.63 \times 20 = 172.6（A）$；$I_{mpp} = 8.15 \times 20 = 163（A）$；$U_{oc} = 37.4 \times 4 = 149.6（V）$；$U_{mpp} = 30.7 \times 4 = 122.8（V）$；$P_{mpp} = 250 \times 8 = 20（kW）$。

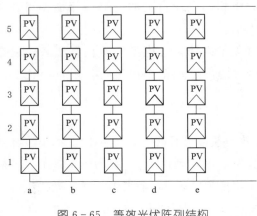

图 6-65　等效光伏阵列结构

等效光伏阵列结构如图 6-65 所示。

等效光伏组件的 $I-U$ 曲线以及 $P-U$ 曲线如图 6-66 所示，在光伏组件进行串联连接时，整体组串电流没有变化，而电压增加；当光伏组件进行并联连接时，电压不变，电流增加。

光伏阵列整体 $I-U$ 曲线及 $P-U$ 曲线如图 6-67 所示。

图 6-65 已对光伏阵列进行标记，为简化问题分析，仅考虑光伏阵列阴影影响均匀遮挡，即指受阴影遮挡的光伏组件表面太阳

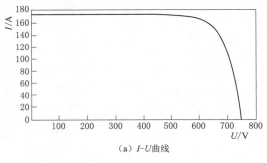

（a）$I-U$曲线

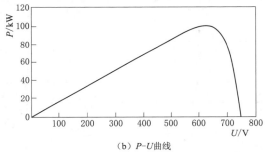

（b）$P-U$曲线

图 6-66　等效光伏组串性能曲线

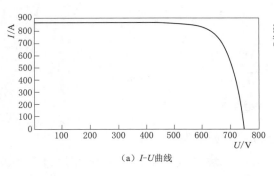

（a）$I-U$曲线

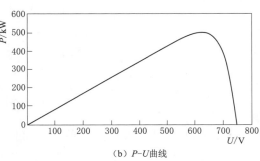

（b）$P-U$曲线

图 6-67　等效光伏阵列性能曲线

辐射强度都相同，并分为整行遮挡、整列遮挡以及随机遮挡三种情况。

为了研究不同遮挡情况下光伏阵列输出功率的损耗，光伏阵列阴影遮挡模式见表 6-22。针对以上几种情况设定相应的太阳辐射强度，表中除标注出的组件或组串表面太阳辐射强度外，其余组件太阳辐射强度都默认为 $1000\mathrm{W/m^2}$。

表 6-22　　　　　　　　　　　　光伏阵列阴影遮挡模式

光伏阵列整列受遮挡		光伏组串整行受遮挡		光伏阵列中部分组件受遮挡	
模式	遮挡情况	模式	遮挡情况	模式	遮挡情况
1-1	$a=500$	2-1	$1=500$	3-1	$a_1=a_2=a_3=b_1=b_2=500$
1-2	$a=b=500$	2-2	$1=2=500$	3-2	$a_1=a_2=a_3=a_4=b_1=b_2=b_3=c_1=c_2=d_1=500$
1-3	$a=b=c=500$	2-3	$1=2=3=500$	3-3	$a_1=b_1=b_2=b_3=b_4=c_1=c_2=c_3=d_1=d_2=e_1=500$

定义光伏阵列受阴影遮挡时功率损耗为

$$\eta_{\mathrm{ar\_loss}}=\frac{P_{\mathrm{normal}}-P_{\mathrm{mpp}}}{P_{\mathrm{normal}}}\times100\%\qquad(6-133)$$

式中　P_{normal}——光伏阵列标称功率；

　　　P_{mpp}——受阴影遮挡时光伏阵列 $P-U$ 曲线的最大功率点。

仿真均匀遮挡情况下整列组件被遮挡情况，即表 6-22 中模式 1-1～模式 1-3 所描述情况，仿真结果如图 6-68 所示。

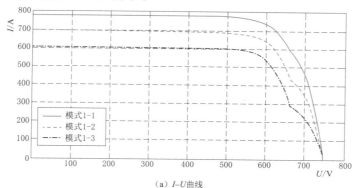

（a）$I-U$ 曲线

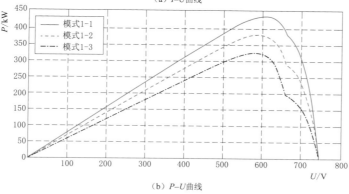

（b）$P-U$ 曲线

图 6-68　光伏阵列整列受均匀遮挡曲线

由图6-68可以看出，当光伏阵列整列受均匀遮挡时，光伏阵列整体输出功率降低。在该情况下，光伏阵列整列受均匀遮挡输出损耗计算情况见表6-23。

表6-23　　　　　　　　　光伏阵列整列受均匀遮挡输出损耗计算情况

模　式	$P_{\mathrm{mpp}}/\mathrm{kW}$	$\eta_{\mathrm{model\_i}}/\%$
1-1	437.95	12.41
1-2	379.88	24.02
1-3	325.06	34.99

仿真均匀遮挡情况下整行组件被遮挡情况，即表6-22中模式2-1～模式2-3所描述情况，仿真结果如图6-69所示。

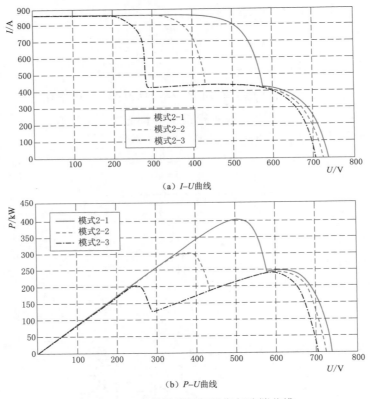

(a) I–U曲线

(b) P–U曲线

图6-69　光伏阵列整行受均匀遮挡曲线

由图6-69可以看出，当光伏阵列整行受均匀遮挡时，光伏阵列曲线形状会出现双峰情况，随着阴影遮挡范围的增加，造成光伏阵列输出损失增大。光伏阵列整行受均匀遮挡损耗计算情况见表6-24。

仿真均匀遮挡情况下对角线组件被遮挡情况，即表6-22中模式3-1～模式3-3所描述情况，仿真结果如图6-70所示。

表 6 - 24   光伏阵列整行受均匀遮挡损耗计算情况

模　式	P_{mpp}/kW	$\eta_{model\_i}/\%$
2 - 1	401.08	19.78
2 - 2	300.81	39.84
2 - 3	250.73	49.85

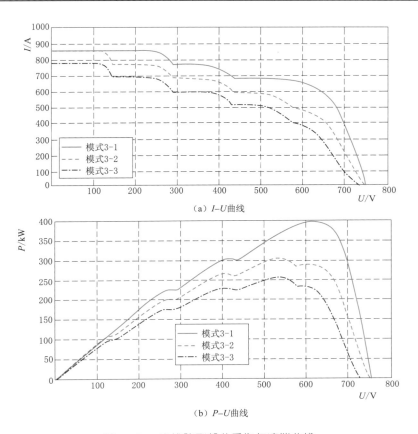

（a）I–U曲线

（b）P–U曲线

图 6 - 70　光伏阵列部分受均匀遮挡曲线

　　由图 6 - 70 可以看出，当光伏阵列部分受均匀遮挡时，光伏阵列曲线形状会出现双峰以及多峰情况，随着阴影遮挡范围的增加，造成光伏阵列输出损失增大。光伏阵列部分受均匀遮挡功率损耗计算情况见表 6 - 25。

表 6 - 25   光伏阵列部分受均匀遮挡功率损耗计算情况

模　式	P_{mpp}/kW	$\eta_{model\_i}/\%$
3 - 1	394.56	21.09
3 - 2	302.64	39.47
3 - 3	255.58	48.88

由表 6-23～表 6-25 可以看出，在相同块数组件受均匀遮挡及光伏阵列整行受阴影遮挡时光伏阵列损耗最为严重，光伏阵列对角线受遮挡时损耗仅比整行受遮挡稍小，而光伏阵列整列受阴影遮挡损耗最小。

6.3.5.4 阴影对不同结构光伏系统的影响分析

结合并网光伏发电系统体系结构的主要类型，研究相同阴影遮挡下集中式、交流模块式以及支路式三种光伏发电系统的输出功率损失情况。

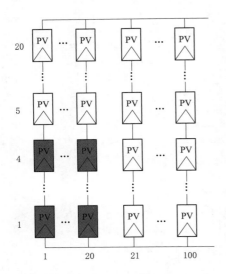

图 6-71 局部光伏阵列被遮挡情况

同样以 20×100 矩阵式光伏阵列为例，设定在集中式光伏发电系统中，该阵列由一台 500kW 光伏逆变器统一实现电能转换和并入电网；在交流模块式光伏发电系统中，每块 250W 光伏组件背板后面各集成一台 250W 微型逆变器，每块组件都单独实现电能转换和并入电网，系统共使用 2000 台微型逆变器；而在支路式光伏发电系统中，每个组串（由 20 块光伏组件构成）由一台 5kW 光伏逆变器实现电能转换和并入电网，整个系统共使用 100 台逆变器。

为简化分析，假定仅光伏阵列中某一 4×20 大小的局部光伏阵列完全被遮挡，表面太阳辐射强度极低，约 50W/m²，其他组件均工作在标准测试条件下，如图 6-71 所示。

在遮挡情况下，受遮挡影响的光伏组串 $P-U$ 曲线以及光伏阵列 $P-U$ 曲线如图 6-72 及图 6-73 所示。

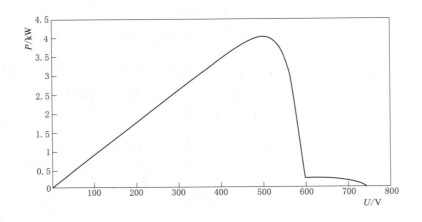

图 6-72 光伏组串受阴影遮挡时 $P-U$ 曲线

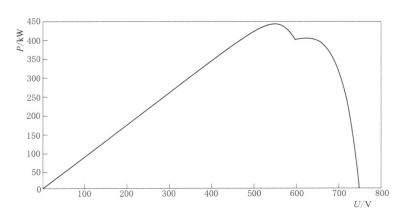

图 6-73　光伏阵列受阴影遮挡时 P-U 曲线

对于交流模块式光伏系统来说，由于每一块组件都有一个微型逆变器与之连接，因此受遮挡组件及其连接的逆变器输出功率降低，其他组件和逆变器均正常工作，系统输出功率损失约 19kW，功率损耗 3.8%。

对于支路式光伏系统来说，只有 20 列组串及其连接的逆变器工作性能受到阴影遮挡的影响，其他列的组串及逆变器都正常工作在最大功率点。若逆变器具有多峰 MPPT 跟踪能力，则受阴影遮挡的单个组串逆变器能达到最大功率 $P_{string1}=4.01kW$，整个系统功率损失约为 19.78kW，功率损失百分比 3.96%。若逆变器不具有多峰 MPPT 跟踪能力，受阴影遮挡的逆变器能达到最大功率 $P_{string2}=0.25kW$，整个系统功率损失约为 93.90kW，功率损失百分比为 18.78%。

对于集中式光伏系统来说，逆变器工作性能受到阴影遮挡的影响，若逆变器具有多峰 MPPT 跟踪能力，则受阴影遮挡时逆变器能达到的最大功率 $P_{array1}=443.58kW$，整个系统功率损失约为 56.42kW，功率损失百分比为 11.28%。若逆变器不具有多峰 MPPT 跟踪能力，受阴影遮挡时逆变器能达到最大功率 $P_{array2}=406.02kW$，整个系统功率损失约为 93.98kW，功率损失百分比 18.80%。

由以上分析可以看出，阴影对不同结构的光伏系统有着不同影响。当遮挡面积相同时，首先是集中式系统受影响最大，其次是支路式光伏系统影响较大，而阴影对交流模块光伏系统影响最小。支路式光伏系统阴影遮挡集中于同列时功率损失小于集中式电站。我国西北地区多为戈壁与沙漠，地势开阔，且周围无高楼等建筑遮挡，比较适合建设集中式光伏电站。屋顶光伏发电系统易受周围建筑物遮挡，适合使用交流模块式结构或组串式结构。

6.3.6　小结

本节主要针对光伏发电系统效率损失源进行了研究。在光伏系统直流侧，介绍了基于天空异向模型的光伏阵列表面辐照度计算方法，研究了相同纬度不同辐照资源与辐照成分情况下光伏系统最佳倾角值。在直射太阳辐照度为主地区，光伏阵列最佳倾角接近当地纬度值，在散射太阳辐照度为主地区，光伏阵列最佳倾角小于当地纬度值。针对光伏组件不一致性，分析了光伏阵列中电压、电流不一致性分布形态导致功率不一致性的分布情况。针对阴影影响，分析了不同遮挡模式下光伏阵列损耗情况以及相同遮挡情况下不同结构光伏系统损耗情况。在光伏系统交流侧，针对光伏逆变器效率影响因素，分析了逆变器功率器件、MPPT 控制、拓扑结构以及调制方式对光伏逆变器效率的影响情况。

6.4 光伏发电系统关键部件测试方法研究

光伏阵列和光伏逆变器是并网光伏发电系统的最主要构成部分，光伏电站现场恶劣和多变的工作环境使得光伏阵列和光伏逆变器的工作性能与铭牌值之间存在较大差异，利用额定参数进行分析不能准确评价光伏发电系统真实工况下的效率性能，因此，研究并网光伏发电系统的现场效率测试方法对于正确评估系统效率性能来说意义重大。

6.4.1 光伏组件及光伏阵列效率测试

在实际应用中有很多因素影响光伏阵列的伏安特性，如阵列的高度、倾角、电池板的洁净程度、组合规则、温度及辐照度等，因此现场测试无法直接得到光伏电池在标准测试条件下特性，通常需要对测试结果进行转换，才能得到标准测试环境下的结果用以评估组件及阵列性能。

Photovoltaic devices – Procedures for temperature and irradiance corrections to measured I −V characteristics（IEC 60891 − 2009）标准提供了 3 种不同温度、太阳辐照度工况下的数据转换方法。

6.4.1.1 现场温度系数法

记测量到的光伏组件/组件的输出电压值为 U_1，输出电流值为 I_1，欲校准到的工作条件（标准测试条件或其他任意测试条件）下的输出电压值和电流值分别为 U_2 和 I_2，则

$$I_2 = I_1 + I_{sc}\left(\frac{G_2}{G_1} - 1\right) + \alpha(T_2 - T_1) \tag{6-134}$$

$$U_2 = U_1 - R_s(I_2 - I_1) - kI_2(T_2 - T_1) + \beta(T_2 - T_1) \tag{6-135}$$

式中　G_1——测量得到的太阳辐照度；

G_2——欲求标准测试条件或其他测试条件下的太阳辐照度；

T_1——被测光伏组件的温度；

T_2——欲求标准测试条件或其他测试条件下的被测光伏组件的温度；

I_{sc}——在 G_1 和 T_1 条件下测得的短路电流；

α、β——欲求测试条件下的电流温度系数和电压温度系数；

R_s——被测光伏组件内部串联阻抗；

k——曲线校准系数。

使用式（6-134）时，要求生成 $I-U$ 曲线的过程中太阳辐照度恒定不变，对于脉冲太阳模拟器这种带衰减辐照或其他任何带波动辐照的 $I-U$ 测量数据均不适用。所有测量到的数据均应按照式（6-134）和式（6-135）等效为某个固定太阳辐射强度下的输出电流值和输出电压值，从而绘制出该太阳辐照度下的 $I-U$ 曲线，同理可求得标准测试条件下的 $I-U$ 特性曲线以及相应的工程参数 I_{sc}、U_{oc}、U_{max} 和 I_{max}。

6.4.1.2 标称温度系数法

数据转换方式二为标称温度系数法，建立在光伏组件的单二极管模型基础之上。半经验换算公式包含 5 个 $I-U$ 特性校正参数，可以由在不同的温度和太阳辐照度条件下的测得的 $I-U$ 曲线求得。该转换过程为

$$I_2 = I_1 \left[1 + \alpha_{rel}(T_2 - T_1) \right] \frac{G_2}{G_1} \tag{6-136}$$

$$U_2 = U_1 + U_{oc} \left[\beta_{rel}(T_2 - T_1) + a \ln\left(\frac{G_2}{G_1}\right) \right] - R_s'(I_2 - I_1) - k' I_2 (T_2 - T_1) \tag{6-137}$$

式中　U_{oc}——当前测试条件下测得的开路电压；

α_{rel}、β_{rel}——被测组件 1000W/m^2 太阳辐照度下的相对电流温度系数和相对电压温度系数，其大小和标准测试条件下的短路电流和开路电压有关；

a——开路电压的太阳辐照度校准系数，和 PN 结的为二极管热电压 U_D 和光伏组件中电池片串联个数 n_s 有关，其典型值为 0.06；

R_s'——被测光伏组件内部串联阻抗；

k'——光伏组件内部串联阻抗的温度系数。

6.4.1.3 线性插值法

数据转换方式三为线性插值法，是基于两组已测得的 $I-U$ 特性的线性插值法。它使用两个 $I-U$ 特性曲线的最小值，并且不需要校正参数或拟合参数。在该种方法中，将测得的 $I-U$ 参数转换为标准测试条件下或其他任意所求测试条件下的参数值，即

$$U_3 = U_1 + a(U_2 - U_1) \tag{6-138}$$

$$I_3 = I_1 + a(I_2 - I_1) \qquad (6-139)$$

其中参数对 (I_1, U_1) 和 (I_2, U_2) 的选取原则是：$I_2 - I_1 = I_{SC2} - I_{SC1}$，$I_{SC1}$ 和 I_{SC2} 是两组已测 I-U 特性的短路电流值。

这里的 a 是内插常数，其大小和太阳辐照度、温度相关，即

$$G_3 = G_1 + a(G_2 - G_1) \qquad (6-140)$$

$$T_3 = T_1 + a(T_2 - T_1) \qquad (6-141)$$

该方法普遍适用于大多数光伏特性的研究，式（6-138）~式（6-141）可用以太阳辐照度校正、温度校正，或太阳辐照度和温度的同时校正。

具体方法如下：

（1）分别测量太阳辐照度 G_1、温度 T_1 和太阳辐照度 G_2、温度 T_2 两种条件下的 I-U 特性曲线，如图 6-74（a）所示，找出 I_{SC1} 和 I_{SC2} 的大小。

（2）由式（6-140）和式（6-141）计算内插系数 a。

例如 $G_1 = 1000\text{W/m}^2$，$T_1 = 50℃$，$G_2 = 500\text{W/m}^2$，$T_2 = 40℃$，求得太阳辐照度 $G_3 = 800\text{W/m}^2$，则可求出 $a = 0.4$，$T_3 = 46℃$。

（3）在第一条 I-U 特性曲线上选取点 (U_1, I_1)，然后在第二条 I-U 曲线上找到点 (U_2, I_2)，使之满足关系式 $I_2 - I_1 = I_{SC2} - I_{SC1}$，如图 6-74（b）所示。

（4）由式（6-138）和式（6-139）求取 U_3 和 I_3。

（5）在第一条 I-U 特性曲线上选取多个数据点 (U_1, I_1)，重复（3）和（4）的计算过程，得到多个对应点 (U_3, I_3)。

（6）由众多 (U_3, I_3) 数据绘出太阳辐照度 G_3、温度 T_3 条件下的 I-U 特性曲线，如图 6-74（b）中的虚线图所示。

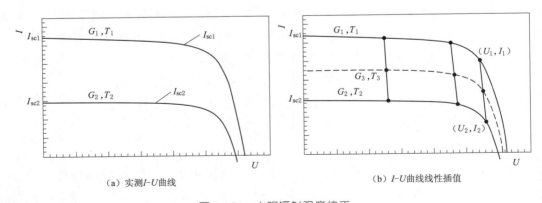

（a）实测 I-U 曲线　　　　　（b）I-U 曲线线性插值

图 6-74　太阳辐射强度校正

同理，用相似的过程可以进行温度校正，如图 6-75 所示。图 6-76 则显示了同时校正太阳辐射强度和温度的过程。当 $0 < a < 1$ 时，校正过程采用的是内插法，否则

采用外差法。需要注意的是，当 G_1、G_2、T_1 和 T_2 已确定时，G_3 和 T_3 不能独立选取，因为二者有着如式（6-140）和式（6-141）所确立的约束关系。

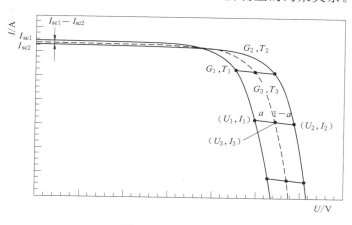

图 6-75　温度校正

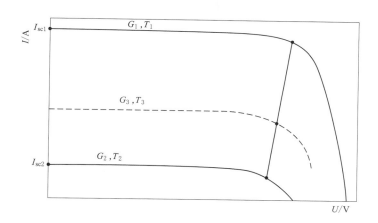

图 6-76　太阳辐照度和温度校正

6.4.2　测试功率偏差补偿与标准符合性判断

光伏组件测试功率偏差补偿方法，即是将光伏阵列非标准条件下测试得到的功率转换成组件标称条件下测试得到的功率。在 IEC 60891—2009 中有三种转换方法，但是在实际操作中，这三种转换方法均存在一定困难。

（1）数据转换方法一，在实际操作时需要知道光伏组件电流温度系数 α、电压温度系数 β、组件串联内阻 R 以及曲线修正系数 κ，通常组件参数手册中不会标注组件的串联内阻 R_s 以及曲线修正系数 κ，而组件的电压、电流温度系数受现场条件的影响，也不是一个定值，需要进行现场相关参数的提取。温度系数的提取需要在固定太阳辐照度不同温度下拟合电压、电流值后得到；串联内阻测试需要测试两种不同太阳辐照度下

的 I - U 曲线，并对两条曲线进行较为复杂的分析，不利于光伏组件的快速测试。

（2）数据转换方法二，虽然采用了电压、电流标称温度系数，但是对光伏组件内阻抗参数要求较高，不仅需要被测光伏组件内部串联阻抗值，还需要光伏组件串联阻抗的温度系数，在现场测试中，该值更难获取。根据相关文献，该方法在一般实验室测试中也较少被采用。

（3）数据转换方法三，采用两条 I - U 曲线进行插值计算，若想获得 STC 条件下光伏组件功率则两条 I - U 曲线所对应的太阳辐照度应有一条在 1000W/m^2 以上，另一条小于 1000W/m^2，同时两条 I - U 曲线也要满足一定原则。该方法在辐照资源较弱地区开展时受到一定限制。

根据光伏组件功率与环境因素的关联性可知，光伏组件在现场运行过程中，组件输出功率与太阳辐照度呈现极高正相关，与温度、风速呈现中度相关且温度的相关系数高于风速的相关系数。光伏组件的效率与温度呈现极高负相关性，而组件效率与太阳辐照度、风速呈现中度相关，且太阳辐照度的相关系数高于风速的相关系数。除此之外，温度与太阳辐照度也呈现高度相关性，综合以上的特点，本书采用 PVUSA Rating 对光伏组件及阵列现场测试功率与其标称功率进行偏差补偿，即

$$P = I(a + bI + cW + dT) \tag{6-142}$$

式中　　　I——太阳辐照度，W/m^2；

　　　　　W——风速，m/s；

　　　　　T——温度，℃；

a、b、c、d——待定系数。

在实际测试时，通过光伏组件或阵列长时输出功率、太阳辐照度、温度和风速，确定方程中各待定系数，并将 STC 条件（太阳辐照度 1000W/m^2，风速 1m/s，环境温度 25℃）代入式（6-142）中，对不同条件下组件输出功率与组件标称功率进行偏差补偿。

该方程为一个多元二项式回归模型，以残差平方和最小化为指标对模型中各系数进行最小二乘估计。

在各系数中，系数 a 与系数 b 对模型的贡献较大，特别是 a 系数。这两个量分别与太阳辐射强度-功率关系的一次拟合以及二次拟合密切相关，因此，在对模型适用性检验时，对比模型残差与太阳辐射强度-功率一次拟合残差。只有当模型残差小于太阳辐射强度-功率一次拟合残差时，该模型才可应用于对现场光伏组件实测功率与标称功率的偏差补偿。光伏组件现场测试功率偏差补偿流程图如图 6-77 所示。

以一 160W 光伏组件为例，说明该方法具体实施过程。通过对该光伏组件进行现场测试，获取光伏组件在不同运行条件下太阳辐照度、温度、风速以及输出功率，光

伏组件测试数据离群数据过滤后如图 6-78 所示。

光伏组件的输出功率与太阳辐照度呈现线性特性，选取太阳辐照度在 $750\mathrm{W/m^2}$ 以上数据进行线性拟合，如图 6-79 所示。

光伏组件太阳辐照度-功率拟合曲线为

$$P = 0.1287I + 32.3455 \qquad (6-143)$$

该方程最优拟合度 $r^2 = 0.919$，方差为 $5.528\mathrm{W/m^2}$。

将太阳辐照度、温度及风速代入式（6-143）中，可确定方差最终的回归系数、标准差以及 95% 置信区间下相关系数上下限值，见表 6-26。

将 STC 条件代入回归方程，得到不同条件下光伏组件功率偏差补偿后的值为 156.69W。

为验证该方法的有效性，将该光伏组件送至实验室采用标准人工光源在 STC 条件下进行测试，组件输出功率为 156.9064W，两者结果相近。该光伏组件已使用 2 年半左右，充分考虑组件的衰减率（25 年功率降低 20%），组件当前功率理论值应为 156.81W 左右。实验表明该方法可对光伏组件测试功率与标称功率偏差补偿方法有效。

选取 $1000\mathrm{W/m^2}$ 附近的测试点，并将相应太阳辐照度、温度代入模型中，组件输出功率实测值与模型值对比计算结果见表 6-27。

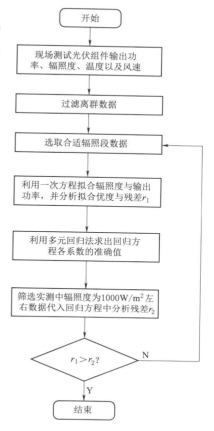

图 6-77 光伏组件现场测试功率
偏差补偿流程图

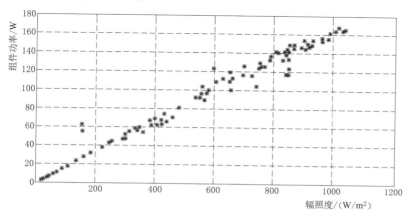

图 6-78 光伏组件测试数据

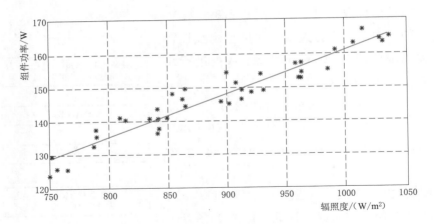

图 6-79　光伏组件功率拟合曲线

表 6-26　　　　　　　　　　　回 归 方 程 系 数 确 定

参数	估计值	标准差	95％置信区间	
			下限	上限
a	0.225	0.006	0.206	0.23
b	-1.831×10^{-5}	0	-3.321×10^{-5}	-3.107×10^{-6}
c	0	0	0	0
d	-0.002	0	-0.002	-0.001

表 6-27　　　　　　　　　组件输出功率实测值与模型值对比

输出功率 /W	太阳辐照度 /(W/m²)	温度 /℃	PVUSA 模型 /W	太阳辐照度-功率拟合 /W
163.2	1006.1	22.2	163.16	161.83
161.01	991.8	21.91	161.68	159.99
STC	1000	25	156.69	161.05

计算实际测试点与太阳辐照度-功率拟合残差为 2.92，PVUSA 模型残差为 0.45。可以看出该回归模型残差小于太阳辐照度-功率拟合残差。

在对光伏组件、组串以及阵列的功率进行偏差补偿的基础上，可对光伏组件快速测试的符合性进行判断。光伏组件快速检测符合性根据《评价和报告测试结果与规定限量符合性的要求》（CNAS—CL08）进行判断。被测光伏组件标称功率偏差带为±3％，即光伏组件的理论功率上限为 161.51W，光伏组件功率下限为 152.11W。对该光伏组件测试 20 次，通过功率偏差补偿方法将组件功率转换至 STC 条件后，光伏组件功率测试结果见表 6-28。

表 6 - 28 光伏组件功率测试结果

次数	1	2	3	4	5	6	7	8	9	10
功率/W	156.92	156.58	156.57	159.17	158.78	157.16	156.91	156.36	156.24	156.24
次数	11	12	13	14	15	16	17	18	19	20
功率/W	153.75	155.05	156.32	153.31	157.55	152.39	153.96	153.48	153.54	152.85

对测试结果进行不确定度评价。计算测试结果的均值 $\overline{P}_m = 155.66W$，标准差 $S_p = 1.98$。

样本容量 $n = 20$，采用贝塞尔公式可以求得测试结果的 A 类不确定度为

$$u_A = \frac{S_p}{\sqrt{n}} = 0.4430 \qquad (6-144)$$

测试设备的示值误差 $\Delta = \pm 0.02W$，测试结果为均匀分布，则确定因子 $k = \sqrt{3}$。可求得测试结果的 B 类不确定度为

$$u_B = \frac{\Delta}{k} = 0.0115 \qquad (6-145)$$

根据 A 类不确定度和 B 类不确定度，可得到光伏组件测试结果的合成不确定度为

$$u_c = \sqrt{u_A^2 + u_B^2} = 0.4431 \qquad (6-146)$$

在进行符合性判断时，要求置信概率为 95%，同时测试结果服从均匀分布，因此在评价测试结果的扩展不确定度时，选择包含因子 $k_p = 2$；光伏组件的扩展不确定度 u 为

$$u = k_p u_c = 0.8863 \qquad (6-147)$$

所以对光伏组件功率测试结果为

$$P_m = (155.66 \pm 0.8863)W \qquad (6-148)$$

其结果如 CNAS - CL08 中所描述：当测试结果以 95% 的置信概率延伸扩展不确定度半宽度后仍不超过规定限值时，则可以声明符合规范要求，如图 6 - 80 所示。

所以该光伏组件测试结果符合规范要求。

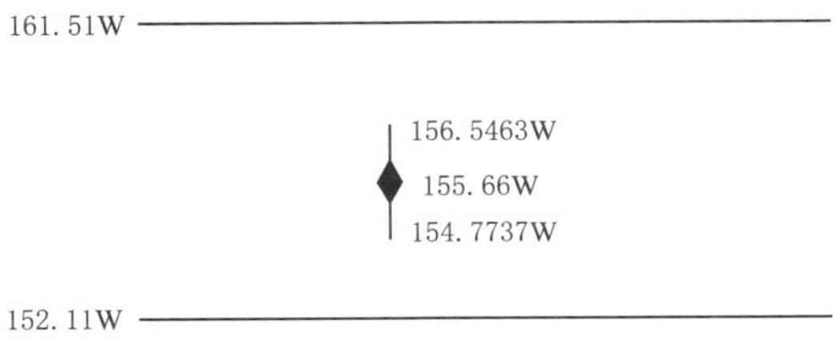

图 6 - 80 光伏组件功率测试符合性验证

6.4.3 光伏逆变器效率测试与评价

由于光伏逆变器不仅负责完成直流电能到交流电能的转换，还控制光伏逆变器直流侧工作在最大功率点，因此单一的转换效率指标难以完整描述并网逆变器的转换效

率，需要测试光伏逆变器 MPPT 效率以全面评价光伏逆变器整体效率。

国际上对光伏逆变器效率测试的研究始于 2000 年前后，并逐渐形成研究热点，相关研究部门主要集中于北美洲和欧洲。北美洲对逆变器效率测试研究主要由桑迪亚国家实验室开展，欧洲主要集中于荷兰、丹麦和德国等国家。通过多机构合作研究，形成了一系列光伏逆变器效率测试方法。

本节针对光伏逆变器实验室效率测试与评价进行研究，包括逆变器动/静态 MPPT 测试方法、逆变器转换效率测试方法以及逆变器综合效率评价方法。在实验室测试方法研究的基础上，开展逆变器现场综合效率测试与评价方法的研究。

在逆变器效率测试与评价研究中，被测设备为一台三相 500kW 光伏逆变器，测试项目为静态 MPPT 效率、动态 MPPT 效率以及转换效率。根据不同的逆变器效率评价方法对逆变器综合效率进行评价。光伏逆变器主要参数见表 6-29。

表 6-29　　　　　　　　　　　　光伏逆变器主要参数

直 流 侧 信 息		交 流 侧 信 息	
最小 MPP-电压/V	450	额定功率/kW	500
最大 MPP-电压/V	820	额定电压/V	3～270
直流母线电压范围/V	450～1000	额定频率/Hz	50
		功率因数范围	0.9（超前）～0.9（滞后）

光伏逆变器实验室效率测试电路拓扑如图 6-81 所示，光伏逆变器效率测试主要测试设备为光伏方阵模拟器、录波仪、交/直流电压/电流探头、交流模拟源等。其中光伏方阵模拟器是光伏逆变器效率测试中最关键的环节，光伏方阵模拟器的精度将直接决定逆变器效率测试的准确度。

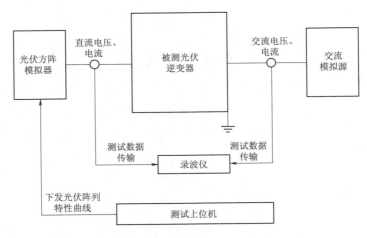

图 6-81　光伏逆变器实验室效率测试电路拓扑图

6.4.3.1 光伏逆变器静态 MPPT 效率测试分析

光伏逆变器通过跟踪光伏阵列最大功率点来提升逆变器整体效率，为了评价逆变器在稳态时 MPPT 控制精度，采用静态 MPPT 效率 η_{MPPTstat} 作为评价指标。通过比较一段时间内光伏逆变器直流侧输入电量和光伏方阵模拟器在一段时间内理论最大功率点的发电量，即可得到光伏逆变器静态 MPPT 效率为

$$\eta_{\text{MPPTstat}} = \frac{1}{P_{\text{MPP,PVS}} T_{\text{M}}} \int_0^{T_{\text{M}}} u_{\text{A}}(t) i_{\text{A}}(t) \mathrm{d}t \tag{6-149}$$

式中　$u_{\text{A}}(t)$、$i_{\text{A}}(t)$——光伏逆变器直流侧电压、电流；

　　　　$P_{\text{MPP,PVS}}$——从光伏阵列可获得的最大功率值；

　　　　T_{M}——根据测试时间决定的光伏阵列功率持续时间。

在实际测试中，电压、电流基于采样时间 ΔT_i 的离散时间点进行测试，因此，在实际对测试结果进行处理时，计算公式为

$$\eta_{\text{MPPTstat}} = \frac{1}{P_{\text{MPP,PVS}} T_{\text{M}}} \sum_i U_{\text{DC},i} I_{\text{DC},i} \Delta T_i \tag{6-150}$$

式中　$U_{\text{DC},i}$、$I_{\text{DC},i}$——光伏逆变器直流侧电压、电流；

　　　　ΔT_i——根据测试设备的采样时间确定的测试时间间隔。

在进行光伏逆变器静态 MPPT 测试时，首先需要考虑的是光伏阵列模拟装置所模拟光伏阵列的填充因数。与低填充因数的阵列相比，高填充因数阵列的最大功率点电压与开路电压的比值相对较大，因此当与具有相同开路电压的高填充因数阵列配用时，逆变器必须能在一个更宽的电压范围内进行 MPPT 控制。本书选用典型晶硅光伏阵列（填充因数为 0.72）。

1. 光伏逆变器静态 MPPT 效率测试方法

（1）单峰静态 MPPT 测试。光伏阵列在实际运行时，受环境因素影响，其最大功率点 P_{m} 与最大功率电压 U_{mpp} 会发生变化，如图 6 - 82 所示。

由图 6 - 82 可以看出，当太阳辐射强度不同时，光伏阵列最大功率与最大功率点电压都不相同，因此应在直流工作电压范围内不同电压等级和不同功率等级点上测试逆变器静态 MPPT 效率。

（2）多峰静态 MPPT 测试。目前大多数逆变器还不具备多峰 MPPT 跟踪能力，因此在多峰情况下的跟踪效率测试并未列入标准要求内容。但随着技术发展，逆变器具备多峰 MPPT 功能能够显著提高效率。本书设计一种双峰测试曲线，用于具备多峰追踪功能的逆变器效率测试。

设从光伏阵列开路电压起到 0，第一个最大功率极值为首峰，第二个最大功率极值为后峰。光伏逆变器在进行 MPPT 跟踪时，通常是从开路电压起向着电压降低方向进行搜索。若首峰大于后峰时，无论逆变器是否具备多峰 MPPT 控制功能，都可

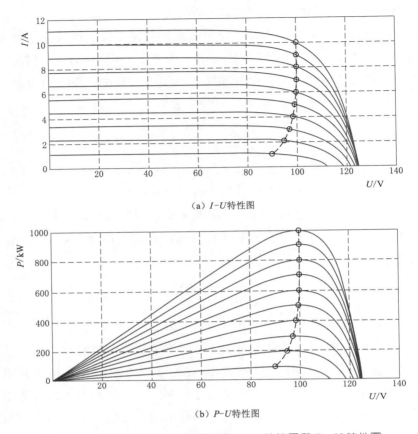

(a) I-U 特性图

(b) P-U 特性图

图 6 - 82　晶硅组件不同太阳辐照度 I-U 特性图和 P-U 特性图

以找到光伏阵列的最大功率点；若首峰小于后峰时，仅有具备多峰 MPPT 控制功能的逆变器才可以搜索到光伏阵列真实最大值。因此，光伏阵列双峰 MPPT 测试曲线设置遵循如下原则：

1）曲线上每一个功率极大值点应在逆变器直流侧 MPPT 工作电压范围内，以保证在测试时每一个功率极大值点（即 P-U 曲线上每一个峰）都有被逆变器 MPP 跟踪到的可能性。

2）应在逆变器轻载工作与重载工作下分别设置两组多峰曲线簇。

3）每条曲线簇应确保双峰曲线出现首峰与后峰差别较大，首峰与后峰差别不大和首峰小于后峰的情况，考察具有多峰 MPPT 控制模式的光伏逆变器对多峰的分辨能力。

根据以上原则，设定光伏阵列多峰测试 P-U 曲线，当该光伏阵列第 1 行整行受阴影遮挡时，在重载情况下（即无阴影遮挡时太阳辐照度为 $1000\text{W}/\text{m}^2$）设定遮挡区域太阳辐照度分别为 $900\text{W}/\text{m}^2$、$800\text{W}/\text{m}^2$、$700\text{W}/\text{m}^2$、$600\text{W}/\text{m}^2$、$500\text{W}/\text{m}^2$，相应光伏阵列 P-U 曲线如图 6 - 83（a）所示。根据设置原则 3），选取太阳辐照度为

$900\mathrm{W/m^2}$、$800\mathrm{W/m^2}$ 和 $500\mathrm{W/m^2}$ 三条双峰曲线作为测试曲线。

在轻载情况下（即无阴影遮挡时太阳辐照度为 $500\mathrm{W/m^2}$）设定遮挡区域太阳辐照度分别为 $400\mathrm{W/m^2}$、$300\mathrm{W/m^2}$、$200\mathrm{W/m^2}$、$100\mathrm{W/m^2}$、$50\mathrm{W/m^2}$，相应光伏阵列 P-U 曲线如图 6-83（b）所示。根据设置原则 3），选取太阳辐照度为 $400\mathrm{W/m^2}$ 和 $50\mathrm{W/m^2}$ 双峰曲线作为测试曲线。

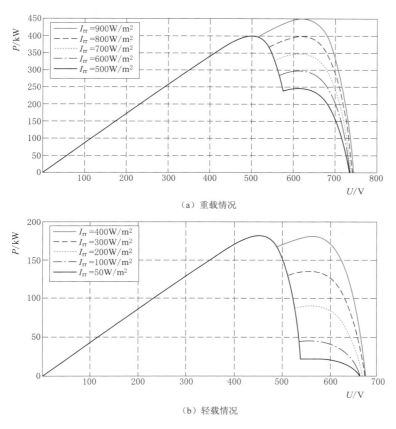

（a）重载情况

（b）轻载情况

图 6-83　光伏阵列多峰 MPPT 曲线设置

2. 光伏逆变器静态 MPPT 测试案例

（1）单峰 MPPT 效率测试。在测试光伏逆变器静态 MPPT 效率时，根据上节分析以及光伏逆变器相关参数，选取 $450\mathrm{V}$、$600\mathrm{V}$ 以及 $800\mathrm{V}$ 作为测试电压等级。在每个电压等级上选取额定功率的 5%、10%、20%、25%、30%、50%、75% 以及 100% 功率点进行测试。表 6-30 为 MPPT 效率的测量值，图 6-84 为不同输入电压下的 MPPT 效率与直流功率等级关系效率曲线。

由表 6-30 和图 6-84 可以看出，光伏逆变器静态 MPPT 效率随着逆变器直流侧电压上升而下降。在每个电压等级下，光伏逆变器效率随功率增加而先增加后减小，最大静态 MPPT 效率通常集中在 30%～50% 功率区间段。

表 6－30 MPPT 效率的测量值

功率等级		5％	10％	20％	25％	30％	50％	75％	100％
直流侧电压	450V	98.15	98.71	99.07	99.15	99.10	99.01	98.83	98.65
	600V	98.54	99.23	99.46	99.24	99.62	99.45	99.35	99.28
	800V	97.70	98.80	99.55	99.50	99.58	99.63	99.53	99.46

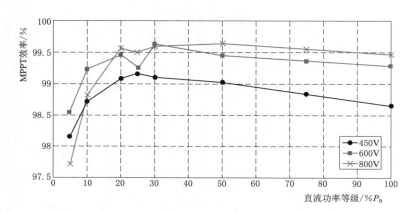

图 6－84 不同输入电压下的 MPPT 效率与直流功率等级关系

图 6－85 及图 6－86 在相同时间段内，直流侧电压 600V 时光伏逆变器在额定功率 5％（静态 MPPT 效率为 98.54％）以及功率 30％（静态 MPPT 效率为 99.62％）下光伏逆变器在最大功率点振荡过程。

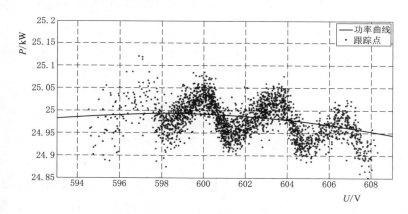

图 6－85 5％额定功率光伏逆变器跟踪最大功率点振荡过程

由图 6－85 及图 6－86 可以看出，5％额定功率处，光伏逆变器 MPPT 控制电压振荡范围比较大，约为 594～608V，振荡范围达到 14V 左右。在 30％额定功率处，光伏逆变器 MPPT 控制电压振荡范围比较小，约为 596～604V，振荡范围为 8V 左右。在功率波动上，5％额定功率与 30％额定功率下逆变器 MPPT 控制功率波动范围均为 0.3kW，相对波动分别为 1.2％和 0.2％。

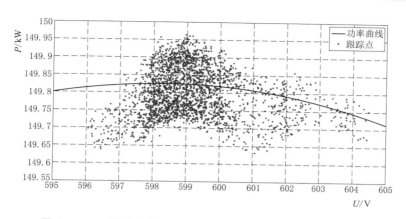

图 6-86　30％额定功率光伏逆变器跟踪最大功率点振荡过程

（2）多峰 MPPT 效率测试。设定低太阳辐射强度下多峰 MPPT 曲线如图 6-87 所示，光伏阵列在 $500W/m^2$ 辐照下部分受阴影遮挡，被遮挡光伏组件表面太阳辐照度为 $300W/m^2$ 使得该阵列 P-U 曲线为一双峰曲线，具有两个极值点，功率最大值点在 P-U 曲线的后峰。逆变器在不具备多峰 MPPT 跟踪模式下，仅能跟踪到较低功率极值（首峰），如图 6-87 所示的蓝色跟踪点。在该情况下，光伏逆变器 MPPT 效率为 74.84％。

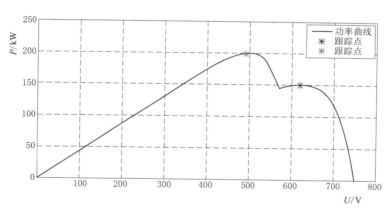

图 6-87　多峰 MPPT 跟踪效率测试

通过更改程序指令，使逆变器具有简单的多峰 MPPT 跟踪能力，此时逆变器可以跟踪到光伏阵列最大功率点（后峰），如图 6-87 所示的红色跟踪点。在该情况下，光伏逆变器 MPPT 效率为 99.55％。

6.4.3.2　光伏逆变器动态 MPPT 效率测试分析

1. 光伏逆变器动态 MPPT 效率测试方法

光伏逆变器在稳态运行时，外部环境的突然变化可能会使 MPPT 控制出现错拍等情况，造成逆变器额外的效率损耗。为评价并网光伏逆变器在太阳辐照度波动下的

MPPT 跟踪性能，标准 EN50530 设置在太阳辐照度不同变化速率的情况下对逆变器进行 MPPT 测试。逆变器动态 MPPT 效率定义为

$$\eta_{\text{MPPT}} = \frac{1}{\sum_j P_{\text{MPP,PVS},j} \Delta T_j} \sum_i U_{\text{DC},i} I_{\text{DC},i} \Delta T_i \qquad (6-151)$$

式中 $P_{\text{MPP,PVS},j}$——不同步长测试中功率分析仪记录的光伏方阵 MPP 功率；

  ΔT_j——该功率下的持续时间。

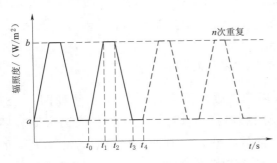

图 6-88 动态 MPPT 太阳辐照度波动曲线

本小节采用梯形坡对光伏逆变器动态 MPPT 效率进行测试分析，动态 MPPT 太阳辐照度波动曲线如图 6-88 所示。其中，t_0 与 t_1 的时间间隔为太阳辐照度上升时间，t_1 与 t_2 的时间间隔为太阳辐照度峰值保持时间，t_2 与 t_3 的时间间隔为太阳辐照度下降时间，t_3 与 t_4 的时间间隔为太阳辐照度谷值保持时间。

考虑到逆变器的 MPPT 动态性能与初始条件有关，设定低太阳辐照度动态 MPPT 效率测试和高太阳辐照度动态 MPPT 效率测试。其中，低太阳辐照度为 $100\sim 500\text{W/m}^2$，步长为 400W/m^2，稳定时间为 200s，等待时间为 150s；高太阳辐射强度为 $300\sim 1000\text{W/m}^2$，步长为 700W/m^2，稳定时间与等待时间与低太阳辐照度动态 MPPT 效率测试的相同。低太阳辐照度和高太阳辐照度动态 MMPT 测试结果见表 6-31 和表 6-32。

表 6-31　　　　　　　　　　低太阳辐照度动态 MPPT 测试结果

次数	变化速率/[W/(m²·s)]	上升时间/s	峰值保持时间/s	下降时间/s	谷值保持时间/s
2	0.5	800	10	800	10
2	1	400	10	400	10
3	2	200	10	200	10
4	3	133	10	133	10
6	5	80	10	80	10
8	7	57	10	57	10
10	10	40	10	40	10
10	14	29	10	29	10
10	20	20	10	20	10
10	30	13	10	13	10
10	50	8	10	8	10

次数	变化速率/[W/(m²·s)]	上升时间/s	峰值保持时间/s	下降时间/s	谷值保持时间/s
10	100	4	10	4	10
10	200	2	10	2	10
10	400	1	10	1	10

表 6-32　　　　　　　　高太阳辐射强度动态 MPPT 测试结果

次数	变化速率/[W/(m²·s)]	上升时间/s	峰值保持时间/s	下降时间/s	谷值保持时间/s
10	10	70	10	70	10
10	14	50	10	50	10
10	20	35	10	35	10
10	30	23	10	23	10
10	50	14	10	14	10
10	100	7	10	7	10
10	200	3.5	10	3.5	10
10	700	1	10	1	10

表 6-31 中，低太阳辐照度动态 MPPT 变化速率由 $0.5W/(m^2 \cdot s)$ 逐步增加，最大值变化速率 $400W/(m^2 \cdot s)$；表 6-32 中，高太阳辐照度动态 MPPT 变化速率由 $10W/(m^2 \cdot s)$ 逐步增加，最大值变化速率为 $700W/m^2s^{-1}$。考虑到太阳辐照度波动越剧烈，光伏逆变器动态 MPPT 跟踪效率越不稳定，为了增加测试结果的置信度，在太阳辐照度波动剧烈时增加测试次数以消除单次测试不稳定所带来的测量误差。

逆变器在启停机过程中的 MPPT 控制效率情况也是光伏逆变器效率考察范围之一。本小节中设计试验测试逆变器启停机过程中逆变器 MPPT 控制效率，太阳辐照度由 $2W/m^2$ 上升至 $100W/m^2$ 后再下降回 $2W/m^2$，结果见表 6-33。

表 6-33　　　　　　　　启　停　机　测　试

次数	变化速率/[W/(m²·s)]	上升时间/s	峰值保持时间/s	下降时间/s	谷值保持时间/s
1	0.1	980	30	980	30

2. 光伏逆变器动态 MPPT 效率测试案例

光伏逆变器动态 MPPT 效率测试与评价分为低太阳辐照度测试、高太阳辐照度测试以及启停机检测。在测试时，通过上位机设定光伏方阵模拟器输出 $P-U$ 曲线变化方式以及变化速率。

（1）低太阳辐照度检测。调节光伏方阵模拟器输出曲线参数，使太阳辐照度为 $1000W/m^2$ 工况下对应的最大输出功率等于被测设备额定输入功率 $P_{DC,r}$。待被测逆变器输出稳定后，调节光伏方阵模拟器太阳辐照度参数并记录输入电压和输入电流。若被测逆变器在 MPPT 模式下无法稳定运行，应至少等待 5min 再进行测量。低太阳辐照度下的动态 MPPT 效率测试结果如图 6-89 所示。

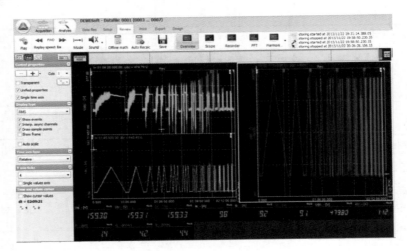

图 6-89　低太阳辐照度下的动态 MPPT 效率测试

由图 6-89 可以看出，该逆变器在进行动态 MPPT 跟踪时，当光伏方阵模拟器功率在上升阶段，逆变器直流侧电压波动较大，随着光伏方阵模拟器上升速率的增加，逆变器直流侧电压波动范围增大。光伏逆变器直流侧电流与功率变化趋势基本与光伏方阵模拟器变化相一致，低太阳辐照度下动态 MPPT 效率测试结果见表 6-34，上升时间为 800s 放大图如图 6-90 所示。

表 6-34　　　　　　　　　　　低太阳辐照度下的动态 MPPT 效率测试结果

重复次数	变化速率/[W/(m² · s)]	上升时间/s	动态 MPPT 效率/%
1	0.5	800	99.52
1	1	400	99.27
2	2	200	99.15
3	3	133	99.13
3	5	80	98.74
3	7	57	98.48
3	10	40	97.98
3	14	29	97.29
3	20	20	96.57
3	30	13	97.23
3	50	8	96.85
3	100	4	99.27
3	200	2	98.62
3	400	1	98.31
平均效率			98.32

当光伏方阵模拟器变化速率为 0.5W/(m² · s) 时，在功率上升阶段，逆变器直流侧电压一直存在较大扰动，如图 6-90 （a） 所示，造成逆变器直流侧功率上升阶段

一直伴有小幅波动，动态 MPPT 跟踪效率略低于下降阶段。由于光伏方阵模拟器变化步长较小，光伏逆变器直流侧功率还是可以很好地跟踪光伏方阵模拟器功率的变化，如图 6-90（b）所示。光伏逆变器电压与功率变化如图 6-91 所示，由于逆变器直流侧电压波动范围较小，因此在光伏方阵模拟器输出直流侧功率变化时，逆变器直流侧功率基本在每条 P-U 曲线最大功率点附近。

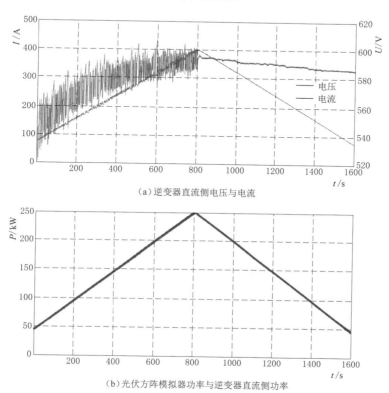

（a）逆变器直流侧电压与电流

（b）光伏方阵模拟器功率与逆变器直流侧功率

图 6-90　低太阳辐照度下的动态 MPPT 效率测试，上升时间为 800s 放大图

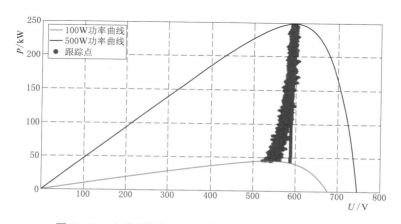

图 6-91　上升时间为 800s 时的逆变器最大功率跟踪点

当光伏方阵模拟器变化速率为 $20W/(m^2 \cdot s)$ 时，在光伏方阵模拟器上升阶段，逆变器直流侧电压存在波动，如图 6-92（a）所示。与图 6-90（a）对比可以看出，在功率上升阶段，直流侧电压波动十分剧烈，逆变器直流侧功率受到影响，无法很好地跟踪光伏方阵模拟器功率变化，如图 6-92（b）所示。光伏逆变器电压与功率变化如图 6-93 所示，光伏方阵模拟器输出直流侧功率变化时，逆变器直流侧功率波动剧烈，偏离 $P-U$ 曲线最大功率点情况严重。

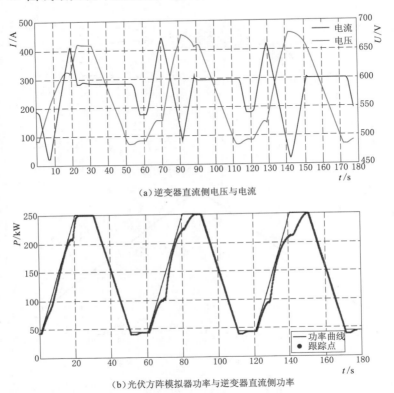

（a）逆变器直流侧电压与电流

（b）光伏方阵模拟器功率与逆变器直流侧功率

图 6-92　低太阳辐照度下的动态 MPPT 效率测试（上升时间为 20s 放大图）

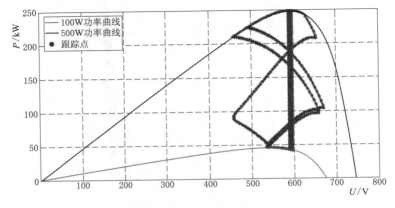

图 6-93　上升时间为 20s 时的逆变器电压与功率

　　光伏逆变器在动态 MPPT 上升阶段，首先由低辐照 P-U 曲线的最大功率点向开路电压处变化，在变化过程中功率随之上升，然后跟踪电压降低，功率仍然上升，最后电压上升，逆变器跟踪到高辐照 P-U 曲线的最大功率点。当太阳辐照度下降时，逆变器直流侧电压按照由高辐照 P-U 曲线竖直下降至低辐照 P-U 曲线。

　　（2）高太阳辐照度检测。调节光伏方阵模拟器输出曲线参数，使太阳辐照度为 $1000W/m^2$ 工况下对应最大输出功率等于被测逆变器额定直流功率 $P_{DC,r}$。待被测逆变器输出稳定后，调节光伏方阵模拟器太阳辐照度参数并记录输入电压和输入电流。若被测逆变器在 MPPT 模式下无法稳定运行，应至少等待 5min 再进行测量。高太阳辐照度下动态 MPPT 效率测试结果如图 6-94 所示。

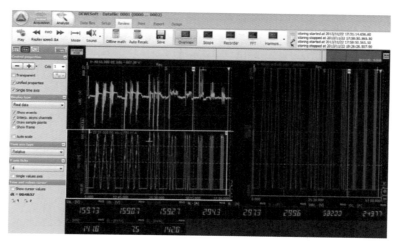

图 6-94　高太阳辐照度下动态 MPPT 效率测试结果

　　由图 6-94 可以看出，在整个动态 MPPT 过程中，受光伏逆变器直流侧稳压电容的影响，在光伏方阵模拟器功率上升时，光伏逆变器直流侧电压波动较为剧烈；在光伏方阵模拟器功率下降时，光伏逆变器直流侧电压较为平稳。而逆变器直流侧电流可以稳定跟踪光伏方阵模拟器直流侧功率的变化，从而保证逆变器在整个动态 MPPT 过程中可以跟踪直流侧功率，高太阳辐照度下的动态 MPPT 效率测试结果见表 6-35。

表 6-35　　　　　　　　　　　高太阳辐照度下的动态 MPPT 效率测试结果

重复次数	变化速率/[W/(m²·s)]	上升时间/s	动态 MPPT 效率/%
10	10	70	99.35
10	14	50	98.92
10	20	35	98.16
10	30	23	98.84

续表

重复次数	变化速率/[W/(m² · s)]	上升时间/s	动态 MPPT 效率/%
10	50	14	99.28
10	100	7	95.22
10	200	3.5	99.44
10	700	1	99.62
平均效率			98.6

由表 6 - 35 可看出，逆变器动态 MPPT 效率最高为光伏模拟器变化步长为 700W/(m² · s) 时，达到 99.62%；动态 MPPT 效率最低为光伏模拟器变化步长为 100W/(m² · s) 时，仅为 95.22%。

对这两个步长变化下的逆变器动态 MPPT 效率进行详细分析。当光伏模拟器变化速率为 100W/(m² · s) 时，情况与低辐照度为 20W/(m² · s) 时相同。由于直流侧电压波动剧烈，在每个电压极大值处，电流会有小幅回落，随之继续增大，此时电压降低至最大功率点，如图 6 - 95 (a) 所示。由于电流跟踪明显滞后于太阳辐照度变化，逆变器直流侧功率损耗明显，如图 6 - 95 (b) 所示。光伏逆变器电压与功率变化如图 6 - 96 所示。

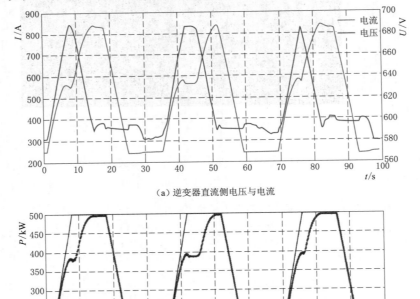

(a) 逆变器直流侧电压与电流

(b) 光伏方阵模拟器功率与逆变器直流侧功率

图 6 - 95 高太阳辐照度下的动态 MPPT 效率测试（上升时间为 7s 放大图）

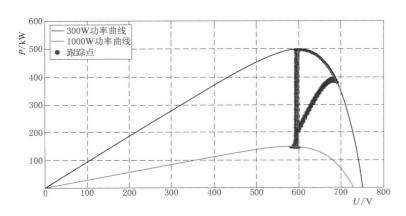

图 6-96　上升时间为 7s 时的逆变器电压与功率

　　当光伏模拟器变化速率为 $700W/(m^2 \cdot s)$ 时，直流侧电压仍然会有剧烈波动，电流也会有相同变化，如图 6-97（a）所示。但是由于光伏模拟器在该情况下仅有 $1000W/m^2$ 和 $300W/m^2$ 两条 P-U 曲线，即光伏模拟器仅有两种状态，使得逆变器直流侧电压振荡次数变少，减小了逆变器动态 MPPT 控制损失，如图 6-97（b）所

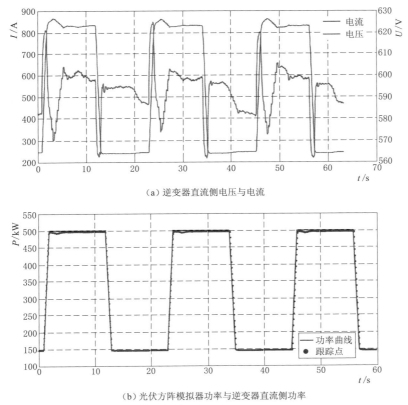

（a）逆变器直流侧电压与电流

（b）光伏方阵模拟器功率与逆变器直流侧功率

图 6-97　高太阳辐照度下的动态 MPPT 效率测试（上升时间为 1s 放大图）

示。光伏逆变器电压与功率变化如图 6-98 所示。

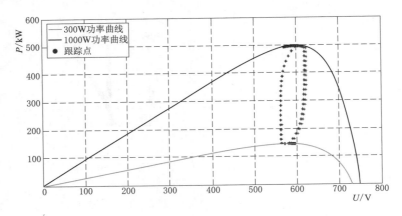

图 6-98　上升时间为 1s 时的逆变器电压与功率

该光伏逆变器动态 MPPT 在测试过程中，由于控制方法等问题，造成在功率上升阶段逆变器直流侧电压产生波动，这种波动随着光伏模拟器上升速率和上升过程中的状态数而变化。光伏模拟器上升速率较低，直流电压波动较小，从而提升逆变器动态 MPPT 效率；光伏模拟器上升过程中状态数较少，直流侧电压波动次数较少，也在一定程度上提升了光伏逆变器动态 MPPT 效率。

分析试验设计得出以下结论：

1）单一斜率的上升、下降测试波形（包括矩形测试）不能完全体现逆变器的动态 MPPT 性能，需要设置多斜率的测试曲线覆盖逆变器工作范围。

2）在条件允许的情况下，可适当拓展斜率变化范围以更全面地反映逆变器性能。从测试结果来看，按 EN50530 的测试范围，在低太阳辐照度下，该逆变器最小动态 MPPT 效率是变化速率为 $20 \sim 50 \text{W}/(\text{m}^2 \cdot \text{s})$，但高于 $50 \text{W}/(\text{m}^2 \cdot \text{s})$ 的测试结果均较好。

3）启动与停机检测时，调节光伏模拟器输出曲线参数，使太阳辐照度为 $1000 \text{W}/\text{m}^2$ 工况下对应最大输出功率等于被测逆变器额定直流功率 P，记录被测光伏逆变器的启停机次数，记录启动和停机时的太阳辐照度、输入电压值和输入电流值。待被测逆变器输出稳定后，调节光伏模拟器太阳辐照度参数并记录输入电压和输入电流。若被测逆变器在 MPPT 模式下无法稳定运行，应至少等待 5min 再进行测量。在光伏逆变器启停机阶段，其动态 MPPT 效率为 98.91%。启动与停机效率测试如图 6-99 所示。

由图 6-99 可以看出，在光伏逆变器启动前光伏方阵模拟器给直流侧电容充电，使其与光伏模拟器开路电压相等，到逆变器开始工作时，从开路电压迅速搜索到光伏模拟器输出 P-U 功率曲线的最大功率点。而在光伏逆变器停机过程中，由于直流侧

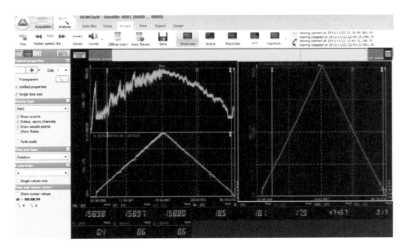

图 6 - 99　启动与停机效率测试结果

电容作用，逆变器停机过程电压变化较为平缓，可以很好地跟踪光伏方阵模拟器输出电压和功率的变化。

6.4.3.3　光伏逆变器转换效率测试与分析

1. 光伏逆变器转换效率测试方法

光伏逆变器效率转换效率用于评价光伏逆变器将直流功率转换为交流功率的能力。根据对光伏逆变器效率影响因素的分析可知，光伏逆变器转换效率与逆变器功率器件损耗、逆变器拓扑结构及调制方式相关。其中逆变器拓扑结构与调制方式通过逆变器功率器件损耗间接影响光伏逆变器效率。

采用式（6-69）、式（6-70）和式（6-74）计算逆变器功率器件的损耗。

交直流转换效率考察光伏逆变器交直流转换的能力，不同功率器件、拓扑结构以及调制方式对光伏逆变器交直流转换效率都会有影响。通过交直流转换效率测试，评价不同结构及控制方式下逆变器效率。从逆变器功率器件损耗可以看出，功率器件的开通损耗在不同功率等级下对逆变器效率影响不相同；同时功率器件的开关损耗与逆变器直流侧电压等级、开关频率等直接相关，为了全面评价光伏系统转换效率，应与静态 MPPT 效率测试所包含测试内容相似，即测试光伏逆变器在不同直流侧电压与功率等级下交直流转换效率。

交直流转换效率为一段时间内光伏逆变器交流侧输出电量与直流侧输入电量之比，即

$$\eta_{\mathrm{cov}} = \frac{\sum\limits_{i} U_{\mathrm{AC},i} I_{\mathrm{AC},i} \Delta T_i}{\sum\limits_{i} U_{\mathrm{DC},i} I_{\mathrm{DC},i} \Delta T_i} \tag{6-152}$$

式中　$U_{\mathrm{AC},i}$、$U_{\mathrm{DC},i}$——光伏逆变器的交流电压、直流电压。

2. 光伏逆变器转换效率测试案例

在测试光伏逆变器转换效率时，根据上节分析以及光伏逆变器相关参数，选取450V、600V以及800V作为测试电压等级。在每个电压等级上选取额定功率的5%、10%、20%、25%、30%、50%、75%以及100%直流功率等级进行测试。表6-36为被测点逆变器转换效率的测量值，图6-100为不同输入电压下的转换效率与直流功率等级的关系。

表6-36   直流侧电压转换效率的测量值   %

功率等级	转 换 效 率							
	5%	10%	20%	25%	30%	50%	75%	100%
450V	97.6	98	97.99	97.91	97.84	97.45	97.51	97.26
600V	94.84	96.76	97.41	97.52	97.52	97.4	97.18	96.86
800V	96.56	97.36	97.51	97.47	97.42	96.88	97.04	96.77

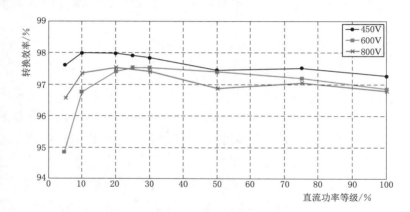

图6-100   不同输入电压下的转换效率与直流功率等级的关系

由图6-100可以看出，逆变器转换效率随着功率等级上升呈现先上升后下降的变化，在直流功率等级较低处，逆变器功率器件损耗特别是开关损耗所占比重较大，导致其转换效率降低。随着直流功率等级上升，在（10%～30%）直流功率等级处逆变器转换效率出现最大值。当继续增大逆变器直流侧功率时，功率器件导通损耗增加导致逆变器转换效率降低。

6.4.3.4   光伏逆变器整体效率测试与分析

静态MPPT效率与转换效率随直流侧电压变化呈现不同的变化趋势，仅从静态MPPT效率或转换效率单一指标都无法判断不同光伏逆变器在相同电压与功率等级下效率的高低。因此，采用光伏逆变器整体效率对逆变器效率进行分析。光伏逆变器总效率为光伏逆变器从MPPT控制到自身交直流转换整体效率，即

$$\eta_{overall} = \eta_{cov}\eta_{MPPTstat} \tag{6-153}$$

根据光伏逆变器静态 MPPT 效率与转换效率，可得到在不同直流电压等级与不同功率等级下逆变器整体效率的测量值见表 6-37，不同输入电压下的整体效率与直流功率等级的关系，如图 6-101 所示。

表 6-37　　　　　　　　　直流侧电压逆变器整体效率的测量值　　　　　　　　　%

功率等级	5%	10%	20%	25%	30%	50%	75%	100%
450V	95.79	96.74	97.08	97.08	96.96	96.49	96.37	95.95
600V	93.46	96.01	96.88	96.78	97.15	96.86	96.55	96.16
800V	94.34	96.19	97.07	96.98	97.01	96.52	96.58	96.24

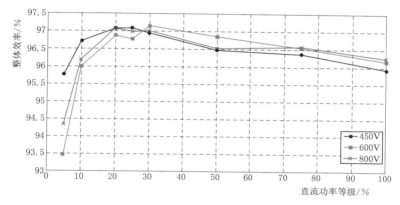

图 6-101　不同输入电压下的整体效率与直流功率等级的关系

由表 6-37 和图 6-101 可以看出，当直流侧电压为 600V 即光伏逆变器最佳 MPPT 工作电压时，在 30% 额定功率等级处达到最大效率为 97.15%；并且在该电压等级下，30%～75% 额定功率的逆变器整体效率都大于其他几个电压等级下对应效率。

6.4.3.5　光伏逆变器效率评价方法

光伏逆变器效率评价不仅与逆变器本身性能有关，还与逆变器使用地区辐照资源相关。目前，欧美等发达国家已经制定相关技术标准或法规，如 *Overall efficiency of grid connected photovoltaic inverters*（EN 50530—2010）推出欧洲效率加权和加州效率加权，即通过不同输出功率条件下逆变器的发电效率配以不同加权系数来模拟真实使用环境，综合评价光伏逆变器发电效率。由于我国地域辽阔，不同地区辐照资源差别也较大，欧洲效率和加州效率不能简单适用于我国，因此迫切需要一种符合我国辐照资源分布的光伏逆变器效率评价方法。

1. 欧洲效率与加州效率分析

欧洲效率和加州效率分别基于德国慕尼黑地区辐照资源与美国加州地区辐照资源分布特征提出，目的是在对应逆变器直流侧功率点上给出相应的权重系数综合评价光伏逆变器效率。光伏逆变器欧洲效率和加州效率功率等级及系数加权值见表 6 - 38。$P_{\mathrm{MPP,PVS}}$ 为光伏阵列模拟器 MPPT 功率，$P_{\mathrm{DC,r}}$ 为光伏逆变器额定输入功率。

表 6 - 38　　　　　　　　光伏逆变器欧洲效率和加州效率功率等级及系数

功率等级	MPP_1	MPP_2	MPP_3	MPP_4	MPP_5	MPP_6	MPP_7
$P_{\mathrm{MPP,PVS}}/P_{\mathrm{DC,r}}$	0.05	0.10	0.20	0.30	0.50	0.75	1
欧洲效率系数	$\alpha_{\mathrm{EU\_1}}$	$\alpha_{\mathrm{EU\_2}}$	$\alpha_{\mathrm{EU\_3}}$	$\alpha_{\mathrm{EU\_4}}$	$\alpha_{\mathrm{EU\_5}}$	$\alpha_{\mathrm{EU\_6}}$	$\alpha_{\mathrm{EU\_7}}$
	0.03	0.06	0.13	0.10	0.48	—	0.20
加州效率系数	$\alpha_{\mathrm{CEC\_1}}$	$\alpha_{\mathrm{CEC\_2}}$	$\alpha_{\mathrm{CEC\_3}}$	$\alpha_{\mathrm{CEC\_4}}$	$\alpha_{\mathrm{CEC\_5}}$	$\alpha_{\mathrm{CEC\_6}}$	$\alpha_{\mathrm{CEC\_7}}$
	—	0.04	0.05	0.12	0.21	0.53	0.05

由表 6 - 38 可以看出，欧洲效率在 $0.75P_{\mathrm{DC,r}}$ 功率点处无加权系数，而加州效率在 $0.05P_{\mathrm{DC,r}}$ 功率点处无加权系数。这是因为欧洲辐照资源较弱，因此，低辐照资源所占比重较高；而加州地区辐照资源较强，因此，在加权系数制定时偏重高太阳辐照度地区。

根据欧洲效率及加州效率的加权系数，即可求得光伏逆变器综合效率为

$$\eta_{\mathrm{inverter-all}} = \sum_{i=1}^{n} \alpha_{\mathrm{EUR\_CEC}\_i} \eta_{\mathrm{mean}\_i} \qquad (6-154)$$

式中　$\alpha_{\mathrm{EUR\_CEC}\_i}$——对应的欧洲效率系数或加州效率系数。

针对欧洲效率加权系数进行分析时，选取德国慕尼黑地区一年的日照强度数据，分别对应欧洲效率的分档区间，统计其不同区间的年累计发电量，在此基础上计算出每段功率分档水平上的年总发电量的权重占比。在确定功率点之后选取功率范围时，尽量选取中间值作为统计区间切换点，同时保证每个统计区间的平均光照强度接近功率分档点。比如针对 50% 点，选取上下切换点分别为 35% 与 65%，以保证 50% 统计区间的平均光照接近于 500W/m² 。计算这些区间内平均太阳辐照度 $I_{\mathrm{mean}-i}$ 以及这些太阳辐照度所累积的时间 t_i ，得到该地区不同辐照等级下的累计能量 $I_{\mathrm{sum}-i}$ 为

$$I_{\mathrm{sum}-i} = I_{\mathrm{mean}-i} t_i \qquad (6-155)$$

计算在测试时间段内当地总辐照累计能量 I_{sum} 为

$$I_{\mathrm{sum}} = \sum_{i=1}^{n} I_{\mathrm{sum}-i} \qquad (6-156)$$

根据式 （6 - 155） 和式 （6 - 156） 即可求出不同辐照等级下的能量占比为

$$\alpha_i = \frac{I_{\mathrm{sum}-i}}{I_{\mathrm{sum}}} \qquad (6-157)$$

将计算得到的能量占比进行取整，得到一组权重数值，此权重与实际欧洲效率中所给出的各功率点权重进行比对，结果见表 6 - 39。

表 6 - 39　　　　　　　　　　慕尼黑地区光照资源分布与欧洲效率权重

负载点	负载范围	时间/h	平均太阳辐照度/(W/m²)	累计能量/(W·h/m²)	能量占比	取整权重	欧洲效率权重	偏差
5%	1%~7.5%	954	37.01	35308	0.0308	0.03	0.03	0
10%	7.51%~14.99%	718	110.14	79081	0.0691	0.07	0.06	0.01
20%	15%~24.99%	747	197.11	147241	0.1286	0.13	0.13	0
30%	25%~34.99%	556	298.50	165966	0.1449	0.14	0.10	0.04
50%	35%~64.99%	1084	481.17	521588	0.4555	0.46	0.48	−0.02
100%	65%	268	730.60	195801	0.1710	0.17	0.20	−0.03
合计	—	4327	309.10	1144985	—	1	1	0.1

针对加州效率加权系数进行分析，选取美国洛杉矶地区与达拉斯地区一年的辐照强度，按照欧洲效率中功率范围选取的原则对应加州效率的分档区间，统计不同区间的年累计发电量，在此基础上计算出每段功率分档水平上的权重占比，结果见表 6 - 40。

表 6 - 40　　　　　美国洛杉矶、达拉斯地区光照资源分布与加州效率权重

负载点	负载范围	达拉斯比重	洛杉矶比重	平均值	取整	加州效率权重	偏差
太阳辐照度/[kW·h/(a·m²)]		1854	1924	1889	—	—	—
10%	0.01%~15%	0.03	0.03	0.030	0.03	0.04	−0.01
20%	15.01%~25%	0.06	0.05	0.055	0.05	0.05	0.00
30%	25.01%~40%	0.13	0.12	0.125	0.13	0.12	−0.01
50%	40.01%~57%	0.22	0.22	0.220	0.22	0.21	−0.01
75%	57.01%~92.5%	0.50	0.52	0.510	0.51	0.53	0.02
100%	92.5%	0.06	0.06	0.060	0.06	0.05	−0.01
合计	—	1855	1925	—	1	1	0

由以上分析可看出，欧洲效率和加州效率在制定时主要依据当地辐照度，并按照负载点进行分档，以 1000W/m² 太阳辐照度为基准，尽量保证分档范围内平均辐照强度与负载点太阳辐照度相同。在制定适合于我国逆变器效率加权值时，也可参考该思路进行设置。

2. 适用于我国的效率评价方法

我国地域广阔，不同地区辐照资源差异较大，采用统一加权效率对逆变器效率进行评价缺乏合理性。因此，制定适用于我国的效率评价方法应首先对我国辐照资源区进行分类。

2013 年 8 月 26 日，国家发展改革委发布的《关于发挥价格杠杆作用促进光伏产业健康发展的通知》（发改价格〔2013〕1638 号）指出，根据各地太阳能资源条件和建设成本，将全国分为三类太阳能资源区，相应制定的光伏电站标杆上网电价见表 6 - 41。

表 6 - 41　　　　　　　　　　全国太阳能资源分类和电站标杆上网电价

资源区	光伏电站标杆上网电价 /[元/(kW·h)]	各资源区所包括的地区
Ⅰ类	0.9（含税）	宁夏、青海海西、甘肃嘉峪关、武威、张掖、酒泉、敦煌、金昌、新疆哈密、塔城、阿勒泰、克拉玛依、内蒙古赤峰、通辽、兴安岭盟、呼伦贝尔以外地区
Ⅱ类	0.95（含税）	北京、天津、黑龙江、吉林、辽宁、四川、云南、内蒙古赤峰、通辽、兴安盟、呼伦贝尔、河北承德、张家口、唐山、秦皇岛、山西大同、朔州、忻州、陕西榆林、延安、青海、甘肃、新疆除Ⅰ类外其他地区
Ⅲ类	1（含税）	除Ⅰ类、Ⅱ类资源区以外的其他地区

　　光伏逆变器效率高低直接关系到光伏系统发电量，可采取表 6 - 41 的分类对我国逆变器在这三类辐照资源区效率权重系数进行计算。

　　根据上节对欧洲效率权重系数和加州效率权重系数的计算方法，选择在我国太阳能资源较有代表性的地区来计算该地区的加权系数，Ⅰ类资源区选择敦煌、嘉峪关、格尔木以及新疆哈密地区；Ⅱ类资源区选择昆明、北京、榆林和承德；Ⅲ类资源区选择上海、广州、合肥、海口，结果见表 6 - 42～表 6 - 44 所示。

表 6 - 42　　　　　　　　　　Ⅰ类资源区功率加权系数

负载点	负载范围	Ⅰ 类				平均值	权重
		敦煌	嘉峪关	格尔木	新疆哈密		
太阳辐照度/[kW·h/(a·m²)]		2030.8	2072.5	2240.0	1880.6	2056.0	—
5%	1%～7.5%	0.020	0.020	0.010	0.010	0.0140	0.01
10%	7.51%～15%	0.021	0.023	0.015	0.018	0.0190	0.02
20%	15.01%～25%	0.070	0.050	0.050	0.040	0.0520	0.05
30%	25.01%～40%	0.100	0.090	0.080	0.091	0.0902	0.09
50%	40.01%～62%	0.210	0.200	0.240	0.220	0.2180	0.22
75%	62.01%～87.5%	0.390	0.390	0.420	0.410	0.4020	0.40
100%	87.51%～100%	0.200	0.210	0.220	0.210	0.2100	0.21
合计	—	1	1	1	1	1	0

表 6 - 43　　　　　　　　　　Ⅱ类资源区功率加权系数

负载点	负载范围	Ⅱ 类				平均值	权重
		昆明	北京	榆林	承德		
太阳辐照度/[kW·h/(a·m²)]		1543.8	1516.7	1977.7	1993.3	1757.9	—
5%	1%～7.5%	0.02	0.02	0.01	0.01	0.014	0.01
10%	7.51%～15%	0.04	0.04	0.02	0.02	0.031	0.03

续表

负载点	负载范围	Ⅱ 类				平均值	权重
		昆明	北京	榆林	承德		
20%	15.01%～25%	0.07	0.08	0.05	0.04	0.060	0.06
30%	25.01%～40%	0.16	0.14	0.10	0.11	0.130	0.13
50%	40.01%～62%	0.26	0.29	0.24	0.22	0.252	0.25
75%	62.01%～87.5%	0.37	0.33	0.40	0.40	0.377	0.38
100%	87.51%～100%	0.08	0.09	0.18	0.21	0.140	0.14
合计	—	1	1	1	1	1	1

表 6-44　　　　　　　　　Ⅲ类资源区功率加权系数

负载点	负载范围	Ⅲ 类				平均值	权重
		上海	广州	合肥	海口		
太阳辐照度/[kW·h/(a·m²)]		1316.6	1142.2	1448.3	1651.3	1389.6	—
5%	1%～7.5%	0.03	0.04	0.02	0.01	0.024	0.02
10%	7.51%～15%	0.06	0.07	0.04	0.03	0.052	0.06
20%	15.01%～25%	0.10	0.13	0.09	0.08	0.098	0.1
30%	25.01%～40%	0.18	0.18	0.16	0.14	0.160	0.16
50%	40.01%～62%	0.28	0.27	0.30	0.28	0.283	0.28
75%	62.01%～87.5%	0.30	0.28	0.34	0.38	0.325	0.33
100%	87.51%～100%	0.05	0.04	0.04	0.08	0.052	0.05
合计	—	1	1	1	1	1	1

由表 6-42～表 6-44 可以看出，Ⅰ类资源区和Ⅱ类资源区权重系数相近，其权重最大值都在 75% 处，Ⅲ类资源区高负载点权重有所降低，同时低太阳辐照度权重系数有所上升。

3. 光伏逆变器效率评价案例

利用欧洲效率、加州效率以及我国Ⅰ类资源区、Ⅱ类资源区、Ⅲ类资源区效率来评价光伏逆变器静态 MPPT 效率、转换效率以及整体效率，其结果见表 6-45。

表 6-45　　　　　　　逆变器 MPPT 效率、转换效率和整体效率的加权值

MPPT 效 率					
电压等级	欧洲效率	加州效率	Ⅰ类资源区	Ⅱ类资源区	Ⅲ类资源区
450V	0.989150	0.989018	0.9886	0.988923	0.989217
600V	0.994002	0.994077	0.9938	0.994021	0.994117
800V	0.994752	0.995251	0.9951	0.995132	0.994845

续表

转 换 效 率					
电压等级	欧洲效率	加州效率	Ⅰ类资源区	Ⅱ类资源区	Ⅲ类资源区
450V	0.975841	0.976402	0.9759	0.976146	0.976439
600V	0.972004	0.972800	0.9722	0.972471	0.972395
800V	0.969606	0.970054	0.9695	0.969776	0.969975
整 体 效 率					
电压等级	欧洲效率	加州效率	Ⅰ类资源区	Ⅱ类资源区	Ⅲ类资源区
450V	0.965256	0.965680	0.9648	0.965335	0.965813
600V	0.966183	0.967040	0.9662	0.966661	0.966682
800V	0.964528	0.965449	0.9647	0.965060	0.964982

对于本书中被测逆变器，不同电压等级下逆变器 MPPT 效率评价如图 6-102 所示。

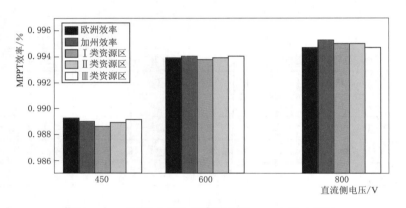

图 6-102　不同电压等级下逆变器 MPPT 效率评价

由图 6-102 可以看出，在不同直流侧电压等级下，逆变器 MPPT 效率随着电压升高而降低。当直流侧电压为 450V 时，逆变器整体 MPPT 效率较低，对应加州效率及Ⅰ类资源区、Ⅱ类资源区效率较低而欧洲效率与Ⅲ类资源区效率较高。当直流侧电压为 800V 时，逆变器整体 MPPT 效率较高，对应加州效率及Ⅰ类资源区、Ⅱ类资源区效率较高，而欧洲效率与Ⅲ类资源区效率明显降低。当直流侧电压为 600V 时，逆变器各效率相差不大。

不同电压等级下逆变器转换效率评价如图 6-103 所示。

由 6-103 可以看出，在低电压等级下，逆变器转换效率较高，在高电压等级下，逆变器转换效率较低。加州效率在不同电压等级下都为最高，而Ⅲ类资源区效率加权系数在电压等级为 450V 情况下也较高。主要原因是加州效率加权系数在 75% 额定功率等级下最大，而Ⅲ类资源区效率加权系数在 50% 额定功率等级下大于Ⅰ类资源区、

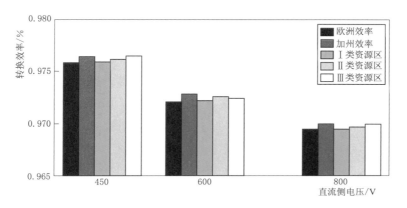

图 6-103　不同电压等级下逆变器转换效率评价

Ⅱ类资源区。逆变器转换效率在这两个功率等级点都较高，因此导致加权后逆变器整体转换效率较大。

不同电压等级下逆变器整体效率如图 6-104 所示。

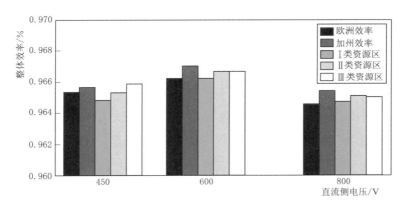

图 6-104　不同电压等级下逆变器整体效率评价

由图 6-104 可以看出，当直流侧电压为 600V 时，逆变器整体效率最高，并且加州效率远大于其他几种效率。当直流侧电压为 450V 时，Ⅲ类资源区效率加权值在 50% 时高于其他效率加权值，因此在该电压等级下Ⅲ类资源区效率最高。

6.4.3.6　光伏逆变器转换效率现场测试方法

1. 光伏逆变器效率现场测试方法

光伏逆变器在运行过程中受现场环境条件的限制，无法像实验室一样通过对光伏方阵模拟器的精确控制达到改变直流源输出特性进而对逆变器效率进行测试。但是光伏逆变器效率现场测试可以更有针对性地评价光伏逆变器在运行过程中的整体效率。同时为光伏系统效率快速测试中逆变器效率模型建立提供现场数据支撑。

在光伏系统中，光伏阵列输出功率与输出电压随太阳辐射强度与温度的改变而变化，但是在外部环境变化过程中，光伏阵列输出功率变化范围较大而输出电压变化范围较小，加之光伏系统在设计阶段的优化考虑，因此光伏逆变器在大部分时间内工作在逆变器最佳 MPPT 工作电压附近。

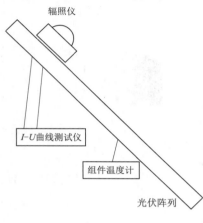

图 6 - 105　多峰动态 MPPT 测试 $I - U$ 曲线

测试光伏逆变器现场效率的主要设备包括辐照仪、组件温度计、功率分析仪、直流电压/电流探头、$I - U$ 曲线测试仪。在测试光伏逆变器现场效率前，应首先测试一段时间内光伏阵列输出特性。在测试时，辐照仪应与光伏阵列表面在同一平面内，并对辐照仪、组件温度计以及 $I - U$ 曲线测试仪时间刻度进行校准，保证测试的同时性，如图 6 - 105 所示。将测试数据根据光伏逆变器最佳 MPPT 工作电压按照一定电压范围进行过滤。利用光伏阵列功率模型结合过滤后的太阳辐照度、组件温度以及光伏阵列 $I - U$ 特性曲线数据，可得到该光伏阵列任意环境下输出电压与功率模型，计算光伏阵列理论最大功率点 P_m 及其对应电压 U_m。根据直流电压值对逆变器交/直流电压、电流测试值进行过滤。

2. 光伏逆变器效率现场测试案例

本小节对一台 500kW 光伏逆变器现场效率进行测试，利用非线性回归方程拟合逆变器现场效率曲线，对比逆变器标称效率曲线与现场效率曲线。光伏逆变器基本参数见表 6 - 46。

表 6 - 46　　　　　　　　　　　光伏逆变器基本参数表

直　流　侧　参　数		交　流　侧　参　数	
直流母线启动电压/V	450	额定输出功率/kW	500
最低直流母线电压/V	450	最大输出功率/kW	550
最高直流母线电压/V	1000	额定网侧电压/V	270
满载 MPPT 电压范围/V	450～820	允许网侧电压范围/V	210～310
最佳 MPPT 工作点电压/V	600	额定电网频率/Hz	50
最大输入电流/A	1200	允许电网频率范围/Hz	47～52
直流母线电容/μF	15000	最大交流输处电流/A	1200
		整机最高效率/%	98.6

光伏逆变器现场效率测试设备主要有功率分析仪（FLUKE435）、辐照仪（PMA2100）、组件温度计、交/直流电压电流探头。需要测试数据包括太阳辐照度、环境温度、直流侧电压、电流、交流侧电压、电流以及功率因数。在测试时，辐照仪

与光伏阵列表面水平，组件温度计中组件温度传感器紧贴在光伏阵列背板上。

本次测试时间为 2012 年 12 月 20 日 18：15 起至 2013 年 4 月 10 日 16：45 止，温度、太阳辐照度以及逆变器交直流侧数据采样时间间隔为 5min。

进行实测数据处理时，发现监控数据中出现错点以及断点。经查得知这些数据是在逆变器未工作时或在工作中出现数据断点，因此在实际分析中，滤除效率为 0 时间点上光伏逆变器相应直流侧、交流侧数据，滤除之后对逆变器实际效率无影响。

在实际处理时，通过光伏逆变器交流侧电压电流数据仅能得到逆变器交流侧视在功率，而逆变器效率所使用的功率是光伏逆变器交流侧有功功率，因此需要将逆变器交流侧视在功率乘以对应时间点上的功率因数，从而得到逆变器交流侧有功功率。图 6-106 为某一日光伏逆变器直流侧功率、交流侧有功功率以及功率因数。

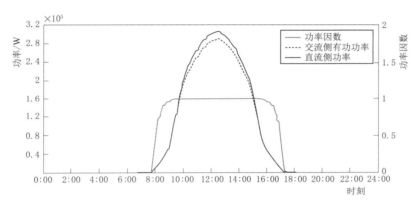

图 6-106　某一日光伏逆变器直流侧功率、交流侧有功功率及功率因数

由图 6-106 可以看出，光伏逆变器在日升及日落阶段，其功率因数较小，随着太阳辐射强度逐渐上升，直流侧与交流侧功率逐渐增大，其功率因数稳定并趋近于 1。

该光伏电站设计直流侧最佳工作电压为 600V，随着太阳辐射强度发生变化时，光伏阵列的输出最大功率以及最大功率点电压都会发生变化，因此在测试时选取直流侧电压为（600±25）V 在内的数据。

首先分析太阳辐照度与光伏逆变器效率之间的关系。在不同太阳辐照度上计算光伏逆变器对应效率，同时在不同直流侧功率上计算光伏逆变器对应效率，得到太阳辐照度-效率、直流侧功率-效率关系曲线如图 6-107 和图 6-108 所示。

由图 6-107 和图 6-108 可以看出，太阳辐照度-效率与直流侧功率-效率之间分布基本相同。

对比光伏系统实测效率与标称效率之间的差别，将光伏逆变器效率测试值进行回归分析，采用 Mischerlich 非线性回归模型对光伏逆变器效率进行回归建模。光伏逆变器效率模型表达式为

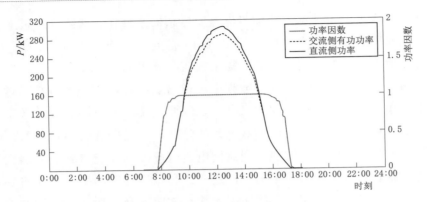

图 6-107　太阳辐照度-效率关系曲线

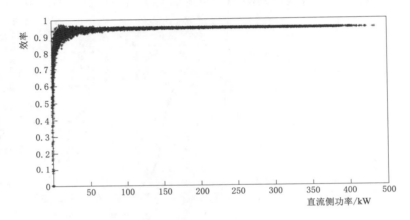

图 6-108　直流侧功率-效率关系曲线

$$\eta_{1n} = b_1 + b_2 e^{b_3 P_{dc}} \tag{6-158}$$

式中　　η_{1n}——光伏逆变器效率；

　　　　P_{dc}——光伏逆变器直流侧功率；

b_1、b_2、b_3——回归模型的待定系数。

　　将测试数据代入式（6-158）中得到的光伏逆变器效率回归模型为

$$\eta_{1n} = 0.940 - 1.364 e^{-0.505 P_{dc}} \tag{6-159}$$

利用 SPSS 软件建立该回归系数方程的标准差与置信区间，见表 6-47。

表 6-47　　　　　　　　光伏逆变器效率回归参数及其置信区间

参数	回归系数	标准差	置信区间	
			下限	上限
b_1	0.940	0	0.939	0.941
b_2	-1.364	0.014	-1.391	-1.336
b_3	-0.505	0.005	-0.514	-0.495

该型号逆变器标称欧洲效率为 98.3%，标称最大效率为 98.6%，在不同功率等级下，光伏逆变器标称效率值见表 6-48。

表 6-48 光伏逆变器标称效率值

功率/kW	2.5	15	25	50	100	150	300	500
效率/%	0	91.902	94.920	97.152	98.201	98.490	98.600	98.392

比较光伏逆变器标称效率与实际回归分析曲线，其结果如图 6-109 所示。

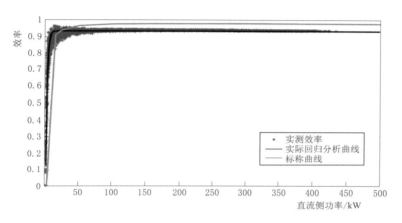

图 6-109 光伏逆变器标称效率与实际回归分析曲线

由图 6-109 可以看出，光伏逆变器实际效率曲线趋势与标称效率曲线变化趋势相一致。但是当直流侧功率低于 20kW 时，逆变器实际效率高于标称效率，而在直流侧功率大于 20kW 时（如图 6-110 所示），逆变器实际效率低于标称效率。因此，在光伏系统效率评价时，应根据逆变器实际运行效率建立逆变器效率精细化模型，以更有针对性地评价光伏系统效率。

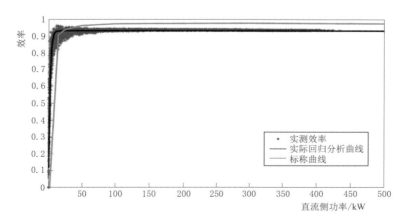

图 6-110 光伏逆变器标称效率与实际回归分析曲线（直流侧功率大于 20kW）

6.4.3.7 光伏逆变器效率现场评价

本小节基于逆变器效率现场测试结果对逆变器综合效率进行评价。考虑到案例所处地区太阳能资源情况，分别采用欧洲效率加权系数、加州效率加权系数、Ⅲ类资源区效率加权系数以及本地辐照资源对逆变器整体效率进行计算。

由于实际环境中无法像实验室测试时准确控制光伏逆变器的直流输入，因此，在实际环境中评估光伏逆变器整体效率时，选取各功率等级内光伏逆变器效率平均值作为该功率点光伏逆变器效率进行计算。

表 6 - 49 为欧洲效率、加州效率直流侧功率取值区间，因此在对光伏逆变器实际运行性能进行综合评价时，不应局限于实验室测试时的几个功率等级点上的逆变器效率，而应考虑在整个功率区间上的逆变器效率值。

表 6 - 49　　　　　　　　欧洲效率、加州效率直流侧功率取值区间

功率等级	欧 洲 效 率						加 州 效 率					
	5%	10%	20%	30%	50%	100%	10%	20%	30%	50%	75%	100%
区间	0.1%~7.5%	7.51%~14.99%	15%~24.99%	25%~34.99%	35%~64.99%	>65%	0.1%~15%	15%~25%	25%~40%	40%~60%	60%~90%	>90%

将图 6 - 109 中光伏逆变器效率首先按照欧洲效率的功率区间进行划分，在每个划分区间中对所有效率值进行平均化处理，得到不同功率区间内光伏逆变器效率的平均值，参照表 6 - 49 在不同等级下欧洲效率加权系数，即可得到该逆变器在实际使用环境下的欧洲效率为 94.47%。

加州效率及Ⅲ类地区效率评价方法与欧洲效率评价方法相类似，但考虑到该地区该逆变器在实际运行过程中没有大于 90% 额定功率以上的情况，因此在进行加州效率加权时，将该段加权系数划归至 75% 额定功率的档位。在各功率区间对光伏逆变器效率求取平均值，并乘以该功率区间所对应功率点的加权系数，得到逆变器的加州效率为 94.5%，Ⅲ类地区效率为 94.46%。

参考欧洲效率和加州效率加权系数制定方法，利用光伏逆变器在测试时间内的太阳辐照度指定光伏逆变器本地效率加权值，结合该加权值与其相应的效率对光伏逆变器在该地区的综合效率进行评价。

计算得到该地区太阳辐照度在各功率等级下的辐照时长比重如图 6 - 111 所示。

由图 6 - 111 可以看出，受当地辐照资源影响，逆变器在低功率区间（0.1%~7.5%）及中等功率区间（25%~64.99%），该地区太阳辐照度所占时间比重较大，在高功率区间（65%~100%）所占比重较小。计算在不同功率等级下平均太阳辐照度，将平均太阳辐照度与辐照时长相乘得到该地区在不同功率等级下的累计能量，如图 6 - 112 所示。

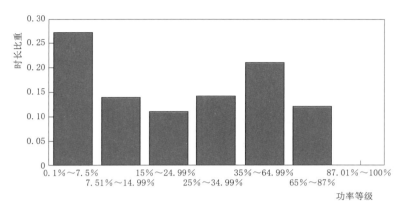

图 6-111 该地区不同功率等级下的辐照时长比重

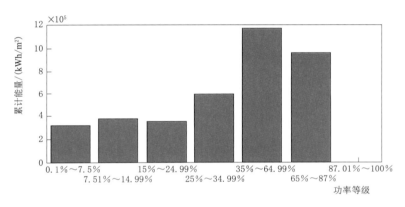

图 6-112 该地区不同功率等级下的累计能量

将不同功率等级下的累计辐照能量除以该地区总辐照度，即可得到当地辐照资源下的光伏逆变器运行时的加权系数，见表 6-50。

表 6-50
当地-欧洲等级效率加权系数

等级	5%	10%	20%	30%	50%	75%	100%
区间	0.10%~7.5%	7.51%~14.99%	15.00%~24.99%	25.00%~34.99%	35.00%~64.99%	65.00%~87.00%	>87.00%
辐照度/(W/m^2)	100.35	228.80	266.55	334.44	457.23	656.27	895.00
系数	0.0871	0.1011	0.0955	0.1541	0.3080	0.2539	0.0002

根据计算得到的当地效率加权系数，选取功率点等级±1‰范围内的逆变器效率求其平均值作为该功率点上光伏逆变器效率，采用上文中所提到的方法计算可得逆变器当地效率为 94.43%。不同计算方法下逆变器效率计算结果见表 6-51。

表 6 - 51　　　　　　　　　不同加权计算方法下逆变器效率计算结果

	标　　称	功率区间
欧洲效率	98.30%	94.47%
加州效率	—	94.50%
Ⅲ类地区效率	—	94.46%
当地效率	—	94.43%
最大效率		
标称最大效率	98.60%	测试最大效率　　97.02%

该地区逆变器综合效率小于欧洲效率、加州效率，与Ⅲ类资源区效率相接近。该地区辐照时长所占比重较大区域在 $200\sim300W/m^2$ 间隔内，累计辐照量所占比重较大区域为 50% 功率等级所对应的功率区间处，这与逆变器在测试时间内高辐照出现较小有一定关系。加州效率在 50% 以上的加权系数以及加州效率在 75% 功率等级上的加权系数最大，都在一定程度上提升了光伏逆变器的整体效率。因此，为了准确评价光伏系统整体效率，还应对逆变器效率以及当地太阳辐射强度进行长时测试，测试时间应在春夏秋冬每个季度至少每一个月，确保测试结果能够反映逆变器全年的效率。

6.4.4　小结

本节主要针对光伏发电系统关键部件光伏组件、阵列及逆变器等的测试方法进行研究并设计试验验证，针对光伏组件与环境因素的相关性，采用最优拟合度确定光伏组件功率与环境变量的最优拟合准则；采用多元非线性回归方法对光伏组件现场测试功率与标称功率进行偏差补偿，并根据测量不确定度判断偏差补偿的符合性。在现有逆变器实验室测试方法的基础上，提出了逆变器双峰 MPPT 跟踪效率测试曲线；根据实验室逆变器效率的测试结果，采用欧洲效率、加州效率及国内按资源分布的效率加权值进行综合效率评价，对比不同资源地区逆变器运行效率的差异性；此外，通过现场效率测试提取逆变器效率参数，根据当地历史辐照资源对光伏逆变器效率进行加权评估，评估结果能够更加准确地反映光伏逆变器的实际运行性能。

6.5　光伏系统效率测试与评价研究

光伏系统整体效率关系到光伏系统并网发电量、系统投入产出比以及电站整体价值。根据光伏系统效率评价对象不同，可分为光伏系统运行效率评价和光伏系统效率预评估。

光伏系统运行效率评价是指在光伏系统实际运行过程中，通过光伏系统数据的长期监控，分析光伏系统整体效率以及各个关键环节的效率，参考光伏系统设计阶段可研项目中对系统效率估算结果，对光伏系统各发电单元以及关键环节效率进行评价。

在光伏系统运行效率评价的基础上，对存在问题的光伏系统关键环节进行现场测试。通过对光伏组件、光伏阵列的现场测试，获取组件效率、不一致性、组件衰减、光伏阵列衰减等参数信息；通过对光伏逆变器现场快速测试，得到光伏系统运行过程中逆变器效率曲线。利用现场获取的参数对光伏系统未来运行效率进行预评估。

光伏系统运行评价和预评估的实施流程如图6-113所示。

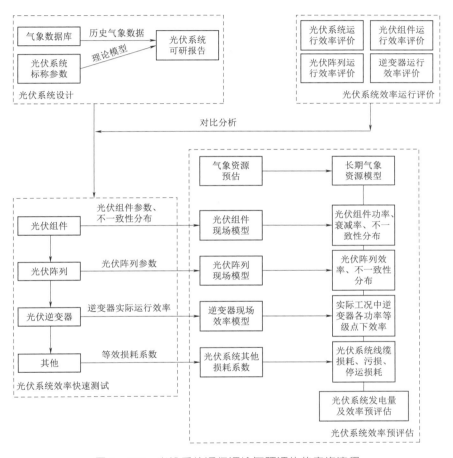

图6-113　光伏系统运行评价与预评估的实施流程

本节针对光伏系统在实际运行中系统效率存在的问题，分析造成这些问题的原因，通过现场测试获取系统关键参数，对光伏系统发电量以及系统效率进行预评估。

6.5.1　光伏系统运行性能分析

6.5.1.1　光伏系统运行性能指标分析

在光伏系统效率评价中可采用多种指标对光伏系统运行情况进行评价。在对光伏系统运行性能进行分析评价时，主要采用光伏系统理论发电时数、满发时长、系统能

效比以及光伏系统 PR 值进行分析；在对光伏阵列运行性能进行分析评价时，主要采用光伏阵列效率；在对光伏逆变器运行性能进行分析时，主要采用不同额定功率等级下逆变器效率。光伏系统运行评价分析指标见表 6-52。

表 6-52　　　　　　　　　　　　　光伏系统运行评价分析指标

名　称	公　式	说　明
光伏系统运行评价分析指标		
理论发电时长 Y_r	$Y_r = S_A/G_0$	将一段时间内阵列单位表面累计辐照量 S_A 转换为以太阳辐照度 G_0 照射到光伏阵列表面的时长
满发时长 Y_f	$Y_f = E_{AC}/P_0$	将一段时间内光伏发电量 E_{AC} 转换为以系统标称功率 P_0 进行发电的时长
PR	$PR = Y_f/Y_r$	一段时间内光伏系统满发时长与理论发电时长比
系统能效比 η_e	$\eta_e = E_{AC}/H_A S_A$	一段时间内光伏系统交流侧发电量 E_{AC} 与光伏阵列表面总辐照度之比。H_A 为光伏阵列表面积
光伏阵列运行评价指标		
光伏阵列效率 η_A	$\eta_A = E_{DC}/H_A S_A$	一段时间内光伏系统直流侧发电量 E_{DC} 与光伏阵列表面总辐照度之比
光伏逆变器运行评价指标		
逆变器长时效率 η_I	$\eta_I = E_{AC}/E_{DC}$	一段时间内光伏逆变器交流侧发电量与直流侧发电量之比

光伏系统效率评价结构如图 6-114 所示。

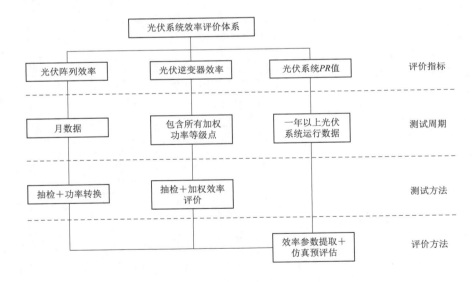

图 6-114　光伏系统效率评价结构图

6.5.1.2　光伏系统运行性能分析

以某 2.75MW 光伏发电系统为例对光伏电站运行性能进行分析。该系统位于某高新技术产业园厂房屋顶上，地理信息为北纬 33.3°，东经 118.9°，海拔 10.00m。

利用 NASA 数据库获得该地区辐照资源与温度，绘制太阳辐照度、温度关系如图 6-115 所示。该地区属北亚热带和北暖温带季风气候区，四季分明，雨量丰沛，属Ⅲ类太阳能资源地区。由图 6-115 可以看出，该地区在 2—10 月之间，其散射太阳辐照度大于直射太阳辐照度，在 1 月、11 月及 12 月时，其散射太阳辐照度小于直射太阳辐照度。该地月均气温最高点在 7 月，约 28℃，而最大月辐照度在 5 月，超过 $160kW \cdot h/m^2$。

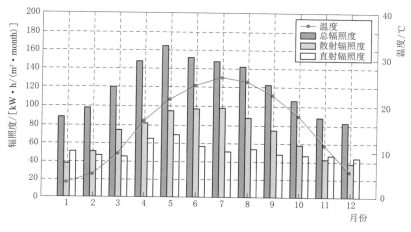

图 6-115　该地区辐照资源与温度

该光伏发电系统总装机容量为 2.75MW，共分为 6 个发电单元，其中 5 个发电单元由 500kW 多晶硅光伏阵列与 1 台 Solar Ocean 500TL 型逆变器所组成。6 号发电单元装机容量为 250kW。光伏组件采用固定式安装方式，组件安装倾角为 30°。光伏电站电路拓扑示意图如图 6-116 所示，光伏组件技术参数见表 6-53，光伏逆变器技术参数见表 6-54。

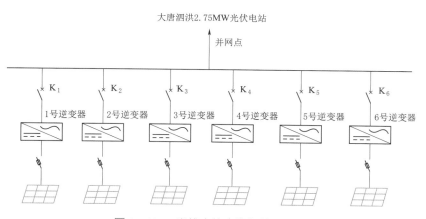

图 6-116　光伏电站电路拓扑示意图

表 6-53   光 伏 组 件 技 术 参 数

组件型号	ET-P660245WB	最大系统电压/V	1000
组件类型	多晶硅	NOCT/℃	45.3±2
标称功率/W	245	旁路二极管	3
组件效率/%	15.06	电池片尺寸/(mm×mm)	156×156
最大功率点电压/V	29.4	电池片个数	60
最大功率点电流/A	8.32	组件尺寸/(mm×mm×mm)	1640×992×50
开路电压/V	37.41	短路电流温度系数/(%/℃)	0.065
短路电流/A	8.86	开路电压温度系数/(%/℃)	−0.346
功率偏差/%	±3	最大功率温度系数/(%/℃)	−0.46

表 6-54   光 伏 逆 变 器 技 术 参 数

500kW 逆变器			
直流侧参数		交流侧参数	
直流母线启动电压/V	450	额定输出功率/kW	500
最低直流母线电压/V	450	最大输出功率/kW	550
最高直流母线电压/V	1000	额定网侧电压/V	270
满载 MPPT 电压范围/V	450~820	允许网侧电压范围/V	210~310
最佳 MPPT 工作点电压/V	600	额定电网频率/Hz	50
最大输入电流/A	1200	最大交流输处电流/A	1200
整机最高效率/%	98.6		

250kW 光伏逆变器			
直流侧参数		交流侧参数	
直流母线启动电压/V	460	额定输出功率/kW	250
最低直流母线电压/V	420	最大输出功率/kW	275
最高直流母线电压/V	1000	额定网侧电压/V	270
满载 MPPT 电压范围/V	500~820	允许网侧电压范围/V	210~310
最佳 MPPT 工作点电压/V	600	额定电网频率/Hz	50
最大输入电流/A	600	最大交流输处电流/A	600
整机最高效率/%	98.4		

1. 光伏系统理论运行性能

根据该电站可研报告，推算电站逐月理论发电时长、光伏系统实际满发时长、光伏系统能效比以及光伏系统 PR 值，如图 6-117 和图 6-118 所示。

由图 6-115 与图 6-117 可以看出，光伏系统理论发电时长与满发时长的变化趋势与当地辐照资源月变化趋势相一致，即在 4 月、5 月辐照度较大时，光伏系统理论发电时长与满发时长较大。但由图 6-118 可看出，随着辐照度增加，无论是光伏系

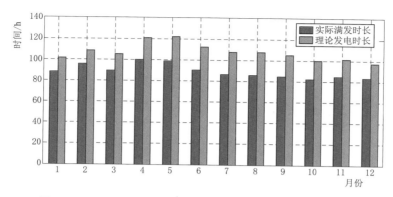

图 6-117　光伏系统逐月理论发电时长与实际满发时长对比

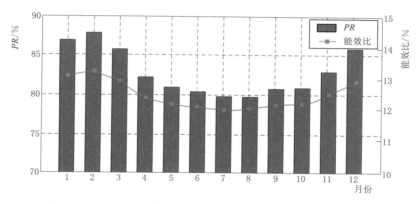

图 6-118　光伏系统逐月理论 *PR* 以及系统能效比

统 *PR* 值还是系统能效比的变化趋势都与之相反。主要是因为随着辐照度的增加，该地区气温也有所上升，并且全年气温波动较大，在 7 月月平均气温约为 28℃，而在 1 月月均气温不足 4℃。考虑全天太阳辐照度与温度变化趋势，温度与太阳辐照度的极大正相关性则更为明显。当现场环境温度上升时，无论光伏组件转换效率还是光伏逆变器转换效率都会下降，因此造成该地区光伏系统的 *PR* 值以及能效比下降。光伏系统损耗桑基图如图 6-119 所示。

由图 6-119 可以看出，影响系统效率的因素包括温度、逆变损耗等，损耗大多依据部件铭牌值计算而得。

2. 光伏系统实际运行性能

该光伏系统于 2012 年 12 月 22 日—2013 年 6 月 7 日进行长期监控，监控数据包含系统直流侧电压、直流侧电流、交流侧电压、交流侧电流以及交流侧有功功率。通过监控数据可计算该光伏系统部分月份的理论发电时长、实际满发时长、能效比以及 *PR* 值。

部分月份理论发电时长与实际满发时长比较如图 6-120 所示。

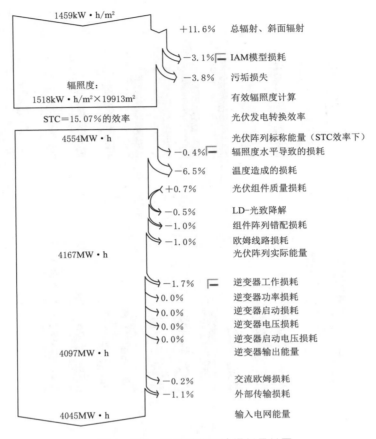

图 6-119　光伏系统理论损耗桑基图

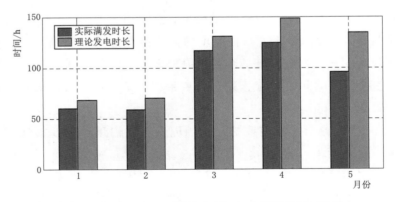

图 6-120　部分月份理论发电时长与实际满发时长比较

　　对比图 6-118 和图 6-120 可以看出，2013 年 1 月、2 月月辐照度小于历史观测辐照度，而 2013 年 4 月、5 月的辐照度大于历史观测辐照量，使得该地区理论满发时长在 1 月、2 月时较小，而在 4 月、5 月时较高。但是光伏系统实际满发时长相对理论的发电时长的 4 月、5 月反而较小。比较这几个月光伏系统 PR 值以及系统能效比，如图 6-121 所示。

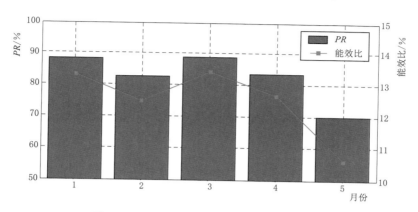

图 6-121　光伏系统 PR 值以及系统能效比

对比图 6-119 和图 6-121 可以看出，在系统实际运行过程中，光伏系统 PR 值通常在 70% 以上，这几个月平均 $PR=83.04\%$。光伏系统能效比基本维持在 $10\%\sim$ 14% 的范围中。由于电站监控的辐照度为水平面辐照度，受测试条件限制，计算得到的 PR 值偏高，但仍可通过该结果研究光伏系统 PR 变化趋势。其中，2013 年 5 月系统 PR 值有一个较为明显的降低，选择 5 月进行详细分析，同时选择 1 月测试数据作为参考。

将 1 月和 5 月光伏系统按照辐度等级求取 PR 值，以 200W 为步长将光伏系统分为 5 档计算每一挡的 PR 值。由于 1 月太阳辐照度比较低，最高不超过 $700W/m^2$，因此 1 月的 PR 值计算分为 3 挡。不同辐照等级下光伏系统 PR 值计算结果如图 6-122所示。光伏系统 PR 值以及发电时长见表 6-55。

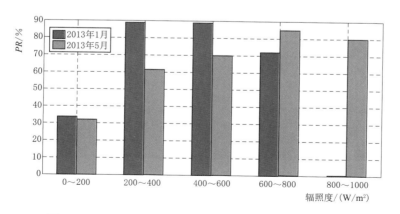

图 6-122　1 月和 5 月不同辐照度下光伏系统 PR 值对比

表 6-55 光伏系统 *PR* 值以及发电时长

辐照度/(W/m²)		0～200	200～400	400～600	600～800	800～1000
2013 年 1 月	Y_f/h	4.68	29.71	16.05	29.12	—
	Y_r/h	14.84	48.3	18.44	34.22	—
	PR/%	31.58	61.50	69.65	85.10	—
2013 年 5 月	Y_f/h	7.39	42.41	18.19	0.21	14.66
	Y_r/h	7.39	42.41	18.19	0.21	18.24
	PR/%	33.30	88.59	88.59	72.36	80.35

由图 6-122 及表 6-55 可以看出，1 月该地区辐照度较弱，5 月辐照度较强，但是 5 月中低辐照段（200～400W/m² 和 400～600W/m²）*PR* 值较低，特别是 200～400W/m² 太阳辐照度的系统 *PR*＝61.5%。

其次针对 2013 年 1—5 月 6 个发电单元 *PR* 值进行分析，其结果如图 6-123 所示。

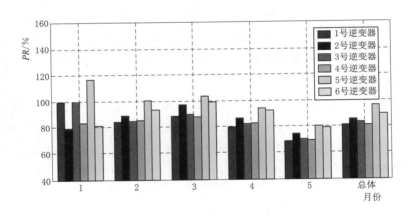

图 6-123 2013 年 1—5 月不同光伏发电单元逐月 *PR* 值对比

由图 6-123，光伏系统在 1 月 2 号逆变器与 4 号逆变器 *PR* 值较低。对比光伏系统各发电单元交、直流发电量，如图 6-124 及图 6-125 所示。

由图 6-124 和图 6-125 可以看出，光伏系统交、直流侧发电量随着太阳辐照度的变化而逐月变化。同时，当光伏发电单元 *PR* 值下降时，光伏发电单元交、直流发电量也随之下降，因此无法仅从光伏发电单元 *PR* 值或光伏发电单元的交、直流发电量分析光伏系统效率下降的原因。

6.5.1.3 光伏系统关键部件运行指标

根据分析得出，仅从光伏系统 *PR* 值无法判断光伏系统具体出现问题环节，本小

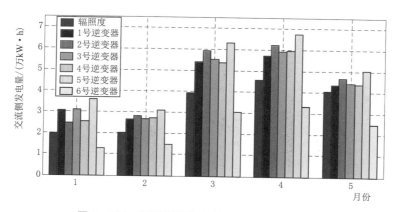

图 6 - 124　不同光伏发电单元逐月交流发电量

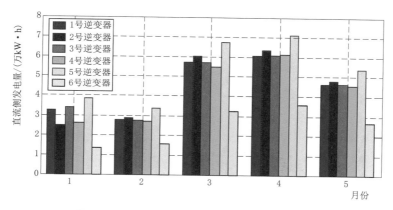

图 6 - 125　不同光伏发电单元逐月直流发电量

节将针对光伏系统中光伏阵列效率以及光伏逆变器效率进行分析，分析光伏系统中出现问题的环节，在现场对出现问题环节进行测试，建立实际效率模型，减少光伏系统效率评估测试中的工作量。

1. 光伏阵列运行指标

在本案例中，光伏阵列标称效率为 15.06％，该效率指标是在 STC 条件下通过直射光测定而得。在实际测试中由于散射分量较多，因此其测试结果与真实值之间有一定差异性，本案例仅选择 300W/m^2 以上光伏阵列效率值，对比不同光伏发电单元光伏阵列的效率，确定需要进行现场测试光伏阵列个数。需注意的是，在设计时，6 号光伏发电单元的装机容量为 250kW。

图 6 - 126 为光伏阵列效率随太阳辐照度变化散点图，从图中可以看出光伏阵列效率随着太阳辐照度上升呈现先上升后下降的趋势。主要原因是随着太阳辐照度的上升，光伏组件温度也有所上升，由于温度上升造成了光伏阵列转换效率下降。由于光

伏电站辐照计的误差，使得组件效率均值偏高，组件的效率应在现场校正后重新评定。

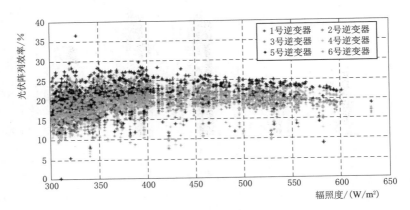

图 6-126　光伏阵列效率随太阳辐照度变化散点图

图 6-127 为光伏阵列效率随温度变化散点图，图中可以看出光伏阵列效率随着环境温度的上升呈现逐渐下降的趋势。

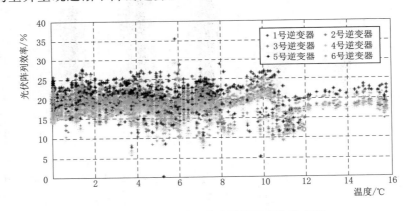

图 6-127　光伏阵列效率随温度变化散点图

除此之外，从图 6-126 和图 6-127 还可以看出，6 号逆变器与 4 号逆变器所连接的光伏阵列效率较低，需要在现场针对这两台逆变器所连接的光伏阵列效率及一致性指标进行测试。

2. 光伏逆变器运行指标

对光伏系统中各逆变器效率进行分析，计算各月光伏逆变器月均效率。由于 12 月记录数据较少，波动较大，因此在计算时将其滤除。光伏系统中各逆变器月转换效率如图 6-128 所示。

由图 6-128 可以看出，在运行过程中，各光伏逆变器效率基本保持在一个稳定效率值，其中，1 号与 2 号逆变器效率最为稳定，每月基本维持在一个恒定值上；3

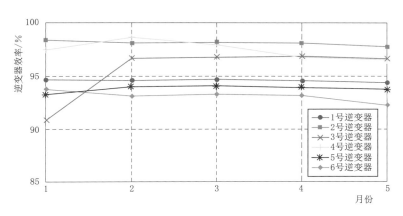

图 6 - 128　光伏逆变器月转换效率

号与 5 号逆变器在 1 月效率较低，尤其是 3 号逆变器在 1 月效率有一个明显的下降过程；4 号与 6 号逆变器每月效率存在一个小幅波动。

　　除 3 号逆变器外，各逆变器每月效率较为稳定。但还需要注意的是，虽然各逆变器型号相同，但各逆变器之间的效率差距明显。在运行过程中光伏逆变器瞬时效率散点图如图 6 - 129 所示。

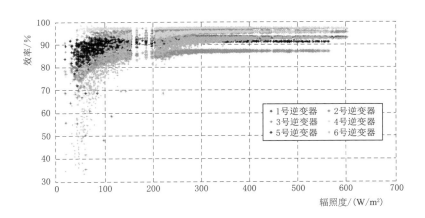

图 6 - 129　光伏逆变器瞬时效率散点图

　　由图 6 - 129 可以看出，在不同辐照等级下，各逆变器效率之间存在差异，现场应对逆变器效率进行抽测以校正效率参数。

　　3 号逆变器瞬时效率散点图如图 6 - 130 所示，可以注意到 3 号逆变器效率分为两段。同期 3 号逆变器发电功率时序如图 6 - 131 所示。由该图可以看出，该光伏逆变器会在部分时间段内出现效率极低情况，即整日最大效率不超过 90％，确定后系部分组串问题并已排除。

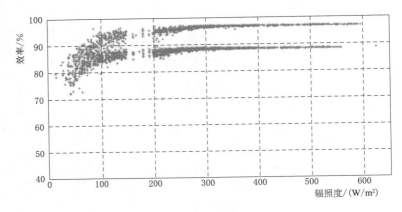

图 6-130   3 号逆变器瞬时效率散点图

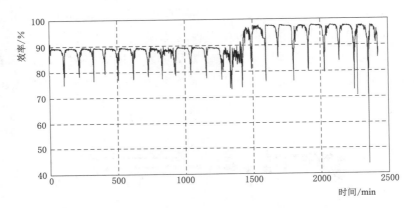

图 6-131   3 号逆变器发电功率时序图

6.5.2   光伏系统现场测试分析

根据上述分析，工作人员到光伏系统现场对光伏阵列及光伏逆变器进行测试，提取光伏系统各部件效率参数。

6.5.2.1   光伏阵列现场测试分析

除 6 号发电单元装机容量为 250kW 以外，其余 5 个发电单元装机容量为 500kW。光伏阵列发电量见表 6-56。

表 6-56   光伏阵列发电量

月份	1 号发电单元	2 号发电单元	3 号发电单元	4 号发电单元	5 号发电单元	6 号发电单元
1	32352.37	24981.57	33869.43	26365.69	38456.17	13373.82
2	28013.69	28678.89	27718.99	27332.93	33553.33	15811.69
3	27168.32	69418.54	57047.86	55068.06	67369.77	32475.82

月份	1号发电单元	2号发电单元	3号发电单元	4号发电单元	5号发电单元	6号发电单元
4	60584.68	63266.16	61038.91	61537.28	71631.47	35618.22
5	45941.28	47986.04	45807.10	45482.34	53927.06	26954.50

由表 6-56 可以看出，在相同容量光伏发电单元中，4号发电单元在监控期间直流侧发电量最低。同时，上一节效率分析中，该光伏发电单元效率也较低，因此需要针对该光伏发电单元进行现场测试。

进行光伏阵列现场测试时，首先测试光伏阵列容量。根据上文分析，在现场测试4号发电单元光伏阵列容量。4号逆变器直流侧由两个 250kW 光伏阵列汇流而成，测试每个光伏阵列容量，结果见表 6-57。

表 6-57   光 伏 阵 列 容 量 测 试

测试区域	标称功率 /kW	太阳辐射强度 /(W/m²)	环境温度 /℃	组件背板温度 /℃	测试功率 /kW	修正后功率 /kW
4-1	250	899	33	50	196.69	218.84
4-2	250	901	36	49	213.96	237.52

由表 6-57 可以看出，4号光伏发电单元阵列容量为 456.36kW，与光伏阵列标称容量相比，功率损耗 43.64kW，为进一步诊断光伏阵列存在问题，测试光伏阵列中各组串开路电压与工作电流一致性。

4号光伏阵列共有 102 个光伏组串并联而成，共有 10 个汇流箱进行一次汇流，其中 8 个汇流箱中分别并联 10 个光伏组串，其余 2 个汇流箱中分别并联 11 个光伏组串。其中 8 个汇流箱测试结果见表 6-58。

表 6-58   光 伏 组 串 一 致 性 测 试

汇流箱1	1	2	3	4	5	6	7	8	9	10	偏差/%
电压/V	791.30	800.58	802.68	796.60	799.77	801.17	797.54	799.90	801.60	796.25	0.49
电流/A	8.32	8.32	8.32	8.33	8.31	8.31	8.30	8.32	8.31	8.32	0.10
汇流箱2	1	2	3	4	5	6	7	8	9	10	偏差/%
电压/V	775.74	805.95	807.23	801.20	802.27	792.40	810.41	787.70	788.50	810.44	1.53
电流/A	8.29	8.35	8.29	8.31	8.44	8.26	8.28	8.31	8.31	8.43	1.38
汇流箱3	1	2	3	4	5	6	7	8	9	10	偏差/%
电压/V	801.09	786.77	772.36	799.48	782.36	772.60	834.19	796.60	805.80	817.17	4.69
电流/A	8.63	8.80	7.94	8.39	7.91	8.48	8.46	8.86	8.78	8.59	4.43

续表

汇流箱 4	1	2	3	4	5	6	7	8	9	10	偏差/%
电压/V	799.38	799.38	800.35	799.94	799.85	800.53	799.68	800.00	800.10	800.33	0.07
电流/A	8.32	8.32	8.33	8.31	8.32	8.32	8.32	8.33	8.32	8.31	0.07
汇流箱 5	1	2	3	4	5	6	7	8	9	10	偏差/%
电压/V	824.29	794.44	792.73	805.88	815.44	813.94	803.89	790.80	809.00	798.86	2.40
电流/A	8.49	8.14	8.45	8.45	8.57	8.57	8.15	8.11	8.33	8.15	2.72
汇流箱 6	1	2	3	4	5	6	7	8	9	10	偏差/%
电压/V	818.13	814.50	778.49	799.49	803.97	807.95	810.29	810.20	810.30	795.25	1.65
电流/A	8.26	8.30	8.30	8.28	8.41	8.37	8.47	8.30	8.41	8.15	1.80
汇流箱 7	1	2	3	4	5	6	7	8	9	10	偏差/%
电压/V	812.55	796.51	803.99	786.35	767.21	801.43	785.54	817.80	826.30	794.35	3.40
电流/A	8.08	8.09	8.28	8.20	8.26	8.39	8.03	8.01	7.80	8.22	3.09
汇流箱 8	1	2	3	4	5	6	7	8	9	10	偏差/%
电压/V	799.60	799.75	799.58	800.20	800.13	799.35	799.24	799.90	800.20	800.07	0.06
电流/A	8.32	8.32	8.32	8.32	8.33	8.32	8.32	8.33	8.32	8.32	0.06

由表 6-58 可以看出，该光伏阵列中各组串一致性较差，在组件说明书中标称组件功率误差范围为 3%，但实际测试时电压最大偏差达到 4.69%，电流最大偏差达到 4.43%。组串不一致性较差是导致光伏发电单元转换效率较低的原因。

6.5.2.2 光伏逆变器现场测试分析

光伏逆变器标称效率值见表 6-59，光伏逆变器标称效率为实验室测试结果。光伏逆变器效率-直流侧功率散点图如图 6-132 所示。

表 6-59 　　　　　　　　　　光伏逆变器标称效率值

500kW 逆变器标称效率							
功率/kW	2.5	15	25	50	100	150	300	500
效率/%	35.00	91.90	94.92	97.15	98.20	98.49	98.60	98.39
250kW 逆变器标称效率							
功率/kW	1.25	7.5	12.5	25	50	75	150	250
效率/%	35.000	91.900	94.920	97.150	98.201	98.490	98.600	98.392

由图 6-132 可以看出，2 号逆变器与 4 号逆变器效率分布散点图与逆变器标称效率曲线完全吻合，在进行预评估时可直接使用该逆变器标称效率曲线。对于 1 号、5

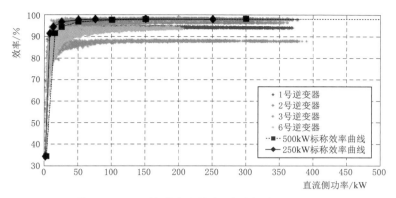

图 6 - 132　光伏逆变器效率-直流侧功率散点图

号逆变器需根据现场测试效率值建立其效率曲线，如图 6 - 133 所示。6 号逆变器效率曲线在 1 号逆变器效率曲线低功率段略作修改，见表 6 - 60。

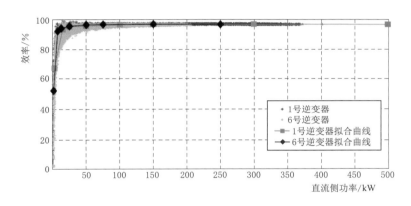

图 6 - 133　光伏逆变器效率-直流侧功率散点图

表 6 - 60　　　　　　　　　1 号与 6 号光伏逆变器效率曲线值

1 号逆变器标称效率							
功率/kW	2.5	15	25	50	100	150	300	500
效率/%	65.00	90.92	92.92	93.15	94.20	94.49	94.60	94.39
6 号逆变器标称效率							
功率/kW	1.25	7.5	12.5	25	50	75	150	250
效率/%	50.00	89.92	91.92	93.15	94.20	94.49	94.60	94.39

6.5.3　光伏系统效率预评估

目前光伏电站预评估工作完全基于设计理论开展，造成电站实际发电性能与预期存在较大差异。本节将以实例说明基于运行数据分析与现场测试的光伏发电系统效率预评估方法。

6.5.1 节与 6.5.2 节所述光伏系统中各光伏发电单元逆变器与阵列效率情况总结见表 6-61。

表 6-61　　　　　　　　各光伏发电单元逆变器与阵列效率情况总结

发电单元	1	2	3	4	5	6
光伏阵列效率	偏低	正常	正常	偏低	同 1 号发电单元	正常
逆变器效率	正常	正常	故障	正常	同 1 号发电单元	偏低

首先，根据光伏系统地理信息以及周边环境设置光伏系统地理位置及远处阴影模型如图 6-134 所示。该地区位于北纬 33.3°，东经 118.9°，海拔 10m。该光伏系统近处无阴影遮挡，光伏系统倾角按照全年表面接收辐照量最优设计为 30°。

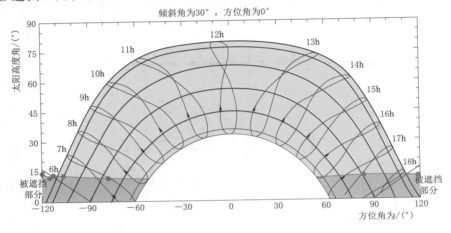

图 6-134　光伏系统远处阴影影响建模

其次，根据现场测试结果设置相关光伏组件参数，在提取光伏组件参数时，抽取 200 块组件样本进行测试，计算得到短路电流样本均值为 8.20A，开路电压均值为 29.45V，短路电流样本方差为 0.46A，开路电压样本方差为 1.66V，以此得到光伏阵列最大功率偏差数值。根据光伏逆变器效率实测值以及各损耗参数测量结果建立相应光伏系统效率模型，仿真得到光伏系统 PR 值如图 6-135 所示。

对比光伏系统可研中对光伏系统进行设计时所期望的 PR 值（如图 6-118 所示）可看出，光伏系统在实际运行过程中，受组件不一致性、光伏逆变器效率不一致性等内部因数的影响，光伏系统实际 PR 值相对于设计中期望的 PR 值有明显降低。

对比图 6-118 和图 6-136 可以看出，光伏系统在实际运行过程中，除了受可研中所预期的损耗以外，系统还会因远处建筑物产生 5.7% 的损耗，逆变器在运行过程中效率低于理想效率而增加 1.7% 的损耗。组件不一致性增加 2.6% 的损耗等。这些损耗都降低了光伏系统整体效率。光伏系统逐月发电量与系统能效比见表 6-62。

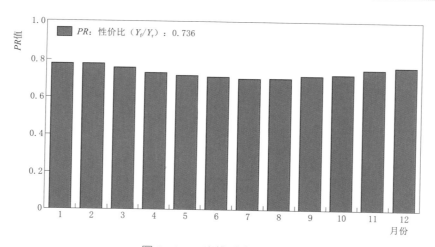

图 6-135　光伏系统 PR 值

表 6-62　　　　　　　　　　　光伏系统逐月发电量与系统能效比

月份	总辐射 /(kW·h/m²)	温度 /℃	斜面辐射 /(kW·h/m²)	有效辐照度 /(kW·h/m²)	标称能量 /(kW·h)	电网能量 /(kW·h)	阵列能效 /%	系统效能 /%
1	88.4	3.30	130.9	115.0	294897	280290	12.34	11.73
2	98.0	5.20	126.4	112.2	285602	271723	12.38	11.78
3	120.1	9.60	135.0	119.0	296836	282309	12.04	11.45
4	147.1	16.60	151.5	133.6	320535	305193	11.59	11.04
5	164.5	21.30	157.2	138.1	326620	310676	11.38	10.83
6	152.2	24.30	140.2	122.4	287549	273479	11.23	10.68
7	148.1	26.10	138.8	120.9	281906	267933	11.13	10.58
8	141.5	25.20	139.3	122.0	284171	270195	11.18	10.63
9	122.1	22.30	131.2	115.5	271863	258418	11.35	10.79
10	105.6	17.80	128.9	112.8	270743	257249	11.50	10.93
11	88.9	11.40	125.4	109.7	271576	258287	11.86	11.28
12	82.6	5.50	125.7	108.6	277454	263882	12.09	11.50
全年	1459.0	15.77	1630.6	1429.9	3469751	3299632	11.66	11.09

　　假设光伏组件衰减率为线性，可以预估光伏系统未来 25 年内发电量见表 6-63。

　　由表 6-63 可看出，随着光伏系统使用年限增加，组件效率逐年递减，光伏系统发电量也随之降低，根据当地上网电价与光伏系统年发电量情况，可预估光伏系统收回投资成本时间以及在使用年限内光伏系统整体收益情况。

　　对比可研计算得到光伏系统 25 年发电量以及根据现场实测后计算得到的 25 年发电量，如图 6-136 所示。

表 6-63　　　　　　　　　　　　　光伏系统未来 25 年内发电量

运行年份	衰减率	发电量/(kW·h)	运行年份	衰减率	发电量/(kW·h)	运行年份	衰减率	发电量/(kW·h)
1	0.97000	3200643	10	0.91384	3015336	19	0.85768	2830028
2	0.96376	3180053	11	0.90760	2994746	20	0.85144	2809439
3	0.95752	3159464	12	0.90136	2974156	21	0.84520	278849
4	0.95128	3138874	13	0.89512	2953567	22	0.83896	2768259
5	0.94504	3118284	14	0.88888	2932977	23	0.83272	2747670
6	0.93880	3097695	15	0.88264	2912387	24	0.82648	2727080
7	0.93256	3077105	16	0.87640	2891797	25	0.82024	2706490
8	0.92632	3056515	17	0.87016	2871208			
9	0.92008	3035925	18	0.86392	2850618			

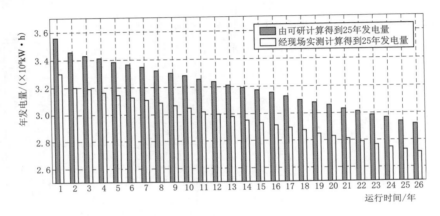

图 6-136　光伏系统 25 年发电量对比

由图 6-136 可以看出，光伏系统在实际运行过程中，受光伏系统自身以及现场环境影响，每年发电量比预期降低约 7.8%。根据光伏系统实际运行效率预评估，电站投资方需要延长光伏电站投资成本收回周期，同时也需要重新对电站收益进行评估。

6.5.4　小结

本节以某 2.75MW 光伏电站为实例介绍光伏电站效率评价方法，通过光伏电站长时运行监控数据对各光伏发电单元性能、逆变器运行效率以及光伏阵列效率等进行分析，对比不同光伏发电单元性能确定待检光伏发电单元。通过现场检测，分析光伏阵列装机容量、一致性；光伏逆变器实际效率，提取光伏组件、阵列和逆变器的实际性能并代入仿真软件，达到对光伏电站运行性能快速评价的目的。由于现场气象环境、组件衰减、关键环节的不一致性，光伏系统运行效率和发电量与预期相比存在一定差异性，通过光伏系统效率现场评估，可为光伏系统投资方投资效益周期提供更为准确的理论支持。

6.6　总结

本章针对光伏系统效率现场快速测试及评估技术进行研究。重点针对光伏系统效率影响因素、光伏系统关键部件测试方法、光伏部件效率参数现场提取等问题进行了深入研究，并从光伏系统运行数据分析、光伏系统性能现场测试等方面逐步实现了光伏系统运行效率评价以及光伏系统运行效率预评估，并针对某光伏电站实际运行效率进行了分析及预评估。具体工作如下：

（1）在直流侧，分析了太阳辐照度和组件温度等环境因素对光伏组件性能的影响，研究了光伏组件输出功率及转换效率不同评估方法的可行性与可操作性；研究了组件不一致性分布规律，利用分布规律特征参数可近似计算出由组件不一致性导致的光伏阵列功率损失；研究了阵列倾角设计、直流线缆损耗等因素对系统效率的影响。在分析阴影对光伏阵列影响机理的基础上，提出一种较为简便的光伏阵列阴影遮挡建模方法，利用该建模方法分析不同遮挡模式下光伏阵列损耗；分析集中式光伏系统、支路式光伏系统以及交流模块式光伏系统在相同遮挡情况下系统整体效率损耗，结果表明交流模块式光伏系统可有效降低由于阴影遮挡而造成的系统效率损耗。

（2）对比不同光伏逆变器 MPPT 控制策略，分析了逆变器在 MPPT 控制时由于扰动步长造成的振荡损耗以及环境因素变化造成的跟踪误判情况下逆变器 MPPT 效率损耗，分析了在光伏阵列多峰 P - U 曲线时逆变器产生的最大功率点跟踪误判而造成的效率损失；根据光伏逆变器功率开关器件导通损耗和开关损耗数学模型，对比分析两电平与三电平结构光伏逆变器以及 SPWM 调制和 SVPWM 调制下光伏逆变器转换效率损失情况。

（3）在光伏逆变器 MPPT 损耗及运行损耗分析的基础上，对光伏逆变器效率开展测试研究；针对光伏阵列多峰 P - U 曲线造成逆变器最大功率点跟踪误判，开展多峰 P - U 曲线逆变器 MPPT 效率测试，提出逆变器动态 MPPT 测试曲线应具备更多测试斜率以更全面评估逆变器动态性能，提出可用于逆变器双峰跟踪测试的测试曲线与方法。

（4）基于欧洲效率加权值制定方法，结合我国不同太阳辐射强度资源地区辐照量情况，对光伏逆变器效率测试结果进行综合评价，对比相同逆变器在不同辐照资源地区的综合效率。在此基础上，开展光伏逆变器效率现场测试，根据测试结果以及被测地区辐照资源，评价光伏逆变器在当地实际使用过程中的综合效率。

　　基于以上成果，开展光伏系统效率测试与评价研究。通过光伏系统设计的可研报告、光伏系统运行监控数据，分析对比光伏系统各发电单元实际运行情况。针对光伏系统关键部件开展现场效率测试，提取关键部件的效率参数，开展光伏系统效率评估实验。实验结果表明：光伏系统在实际运行过程中，受自身关键部件不一致性以及现场环境影响，部件自身效率与标称效率存在一定差别，通过现场效率参数的提取，可使光伏系统效率评价更准确，并对光伏系统发电量进行较为准确的预评估。

第 7 章

适用于高海拔的电网适应性测试系统研制

光伏发电作为一种波动性、随机性、间歇性很强的非稳定电源类型，规模化接入将给电网的安全稳定运行带来诸多不利影响。同时我国西部高海拔地区电网主网架结构相对薄弱，电网输电方式以中长距离输电方式为主，主要负荷中心缺少电源点的支撑，输送通道环境恶劣。因此，大量波动性光伏电源的接入，必然会对高海拔地区电网的安全稳定带来较大影响，主要表现为电网稳定问题和电能质量问题：①在电网发生大扰动时，若光伏电站不具备低电压穿越能力，将会导致大面积脱网，从而对电网带来二次冲击，影响电网的暂态稳定性；②光伏电站接入电网后，将对电网的电能质量产生影响，包括电压偏差、电压变动、谐波影响，会使电网面临较大考验。因此，面对在高海拔地区规模化光伏发电迅猛增长的态势，研究面向高海拔、大容量移动式光伏并网试验检测技术对解决我国光伏发电规模化接入的技术难题，保障电网安全稳定运行具有重要意义。

本章主要分析介绍了高海拔电网适应性测试装置研制过程和相关技术，先对高海拔、大容量并网光伏电站对电网适应性测试系统的功能要求、技术指标进行了详细阐述，对电网适应性测试系统组成、电网模拟原理进行了介绍，然后对电网适应性测试系统进行了仿真分析。在此基础上，充分考虑高海拔特殊环境的影响，对电网适应性移动测试装置进行了详细的设计。采用了低压四象限背靠背电网模拟系统方式实现电压扰动和频率扰动，通过集控系统实现对装置的监控，操作简单，可靠性高。全部设备集成在封闭的集装箱体内，具备高度集成性；采用移动车载的形式，能适合在西北高海拔地区开展光伏并网检测工作。

7.1 电网适应性测试系统功能需求和技术指标

7.1.1 功能需求

高海拔移动式电网适应性测试系统，应用于海拔 4500m 以下的大中型光伏电站的移动检测，满足逆变器容量 1.5MW 及以下光伏电站现场检测的要求，能够模拟电网稳态时的电压和频率扰动，检测光伏电站适应电网扰动的能力。具体功能需求如下：

（1）采用电网模拟器作为频率扰动和高电压扰动源，同时实现频率扰动和高电压扰动等功能，操作简单，可靠性高。

（2）测试系统需满足在海拔 4500m 下工作的要求，满足 1.5MW 及以下光伏电站逆变器现场检测要求，满足 10kV、35kV 电压等级兼容要求。

（3）频率扰动的最小步距为 0.01Hz，可调范围为 45～65Hz，满足 GB/T 19964—2012《光伏发电站接入电力系统技术规定》的要求。

（4）测试系统具有很高的电压调节范围，电压调节范围为 0.2～1.3p.u.，具有调整范围宽，测试灵活的优点；电压调节精度不大于 1%。

（5）测试系统重复实验最小时间间隔 5min，测量精度 0.5s。

（6）测试系统需满足温度 -30～55℃、湿度小于 85% 无凝露的运行环境。

（7）测试系统具备完善的保护功能包括输出短路、过温、过流、过压、输入欠压、逆变器反灌保护。

（8）测试系统具备专业的抗震设计，适合高海拔荒漠化/半荒漠化地区开展光伏并网测试工作。

（9）测试系统具备高度集成性，全部设备集成在数个整体的、封闭的集装箱体内，可车载运输。

（10）测试系统提供专用的 35kV 耐寒电缆，并配备电缆助力收放装置。

（11）测试系统采用集装箱密封设计方式，并安装有自动加热、制冷装置，以防止设备出现凝露。

7.1.2　主要技术指标

电网适应性测试系统主要技术指标见表 7-1。

表 7-1　　　　　　　　　　电网适应性测试系统主要技术指标表

项　　目		技　术　要　求
输出容量		1500kVA
电路方式		IGBT/PWM 脉宽调制方式
交流输入	相数	三相
	波形	SINEWAVE
	电压（U_n）	10kV/35kV
	电压波动范围	$U_n \pm 15\%$
	频率波动范围	50Hz±3Hz

续表

项　目		技　术　要　求
交流输出	相数	三相
	波形	标准正弦波
	电压	$0.2U_n \sim 1.3U_n$ 可调输出
	频率	$45 \sim 65\text{Hz}$ 可调输出
	频率稳定率	$\leqslant 0.01\text{Hz}$
	电源稳压率	$\leqslant 1\%$
	负载稳压率	$\leqslant 1\%$
	波形失真度（THD）	$\leqslant 2.0\%$
	效率	$\geqslant 90\%$（在满载下测试）
	反应时间	$\leqslant 2\text{ms}$
	波峰因数	$3:1$
	输出保护	输入无熔丝开关，电子电路快速侦测过电压、过电流、过载、过高温、短路并自动跳脱保护及告警装置
控制方式	近程控制	键盘设定
	远程控制	以太网
		RS485/RS232
环境	绝缘阻抗	$\geqslant \text{DC } 500\text{V } 10\text{M}\Omega$
	耐压绝缘	$\text{AC } 1800\text{V } 10\text{mA}/1\text{min}$
	冷却装置	风扇冷却
	工作温度	$-40 \sim +40\text{℃}$
	相对湿度	$0 \sim 90\%$（无凝露）
	海拔	4500m

7.2　高海拔大容量光伏电站对电网适应性测试要求

7.2.1　高海拔对设备元件的影响

7.2.1.1　高原地区气候特点

我国西北高原地区具有较恶劣的自然气候条件，其特征为：

（1）空气压力和空气密度较低。

（2）年平均气温低，日温差大。

（3）温度变化较大。

（4）大阳辐照度较高。

（5）降水量较少。

（6）年大风日多。

（7）土壤温度较低，且冻结期长。

高原地区空气密度与海拔的关系见表 7 - 2。

表 7 - 2　　　　　　　　　　　高原地区空气密度与海拔的关系

海拔/m	0	1000	2000	3000	4000	5000
空气密度/(g/m^3)	1292.0	1166.7	1050.4	943.2	843.7	753.2
相对空气密度/(kg/m^3)	1	0.9	0.81	0.73	0.65	0.58

温度随海拔增加而降低是对流层的特征，竖直温度梯度值为 0.6℃/100m。高原地区气温与海拔的关系见表 7 - 3。

表 7 - 3　　　　　　　　　　　高原地区气温与海拔的关系

海拔/m	1000	2000	3000	4000
最高气温/℃	40	35	30	25
平均气温/℃	20	15	10	5

海拔越高，气温越低，海拔 2500m 左右地区，平均气温在 12～13℃ 以上，极端最高气温可达 30～33℃；在海拔 3500～4000m 地区，年平均气温为 7～8℃，极端最高气温 27～29℃；到海拔 4500m 以上的地区，年平均气温下降到 -5℃，极端最高气温仅 25℃，最低气温可达 -40℃ 以下。

高海拔地区年平均气温低，按气温划分季节的标准，海拔 4500m 以上地区四季皆冬，如西藏那曲地区年平均气温为 2.1℃，拉萨年平均气温只有 7.5℃。

高海拔地区气温年较差小、日较差大。气温的年较差是指一年当中最热月平均气温与最冷月平均气温之差；气温的日较差是指一天中最高气温与最低气温之差。拉萨、林芝、日喀则等地的平均日温差为 15℃ 左右。

结合高海拔地区昼夜温差较大的特点，极易产生凝露现象，对电气绝缘带来不利影响，研制的检测装备必须具有除湿、温湿度监控等功能。

7.2.1.2　高原气候对绝缘强度的影响

（1）对绝缘强度的影响。①空气间隙和绝缘子构成了电气设备的外绝缘，空气压力或空气密度的降低，引起外绝缘强度的降低。高原环境对绝缘强度的影响主要表现在两个方面：②空气压力或空气密度的降低在电场中更容易发生电离，从而导致绝缘性能的下降；③气压的降低使在低海拔生产的塑性绝缘材料内的气泡扩张，使绝缘材料局部放电加大，绝缘性能变差，加快老化。

（2）对电晕及放电电压的影响。高原环境对电晕及放电电压的影响主要表现在以下三个方面：①高原低气压使高压电器的局部放电起始电压、电晕起始电压降低，电晕腐蚀加重；②高原低气压使电力电容器内部气压下降，导致局部放电起始电压降低；③高原低气压使避雷器内腔电压降低，导致工频放电电压降低。应用高原环境中变流器内的电容、压敏电阻、避雷器等应充分考虑高海拔地区低气压带来的放电电压降低的影响。

（3）对开关电器灭弧性能影响。高原环境对开关电器灭弧性能的影响主要表现在以下三个方面：①空气压力或空气密度的降低使空气介质灭弧的开关电器灭弧性能降低、通断能力下降和电器寿命缩短；②直流电弧的燃弧时间随海拔升高或气压降低而延长；③直流与交流电弧的飞弧距离随海拔升高或气压降低而增加。

对于设计定型的产品，由于其电气间隙已经固定，随空气压力的降低，其击穿电压也下降。为了保证产品在高原环境使用时有足够的耐击穿能力，必须增大电气间隙。因此高原环境上的电气设备需根据其具体使用地点的海拔来确定其绝缘强度，绝缘的电气间隙修正系数可按表 7-4 进行修正，确定其绝缘介质的电气间隙。

表 7-4　　　　　　　　　　　电气间隙修正系数与海拔关系

海拔/m		0	1000	2000	3000	4000	5000
相对大气压/kPa		101.3	90.0	79.5	70.1	61.7	54.0
电气间隙修正系数	以海拔零为基准	1.00	1.13	1.27	1.45	1.64	1.88
	以海拔 1000m 为基准	0.89	1.00	1.13	1.28	1.46	1.67
	以海拔 2000m 为基准	0.78	0.88	1.00	1.13	1.29	1.47

7.2.1.3　高原气候对温升的影响

电气设备在运行中要消耗一部分电能变为热能，导致温度升高，称为温升。温升随大气压的降低而增加，随海拔的增加而增加。一般来说，海拔每升高 100m，电气设备温度升高 0.4℃，环境温度降低约 0.5℃。

电网模拟系统是高发热电气设备，未防止高原环境空气密度降低导致风冷散热无法达到理想值，电网模拟系统功率部分采用水冷设计，降低高原环境对大气密度的影响，水风散热系统则采用 2 倍余量的大型外循环风扇。

7.2.1.4　高原气候日温差大的影响

高原地区日温差大、风沙大，引起热胀冷缩变化剧烈，使设备密封不易保持，密封材料老化快，产生渗漏。由于低温、昼夜温差大，使仪表中的线性元件特性发生线性变化，测试仪表包括电压传感器、电流传感器、压力表、流量计等普遍存在精度降低、重复性差、零点漂移严重等。绝缘、橡胶密封件经低温试验表明，随着温度的下降，其硬度、拉伸强度及扯断伸长率三项机械性能均表现出不同程度的下降趋势。

由于昼夜温差大，温度变化快，设备外绝缘表面容易产生凝露，在低气压、污秽等综合作用下，绝缘强度急剧下降，极易产生运行电压的绝缘闪络事故。

7.2.1.5　高原地区其他因素的影响

除上述影响设备性能的因素外，高原地区日照强度、空气湿度、雷暴、流沙尘埃、地形等对设备性能也有一定的影响，需给予必要的重视。

1. 雷暴的影响

高原地区海拔高、气压低、空气干燥，夏天多夜雨，雷暴日数多。高原地区的雷暴日数比我国同纬度平原地区多出 2～10 倍，成为同纬度地带雷暴日数的多发地。必须加强对防雷接地设施的研究与设计，做好防雷设备的保养与维修。

2. 太阳辐射的影响

高原地区日照强烈，紫外线强度大，太阳直晒集装箱外壳，使集装箱内空气温度升高，会促使绝缘材料老化加快，特别是有机绝缘材料，会加速油漆涂层的老化和龟裂。因此，高原地区设备应选择耐高温的材料，特别是大功率的电线电缆和控制电缆。

（1）高原太阳辐射强度的影响。海拔 4000m 时最大太阳辐射度为低海拔时相应值的 1.2 倍，热辐射对物体起加热作用。对于户外用电工产品，太阳辐射强度的增加引起较大的表面附加温升，降低有机绝缘材料的材质性能，使材料变形，产生机械热应力等影响。

（2）高原紫外线辐射的影响。紫外线辐照度随海拔升高的增加率比太阳总辐照度的增加率大得多，海拔 3000m 时已达平原相应值的 2 倍。紫外线引起有机绝缘材料加速老化，使空气容易电离而导致外绝缘强度和电晕起始电压降低，可采用高防护等级车载集装箱设计，检测装备全部安装于密闭的集装箱内部，运行时仅开启部分通风小窗，以此避免紫外线对电气设备的伤害。

3. 空气湿度的影响

检测系统设备虽然封闭，但并不十分严密，集装箱外的风、雨、雾、沙等可能漏泄入。且高原地区气候变化迅速，使集装箱内湿度较大；因此，要求绝缘材料耐湿热性较好。

高原地区平均绝对湿度随海拔升高而降低。绝对湿度降低时，电工产品的外绝缘强度降低，因此要考虑工频放电电压与冲击闪络电压的湿度修正。

7.2.2 高海拔对设备元件的影响

高海拔气候条件对电网适应性检测系统的影响主要在于电气绝缘和散热，电气绝缘主要是空气绝缘和爬电距离修正，按照高海拔修正值进行设计。

目前，在国家标准、行业标准及相关国际标准中，已经给出了外绝缘放电电压与大气参数之间关系的经验公式。以 DL/T 5352—2006《配电装置设计技术规程》、DL/T 620—1997《交流电气装置的过电压保护和绝缘配合》等标准为指导原则，在分析和总结的基础上，归纳出 10kV 和 35kV 电压等级（光伏电站主要电压等级）下，电气一次设备外绝缘额定工频耐受电压值、雷电冲击耐受电压、最小空气间隙设计原则，见表 7-5～表 7-7。

表 7-5 　　　　　　　　**10kV 和 35kV 工频耐受电压** 　　　　　单位：kV

系统标称电压	设备最高电压	额定工频耐受电压							
		变压器	GIS	TA	TV	断路器	隔离开关	避雷器	支柱绝缘子
10	12	30	28	28	28	28	28	28	28
35	40.5	95	95	95	95	95	95	95	95

表 7-6 　　　　　　　　**10kV 和 35kV 雷电冲击耐受电压** 　　　　单位：kV

系统标称电压	设备最高电压	额定雷电冲击耐受电压							
		变压器	GIS	TA	TV	断路器	隔离开关	避雷器	支柱绝缘子
10	12	75	75	75	75	75	75	75	75
35	40.5	200	200	200	200	200	200	200	200

表 7-7 　　　　　　　**10kV 和 35kV 电气一次设备最小空气间隙** 　　　单位：mm

系统标称电压	海拔 3000.00m		海拔 3500.00m		海拔 4500.00m		海拔 5000.00m	
	相间	相对地	相间	相对地	相间	相对地	相间	相对地
10kV	160	160	180	180	180	180	204	204
35kV	454	454	380	380	380	380	410	410

　　电网适应性测试系统内所有一次设备，如开关柜、变压器、绝缘子等，在制定的外绝缘额定工频耐受值、雷电冲击耐受电压、最小间隙设计原则的基础上，结合高海拔对设备温升的影响，在考虑车载运输及集装箱安装的基础上，对高海拔绝缘修正，对高海拔设备绝缘、电气间隙以及散热进行特殊设计。

7.2.3　光伏电站对电网适应性测试系统的要求

7.2.3.1　西北地区电网特性

　　西北地区的年平均日照时间为 3100～3600h，年总辐射量可达 7000～8000MJ/m²，这些是建设大规模光伏电站得天独厚的条件。目前，西北地区已经成为了全国最为重要的光伏终端市场。我国 90％以上光照资源最为丰富的地区分布在西北地区，西北地区位于青藏高原北侧和东北部，境内地形复杂，地貌独特。该地区地势较高，地形起伏明显，导致西北地区公路运输条件较差。

　　西北地区电网环境特点：

　　(1) 西北电网与全国其他电网相比，规划服务面积大，能源基地至各负荷中心之间的距离较远，属于典型的长距离、大容量输电。西北地区电网目前处在快速发展时期，网架结构薄弱，"大直流、小系统、弱受端"运行特性和"大机小网"问题叠加，光伏等间歇性新能源占比高，电网安全风险较大，安全稳定运行的形势严峻。以西藏电网为例，2015 年 1 季度，先后发生了"1.1"藏木机组功率突降动作事件、"1.23"藏中电网功率波动事件、"2.15"东嘎变避雷器故障事件、"2.15"柴拉直流双极闭锁事故、"3.3"城南主变跳闸等电网事故。西北地区弱电网实际工况也亟须开展对该地区的新能源发电系统进行并网检测，保障电网安全可靠运行。

（2）西北地区电网较弱，光伏电站接入点电网阻抗同内地具有较大差异。以江苏某光伏电站为例，35kV 侧接入点电网阻抗约为 1.47Ω，而对比西藏力某光伏电站，其电网阻抗约为 8Ω。不同电站电网阻抗的变化，给低电压穿越测试系统设计精度提出了更高要求。

7.2.3.2 光伏电站对测试系统的需求

结合西北地区电网"大直流、小系统、弱受端"运行特性和"大机小网"特点，加之较早期投入运行的光伏逆变器很多都未经过任何检测机构进行测试，大部分电站的电网适应性能力、低电压穿越能力均无法达到目前国家标准要求。为保障电网安全及新能源电站的正常稳定运行，对测试系统要求：

（1）目前国内主流光伏电站并网单元均为两个 500kW 光伏逆变器经三线圈变压器进行并网，并网单元容量一般为 1MW，组串式光伏逆变器组成单个并网单元也不会超过 1.5MW，因此电网适应性检测平台需具备 1.5MW 检测能力，从而能够对大规模光伏电站并网单元进行整体测试，低电压穿越测试系统测试容量与电网适应性系统相同。

（2）高海拔地区大部分为山区，且光伏电站一般没有像风电场风机桨叶类似的大型装备，一般通往光伏电站的运输路线弯道较多、公路等级较低，检测设备单体长度不能超出 12m，否则无法满足道路转弯半径要求。当然为保障高速公路的运输，检测平台的高度、宽度也需满足国内道路运输的标准。

（3）高海拔地区光伏电站并网电压等级为 10kV 或 35kV，测试平台必须满足不同电压等级接入问题，即满足 10kV 接入时散热设计要求，也要满足 35kV 接入时绝缘设计要求。

7.2.4 移动式电网适应性测试系统的车载要求

7.2.4.1 西北地区光伏电站道路环境

为满足测试系统运输要求，车载系统限高 4.5m，宽度不能超过 3m。西北地区光伏电站项目场址一般紧邻国道，途中弯道及桥梁的宽度和承载力均可满足一般运输车辆的要求。光伏电站区域区内的道路由主次交通路网组成。主干道采用水泥混凝土路面，方便大型设备的运输；次干道采用粒料路面。所有道路的纵向坡度结合地形设计，横向坡度一般为 1.5%～2%，转弯半径一般为 10m 左右。西北某地区光伏电站道路情况如图 7-1 所示。

图 7-1　西北某地区光伏电站道路情况

西北地区每年入冬时间很早，结冻时间一般在 10 月，解冻时间一般在 4 月，一般冻土厚度 75mm 以上，在青海地区一般沙漠化地区已经出现沙土深陷的问题，检测装备一般较重，现场检测时运输线路必须提前探路，避免造成运输危险。青海海南州地区入冬后道路情况如图 7-2 所示。

图 7-2　青海海南州地区入冬后道路情况

7.2.4.2　车载系统紧凑、紧固、抗震、轻量化设计

车载检测设备在转场运输和使用过程中，将不可避免地承受各种振动、冲击、持续动力载荷作用等机械因素的影响。其中危害最大的是振动和冲击，它们对检测设备产生的危害主要有以下形式：

（1）振动引起的弹性变形，使具有电触点的元件，如电位器、波段开关、插头座等可能产生接触不良。

（2）使没有附加紧固的元器件从安装位置跳出来，并碰撞其他元器件而造成损坏。如印制板从插座中跳出等。

（3）当零部件固有频率和激振频率相同时，产生共振现象。例如可变电容片子共振时，容量产生周期性变化；振动使调谐电感的铁粉芯移动，引起电感量变化，造成回路失谐，工作状态破坏等。

（4）安装导线变形及位移使其相对位置变化，引起分布参量变化，从而使电感电容的耦合发生变化。

（5）指示灯忽亮忽暗，仪表指针不断抖动，使观察人员读数不准，视力疲劳。

（6）电子元器件与印制板的焊点脱开甚至使元器件引线断裂。

由此可见，为了保证车载检测设备在所要求的环境条件和使用情况下工作的可靠性，就必须对检测设备在结构设计中采取有效的隔振、缓冲措施和强度、刚度的合理设计，以避免产生共振现象，将振动冲击对其产生的影响减小到最低水平。当前，对车载检测设备进行防冲击振动设计已成为设计中的重要组成部分。

鉴于车载检测设备隔振缓冲的重要性，各工程研制单位在对车载检测设备的抗振性设计上都非常重视。调研情况表明，通过工程实践和对国内外同类设备结构设计技术成果的消化吸收，各单位在对车载检测设备抗振性设计上，基本上形成了各自较为成熟的方法。我国的移动车载电子设备振动分析起步较晚，专门介绍车载电子设备振动控制的有关资料也比较少。工程设计人员往往只是根据工程经验采用加装隔振器或照搬同类设备的隔振模式。随着改装车辆、车载方舱等移动检测设备的大量生产和使用，对于成批量的车载检测设备的防振抗冲击设计，有必要作为专题进行分析与研究。

在工程实际中，隔振系统的设计要有一定的可靠性，但在设计、加工、安装、施工和使用过程中有多种影响可靠性的不确定性因素：

（1）材料特性的随机性。由于受制造环境、技术条件、材料的多相特征等因素的影响，使工程材料的弹性模量、泊松比、质量、密度等具有随机性。

（2）几何尺寸的随机性。由于制造、安装误差使结构物的几何尺寸具有随机性。

（3）结构边界条件的随机性。由结构的复杂性而引起的结构与结构的联接、构件与构件的联接等边界条件具有随机性。

（4）结构物理性质的随机性。由结构的复杂性而引起的系统阻尼特性、摩擦系数、非线性特性等具有随机性。

（5）随着系统使用时间的增长，外界环境的变化，系统会发生一定的磨损，导致系统参数发生变化。

对于隔振系统模型将系统的全部参数均视为确定性的量，显然忽略了结构参数的随机性对结构动力特性的影响，因此参数的取值用随机变量或随机过程来描述更为贴近工程实际。

电子设备在车载环境下工作，各级设备（机柜、单元机箱、插件、PCB 板等）设备必须满足系统强度和刚度要求，同时要求联接与安装固定措施安全可靠，而车载电子设备外形尺寸及重量又直接关系到整车的布局和车载设备的性能。因此，对于车载电子设备的结构设计中应采取合理的结构加强措施。针对设备受力状态，采取局部强度（如机柜底框）和相关刚度（如机柜底框和机柜立柱的联接）优化设计，避免大冗余度、高安全系数的整体强度加固。因此，应注重考虑以下措施：

（1）在初始结构设计阶段就应考虑使整个设备机柜的质量均匀分布，机柜的质心应尽可能低，其质心在垂直方向的投影尽量落在机柜底面的几何中心上，从而有利于隔振器的合理布局。

（2）为了消除谐振，应使结构系统力学模型的每一级固有频率为前一级的 2 倍（即倍频法则），如机箱单元的固有频率应为机柜机架固有频率的 2 倍，安装在机箱内部的印制电路板的固有频率应为机箱的固有频率的 2 倍。当前一级的固有频率较高，后一级固有频率无法满足倍频要求时，可使后一级的固有频率是前一级的 1/2。例如机箱单元采用钣金折弯焊接工艺制作，其固有频率通常在 300Hz 以上，则其内装印制电路板的固有频率应为 600Hz，当印制电路板尺寸较大或由于安装方式的限制，难以达到此频率要求时，可将印制电路板的固有频率按 150Hz 设计。另外尽可能使系统前一级的质量远大于后一级的质量。

（3）避免使用悬臂式结构，将导线编扎并用线夹分段固定，选用合理的安装方向固定各单元及插件。

（4）结构小型化和刚性化设计，同时在局部结构装配中设计阻尼衬垫，以衰减局部共振峰值。

（5）尽量减少调谐元件的使用，非用不可时应加装固定制动装置，使调谐元件在振动和冲击时不会自行移动。对于比较脆弱的元件（如继电器等），尽量采取其他设计代替，不能代替时，为保证可靠性，可同时安装两个功能相同而固有频率不同的元件，以保证设备正常工作。

（6）尽量减小设备中机械结构谐振系统的数目，如对某些部件及元器件采取灌封工艺，使得有多个集中参数的机械系统成为一个具有分布参数的单一系统。

在车载电子设备结构设计中，机箱是电子器件、印制电路板和电器功能模块等通过结构零部件所组成的具有独立功能的系统分机单元整件，而机柜则是机箱、导轨、线架、机架和结构件等组成的系统成套设备整机。因此，机架和机箱的结构设计是系统防振动冲击结构加强设计的主要对象。

机架是安装机箱、导轨及其他附件的基础，也是设备整机的承载部分。其设计的好坏将直接影响设备的工作稳定性与可靠性，因此，对于机架的设计，应具有良好的结构工艺性，刚度和强度高，且体积小，重量轻，并便于设备安装与维修。从抗冲击振动的角度出发，不管机架和底座采用什么形式，通过刚度和强度设计，最终必然是提供一个最佳挠度。当挠度较大时，即机架和底座在载荷作用下易于挠曲，在振动时将产生较大的振幅；当挠度较小时，则机架和底座过于刚硬，在传递外来的冲击时，会造成较大的冲击力。工程中通常通过在机柜底部安装隔振器的方法对传到机柜底座上的冲击振动进行衰减隔离，在这种情况下设计机架和底座时，应采取较高的刚度（即允许挠度不易过大）比较合适。对于大面积的底座，应采用加强筋以提高其刚度，特别是负荷较大的底座更应如此。

机箱常见的结构方式有型材机箱、钣金机箱和铸造机箱等，从安装方式上又可分为螺装、铆装、焊接等几种。考虑到车载环境的要求，既要求强度较高又要求重量轻，这里可采用薄板折弯焊接机箱。这种机箱主体采用合金板材折弯后各角焊接而成，使得机箱重量轻、强度高。机箱一般通过导轨安装在机架上，为便于设备检测及维修，可选用推拉式导轨。导轨可采用滑动摩擦式导轨较滚动摩擦导轨（滚珠导轨）具有刚度强度高、承载能力大、结构简单、重量轻的特点，能够起到较好的防振动冲击效果。

对于设备机柜内部的振动控制方法，一方面是结构刚性化设计，通过提高设备固有共振频率和提高其机械强度减少振动干扰的影响。这种方法对于电源、功放等大质量单元设备的抗振效果是比较明显的。

当前的电子设备机柜通常是遵循积木化设计思路，按照单元模块化的设计原则所组成的复杂结构整机，要将各级联设备的一阶共振频率均提高到合理的范围，通常是难以做到的。因此，应考虑通过附加阻尼抑制共振放大。目前，阻尼材料的研究和发展迅速，可为阻尼隔振措施提供多种材料供应状态（喷涂、泡沫和板片型等）和结构工艺方法。而阻尼隔振效果与阻尼结构处理有很大的关系。鉴于系统的复杂性，阻尼方案应根据不同的环境要求、设备特点及所用元器件而定。首先应考虑总体安装的支架、导轨、板盘等的阻尼处理，这样可避免从每个设备的单独考虑而使总体积质量的增加和总成本的提高。而电子设备的阻尼处理则应以临界构件如安装底板、印制板或薄弱环节为主，尤其是印制板作为大多数元器件安装和固定的平台，这对于提高整机的抗振性能起着关键作用。

7.2.5 小结

本节主要介绍了高海拔大容量光伏电站的电网适应性测试要求。首先针对高海拔条件，分别介绍了高海拔地区的特点以及高海拔环境对设备元件的影响；其次针对西北地区的电网特性，说明了光伏电站对电网适应性测试系统的要求；最后针对西北地区光伏电站道路环境问题，说明了移动式电网适应性测试系统的车载设计注意事项以及要求。

7.3 电网适应性测试系统关键技术研究

7.3.1 测试系统组成

   针对高海拔大容量光伏电站对电网适应性测试工作的特殊要求，确定电网适应性测试系统整体设计方案。测试系统直接和 35kV 或 10kV 电网相连，经过网侧开关柜后通过降压变压器将电压变为 560V，经电网扰动装置后输出电压和频率可变的电压，然后通过升压变压器升压至 35kV 或 10kV，通过机侧开关柜连接到被测光伏单元。电网扰动装置采用低压四象限背靠背电网模拟系统方式实现，整个测试系统通过集控系统实现对系统的监控。考虑到系统内电网模拟系统、开关柜、变压器、电缆卷盘等主要设备的体积以及高海拔绝缘要求，将测试系统分为升压变压器集装箱车、降压变压器集装箱车、电网模拟系统集装箱车，如图 7-3 所示。测试系统降压变压器集装箱包括输入开关柜、互感器、降压变压器等一次设备，将电网电压降为电网模拟系统可以承受的低压电源，为电网模拟系统供电。电网模拟系统集装箱包括电网模拟系统，即大功率变频、电压电源，可模拟电网电压、频率等变化，并可实现电网电压不平衡输出、谐波输出等功能。升压变压器集装箱实现电网模拟系统输出的低压电源升至同被测光伏电站同样等级。

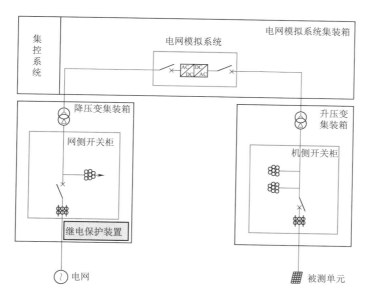

图 7-3　高海拔电网适应性测试系统连接架构

   考虑到西北地区道路运输的要求，综合高海拔地区电气设备绝缘电气间隙的要求，将集装箱体宽度限制在外宽 3m，高度 3.2m，长度 10m，以确保系统能够在西北地区公路上通过。

7.3.2　电网模拟系统研究与开发

7.3.2.1　电网模拟系统功能及拓扑结构

电网适应性测试系统的核心是电网模拟系统，系统可模拟不同情况下的电网电压、频率等波动，以进行并网检测试验。电网模拟系统输入侧为三相 PWM 整流，为输出侧逆变提供直流电压，由于三相 PWM 整流可四象限运行，因此电网模拟系统功率可以回馈电网。

电网模拟系统在功能上应满足：

（1）模拟正常情况下的电网，验证光伏单元并网特性。

（2）模拟电网电压幅值变化、频率变化等。

（3）模拟三相不平衡、波形畸变。

具体要求如下：

（1）模拟正常的电网电压，输出三相对称、具有额定幅值和频率的正弦电压。

（2）模拟电网电压跌落和电压变动功能。电网模拟系统的输出电压可以在任意时刻跌落和恢复，跌落深度和持续时间可以根据测试要求自由设定，对于不平衡跌落，每一相的跌落深度可以任意设定。

（3）模拟电网电压、频率偏移，可以实现电压、频率的突变和渐变。对于频率渐变，要求在任意时刻对于频率的渐变情况，渐变时间可设，频率变化后的持续时间可以自由设定。

（4）模拟电网电压三相不平衡的功能。模拟器应可输出包含负序分量的电压，其中负序分量和零序分量可以自由设定。

（5）模拟电网电压包含谐波的功能。模拟器可输出在基波基础上的叠加谐波和间谐波的电压波形。叠加谐波的次数、谐波幅值、谐波与基波间的相位可根据测试需要设定，并且可以同时叠加多次谐波。

电网模拟系统主电路拓扑结构如图 7-4 所示。三相电网经变压器 T1 变压后给电网模拟系统供电，电源的输入端配有断路器 QF1；前端采用四象限整流，共直流母线，将输入的三相交流电整流，并在输出侧采用电容稳压，为后级逆变环节提供稳定的直流电压；后端逆变环节采用三个单相 PWM 逆变器实现，每个单相的输出模拟电网的一相，将整流环节产生的直流电压逆变得到交流电压，同时三个单相 PWM 逆变器的输出可分别接输出变压器 T2 的三个独立绕组，从而构成三相带中线系统输出。整流环节的三相 PWM 整流器可使有源负载产生的能量回馈到电网，实现能量的双向流动。

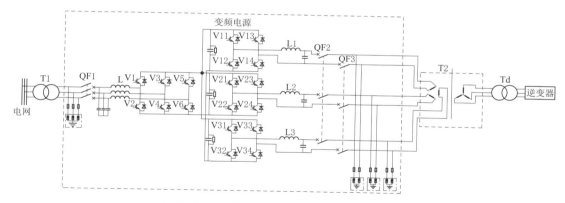

图 7 - 4　电网模拟系统主电路拓扑结构

该主电路的特点：

（1）整流器采用 IGBT 模块结构，可实现四象限控制，输入谐波电流小，功率因数高，有利于光伏并网逆变器的检测试验。

（2）逆变器采用三个单相 H 桥结构，实现三相独立控制要求每个单相 PWM 逆变器的输出模拟电网的一相，从而可以实现电网模拟器要求的各种功能。

（3）输出采用双闭环控制，输出电压稳态精度高，响应速度快，电压控制精度高，具有较高的过载能力和抗负载扰动的能力。

7.3.2.2　电网模拟系统控制策略

电网适应性检测系统的电网模拟系统控制部分包括整流和逆变两个环节，整流部分采用 PWM 整流。PWM 整流在电力领域中应用广泛，如太阳能发电、风力发电、变频器、有源电力滤波器（APF）、静止无功补偿（SVG）、统一潮流控制（UPFC）以及各种特种变流器等。PWM 整流可以四象限运行，功率可以双向流动。控制采用双闭环矢量控制，外环为直流电压环，内环为交流电流环。PWM 整流双闭环控制框图如图 7 - 5 所示。

电网模拟系统逆变输出分为基波模式和谐波模式。基波模式采用基于电压、电流瞬时值的双闭环控制方案，此方案可很好地满足高性能指标的要求，系统响应快，稳定性高。在电流内环中引入负反馈电流前馈使逆变器动态响应加快，对非线性负载扰动的适应能力加强，输出电压的谐波含量减小。图 7 - 6（a）为基波模式双闭环控制框图。高次谐波模式下，LC 滤波器会对输出电压中的高次谐波产生影响，随着输出电压频率增加，滤波器对输出电压有放大作用，为抑制放大，引入高次谐波前馈系数 $1 - LC\omega^2$，图 7 - 6（b）为谐波模式控制框图。

1. 整流侧控制算法

整流系统电压、电流双闭环控制是一种当前主流的控制方式，其主要特点是输入电流和输出电压分块控制。电压外环的输出作为电流指令信号，电流内环则控制输入

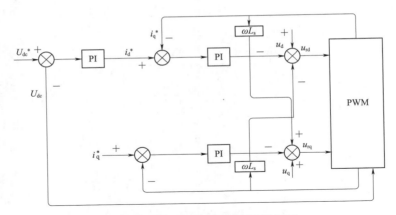

图 7 - 5　PWM 整流双闭环控制框图

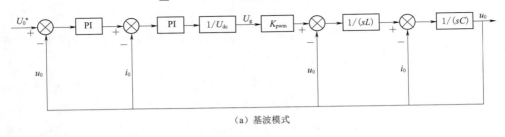

（a）基波模式

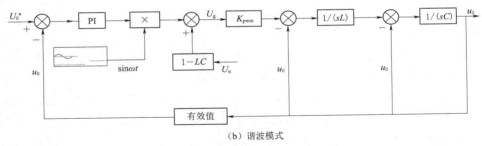

（b）谐波模式

图 7 - 6　电网模拟系统双闭环控制框图

电流，快速跟踪电流指令。由于电流内环的存在，只要使得电流指令限幅即可实现过流保护的功能。所以，总的来说，电压外环的作用是使得直流电压跟随给定，电压内环则是按照外环输出的电流值来进行电流控制，实现单位功率因数控制。

（1）电流环设计。

PWM 整流器在两相同步旋转坐标系下的数学模型为

$$L_s \frac{\mathrm{d}i_d}{\mathrm{d}t} = R_s i_d + \omega L_s i_q + U_d - U_{rd}$$

$$L_s \frac{\mathrm{d}i_q}{\mathrm{d}t} = R_s i_q - \omega L_s i_d + U_q - U_{rq}$$

（7 - 1）

式（7 - 1）表明，dq 轴电流受着交流侧电压矢量 U_{rd}、U_{rq} 的影响，也受着耦合

电压 $\omega L i_q$ 和 $-\omega L i_d$ 的扰动以及网侧电动势 U_d、U_q 的影响。dq 轴变量互相耦合，给控制器的设计造成了困难，因此要解耦，简化控制系统的设计。假设三相电压型交流侧电压矢量 U_{rd}、U_{rq} 包含 3 个分量，即

$$U_{rd}=-U'_{rd}+\omega L_s i_q+U_d$$
$$U_{rq}=-U'_{rq}-\omega L_s i_d+U_q \tag{7-2}$$

综合以上两式可以得出

$$L_s\frac{\mathrm{d}i_d}{\mathrm{d}t}=-R_s i_d+U_{rd}$$
$$L_s\frac{\mathrm{d}i_q}{\mathrm{d}t}=-R_s i_q+U_{rq} \tag{7-3}$$

由式（7-3）可知，此时表示的 dq 轴电流已经完全解耦，可以独立控制，图 7-7 就是电流内环解耦的控制原理图。

从图 7-7 可知，解耦的过程实际上是在各轴电流 PI 调节结果里注入含有其他轴电流信息的分量，注入的分量与控制对象产生的耦合量大小相等，方向相反。同时用电网压 U_d 和 U_q 对其进行前馈补偿。其中 U_{rd}、U_{rq} 采用如下函数关系式来控制：

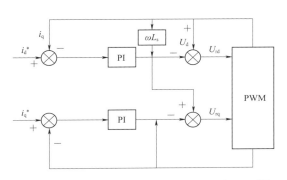

图 7-7　PWM 整流器电流内环解耦控制原理图

$$U_{rd}=-\left(K_{ip}+\frac{K_{il}}{S}\right)(i_d^*-i_d)+\omega L_s i_q+U_d$$
$$U_{rq}=-\left(K_{ip}+\frac{K_{il}}{S}\right)(i_q^*-i_q)+\omega L_s i_d+U_q \tag{7-4}$$

式中　K_{ip}、K_{il}——比例增益和积分增益；

　　　i_d^*、i_q^*——i_d、i_q 的给定值。

将式（7-4）代入 PWM 整流器在两相同步旋转坐标系下的数学模型，可得

$$L_s\frac{\mathrm{d}i_d}{\mathrm{d}t}=-R+K_{ip}+\frac{K_{il}}{S}i_d+\frac{K_{il}}{S}i_d^*$$
$$L_s\frac{\mathrm{d}i_q}{\mathrm{d}t}=-R+K_{ip}+\frac{K_{il}}{S}i_q+\frac{K_{il}}{S}i_q^* \tag{7-5}$$

dq 轴电流控制器的设计相同，以 d 轴为例分析电流调节器的设计，如图 7-8 所示。其中 L 为网侧电感值；T_s 为采样周期。

I_d 电流内环控制结构包括一阶惯性环节、PWM 小惯性环节、PI 电流调节器以及电感 L 等效一阶惯性环节，K_p 为 VSR 工作时候的等效增益。如果功率器件开关频率

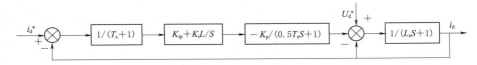

图 7-8　I_d 电流内环控制结构框图

比较高的话，即电流采样频率比较高，这时可以忽略电流内环等效小时间常数 T_s 和 $0.5T_s$ 的影响，那么可以得到 I_d 电流内环控制简化结构框图，如图 7-9 所示。

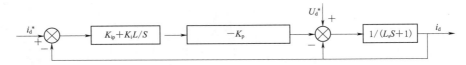

图 7-9　I_d 电流内环控制简化结构框图

则电流内环闭环传递函数 $G_i(s)$ 如下：

$$G_i(s) = \frac{i_d(s)}{i_d^*(s)} = \frac{K_{ip}K_p}{L} \cdot \frac{S + K_{il}/K_{ip}}{S_2 + \dfrac{R + K_{ip}K_p}{L}S + \dfrac{K_{ip}K_p}{L}} \tag{7-6}$$

（2）电压环设计。

电压外环的主要作用是抑制直流侧电压的波动，所以系统整定时要着重考虑其抗干扰性能。如果把电流控制原理图加上电压环，则构成双环解耦控制结构，其结构图如图 7-10 所示。

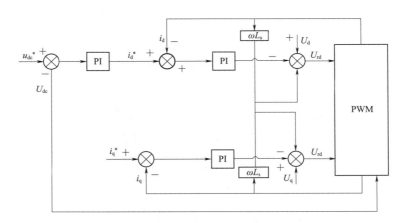

图 7-10　双环解耦控制结构图

考虑电压信号的采样延迟，在控制系统里加入一个延时环节，而电流内环相当于 3 倍延时的惯性环节，所以得出的电压外环控制结构，其框图如图 7-11 所示。

最大化时变环节，再合并，并且忽略 i_L 的扰动，可以把 PI 调节器传递函数写成

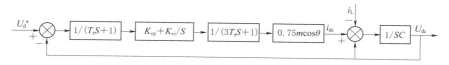

图 7 - 11　电压外环控制结构框图

零极点形式：$K_{vp}+K_{vl}=K_{vp}(T_vS+1)/T_vS$，其中 $K_{vl}=K_{vp}/T_v S$。

所以，得出电压外环简化控制结构框图如图 7 - 12 所示。

图 7 - 12　电压外环简化控制结构框图

按照典型 Ⅱ 型系统来设计电压调节器，得出 PI 调节器参数为

$$K_{vp}=\frac{C}{5T_s}$$
$$K_{vl}=\frac{K_{vp}}{20T_s}$$

$$(7-7)$$

2. 逆变侧控制算法

电网模拟系统属于电压型逆变器，其输出采用三个拓扑结构完全一样的单相 H 桥 PWM 逆变器，分别为 A、B、C 三相输出。

基于 KVL 和 KCL 定律，可得三相逆变器的电压电流方程为

$$U_a=Ri_a+l\frac{di_a}{dt}+U_{oa}, \quad i_a=c\frac{dU_{oa}}{dt}+i_{oa}$$
$$U_b=Ri_b+l\frac{di_b}{dt}+U_{ob}, \quad i_b=c\frac{dU_{ob}}{dt}+i_{ob}$$
$$U_c=Ri_c+l\frac{di_c}{dt}+U_{oc}, \quad i_c=c\frac{dU_{oc}}{dt}+i_{oc}$$

$$(7-8)$$

式中　i_a，i_b，i_c——电感电流；

U_{oa}，U_{ob}，U_{oc}——电容电压即输出电压；

i_{oa}，i_{ob}，i_{oc}——负载电流；

U_a，U_b，U_c——逆变桥输出电压。

将三相极坐标系下的电压电流方程变换为两相旋转坐标系下，可得 dq 坐标系中的三相逆变器的电压电流方程为

$$U_d=Ri_d+l\frac{di_d}{dt}-\omega Li_q+U_{od}, \quad i_d=c\frac{dU_{od}}{dt}-\omega cU_{oq}+i_{od}$$
$$U_q=Ri_q+l\frac{di_q}{dt}-\omega Li_d+U_{oq}, \quad i_q=c\frac{dU_{oq}}{dt}-\omega cU_{od}+i_{od}$$

$$(7-9)$$

则电网模拟系统在两相同步旋转 dq 坐标系下的模型框图如图 7-13 所示。

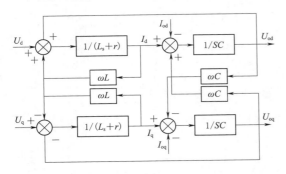

图 7-13 电网模拟系统在 dq
坐标系下的模型框图

由此，电网模拟系统采用双环控制，外环为电压环，内环为电流环。电压外环的主要作用是确定电流指令的参考值和稳定逆变器交流侧电压的幅值，通过设置 q 轴的电压指令为零来实现单功率因数控制。而电流内环的主要作用是按电压外环输出的指令电流进行电流控制，内环电流控制器是实现电流的快速跟踪并且增强逆变器的抗扰性能。

（1）电流内环设计。

电网模拟系统在 dq 坐标系下的电流方程为

$$L\frac{\mathrm{d}i_\mathrm{d}}{\mathrm{d}t} = -Ri_\mathrm{d} + \omega Li_\mathrm{q} + U_\mathrm{d}$$

$$L\frac{\mathrm{d}i_\mathrm{q}}{\mathrm{d}t} = -Ri_\mathrm{q} + \omega Li_\mathrm{d} + U_\mathrm{q} \tag{7-10}$$

式（7-10）表明，dq 轴电流除受控制量 U_d、U_q 的影响外，还受到电流交叉耦合项 ωLi_q、ωLi_d 的影响。为了消除电流耦合，采用解耦控制，电流调节器采用 PI 调节器，则电流控制方程为

$$U_\mathrm{d} = k_\mathrm{p}(i_\mathrm{d}^* - i_\mathrm{d}) + k_\mathrm{i}\int(i_\mathrm{d}^* - i_\mathrm{d})\mathrm{d}t + \omega Li_\mathrm{q}$$

$$U_\mathrm{q} = k_\mathrm{p}(i_\mathrm{q}^* - i_\mathrm{q}) + k_\mathrm{i}\int(i_\mathrm{q}^* - i_\mathrm{q})\mathrm{d}t + \omega Li_\mathrm{d} \tag{7-11}$$

由此可得引入电流解耦控制结构框图如图 7-14 所示。

电流控制方程为

$$\frac{\mathrm{d}i_\mathrm{d}}{\mathrm{d}t} + Ri_\mathrm{d} = k_\mathrm{p}(i_\mathrm{d}^* - i_\mathrm{d}) + k_\mathrm{i}\int(i_\mathrm{d}^* - i_\mathrm{d})\mathrm{d}t$$

$$\frac{\mathrm{d}i_\mathrm{q}}{\mathrm{d}t} + Ri_\mathrm{q} = k_\mathrm{p}(i_\mathrm{q}^* - i_\mathrm{q}) + k_\mathrm{i}\int(i_\mathrm{q}^* - i_\mathrm{q})\mathrm{d}t \tag{7-12}$$

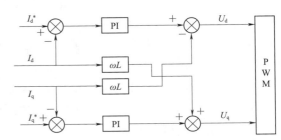

图 7-14 电流环解耦控制结构框图

电流控制方程表明，引入电流解耦控制后，dq 轴电流可以实现单独控制。

（2）电压外环设计。

电网模拟系统在 dq 坐标系下的电压方程为

$$C\frac{\mathrm{d}U_{Ld}}{\mathrm{d}t}=\frac{-U_{Ld}}{R}+i_{ld}-i_{Ld}+\omega CU_{Lq}$$

$$C\frac{\mathrm{d}U_{Lq}}{\mathrm{d}t}=\frac{-U_{Lq}}{R}+i_{lq}-i_{Lq}+\omega CU_{Ld} \tag{7-13}$$

由电流环解耦控制的分析，得出电压环控制系统解耦方程为

$$i_{ld}=i_{Ld}+k_p(U_d^*-U_d)+k_i\int(U_d^*-U_d)\mathrm{d}t-\omega CU_{Lq}$$

$$i_{lq}=i_{Lq}+k_p(U_q^*-U_q)+k_i\int(U_q^*-U_q)\mathrm{d}t-\omega CU_{Ld} \tag{7-14}$$

则电压外环解耦控制结构框图如图 7-15 所示。

电压控制方程为

$$C\frac{\mathrm{d}U_{Ld}}{\mathrm{d}t}+\frac{U_{Ld}}{R}=k_p(U_d^*-U_d)$$
$$+k_i\int(U_d^*-U_d)\mathrm{d}t$$

$$C\frac{\mathrm{d}U_{Lq}}{\mathrm{d}t}+\frac{U_{Lq}}{R}=k_p(U_q^*-U_q)$$
$$+k_i\int(U_q^*-U_q)\mathrm{d}t$$

$$\tag{7-15}$$

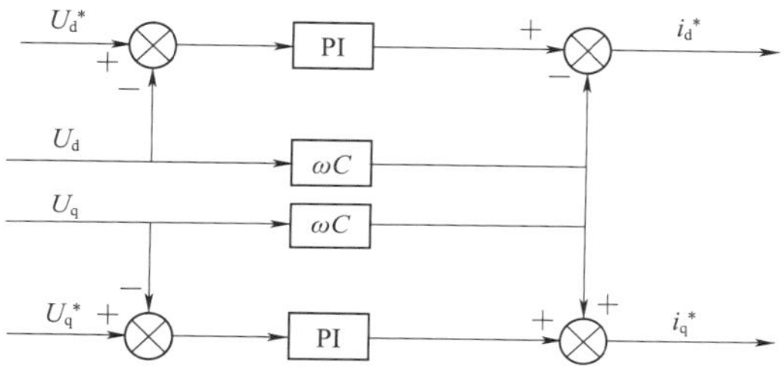

图 7-15　电压外环解耦控制结构框图

由电压环和电流环控制器的分析可得，电网模拟系统双闭环控制结构框图如图 7-16 所示。

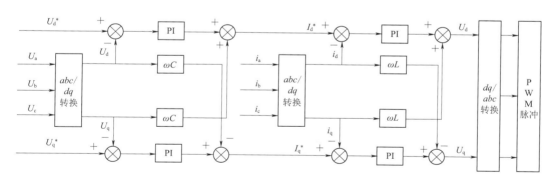

图 7-16　电网模拟系统双闭环控制结构框图

7.3.3　电网适应性测试系统的仿真分析

7.3.3.1　仿真软件介绍

PSIM（Power Simulation）是趋向于电力电子领域以及电机控制领域的仿真应用

包软件，由 SIMCAD 和 SIMVIEM 两个软件来组成的。PSIM 具有仿真高速、用户界面友好、波形解析等功能，为电力电子电路的解析、控制系统设计、电机驱动研究等有效提供强有力的仿真环境。

PSIM 仿真解析系统，不只是回路仿真单体，还可以其他仿真软件联合仿真，为用户提供高开发效率的仿真环境。例如，在电机驱动开发领域，控制部分用 MAT-LAB/Simulink 实现，主回路部分以及其周边回路用 PSIM 实现，电机部分用电磁场分析软件 MagNet、JMAG 实现，由此进行连成解析，实现更高精度的全面仿真系统。

由于电网适应性检测系统中电网模拟系统主要为电力电子设备，因此采用 PSIM9.0 进行系统仿真分析。

7.3.3.2 测试系统仿真技术参数

仿真所需的技术参数如下：

输入：额定 600V（$0.85 \sim 1.1U_n$）/50 ± 3Hz，三相；

输出电压（相电压）：额定 500V（$0 \sim 1.35U_n$）/$45 \sim 55$Hz 三组单相；

输出额定电流：$0 \sim 1045$A/$0 \sim 500$V；

最大输出相电流：1045A AC；

输出功率：$0 \sim 2000$kW，功率双向流动，4500m 海拔时，输出功率不低于 1500kW；

频率设定范围：$45 \sim 55$Hz；分辨率：0.01Hz；精度：不高于 0.01Hz；

电压输出精度：不高于 1%；

负载稳压率：不高于 1%；

波形失真度：不高于 2%（线性负载）；

最大量程工作效率：不低于 92%；

电压调节：调节速率不低于 5%U_n/ms，最小调节步长 0.1V；

频率调节：调节速率不低于 0.5Hz/ms，最小调节步长 0.01Hz；

功率因数：不低于 0.95；

响应时间：不高于 20ms；

正常运行时，三相电压不平衡度应小于 1%，相位偏差应小于 1%。

7.3.3.3 仿真结果

1. 电压调节仿真

设置输出电压参考为额定电压 $U_n = 500$V，频率设置为 50Hz，则仿真输出三相电压波形及有效值如图 7-17 所示，可知输出电压有效值为 500V。

设置输出电压参考为 $1.35U_n$，$U = 675$V，频率设置为 50Hz，则仿真输出三相电压波形及有效值如图 7-18 所示，可知输出电压有效值为 675V。

2. 频率调节范围仿真

对 $f = 50$Hz 交流电压波形进行 FFT 分析，基波频率如图 7-19 所示。

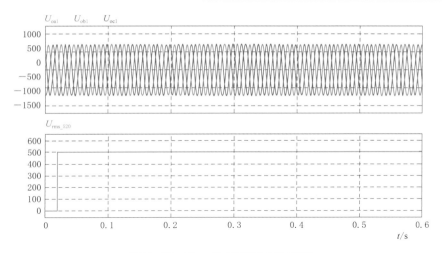

图 7 - 17 $U_n = 500V$ 仿真电压波形

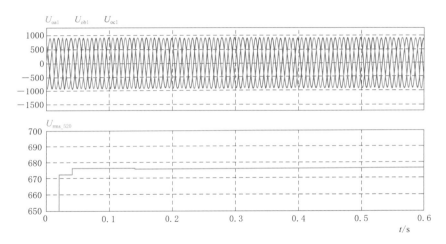

图 7 - 18 $U = 675V$ 仿真电压波形

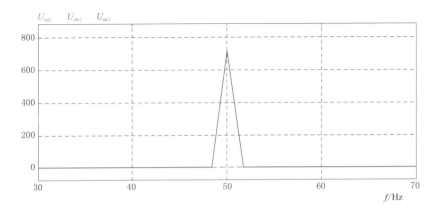

图 7 - 19 $f = 50Hz$ 交流电压 FFT 分析基波频率

设置输出电压参考为额定电压 $U_n = 500V$，频率设置为 45Hz，仿真输出三相电压波形及有效值如图 7-20 所示，对图 7-20 交流电压波形进行 FFT 分析，分析图形如图 7-21 所示。

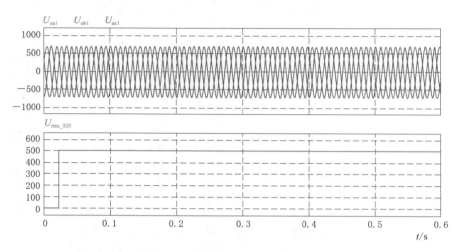

图 7-20　$U_n = 500V$，$f = 45Hz$ 仿真电压波形

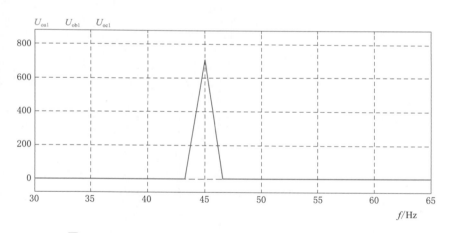

图 7-21　$U_n = 500V$，$f = 45Hz$ 交流电压 FFT 分析基波频率

设置输出电压参考为额定电压 $U_n = 500V$，频率设置为 55Hz，仿真输出三相电压波形及有效值如图 7-22 所示，对图 7-22 交流电压波形进行 FFT 分析，分析图形如图 7-23 所示。

3. 电压输出精度仿真

设置输出电压参考为额定电压 $U_n = 500V$，频率设置为 50Hz，仿真输出三相电压波形及有效值如图 7-17，对交流电压有效值数值进行展开，可得 $U_n = 500V$ 交流电压有效值输出，如图 7-24 所示，可知电压偏差最大为 1V，则电压精度为 0.2%。

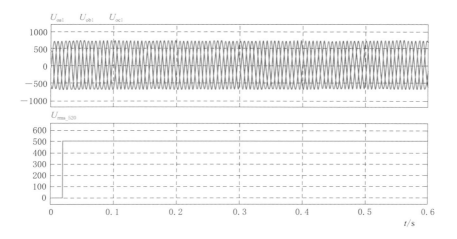

图 7 - 22　$U_{n}=500V$，$f=55Hz$ 仿真电压波形

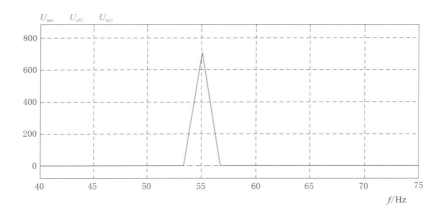

图 7 - 23　$U_{n}=500V$，$f=55Hz$ 交流电压 FFT 分析基波频率

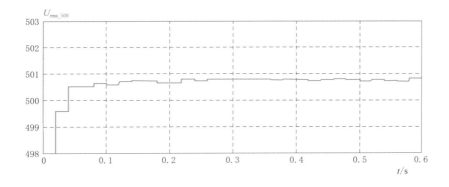

图 7 - 24　$U_{n}=500V$ 交流电压有效值输出

4. 波形失真度（THD）仿真

设置输出电压参考为额定电压 $U_n = 500V$，频率设置为 50Hz，带额定 1MW 电阻负载，仿真输出三相电压波形及有效值如图 7-25 所示，对电压波形进行 THD 分析，分析结果见表 7-8，可知三相电压最大 THD 为 C 相 0.929%。

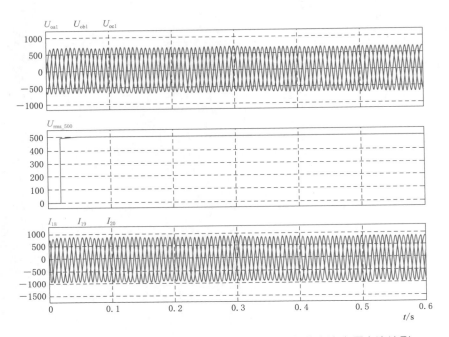

图 7-25　$U_n = 500V$，$f = 50Hz$，带 1MW 电阻负载交流电压电流波形

表 7-8　　　　　　　　　$U_n = 500V$，50Hz 交流电压 THD 分析

基　频	50Hz	基　频	50Hz
U_{oa1}	$9.1937876e^{-3}$	I_{18}	$5.5451023e^{-2}$
U_{ob1}	$9.1313584e^{-3}$	I_{19}	$2.4273306e^{-2}$
U_{oc1}	$9.2924657e^{-3}$	I_{20}	$4.0109431e^{-2}$
U_{rms_500}	$9.0969893e^{-7}$		

5. 电压谐波叠加仿真

设置输出基波电压参考为额定电压 $U_n = 500V$，$f = 50Hz$，叠加基波 10% 的 3 次谐波电压参考设置为 50V，仿真输出三相电压叠加谐波波形如图 7-26 所示，对电压波形进行 THD 分析，分析结果如图 7-27 所示。

设置输出基波电压参考为额定电压 $U_n = 500V$，$f = 50Hz$，叠加基波 10% 的 5 次谐波电压参考设置为 50V，仿真输出三相电压叠加谐波波形如图 7-28 所示，对电压波形进行 THD 分析，分析结果如图 7-29 所示。

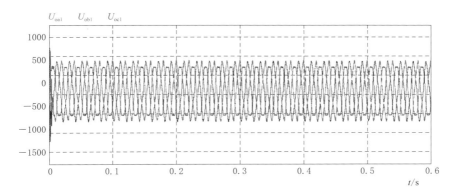

图 7 - 26　$U_\mathrm{n}=500\mathrm{V}$，$f=50\mathrm{Hz}$ 交流电压叠加 10% 的 3 次谐波电压波形

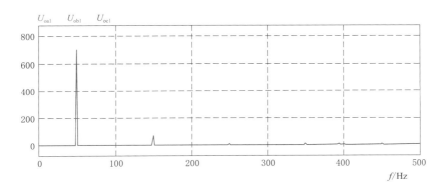

图 7 - 27　$U_\mathrm{n}=500\mathrm{V}$，$f=50\mathrm{Hz}$ 交流电压叠加 10% 的 3 次谐波电压 THD 分析结果

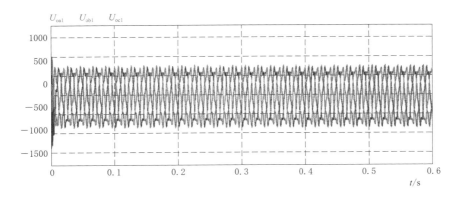

图 7 - 28　$U_\mathrm{n}=500\mathrm{V}$，$f=50\mathrm{Hz}$ 交流电压叠加 10% 的 5 次谐波电压波形

　　设置输出基波电压参考为额定电压 $U_\mathrm{n}=500\mathrm{V}$，$f=50\mathrm{Hz}$，叠加基波 10% 的 7 次谐波电压参考设置为 $50\mathrm{V}$，仿真输出三相电压叠加谐波波形如图 7 - 30 所示，对电压波形进行 THD 分析，分析结果如图 7 - 31 所示。

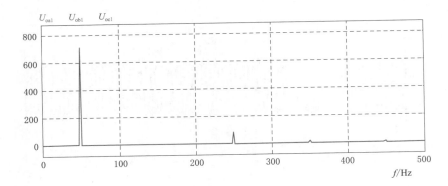

图 7 - 29　$U_n = 500V$，$f = 50Hz$ 交流电压叠加 10％的 5 次谐波电压 THD 分析结果

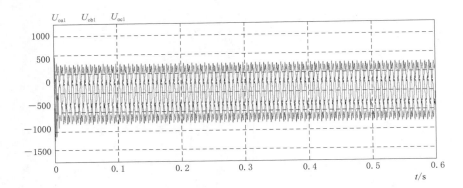

图 7 - 30　$U_n = 500V$，$f = 50Hz$ 交流电压叠加 10％的 7 次谐波电压波形

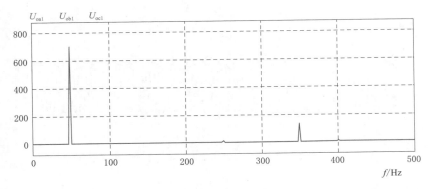

图 7 - 31　$U_n = 500V$，$f = 50Hz$ 交流电压叠加 10％的 7 次谐波电压 THD 分析结果

　　设置输出基波电压参考为额定电压 $U_n = 500V$，$f = 50Hz$，叠加基波 4％的 9 次谐波电压参考设置为 50V，仿真输出三相电压叠加谐波波形如图 7 - 32 所示，对电压波形进行 THD 分析，分析结果如图 7 - 33 所示。

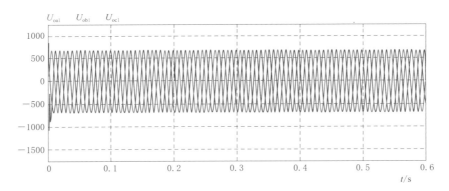

图 7-32 $U_n=500\text{V}$，$f=50\text{Hz}$ 交流电压叠加 4％的 9 次谐波电压波形

6. 电压扰动动态性能仿真

仿真中，0～0.2s 设置额定电压 500V，0.2～0.4s 电压参考为 20％额定电压即 60V，0.4～0.6s 电压参考恢复为额定 500V，波形如图 7-34 所示。

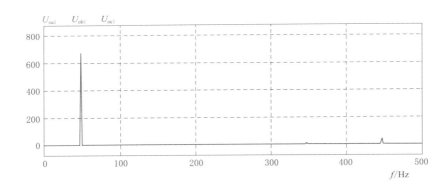

图 7-33 $U_n=500\text{V}$，$f=50\text{Hz}$ 交流电压叠加 4％的 9 次谐波电压 THD 分析结果

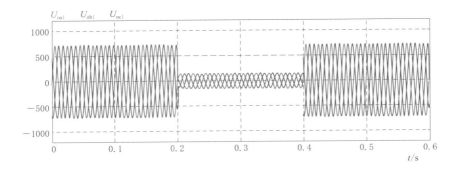

图 7-34 电压扰动动态性能仿真

7.3.4 高海拔环境下电网模拟系统的特殊设计

7.3.4.1 高海拔环境下电网模拟系统主回路设计要求

高海拔交流源系统主电路图如图 7-35 所示，电网侧为三相桥拓扑，用户侧为 H 桥拓扑，主要一次器件包括电网侧开关、用户侧开关、滤波电抗器、滤波电容、IG-BT、直流电容，主要二次器件包括开关电源、传感器、中间继电器、接触器、微断、按钮开关、指示灯、熔断器、浪涌保护器等。

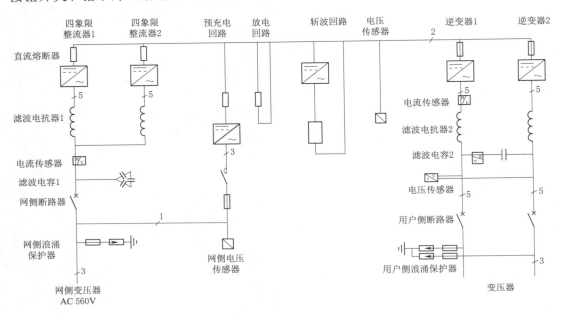

图 7-35　高海拔交流源系统主电路图

高海拔交流源系统设计选型时，首先计算每个元器件点的系统电压、电流，依据相应国家标准确定介电试验电压、最小电气间隙、最小爬电距离，根据元器件的特性和工程经验选择合适的产品，最后通过仿真和试验来验证和修正参数。

主要设计参数及参考依据如下：

工作海拔：4500m；

功率等级：1500kVA；

电压等级：输入电压 560V（U_L），输出电压 500V（U_n），母线电压 1000V；

额定电流：输入电流 1547A，输出电流 1000A，直流母线 1500A；

GB/T 14048.1—2006《低压开关设备和控制设备　第 1 部分：总则》；

GB/T 16935.1—2008《低压系统内设备的绝缘配合　第 1 部分：原理、要求和试验》；

GB/T 14597—2010《电工产品不同海拔的气候环境条件》；

GB/T 20645—2006《特殊环境条件高原用低压电器技术要求》；

GB/T 20626.1—2006《特殊环境条件高原电工电子产品 第 1 部分：通用技术要求》；

GB/T 20626.2—2006《特殊环境条件高原电工电子产品 第 2 部分：选型和减压规范》；

GB/T 20626.3—2006《特殊环境条件高原电工电子产品 第 3 部分：雷电、污秽、凝露的防护要求》。

7.3.4.2 电气元件高海拔校正

1. 介电试验电压

依 GB/T 20626.1—2006 中表 3（工频耐受电压和冲击耐受电压的海拔修正系数表），海拔修正系数采用插入法进行折算，产品试验地点海拔按 0m、4500m 海拔对应修正系数为（1.67＋2)/2＝1.83。

由 GB/T 14048.1—2006 中表 12A 得，在海拔 4500m 处，设备直流母线的试验电压为 3110V，电网侧和用户侧交流母线的试验电压为 2670，380V 配电母线的试验电压 2670V，单相控制用电母线的试验电压为 2120V，60V 以下母线的试验电压为 1415V。折算到海拔 0m 处，直流母线试验电压为 3110×1.83＝5691V，电网侧和用户侧及 380V 交流母线试验电压为 2670×1.83＝4886V，单相控制母线试验电压为 2120×1.83＝3880V，60V 以下母线试验电压为 1415×1.83＝2589V。

2. 电气间隙

空气中最小电气间隙与额定耐受冲击电压有关，鉴于设备限制，可采用介电试验电压（直流）代替额定冲击耐受电压，按照非均匀电场条件进行选择，污染等级为 3 级。对于海拔高于 2000m 的低压电器设备，电气间隙的确定应按 GB 14048.1—2006 中表 13 的规定值乘以 GB/T 20645—2006 中的表 1（海拔修正系数）。如电气间隙达不到要求，可用冲击耐受电压来验证。

海拔 2000m 为修正基准，海拔 4500m 时，电气间隙修正系数为 1.48，则直流母线电气间隙 3×1.48＝4.44mm，电网侧和用户侧及 380V 交流母线电气间隙为 3×1.48＝4.44mm，单相控制母线电气间隙为 1.5×1.48＝2.22mm，60V 以下母线电气间隙为 0.8×1.48＝1.184mm。

电气间隙在海拔 2000m 以下不做修正，但在产品试验地点（基准海拔 0.00m）需满足折算后的介电试验电压（替代额定冲击耐受电压，下同）要求，则直流母线电气间隙为 5.5mm，电网侧和用户侧及 380V 交流母线电气间隙为 5.5mm，单相控制母线电气间隙为 3mm，60V 以下母线电气间隙为 3mm。

7.3.4.3 高海拔环境器件选型设计

1. 电网侧断路器

电网侧线电压最大为 560×1.15＝644V，额定电流为 1500000/(1.732×560)＝1547A。

现有断路器为施耐德 NW 系列，型号 NW25H1micro2.0A3P，额定绝缘电压 1000V，由表 7-9 可得，4500m 时额定工作电压介于 560V 至 630V 之间，不满足要求。现改为施耐德 NW25H10micro2.0A3P，额定绝缘电压 1250V，由表 7-9 可得，4500m 时额定工作电压约 740V，额定电流为 $0.94 \times 2500 = 2350A$，满足要求。

表 7-9 低压开关海拔适应性参数

海拔/m		2000	3000	4000	5000
冲击耐受电压/kV		12	11	10	8
额定绝缘电压 U_i/V		1000	900	780	700
最大额定工作电压 U_e/V	NT/NWH	690	690	630	560
	NW H1TH	690	690	690	690
	NW H1O	1150	890	795	700
40℃额定工作电流/A		I_n	$0.99I_n$	$0.96I_n$	$0.94I_n$

2. 电网侧电抗器

电抗器的额定电流为 $I_{1N1} = \dfrac{1500000}{\sqrt{3} \times 560 \times 2 \times 0.9} = 859(A)$，依工程经验，取电抗器的基波压降为相电压的 10%，则电抗器的电抗值为

$$L = \frac{U_L \times 10\%}{\sqrt{3} \times 2\pi f_1 I_{1N1}} = \frac{560 \times 10\%}{\sqrt{3} \times 314 \times 859} = 120(\mu H) \qquad (7-16)$$

高海拔主要影响电抗器的温升，采用风电变流器专用水冷铜绕组电抗器方案来减小电抗器的发热量，以满足系统要求。选择夏弗纳 RTF33000-1000-99，1000A/690V/150μH，2 台。经过确认，该公司生产的电抗器能够满足高海拔的应用。

3. 网侧滤波电容

截止频率 $f_c = 750Hz$，由 $\dfrac{1}{2\pi L C_Y} = f_c$ 得

$$C_Y = \frac{1}{4\pi^2 f_c^2 L} = \frac{1}{4\pi^2 \times 750^2 \times 150 \times 10^{-6}} = 300(\mu F) \qquad (7-17)$$

换算为角接，得

$$C_\Delta = \frac{C_Y}{3} = 100(\mu F) \qquad (7-18)$$

每组采用两只 $3 \times 55.7\mu F$ 的电容并联。

海拔主要影响金属化薄膜电容温升和外绝缘。本案例设备交流滤波电容放置在交流主断路器斜下方，空间较大，散热效果较好。交流滤波电容 $3 \times 55.7\mu F$，极地耐压为交流 4800V/10s，折算为直流约为 6787V，大于介电试验电压标准值，符合要求。

4. DC-Link 电容

在较短的一个时间周期内，整流器与逆变器之间输入和输出的能量不等，为滤除

输入直流电压中的谐波、使直流电压保持稳定，一般选择金属化薄膜电容器作为能量存储单元。此高海拔系统整流侧两组三相桥并联，脉波数 $K=6$，T 为工频周期，支撑电容为

$$C_\mathrm{d} \geqslant \frac{2P_\mathrm{n}T}{K(U_{\max}^2 - U_{\min}^2)} = \frac{2\times1500\times20}{6\times(1000^2-800^2)} = 27.8(\mathrm{mF}) \qquad (7-19)$$

式中　$U_{\max}$——母线正常电压；

　　　$U_{\min}$——母线允许最低电压；

　　　P_n——逆变侧输出功率。

本案例设备的直流母线电压正常情况下稳定在 900V，做 1.35 倍过压试验时直流母线电压稳定在 980V。金属薄膜电容工作海拔超过 2000m 时，应该考虑海拔对对流冷却和外绝缘的影响。

直流电容选择 EPCOS，型号 B25620-C1427-A101，额定电压 1100V，容值 420μF，最大电流 63A，工作温度范围 -55～70℃。根据厂家技术反馈，海拔 4000m 以内不用考虑降额问题，电容内部允许最高温度 85℃，外部温度控制在 60℃ 以下。该设备中，直流电容装在风道内，散热不存在问题。

5. IGBT 选择

整流侧为 2 组三相桥，每组额定电流为 $I_{1\mathrm{N}1}=\dfrac{1500000}{\sqrt{3}\times560\times2\times0.9}=859(\mathrm{A})$，峰值为 1215A；用户侧为 3 个 H 桥，每个桥臂额定电流为 $I_{2\mathrm{N}1}=\dfrac{1500000}{3\times500}=1000(\mathrm{A})$，峰值为 1414A；斩波回路定电阻为 1Ω，过电压 1050V 时斩波开启。

本系统选择英飞凌 IGBT 模块，型号 FF1000R17IE4，采用 PrimePACK 封装，整流侧每相两只并联，用户侧 H 桥每个桥臂两只并联，斩波回路一只。对于高海拔电气间隙与降压使用说明如下：

(1) 功率模块：封装的电气间隙距离应满足海拔高度所对应的要求

FFxxxxR17KE3（IHM-A）：10mm（4000m→10.32mm）。

FZxxxxR17KE3（IHM-A）：19mm（8000m→18mm）。

FFxxxxR17IE4（PrimePACK）：19mm（8000m→18mm）。

FZxxxxR17HP4（IHM-B）：19.1mm（9000m→20.96mm）。

(2) 限制直流母线电压。对 1700V 及以下的 IGBT 模块，高海拔应用只需限制直流母线电压的额定值（如控制在 1100V 以下），无需电压降额使用。

6. 直流熔断器

高海拔应用时，快速熔断器需考虑发热、电气间隙。对于电气间隙，本次设备熔断器极内安装，极间距较大，不用考虑熔断器的降压问题。直流熔断器高海拔适应性

参数见表 7－10。

直流熔断器高海拔适应性参数

海拔/m	修正参数 K	海拔/m	修正参数 K
2000	1	4000	0.93
3000	0.96	5000	0.9

整流侧模块组额定电流为 $I_{N11}=2\times900\times1500000\times0.9=926(A)$，用户侧模块组额定电流为 $I_{N21}=1500000\div2\times900=833(A)$，每个模块组采用两只 1000A/1200V 直流熔断器并联，参考修正系数，海拔 4500m，按照海拔修正系数 $K_1=0.9$，冷却修正系数 $K_2=0.92$（强迫风冷），实际电流可达到 1656A，满足项目要求。

7. 单相滤波电抗器

流经单相电抗器的额定电流为 $I_{2N1}=1500000\div3\times500=1000(A)$，依工程经验，取电抗器的基波压降为相电压的 10％，则电抗器的电抗值为

$$L=\frac{U_N\times10\%}{2\pi f_1^* I_{2N1}}=\frac{500\times10\%}{314\times1000}=159(\mu H) \qquad (7-20)$$

经仿真，电抗值选择 $150\mu H$。

高海拔主要影响电抗器的温升，采用高海拔专用水冷铜绕组电抗器的方案来减小电抗器的发热量，以满足系统要求。选择远东特变 LKDKS68－1200－0.15，1200A/500V/150μH，3 台，该型号电抗器能够满足高海拔的应用。

8. 单相滤波电容

定截止频率 $f_c=750Hz$，由 $\frac{1}{2\pi LC}=f_c$ 得

$$C=\frac{1}{4\pi^2 f_c^2 L}=\frac{1}{4\pi^2\times750^2\times150\times10^{-6}}=300(\mu F) \qquad (7-21)$$

通过仿真与实测，电容定为 $600\mu F$，则实际截止频率为

$$f_c=\frac{1}{2\pi\sqrt{LC}}=\frac{1}{2\pi\times\sqrt{600\times10^{-6}\times150\times10^{-6}}}=530(Hz) \qquad (7-22)$$

海拔主要影响金属化薄膜电容温升和外绝缘。本案例设备单相交流滤波电容放置在真空接触器上方，空间较大，散热效果较好。

9. 用户侧真空接触器

用户侧 H 桥每个桥臂的额定电流为 $I_{2N1}=1500000\div3\times500=1000A$，之前选用的型号是施耐德 NW16H1micro2.0A3P，绝缘电压仅 1000V，4500m 海拔降压后只有 560V，不能满足要求。基于安装尺寸、性能要求考虑，更改为洛阳晨诺的真空接触器，型号 CKJ40Y－1600A/2kV，额定电压 2kV，额定电流 1600A，极限分段能力 10kA。

10. 浪涌保护器

基于本次系统的工作性质，确定浪涌保护等级为Ⅱ级，雷电通流量为40kA（8/20μS），保护水平小于3kV，响应时间小于25ns。经选型，陕西凌雷厂LAC40系列能够满足4500m高海拔工作要求。

7.3.5　高精度电网模拟系统设计

电网适应性移动检测平台作为对光伏电站进行检测的设备，其测量精度十分重要。电网适应性移动检测平台采集系统反馈信号传感器的性能和精度，很大程度上决定了检测系统的品质，测量精度的提高将提高整个检测系统的性能和控制精度。因此，采集各种反馈信号的传感器是电网适应性检测系统的重要组成部分。

衡量测试用传感器有两个标准：一是必须保证所测传感器的信号能真实地反映被测地信号，不能出现信号的失真；二是要求传感器的接入对原来的信号影响最小。常规范围内的电量测量传感器选用瑞士LEM集团生产的霍尔电流和电压传感器。LEM霍尔传感器是基于电磁霍尔效应原理制成，传感器电路与被测电路没有直接的电联系，被测电路几乎不会受到传感器的影响。电网模拟系统传感器选型见表7-11，相应传感器参数见表7-12。

表7-11　　　　　　　　　电网模拟系统传感器选型

测量内容	传 感 器 型 号
电流	LF505-S、LF1005-S/SP33、LF2005-S
电压	DVL500、DVL1000

表7-12　　　　　　　　　传感器参数列表

型　号	LF505-S	LF1005-S/SP33	LF2005-S	DVL1000
额定量程	500A	1000A	2000A	1000V
测量范围	0±800A	0±2000A	0±3000A	0±1500V
总精度/%	±0.6	±0.5	±0.3	±0.5
响应时间/μs	<1	<1	<1	50
频带宽度	DC100kHz	DC150kHz	DC100kHz	14kHz（-3dB），8kHz（-1dB），2kHz（-0.1dB）
线性度	<0.1%	<0.1%	<0.1%	±0.5%

采用LEM霍尔传感器不但能真实地实现信号的传感测量，而且在被测电路与测量电路之间实现电的隔离，保证采集回路与控制器的安全。电网模拟系统采用LEM公司的基于霍尔效应原理的高精度闭环电流传感器对系统主回路电流信号进行采样。传感器内部采用闭环结构，可以不失真地传递从0Hz（直流）至100kHz频带内任何

波形电流，且响应速度很快（小于 $1\mu s$），跟踪速度 di/dt 高于 $50A/\mu s$，而普通互感器的响应时间为 $10\sim 20\mu s$。因为是补偿式测量，所以 LEM 传感器具有很高的准确度和线性度，测量精度小于 1% 额定原级电流，线性度优于 0.1%。另外由于 LEM 传感器磁路几乎是零磁通工作，动态变化时又是快速补偿，所以 LEM 传感器是无电感性器件。它的过载能力很强，当原边电流超负荷时，LEM 模块达到饱和，可自动保护。

综上，LEM 霍尔闭环传感器具有无插入损耗，输出为电流信号，精度高、线性好、磁失调小，动态性能好、频带宽、响应时间短，无增益误差和温度漂移等优点。

传感器采样的电流信号送入控制器采样电路进行 A/D 转换处理。采样电路使用精度为 1% 的采样电阻，得到传感器采样的电压信号，电压信号经过差分电路送入 A/D 转换芯片转化为数字量。差分电路是具有"对共模信号抑制，对差模信号放大"特征的电路，保障了输入信号的稳定性、精确性与抗干扰性。控制器差分采样电路如图 7-36 所示。

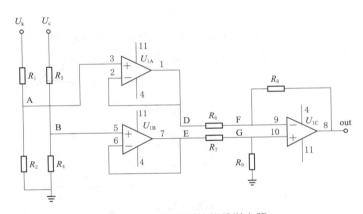

图 7-36　控制器差分采样电路

采样电路使用的 A/D 转换芯片为 AD7865。AD7865 是一个由单 5V 供电的快速、低功耗、四通道同时进行采样的 14 位高精度 A/D 转换器，包含一个 $2.4\mu s$ 连续计算的模数转换器，采样保持采集时间为 $0.35\mu s$，4 个跟随/保持放大器，2.5V 基准源，芯片时钟振荡器，信号调节电路和一个高速并行接口。四通道同时采样而保存了四个模拟输入信号的相位关系。芯片可以承受输入电压范围 $\pm 10V$、$\pm 5V$、$\pm 2.5V$、$0\sim 5V$、$0\sim 2.5V$。

电网模拟系统硬件控制器由 FPGA 控制 4 个 AD7865 芯片，分时采样 16 位模拟信号，采样频率为 25kHz。采样信号转化为数字量后，经由 FPGA 进行硬件数字滤波处理，然后送入 DSP 控制芯片参与控制运算。电网模拟系统硬件控制器主控制芯片为 TI 公司 TMS320C6747DSP 芯片，处理器主频为 300MHz，最高可以同时 8 次乘法并行运算，处理器的运算速度直接决定着控制器的精度，控制器是整个电网模拟系统系统的核心，控制器的精度直接决定了电网模拟系统的性能和输出精度。

电网模拟系统的硬件控制器是整个控制系统的基础，先进高效的软件控制算法是整个控制系统的核心。通过优化软件配置，控制器产生 IGBT 驱动脉冲。脉冲信号通过光电转换转化为光信号再经由光纤传输到 IGBT 驱动板，可确保驱动脉冲在传输过程中不受电网模拟系统内部强电磁干扰的影响，保障了 IGBT 正常工作，增强了系统的可靠性、稳定性和输出精度。

同时，电网模拟系统主电路采用叠层母排技术链接 IGBT，可以减小主电路杂散电感对系统的影响。

通过高精度的传感器采样、高速硬件采样电路、先进高效的软件控制算法以及一次主电路的优化设计，确保了电网模拟系统稳定、高效以及高精度的输出。

7.3.6 电网适应性测试系统集成设计

7.3.6.1 电网适应性测试系统一次设计

电网适应性测试系统一次电气原理图如图 7-37 所示。35kV 或 10kV 电网系统进线通过内锥形插头接入网侧开关柜。开关柜内配置一组 TA，TA 有保护和测量两组抽头，保护抽头连接至综合保护装置，从开关柜出来后分接 2 路，1 路去 TV 柜，1路去内部接线端子，从内部接线端子再连接降压变压器，从降压变压器出线侧连接集装箱内对外接口端子，从降压变压器集装箱对外接口端子连接 560V 电缆，连接变频器集装箱对外接口端子，从变频器的输出侧对外接口端子连接 500V 电缆，连接升压变压器对外接口电缆，升压变压器高压侧输出线通过内锥形插头接入机侧开关柜，并分接 1 路到 TV 柜，固定连接 2 组 TV，1 组 35kV TV，1 组 10kV TV，10kV TV 通过电动刀闸连接在线路上，机侧开关柜出线侧配置一组测量 TA，从机侧开关柜的出线连接至降压变压器集装箱对外接口，通过对外接口连接电站电缆。

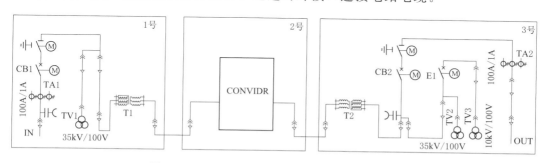

图 7-37 电网适应性测试系统一次电气原理图

（1）变压器技术指标设计测试系统通过降压变压器将电网侧高压降低到低压，然后连接变频电源，再通过升压变压器升高到高压侧，连接被测光伏电站。因此系统包含一台降压变压器和一台升压变压器。降压变压器的高压侧为 35kV、10kV 两种不同的电压等级，通过不同的抽头实现，低压侧为 560V。升压变压器的低压侧的相电压为 500V，高压侧为 35kV、10kV 两种不同的电压等级，通过不同的抽头实现。

考虑到检测系统的应用环境，所选择的变压器应满足车载移动式应用需求，在结构上采用高紧凑集成与高抗震设计，适合西北荒漠化/半荒漠化地区环境。应满足高海拔空气稀薄、绝缘击穿电压低的应用需求，电气绝缘间隙和电气元器件选型均应满足高海拔应用要求。

变压器的绝缘配合是指被保护设备的绝缘强度与避雷器的保护水平间的配合。绝缘配合的最终目的是要确定线路和设备的绝缘试验电压，以便把作用到设备上的各种过电压所造成的绝缘损坏降低到经济上和运行上能接受的程度。

本小节采用的检测系统的变压器额定电压为 35kV 级，且最高运行电压为系统电压的 1.35 倍，因此工频耐压值首先按照 GB 1094.11 规定的要求进行高海拔的修正，然后在修正的基础上对 1.35 倍最高运行电压进行适当的修正。由于出厂试验按照平原地区进行试验，往往超出了变压器的安全试验要求，因此必须有针对性地提出试验验收指标。GB 1094.11 对干式变压器绝缘水平的要求见表 7-13。

表 7-13　　　　　GB 1094.11 对干式变压器绝缘水平的要求

标称系统电压 （方均根值）	设备最高电压 （方均根值）	额定短时外施耐受 电压（方均根值）	额定雷电冲击耐受电压（峰值）	
			组 1	组 2
≤1	≤1.1	3	—	—
3	3.6	10	20	40
6	7.2	20	40	60
10	12.0	35	60	75
15	17.5	38	75	95
20	24.0	50	95	125
35	40.5	70	145	170

对于雷电冲击电压，由于变压器高压侧装有避雷器，在雷击电压施加到线路上时避雷器动作，避雷器和变压器上实际承受电压为避雷器的残压，所以变压器雷电冲击水平应根据避雷器特性进行选择。

由于绝缘水平的升高，变压器需采取适当增加高压线圈与低压线圈间的主空道距离，增加绝缘筒数量，增加高压线圈与铁芯轭部的距离，增加每相高压线圈间的间距等措施。对于车载运输情况，考虑到抗震因素，变压器铁芯需加强绑扎，同时将线圈与铁芯撑紧，线圈上下部垫块采用橡胶垫进行减震，同时变压器整体采用合理的钢架固定，使变压器具备一定的抗震能力。此外，变压器由于质量较重，在车载集装箱安装设计过程中，需将变压器安装靠近车头位置，以免在车辆转弯过程中发生事故。

电网模拟系统的额定输出功率为 1.5MW，根据变压器的效率及系统的功率因数进行推算。假设变压器的效率为 99%，功率因数约为 0.95，则变压器的额定容量至少需按 1700kVA 来考虑。综合考虑，降压变压器的容量为 1700kVA，升压变压器的容量为 2000kVA。电网模拟系统要求能够输出三相不平衡运行工况，因此，设计的降压变压器的接线方式如图 7－38 所示，外形图如图 7－39 所示；升压变压器的接线方式如图 7－40 所示，外形图如图 7－41 所示。

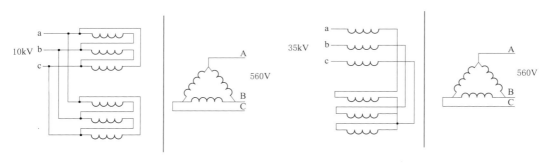

（a）降压变压器10kV接线方式　　　　　　　　（b）降压变压器35kV接线方式

图 7－38　降压变压器的接线方式示意图

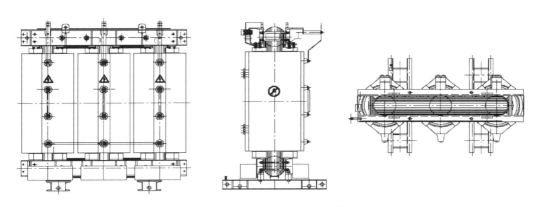

图 7－39　降压变压器外形图

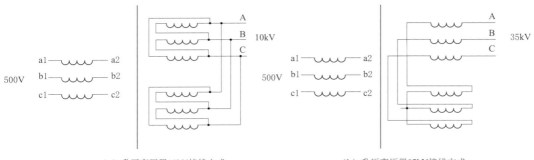

（a）升压变压器10kV接线方式　　　　　　　　（b）升压变压器35kV接线方式

图 7－40　升压变压器的接线方式

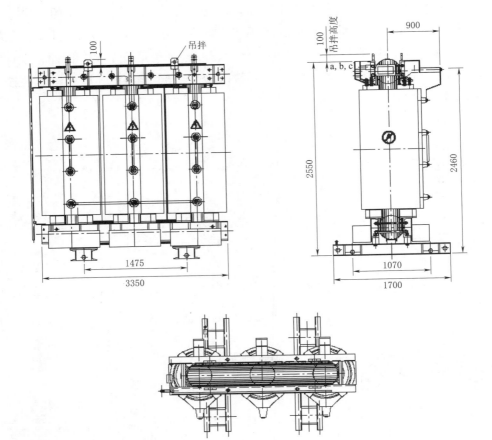

图 7-41 升压变压器外形图

升压、降压变压器通过两线圈变压器串并联实现 35kV、10kV 的兼容设计，提高了变压器的利率用，节省了设计尺寸，从而满足车载安装需求。升压变压器将二次绕组解开，并通过控制策略对一次侧输出进行控制，实现了三相电网电压每相独立控制，有效减少了三个独立变压器的使用空间，从而实现了车载运行环境的要求。

（2）开关柜设计检测系统需配置 2 套 35kV 开关柜，并兼容 10kV 系统开关使用，分别为网侧开柜和机侧开关柜。由于本案例检测系统运行在海拔 4500m，考虑到绝缘及体积因素，因此需要选择 SF$_6$ 充气式开关柜，并且兼容 35kV 和 10kV 两种电压要求。

设计的网侧开关柜一次接线如图 7-42 所示，机侧开关柜一次接线如图 7-43 所示。

开关柜参数见表 7-14。

（3）其他。集装箱间一次设备的高压电缆、电缆终端等设备要求同低电压穿越测试系统。

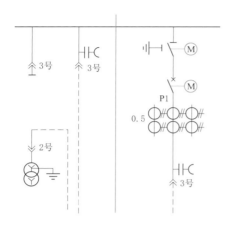

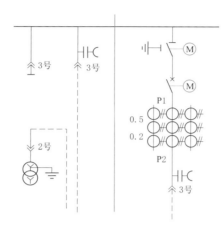

图 7－42　网侧开关柜一次接线图　　　图 7－43　机侧开关柜一次接线图

表 7－14　　　　　　　　　　开 关 柜 参 数 表

序号	名　　　称		单位	标准参数值
1	断路器形式或型号			金属铠装
2	灭弧介质			SF_6
3	断口数		个	1
4	额定电压		kV	40.5
5	额定频率		Hz	50
6	额定电流		A	1250
7	温升试验电流		A	$1.1I_r$
8	额定工频 1min 耐受电压	断口	kV	118
		对地		95
	额定雷电冲击耐受电压（1.2/50μs）峰值	断口	kV	215
		对地		185
9	额定短路开断电流	交流分量有效值	kA	≥24
		时间常数	ms	45
		开断次数	次	≥30
		首相开断系数		1.5
10	额定短路关合电流		kA	80
11	额定短时耐受电流及持续时间		kA/s	25/4
12	额定峰值耐受电流		kA	63
13	开断时间		ms	≤60
14	重合闸无电流间隙时间		ms	300
15	分闸不同期性		ms	2

续表

序号	名　称		单位	标准参数值
16	分闸不同期性		ms	2
17	机械稳定性		次	≥5000
18	额定操作顺序			O－0.3s－CO－180s－CO
19	辅助和控制回路短时工频耐受电压		kV	2
20	SF_6 气体湿度	交接验收值	μL/L	≤150
21		长期运行允许值		≤300

7.3.6.2　电网适应性测试系统二次设计

（1）集控系统由集控操作台、PLC、微机后台组成，用于整个电网扰动移动检测系统的监测与控制，能够读取检测系统关键节点电气量信息，完成扰动检测操作。操作台同低电压穿越测试系统类似，不做赘述。

集控后台通过通信自动监视电网扰动模拟系统运行状态和手动控制设置变频电源的运行参数，运行在高性能笔记本电脑上。电网适应性测试集控系统通信网络如图 7－44 所示。通信控制器负责 ModbusRTU 和 104 规约的相互转换。

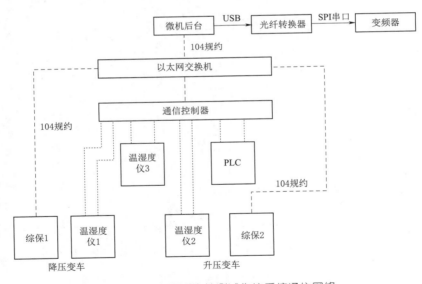

图 7－44　电网适应性测试集控系统通信网络

集控后台需实现的功能有：

1）采集并显示降压变车、变频器车和升压变车内温湿度仪的通信数据。

2）采集并显示降压变车和升压变车内综合保护装置的通信数据，包括模拟量数据和状态量数据。

3）采集并显示 PLC 的通信数据。

4）采集并显示变频器的通信数据。

5）设置控制变频器的运行和输出参数。

监控系统主画面如图7-45所示，三个方框从左到右分别表示降压变集装箱、变频器集装箱、升压变集装箱。CB1和CB2为2个断路器，CB2端的两个（一个35kV，一个10kV）的连接显示为"红色"时，表示处于连接状态，显示为"灰色"时，表示处于断开状态。

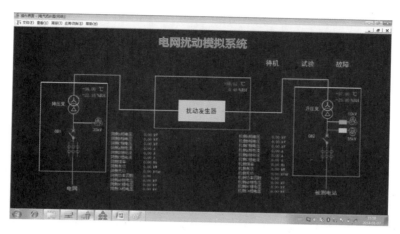

图7-45　监控系统主画面

图7-46所示为综合保护装置模拟量显示，"网侧A相电压""机侧A相电压"分别对应为安装于CB1位置处、CB2位置处的综保，其余同理。

图7-46　综合保护装置模拟量显示

（2）自动控制系统扰动模拟系统的运行状态如图7-47所示。运行状态的转换涉及操作台面板的旋钮按钮操作。操作台上有"CB1分合"旋钮、"CB2分合"旋钮、"试验/停止"旋钮、"故障复归"按钮、"急停"按钮。

1）停机态。停机态下，CB1和CB2都处于断开状态。旋转操作台上的"CB1分合"旋钮和"CB2分合"旋钮控制合闸CB1和CB2，系统即可进入待机态。

2）待机态。待机态下，将"试验/停止"旋钮旋到试验位置，即给扰动发生器发

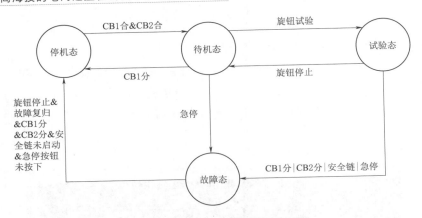

图 7-47 扰动模拟系统运行状态

出使能接点信号，扰动发生器具备开机条件，后台主界面上扰动发生器框会变成红色，点击该框，会弹出扰动发生器的专用控制软件，如图 7-48 所示。

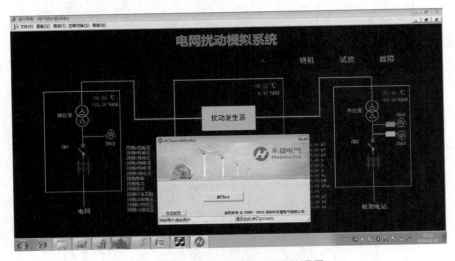

图 7-48 扰动发生器控制软件调用

3）试验态。试验态下，操作扰动发生器的专用控制软件，调整其输出电压和频率，模拟电网扰动，开始试验，如图 7-49 所示，操作界面上会显示扰动发生器的数据信息。

4）故障态。故障态下，自动控制系统会分断 CB1 和 CB2，测试系统处于闭锁状态，需将故障信号复位后方可进入其他状态。

7.3.7 移动式电网适应性测试系统集装箱载荷及布局设计

按照紧凑、紧固、抗震、轻量化等设计要求，对电网适应性移动检测装置结构进行设计，主要包含降压变压器集装箱、电网模拟系统集装箱、升压变压器集装箱。

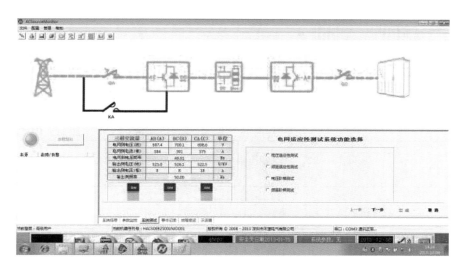

图 7 - 49　扰动发生器控制软件操作界面

（1）降压变压器集装箱内部放置降压变压器、中压开关柜以及配套的 TV 柜，在集装箱尾部放置电缆卷盘，集装箱内侧的固定安装架上固定一、二次电缆对外接口，用于和电站及变频器集装箱连接。降压变压器集装箱布局如图 7 - 50～图 7 - 53 所示。降压变压器集装箱设备清单见表 7 - 15。变压器重达 15t 以上，必须安装于集装箱靠近车头位置，中间布置开关柜，车位安装电缆卷盘方便进行收放电缆。

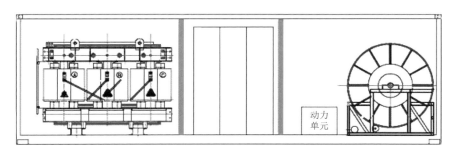

图 7 - 50　降压变压器集装箱体内部立面剖视图

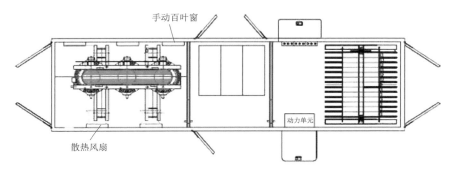

图 7 - 51　降压变压器集装箱体内部俯视图

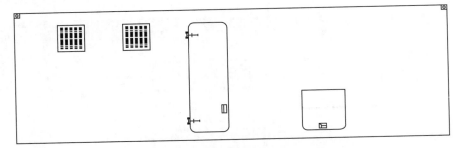

图 7-52 降压变压器集装箱体副驾驶侧视图

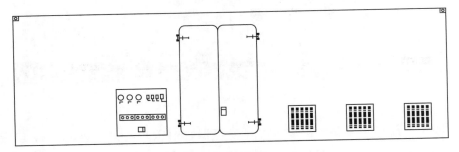

图 7-53 降压变压器集装箱体驾驶侧视图

表 7-15 降压变压器集装箱设备清单

序号	设 备	数量	重量/t
1	35kV 高压开关柜（含 TV、出线柜共 2 面屏）	1	1.2
2	35kV/690V 变压器	1	15.0
3	电缆卷盘	1	3.0
4	集装箱间 690V/1200A 电缆接口	3	0.1
5	集装箱间 35kV/100A 电缆接口	3	0.1
6	二次信号连接口	4	0.1
7	其他附件	1	0.5
合计		14	20.0

（2）升压变压器集装箱内部放置升压变压器、中压开关柜以及配套的 TV 柜，集装箱尾部放置电缆卷盘，集装箱内侧的固定安装架上固定一、二次电缆对外接口，用于和电站及变频器集装箱连接。升压变压器集装箱布局如图 7-54～图 7-57 所示，清单见表 7-16。

（3）电网模拟系统集装箱内部放置集控操作台、低压配电柜、低压变频器及水冷装置，集装箱内侧的固定安装架上固定 18 个一次接口，用于和变压器集装箱进行外部线路连接，此外在集控操作箱体内安装一台空调。电网模拟系统集装箱布局如图 7-58、图 7-59 所示，清单见表 7-17。

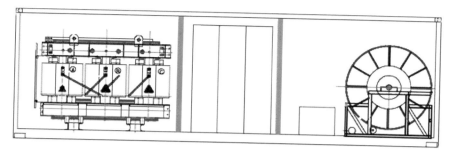

图 7-54 升压变压器集装箱体内部立面剖视图

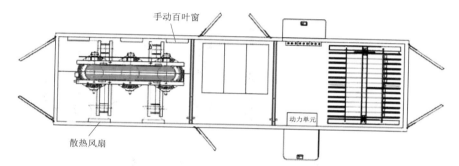

图 7-55 升压变压器集装箱体内部俯视图

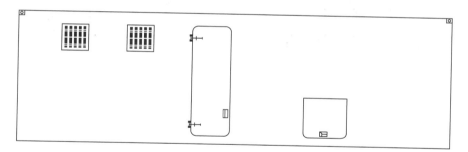

图 7-56 升压变压器集装箱体副驾驶侧视图

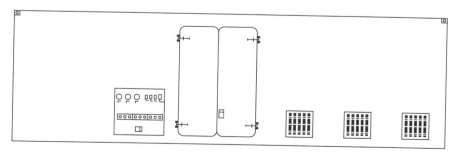

图 7-57 升压变压器集装箱体驾驶侧视图

表 7 - 16　　　　　　　　　　升压变压器集装箱设备清单

序号	设 备	数量	重量/t
1	35kV 高压开关柜（含 TV、出线柜共 2 面屏）	1	1.2
2	35kV/690V 变压器	1	18.0
3	电缆卷盘	1	3.0
4	集装箱间 690V/1200A 电缆接口	3	0.1
5	集装箱间 35kV/100A 电缆接口	3	0.1
6	二次信号连接口	2	0.1
7	其他附件	1	0.5
合计		12	23.0

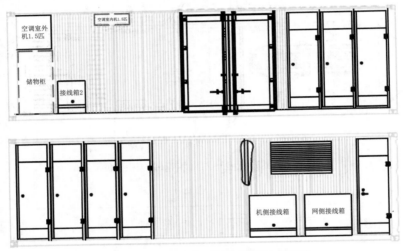

图 7 - 58　电网模拟系统集装箱体侧视图

表 7 - 17　　　　　　　　　　集控及变频器集装箱设备清单

序号	设 备	数量	重量/t
1	变频电源	1	3.0
2	变频散热器	1	1.0
3	变频水冷柜	1	1.0
4	集装箱间 35kV/100A 电缆接口	3	0.1
5	集装箱间 10kV/00A 电缆接口	3	0.1
6	二次信号连接口	7	0.1
7	加热器	2	0.1
8	配电柜	1	0.8
9	集控单元	1	1.0
10	空调	1	0.2
合计		21	7.4

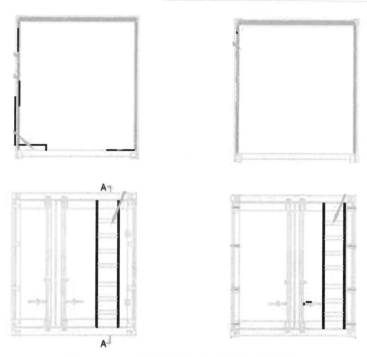

图 7 - 59　电网模拟系统集装箱体尾部视图

7.3.8　小结

本节主要研究了电网适应性测试系统关键技术。针对高海拔大容量光伏电站对电网适应性测试检测工作的特殊要求，确定电网适应性检测系统整体设计方案。测试系统主要由电网模拟系统、开关柜、变压器、电缆卷盘等设备组成，其中电网模拟系统控制部分包括整流环节和逆变环节。为了分析电网适应性测试系统的效果，采用 PSIM 软件对系统进行仿真分析，对系统分别进行电压调节、频率调节范围、电压输出精度、波形失真度、电压谐波叠加以及电压扰动动态性能等仿真。同时，为了适应高海拔地区的环境，对测试系统的高精度电网模拟系统设计、电网适应性测试系统一次设计、电网适应性测试系统二次设计以及测试系统集装箱载荷及布局设计进行了特殊优化。

7.4　电网适应性测试系统试验

7.4.1　电网适应性测试系统出厂试验

高海拔光伏电站移动测试系统完成生产后，在苏州电器科学研究院对电网适应性测试系统进行了出厂测试，如图 7 - 60 所示。高海拔并网光伏测试平台满足项目指标要求，部分测试结果波形如图 7 - 61～图 7 - 76 所示。

图 7 - 60　苏州电器科学研究院出厂测试

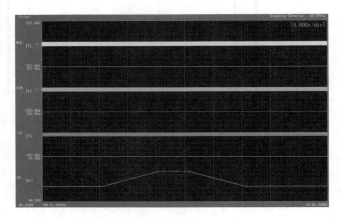

图 7 - 61　条件一（额定 35kV，48Hz）10s 变化到 52Hz，
52Hz 维持 5s，52Hz 10s 变化到 48Hz

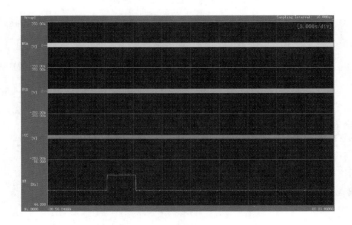

图 7 - 62　条件二（额定 35kV，48Hz）20ms 变化到 52Hz，
52Hz 维持 5s，52Hz 20ms 变化到 48Hz

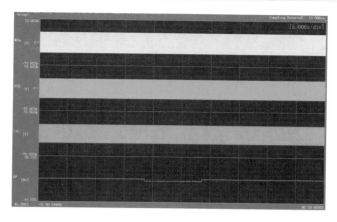

图 7-63　条件三（额定 35kV，50.15Hz）20ms 变化到 49.55Hz，
49.55Hz 维持 10s，49.55Hz 20ms 变化到 50.15Hz

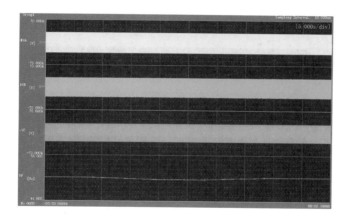

图 7-64　条件四（额定 35kV，50.15Hz）10s 变化到 49.55Hz，
49.55Hz 维持 10s，49.55Hz 10s 变化到 50.15Hz

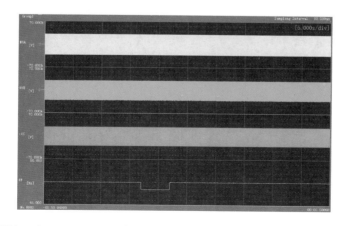

图 7-65　额定 35kV，50Hz 20ms 变化到 48Hz，48Hz 维持 5s，48Hz 20ms 变化到 50Hz

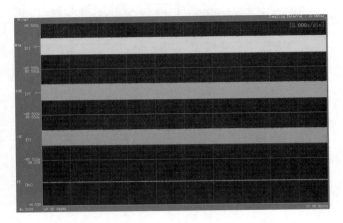

图 7-66 条件六（额定 35kV，50.18Hz）20ms 变化到 50.19Hz

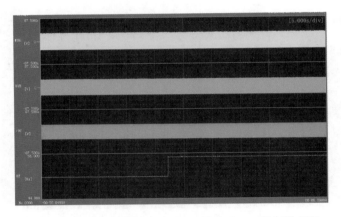

图 7-67 条件五（额定 35kV，50Hz）20ms 变化到 55Hz

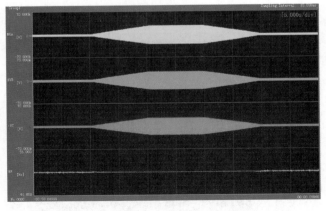

图 7-68 额定 50Hz 下，10%U_n 10s 变化到 90%U_n，90%U_n 维持 10s，
90%U_n 10s 变化到 10%U_n

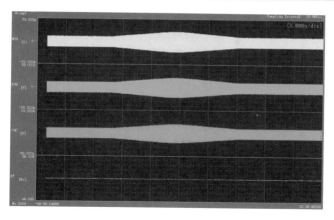

图 7-69 额定 50Hz 下，50%U_n 10s 变化到 100%U_n，
100%U_n 维持 20ms，100%U_n 10s 变化到 50%U_n

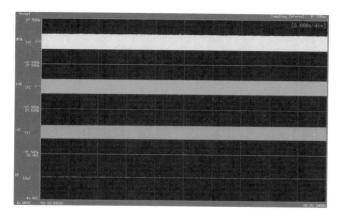

图 7-70 额定 50Hz 下，91%U_n 20ms 变化到 109%U_n，
109%U_n 维持 20ms，109%U_n 20ms 变化到 91%U_n

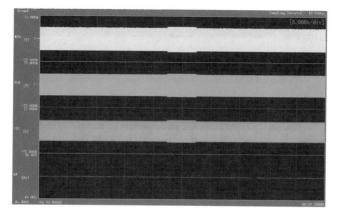

图 7-71 额定 50Hz 下，109%U_n 20ms 变化到 119%U_n，
119%U_n 维持 5s，119%U_n 20ms 变化到 109%U_n

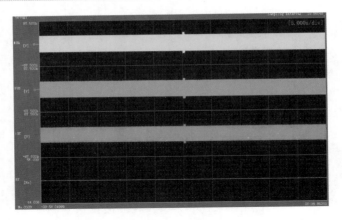

图 7-72 额定 50Hz 下，100%U_n 20ms 变化到 130%U_n，
130%U_n 维持 400ms，130%U_n 20ms 变化到 100%U_n

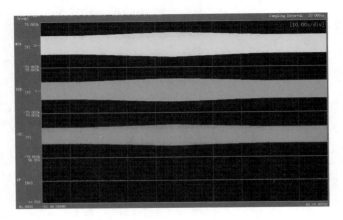

图 7-73 额定 50Hz 下，90%U_n 30s 变化到 119%U_n，
119%U_n 维持 20ms，119%U_n 30s 变化到 90%U_n

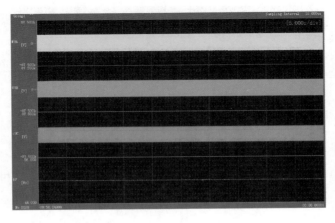

图 7-74 额定 50Hz 下，101%U_n 20ms 变化到 102%U_n

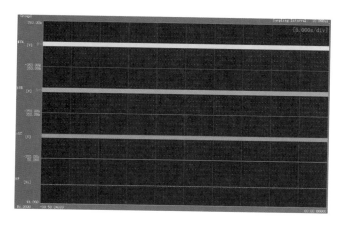

图 7 - 75 49Hz, 105%U_n 输出

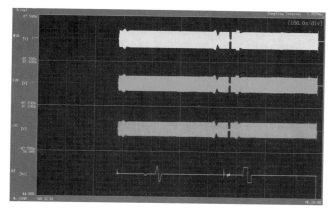

图 7 - 76 不间断连续综合测试（期间电压和频率交错变化）

7.4.2 电网适应性测试系统现场试验

研制的世界首套集中式光伏电站并网性能移动式测试平台，首次实现了青海、甘肃、西藏等高海拔地区光伏电站低电压穿越、电网适应性等关键并网指标的现场测试工作，完成青海海南州黄河水电、恒基伟业光伏电站、甘肃敦煌正太、中广核光伏电站、西藏日喀则地区力诺、山南地区保利协鑫光伏电站等多个现场完成并网测试工作，示范光伏电站最高海拔 4100m，现场测试照片如图 7 - 77～图 7 - 85 所示。

7.4.3 小结

在高海拔光伏电站电网适应性移动测试系统完成生产后，对系统进行电网适

图 7 - 77　光伏电站现场试验图

图 7 - 78　光伏电站现场试验图

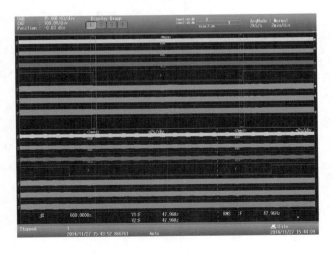

图 7 - 79　47.95Hz 频率扰动试验

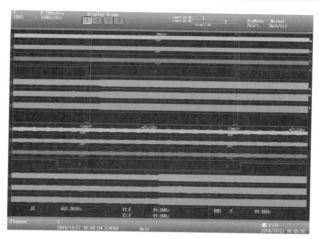

图 7-80　49Hz 低频扰动试验

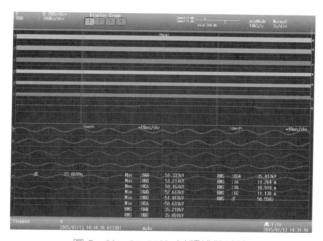

图 7-81　50.55Hz 过频扰动试验

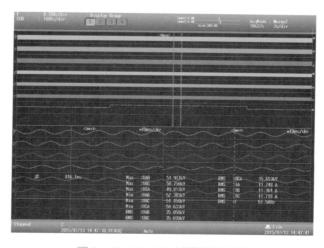

图 7-82　51.5Hz 过频扰动试验

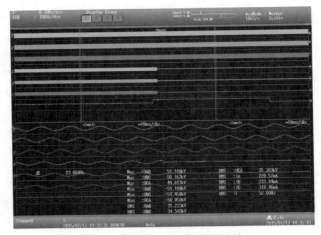

图 7 - 83　52Hz 过频扰动试验

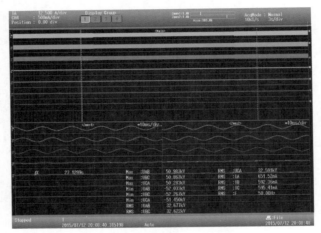

图 7 - 84　91%U_n 低电压扰动试验

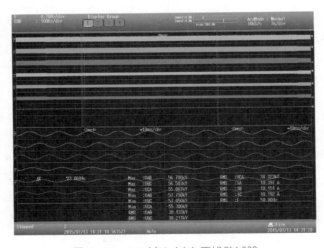

图 7 - 85　109%U_n 过电压扰动试验

应性出厂测试和现场测试。完成电网适应性测试系统出厂试验后，结果表明高海拔并网光伏测试平台满足各指标要求。随后在高海拔地区光伏电站进行电网适应性关键并网指标的现场测试工作，测试结果表明本测试系统可完全适用于高海拔地区。

7.5　总结

本章针对适用于高海拔地区的电网适应性测试系统的关键技术进行研究。重点针对高海拔地区的环境因素分析了高海拔环境对设备元件的影响、高海拔地区光伏电站对电网适应性测试测试系统的特殊要求、高海拔环境下测试系统的特殊设计、对电网适应性测试系统的仿真试验以及完成生产后的出厂试验和现场试验。

第8章

适用于高海拔的低电压穿越测试系统研制

我国西北地区电网网架相对较为薄弱，当电力系统事故或扰动引起电网电压跌落时，光伏电站应确保不脱网运行，支持电网故障恢复功能显得尤为重要，现场检测是保障具备上述功能的必要实现手段。但高海拔、特殊应用环境的实际工况对于实现标准要求的现场检测带来了挑战，气压低、空气稀薄、温差大等特殊的气候环境特点，对于电气绝缘、散热、密封都有特殊要求。因此，亟须研制开发与西北高海拔地区特殊环境相适应的大容量移动式低电压穿越测试系统，为我国高海拔地区光伏现场检测提供可靠的技术装备。根据国标《光伏发电站接入电力系统技术规定》（GB/T 19964—2012）的要求，大功率光伏并网逆变器必须具有低电压穿越能力（Low Voltage Ride Through，LVRT）。只有当电网电压跌落低于规定曲线以后才允许光伏逆变器脱网，光伏电站应具备参照图 8-1 低电压穿越能力。

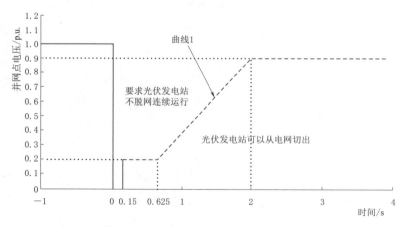

图 8-1　光伏电站低电压穿越能力要求

本章针对低电压穿越试验特性，首先分析高海拔地区地理环境和气候条件、西北地区电网特性以及道路运输条件，对装置的拓扑原理进行了介绍，阐述了电压跌落装置的运行原理；其次，介绍了装置采用针对高海拔设计的移动车载模式，在满足高海拔电气设备严酷要求的基础上，将全部设备集成在封闭的集装箱体内；再次，进行了装置关键参数计算和过电压仿真分析，装置采用了 10kV 和 35kV 兼容性设计并优化了电抗器阻抗分压模式，能实现不同低落深度的各种称跌落试验，满足检测要求；然后分析了高海拔特殊环境对电气设备的影响，介绍了主要一次设备绝缘耐压等级和配电电源设计、集控系统设计、软件流程设计等；最后，通过试验验证装置实现了高海拔地区光伏电站低电压穿越的现场测试工作。

8.1 低电压穿越测试系统功能需求和技术指标

8.1.1 使用环境条件

运行地点：室外；

海拔高度：≤4500m；

环境最高温度：40℃；

环境最低温度：−40℃；

多年平均相对湿度：10%～90%，无冷凝；

污秽等级：D 级；

冷却方式：风冷。

8.1.2 性能指标

接入电压等级：35kV 和 10kV；

最大光伏单元测试容量：1.5MW；

海拔高度：≤4500m；

跌落精度：≤±5%U_n；

跌落类型：含对称跌落和不对称跌落；

重复实验最小时间间隔：20min；

测量精度：0.5s；

运行温度范围：−30～55℃；

湿度：≤85%，无凝露；

防护等级：不低于 IP65。

8.2 高海拔大容量光伏电站对低电压穿越测试系统要求

8.2.1 高海拔环境对电气设备元器件的影响

8.2.1.1 高原环境气候特点

高原地区空气密度和海拔的关系见表 8−1。温度随海拔增加而降低是对流层的特征，竖直温度梯度值为 0.6℃/100m。高原地区气温与海拔的关系见表 8-2。

表 8-1　　　　　　　　　　　高原地区空气密度和海拔的关系

海拔/m	0	1000	2000	3000	4000	5000
空气密度/(g/m³)	1292.0	1166.7	1050.4	943.2	843.7	753.2
相对空气密度/(kg/m³)	1	0.9	0.81	0.73	0.65	0.58

表 8-2　　　　　　　　　　　高原地区气温与海拔的关系

海拔/m	1000	2000	3000	4000
最高气温/℃	40	35	30	25
平均气温/℃	20	15	10	5

由表 8-2 可知，海拔越高，温度越低；海拔 2500m 左右地区，平均气温在 12～13℃，极端最高气温可达 30～33℃；在海拔 3500～4000m 地区，年平均气温为 7～8℃，极端最高气温 27～29℃；到海拔 4500m 以上的地区，年平均气温下降到 5℃ 以下，极端最高气温仅 25℃，最低气温可达 −40℃ 以下。

高海拔地区年平均气温低，按气温划分季节的标准，海拔 4500m 以上地区四季皆冬，如西藏那曲地区年平均气温为 2.1℃，拉萨年平均气温只有 7.5℃。

高海拔地区气温年较差小、日较差大。气温的年较差是指一年当中最热月平均气温与最冷月平均气温之差；气温的日较差是指一天中最高气温与最低气温之差。拉萨、林芝、日喀则等地的平均日温差为 15℃ 左右。

结合高海拔地区昼夜温差较大的特点，极易产生凝露现象，对电气绝缘带来不利影响，研制的检测装备必须具有除湿、温湿度监控等功能。

8.2.1.2　高原气候对电气设备绝缘强度的影响

空气间隙和绝缘子构成了电气设备的外绝缘，空气压力或空气密度的降低，引起外绝缘强度的降低。在海拔 0～5000m 范围内，每升高 1000m，即平均气压每降低 7.7～10.5kPa，外绝缘强度降低 8%～13%。对于设计定型的产品，由于其电气间隙已经固定，随空气压力的降低，其击穿电压也下降。为了保证产品在高原环境使用时有足够的耐击穿能力，必须增大电气间隙，高原用电工产品的电气间隙可按表 8-3 进行修正。

表 8-3　　　　　　　　　　　电气间隙修正系数与海拔关系

海拔/m		0	1000	2000	3000	4000	5000
相对大气压/kPa		101.3	90.0	79.5	70.1	61.7	54.0
电气间隙修正系数	以海拔零为基准	1.00	1.13	1.27	1.45	1.64	1.88
	以海拔 1000m 为基准	0.89	1.00	1.13	1.28	1.46	1.67
	以海拔 2000m 为基准	0.78	0.88	1.00	1.13	1.29	1.47

8.2.1.3　高原气候对电气设备温升的影响

电气设备温升随大气压的降低而增加，随海拔的增加而增加。一般来说，海拔每升高 100m，电气设备温度升高 0.4℃，环境温度降低约 0.5℃。变流器是高发热电气设备，海拔每升高 100m，温度升高 2.0℃。

8.2.1.4　高原地区温差影响

高海拔地区气温年较差小、日较差大。气温的年较差是指一年当中最热月平均温与最冷月平均气温之差，气温的日较差是指一天中最高气温与最低气温之差。拉萨、林芝、日喀则等地的平均日温差为 15℃左右。较大的温度变化使电气产品外壳容易变形、龟裂，密封结构容易破裂。

8.2.2　高原环境对低电压穿越测试系统的要求

高海拔对低穿测试系统的影响主要在于电气绝缘和散热。电气绝缘主要是空气绝缘和爬电距离修正，按照高海拔修正值设计。

目前，在国家标准、行业标准及相关国际标准中，已经给出了外绝缘放电电压与大气参数之间关系的经验公式。参考《配电装置设计技术规程》（DL/T 5352—2006）、《交流电气装置的过电压保护和绝缘配合》（DL/T 620—1997）等标准，归纳出 10kV 和 35kV 电压等级（光伏电站主要电压等级）下电气一次设备外绝缘额定工频耐受电压、雷电冲击耐受电压、最小空气间隙设计要求，见表 8-4、表 8-5 和表 8-6。

表 8-4　　　　　　　　　　**10kV 和 35kV 工频耐受电压**　　　　　　　　单位：kV

系统标称电压（有效值）	设备最高电压（有效值）	4000～5000m 高海拔地区电气一次设备在海拔不超过 1000m 地区外修正工频耐受电压（有效值）/原工频耐受电压（有效值）							
		变压器	GIS	TA	TV	断路器	隔离开关	避雷器	支柱绝缘子
10	12	50/30	45/28	45/28	45/28	45/28	45/28	45/28	45/28
35	40.5	155/95	155/95	155/95	155/95	155/95	155/95	155/95	155/95

表 8-5　　　　　　　　　　**10kV 和 35kV 雷电冲击耐受电压**　　　　　　　单位：kV

系统标称电压（有效值）	设备最高电压（有效值）	4000.00～5000.00m 高海拔地区电气一次设备在海拔不超过 1000.00m 地区外修正额定雷电冲击耐受电压（有效值）/原雷电冲击耐受电压（有效值）							
		变压器	GIS	TA	TV	断路器	隔离开关	避雷器	支柱绝缘子
10	12	125/75	125/75	125/75	125/75	125/75	125/75	125/75	125/75
35	40.5	330/200	330/200	330/200	330/200	330/200	330/200	330/200	330/200

表 8-6　　　　　　　　10kV 和 35kV 电气一次设备最小空气间隙　　　　　　单位：mm

系统标称电压	最小空气间隙							
	海拔 3500m		海拔 4000m		海拔 4500m		海拔 5000m	
	相间间隙	相对地间隙	相间间隙	相对地间隙	相间间隙	相对地间隙	相间间隙	相对地间隙
10kV	160	160	180	180	180	180	204	204
35kV	354	354	380	380	380	380	410	410

低电压穿越测试系统内所有一次设备，如断路器、电抗器、绝缘子等，在该要求的基础上结合高海拔对设备温升的影响，对设备生产厂商提出高海拔设备绝缘、电气间隙以及散热特殊设计要求。

8.2.3　光伏电站对低电压穿越测试系统的要求

8.2.3.1　西北地区电网特性

西北地区的年平均日照时间为 3100～3600h，年总辐射量可达 7000～8000MJ/m²，这些都成为建设大规模光伏电站得天独厚的条件。目前，西北地区已经成为了全国最为重要的光伏终端市场。我国光照资源最为丰富的地区 90% 以上全部分布在我国西北地区，西北地区位于青藏高原北侧和东北部，境内地形复杂，地貌独特。该区地势较高，地形起伏明显，导致西北地区公路运输条件较差。

西北地区电网环境特点：

（1）西北电网与全国其他电网相比，规划服务面积大，能源基地至各负荷中心之间的距离较远，属于典型的长距离、大容量输电。西北地区电网目前处在快速发展时期，网架结构薄弱，"大直流、小系统、弱受端"运行特性和"大机小网"问题叠加，光伏等间歇性新能源占比高，电网安全风险较大，安全稳定运行的形势严峻。

以西藏电网为例，2015 年 1 季度，先后发生了"1.1"藏木机组功率突降动作事件、"1.23"藏中电网功率波动事件、"2.15"东嘎变避雷器故障事件、"2.15"柴拉直流双极闭锁事故、"3.3"城南主变跳闸等电网事故。西北地区弱电网实际工况也亟须开展对该地区的新能源发电系统进行并网检测，保障电网安全可靠运行。

（2）西北地区电网较弱，光伏电站接入点电网阻抗同内地具有较大差异。以江苏某电站为例，光伏电站 35kV 侧接入点电网阻抗约为 1.47Ω，而对比西藏日喀则地区力诺光伏电站，其电网阻抗约为 8Ω。不同电站电网阻抗的变化，给低电压穿越测试系统设计精度提出了更高要求。

8.2.3.2　光伏电站对测试系统的需求

结合西北地区电网"大直流、小系统、弱受端"运行特性和"大机小网"特点，加之较早期投入的运行的光伏逆变器很多都未经过任何检测机构进行测试，大部分电站的电网适应性能力、地点约她穿越能力均无法达到目前国家标准要求。为保障电网安全及新能源电站的正常稳定运行，对测试系统如下要求：

（1）目前国内主流光伏电站并网单元均为两个 500kW 光伏逆变器经三线圈变压器进行并网，并网单元容量一般为 1MW，组串式光伏逆变器组成单个并网单元也不会超过1.5MW，因此电网适应性检测平台需具备 1.5MW 检测能力，从而能够对大规模光伏电站并网单元进行整体测试，低电压穿越测试系统测试容量同电网适应性系统。

（2）高海拔地区大部分为山区，且光伏电站一般没有像风电场风机桨叶类似的大型装备，一般通往光伏电站的运输路线弯道较多、公路等级较低，检测设备单体长度不能超出 12m，否则无法满足道路转弯半径要求。当然为保障高速公路的运输，检测平台的高度、宽度也需满足国内道路运输的标准。

（3）高海拔地区光伏电站并网电压等级为 10kV 或 35kV，测试平台必须满足不同电压等级接入问题，即满足 10kV 接入时散热设计要求，也要满足 35kV 接入时绝缘设计要求。

（4）光伏电站主变容量一般约为 20MVA 较多，低电压穿越系统在进行测试时模拟电网故障容量不应超过 20MVA，一般设计为 15MVA 以下。

8.2.4 移动式低电压穿越测试系统的车载要求

8.2.4.1 高海拔地区道路情况

西北地区光伏电站项目一般紧邻国道，途中弯道及桥梁的宽度和承载力均可满足一般运输车辆的要求。项目区内的道路山网格状主次交通路网组成。主干道采用水泥混凝土路面，方便大型设备的运输。项目区内的次干道采用粒料路面。所有道路的纵向坡度结合地形设计，横向坡度一般为 1.5%～2%，完全半径一般为 12m 左右。西北地区某光伏电站道路情况如图 8-2 所示。

图 8-2　西北地区某光伏电站道路情况

西北地区每年入冬时间很早，结冻时间为 10 月，解冻时间为 4 月，一般冻土厚度 75mm 以上，在青海地区一般沙漠化地区已经注意沙土深陷的问题，检测装备一般较重现场检测时运输线路必须通过提前探路，避免造成运输危险。青海海南州地区入冬后道路情况如图 8-3 所示。

图 8-3　青海海南州地区入冬后道路情况

8.2.4.2　车载系统紧凑、紧固、抗震、轻量化设计

车载检测设备在转场运输和使用过程中，将不可避免地承受各种振动、冲击、持续动力载荷作用等机械因素的影响。其中危害最大的是振动和冲击，它们对检测设备产生的危害主要有以下形式：

（1）振动引起的弹性变形，使具有电触点的元件，如电位器、波段开关、插头座等可能产生接触不良。

（2）使没有附加紧固的元器件从安装位置跳出来，并碰撞其他元器件而造成损坏。如印制板从插座中跳出等。

（3）当零部件固有频率和激振频率相同时，产生共振现象。例如可变电容片子共振时，容量产生周期性变化；振动使调谐电感的铁粉芯移动，引起电感量变化，造成回路失谐，工作状态破坏等。

（4）安装导线变形及位移使其相对位置变化，引起分布参量变化，从而使电感电容的耦合发生变化。

（5）指示灯忽亮忽暗，仪表指针不断抖动，使观察人员读数不准，视力疲劳。

（6）电子元器件与印制板的焊点脱开甚至使元件引线断裂。

由此可见，为了保证车载检测设备在所要求的环境条件和使用情况下工作的可靠性，就必须对检测设备在结构设计中采取有效的隔振、缓冲措施和强度、刚度的合理设计，以避免产生共振现象，使振动冲击对其产生的影响减小到最低水平。当前，对车载检测设备进行防冲击振动设计已成为设计中的重要组成部分。

鉴于车载检测设备隔振缓冲的重要性，各工程研制单位在对车载检测设备的抗振性设计上都非常重视。调研情况表明，通过工程实践和对国内外同类设备结构设计技术成果的消化吸收，各单位在对车载检测设备抗振性设计上，基本上形成了各自较为成熟的方法。由于我国的移动车载设备振动分析起步较晚，专门介绍车载设备振动控制的有关资料也比较少。对于工程设计人员，目前，往往只是根据工程经验采用加装隔振器，或照搬同类设备的隔振模式。随着改装车辆、车载方舱等移动检测设备的大量生产和使用，对于成批量的车载检测设备的防振抗冲击设计，有必要作为专题进行分析与研究。

在工程实际中，隔振系统的设计要有一定的可靠性，但在设计、加工、安装、施工和使用过程中有多种影响可靠性的不确定性因素：

（1）材料特性的随机性。由于制造环境、技术条件、材料的多相特征等因素的影响，使工程材料的弹性模量、泊松比、质量、密度等具有随机性。

（2）几何尺寸的随机性。由于制造、安装误差使结构物的几何尺寸具有随机性。

（3）结构边界条件的随机性。由结构的复杂性而引起的结构与结构的联结、构件与构件的联结等边界条件具有随机性。

（4）结构物理性质的随机性。由结构的复杂性而引起的系统阻尼特性、摩擦系数、非线性特性等具有随机性。

（5）随着系统使用时间的增长，外界环境的变化，系统会发生一定的磨损，导致系统参数发生变化。

对于隔振系统模型将系统的全部参数均视为确定性的量，显然忽略了结构参数的随机性对结构动力特性的影响。因此参数的取值用随机变量或随机过程来描述更为贴近工程实际。

设备在车载环境下工作，各级设备（机柜、单元机箱、插件、PCB板等）设备必须满足系统强度和刚度要求，同时要求联接与安装固定措施安全可靠，而车载设备外形尺寸及重量又直接关系到整车的布局和车载设备的性能。因此，对于车载设备的结构设计中应采取合理的结构加强措施。针对设备受力状态，采取局部强度（如机柜底框）和相关刚度（如机柜底框和机柜立柱的联接）优化设计，避免大冗余度、高安全系数的整体强度加固。因此，应注重考虑以下措施：

（1）在初始结构设计阶段就应考虑使整个设备机柜的质量均匀分布，机柜的质心应尽可能低，其质心在垂直方向的投影尽量落在机柜底面的几何中心上，从而有利于隔振器的合理布局。

（2）为了消除谐振，应使结构系统力学模型的每一级固有频率为前一级的 2 倍（即倍频法则），如机箱单元的固有频率应为机柜机架固有频率的 2 倍，安装在机箱内部的印制电路板的固有频率应为机箱的固有频率的 2 倍。当前一级的固有频率较高，后一级固有频率无法满足倍频要求时，可使后一级的固有频率是前一级的 1/2 倍。如本工程机箱单元采用钣金折弯焊接工艺制作，其固有频率通常在 300Hz 以上，则其内装印制电路板的固有频率应为 600Hz，当印制电路板尺寸较大或由于安装方式的限制，难以达到此频率要求时，可将印制电路板的固有频率按 150Hz 设计。另外尽可能使得系统前一级的质量远大于后一级的质量。

（3）避免使用悬臂式结构，将导线编扎并用线夹分段固定，选用合理的安装方向固定各单元及插件。

（4）结构小型化和刚性化设计，同时在局部结构装配中设计阻尼衬垫，以衰减局部共振峰值。

（5）尽量减少调谐元件的使用，非用不可时应加装固定制动装置，使调谐元件在振动和冲击时不会自行移动。对于比较脆弱的元件，如继电器等，尽量采取其他设计代替，不能代替时，为保证可靠性，可同时安装两个功能相同而固有频率不同的元件，以保证设备正常工作。

（6）尽量减小设备中机械结构谐振系统的数目，如对某些部件及元器件采取灌封工艺，使得有多个集中参数的机械系统成为一个具有分布参数的单一系统。

在车载设备结构设计中，机箱是电子器件、印制电路板和电器功能模块等通过结构零部件所组成的具有独立功能的系统分机单元整件，而机柜则是机箱、导轨、线架、机架和结构件等组成的系统成套设备整机。因此，机架和机箱的结构设计是系统防振动冲击结构加强设计的主要对象。

机架是安装机箱、导轨及其他附件的基础，也是设备整机的承载部分。其设计的好坏将直接影响设备的工作稳定性与可靠性，因此，对于机架的设计，应具有良好的结构工艺性，刚度和强度高，而体积小，重量轻，并便于设备安装与维修。从抗冲击振动的观点出发，不管机架和底座采用什么形式，通过刚度和强度设计，必然可以提供一个最佳挠度。当挠度较大时，即机架和底座在载荷作用下易于挠曲，在振动时将产生较大的振幅；当挠度较小时，则机架和底座过于刚硬，在传递外来的冲击时，会造成较大的冲击力。工程中我们总是通过在机柜底部安装隔振器的方法对传到机柜底座上的冲击振动进行衰减隔离，在这种情况下设计机架和底座时，应采取较高的刚度（即允许挠度不易过大）比较合适。对于大面积的底座，应采用加强筋以提高其刚度，特别是负荷较大的底座更应如此。

机箱常见的结构方式有型材机箱、钣金机箱和铸造机箱等，从安装方式上又可分为螺装、铆装、焊接等几种。考虑到车载环境的要求，既要有较高的强度又要重量轻，这里可采用薄板折弯焊接机箱。这种机箱主体采用合金板材折弯后各角焊接而成，使得机箱重量轻、强度高。机箱一般通过导轨安装在机架上，为便于设备检测及维修，可选用推拉式导轨。导轨可采用滑动摩擦式导轨较滚动摩擦导轨（滚珠导轨）具有刚度强度高，承载能力大，结构简单，重量轻的特点，能够起到较好的防振动冲击效果。

8.2.5　小结

本节主要介绍了高海拔大容量光伏电站的低电压穿越测试要求。首先针对高海拔条件，分别介绍了高海拔地区的特点以及高海拔环境对设备元件的影响；其次针对西北地区的电网特性，说明了光伏电站对低电压穿越测试系统的要求；最后针对西北地区光伏电站道路环境问题，说明了移动式低电压穿越测试系统的车载设计注意事项以及要求。

8.3　低电压穿越测试系统关键技术研究

8.3.1　系统总体方案

低电压穿越测试系统采用阻抗分压模拟低电压穿越电网跌落，通过调节电抗器参数和分压来实现不同电压等级的跌落。其原理图如图 8-4 所示，其中 X_{sr} 为限流电抗器、X_{sc} 为短路电抗器，通过投入 X_{sr} 和 X_{sc} 的不同电抗值来达到跌落点 A 的不同电压幅值的跌落，以实现被测单元即光伏逆变器低电压穿越的检测。在该电路中，CB3 分合用以控制跌落时间。增加 CB2 断路器设计，可以保证在做不同跌落试验时被测单元不停机，缩短检测时间，提高检测效率。

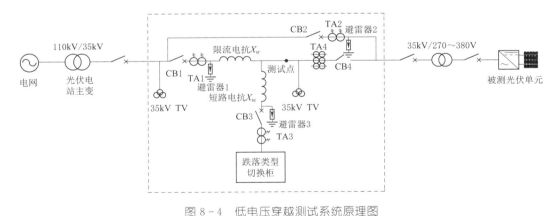

图 8-4　低电压穿越测试系统原理图

测试串联接入被测光伏电站，装置工作在旁路状态时，CB2 闭合，CB1、CB3 和CB4 断开，光伏单元正常发电；装置工作在试验状态时，合上 CB1、CB4，断开 CB2，将限流电抗 X_{sr} 投入，然后闭合 CB3，将短路电抗 X_{sc} 投入，测试点的电压变为限流电抗与短路电抗的分压，实现模拟电压跌落的功能。

8.3.2 低电压穿越测试系统关键参数设计

8.3.2.1 低电压穿越测试系统电抗器参数设计

电抗器的参数直接决定了低电压穿越系统能否实现不同电压等级、不同电网阻抗范围的电站的测试需求，低穿测试系统关键参数主要在于电抗器电感值的计算。根据文献和光伏电站现场运行工况，电抗器电感值计算主要由如下约束条件构成：

条件 1：投入限流电抗器时候，逆变器被测点电压压降必须在 90% 以上，以确保逆变器正常运行。

条件 2：根据检测标准要求空载时短路容量必须大于 3 倍被测逆变器容量。

条件 3：系统短路容量必须小于光伏电站的主变容量，一般小于 20MW。

设如下变量：限流电抗器电感值 L，主网电压等级 U_1，跌落点电压值 U_2，两者电压差 Δu，逆变器功率 P，在满足条件 1 时可得

$$U_2 = u_2\cos\delta - ju_2\sin\delta \tag{8-1}$$

$$\Delta u = U_1 - U_2 = u_1 - u_2\cos\delta + ju_2\sin\delta \tag{8-2}$$

$$I = \frac{\Delta u}{jX} = \frac{U_1 - U_2}{jX} = \frac{u_1 - u_2\cos\delta + ju_2\sin\delta}{jX} = \frac{u_2\sin\delta - j(u_1 - u_2\cos\delta)}{X} \tag{8-3}$$

$$S_2 = P_2 + Q_2 = U_2 I = (u_2\cos\delta - ju_2\sin\delta)\frac{u_2\sin\delta + j(u_1 - u_2\cos\delta)}{X}$$

$$= \frac{1}{X}\{u_2^2\cos\delta\sin\delta + u_2\sin(u_1 - u_2\cos\delta) + j[u_2^2\cos\delta(u_1 - u_2\cos\delta) - u_2\sin^2\delta]\} \tag{8-4}$$

$$P_2 = \frac{u_1 u_2\sin\delta}{X}$$

$$Q_2 = \frac{u_1 u_2\cos\delta - u_2}{X} \tag{8-5}$$

$$X = 2\pi fH = 2\times 3.14\times 50H = 314H \tag{8-6}$$

因光伏逆变器只发有功，故 Q_2 为零，即

$$Q_2 = \frac{u_1 u_2\cos\delta - u_2}{X} = 0 \tag{8-7}$$

$$u_1 u_2\cos\delta - u_2 = 0$$

$$u_2 = 0.9u_1$$

$$0.9u_1^2\cos\delta - 0.81u_1^2 = 0$$

$$\cos\delta = 0.9 \tag{8-8}$$

综合式（8-1）～式（8-8）分别将光伏逆变器功率 P、电网电压等代入，可以计算得到 35kV 和 10kV 不同逆变器功率下的最大电感值，即

$$\frac{u_1^2}{2\pi fH} > 3p \tag{8-9}$$

在满足条件 2 的时候，系统短路容量大于 3 倍逆变器容量，即可以计算得到 35kV 和 10kV 不同逆变器功率下的最小电感值。

在满足条件 3 的时候，系统短路容量小于主变容量 20MW，即可计算得到 35kV 和 10kV 不同逆变器功率下的最大电感值。

$$\frac{u_1^2}{2\pi fH} < 20 \tag{8-10}$$

综合上述 3 个条件，即可得出电抗器电感值约束范围。

8.3.2.2 电压跌落度优化设计

根据要求，在满足 20% 跌落值时候，短路和限流电抗比值必须为 1:4，综合上节短路限流电抗器约束条件，设计 20mH 作为最小电感值单元组合，能满足多接入电压等级（10kV、35kV）各种跌落度的要求，低穿测试系统跌落度组合见表 8-7。

表 8-7　　　　　　　　　　　低穿测试系统跌落度组合

限流电抗/mH		20	40	60	80	100	120	140	160	180	200	220
短路电抗/mH	20	0.417	0.294	0.227	0.185	0.156	0.135	0.119	0.106	0.096	0.088	0.081
	40	0.589	0.455	0.37	0.313	0.27	0.238	0.213	0.192	0.175	0.161	0.149
	60	0.680	0.556	0.469	0.406	0.357	0.319	0.289	0.263	0.242	0.224	0.208
	80	0.741	0.625	0.541	0.476	0.426	0.385	0.351	0.323	0.299	0.278	0.26
	100	0.781	0.676	0.595	0.532	0.481	0.439	0.403	0.373	0.347	0.325	0.305
	120	0.811	0.714	0.638	0.577	0.526	0.484	0.448	0.417	0.39	0.366	0.345
	140	0.834	0.714	0.638	0.577	0.565	0.522	0.486	0.455	0.427	0.402	0.38
	160	0.851	0.769	0.702	0.645	0.597	0.556	0.52	0.488	0.46	0.435	0.412
	180	0.866	0.79	0.726	0.672	0.625	0.584	0.549	0.517	0.489	0.464	0.441
	200	0.877	0.807	0.764	0.695	0.649	0.61	0.575	0.544	0.516	0.49	0.467
	220	0.887	0.821	0.764	0.714	0.671	0.632	0.598	0.567	0.539	0.514	0.491

表中，优化电抗器电感值配比，设计限流电抗器为 11 种不同值组合，短路电抗器 11 种不同值组合，共计 132 种跌落组合。35kV 跌落度曲线如图 8-5 所示，共计 77 个点，在 20%～90% 内均有分布，分布点满足标准要求。

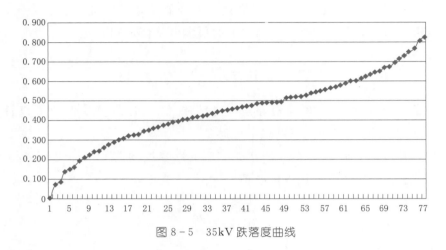

图 8-5　35kV 跌落度曲线

10kV 跌落度曲线如图 8-6 所示，共计 28 个点，在 20%～90% 内均有分布，分布点满足标准要求。

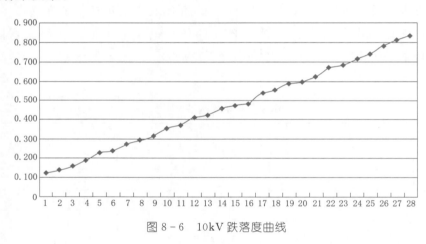

图 8-6　10kV 跌落度曲线

8.3.3　低电压穿越测试系统操作过电压分析

8.3.3.1　投切电抗器暂态过程分析

低电压穿越检测平台安装于车载集装箱内，设备绝缘等级为 40.5kV，且在设计上需考虑高海拔条件下的绝缘修正，有限空间内的过电压防护及绝缘安全是设计的关键。

由于并网光伏电站低压穿越装置采用电抗器投切的方式实现并网点（测试点）电网故障模拟。试验过程中经常出现断路器投切大电感负载，对电感进行投切的主要是真空断路器。真空断路器的截流是由于小电流真空电弧不稳定产生的，不稳定过程伴随着一系列电弧熄灭、触头两端电压迅速上升、电弧复燃的过程，在高频振荡中出头两端电压上升较慢不能导致复燃即出现截流。如果电流过零前被迫截断，此时负荷电感中的磁能与负荷侧对地等值电容所储存的磁能与电能会在电容电感回路发生高频振荡，此时就会产生截流过电压。过电压问题在投切并联电抗器组时显得特别突出，由真空断路器投切电抗器引发的开关爆炸和电抗器绝缘击穿等故障时有发生，下面针对投切电抗器的等值电路理论进行分析。

图8-7为切除电抗器的等值电路，其中 e_s 为交流电源，L_T 为负荷电感，C_T 为负荷侧对地等值电容，短路点为断路器。断路器短路点对负荷电感 L_T 进行投切。

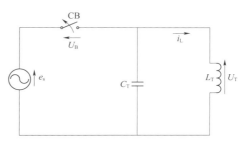

图8-7 切除电抗器的等值电路

由于是电感性负载，因此当电流 i_L 过零的瞬间电源电压 e_s 是在最大值的位置。所以电感 L_T 上的电压 U_T 在电流过零瞬间与电源电压近似相等，即

$$e_s = -u_T \qquad (8-11)$$

当电流在零点时被切断，则此时负载电感上的磁能 A_L 等于零，即

$$A_L = \frac{1}{2} L_T i_L^2 = 0 \qquad (8-12)$$

而电容上的电能 A_C 为

$$A_C = \frac{1}{2} C_T u_T^2 = C_T U_T^2 \qquad (8-13)$$

式中　u_T——电感上的电压峰值；

　　　U_T——负载上的电压有效值。

电容 C_T 上的电能通过电感 L_T 及回路电阻产生一个衰减振荡，是电压 U_T 逐渐下降到零。其振荡频率 f_T 为

$$f_T = \frac{1}{2\pi \sqrt{L_T C_T}} \qquad (8-14)$$

断路器两端的电压，当电流 i_L 通过时，由于弧压很小可看作零；当电流 i_L 在零点被切断后，断路器两端的电压为

$$U_B = e_s - u_T \qquad (8-15)$$

当电感电流 i_L 过零前被切断时，情况就完全不同了；此时就有可能产生一个较高的过电压，被切断的电流 I_{CH} 称为截流。当有截流存在时，电感负载上的磁能则为

$$A_L = \frac{1}{2} L_T I_{CH}^2 \qquad (8-16)$$

电流 i_L 被切断后，该磁能立即转化为电容 C_T 上的电能，即

$$\frac{1}{2}L_T i_L^2 = \frac{1}{2}C_T u_p^2 \tag{8-17}$$

式中 u_p——由截流引起的过电压。

由式（8-17）可化为

$$u_p = I_{CH}\sqrt{\frac{L_T}{C_T}} \tag{8-18}$$

由式（8-18）可知，截流产生的过电压的大小与截流及负载波阻抗的大小成正比，即

$$i_L = \frac{U_m}{\omega L_T}\sin(\omega t + \alpha) \tag{8-19}$$

当电流在时间 t_{CH} 被截断时，将式（8-19）代入式（8-18）得到过电压的最大值为

$$u_p = \frac{U_m}{\omega}\sin(\omega t_{CH} + \alpha)\sqrt{\frac{1}{L_T C_T}} = U_m \sin(\omega t_{CH} + \alpha)\frac{\omega_r}{\omega} \tag{8-20}$$

式中 U_m——工频电压峰值；

T——电感的自振角频率。

如果节流发生在电流 i_L 的峰值，则过电压最为严重，其值为

$$\frac{u_p}{U_m} = \frac{\omega_r}{\omega} \tag{8-21}$$

式（8-21）说明，电感负载过电压的最大值与电感负载的自振频率和工频之比成正比。此时电感上的最大过电压值为

$$U_T = U_m\left[\cos(\omega t_{CH} + \alpha) - \frac{\omega_r}{\omega}\sin(\omega t_{CH} + \alpha)\right] \tag{8-22}$$

求出的过电压幅值是在没有考虑断路器重燃情况时的值。模拟过程也是在不考虑重燃情况下进行的。

从推导中可以看出真空断路器的截流值影响过电压的大小，并可通过仿真建模的方式计算低电压穿越测试系统过电压幅值，从而对电抗器的设计、集装箱电气安装提供重要参考。

8.3.3.2 系统暂态过程建模

根据低电压穿越试验原理确定等效试验电网模型拓扑结构如图 8-8 所示。图中将光伏发电部分等效为三相交流电源，U_{sA}、U_{sC} 为三相交流电压源；L_S、R_S 为电源等值阻抗；L_1、L_2 为低电压跌落发生装置的两个电感，g_1、g_2、A、B、C 为节点。采用电阻来模拟理想开关，即开关导通时，将其等效为阻值很小的电阻；开关关断时，将其等效为阻值很大的电阻，并假设开关的导通和关断状态的切换过程是瞬间完成的，没有延迟。R_{k1A}、R_{k1B}、R_{k1C}、R_{k2A}、R_{k2B}、R_{k2C} 和 R_{k3A}、R_{k3B}、R_{k3C} 分别为

A、B、C 三相串联开关 k_1、k_2、k_3 的等效电阻。将变压器等效为理想变压器串接其等值电感，T_k 为变压器变比。

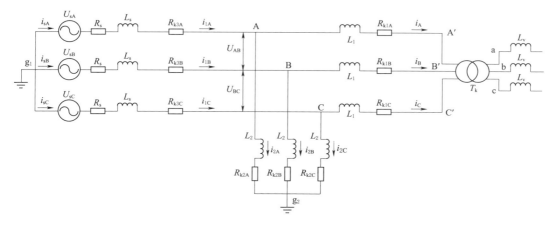

图 8-8　等效试验电网模型拓扑结构

根据图 8-8 所示的等效试验电网模型拓扑结构图，可以对试验电网的数学模型进行推导。为避免在电网电压不平衡时中性点发生漂移，电网数学建模时采用线电压而不是相电压，节点 g_1、A、g_2、g_1、B、g_2、g_1、C、g_2 分别构成回路。根据 KVL 定律可得

$$
\begin{cases}
-U_{sA}+i_{sA}R_s+L_s\dfrac{\mathrm{d}i_{sA}}{\mathrm{d}t}+i_{1A}R_{k3A}+L_1\dfrac{\mathrm{d}i_{sA}}{\mathrm{d}t}+i_{2A}R_{k2A}+L_2\dfrac{\mathrm{d}i_{2A}}{\mathrm{d}t}=0 \\[2mm]
-U_{sB}+i_{sB}R_s+L_s\dfrac{\mathrm{d}i_{sB}}{\mathrm{d}t}+i_{1A}R_{k3B}+L_1\dfrac{\mathrm{d}i_{sB}}{\mathrm{d}t}+i_{2B}R_{k2B}+L_2\dfrac{\mathrm{d}i_{2B}}{\mathrm{d}t}=0 \\[2mm]
-U_{sC}+i_{sC}R_s+L_s\dfrac{\mathrm{d}i_{sC}}{\mathrm{d}t}+i_{1A}R_{k3C}+L_1\dfrac{\mathrm{d}i_{sC}}{\mathrm{d}t}+i_{2C}R_{k2C}+L_2\dfrac{\mathrm{d}i_{2C}}{\mathrm{d}t}=0
\end{cases}
\tag{8-23}
$$

节点 A、B、g_2、A，B、C、g_2、B 分别构成回路，则

$$
\begin{cases}
U_{AB}+i_{2B}R_{k2B}+L_2\dfrac{\mathrm{d}i_{2B}}{\mathrm{d}t}=i_{2A}R_{k2A}+L_2\dfrac{\mathrm{d}i_{2A}}{\mathrm{d}t} \\[2mm]
U_{BC}+i_{2C}R_{k2C}+L_2\dfrac{\mathrm{d}i_{2C}}{\mathrm{d}t}=i_{2B}R_{k2B}+L_2\dfrac{\mathrm{d}i_{2B}}{\mathrm{d}t}
\end{cases}
\tag{8-24}
$$

由于节点 g_1、g_2 均接地，因此两节点可以等效一个节点，根据 KCL 定律可得

$$
i_{sA}+i_{sB}+i_{sC}=i_{2A}+i_{2B}+i_{2C}
\tag{8-25}
$$

对节点 A、B、C 分别列写电流方程，有

$$
\begin{cases}
i_A=i_{sA}-i_{2A} \\
i_B=i_{sB}-i_{2B} \\
i_C=i_{sC}-i_{2C}
\end{cases}
\tag{8-26}
$$

变压器的一次侧、二次侧线电压及线电流的关系为

$$\begin{cases} U_{AB} = \dfrac{2U_{ab} + U_{bc}}{\sqrt{3}\,T_k} \\[3mm] U_{BC} = \dfrac{2U_{bc} - U_{ab}}{\sqrt{3}\,T_k} \end{cases} \quad (8-27)$$

$$\begin{cases} i_a = \dfrac{i_A - i_B}{\sqrt{3}\,T_k} \\[3mm] i_b = \dfrac{i_B - i_C}{\sqrt{3}\,T_k} \\[3mm] i_c = \dfrac{i_C - i_A}{\sqrt{3}\,T_k} \end{cases} \quad (8-28)$$

节点 A、B、B′、A′、A，B、C、C′、B′、B，A、C、C′、A′、A 分别构成回路，则

$$\begin{cases} U_{AB} + i_B R_{k1B} = U_{A'B'} + i_A R_{k1A} \\ U_{BC} + i_C R_{k1C} = U_{B'C'} + i_B R_{k1B} \\ U_{AC} + i_C R_{k1C} = U_{A'C'} + i_A R_{k1A} \end{cases} \quad (8-29)$$

确定了低电压穿越系统数学模型，采用 ATP/EMTP 进行暂态仿真分析，根据之前多抽头电抗器所给参数：限流电抗器有 4 个抽头，短路电抗器有 5 个抽头。将限流电抗器按抽头分为 3 段，短路电抗器分为 4 段。将每个段等效为集中电感和集中电容，其连接方式类似于分布参数等值电路。在 ATP 中搭建的电抗器模型如图 8-9 所示。

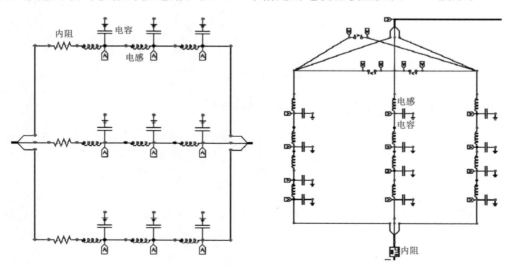

图 8-9　35kV 限流电抗器、短路电抗器 ATP 模型

试验中电缆采用 π 型等效电路，根据项目参数以及试验主接线图搭建 ATP/EMTP 低穿检测装置模型如图 8-10 所示。

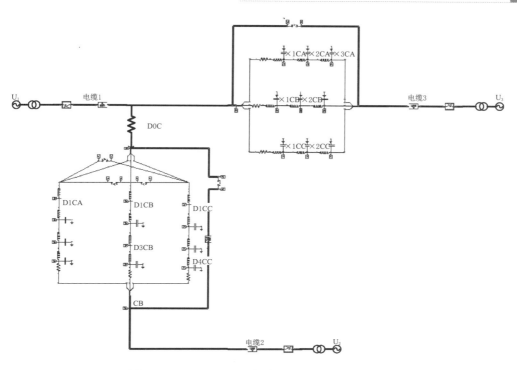

图 8-10　ATP/EMTP 低电压穿越检测装置模型

8.3.3.3　电压仿真计算结果

结合上述建模，在电压某一跌落度下的测试点相电压计算结果如图 8-11 所示。

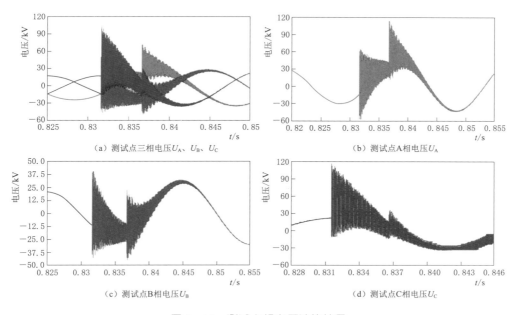

（a）测试点三相电压 U_A、U_B、U_C　　　　（b）测试点 A 相电压 U_A

（c）测试点 B 相电压 U_B　　　　（d）测试点 C 相电压 U_C

图 8-11　测试点相电压计算结果

下面对测试点电压 U_{AB}、U_{BC}、U_{CA} 进行幅频分析，对测试点线电压进行傅里叶分解，测试点线电压 U_{AB} 的幅频分析如图 8-12 所示，测试点线电压 U_{BC} 的幅频分析如图 8-13 所示，测试点线电压 U_{CA} 的幅频分析如图 8-14 所示。

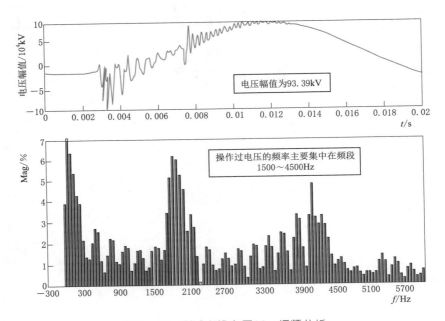

图 8-12　测试点线电压 U_{AB} 幅频分析

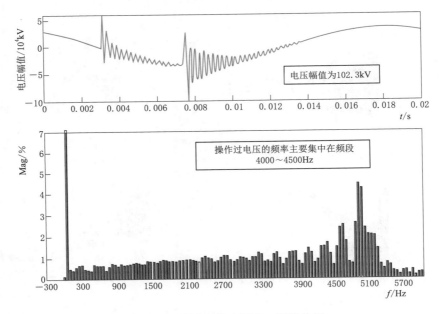

图 8-13　测试点线电压 U_{BC} 幅频分析

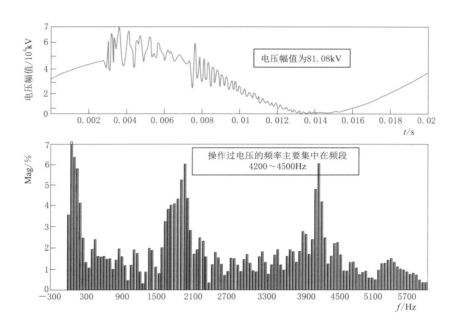

图 8-14　测试点线电压 U_{CA} 幅频分析

由仿真结果可见，低电压穿越测试系统在试验过程中的过电压幅值较高，测试点过电压可达 100kV，且频率在 1000Hz 以上，高频过电压对电抗器的纵绝缘产生较大损坏，且常规的避雷器也很难对这种过电压进行防护吸收。

8.3.3.4　过电压抑制措施及仿真分析

考虑低电压穿越检测装置车箱内空间有限，可采用三相组合式无间隙氧化锌避雷器，其保护效果与分立式的相地和相间避雷器相似，且占用空间大大减小。

此外，避雷器只能保护过电压的幅值，但过电压的陡波对电抗器内绝缘危害更大。在一次回路中增加阻容可以降低截流过电压的幅值，又可以降低截流过电压的频率，改善断路器灭弧条件，降低复燃概率，从而降低真空断路器截流时的操作过电压。增加阻容吸收回路和相间避雷器配合，由阻容保护器抑制瞬态过压，避雷器作为后备保护，防止阻容保护失效。

为选取最佳的电容器参数，在空载运行电压跌落度为 70% 情况下，对阻容保护装置的电容器进行选型，电阻选取 100Ω，分别选取电容器电容值为 $0.01\mu F$、$0.03\mu F$、$0.07\mu F$、$0.09\mu F$、$0.1\mu F$、$0.2\mu F$、$0.3\mu F$、$0.4\mu F$、$0.5\mu F$ 情况下进行幅频分析，选取最佳电容器电容值，最终确定了采用电阻值为 100Ω，电容值为 $0.1\mu F$，较为合理。增加阻容吸收回路后，通过 ATP 仿真测试点相电压过电压 U_A、U_B、U_C，仿真图像如图 8-15 所示。

ATP 仿真测试点线电压过电压 U_{AB}、U_{BC}、U_{CA}，仿真图像如图 8-16 所示。

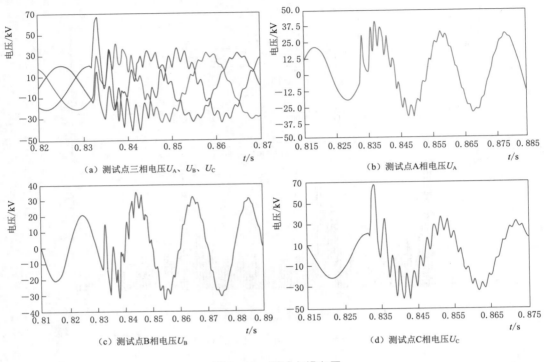

（a）测试点三相电压U_A、U_B、U_C

（b）测试点A相电压U_A

（c）测试点B相电压U_B

（d）测试点C相电压U_C

图 8 - 15　测试点相电压

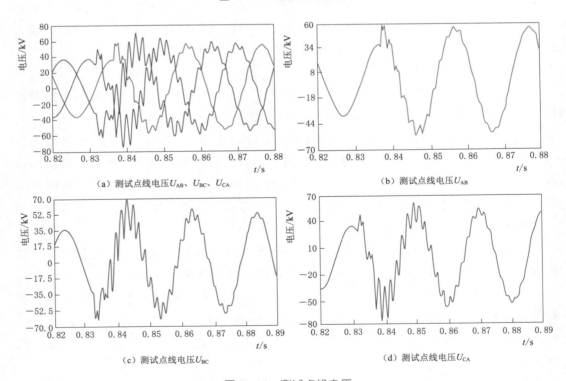

（a）测试点线电压U_{AB}、U_{BC}、U_{CA}

（b）测试点线电压U_{AB}

（c）测试点线电压U_{BC}

（d）测试点线电压U_{CA}

图 8 - 16　测试点线电压

可见，增加阻容吸收回路后，测试点相电压、线电压均得到了明显下降，且频率较之前相比降低。下面对测试点线电压过电压 U_{AB}、U_{BC}、U_{CA} 进行幅频分析，测试点线电压过电压 U_{AB} 傅里叶分解如图 8 - 17 所示。测试点线电压过电压 U_{BC} 傅里叶分解如图 8 - 18 所示。测试点线电压过电压 U_{CA} 傅里叶分解如图 8 - 19 所示。

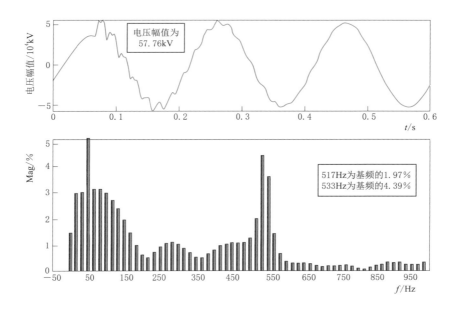

图 8 - 17　测试点线电压 U_{AB} 幅频分析

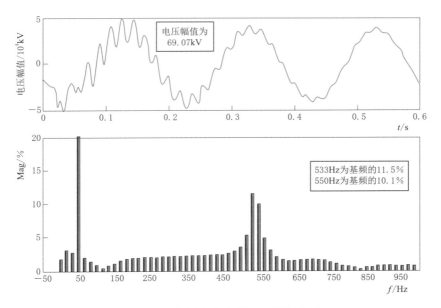

图 8 - 18　测试点线电压 U_{BC} 幅频分析

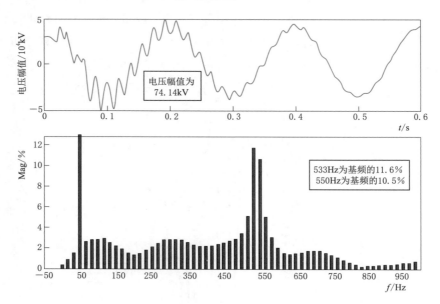

图 8 - 19　测试点线电压 U_{CA} 幅频分析

可见，增加阻容吸收回路后，过电压的幅值、频率均有明显改善，大大降低了高海拔环境下车载集装箱系统的绝缘安全隐患。

8.3.4　外绝缘电气优化设计

高海拔环境对一次系统的外绝缘提出了更高的要求，外绝缘参考距离甚至需放大至平原地区的 1.6 倍。而车载运输要求移动检测平台的高度、宽度必须满足道路运输标准。一次设备设计尺寸及安装电气距离与绝缘安全产生了极大的矛盾。通过 AN-SYS 有限元分析，着重针对低穿系统电抗器集装箱内电场强度进行了计算，对电抗器及其附属设备周边电位点的电场强度计算，确定电气薄弱环节，并针对薄弱点进行绝缘处理及优化设计，确保了电气设备尺寸及安装距离在一定条件下时的系统绝缘安全。

8.3.4.1　电场强度计算

35kV 空心电抗器安装采用三相分装的安装方式，安装时三相保持一定距离，按"品"字形排列，因此电场分布互不干扰，按单相计算即可。电抗器表面有 0～4 号 5 个导线抽头，抽头上有绝缘垫片。检测装置位于一个集装箱内，集装箱为金属外壳接地，所以电场计算区域与集装箱等尺寸。

在 B 相电抗器正前方 0.41m 处有一个垂直于集装箱底面并贯通集装箱的槽钢架，由于槽钢架距离 B 相电抗器较近，会对电抗器的外电场分布造成影响，所以槽钢架也应被电抗器外部电场计算所考虑，35kV B 相电抗器结构及其附近槽钢架示意图如图 8 - 20 所示。

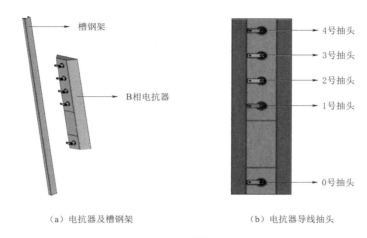

（a）电抗器及槽钢架　　　　　　　（b）电抗器导线抽头

图 8 - 20　35kVB 相电抗器结构及其附近槽钢架示意图

对电抗器的网格剖分，采用自由网格的剖分方式，既可减少网格数量又可确认求解的精度，对模型及空气域进行网格剖分的单元总数为 2553945。各结构网格模型图如图 8 - 21 所示。

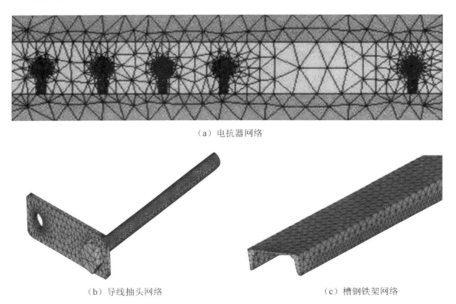

（a）电抗器网络

（b）导线抽头网络　　　　　　　　（c）槽钢铁架网络

图 8 - 21　结构网格模型

通过对计算模型的有限元仿真分析，采用 ANSYS 的 APDL 语言对仿真结果进行数据提取，发现最大场强出现在 4 号导线抽头附近的空气域中，随着时间的变化，整个计算区域最大场强出现的位置不变，而最大场强值相应变化。图 8 - 22 为计算得到的 35kV 电抗器 4 号导线抽头附近空气和电抗器绝缘主体环氧树脂最大场强随时间变化的曲线。

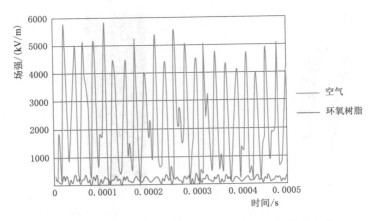

图 8-22　35kV 电抗器导线 4 号抽头附近电场强度变化

从图 8-22 中可以看出空气域的场强较大，环氧树脂区域场强较小，因此重点关注空气域的场强分布。操作过电压持续到 0.000024s 时空气域中场强出现最大值，达到 5799.38kV/m，此时其余结构的最大电场强度也达到各自的最大值，该时刻电场计算模型的场强分布及电位分布如图 8-23 和图 8-24 所示。所给出的等位线图和场强分布图的由蓝到红表示数值依次增大，电位线越密集的地方其场强也越大。

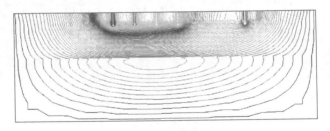

图 8-23　电位等位线图

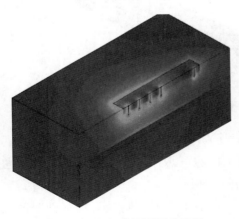

图 8-24　1/2 模型场强分布图

考虑 0 号、1 号导线抽头间电位差最大，其中间区域电场分布不均匀，在操作过电压下更激化了其不均匀程度，为闪络通道的形成提供了有利的条件。且两抽头距离地面较近，因此在此区域易发生击穿，也是绝缘薄弱点。图 8-25 为 0 号、1 号导线抽头之间的电场分布情况，可以看出 1 号抽头上螺母附近场强较大。

由于电场计算区域属于稍不均匀电场，标准状态下空气的临界击穿场强近似为 3000kV/m，当场强值大于临界击穿场强时就会产生一

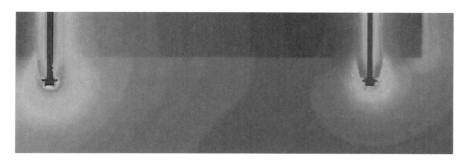

图 8-25　0号、1号导线抽头之间场强分布图

次放电脉冲，在 0.0005s 时间内，共有 23 次放电脉冲的场强值超过临界击穿场强，且最大场强值约为临界击穿场强的 1.93 倍。

　　电抗器 0 号、1 号导线抽头上电压差最大，0 号导线抽头距离地最近，因此 0 号、1 号导线抽头是电抗器外绝缘的薄弱点。

8.3.4.2　基于过电压抑制措施的绝缘强度校核

　　通过增加过电压抑制，过电压保护，并采用安装有圆环形螺母、两侧半圆铜排的电抗器模型进行电场计算。各导线抽头上施加的边界条件为加装阻容装置之后的操作过电压波形，如图 8-26 所示。计算得到各导线抽头附近空气域中最大电场强度随时间的变化曲线。可以看出最大电场强度始终出现在 0 号导线抽头附近，其次为 4 号导线抽头，0 号导线抽头与 4 号导线抽头附近最大电场强度峰值近似相等。2 号导线抽头的场强峰值最小。

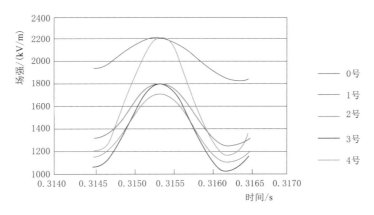

图 8-26　各导线抽头附近空气域最大电场强度变化曲线

8.3.4.3　基于结构优化设计的电场强度校核

　　通过对各种导线抽头的设计方案进行电场仿真分析，得到不同方案中 0 号导线抽头附近空气域电场强度最大值的变化曲线对比图如图 8-27 所示。从图中可以看出，

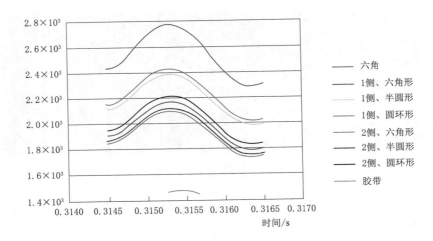

图 8 - 27　各方案 0 号抽头电场强度变化曲线对比

对接线铜排结构进行改进后，电场强度明显降低。1 侧半圆形铜排的设计方案，电场强度大于 2 侧半圆形铜排的设计方案。采用相同铜排时，六角形螺母的设计方案电场强度大于半球形螺母的设计方案。在 2 侧半圆形铜排、六角形螺母的设计方案的基础上，对螺母及铜排缠绕绝缘胶带后，电场强度大幅度下降，峰值下降了 626.82kV/m。因此采用 2 侧半圆形铜排、六角形螺母的设计方案是最优方案。在不影响电抗器使用的情况下，对电抗器导线抽头缠绕 2～3mm 厚度的绝缘胶带，能有效地避免电抗器导线抽头之间及对地放电现象的产生，可以提高电抗器的外绝缘水平。选择绝缘胶带时，应选择临界击穿场强较高的绝缘胶带。

通过对电抗器接线铜排及螺母的电场计算结果对比分析，采用 2 侧半圆形铜排、六角形螺母时，电抗器外电场强度最小，此时最大电场强度出现在 0 号导线抽头附近，满足安全运行条件。

8.3.5　低电压穿越测试系统集成设计

8.3.5.1　低电压穿越测试系统一次设计

低电压穿越测试系统一次主回路电气设计如图 8 - 28 所示。主要包含开关柜、电抗器、电缆终端等一次设备。

（1）电抗器技术条件及指标要求。结合电抗器运行工况，满足设计要求的电抗器参数见表 8 - 8。

电抗器的绝缘和耐压水平要求如下：

按照 35kV 和 4500m 海拔修正值标准要求，35kV 在海拔 4000～5000m 时候工频耐压为 155kV，雷电冲击为 330kV。

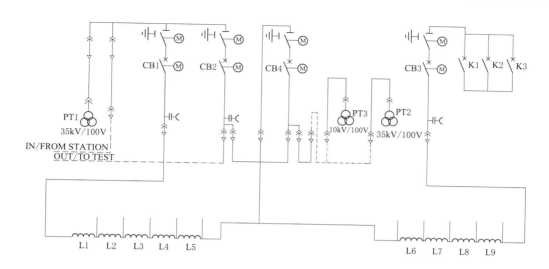

图 8-28 低电压穿越测试系统一次主回路电气设计图

表 8-8 电 抗 器 电 流 参 数

电抗器编号	电感值 /mH	60s 电流最大 有效值/A	短路电流工况/A		
			1.5s	2.6s	0.15s
1	20	60	250～340	240～380	260～400
2	20	60	250～340	240～380	260～400
3	40	60	250～340	240～380	260～400
4	80	20	250～340	240～360	260～400
5	80	20	250～340	240～360	260～400
6	20	60	250～340	240～380	—
7	40	60	250～340	240～380	—
8	80	20	250～340	240～380	—
9	80	20	250～340	240～360	—

根据分压计算，系统为 35kV 试验时，单体电抗器稳态分压为：20mH 的为 3.375kV；40mH 的为 6.75kV；80mH 的为 13.5kV。系统为 10kV 试验时，单体电抗器稳态分压为：20mH 的为 6kV；40mH 的为 8kV。

设计时取单体耐受电压为工频 95kV，雷电 290kV，为计算值的 10 倍以上，充分考虑了过电压的影响，留了较大余量。

经过厂家技术交流和调研，电抗器采用开放式电抗器设计，可以有效减轻电抗器重量和体积，结构设计如图 8-29 和图 8-30 所示。

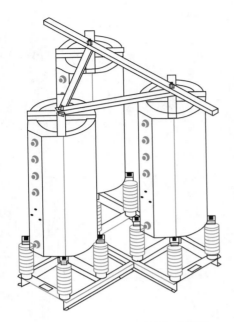

图 8 - 29　限流电抗器结构设计图　　　图 8 - 30　短路电抗器结构设计（同限流类似）

（2）开关柜技术条件及设计指标。低电压穿越测试系统配置一套 35kV SF$_6$ 气体绝缘开关柜，选用真空断路器置于开关柜集装箱内，开关及其辅件按 35kV 电压等级要求配置。充气柜虽然解决了高海拔空气环境对开关性能的影响，但气箱需要特殊设计，可解决高海拔地区大气压力强度变化引起的内外压差问题。具体参数见表 8 - 9。

表 8 - 9　　　　　　　　　　开 关 参 数 表

序号	名　　称	单位	标准参数值
1	断路器型式或型号		金属铠装
2	灭弧介质		SF$_6$
3	断口数	个	1
4	额定电压	kV	40.5
5	额定频率	Hz	50
6	额定电流	A	1250
7	温升试验电流	A	$1.1I_r$
8	额定短路关合电流	kA	80
9	额定短时耐受电流及持续时间	kA/s	25/4
10	额定峰值耐受电流	kA	63
11	开断时间	ms	≤60

续表

序号	名　　称	单位	标准参数值
12	重合闸无电流间隙时间	ms	300
13	分闸不同期性	ms	2
14	合闸不同期性	ms	2
15	机械稳定性	次	≥5000

测试系统需要考虑 35kV 和 10kV 电压等级的兼容问题，所以电压按 35kV 考虑等级要求。系统频率为 50Hz，还应考虑持续运行额定电流和短路电流最大持续时间。

此外，电缆敷设于空气中，需要满足海拔 4500m 要求，满足工作温度 -40～40℃ 要求。高原环境恶劣，可能出现极端低温情况，要求电缆有良好的耐低温性能，集装箱内安装空间狭小，要求电缆有较小的转弯半径，电缆还经常用电缆转盘收放，还需考虑电缆拖拽、耐磨等问题。因此电缆需要选用耐寒、高性能柔性电缆，具有防磨、防辐射特点。具体要求如下：

额定电压：35kV；

额定电流：100A；

额定工作频率：50Hz；

5s 短时耐受电流及时间：不小于 450A；

转弯半径：小于 500mm；

截面积：50m^2；

使用温度：-40～40℃；

使用海拔：4500.00m 及以下；

采用金属丝屏蔽层设计；

电缆的外护层需加阻燃剂，阻燃等级为 A 级。

系统中包含 35kV 和 10kV 两种电压等级，考虑到系统的兼容性问题，在实际选择电缆时额定电压参考 35kV 电压等级，10kV 系统额定电流大于 35kV 系统，额定电流的计算参考 10kV 电压等级，被测电站容量为 1.5MVA，则额定电流 $I = 1500/10/1.732/0.95 = 91.16$（A）。

具体选择如下：对于 35kV，按照通过的电流 91.16A，根据电缆承受的额定电压与额定电流，并留 1.5 倍电流安全裕量，则 $I = 1.5 \times 91 = 136.6$（A）。对照截面积与载流量关系表，导体材料为铜导体，查表可选择截面积 50m^2 的电缆。经过反校验证，按照 50m^2 的电缆截面积可以满足 2MVA 的容量，因此电缆截面积选择 50m^2 满足要求。

系统进线和系统出线电缆共 6 根，每根长度为 50m，存放在开关柜集装箱内，开关柜集装箱与电抗器集装箱所需 15 根电缆，每根 30m，一次电缆长度统计如下：

1）进线出线电缆长度：$6 \times 50 = 300$（m）；

2）车箱与车箱之间的电缆长度：$15 \times 30 = 450$（m）；

3）限流电抗内部接线电缆长度：$27 \times 5 = 135$（m）；

4）短路电抗内部接线电缆长度：$27 \times 5 = 135$（m）；

5）控制车内部接线电缆长度：$35 \times 5 = 165$（m）；

$300 + 450 + 135 + 135 + 165 = 1185$（m），按照 1.3 倍裕量计算电缆总长 $L = 1185 \times 1.3 = 1540$（m），则采购电缆需求为 1600m。

接地线采用 690V185mm 电缆，电缆总共 2 根，一根 50m，另一根 30m，共计 80m，采购 100m。

根据电缆生产厂家提供的具体电缆重量，可以算出各处电缆重量具体如下：

开关柜集装箱重量：$35 \times 5 + 6 \times 50 + 3 \times 30/1000 \times 2830 + 80/1000 \times 2336 = 1785.83$（kg）；

限流电抗器车电缆重量：$m_1 = (27 \times 5 + 30 \times 6)/1000 \times 2830 = 891.45$（kg）；

短路电抗器电缆重量：$m_2 = (27 \times 5 + 30 \times 6)/1000 \times 2830 = 891.45$（kg）；

通过电缆重量的计算确定车载电缆卷盘载荷设计。

（3）电缆附件选择。车载检测设备之间一次接口采用全绝缘式 T 型电缆接头，采用 EPDM（三元乙丙橡胶）制成，全绝缘，全密封，具有很好的绝缘效果和防尘防沙效果。但是 T 型电缆接头结构较复杂，电缆连接和拆装过程繁琐，需要有专业技术人员指导安装和拆装，拆装后也要注意保存，防止尘沙进入。

图 8-31 为 T 型电缆接头图，图 8-32 为 2 个 T 型电缆接头的对接连接插件，为 T 型电缆接头提供中间连接，方便 T 型电缆接头的固定。

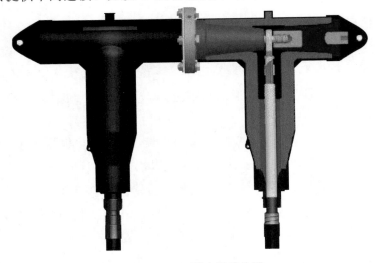

图 8-31　T 型电缆接头图

8.3.5.2 低电压穿越测试系统二次设计

1. 集控系统框架

低电压穿越测试集控系统结构如图8-33所示，其可分为三个部分，即上位机计算机后台、PLC设备和操作台。设备包括计算机后台、PLC设备、以太网交换机、通信控制器、综合保护装置（简称综保）、

图8-32　对接连接插件图

红外测温仪和温湿度仪。计算机后台、综保1、综保2、综保3、综保4和通信控制器通过以太网接入交换机，红外测温仪、温湿度仪1、温湿度仪2、温湿度仪3和PLC设备通过RS-485通信接入通信控制器，通信控制器完成RS-485通信协议到以太网通信协议的互相转换。

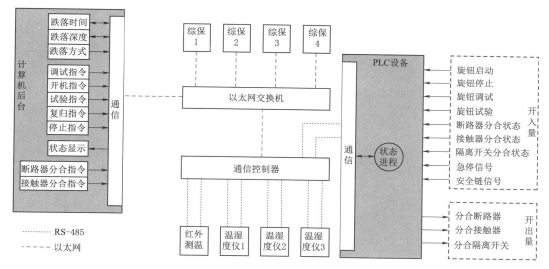

图8-33　低电压穿越测试集控系统结构

PLC的开入板件接入有旋钮启动、旋钮停止、旋钮调试、旋钮试验、断路器分合状态、隔离接开关位置状态、急停和安全链等接点信号。PLC的开出板件输出断路器分合、隔离开关分合信号。

其中，移动检测车内的操作台上有"启动/停止"旋钮、"调试/试验"旋钮和"急停"按钮。"启动/停止"旋钮提供两个接点信号（旋钮启动和旋钮停止）接入PLC开入板件。"调试/试验"旋钮提供两个接点信号（旋钮调试和旋钮试验）接入PLC开入板件。"急停"按钮实现紧急情况下的手动停止系统运行，"急停"按钮提供一个接点信号（急停信号）接入PLC开入板件。安全链实现系统内设备出现重大问题时（如烟雾报警）的自动停止系统运行，安全链回路提供一个接点信号（安全链信号）接入PLC开入板件。断路器分合状态、接触器分合状态和隔离开

关分合状态开入量由相应的断路器、接触器和隔离开关提供的接点信号接入 PLC 开入板件。

红外测温将所测的限流电抗器和短路电抗器温度上传给计算机后台显示。温湿度仪 1~3 将所测的移动检测车内的温度和湿度上传给后台显示。综保 1~4 将所测的电压、电流、功率、状态量等信息上传给后台显示。计算机后台上的监控系统将设置参数（包括跌落时间、跌落深度和跌落方式）和控制指令（包括调试指令、开机指令、试验指令、复归指令、停止指令、断路器分合指令和接触器分合指令）通过通信下发给 PLC 设备，PLC 的核心状态进程根据通过通信接收到的设置参数执行相应参数设置操作，根据 PLC 开关量输入状态值和通过通信接收到的控制指令进行相应的状态转换并执行相应控制操作（包括分合断路器、分合接触器和分合隔离开关）。PLC 的通信进程会将状态进程运行中的信息变化上传给计算机后台的监控系统。

故障模拟集控系统中涉及的带通信功能的设备、通信接口和通信协议见表 8-10。

表 8-10　　　　　　　　　低电压穿越集控系统通信设备与接口协议

名　称	接口协议
综保 1	RS-485：ModbusRTU；以太网：104
综保 2	
综保 3	
综保 4	
红外测温 1	RS-485：ModbusRTU
红外测温 2	
红外测温 3	
红外测温 4	
红外测温 5	
红外测温 6	
红外测温 7	
红外测温 8	
红外测温 9	
温湿度仪 1	RS-485：ModbusRTU
温湿度仪 2	
温湿度仪 3	
PLC	RS-485：ModbusRTU；以太网：ModbusTCP
G5900 微机后台	以太网：104

低电压穿越系统含有一个操作台和一个控制柜，操作台位于集控车集装箱内，控制柜位于开关柜集装箱内，控制柜具备操作台的全部功能，操作台只具备控制柜的部分功能。如此设计的原因是为了防止高压试验过程中出现意外情况，控制人员在一个

独立的集控车集装箱内操作可保证人身安全。控制柜在集控车没有就位的情况下，可完成静态调试的全部功能，在集控车就位后简单调试即可开始试验。

操作台采用优质不锈钢或冷轧钢板，全钢结构，尺寸为 $2.0m \times 0.9m \times 1.35m$，低穿车操作台结构如图 8 - 34 所示。操作台设操作面板，操作面板用于开关位置信号指示、旋钮控制、手动急停、状态灯显示、电压电流表显示、测试接口等。操作台桌面放置上位机计算机后台、示波器、录波仪等设备。

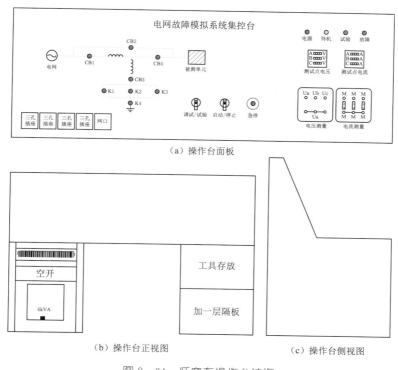

图 8 - 34　低穿车操作台结构

控制柜的结构如图 8 - 35 所示。控制柜内放置有交换机、通信控制器、PLC、UPS 电源、继电器等设备，控制柜的界面与操作台类似，只是没有试验测试接口和插座接口。

2. 配电电源设计

（1）开关柜集装箱配电容量见表 8 - 11。

表 8 - 11　　　　　　　　开关柜集装箱配电容量表

设　备	功率需求	总功率
开关柜	1kW×2	220V/3kW
加热器	1.5kW×2	220V/3kW
集控柜	1kW	220V/1.5kW

续表

设　备	功率需求	总功率
集装箱散热风扇	工业风扇 300W×2	220V/1kW
集装箱空调	2kW	220V/2kW
集装箱照明（含应急照明）	3 个普通照明 50×3；1 个应急照明 100×1	220V/250kW
工作台	电脑 500W；辅助 2kW	220V/2.5W
电缆转盘	3kW×4	380V/3kW
总　计		16.25kW

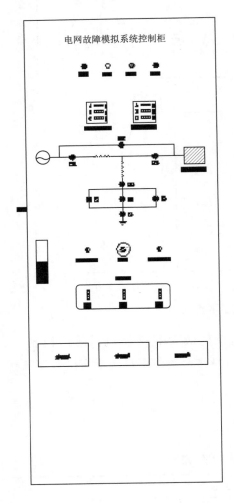
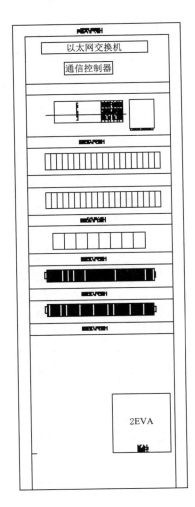

图 8-35　低穿车控制柜结构

（2）限流电抗器集装箱配电容量见表 8-12。

表 8 - 12　　　　　　　　　　　　限流电抗器集装箱配电容量表

设　　备	功　率　需　求	总　功　率
隔离开关	200W×5	380V/1000W
温湿度传感器	50	220V/50W
集装箱散热风扇	工业 1kW，一抽一吹	380V/2kW
	300W 工业风扇一只	220V/300W
集装箱照明（含应急照明）	3 个普通照明 50×3；1 个应急照明 100×1	220V/350kW
加热器	1.5kW×3	220V/6kW
电缆转盘	3kW×1	380V/3kW
总　　计		12.7kW

自动控制系统共 48 个 DI、34 个 DO 以及 20 个 AI 通道，可以对检测装置的状态、温度等数据进行采集并监控，见表 8 - 13～表 8 - 16。

表 8 - 13　　　　　　　　　　　　控　制　器　开　入　表

CB1 开关柜	合位、分位、报警、远方/就地	4 路
CB2 开关柜	合位、分位、报警、远方/就地	4 路
CB3 开关柜	合位、分位、报警、远方/就地	4 路
CB4 开关柜	合位、分位、报警、远方/就地	4 路
K1～K3 隔离开关	K1～K3 分合共 6 挡	6 路
限流电抗器隔离开关	QS1～QS4 分合共 8 挡	8 路
短路电抗器隔离开关	QS5～QS8 分合共 8 挡	8 路
烟雾告警	输入干接点	3 路
综保告警、故障	干接点	2 路
紧急停机	紧急停机信号	1 路
预留	4	4 路
总　　计		48 路

表 8 - 14　　　　　　　　　　　　控　制　器　开　出　表

CB1 开关	合闸、分闸指令	2 路
CB2 开关	合闸、分闸指令	2 路
CB3 开关	合闸、分闸指令	2 路
CB4 开关	合闸、分闸指令	2 路
K1～K3 隔离开关	K1～K3 分合共 6 挡	6 路
限流电抗器隔离开关	QS1～QS4 分合共 8 挡	8 路
短路电抗器隔离开关	QS5～QS8 分合共 8 挡	8 路
紧急停止按钮	CB1/CB2 分闸/CB4 分闸	3 路
信号复归按钮	综保装置	1 路
总　　计		34 路

表 8 - 15 控 制 器 模 拟 量

跌落电压采样	4 路	测量电流采样	6 路
工作电流采样	6 路	总计	20 路
测量电压采样	4 路		

表 8 - 16 控 制 器 通 信 接 口 表

工作站	1 路	短路电抗温湿仪	1 路
继电保护装置	1 路	预留	2
限流电抗温湿仪	1 路	总计	6 路

根据需求分析，在外部 IO 完全相同的情况下，有要求控制输出不同动作的场景。即控制器的输出判据除 IO 信息之外，还需要历史的 IO 变化情况和变化时序，因此采用状态机模型可有效地满足这类场景的需求，见表 8 - 17，状态跃迁表表示了 IO 信息判断和动作时序逻辑。

表 8 - 17 自动控制系统状态跃迁表

状态事件	1	2	3	4	5	6	7
a	A | 2						
b	B | 6						
c	B | 6	B | 6	B | 6	B | 6	B | 6		B | 6
d						1 | C	
e	A | 4	A | 4	B | 6		B | 6		
f				1 | C			
g		H | 3					
h			B | 1		B | 1		
i			D | 5				
j					A | 3		
k			F | 3				
l			G | 3				
m				E | 4			
n		B | 6	B | 6	B | 6	B | 6		
o		I | 2	I | 3				

根据业务流程抽象出来的 6 个状态，定义见表 8 - 18。

表 8 - 18   业 务 流 程 表

1	初始态	控制器内部初始化完成，外部设备是否正常未知
2	停机态	控制内外部设备正常，无告警和事故，CB1～CB4、K1～K4 均在分位，S1～S3 位置合法，被测对象在停机状态
3	待机态	被测对象在运行状态
4	调试态	操作台面板把手在调试位置，后台对单一设备进行调试控制
5	试验态	试验批处理过程中
6	故障态	初始化未通过、有告警或事故、非调试态时的意外设备动作、控制流程超时

表 8 - 18 纵坐标为输入状态机的事件，所有输入必须以事件形式触发，不可通过循环扫描方式重复触发，定义见表 8 - 19。

表 8 - 19   状 态 定 义 表

a	DEV_INIT 模块执行成功
b	DEV_INIT 模块执行失败
c	检测到告警或事故，包含操作台面板的急停按钮按下
d	所有硬件告警和事故均消除，且后台监控下发事故复归指令
e	操作台面板把手调试位置，且后台监控下发调试指令
f	操作台面板把手离开调试位置
g	操作台面板把手启动位置，且后台监控下发待机命令
h	操作台面板把手离开启动位置，或者后台监控下发停机命令
i	后台下发开始试验命令
j	TEST_RUN 模块执行成功
k	后台下发跌落深度配置指令
l	后台下发跌落方式配置指令
m	后台下发独立设备操作指令
n	独立设备控制超时或失败
o	后台下发跌落修正时间配置指令

表 8 - 19 中纵横坐标交叠部分的每一个单元格均表示状态机的输出动作，即包含迁跃的目标状态，也包含输出动作。

数字表示迁跃的目标状态，大写英文字母表示输出动作。迁跃目标状态和输出动作存在时序关系，按照从左到右的形式执行，输出动作见表 8 - 20，其中不同字母表示不同的输出动作以及输出动作执行定义。状态机初始化默认为状态 1，且自动调用 DEV_INIT 模块。

表 8 - 20   输 出 动 作 表

A	调用 DONOTHING 模块
B	分断 CB1~CB4
C	调用 DEV_INIT 模块
D	调用 TEST_RUN
E	调用 SINGLE_DEV_CTRL 模块
F	根据目标跌落深度计算目标档位并进行控制
G	根据目标跌落方式计算 K1~K3 目标分合状态并进行控制
H	合断路器 CB2
I	刷新跌落修正时间

3. 后台软件开发

后台监控系统通过通信自动监控低电压穿越系统运行状态、手动设置试验运行参数和下发试验指令。后台运行在高性能笔记本电脑上。后台需实现的功能如下：

（1）采集并显示电抗器车和开关柜车内温湿度仪的通信数据。

（2）采集并显示开关柜车内综保装置的通信数据，包括模拟量数据和状态量数据。

（3）采集并显示电抗器车内红外测温仪的通信数据。

（4）采集并显示 PLC 的通信数据。

（5）通过通信下发参数设置和运行控制命令给 PLC，控制故障模拟系统的运行。

监控系统的开发平台为 G5900 计算机监控系统平台。后台监控系统 PVT5000 是基于 G5900 综合集控系统平台开发。G5900 计算机监控系统的支撑平台系统主要由五个部分组成：商用和实时统一的数据库管理系统、网络管理系统、图形管理系统、报表系统和系统管理系统。电网故障模拟监控系统功能设计中，需利用其数据库管理系统、网络管理系统和图形管理系统。网络管理系统实现和通信设备（温湿度仪、综保、PLC 等）的数据交互和存储，数据库管理系统实现对网络管理系统所存储数据的有组织管理，为各种应用需求提供数据来源。图形管理系统可自由设计图形显示界面，对接数据库管理系统，实现对监视数据的显示。后台监控系统功能实现中的网络管理和数据库管理按照 G5900 系统操作说明书进行操作设置即可，不需额外设计。后台监控系统需要利用图形管理系统设计监控画面，实现对故障模拟系统的运行监控。

计算机后台监控系统与自动控制系统进行双向通信。一方面自动控制系统将设备运行状态信息发送给监控系统，另一方面自动控制系统接受监控系统下发的参数设置和控制命令。自动控制系统和监控系统之间的通信采用 Modbus - TCP 通信规约，后台监控系统下发自动控制系统的遥控量及后台监控系统下发自动控制系统的遥调量通信点见表 8 - 21 和表 8 - 22。

表 8 - 21　　　　　　　　　　后台监控系统下发自动控制系统遥调量通信点表

序号	含　义	代　号	序号	含　义	代　号
1	后台合闸 CB1 指令	CB1_on	18	后台试验指令	test_status_com
2	后台合闸 CB2 指令	CB2_on	19	后台停机指令	stop_status_com
3	后台合闸 CB3 指令	CB3_on	20	后台故障复归指令	fault_reset
4	后台合闸 CB4 指令	CB4_on	21	后台调试指令	debug_status_com
5	后台合闸 K1 指令	k1_on	22	A 相对地跌落指令	k_action_a
6	后台合闸 K2 指令	K2_on	23	B 相对地跌落指令	k_action_b
7	后台合闸 K3 指令	K3_on	24	C 相对地跌落指令	k_action_c
8	后台合闸 K4 指令	K4_on	25	A、B 相间短路跌落指令	k_action_ab
9	后台合闸 S1 指令	S1_on	26	B、C 相间短路跌落指令	k_action_bc
10	后台合闸 S2 指令	S2_on	27	A、C 相间短路跌落指令	k_action_ac
11	后台合闸 S3 指令	S3_on	28	A、B、C 三相短路跌落指令	k_action_abc
12	后台合闸 S4 指令	S4_on	29	保留	reserve
13	后台合闸 S5 指令	S5_on	30	保留	reserve
14	后台合闸 S6 指令	S6_on	31	保留	reserve
15	后台合闸 S7 指令	S7_on	32	保留	reserve
16	后台合闸 S8 指令	S8_on	33	保留	reserve
17	后台开机指令	standby_status_com			

表 8 - 22　　　　　　　　　后台监控系统下发 PLC 遥调量通信点表

1	跌落度	fault_point_set	4	保留	reserve
2	跌落时间	fault_time_set	5	保留	reserve
3	保留	reserve			

图 8 - 36 所示为低电压穿越测试系统后台监控主画面，在该界面上可实现不同电跌落类型、跌落深度的设置，同时可以监控不同设备运行状态，最终完成试验。

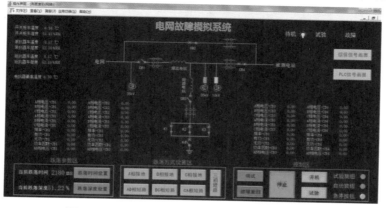

图 8 - 36　低电压穿越测试系统后台监控主画面

8.3.5.3 车载集装箱设计

装置采用车载集装箱的低电压穿越测试系统集装箱总体设计结构，如图 8-37 所示。成套装置采用高度集成的设计集中在 3 个集装箱内，集装箱尺寸为 10m× 3.2m×3.2m。三只集装箱分别为开关柜集装箱、限流电抗器集装箱箱及短路电抗器集装箱（控制车集装箱用以二次控制，不参与一次主回路连接）。

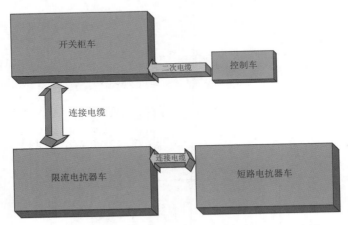

图 8-37　低电压穿越测试系统集装箱总体设计示意图

（1）开关柜集装箱，35kV SF$_6$ 高压开关柜 7 屏、2 组 35kV TV、1 组 10kV TV、三台隔离开关 K1～K3、综保装置、集中控制柜、接触器、隔离变压器及检测工作站等。

（2）限流电抗器集装箱，限流电抗器五组 L1～L5、配套连接电缆、温湿度控制器、散热风扇、阻容吸收装置等。

（3）短路电抗器集装箱，短路电抗器四组 L6～L9、配套连接电缆、温湿度控制器、散热风扇、阻容吸收装置等。

1. 开关柜集装箱设备集成

开关柜集装箱内主要安置断路器、隔离开关以及一次电缆卷盘等。考虑到包括 TV 柜在内的七台开关柜内部存在一次铜排连接，故七台开关柜并柜放置，便于开关柜之间连接以及一次电缆进出线排线。由于高海拔空气间隙要求，左侧室内预留了充足空间来放置隔离开关，用以跌落方式切换。右侧室内放置电缆卷盘以及动力单元，方便电缆收放。用于收放一次电开关柜集装箱设备集成布局如图 8-38 和图 8-39 所示。开关柜集装箱内部重量约为 8t，相比集装箱较轻，因此运输方面没有问题。

2. 限流电抗器集装箱设备集成

限流电抗器集装箱内主要集成跌落试验用的三相限流电抗器。布局如图 8-40 和图 8-41 所示，电抗器采用一字排开平行放置，考虑到在用电抗器进行电网电压跌落故障模拟时，在电抗器投切过程中存在较大的过电压，有可能会出现过电压对集装箱

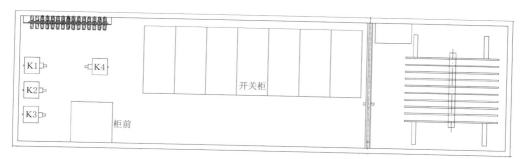

图 8-38　开关柜集装箱布局图（俯视图）

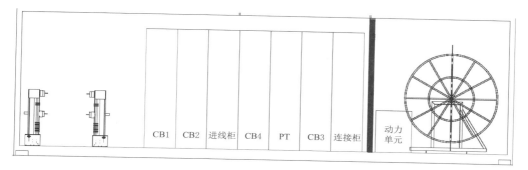

图 8-39　开关柜集装箱布局图（侧视图）

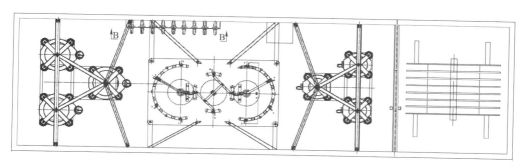

图 8-40　限流电抗器集装箱布局图（俯视图）

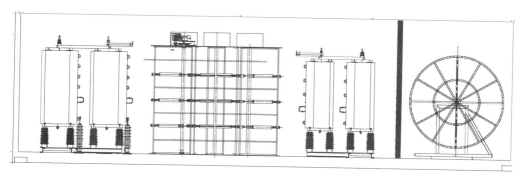

图 8-41　限流电抗器集装箱布局图（侧视图）

壁放电现象，因此在参照相关标准的基础上，在限流电抗器的空气间隙留了较大裕量，充分满足海拔 4500m 电气间隙要求。

限流电抗器布置了阻容吸收装置，用以吸收电抗器投切过程中的过电压且留有较大裕量，充分满足海拔 4500m 电气间隙要求。

单个电抗器本体重约 1000kg，电抗器集装箱内部重量约为 15t 左右。分散排布满足运输要求，加之集装箱本体重 15t，运输车辆满足一般路桥条件的通过性要求。

3. 短路电抗器集装箱设备集成

短路电抗器集装箱内设备集成与限流电抗器集装箱基本一致，布局如图 8-42 和图 8-43 所示，在空气间隙上留了较大裕量，充分满足海拔 4500m 电气间隙要求。

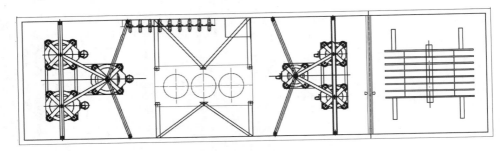

图 8-42　短路电抗器集装箱布局图（俯视图）

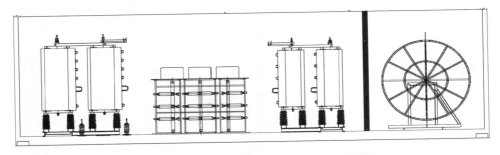

图 8-43　短路电抗器集装箱布局图（侧视图）

8.3.6　小结

本节主要研究了低电压穿越测试系统关键技术。针对高海拔大容量光伏电站对低电压穿越测试工作的特殊要求，确定低电压穿越测试系统整体设计方案，测试系统主要由为限流电抗器、短路电抗器以及跌落类型开关柜等设备组成，通过投入限流电抗器和短路电抗器的不同电抗值，来达到跌落点的不同电压幅值的跌落，以实现被测单元即光伏逆变器低电压穿越的检测。为了分析电网适应性测试系统的效果，首先确定了低电压穿越系统数学模型；然后采用 ATP/EMTP 进行暂态仿真分析，对电压进行仿真计算，结果表明低电压穿越测试系统在试验过程中的过电压幅值较高；随后针对过电压抑制措施进行仿真分析，结果表明增加阻容吸收回路后，过电压的幅值、频率均有明显改善，大大降低了高海拔环境下车载集装箱系统绝缘安全隐患。同时为了适应高海拔地区的环境，对测试系统的外绝缘电气优化设计、低电压穿越测试系统一次设计、低电压穿越测试系统二次设计、车载集装箱设计等进行了优化。

8.4　低电压穿越测试系统试验

8.4.1　低电压穿越测试系统出厂试验

适用于高海拔光伏电站的移动低电压穿越测试系统完成生产后，在苏州电器科学研究院对低电压穿越测试系统进行了出厂测试，如图 8-44 所示。结果表明，测试平台满足项目指标要求，测试试验波形如图 8-45～图 8-56 所示。

图 8-44　苏州电器科学研究院出厂测试

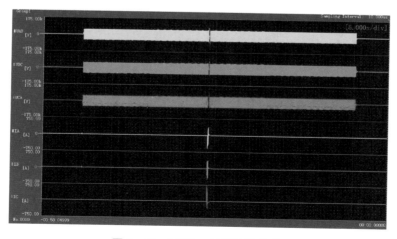

图 8-45　0%U_n，三相对称跌落

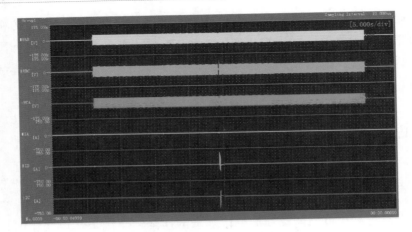

图 8 - 46　0％U_n，BC 相跌落

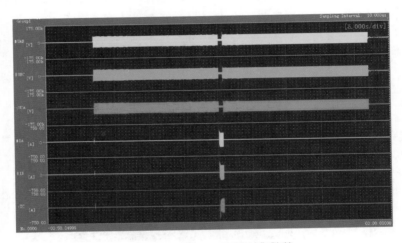

图 8 - 47　20％U_n，三相对称跌落

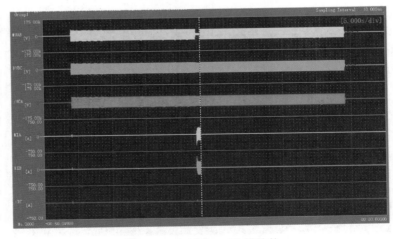

图 8 - 48　0％U_n，AB 相跌落

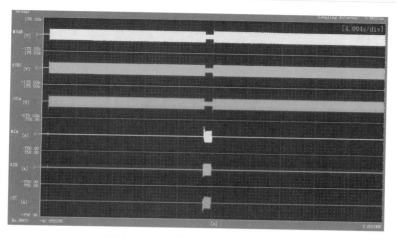

图 8 - 49　35%U_n，三相对称跌落

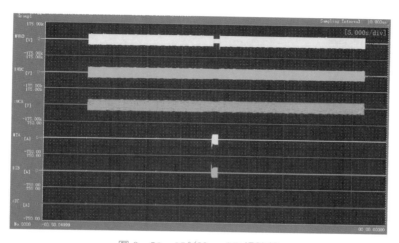

图 8 - 50　35%U_n，AB 相跌落

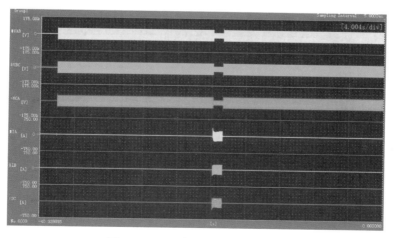

图 8 - 51　47%U_n，三相对称跌落

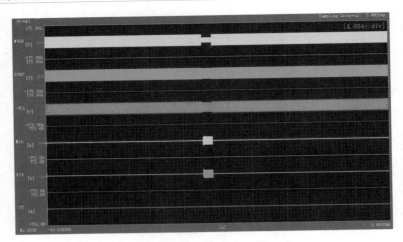

图 8 - 52   47%U_n，AB 相跌落

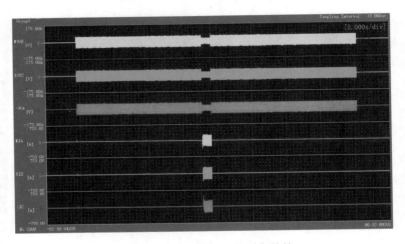

图 8 - 53   56%U_n，三相对称跌落

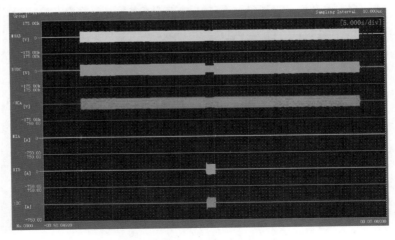

图 8 - 54   56%U_n，BC 相跌落

图 8-55 70%U_n，三相对称跌落

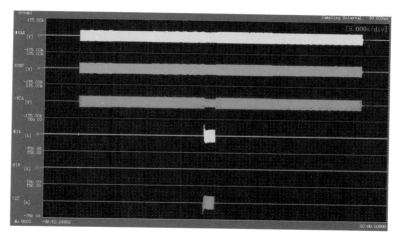

图 8-56 70%U_n，AC 相跌落

8.4.2 低电压穿越测试系统现场试验

研制的高海拔低电压穿越移动式测试平台首次实现了青海、甘肃、西藏等高海拔地区光伏电站低电压穿越的现场测试工作，保障青海海南州黄河水电、恒基伟业光伏电站、甘肃敦煌正太、中广核光伏电站、西藏日喀则地区力诺、山南地区保利协鑫光伏电站等多个现场完成并网测试工作，最高示范光伏电站海拔 4100m，现场测试照片如图 8-57、图 8-58 所示，试验波形图 8-59～图 8-61 所示。

8.4.3 小结

在高海拔光伏电站低电压穿越移动测试系统完成生产后，对系统进行低电压穿越

图 8 - 57 光伏电站现场测试图 1

图 8 - 58 光伏电站现场测试图 2

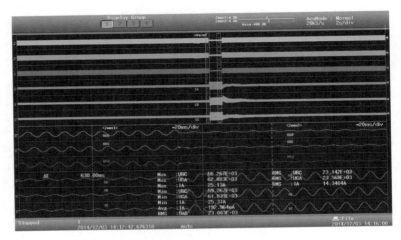

图 8 - 59 20％电压穿越测试

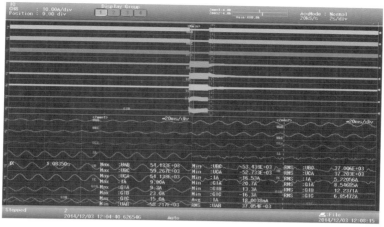

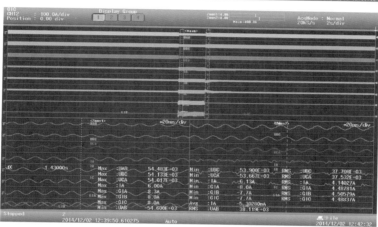

图 8 - 60　60％电压跌落测试

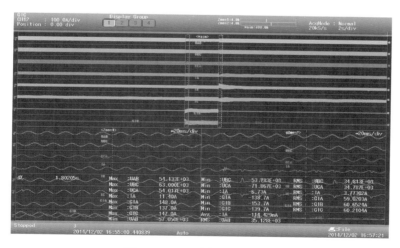

图 8 - 61　80％电压跌落测试

出厂测试和现场测试。低电压穿越测试系统出厂测试，结果表明，高海拔并网光伏测试平台满足项目指标要求。随后在高海拔地区光伏电站进行低电压穿越关键并网指标的现场测试工作，测试结果表明本测试系统可完全适用于高海拔地区。

8.5　总结

本章针对适用于高海拔地区的低电压穿越测试系统的关键技术进行研究。重点针对高海拔地区的环境因素分析了高海拔环境对设备元件的影响、高海拔地区光伏电站对低电压穿越测试系统的特殊要求、高海拔环境下测试系统的特殊设计、对低电压穿越测试系统的仿真试验以及完成生产后的出厂试验和现场试验。

参 考 文 献

［1］ Favuzza S，Spertino F，Graditi G，et al. Comparison of power quality impact of different photovoltaic inverters：the viewpoint of the grid ［C］//IEEE International Conference on Industrial Technology. IEEE，2004：542 – 547.

［2］ 张兴，张崇巍. PWM 可逆变流器空间电压矢量控制技术的研究 ［J］. 中国电机工程学报，2001，21 (10)：102 – 5.

［3］ 吴安顺，徐绍清，张晋诚. PWM 逆变器输出电压的谐波分析 ［J］. 电机与控制学报，1990，4 (003)：5.

［4］ Rathnakumar D，Lakshmanaperumal J，Srinivasan T. A new software implementation of space vector PWM ［C］//SoutheastCon，2005. Proceedings. IEEE，2005.

［5］ 陈瑶，童亦斌，金新民. 基于 PWM 整流器的 SVPWM 谐波分析新算法 ［J］. 中国电机工程学报，2007，27 (13)：76 – 80.

［6］ 杨波. 基于并网逆变器电能质量与变换效率的若干关键技术研究 ［D］. 杭州：浙江大学，2010.

［7］ 黄友聪，周凯，牟秋谷，等. 高频谐波导致谐振过电压的分析与抑制 ［J］. 电力电子技术，2013 (2)：95 – 97.

［8］ XU W，HUANG Z，CUI Y，et al. Harmonic resonance mode analysis ［J］. Power Delivery，IEEE Transactions on，2005，20 (2)：82 – 90.

［9］ 徐文远，张大海. 基于模态分析的谐波谐振评估方法 ［J］. 中国电机工程学报，2005，25 (22)：89 – 93.

［10］ 刘飞，段善旭，查晓明. 基于 LCL 滤波器的并网逆变器双环控制设计 ［J］. 中国电机工程学报，2009，29 (S1)：234 – 240.

［11］ 刘飞，查晓明，段善旭. 三相并网逆变器 LCL 滤波器的参数设计与研究 ［J］. 电工技术学报，2010 (003)：110 – 116.

［12］ 王敏，丁明. 考虑分布式电源的静态电压稳定概率评估 ［J］. 中国电机工程学报，2010 (25)：17 – 22.

［13］ 王成山，郑海峰，谢莹华，等. 计及分布式发电的配电系统随机潮流计算 ［J］. 电力系统自动化，2005.29 (24)：39 – 44.

［14］ 雷一，赵争鸣. 大容量光伏发电关键技术与并网影响综述 ［J］. 电力电子，2010 (3)：16 – 23.

［15］ LIU E，BEBIC J. Distribution system voltage performance analysis fohigh – penetration photovoltaics ［M］. National Renewable Energy Laboratory，2008.

［16］ Stewart E M，Aukai T P，Macpherson S D J，et al. A realistic irradiance – based voltage flicker analysis of PV applied to Hawaii distribution feeders ［J］. IEEE，2012.

［17］ Enslin J H R，Hulshorst W T J，Atmadji A M S，et al. Harmonic interaction between large numbers of photovoltaic inverters and the distribution network ［C］//2003 IEEE Bologna Power Tech Conference Proceedings. IEEE，2003.

［18］ 王志群，朱守真，周双喜，等. 分布式发电对配电网电压分布的影响 ［J］. 电力系统自动化，2004，28 (16)：56 – 60.

［19］ Pan Aiqiang，Tian Yingjie，Zhao Haisheng，et al. Power quality analysis of PV system of summer and winter ［C］//Integration of Renewables into the Distribution Grid，Cired Workshop. IET，2012.

［20］ 谢宁，罗安，马伏军，等. 光伏电站与配电网谐波交互影响［C］//第三届全国电能质量学术会议，2013.

［21］ 唐会智，彭建春. 基于模糊理论的电能质量综合量化指标研究［J］. 电网技术，2003，27（12）：85-88.

［22］ 江辉，彭建春，欧亚平，等. 基于概率统计和矢量代数的电能质量归一量化与评价［J］. 湖南大学学报：自然科学版，2003，30（1）：66-70.

［23］ Gosbell V J，Perera B S P，Herath H M S C. Unified power quality index（UPQI）for continuous disturbances ［C］//International Conference on Harmonics & Quality of Power. IEEE，2002.

［24］ 叶金根. 并网光伏电站的电能质量评估及运行特性分析［D］. 合肥：安徽大学，2012.

［25］ 康珍. 高渗透率下光伏电源并网电能质量问题及其交互影响研究［D］. 长沙：湖南大学，2011.

［26］ 裴玮，盛鹍，孔力，等. 分布式电源对配网供电电压质量的影响与改善［J］. 中国电机工程学报，2008，28（13）：152-157.

［27］ 蔚兰. 分布式并网发电系统低电压穿越问题的若干关键技术研究［D］. 上海：上海大学，2011.

［28］ 国家电网公司. Q/GDW 617—2011 光伏发电站接入电网技术规定［S］. 北京：中国标准出版社，2011.

［29］ 国家电网公司. Q/GDW 618—2011 光伏发电站接入电网测试规程［S］. 北京：中国标准出版社，2011.

［30］ 中国国家标准化管理委员会. GB/T 19964—2012 光伏发电站接入电力系统技术规定［S］. 北京：中国标准出版社，2012.

［31］ Alepuz S，Busquets-Monge S，Bordonau J，et al. Control Strategies Based on Symmetrical Components for Grid-Connected Converters Under Voltage Dips ［J］. IEEE Transactions on Industrial Electronics，2009，56（6）：2162-2173.

［32］ 张伏生，耿中行. 电力系统谐波分析的高精度FFT算法［J］. 中国电机工程学报，1999（3）：63-66.

［33］ Huang S J，Hsieh C T，Huang C L. Application of Morlet wavelets to supervise power system disturbances ［J］. IEEE Transactions on Power Delivery，1999（1）：14.

［34］ Santoso S，Powers E J，Grady W M，et al. Power quality assessment via wavelet transform analysis ［J］. IEEE Trans Power Delivery，1996，11（2）：924-930. DOI：10.1109/61.489353.

［35］ 王小华，何怡刚. 基于神经网络的电力系统高精度频率谐波分析［J］. 中国电机工程学报，2007，27（34）：102-106.

［36］ 丁屹峰，程浩忠，吕干云，等. 基于Prony算法的谐波和间谐波频谱估计［J］. 电工技术学报，2006，20（10）：94-7.

［37］ 赵海翔，陈默子，戴慧珠. 风电引起的电压波动和闪变研究［D］. 北京：中国电力科学研究院，2004.

［38］ 赵海翔，陈默子，戴慧珠. 风电并网引起闪变的测试系统仿真［J］. 太阳能学报，2005，26（1）：28-33.

［39］ 金维刚，刘会金. IEC标准框架下谐波和间谐波检测的最优化方法［J］. 电力系统自动化，2012，36（2）：70-76.

［40］ 肖娓，王莉娜. 基于三线DFT的航空电源频率实时检测算法［J］. 电工技术学报，2012，27（10）：190-5.

［41］ 庞浩，李东霞，俎云霄，等. 应用FFT进行电力系统谐波分析的改进算法［J］. 中国电机工程学报，2003，23（6）：50-4.

［42］ Hernández，Araceli，Mayordomo，et al. A New Frequency Domain Approach for Flicker Evaluation of

Arc Furnaces [J]. IEEE Transactions on Power Delivery，2003.

［43］ Gallo D，Landi C，Langella R，et al. On the Use of the Flickermeter to Limit Low – Frequency Interharmonic Voltages [J]. IEEE Transactions on Power Delivery，2008，23（4）：1720 – 1727.

［44］ 王敏. 分布式电源的概率建模及其对电力系统的影响 [D]. 合肥：合肥工业大学，2010.

［45］ 刘飞. 三相并网光伏发电系统的运行控制策略 [D]. 武汉：华中科技大学，2008.

［46］ 王多平. 三相光伏并网逆变器的控制技术研究 [D]. 武汉：华中科技大学，2012.

［47］ Zhou Y，Bauer P，Ferreira J A，et al. Operation of Grid – Connected DFIG Under Unbalanced Grid Voltage Condition [J]. IEEE Transactions on Energy Conversion，2009，24（1）：240 – 246.

［48］ 茆美琴，余世杰，苏建徽. 带有 MPPT 功能的光伏阵列 Matlab 通用仿真模型 [J]. 系统仿真学报，2005，17（5）：1248 – 1251.

［49］ 尚华，王惠荣. 太阳能光伏发电效率的影响因素 [J]. 宁夏电力，2010（5）：52 – 54，61.

［50］ Evans D L. Simplified method for predicting photovoltaic array output [J]. 1981，27（6）：555 – 560.

［51］ Adel A. Hegazy. Comparative study of the performances of four photovoltaic/thermal solar air collectors [J]. Energy Conversion & Management，2000，41（8）：861 – 881.

［52］ Gueymard C A. REST2：High – performance solar radiation model for cloudless – sky irradiance，illuminance，and photosyn thetically active radiation – Validation with a benchmark dataset [J]. Solar Energy，2008，82（3）：272 – 285.

［53］ Notton G，Lazarov V，Stoyanov L. Optimal sizing of a grid – connected PV system for various PV module technologies and inclinations，inverter efficiency characteristics and locations [J]. Renewable energy，2009，35（2）：541 – 554.

［54］ 杨金焕，毛家俊，陈中华. 不同方位倾斜面上太阳辐射量及最佳倾角的计算 [J]. 上海交通大学学报，2002，36（7）：1032 – 1036.

［55］ Hay J E. Calculating solar radiation for inclined surfaces：Practical approaches [J]. Renewable Energy，1993，3（4 – 5）：373 – 380.

［56］ Hay J E. Calculation of monthly mean solar radiation for horizontal and inclined surfaces [J]. Solar Energy，1979，23（4）：301 – 307.

［57］ Klucher T M. Evaluation of models to predict insolation on tilted surfaces [J]. Solar Energy，1979，23（2）：111 – 114.

［58］ Perez R，Stewart R，Arbogast C，et al. An anisotropic hourly diffuse radiation model for sloping surfaces：Description，performance validation，site dependency evaluation [J]. Solar Energy，1986，36（6）：481 – 497.

［59］ Abdelrahman M A，Elhadidy M A. Comparison of calculated and measured values of total radiation on tilted surfaces in Dhahran，Saudi Arabia [J]. Solar Energy，1986，37（3）：239 – 243.

［60］ P. C，Jain. Modelling of the diffuse radiation in environment conscious architecture：The problem and its management [J]. Solar & Wind Technology，1989，6（4）：439 – 500.

［61］ Spertino F，Akilimali J S. Are Manufacturing I – V Mismatch and Reverse Currents Key Factors in Large Photovoltaic Arrays？ [J]. IEEETransactions on Industrial Electronics，2009，11（56）：4520 – 4531.

［62］ Steland A，Herrmann W. Evaluation of photovoltaic modules based on sampling inspection using smoothed empirical quantiles [J]. Progress in Photovoltaics Research and Applications，2010，18（1）：1 – 9.

［63］ Bucciarelli L L. Power loss in photovoltaic arrays due to mismatch in cell characteristics [J]. Solar Energy，1979，23（4）：277 – 288.

［64］ 周林，武剑，栗秋华，等. 光伏阵列最大功率点跟踪控制方法综述 [J]. 高电压技术，

2008（6）：1145 - 1154.

[65] Martinez B L C，马柯，李睿，等. 三电平和两电平逆变器效率分析与比较 [J]. 电力电子技术，2009，43（7）：1 - 2.

[66] 宋静文. 大功率光伏逆变器损耗模型的研究 [D]. 成都：西南交通大学，2013.

[67] 周德佳，赵争鸣，吴理博，等. 基于仿真模型的太阳能光伏电池阵列特性的分析 [J]. 清华大学学报：自然科学版，2007，47（7）：5.

[68] Kawamura H，Naka K，Yonekura N，et al. Simulation of I - V characteristic of a PV module with shaded PV cells [J]. Solar Energy Materials and Solar Cells，2003，75（3/4）：613 - 621.

[69] Quaschning V，Hanitsch R. Numerical simulation of current - voltage characteristics of photovoltaic systems with shaded solar cells [J]. Solar Energy，1996，56（6）：513 - 520.

[70] 苏建徽，余世杰，赵为，等. 硅太阳电池工程用数学模型 [J]. 太阳能学报，2001，22（4）：409 - 412.